Max Weber

Zoologische Ergebnisse einer Reise in Niederländisch Ost-Indien

Max Weber

Zoologische Ergebnisse einer Reise in Niederländisch Ost-Indien

ISBN/EAN: 9783742854056

Manufactured in Europe, USA, Canada, Australia, Japa

Cover: Foto ©berggeist007 / pixelio.de

Manufactured and distributed by brebook publishing software
(www.brebook.com)

Max Weber

Zoologische Ergebnisse einer Reise in Niederländisch Ost-Indien

ZOOLOGISCHE ERGEBNISSE

EINER REISE

IN

NIEDERLÄNDISCH OST-INDIEN

HERAUSGEGEBEN

VON

Dr. MAX WEBER,

Professor der Zoologie in Amsterdam.

ERSTER BAND.

MIT 3 KARTEN, 25 TAFELN UND 28 FIGUREN IM TEXT.

69928

LEIDEN, 1890—91.

Verlag von E. J. BRILL.

INHALT.

1) Auf Seite 121 ist bei Acanthion javanicum Cuv. statt: „South-Celebes: Manindjau",
„South-Celebes: Manudju" zu lesen.

EINLEITUNG.

Dank sei der weiten Auffassung des Curatoriums der Universität von Amsterdam, das den nöthigen Urlaub erwirkte, hatte ich Gelegenheit vom März 1888 bis April 1889 einen Theil unserer Ost-Indischen Kolonien bereisen zu können.

Die *zoologische Ergebnisse* dieser Reise sollen in einem Werke niedergelegt werden, dessen erste Ablieferung ich hiermit einleite. Die Art des erscheinenden Werkes wird erhellen aus einzelnen Andeutungen über die Absichten, die bei der Reise verfolgt wurden sowie aus flüchtigen Bemerkungen über das Material, über die Art wie und wo es gesammelt wurde. Anlangend letzteren Punkt werde ich nur bezüglich der weniger oder der gänzlich unbekannten Localitäten etwas eingehender verfahren.

An erster Stelle bestand die Absicht der Süsswasser-Fauna besondere Beachtung zu schenken. Dieses Gebiet war bisher sehr dürftig durchforscht und musste daher an und für sich zur Untersuchung auslocken; daneben war zu hoffen, dass durch genaueres Studium der Süsswasser-Fauna verschiedener Inseln des Indischen Archipels neues Licht über deren zoogeographischen Zusammenhang zu erhalten sei. Gerade dieser Gesichtspunkt hatte bisher kaum einiges Gewicht in die Waagschale geworfen bei Erörterungen über Verwandtschaft und Verschiedenheit [1]) der Faunen der zahlreichen indischen Inseln unter einander sowie mit dem benachbarten Festlande Indiens und mit Australien. Wohl mit Unrecht, wir hoffen weiterhin hierfür Belege beibringen zu können.

Auf dem Programme stand ferner, dass auf Säugethiere zu achten sei; allerdings mit Auswahl, da es zunächst galt anatomisch brauchbares Material zu erhalten. Dass man aber auch auf systema-

---

1) Nur die Cyprinoiden sind bisher in diesem Sinne gebraucht worden.

tischem Gebiete, selbst in vielbereisten Inseln wie *Java* und *Sumatra*, noch Früchte pflücken kann, wird — wenn auch in bescheidenem Maasse — einer der späteren Artikel über Säugethiere lehren. Auch mit anderen Plänen wurde die Reise unternommen.

Land-Evertebraten war im indischen Archipel bisher wenig Beachtung zu Theil geworden, sobald sie nicht einzelnen bevorzugten Insecten-Ordnungen oder den Mollusken angehörten. Den bisher verwahrlosten sollte nachgegangen werden; allerdings abermals mit Auswahl an der Hand von gewissen Fragestellungen. So hatte eine in meinem Laboratorium angefertigte Untersuchung über Thysanura und Collembola Anlass zu manchen Fragen gegeben, deren theilweise Lösung mit indischem Materiale erhofft wurde. Einer der folgenden Artikel wird aber darlegen, dass der Erfolg kein günstiger war. Die Thysanura und Collembola des indischen Archipels haben zwar ihre eigenen Vertreter mit specifischen Unterschieden von unseren europäischen; in Hauptsache unterscheiden sie sich aber von den unsrigen nur durch ihr sparsameres Auftreten.

Ebensowenig gelang es den eifrigst gesuchten Peripatus sumatrensis Horst. wiederzufinden, was aber gegenüber dem von mir nicht besuchten Theile Sumatraş nicht viel sagen will und noch nichts beweist zu Gunsten der geäusserten Zweifel an seinem Vorkommen in Indien. Diese Beispiele mögen zahlreichere ähnliche Misserfolge illustriren.

Glücklichere Ausbeute ist hinwiederum von Plathelminthen, namentlich von Landplanarien, sowie von Oligochaeten zu verzeichnen. Von diesen wurden nicht nur zahlreiche neue Formen entdeckt auch zwei seit langen Jahren verschollene Arten von Bipalium, die nur nach Zeichnungen von *Kuhl* und *van Hassett* bekannt waren, wurden zurückgefunden.

Dass zwischendurch auch auf andere, im Vorhergehenden nicht genannte Thiergruppen geachtet wurde, liegt auf der Hand.

In genannter Richtung konnte während der ganzen Reise gearbeitet werden. Im Übrigen zerfällt dieselbe aber, was die Art des Arbeitens angeht, in zwei scharf geschiedene Abschnitte, die kurz besprochen werden sollen. Der Deutlichkeit halber ist ein Kärtchen (I) eines Theiles von *West-Sumatra* mit Angabe der Reiseroute in den *Padang'schen Oberländern*, ferner ein Kärtchen (II) von *West-Java* beigefügt, auf welchen nur die Ortschaften, Berge, Seeen angegeben sind, von denen ich Material mitbrachte. In gleicher Absicht wurde eine Karte von *Celebes*, *Flores* und benachbarten Inseln, Dank sei der Hülfe von Herrn Prof. A. W i c h m a n n in Utrecht, der in diesen Gegenden mein Reisegefährte war, zusammengestellt. Auch hier sind alle eingetragenen Orts-, Fluss- und Berg-Namen nur solche, an denen ich sammelte. Mit Ausnahme jedoch der Route Palos-Parigi in Celebes, ferner der Localitäten auf Adonara, Timor, Rotti und Savu, die Prof. W i c h m a n n allein bereiste. Dieselben wurden dennoch in die Karte aufgenommen, da Prof. W i c h m a n n mir von dort verschiedene werthvolle Naturalien mitbrachte. Die beigefügten Karten wollen aber nur eine schnelle Orientirung bezüglich der Lage der Fundorte der in diesem Werke zu besprechenden Thiere ermöglichen. Auf peinliche Genauigkeit gerade bezüglich der Fundorte möchte ich aber grosses Gewicht legen, wenn man systematisches Material zoogeographisch verwenden will. Da genügt — um nur ein Beispiel zu nennen — die einfache Fundorts-Angabe „Celebes" nur theilweise, wird sich doch weiterhin Gelegenheit darbieten darzulegen, dass Nord- und Süd- (und Central-) Celebes faunistisch recht erheblich verschieden sind.

Der *erste* Theil der Reise umfasst einen mehrmonatlichen Aufenthalt in *Sumatra* und *Java*. In diesem faunistisch bekannteren Gebiete wurde in oben angedeuteter Weise gearbeitet. Namentlich galt es die grossen Süsswasser-Seeen der Padangschen Oberländer in Sumatra genauer zu untersuchen. Diese theilweise sehr hoch gelegenen Kraterseeen, zuweilen von enormem Umfange — so hat der See von Singkarah eine Oberfläche von 112 ☐ Kilometer — verdienen auch zoologisch alles Interesse.

Um die Orientirung zu erleichtern mögen hier einige Angaben über Ausdehnung, Höhe über dem Meere und Tiefe der verschiedenen Seeen folgen, die ich untersuchte; zu welchem Zwecke Schleppnetze und ein zusammenlegbares Boot der Berthon Boat Co. mitgenommen war.

Die folgenden Angaben sind hauptsächlich dem Werke R. D. M. V e r b e e k's: „Topographische en geologische Beschrijving van een gedeelte van Sumatra's Westkust. Batavia 1883" entnommen.

See von Manindjau: Oberfläche 99,575 ☐ Kilometer; Höhe über dem Meere 459 Meter; grösste Tiefe 157 Meter.

See von Singkarah: Oberfläche 112,115 ☐ km; Höhe über dem Meere 362 M.; grösste Tiefe 268 M.

See bei Alahan pandjang, genannt *Danau di bahwa* oder *di bahru*: Oberfläche 11,195 ☐ km; Höhe über dem Meere 1464 M.; grösste Tiefe 309 M.

See bei Alahan pandjang, genannt *Danau di atas:* Oberfläche 12,315 □ km; Höhe über dem Meere 1531 M.; grösste Tiefe 44 M.

See genannt *Danau gedang* dicht unter der Spitze des Berges *Singalang:* sein Umfang betrug 675 Meter; Höhe über dem Meere 2838 M.; Tiefe 8 bis 10 M. Ich kampierte im Juni 1888 mehrere Tage auf der Singalang genannten Spitze des für erloschen gehaltenen Doppelt-Vulkanes Singalang-Tandikat. Seitdem, am 19 Februar 1889, ist der Tandikat wieder in Wirkung getreten, sodass obengenannter Kratersee vielleicht nicht mehr besteht.

See genannt *Telago apabilo* (auch Telago babilo genannt): 623 M. hoch; ungefähr 150 M. lang, in der Nähe von Singkarah gelegen.

Vergleichender Weise wurden auch verschiedene kleinere Süsswasser-Ansammlungen anderen geologischen Characters in *Sumatra* untersucht, die unter folgenden Namen auf der Karte vermerkt sind:

Tabeh di Aripan in der Nähe des obengenannten Telago apabilo, 597 M. hoch; grösste Tiefe 3,5 M. *Ajer tabit* bei Pajakombo. *Ajer tegenang* 1150 M. hoch, auf dem Wege zwischen Fort de Kock und Padang Pandjang.

Endlich zahlreiche Flüsse und Bäche, sowie die künstlich überschwemmten Reisfelder (Sawahs).

Auch in *Java* wurde die Süsswasser-Fauna nicht vernachlässigt, obwohl hier grössere Süsswasser-Ansammlungen zu den Ausnahmen gehören. Als solche wurden Teiche bei *Buitenzorg* und *Tjipanas*, der *Situ bagendit* bei Garut, sowie zahlreiche Bäche namentlich bei *Tjibodas* untersucht.

Der *zweite* Abschnitt der Reise umfasst einen längeren Aufenthalt in *Süd-Celebes* und *Flores;* flüchtiger wurde das Fürstenthum *Luwu* in *Central-Celebes* und die kleinere Insel *Saleyer* besucht. Dieser Theil der Reise erforderte ein anderes Auftreten, da ich Gebiete besuchen konnte, die bisher noch nicht oder nur flüchtig von Naturforschern betreten waren. Hier musste der Sammler in den Vordergrund treten, der keinen Zweig gänzlich vernachlässigte.

Die Zeit meines ersten Besuches in *Makassar* auf *Celebes*, dem mercantilen Centrum des östlichen Theiles der Indischen Inselwelt (24 September 1888), war für zoologische Untersuchungen wenig günstig; da sie in das Ende der Trockenzeit fiel, die hier ihren Namen nur zu sehr verdient. In wasserarmen Gegenden drückt sie der Thier- und Pflanzenwelt einen Character auf, den ich winterlich nennen möchte.

Die kahlen, vordorrten Hügelreihen bei Pare-Pare und Tempe, die theilweise blattlos gewordenen Wälder bei Tanralili in der Nähe von Maros, die 1150 M. hoch gelegene Berglandschaft bei Loka, gleichfalls in Süd-Celebes, waren in ihrem Thierleben verarmt, ähnlich unserer Natur zur Winterszeit; ein Zustand der glücklich in Sumatra und West-Java nicht eintritt. Die niedere Thierwelt, die sonst unter Steinen, umgefallenen Baumstämmen und im feuchten Laube haust, hatte sich in unerreichbare Schlupfwinkel zurückgezogen. Desgleichen die Mehrzahl der Reptilien und Amphibien, die erst die nächste Regenzeit wieder hervorlocken sollte. Nur längs dem Laufe der Bäche und Flüsse erschienen sie noch spärlich. Hierhin schien sich auch die Mehrzahl der Vögel zurückgezogen zu haben. Am Flusse Minralang sah ich viele, die sonst anderer Beute nachgehen, auf die im untief gewordenen Flusse leicht erreichbaren Fische Jagd machen. Hier zählte ich während einer halbstündigen Kahnfahrt ungefähr fünfzig Exemplare einer kleinen Falkenart längs dem niedrigen Flussufer. Ein recht auffälliges Beispiel für den endlichen Einfluss der lange anhaltenden Trockenheit auf die Thierwelt, in diesem Falle sich äusserend in der Störung der gleichmässigen Vertheilung der Vögel über ein bestimmtes Gebiet.

Unter obwaltenden Umständen galt ein erster Ausflug von Makassar aus, Maros in dessen Nähe die Wasserfälle von Bantimurong, die gehobenen Riffkalk durchbrechen, noch einige Ausbeute versprachen.

Am 6ten October wurde alsdann eine längere Reise angetreten, die mich zunächst nach Pandjana im Fürstenthum Tanette und weiterhin nach Pare-Pare, gleichfalls an der Westküste von Süd-Celebes gelegen, führte. Hier wurde ein etwas längerer Aufenthalt genommen, um die Gegend eingehender untersuchen zu können, wozu auch die Flüsschen Sare-minja oder Lapadi und Batjo-keke auslockten. Zweite Station war Teteadji am See von Sidenreng, im Fürstenthume gleichen Namens, von wo aus die heissen Quellen von Masepe besucht wurden.

Die Reise wurde voll hochgespannter Erwartungen gerade in diese Gegend unternommen, die in der That Interesse erwecken musste allein schon durch den Besitz zweier grosser Süsswasser-Ansammlungen: der Seeen von Sidenreng und von Tempe. Gelegen im Centrum der Südwestlichen Halbinsel von Celebes, das in seiner Landfauna so viel Räthselhaftes und schwer Erklärliches birgt, liess sich Interessantes von der Seefauna erwarten. Hauptsächlich aber wurde nur

bittere Enttäuschung hier gesammelt, allerdings neben einzelnen werthvollen Objecten. Zwar machte auch hier die Trockenzeit sich fühlbar,
die durch monatelange Dürre die Höhe und Ausdehnung des Wasser-
spiegels des Soees um ein Beträchtliches vermindert hatte, sodass derselbe nur zu erreichen war, wenn man sich eine lange Strecke weit
durch eine zähe Lehmmasse, bis weit über die Kniee einsinkend,
hindurcharbeitete; doch glaube ich nicht, das im Übrigen hierdurch
die Fauna besonders beeinflusst wurde. Wohl überdecken die Seeen
während der Regenzeit ein sehr grosses Areal, über das ich während
meines Besuches trocknen Fusses gehen, theilweise selbst reiten konnte.
Myriaden Molluskenschalen bedeckten hier denn auch den Boden. Doch
diese grösste Ausdehnung erreichen die Seeen nur gegen das Ende der
Regenzeit, um alsdann ganz allmählich durch Abfluss und Ver-
dampfung wieder auf dass geringste Maass zurückgebracht zu werden,
das ich antraf.

Damit wächst und fällt zwar die Zahl der Individuen — wie die
zurückgebliebenen todten Molluskenschalen anweisen — nicht aber er-
leidet die Fauna selbst im zurückbleibenden, immerhin noch beträchtlichen Wasserbecken eine qualitative Veränderung.

Am 15 October waren die politischen Angelegenheiten soweit geord-
net, dass wir unseren Einzug in das damals noch unabhängige Fürstenthum *Wadjo* halten und bis zum 21 October in *Tempe* uns nie-
derlassen konnten. Auch dieser Landstrich is waldlos ebenso wie die
Umgegend von Teteadji. Dafür aber liegt Tempe am Zusammenfluss
des *Minralang* und *La-Palupa* (Lapa-lupa), die weiterhin den breiten
Fluss *Tjenrana* bilden; auf diese auch in der Trockenzeit noch kräftig
strömenden Wasseradern concentrirte sich daher die Untersuchung.

Am 21 October wurde auf dem *Tjenrana* die Reise flussabwärts in
ausgehöhlten Baumstämmen angetreten; zunächst nach *Pampanua*,
weiterhin nach *Palima* im Delta des Tjenrana gelegen, der hier in den
Golf von Boni ausmündet. Damit war die Durchquerung der Süd-west-
lichen Halbinsel von Celebes vollführt. Längs der Ostküste derselben,
die den *Golf von Boni* begrenzt, wurden flüchtiger die Orte *Badjoa*,
Balangnipa, *Kadjang* und *Birakeke* in der Nähe von *Bira* besucht.
Letzterer Ort hat wegen der sogenannten Todtengrotten eine gewisse
locale Berühmtheit erlangt. Es sind natürliche Höhlen, die in alter
Zeit als verborgene, schwer zugängliche Begräbnissplätze dienten und
den Besuch reichlich belohnten.

Schliesslich wurde an der Südküste, in der Nähe von *Bonthain* (auch *Bantaeng* genannt), *Loka* zu längerem Standquartier gewählt. Seine hohe Lage (1150 Meter) lockte hierzu aus. Obwohl die Trockenzeit dieses und für sich schon wüsste Terrain — nach Prof. *Wichmann's* Untersuchungen durchaus vulkanischer Art — noch ärmer gemacht hatte, blieb doch die Belohnung für manchen heissen Marsch nicht aus.

In der ersten Hälfte des November war ich wieder in Makassar zurück, um Vorbereitungen für die bald darauf folgende Reise nach Flores zu treffen. Erst viel später, im Februar 1889, nach der Rückkehr von Flores, bot sich die Gelegenheit eine politische Mission nach dem Fürstenthume *Luwu* in *Central-Celebes* begleiten zu können. Dennoch sei hier schon darauf gewiesen mit Ausserachtlassung der zeitlichen Folge, wäre es auch nur um den Gegensatz so recht deutlich hervorzuheben, den die entwaldete Landschaft der Fürstenthümer Sidenreng und Wadjo, soweit ich sie kennen lernte, bot im Gegensatz zu dem Wasser-und Wald-reichen *Luwu*. Hier, wenigstens in der Gegend von *Palopo*, reichen die bewaldeten Berge bis zur Küste und bergen gewiss manche Schätze, von denen mir mein kurzer Aufenthalt nur wenige zu heben gestattete. Dass mir als erstem Europäer, der etwas tiefer in das Binnenland eindrang, auch mancher ethnographisch wichtige Fund gelang, soll an anderem Orte mitgetheilt werden.

Auf dem Rückwege von Luwu wurde noch der Fluss *Djenemaedja*, der aus dem *Latimudjong* Gebirge kommend in den Golf von Boni fliesst, untersucht.

Gleichfalls nicht ohne Erfolg war ein kurzer Besuch der Insel *Saleyer*, der zwischendurch von Makassar aus ausgeführt wurde. Diese schmale aber langgestreckte Insel, die sich schon ihrer Lage nach als ein südwärts vorgeschobenes Stück von Celebes darstellt, schliesst sich auch faunistisch in Hauptsache Celebes, in Sonderheit Süd-Celebes an, obwohl sie ihre Eigenthümlichkeiten hat.

Vom 21 November 1888 bis 9 Januar 1889 wurde *Flores* bereist, wobei der Weg über *Bima* (auf *Sumbawa*) genommen wurde.

Die zoologische Vorgeschichte von *Flores* ist sehr kurz. Ch. Allen der Sammler des grossen Erforschers des Indischen Archipels A. R. Wallace, besuchte Flores und jagte dort ausschliesslich Vögel, worüber Wallace genauere Angaben machte (Proc. Zool. Soc. of London 1863.) Auch brieflich konnte mir Herr Wallace keine Auskunft ertheilen, welche Gegend von Flores Ch. Allen besuchte. Weiterhin sammelte Dr. I. Hellmuth und Dr. Semmelink, Militärärzte in *Larantuka* (Ost-Flores), wo früher eine Besatzung lag. Hiervon beschrieb *Bleeker* die Meeresfische (Natuurk. Tijdschrift van Nederl.· Indië. Deel VI.), während eine Schlange durch Hubrecht bekannt gemacht wurde (Notes of the Leyden Museum 1878). Auch E. von Martens, der mit soviel Erfolg den Indischen Archipel bereiste, hielt sich während einiger Tage in *Larantuka* (Ost-Flores) auf und zählte von dort einige wenige Vögel, Reptilien, Meeresfische und Mollusken auf (Preuss. Expedit. nach Ost-Asien. Zoolog. Theil. 1876), die auch in seinen kürzlich erschienenen Tagebuch-Notizen (Zeitschr. d. Gesellsch. f. Erdkunde. Berlin 1889, n⁰. 140) erwähnt werden. Zuletzt durchkreuzte Colfs im Jahre 1879, im Auftrage des damaligen Gouverneur-General van Lansberge West-Flores. Die zoologische Ausbeute scheint nur in Insecten und Vögeln bestanden zu haben. Einzelne der letzteren gleichzeitig mit wenigen, die Dr. Semmelink sammelte werden im Reichs-Museum zu Leiden bewahrt. Das nach dem Tode von Colfs durch A. G. Vorderman herausgegebene Journal (Batavia 1888) desselben enthält nahezu nichts Zoologisches.

Da somit von Säugethieren, Reptilien (mit sehr wenigen Ausnahmen), Amphibien und der gesammten Süsswasserfauna nichts bekannt ist, gehört *Flores* wohl zu den zoologisch — auch anderweitig — unbekanntesten grösseren Inseln des gesammten Archipels. Trotzdem knüpfen sich an sie interessante zoogeographische Fragen, wie Wallace bereits in bekannter lichtvoller Weise darlegte.

Ich betrat die Insel zunächst in *Bari* und *Reo* an der Nordküste von West-Flores, wo niedriges Gebirge, theilweise üppig bewaldet, bis an die Küste herantritt und folgte dem Laufe der Flüsse landeinwärts. Darauf besuchte ich sehr flüchtig die kleine, der Nordküste von Flores vorgelagerte Insel *Paloweh* oder *Rusa Radja*, wo sich bereits wieder der Einfluss der Trockenzeit so sehr fühlbar machte, dass an der Nordküste der Insel kein Süsswasser bemerkbar war und die dichte Bevölkerung mit dem Safte der Lontar-Palme (Borassus flabelliformis) und mit Cocos-Milch ihren Durst stillen und kochen musste.

Im Hinblick auf die zoologischen Resultate und die Schlüsse, die man daraus ziehen möchte, muss gemeldet werden, dass ähnliche Trockenheit auch in *Maumeri* herrschte, dem darauf folgenden längeren Standquartier, das an der Nordküste von Ost-Flores, an einem ruhigen Busen mit ausgedehnten Strandriffen gelegen, kein ungünstiger zoologischer Ort ist.

Die Regen blieben in diesem Jahre ausnahmsweise lange aus, auch an der Südküste von Flores in *Sikka*, wohin ich mich, die Insel über dem hoch gelegenen Orte *Kotting* durchquerend, begab. Glücklich waren hier sowie bei den in der Nähe der Küste gelegenen Dörfern *Lilla* und *Wukur* einzelne stark strömende Bäche, die selbst und ihre nächste Umgebung der Untersuchung werth waren. Die Erforschung der Land- und Süsswasser-Fauna beschäftigte mich hauptsächlich auch an den weiteren Orten längs der Südküste, die ich in westlicher Richtung besuchte: *Endeh* in Central-Flores mit dem benachbarten grossen Flusse *Dona* (Nanga Dona) und der westlicher gelegene Fluss *Ba*. Weiterhin die zwischen den Vulkanen *Rokka* und *Keo* gelegene Gegend von *Mbawa* und *Bombang*. Wie die Karte III andeutet war hier der Reise ein Ziel gesetzt. Der Westmonsun, der kräftig zu wehen begann, zwang zur Rückkehr, da die dem offenen Ocean zugekehrte Südküste nur wenige Flucht-Häfen bietet, selbst für solche Miniatur-Fahrzeuge primitivster Construction, wie die inländischen Prauen in denen ich diese Reise machen musste.

Übrigens hatte selbst in diesem an kleinen Flüssen und Bächen reichen Küstenstrich die aussergewöhnliche Trockenheit die niedere Thierwelt in unzugängliche Schlupfwinkel getrieben. Dass dennoch Vieles zu beobachten übrig blieb, werden die in diesem Werke niedergelegten Beiträge zur Fauna von Flores lehren. Dass sie das Thema bei Weitem nicht erschöpfen, wird schon als Folge sich aufdrängen der ungünstigen Jahreszeit und der kurzen Zeit des Besuches. Über die reiche ethnographische Ausbeute soll an anderem Orte berichtet werden.

Was hier in groben Zügen flüchtig angedeutet wurde soll weiterhin, im vereinten Zusammenwirken mit verschiedenen Fachgenossen, des Näheren ausgearbeitet werden. Anatomische Untersuchungen werden sich hierbei in bunter Folge anreihen an systematische Bearbeitungen einzelner Thiergruppen. Das gemeinschaftliche Band, das alle verbindet ist der Gedanke, dass' zweckmässig zusammenbleibe was als Frucht e i n e r Reise aus e i n e m Erdstrich heimgebracht wurde. So wird es leichter zu verwirklichen sein, dass aus den einzelnen Beiträgen ein Gesammtbild der Faunen verschiedener Inseln des Malayischen Archipels — auch ihrem historischen Zusammenhange nach — sich entwickelen kann.

Wenn es mir gelang zu diesem Behufe einiges Material zusammen-
zubringen, so darf ich der Vielen nicht vergessen, die mich hierbei,
jeder in seiner Weise, unterstützten. Nicht oft genug kann es gesagt
werden, was schon so viele Reisende vor mir rühmend erwähnten,
wie der Naturforscher allerorts Hülfe und Freundschaft von den Be-
amten Indiens erfährt, vom Gouverneur-Generaal bis herab zum einfachen Dorfschul-Lehrer, der seinen braunhäutigen Landgenossen die
Grund-Principien eigener und europäischer Bildung beibringt. Es entspräche gewiss nicht der natürlichen Einfachheit mit der mir viele meine
Arbeit erleichterten, wollte ich die lange Liste Ihrer Namen nennen.
Wohl aber darf ich des Herren van Braam Morris, Gouverneur
von Celebes etc., gedenken, der mir gestattete auf zwei politischen
Missionen in damals noch unabhängiges, undurchforschtes Gebiet von
Celebes Herrn Assistent-Resident J. A. C. Brugman zu begleiten. Dank
gebührt meinem amtlichen Reisegefährten, der auch in primitivster
Umgebung noch Lust fand meine zoologischen Bestrebungen zu fördern
und, bekannt mit Land und Leuten, manche Schwierigkeit wegräumte.
Auch gewährte Herr van Braam Morris gütigst für kurze Zeit den
Gebrauch seines Regierungs-Dampfers, wodurch es möglich wurde einen
Theil der Nordküste von Flores, der ganz ausserhalb des Verkehrs
liegt, zu untersuchen.

   In Ost-Flores durfte ich mich der ausgiebigen Hülfe seitens der Herrn
Pastore der katholischen Mission erfreuen. Einen von ihnen, P. Bon-
nike, hat seitdem das harte Loos aus seinem entsagungsvollen, se-
gensreichen Wirkungskreise gerissen. Um so dankbarer gedenke ich
des P. L. Calon, namentlich aber des schon lange auf Sikka weilen-
den P. C. le Cocq d'Armandville, des opferfreudigen, muthigen
Mannes, der mir die Reise in Flores so sehr erleichterte. Hierzu trug
auch nicht wenig bei Herr Brugman, Posthalter zu Endeh.

   Von vielen Freunden in Makassar gebührt mein Dank vorall Herrn
A. J. A. F. Eerdmans, Secretair des Gouvernements, für manche
wichtige Mittheilung.

   In Java hat der Zoologe das Glück zwei Laboratoria zu finden. Das
eine in Buitenzorg ist zwar der Botanik gewidmet, doch ich war nicht
der erste Zoologe, dem der Director des botanischen Gartens Dr. M.
Treub dasselbe in bekannter Liberalität öffnete.

   Im Laboratorium der Natuurkundige Vereeniging in Batavia unter
Leitung von Dr. P. Sluiter, des verdienstlichen Erforschers der mari-

non Fauna Indiens, ist der Zoologe auf eigenem Boden, umgeben von Bibliothek, Aquarien und Sammlungen. Auch ich konnte mich der hier gebotenen Vortheile und der Hülfe des sachkundigen Leiters erfreuen. Beiden Freunden mein wohlgemeinter Dank. — Gleich vielen, die Java besuchten durfte auch ich mich der gastfreien Aufnahme bei Herrn Kerkhoven auf der herrlichen Besitzung Sinagar erfreuen und Herrn Dr. F. H. Bauer, damals in Buitenzorg, verdanke ich manchen guten Rath und meine Sammlung manch schönes Stück.

Rühmend erwähne ich schliesslich meiner Verleger, die bereitwillig auf die vielen Wünsche der modernen Zoologie eingingen.

Man wird es verzeihen, wenn mein letztes Wort meiner Lebensgefährtin gilt, die auch diesmal als treue Reisegefährtin Freud und Leid des wechselvollen Lebens eines reisenden Naturforschers theilte.

Amsterdam im Januar 1890.

MAX WEBER.

ERKLÄRUNG DER KARTEN.

Karte I.

Die Padang'schen Oberländer in West-Sumatra nach dem Atlas von Stemfoort und ten Siethoff, Haag 1883—1885, mit Andeutung der Reise-Route. Die Zahlen geben die Höhe in Meter über dem Meerespiegel an.

Karte II.

West-Java nach dem Atlas von Stemfoort und ten Siethoff. Auch hier sind nur die Orts- und Bergnamen eingetragen, an denen ich sammelte.

Karte III.

Umrisskarte von Flores mit benachbarten Inseln und von Süd- und Central-Celebes mit Hülfe von Herrn Prof. A. Wichmann zusammengestellt. Alle eingetragenen Namen von Orten, Flüssen u. s. w. sind solche, an denen ich sammelte oder von woher Prof. Wichmann zoologisches Material mitbrachte.

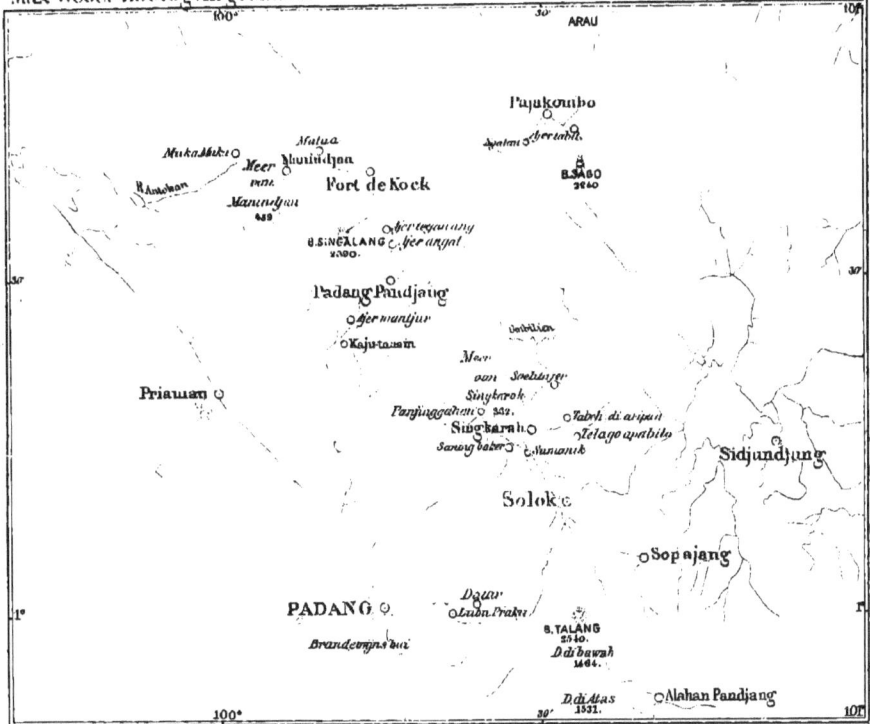

ARAU

Pajakombo

Mukadbuki o   Malua   Apatue ober tabit.
     Meer Manindjaa
R. Anakan   min. Fort de Kock   B.SAGO
     Manindjau   2040
     449
          ober tegarang
     B.SINGALANG Meer angat
     1380.

Padang Pandjang
     o Ajer mantjur
     o Kaju-tanam   bedilam
               Meer
               van   Soekboyer
Priauan o   Singkarok
          Panjinggahan o 341.
               Singkarah o   o Tabeh di arjan
          Sarong bates o   o Sumanik   o Telago apabila
                                              Sidjundjung
          Solok c

               o Sopajang

PADANG o.   Dgua
          o Luan Praku
                    B. TALANG
Brandewyns bai   2540.
                    D.di bawah
                    1464.

               D.di Atas   o Alahan Pandjang
                    1531.

Padang'sche Bovenlanden: West - Sumatra   1: 9000000

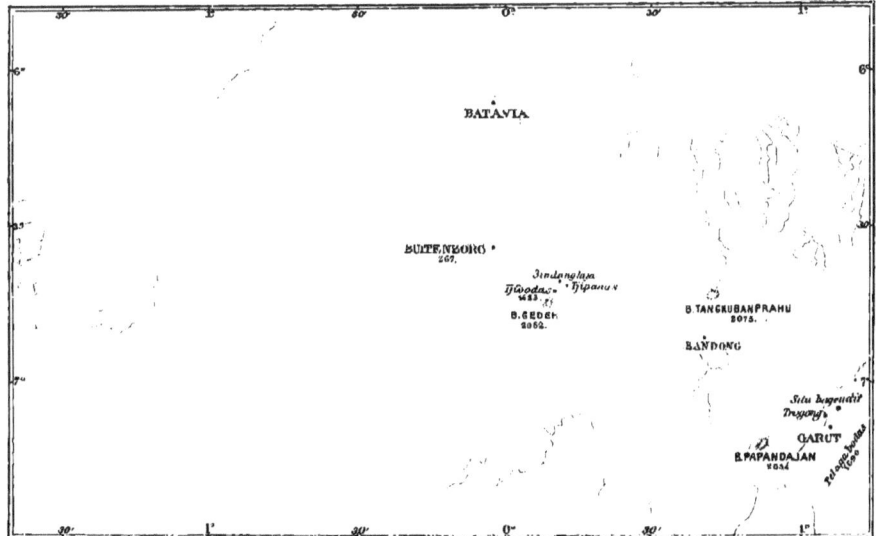

BATAVIA

BUITENBORG •
     267.
          Sindanglaja
     Tjiwodas • Tjipanu
     143.
     B.GEDEH   B. TANGKUBANPRAHU
     2960.   2075.

                    BANDONG

                         Situ bagendit
                    Tragong •
                         o   GARUT
                    B.PAPANDAJAN
                    2664

West-Java. 1:2000000

MANGKASSAR

Virginie eilanden

Peling

Taliabo

CELEBES

LUWU

STRAAT

BINGKOKA

WADJO

BONI

Wowoni

Saparoea Archipel

5°Z.Br.

Muna

Buton

Wangi wangi

Saleijer

Postillon eilanden

FLO ...

Djampeja

Gunung Api

Komodo

Rindja

P.Sanga

Straat a Floris

Sumbawa

FLORES

Ibren eiland

PuaLingacie

LARANTUKA

Solor

Adonara

Lomblem

Pantar

Alor

Musa Endeh

SUMBA

P. Samaaw

Savu

Rotti

TIMOR

Über TEMNOCEPHALA Blanchard

VON

MAX WEBER.

Mit Tafel I—III.

In den Flüssen und Süsswasser-Seen des malayischen Archipels
scheint das so sehr abweichende Trematoden-Genus Temnocephala allgemeiner verbreitet zu sein. Es wurde wenigstens von mir auf
Telphusa-Arten des süssen Wassers in Sumatra, Java und in verschiedenen Theilen von Celebes gefunden.

Hiermit war eine gute Gelegenheit geboten, das Thier auf seinen
Bau sowie auf einzelne Punkte seiner Fortpflanzung hin untersuchen
zu können.

Obwohl nun während meiner Abwesenheit von Europa eine aus-
führlichere Arbeit über neu-seeländische und australische Arten von
Temnocephala von HASWELL erschien, glaube ich doch meine unabhängig
gewonnenen Resultate kurz bekannt machen zu sollen. Einmal weichen
sie in verschiedenen Punkten ab von HASWELL's Ergebnissen, dann
auch wurden sie an einer anderen Art gewonnen und hierauf dürfte
sich vielleicht ein Theil der ebengenannten Abweichungen in HASWELL's
und meinen Ergebnissen zurückführen lassen.

Die vorliegende Mittheilung verfolgt nur den Zweck, den Bau dieses
aberranten Trematoden klar zu legen und seine verwandtschaftlichen
Beziehungen zu anderen Trematoden zu besprechen. Sie beabsichtigt
nicht den histiologischen Bau der Trematoden an einem Vertreter zu
behandeln oder gar strittige Punkte in der Anatomie dieser Thiergruppe
zu erörteren. Dafür war der primitive Arbeitsraum, wo diese Unter-

1

suchung zum grossen Theile ausgeführt wurde: ein Kamponghäuschen, das mit dem Eigenthümer getheilt werden musste, nicht der geeignete Ort.

Der Vollständigkeit und Übersichtlichkeit halber sei die einschlägige Literatur kurz besprochen.

Das im Jahre 1849 von CLAUDIO GAY in Chile entdeckte und in einem Briefe an DE BLAINVILLE als Branchiobdella chilensis bezeichnete Thier wurde in GAY's Zoologia chilena vol. III, 51 als Temnocephala chilensis beschrieben und Tab. II der Annelides Fig. 6 abgebildet [1]). BLANCHARD am angeführten Orte und MOQUIN TANDON [2]) hielten Temnocephala für eine Hirudinee.

PHILIPPI [3]) stellte zuerst eine etwas genauere Untersuchung der Temnocephala an, die er in Chile auf einer Aeglea-Art des süssen Wassers zurückfand. Seine Untersuchung war jedoch nicht eingehend genug, um ihn von seiner Ansicht abzubringen, dass er es mit einem Wurme zu thun habe, der in die Nähe von Malacobdella gehöre.

Erst SEMPER [4]) gebührt das Verdienst, an Exemplaren, die er auf Telphusa-Arten in Luzon und Mindanao fand, nachgewiesen zu haben, dass Temnocephala ein ectoparasitisch lebender Trematode sei.

Er wies ferner [5]) auf die interessante zoogeographische Erscheinung hin, dass dieselbe Art in Chile und auf den Phillippinen vorkomme. SEMPER hält nämlich seine Exemplare für identisch mit der chilenischen Art, was aber noch nicht ausgemacht ist. Inzwischen ist leztgenannte Erscheinung minder auffallend geworden, da seitdem von WOOD-MASON [6]) Temnocephala auch in Neu-Seeland und Hinter-Indien nachgewiesen wurde.

Die ausführlichste anatomische Untersuchung über Temnocephala verdanken wir endlich HASWELL [7]), der das Resultat SEMPER's bestätigt, dass hier ein monogenetischer Trematode vorliege.

HASWELL macht uns gleichzeitig mit vier neuen Arten aus Australien und Neu-Seeland bekannt.

---

1) Ich citire hier nach Philippi: Arch. f. Naturgesch. XXXVI, 1870.
2) MOQUIN TANDON: Monogr. des Hirudinés pag. 300.
3) Arch. f. Naturgeschichte XXXVI, 1870 pag. 35.
4) Zeitschr. f. wiss. Zoolog. XXII. 1872, pag. 307.
5) C. SEMPER: Die natürl. Existenzbedingungen der Thiere. Leipzig, 1880. II, pag. 115.
6) Annals and Magaz. of nat. hist. 4. ser. XV, pag. 336.
7) Quarterly Journ. of Microscop. Science. vol. XXVIII, 1887.

Beschreibung und Vorkommen der untersuchten Art.
(Tafel I, Fig. 2.)

Das länglich ovale, dabei dorso-ventral stark abgeplattete Thier hat vorn fünf, in einer Ebene liegende fingerförmige Kopflappen, die wir Tentakel nennen wollen. Alle Enden zugespitzt. Der mittlere derselben steht genau in der Medianlinie des Körpers, neben ihm rechts und links je zwei seitliche von gleicher Länge. Unter zahlreichen Exemplaren traf ich nur zwei an, deren mittlerer Tentakel an seiner Spitze gespalten, mithin zweispitzig war. Niemals bot einer der anderen diese Abweichung dar; auch ist die Anzahl der Tentakel bei jungen und alten Individuen die gleiche.

Das hintere Körperende trägt den einfachen Saugnapf.

In der Regel ist·der Körper milchweiss; nur scheint die Gegend des Magendarmes braun oder gelblich durch. Auch die Spermarien heben sich zuweilen undeutlich ab. Ferner erscheinen am lebenden Thiere die Augen als zwei winzige schwarze Punkte; auch ist die Genital-öffnung oder richtiger der Kranz von Drüsen, der diese Öffnung umgibt, sowie die Mundöffnung für das blosse Auge sichtbar.

Die feine Falte, die den Körper der Arten HASWELL's umsäumt, fehlt meiner Art.

Das Ausmaass des Thieres variirt sehr. Grosse Exemplare waren in der Ruhe 3 mm. lang und 2 mm. breit; ausgestreckt erreichten sie eine Länge von 6 mm. Hierbei können sich die Tentakel noch um ein Drittel der Gesammtlänge ausrecken.

Von der oben als milchweiss angegebenen Farbe unterscheiden sich nur Exemplare von Buitenzorg (Java), die erwachsen braungefärbt waren, vornehmlich auf der Rückenfläche. Auch in anderer Beziehung boten sie ein abweichendes Verhalten. Während Exemplare von anderem Fundorte in einem verhältnissmässig kleinen Glascylinder oder anderen Wasserbehälter, dessen Wasser nur selten gewechselt wurde, wochenlang lebend erhalten werden konnten, war dies bei Exemplaren, die ich allerdings nur von *einer* Fundstelle in Java erhielt, nicht der Fall.

In Wasser gebracht starben sie alsbald, dagegen konnte ich sie am Leben erhalten, wenn sie, auf den Krabben belassen, mit diesen z. B. in einen grossen Blumentopf gebracht wurden, dessen Boden mit geringer Wasserlage bedeckt war, ausserdem aber mit Scherben und

Steinen. Im Gegensatz zu Exemplaren von anderen Fundorten, die auf Telphusa-Arten sassen, welche in und unter Wasser lebten, wurden die Thiere in Buitenzorg zu einer Zeit gefangen, als es dort seit zwanzig Tagen nicht mehr geregnet hatte. Die Bäche waren sehr ausgetrocknet, sodass die Krabben hauptsächlich unter feuchten Steinen sich aufhielten und Temnocephala mit feuchter Umgebung vorlieb nehmen musste.

Die Temnocephala-Art, die ich untersuchen konnte, lebt ausschliesslich auf der Körperoberfläche von Telphusa-Arten, niemals auf Palaemoniden, obwohl beide vergesellschaftet vorkommen. Auch SEMPER fand seine Exemplare nur auf Telphusa. Die Arten Australiens und Neu-Seelands haben nach HASWELL sich langschwänzige Decapoden zu Wohnthieren ausgewählt (Paranephrops und Astacopsis). PHILIPPI fand seine Exemplare auf Aeglea. WOOD-MASON endlich meint, dass ein Exemplar von Englisch Indien wahrscheinlich einem Flussfische angeheftet war, doch bedarf dies wohl noch weiterer Bestätigung.

Temnocephala wurde von mir an folgenden Orten gefunden.

Auf Sumatra in dem 1464 Meter hoch über dem Meere, am Fusse des Vulkans Talang gelegenen Süsswasser-See Danau di bahwa, sowie in einem kleinen Bache, kurz vor dessen Ausmündung in den grossen Süsswasser-See von Manindjau, 459 Meter hoch über dem Meeresspiegel.

Auf Java in nächster Nähe von Buitenzorg.

In Süd-Celebes in Flüsschen bei Paré-Paré (an der Westküste) und bei Loka — in der Nähe von Bonthain — ungefähr 1150 Meter hoch über dem Meere. Endlich in einem Flusse dicht an der Küste, im Fürstenthum Luwu in Central-Celebes.

Trotz vielen Suchens gelang es nicht, Exemplare auf den gleichfalls von mir untersuchten Inseln Saleyer und Flores zu entdecken, was aber nichts beweist, da Temnocephala — soweit meine Erfahrung reicht — sehr localisirt vorkommt, oft nur in einem kleinen Bezirke eines Baches oder Flusses, dann aber meist zahlreich.

Die Thiere sitzen zwar auf allen möglichen Stellen der Telphusa, in der Ruhe aber hauptsächlich auf dem femur der Beine sowie auf der benachbarten Unterfläche des Cephalothorax, ferner auf dem Hinter- und Seitenrande desselben. Auf einer Telphusa fand ich neunzig Individuen, grosse und kleine durcheinander. In der Regel aber ist die Anzahl sehr viel kleiner.

Die Art der Bewegung auf dem Wohnthiere und im Wasser ist bereits von HASWELL[1]) sehr gut beschrieben worden; auf ihn sei daher verwiesen.

Die von mir beobachtete Temnocephala ernährt sich ausschliesslich von Daphniden, Copepoden, Insectenlarven, Rotatorien und vielleicht Infusorien. Abweichend von allen übrigen bekannten Trematoden, ist Temnocephala mithin kein Parasit, auch kein Ectoparasit. Sie gebraucht die Crustaceen, die sie bewohnt, mithin nur als Transportmittel und wird dabei auch dadurch Nutzen ziehen für die Auffindung der Nahrung, dass der Kruster, nach eigenem Futter suchend, Futter-thiere für die Temnocephala aufjagen wird.

Hautdecke und Muskulatur.
(Tafel II, Fig. 4; Tafel III, Fig. 10 und 12.)

Die Aussenlage des Körpers wird durch eine feine, durchsichtige Cuticula — im Sinne KERBERTS[2]) — gebildet. Sie ist ein Abscheidungsproduct der Epidermis, wird auch wohl Matrix oder Subcuticula genannt, und erreicht eine beträchtlichere Dicke dort, wo sie als Innenbekleidung den Oesophagus bis zum Darme durchzieht. Desgleichen am Geschlechtsapparat, wo sie durch die Geschlechtsöffnung eingestülpt ist, in den Cirrusbeutel sich fortsetzt und schliesslich auf den Cirrus sich umschlägt und diesen überzieht.

Die Epidermis ist eine einschichtige Lage von Zellen mit sehr undeutlichen, meist nicht erkennbaren Grenzen, cubisch von Form, jedoch einigermaassen mit dem Contractionszustande des Körpers wechselnd. Der Inhalt der Zellen oder besser der Epidermislage erscheint vielfach am lebenden Exemplare fein gestrichelt. Die Zellkerne sind länglich und fein gekörnt; meist schienen sie mit ihrer Längsachse parallel zur Querachse des Thieres zu stehen, doch kam auch eine Orientirung derselben parallel zur Längsachse des Thieres vor, was mit dem Contractionszustande des Thieres in Verband zu stehen schien. Eine Basalmembran als innere Grenze der Epidermis kam nicht zur Ansicht. Auf die Epidermis folgt, unmittelbar an dieselbe anschliessend, die Ringfaserschicht, deren Fasern durch kurze Zwischenräume von einander getrennt und überhaupt wenig kräftig entwickelt sind. Am stärksten dürften sie zwischen Pharynx-Gegend und Basis der Tentakel sein.

---

1) HASWELL l. c. pag. 282.
2) KERBERT: Arch. f. mikr. Anat. Bd. XIX, pag. 531.

Weit kräftiger ist die nun folgende Längsfaserschicht, deren im Allgemeinen kräftige Fasern und Faserbündel je nach den Körperstellen eine verschiedene Entwickelung erreichen. Auch ihr Verlauf ist ein dementsprechend verschiedener. Hierauf üben die Genital- und Mundöffnung, ferner die Tentakel und die Saugscheibe einen wesentlichen Einfluss aus. In der Hauptsache ist es daher die ventrale Längsfaserlage, die in Lagen sich sondert, wobei die tieferen einen diagonalen Lauf nehmen können. Die Skizze auf Fig. 12 wird deutlich machen, wie durch die Anordnung der Muskelfasern der Genitalporus umschlossen wird, wie durch Auseinanderweichen derselben die Mundöffnung freigelassen wird. Sie stellt endlich den complicirten Verlauf der Fasern der Tentakel vor, wodurch deren ausgiebige und vielseitige Bewegung möglich wird. An der dorsalen Seite tritt die unveränderte Längsmuskulatur einfach in die Tentakel ein.

Weit interessanter ist das Verhalten der Hautdrüsen, die ich in den *Hauptzügen* wiederfinde, wie HASWELL sie von seinen Arten beschrieb, doch will es mir scheinen, dass einzelne Thatsachen mit weit mehr Nachdruck hervorgehoben werden müssen, da sie für einen Trematoden in der That alle Beachtung verdienen.

Zunächst fallen beim lebenden Thiere unter dem Mikroskope eine Menge grosser Zellen auf, die zwischen der Längsmuskelschicht der Körperwand und den Spermaria respective dem Darme gelegen, nicht nur von der Pharynxgegend bis zum Genitalporus sich erstrecken — wie bei den HASWELL'schen Arten — sondern bei den meinigen auch noch darüber hinaus in beiderlei Richtung. Hinter dem hinteren Spermarium füllen sie das Parenchymgewebe noch an bis zum Saugnapf und vorne finden sie sich, allerdings weniger zahlreich werdend, noch vor der Sammelblase des Wassergefässsystems.

Wie HASWELL finde ich diese Drüsenzellen in den Maschen des Parenchymgewebes liegen, theilweise dicht aneinander gepresst. Ich kann ihm jedoch nicht zustimmen in seinem Zweifel, der ihn sagen lässt, dass diese Drüsenzellen „perhaps as modified cells of the parenchyma" anzusehen seien. Ich meine, dass hier echte Hautdrüsen vorliegen, wobei ihre tiefe Lage keine Schwierigkeit machen kann, da wir ja wissen, dass Hautdrüsen der Plathelminthen überhaupt in die Tiefe rücken können.

Bezüglich des feineren Baues der Zellen sei auf HASWELL verwiesen. Mir fiel auf, dass dem Inhalte und einigermassen der Lage nach zwei

Arten von Zellgruppen zu unterscheiden seien. Einmal solche Drüsenzellen, die angefüllt sind mit feinsten Stäbchen, Bacillen vergleichbar,
wie sie auch Haswell beschreibt und abbildet. Diese Art fand ich an
lebenden oder frisch durchscheinend gemachten Thieren vom hinteren
Spermarium ab bis zur Höhe des Pharynx (vergl. Fig. 10 Taf. III).
Gleich sei hier hinzugefügt, dass diese Drüsenmasse auf den Tentakeln
ausmündet.

Eine zweite Art ist gekennzeichnet durch einen äusserst feinkörnigen Inhalt, den ich bei Haswell nicht vermeldet finde.

Die gleichsam staubförmigen Granula setzen sich deutlich in den
Ausführungsgang fort. Solche Zellen finde ich in grosser Menge von
dem hinteren Spermarium ab bis in die Nähe des Saugnapfes; ausserdem liegen sie in geringerer Zahl, kopfwärts von den stäbchenführenden,
im Umkreise der jederseitigen Excretionsblase bis zur Basis des äusseren Tentakels. Während die letzteren, wenig zahlreichen, wiederum
auf den Tentakeln ihre Ausmündung haben, mündet die Hauptmasse
im Umkreise der Genitalöffnung sowie auf dem Saugnapfe aus.

Bisher war, bezüglich des Zellinhaltes, nur von lebenden, höchstens
absterbenden Zellen die Rede; an Exemplaren, die in Alcohol conservirt waren, war der Inhalt theilweise ein anderer. Zahlreiche der
feingranulirten Zellen hatten einen grossblasigen Zustand angenommen.
Die Blasen waren angefüllt mit einem wasserklaren, lichtbrechenden
Stoffe, der sich auch in die Ausführungsgänge verfolgen liess. Hier und
da war er durch Borax- und Alaunkarmin stark gefärbt. Ich möchte
denselben für Schleim halten. Vereinzelt fand ich auch conservirte Zellen,
deren Protoplasma ein feines Netzwerk bildet, dessen Fäden vom Nucleus
nach der Peripherie ausstrahlen sowie Haswell es für eine seiner
Zellarten beschreibt und abbildet.

Merkwürdiger als alles dies ist die Weise der Ausmündung der Drüsenzellen, die ich an frischen Exemplaren untersuchte. Es wurde bereits angegeben, dass die eine Zellenart mit stabförmigem Inhalte auf
den Tentakeln ausmündet und dass Gleiches thun eine kleine Gruppe
der vorn gelegenen Zellen mit fein granulärem Inhalt. Um dies zu
ermöglichen, müssen die Drüsenzellen, die z. B. in der Nähe des hinteren Spermarium liegen, enorm lange Ausführungsgänge haben, während
dieselben, soweit sie den mehr vorne gelegenen Drüsenzellen angehören, stets kürzer werden. Der jeder Zelle angehörige Ausführungsgang
vereinigt sich nun mit benachbarten, diese mit anderen, woraus ein

Bündel von Ausführungsgängen entsteht, das schliesslich zu den Kopflappen zieht. Hierbei aber weichen die Constituenten des Bündels auseinander, treten wieder zusammen und bilden solchergestalt unter den Kopflappen ein Netz von ganz constanter Figur, wie es auf Fig. 10 dargestellt ist. Aus diesem netzförmigen Kopfbogen treten schliesslich zwei Bündel in die Kopflappen ein, die sich feiner zerspaltend als feinste Canäle auf der Hautdecke der Tentakel ausmünden.

Von der mehr dorsal gelegenen zweiten Art von Zellen wurde bereits angegeben, dass sie entweder im Umkreise der Geschlechtsöffnung oder auf dem centralen Theil des Saugnapfes ausmünde. Auch hier wieder bestimmt der Abstand der Drüse vom Orte, wo sie ausmündet, die Länge des Ausführungsganges, der hier ebenfalls sehr lang werden kann.

Beschriebenes Verhalten der Drüsen erinnert somit an den *Verlauf der Ausführungsgänge* der einzelligen Drüsen, die Leydig [1]) von Piscicola zuerst beschrieb. Drüsenzellen mit solch langen, zu Bündeln vereinigten Ausführungsgängen erwähnt Schneider [2]), unter Opposition, dass es Drüsen seien, als Leydig'sche Zellen von Mesostomum, Rhabdocoelen und Hirudineen.

Soweit mir bekannt, sind einzellige Drüsen mit solcher Art der Ausfuhrwege von Trematoden noch nicht angegeben.

Das Drüsensecret wurde bereits als ein schleimiges angesprochen. Vermuthlich spielt es eine Rolle bei dem Gebrauche der Tentakel und des Saugnapfes; sei es, um diesen die Anheftung bequemer und erfolgreicher zu machen, sei es nur, um diese Theile mit einer temporären Lage zu überziehen, die dazu bestimmt ist, die zarte Cuticula und Epidermis zu beschützen.

Haswell [3]) beschreibt ausserdem Zellen, die mehr am hinteren Ende unserer ersten Zellgruppe gelegen, durch einen Ausführungsgang ohne fest begrenzte Wand ihr Secret direct nach aussen ergiessen sollen, wobei sie die Muskellage, Basalmembran, Epidermis und Cuticula mit feinen Poren-Canälen durchbohren. Mir kamen solche Zellen nicht zu Gesicht; wohl sah ich, namentlich auf der Rückenfläche — ähnlich wie Loos [4]) dies von Distomum palliatum beschreibt — zerstreute Aggregate von kleinen Zellen mit grossen Kernen, die durch Karminfarb-

---

1) Leydig: Zeitschr. f. wiss. Zoologie, Bd I, 1849.
2) Schneider: Zool. Arbeiten. Bd. I, pag. 124.
3) Haswell l. c. pag. 288.
4) Zeitschr. f. wiss. Zool. XLI, pag. 8 des Separat-Abzuges.

stoffe sehr stark gefärbt wurden. Sie liegen unter der Längsmuskulatur. Ich möchte sie für Hautdrüsen halten, die vermuthlich direct nach aussen münden.

Excretorischer Apparat.

(Tafel II, Fig. 3.)

Der excretorische Apparat bildet ein complicirtes System von Canälen dar mit reichlicher Verzweigung und Anastomosenbildung, das nicht unerheblich abweicht vom gewöhnlichen Typus bei Trematoden.

Bereits von SEMPER, genauer noch von HASWELL, wurde erkannt, dass jederseits auf der Rückenfläche, ungefähr in der Höhe der Augen, ein contractiles blasiges Organ von langgestreckter Form ausmündet, das nicht flimmert, eine starke Muskelwand hat und dadurch sein Lumen und seine Öffnung nach aussen erweiteren und verengeren kann.

In diese contractile Endblase mündet, knieförmig gebogen, ein heller Canal ein, der — wenn wir ihm weiter nachgehen — alsbald eine kleine Erweiterung aufweist, um sich darauf dicht bei dem vordersten Hoden zu spalten. Jeder der entstandenen Äste zieht quer zum Magendarme und zerlegt sich, dort angekommen, in einen nach vorn und einen nach hinten ziehenden Stamm. Der weitere Verlauf derselben sowie deren Querverbindungen werden wohl am besten aus der beigefügten, nach dem lebenden Thiere angefertigten Zeichnung (Fig. 3) zu ersehen sein. Nur sei noch hinzugefügt, dass die zwei linken und die zwei rechten, nach vorn ziehenden Canäle, in der Medianlinie sich vereinigend, einen Kopfbogen bilden, der längs dem Ursprung der fünf Kopftentakel verlaufend, in jeden derselben einen Canal entsendet. Bei einigermaassen contrahirtem Zustande der Tentakel, und anders bekommt man sie am lebenden Thiere nicht zu sehen, ist der Verlauf dieser Canäle ein geschlängelter. Ein einfacherer Gefässbogen bildet sich dicht beim Saugnapf, der wieder Seitenäste aufnimmt.

Aus der beigegebenen Fig. 3 erhellt, dass es gelang, an verschiedenen Stellen, jedoch jederseits ganz gleichmässig, feinere Canälchen als Seitenäste der grösseren aufzufinden. So in der Gegend des oberen Spermarium, weiterhin in der Nähe des Saugnapfes und auf diesem selbst, endlich in der Höhe der Augen. Zweifelsohne bilden diese feinsten Röhrchen, die im Parenchymgewebe sich verloren, den Anfang des ganzen Canalsystems. Es wollte mir aber, ebensowenig wie HASWELL, gelingen, den Anfang dieser Röhrchen zu entdecken. Ebensowenig war es am lebenden Thiere möglich, Flimmerläppchen, Wimpertrichter oder Flimmerung überhaupt wahrzunehmen. Mikroskopische Schnitte gaben noch viel weniger Auskunft; unwahrscheinlich kommt es daher auch mir nicht vor, dass diese Seitenröhrchen in Spalten des Parenchymgewebes ihren Anfang nehmen.

Die Thatsache, dass das Excretionssystem von Temnocephala aus zwei seitlichen, nicht contractilen Hauptstämmen besteht, die gesondert auf der *Rückenseite* durch zwei contractile Endblasen ausmünden, während jede Spur einer Schwanzblase oder eines foramen caudale fehlt, ist nicht unwichtig für die Stellung unseres Thieres.

Es ergibt sich nämlich bei genauerem Zusehen, dass eine doppelte Ausmündung der Excretionscanäle durch Endblasen, die jederseits am vorderen Körperende liegen, nicht selten ist, gleichzeitig aber, dass diese Endblasen an der Ventralseite sich finden. Dorsale Ausmündung derselben ist ausserordentlich selten. Man scheint diesen Punkt nicht allzu genau genommen zu haben; denn nur so werden einzelne gröbere Irrthümer in dieser Hinsicht erklärlich.

Der sonst so genaue Zeller sagt [1]) in einer Note, nachdem er festgestellt hat, dass bei Polystomum integerrimum Rud. das excretorische Gefässsystem mittelst einer engen Öffnung jederseits auf der *Rückenfläche* nach aussen mündet: „Eine im Wesentlichen übereinstimmende Anordnung des Gefässsystems mit zwei seitlichen Hauptstämmen und doppelter Ausmündung auf der Rückenfläche des Körpers habe ich bei Diplozoon paradoxum und bei Octobothrium gefunden und ähnliche Verhältnisse kennen wir schon durch Kölliker für Tristomum papillosum und durch v. Beneden für Epibdella".

Was nun Kölliker's [2]) Angabe betrifft, so stellt sich bei näherem Zusehen heraus, dass das von Kölliker damals vorläufig als Athemorgan gedeutete System von Canälen des Excretionssystems „mit zwei runden kleinen Öffnungen beginnt, die auf der Bauchfläche, dicht hinter und etwas nach aussen von den beiden vorderen Saugnäpfen liegen...."

Also auf der Bauchfläche. Ein gleicher Irrthum waltet bezüglich der Epibdella van Beneden's ob. Auf Fig. 2 und 4 der Tafel II, ferner auf Fig. 1 der Tafel III bringt P. J. van Beneden [3]) die seitlichen feinen

---

1) Zeller: Zeitschr. f. wiss. Zoologie XXII, pag. 20.
2) Kölliker: Bericht v. d. Zootom. Anstalt zu Würzburg 1849, pag. 23.
3) P. J. van Beneden: Mém. s. les vers intestinaux in Suppl. aux Comptes rendus de l'Acad. d. sc. II. 1861.

Öffnungen der Excretions-Canäle zur Darstellung. In der Tafelerklärung heisst es ausdrücklich vom ganzen Wurme oder von der bezüglichen Körpergegend „vu du côté du ventre". Die seitlichen Öffnungen liegen mithin auf der *Ventralfläche*.

Es bleiben demnach nur folgende Trematoden übrig, deren doppelte Endblasen auf der Rückenfläche ausmünden. Polystomum integerrimum nach ZELLER, desgleichen Octobothrium und Diplozoon paradoxum nach demselben Autor. Es kommt mir ferner nicht unwahrscheinlich vor, dass auch bei Pseudocotyle Squatinae Hesse et v. Beneden das Wassergefässsystem auf der Rückenfläche doppelt ausmündet. TASCHEN-BERG [1]) erwähnt kurz die zur Seite des Pharynx gelegenen, unregelmässig gestalteten Endblasen, welche mittelst einer kleinen, nahe ihrem Vorder-rande gelegenen Öffnung nach aussen münden. Dorsale oder ventrale Lage wird nicht erwähnt, wohl aber eine Abbildung des ganzen Thieres vom Rücken aus gegeben (Taf. III, Fig. 2), wo die Endblasen gleich-falls dargestellt sind, mithin wohl, falls sie nicht durch die ganze Körperdicke durchscheinen, dorsal liegen.

Weitere Fälle von doppelter *dorsaler* Ausmündung sind mir nur noch von Axine belones bekannt geworden, wovon LORENZ [2]) sie beschreibt. Wahrscheinlich werden deren wohl noch mehr bestehen, doch scheint man diesen topographischen Punkt wenig beachtet zu haben. TASCHEN-BERG [3]) schreibt, nachdem er seine Ansicht dahin ausgesprochen hat, dass wahrscheinlich allen Arten der Gattung Tristomum (in weiterer Auf-fassung TASCHENBERG's) dieselbe Art der Ausmündung des excretori-schen Apparates durch zwei Blasen an der *Bauchfläche* zukomme: „Ich sehe sie (die kleinen Öffnungen an der Bauchfläche) bei Tristomum pelamydes Tasch.; van BENEDEN beschreibt sie von Tr. (Epibdella) hip-poglossi und sciaenae; CARL VOGT bildet sie bei Tr. (Phylonella) soleae ab". Er fährt alsdann in einer Note fort: „An derselben Stelle befinden sich auch bei der auf Krabben schmarotzenden Temnocephala chilensis Gay, die zu den ectoparasitischen Trematoden gehört, die blasenför-migen, nach aussen mündenden Reservoire des Excretionsorganes". Hierzu citirt er SEMPER, der allerdings nicht genauer angibt, auf welcher Seite die Ausmündung liege. Wir wissen aber jetzt, dass es

---

1) E. TASCHENBERG: Weit. Beitr. z. Kenntniss ectoparasit. Trematoden. Festschr. d. Naturf.-Ges. Halle 1879.

2) LORENZ in Claus' Arbeiten. Wien 1878. I, p. 415.

3) E. TASCHENBERG: Abhandl. Naturf.-Ges. Halle. XIV. 3. 1879.

die Rückenfläche ist; übrigens behauptete SEMPER eben auch nicht das Gegentheil.

Männliche Geschlechtsorgane.

(Tafel I, Fig. 1, 1ᵃ; Tafel II, Fig. 3; Tafel III, Fig. 11.)

Jederseits finden sich zwei Spermaria, als meist ovale, auch wohl nierenförmige oder gestrecktere Organe, je nach dem Contractionszustande des Körpers, der hierauf einen, wenn auch geringen Einfluss ausübt. Das obere Paar grenzt jederseits an die Seitenwand des Magendarmes und zwar an dessen Mitte; das untere Paar liegt an der hinteren Ecke des Magendarmes. Die Ausdehnung der Spermaria erhellt aus verschiedenen der vorgelegten Figuren (Fig. 3 u. 11); zugleich auch zeigt sich, dass sie bezüglich ihres Umfanges und ihrer Form gänzlich abweichen von den Spermaria der Temnocephala-Arten HASWELL's, die so lang sind, dass sie sich von der pharyngealen Gegend bis hinter die Geschlechtsöffnung erstrecken und „partake to some extent of the segmented character of the animal, being partially subdivided at the sides by a deep transverse incision opposite each of the muscular partitions through which, however, the main substance of the gland is continued uninterrupted" [1].

Allgemein kann man die Lage der Spermaria weder eine dorsale noch auch eine ventrale nennen. In dem platten Körper des Thieres lagern diese Organe ungefähr in der Mitte von dessen Dicke.

Jederseits ist das obere Spermarium durch einen Gang (vas efferens) mit dem unteren verbunden, in der Weise, dass das vas efferens, vom hinteren Ende des oberen Spermarium seinen Ursprung nehmend, in das vordere Ende des unteren Spermarium eintritt. Die Spermatozoen müssen mithin durch das hintere ihren Ausweg suchen. Von der hier gegebenen Darstellung der männlichen Keimdrüsen — ganz verschieden vom gewöhnlichen Verhalten bei Trematoden — weicht SEMPER's [2] Auffassung insofern ab, als er der Temnocephala jederseits nur einen Hoden zuerkennt, der aber aus zwei durch einen dünnen, kurzen Stiel verbundenen Hälften besteht.

Die beiden unteren Spermaria senden die vasa deferentia aus, die sich links von der Genitalöffnung zu einer grossen langgestreckten Samen-

---

1) HASWELL l. c. pag. 295.
2) SEMPER: Zeitschr. f wiss. Zoologie XXII, pag. 309.

blase vereinigen. Bei erwachsenen Individuen wohl stets mit Spermatozoen gefüllt, ist diese Samenblase mit einer starken Muskelwand
circulärer Fasern ausgestattet, die bereits die noch nicht verschmol-
zenen Enden der vasa deferentia umhüllen. Weiterhin sich umbeugend
geht die Samenblase mit verengertem Halse in den Cirrus oder Penis
über, ihr Hohlraum in den ductus ejaculatorius, der den Cirrus durchzieht.
Der Cirrus ist ein langes, pfriemenförmiges Organ, das Form und Ri-
gidität einer cuticularen Aussenlage verdankt, die an der Spitze des
Organs unbedeutend zu einem urnenförmigen Knopfe anschwillt, der
von aussen mit feinsten Zähnchen besetzt ist. Im Ruhezustande
liegt er zurückgezogen in einer Muskelscheide, dem Cirrusbeutel, der
in den Oviduct ausmündet. Genauere Angabe, wo dies geschieht, soll
bei Gelegenheit der weiblichen Geschlechtsorgane zur Sprache kommen.
Unschwer ist nachzuweisen, dass die cuticulare Bekleidung des Cirrus
eine Fortsetzung der Cuticula der Haut ist. Dies erklärt sich leicht,
wenn man im Auge behält, dass der Cirrusbeutel nachweislich als
eine Einstülpung der Haut durch den Genitalporus aufzufassen ist.
Die Innenwand dieses Beutels setzt sich als Aussenwand des Cirrus
selbst fort. Die Cuticula des Körpers erreicht mithin auf dem Cirrus
eine besonders starke Entwickelung. Eine Ausstülpung des Cirrus, welche
ich niemals beobachtete, die aber aus dem anatomischen Bau und aus
physiologischen Rücksichten postulirt wird, geschieht durch Contraction der Längs- und Ringmuskulatur des Cirrusbeutels, wobei erstere
Verkürzung desselben, letztere Herauspressen des beweglichen Cirrus
bewerkstelligen wird.

In Übereinstimmung mit Semper finde ich am proximalen Ende des
Cirrus, dort wo die Samenblase in diesen übergeht, eine kugelige
Anschwellung mit starker muskulöser Wand: eine Forsetzung der
Muskelbekleidung der Samenblase, die sich in die Muskellage des Cirrusbeutels fortsetzt. Der hohle, beträchtlich weite Innenraum wird bekleidet durch eine Zelllage, die wohl Recht gibt, das Organ mit Semper
als Drüse anzusprechen. Haswell erwähnt dieses auffälligen Organs nicht;
wohl aber findet er [1]) an der Basis des Penis einzellige Drüsen, die
ihr Secret in den ductus ejaculatorius ergiessen. Bei meiner Art fehlen sie.

Noch sei anlangend die Spermatogenese angemerkt, dass hier Verhältnisse vorliegen, wie Kerbert [2]) sie bei Distomum Westermani

---

1) Haswell l. c. pag. 288 und 296.
2) C. Kerbert: Archiv f. mikroskop. Anat. Bd XIX, pag. 559.

antraf, Verhältnisse, die übereinstimmen mit der Auffassung der Spermatogenese von v. la Valette St. George. Man findet im Spermarium grosse Zellen mit grossen Kernen: Spermatogonien oder Ursamenzellen. Zweifelsohne gehen aus diesen durch Theilung Haufen von wenig zahlreichen kleineren Zellen mit grossem Kerne hervor, der jedoch kleiner ist, als der Kern der Spermatogonien. Aus diesen Spermatocyten gehen durch fortgesetzte Theilung noch kleinere Zellen mit kleinen, runden, das Licht scharf brechenden Kernen hervor: Spermatiden (Voigt). Die Grenzen dieser Zellen verschwinden endlich und geben Anlass zur Bildung der Spermatosomata, die demgemäss in Bündeln zusammenliegen. Das einzelne Spermatosoma hat − auf eine Untersuchung der feineren Structur will ich hier nicht eingehen −− einen länglich birnförmigen Kopf, an den der lange Schwanz sich anschliesst.

Weibliche Geschlechtsorgane.
(Tafel I, Fig. 1; Tafel II, Fig. 5; Tafel III, Fig. 11.)

Das Ovarium ist ein kugeliger, rechts zwischen Genitalporus und Hinterrand des Magendarmes gelegener Körper, der angefüllt ist mit polygonalen Zellen. Schon bei kleinen Individuen fallen einzelne Zellen durch ihre Grösse als Eizellen auf, die der Reife nahen. Im Gegensatz zu den kleineren, noch unreifen, deren Kern klein und mit Chromatinballen angefüllt ist, haben die grossen Eizellen einen sehr grossen Kern mit netziger Structur und kleinen Kernkörperchen. Ihr Zellleib enthält Dotterkügelchen von sehr kleinem Caliber, die das Licht stark brechen.

Das Ovarium mündet in einen Abschnitt des Oviducts, in den ausserdem das Receptaculum seminis und die Dottergänge ihren Inhalt ergiessen.

Ausdrücklich sei hier vermeldet, dass dieser Abschnitt des Oviducts nicht der Ootyp P. J. van Beneden's ist. Taschenberg [1]) hat bereits gerügt, dass Vogt [2]) diesen Ausdruck van Beneden's ganz verkehrt gebraucht hat; trotzdem finden wir auch in einzelnen der neuesten Arbeiten über Trematoden diesen Fehler wiederholt. Van Beneden's Ootyp ist weiter nichts als das, was man gewöhnlich Uterus nennt, oder wenigstens ein *Theil* desselben — mithin der Abschnitt des Oviductes, der stark ausgeweitet, im Stande ist, das Ei aufzunehmen, ihm seine

---

1) Taschenberg: Weitere Beitr. z. Kenntniss ectoparasit. Trematoden. Festschr. d. Naturforsch.-Gesellsch. zu Halle. Halle 1879, pag. 36.
2) C. Vogt: Zeitschr. f. wiss. Zoologie XXX. Suppl. 1878, pag. 337.

besondere Form zu geben und durch Secret der Schalendrüsen, die
ihren Inhalt hier ergiessen, mit einer Schale zu umgeben. Das ist eben
der Uterus. Der Abschnitt des Oviductes, in den, wie in unserem Falle,
Dottergänge, Ovarium und Receptaculum seminis zusammentreten,
kann trotzdem keinen Anspruch erheben auf einen besonderen Namen,
da bei zahlreichen anderen Trematoden die genannten drei Organe nicht
der Art zusammen in den Oviduct eintreten, dass sich hierdurch ein
Theil des Oviducts als etwas Besonderes abhebt.

Was zunächst den Dotterstock — wir müssen hier im Singular sprechen — angeht, so hat dieser ein sehr abweichendes Verhalten von den
übrigen Trematoden. PHILIPPI [1] erkannte denselben ganz und gar nicht.
SEMPER [2] gerieth auf einen Irrweg, indem er die Zellen des Dotterstockes als Leberzellen bezeichnen möchte und weiterhin hinzufügt,
dass er von einem Dotterstocke nichts wahrgenommen habe. HASWELL
endlich erkannte zwar den Dotterstock, lässt seine Ausmündung aber
ganz im Dunkel; auch finde ich verschiedentlich Abweichungen seiner
Beschreibungen und Zeichnungen von dem, was ich bei Temnocephala sehe.

Der Dotterstock ist ein zusammenhängendes Maschenwerk von Zellsträngen, die netzförmig die ganze Dorsalseite des Magendarmes umgeben, alsdann auf die Ventralseite sich umbeugen, diese aber nur
am Rande sowie an ihrem vorderen Theile bedecken. (Vergleiche die
Dorsalansicht Fig. 11.) Dieses Netzwerk liegt dem Darme auf das
engste an und folgt dessen Hauptcontour. Was man denn auch am
lebenden Thiere als Darm durchscheinen sieht, ist thatsächlich Darm
plus dem darauf liegenden Netzwerk des Dotterstockes. So wird es
leicht begreiflich, dass SEMPER, ohne Schnitte anzufertigen, zu der Ansicht kam, dass ein Zellbelag des Darmes vorliege, dem man eine
Leberfunction vindiciren könne. Am hinteren Darmende geht dieses
Netzwerk von Zellsträngen in einen rechten und linken Dottergang
über, die beide durch ein kurzes gemeinschaftliches Verbindungsstück in
den Oviduct einmünden, und zwar an dem obengenannten Abschnitt des
Oviducts, der gleichzeitig Ovarium und Receptaculum seminis aufnimmt.

Die Zellstränge des Dotterstockes nun sind angefüllt mit kleineren
und grösseren Zellen, die schliesslich unter Bildung von Dotterkörnern
und Dotterklumpen zerfallen, wobei der Zellkern sich länger erhält, als

---

1) PHILIPPI: Arch. f. Naturgeschichte, Bd XXXVI, 1870.
2) SEMPER: Zeitschr. f. wiss. Zoologie. XXII.

der Contour der Zellen selbst. Hinsichtlich dieses Zerfalles findet man alle Übergangsstadien (Fig. 5). Einen Centralcanal in den Dottersträngen, wie HASWELL es von seinen Arten abbildet, vermisste ich stets. Eine Art Anordnung des Inhaltes war nur insofern wahrzunehmen, als die zerfallenden Zellen und deren schliesslicher Detritus im Allgemeinen stets dem Darme zugekehrt waren, während die Zellen, die noch ihr zelliges Wesen bewahrt hatten, nach aussen lagen. Daher sieht man bei Flächenansicht des ganzen Dotterstockes die Zellkerne in ihren Zellterritorien liegen.

An dritter Stelle mündet in mehrgenannten Abschnitt des Oviducts das Receptaculum seminis ein. Ein Säckchen, das im Allgemeinen in Grösse dem Ovarium nur wenig nachsteht, übrigens aber, je nach seinem Contractionszustande, in Grösse ausserordentlich wechselt; weniger in seiner Form, die länglich oval ist.

Die Wand scheint muskulös zu sein als directe Fortsetzung der muskelreichen Wand des Oviducts. Der Inhalt bestand meist aus einem Klümpchen Spermatozoen, doch wurde das Säckchen auch leer und zusammengefallen angetroffen.

Auffällig ist die Lage des Receptaculum. Es ist eingestülpt in den Hinterrand des Magendarmes, mehr nach dessen ventraler Fläche zu. Sein kurzer Verbindungscanal mit dem Oviduct beginnt in der Regel genau am Hinterrande des Darmes. Das Säckchen selbst liegt daher ganz in demselben verborgen und kommt nur auf Schnitten zu Gesicht. Aus diesem Grunde musste es auch SEMPER [1]) entgehen, der wahrscheinlich eine Gruppe von Schalendrüsen dafür hielt. Bei HASWELL ist es richtig dargestellt.

Ausser in dem Receptaculum seminis wurden Spermatozoen bald in einem Theile des Oviducts, bald in dessen ganzer Länge oberhalb des Uterus angetroffen.

Der Oviduct ist ein Rohr mit stark contractiler Muskelwand. Je nach dem verschiedenen Contractionszustande ist bald dieser, bald jener Theil bauchig angeschwollen, im Gegensatz zu dem durch Contraction engeren Theil. Schliesslich geht der Oviduct in den Uterus über, nachdem er sich vorher mit dem Cirrusbeutel vereinigt hat, der schräg in ihn ausmündet. Obwohl wir es mithin von jetzt ab mit einer Geschlechtscloake zu thun haben, durch die der Cirrus sowohl nach

---

[1]) SEMPER: Zeitschrift f. wiss. Zoologie. XXII.

aussen gebracht als auch die Eier abgeführt worden müssen, möchte ich dennoch einen in die Quere erweiterten Raum, der kurz vor dem Genitalporus — der Ausmündung der Geschlechtscloake — liegt, Uterus nennen. Derselbe beherbergt nämlich das Ei, das hier von einer Schale umgeben wird. Dementsprechend münden in diesen erweiterten Abschnitt Schalendrüsen aus, was von Neuem Recht gibt, diesen Raum Uterus oder Ootyp zu nennen. Hier wird thatsächlich das befruchtete Ei mit seinem Dottermantel von einer Schale umgeben und in die typische Form gegossen.

Die Schalendrüsen umgeben mehrreihig als einzellige grosse Drüsen mit längerem oder kürzerem Ausführungsgang den Uterus (vergl. Fig. 1, Tafel I).

Auf den Uterus folgt alsbald die gemeinschaftliche Geschlechtsöffnung, die abermals umgeben wird von einem dichten Kranze eigenthümlicher Drüsenzellen (Fig. 1, Taf. I; Fig. 10, Tafel III), die ihrem Ursprung nach als Hautdrüsen werden aufgefasst werden müssen. Da sie aber in innigstem Zusammenhange stehen, nicht nur anatomisch, sondern mehr noch physiologisch, zur Verrichtung des weiblichen Geschlechtsapparates, so mögen sie hier besprochen sein. Es sind mehrreihig zu Strängen angeordnete, langgestreckte Zellen von unregelmässig spitz auslaufender Form, die mit feinsten, stark lichtbrechenden Körnchen angefüllt sind. Diese Zellstränge haben ihre Ausmündung im Umkreise des Genitalporus. Ich möchte sie für Kittdrüsen halten, bestimmt, die grossen Eier mit einem Klebstoffe auf dem Cephalothorax der Telphusa festzukleben.

Endlich wurde, bei Behandlung der Hautdrüsen, bereits gemeldet, dass ein Theil der grosszelligen Hautdrüsen um die Geschlechtsöffnung herum ausmündet. Wenn ich Haswell recht verstehe, so schreibt er diesen Zellen die Aufgabe zu, den Stoff abzuscheiden, „by means of which the eggs adhere together". Die Verhältnisse der Eier zu einander liegen bei meiner Temnocephala etwas anders, als bei den Arten Haswell's, doch auch ausserdem scheint Haswell die eigenthümlichen Drüsen übersehen zu haben, denen ich die Secretion des Ei-Klebstoffes zuschreibe, oder sie fehlen bei seinen Arten.

Ei und Entwickelung.
(Tafel II, Fig. 6, 7, 8, 9.)

Die Eier werden von Temnocephala hauptsächlich auf der Rückenfläche der Krabbe abgesetzt und zwar in erster Linie auf den Orbital-

Lappen des Cephalothorax, ferner auf den Frontal-und auf den Leberlappen desselben, seltener auch am Rande des Mesobranchial-Lappens.
Auch wohl an den Beinen, und zwar vornehmlich an dem Femur und
an dessen breiter Vorder-und Hinterfläche. Das Ei ist länglich oval, lang 0,59 mm. breit 0,31 mm. Die Dicke der
Schale beträgt 0,028 mm. Frisch hat dieselbe, und damit das ganze Ei,
eine gelbbraune Bernsteinfarbe; später wird dieselbe dunkler. Dunkelbraun
bis schwarzbraun endlich wird die Schale, nachdem das junge Thier das
aufgesprungene Ei verlassen hat. Die leere Schale bleibt dann noch eine
Zeitlang auf der alten Stelle sitzen. Letzteres geschieht dadurch, dass
die lange Seite des von rechts nach links zusammengedrückten Eies
vermittelst einer Leiste von gleichem hornartigen Material auf der Krabbe
festklebt. Schon früher wurde dargelegt, dass zweifelsohne eigenthüm-
liche Drüsen, die um die Geschlechtsöffnung herum ausmünden, das
Material liefern, wodurch das Ei festgeklebt wird. Die Eier sitzen unregelmässig durcheinander auf der Telphusa fest, oft dicht nebeneinander,
dann wieder jedes isolirt. Die Verhältnisse liegen hier mithin anders,
als bei den Arten, die HASWELL beschreibt. Von diesen sagt er [1]: „When
extended the egg has a short stalk, by means of which it becomes
attached to the shell of the crayfish, and is enclosed in viscid matter,
which when it hardens serves to cement the eggs together."

Allerdings finde auch ich etwas, das an einen Stiel erinnert: dieser
sitzt aber an der entgegengesetzten Seite der Leiste, mit der das Ei
auf der Krabbe festsitzt. Es ist eine kleine schornsteinförmige Erhe-
bung, aus Schalensubstanz bestehend (vergl. Fig. 6, 8, 9). Anfänglich war mir dieses kleine Organ ganz räthselhaft; später aber, als es
gelang, das bereits von seiner Schale umgebene Ei im Uterus liegend
zu entdecken, wurde es alsbald klar, dass das schornsteinförmige Organ der Rest eines Organes sei, das anfänglich bedeutender war.

Das Ei im Uterus — SEMPER [2]) hat bereits eine Abbildung desselben
in dieser Lage gegeben — liegt mit seiner Längsachse quer zur Längsachse des Thieres; als verhältnissmässig enormes Gebilde im Vergleich
zur Mutter, hat es den ganzen Uterus ausserordentlich ausgereckt. Die
mehrreihigen Lagen der Schalendrüsen, die in den Uterus ausmünden,
sind sehr deutlich geworden, gleichzeitig aber zusammengedrückt zu einer

1) HASWELL l. c. p. 299.
2) SEMPER: Ztschr. f. wiss. Zool. XXII.

das Ei peripher umringenden Lage. Innerhalb dieser Drüsenlage erstreckt sich nun, henkelförmig oder hakenförmig gebogen, das Organ, das später — nur viel kürzer — unser schornsteinförmiges Organ bildet. In diesem frühen Stadium hat es die bernsteingelbe Farbe der Schale, von der es sich als feiner Faden sehr deutlich abhebt. Nicht unwahrscheinlich kam es mir vor, dass es ein Ausguss des unteren Endes des Oviductes sei, das sich an den Uterus, und zwar unmittelbar an diesen, anschliesst und dass in dieses Canalstück ein Erguss des Secretes der Schalendrüsen statt-gehabt habe. Form und Lage dieses primitiven Stieles stimmt über-ein mit dem Stiel, den HASWELL [1]) von Temnocephala fasciata abbil-det; nur wird er dort nach HASWELL noch gebraucht, um das Ei fest-zuheften, während dies in unserem Falle nicht mehr geschieht.

Unverständlich blieb mir, dass am abgelegten Ei Reihen feinster Bläschen nach der Spitze des schornsteinförmigen Organes ziehen und dort convergirend zusammentreffen. Diese Bläschen sind stark lichtbrechend.

Da das Ei wegen seiner Grösse den Uterus übermässig ausdehnt, sodass Penis und Ovarium ganz aus ihrer Lage gedrängt werden, so kann der Uterus jedesmal nur ein einzelnes Ei enthalten. Furchung und erste Anlage des Embryo durchläuft das Ei im Uterus. Es kam mir vor, dass die Furchungskugeln eine periphere Lage bilden, wäh-rend die ungefurchte Dottermasse central liegt. Die Furchungskugeln sind angefüllt mit einem feinkörnigen Material (vergl. Fig. 7).

Steht das Ei noch auf dieser niedrigen Entwickelungsstufe, so füllt es den von der Eischale umgebenen Raum ganz aus. Später aber, wenn das Ei abgesetzt ist und der Embryo eine gewisse Entwickelung erreicht hat, findet sich eine Flüssigkeitsschicht zwischen dem Embryo und der Eischale. Dementsprechend ist derselbe im Stande, sich im Eie zu bewegen und um seine Längsachse zu drehen, auch seine Lage kopf- schwanzwärts ein wenig zu ändern. Ohne Metamorphose ent-wickelt sich der Embryo im Ei zu einer jungen Temnocephala, die im Eie liegend die Tentakel mit ihrer Spitze ventralwärts umgebogen hat. Der Saugnapf liegt ganz ventral. Der Darmapparat mit Mundöffnung, Pharynx und Magendarm scheint durch; das Pigment der Augenflecken scheint aber erst kurz vor dem Auskriechen sich zu bilden.

Will das junge Thier, das alsdann ganz mit dem Mutterthiere überein-stimmt — nur ist es kleiner, sehr durchsichtig, auch sind die Geschlechts-

---

1) HASWELL l. c. Tafel XXII, Fig. 18.

organe noch nicht entwickelt — das Ei verlassen, so springt die Eischale ganz unregelmässig in der Längsrichtung auf. Es besteht mithin kein regelmässiger Deckel, wie ihn ZELLER von Diplozoon paradoxum und Polystomum integerrimum beschreibt.

Darmapparat.

(Tafel II, Fig. 5. Tafel III, Fig. 11.)

Temnocephala gehört zu den sehr vereinzelten Trematoden, die im ausgebildeten Zustande einen Darm haben in Gestalt eines einfachen Blindsackes ohne weitere Aussackungen. Derselbe ist viereckig und in dorso-ventraler Richtung zusammengedrückt, natürlich ohne After. Die Zuleitung zu diesem Abschnitte des Darmapparates, in dem die Verdauung und Resorption statthat, geschieht zunächst durch den Oesophagus, der sich an die ventrale, vorn in der Höhe der Augen gelegene Mundöffnung anschliesst. Die Mundöffnung ist eine weite, quergestellte Öffnung. Sie wird begrenzt durch eine Art hinterer und vorderer Lippe, die durch Einschneidung in kleinste Läppchen zerlegt ist und dementsprechend ihre Form verändern kann. Kurz hinter der Mundöffnung weist der Oesophagus eine Erweiterung auf, in die zahlreiche Drüsen ihr Secret ergiessen. In Verband mit dem darauf folgenden Bulbus pharyngeus, der die hinteren zwei Drittel des Oesophagus umgibt, dürfte diese Erweiterung dazu dienen, die durch die Mundöffnung egriffene Nahrung aufzunehmen. Da diese Nahrung aus Daphniden, Copepoden und Insectenlarven besteht, die lebend erhascht werden müssen, so liegen hier mithin ganz andere Verhältnisse vor, als bei den übrigen Trematoden, wo flüssige Nahrung oder höchstens festere Bestandtheile des Wirthes, wie Blutkörperchen, Epithel der Hautdecke oder Kiemen und dergleichen mehr aufgenommen werden. Hiermit in Verband steht das Verhalten des Bulbus pharyngeus, der eine sehr bedeutende Entwickelung erlangt, der Hauptsache nach aber aus circulären Fasern besteht, während radiäre Fasern nur sparsam entwickelt sind — ganz im Gegensatz zu den übrigen Trematoden, wo umgekehrt die circulären Fasern stark zurücktreten gegenüber den radiären, die den Pharynx zu einem Organ machen, das nach Art einer Saugpumpe wirkt, um die flüssige oder wenigstens weiche Nahrung einzusaugen. Ich stelle mir vor, dass das Ergreifen und Aufnehmen der Beute so vor sich geht, dass mit Hülfe der Tentakel die schwimmende Beute ergriffen und, durch die Mundlippen festgehalten, in den

Mund gebracht wird. Die Erweiterung des Oesophagus nimmt die Beute auf. Der Mund schnürt sich zu, wodurch ein Druck auf die genannte oosophageale Erweiterung ausgeübt und der Bissen in den Pharynx gebracht wird, der sich darauf kopf-schwanzwärts zusammenzieht und die Nahrung in den Magendarm schiebt.

Als Innenbekleidung des Oesophagus stülpt sich die stark verdickte Cuticula der Haut durch die Mundöffnung ein.

Die gesammte Pharynx-Muskulatur ist zusammen mit den Speicheldrüsen, die in die oesophageale Erweiterung einmünden, als eiförmiger Körper von einer festen bindegewebigen Kapsel umhüllt, in der eine Lage circulärer Muskeln sich befindet.

Der Darm oder Magendarm muss auf Längs- und Querschnitten untersucht werden, da er, wie bereits früher hervorgehoben wurde, an seiner ganzen Dorsalseite und theilweise auch an der Ventralseite, eng umgeben wird von den Zellsträngen des Dotterstockes, die demselben so dicht aufliegen, dass sie als Theile des Darmes erscheinen.

Am durchsichtigen Thiere, oder an Isolationspraeparaten als Ganzes untersucht, erscheint der Darm durch Einschnitte einigermaassen segmentartig vertheilt. Dem liegt zu Grunde, dass die Darmwand in regelmässiger Weise eingefaltet ist (vergl. Fig. 5 rechts). Tiefere Einfaltungen wechseln mit weniger tiefen ab. Der Dotterstock nimmt hieran nur wenig Theil, verhindert aber die Einsicht in dieses Verhalten nur theilweise.

Bei den Arten von Temnocephala, die HASWELL vorlagen, scheinen diese Einfaltungen an und für sich nicht nur ausgesprochener zu sein, es springen dort, nach der Beschreibung des Autors, sogar Muskellagen wie Dissepimente vor. Dem Texte nach sollen sie den Parenchymmuskeln angehören, auf der zugehörigen Figur (8, Taf. XXI) kommen sie vom Hautmuskelschlauch. Hiervon ist bei meiner Temnocephala gar nichts wahrzunehmen.

Das Darmepithel sitzt einer Tunica propria auf; es besteht aus cylindrischen, meist aber langgereckten, spitz zulaufenden Zellen. Dazwischen finden sich Körnerkolben, in der Art, wie sie MINOT [1]) und KERBERT [2]) beschrieben haben, die vielfach kleinste, das Licht stark brechende Tröpfchen enthalten.

---

1) MINOT in SEMPER: Arbeiten aus d. Zool. Instit. Würzburg Bd. III, pag. 422.
2) C. KERBERT: Arch. f. mikr. Anat. Bd. XIX, pag. 552.

Von der Cuticula des Oesophagus wurde bereits gemeldet, dass sie nur den Theil der Darmwand noch überkleidet, der sich in unmittelbarer Umgebung der Einmündung des Oesophagus befindet. Bereits wiederholt wurde auf die Art der Nahrung hingewiesen, die aus Copepoden, Daphniden, Rotatorien, Infusorien und Insectenlarven besteht. In einem grossen Exemplare fand ich den Chitinpanzer von drei Daphniden und zwei Copepoden. Das Thier war durch diese Nahrung förmlich angeschwollen. Von Parasitismus kann hier mithin gar keine Rede sein. Temnocephala nährt sich in keinerlei Weise von der Telphusa, auf der sie lebt. Sie benutzt die Krabbe nur, um auf derselben sich festzusetzen, wobei sie gleichzeitig den Vortheil hat, hin und her getragen zu werden und dadurch Gelegenheit bekommt, mehr Beute zu machen. Letzteres wird noch durch die Krabbe selbst befördert, indem sie überall nach eigener Nahrung herumstöbert und hierdurch geeignete Beute für Temnocephala aufjagt.

Endlich setzt Temnocephala ihre Eier auf der Krabbe ab, die sich hier weiter entwickeln. Und da die Jungen, nachdem sie aus dem Ei gekrochen, auf dem glatten Hautpanzer der Krabbe einen geeigneten Platz für ihren eigenen Lebensweg finden, so spielt sich das ganze Leben einer Temnocephala auf der Aussenfläche ihres Freundes ab.

Nervensystem.
(Tafel II, Fig. 3, 5, 5a.)

Anlangend das Nervensystem ergänzen sich die Ergebnisse der Untersuchung HASWELL's und die meinigen. HASWELL gelangte zu einer tieferen Einsicht in den Lauf des peripherischen Nervensystems, während ich meine, dass das von mir erkannte Verhalten des Kopfganglion mehr in Übereinstimmung ist mit dem, was wir von anderen Trematoden wissen, und sich besser hieran anschliesst, als die Beschreibung, die HASWELL gegeben hat. Ich finde, dass der Centralapparat jederseits aus einem Ganglion besteht (Fig. 5g.), dessen Kern aus Punktsubstanz gebildet ist. Um diese Punktsubstanz liegt ein Mantel von Fasern, die gleichzeitig die Hauptmasse der Commissur bilden, die die beiden Ganglia verbindet. Das Centrum dieser Commissur enthält gleichfalls Punktsubstanz. Um die Fasermasse jedes Ganglion liegt endlich eine ein-bis mehrreihige Lage von Ganglienzellen mit grossen Kernen, die grösser sind, als die Kerne der gewöhnlichen Parenchymzellen, jedoch kleiner, als die Kerne der vereinzelten, sehr grossen Zellen, die gleichfalls im Parenchym liegen. Mehr oder weniger in der Nähe von Muskeln gelegen wurden sie früher gleichfalls für Ganglionzellen gehalten, ich möchte sie aber mit Loos [1]) für bindegewebige Elemente halten. Neben jedem Ganglion liegt — an dessen Aussenseite grenzend — ein kleineres, das ausschliesslich aus Ganglienzellen besteht.

Das Verhalten der Nervenstämme ist dieses: Aus jedem Ganglion entspringt, die Vorderfläche des Ganglion durchbrechend, ein Nervenstamm (n^1), der sich sofort in zwei Äste theilt, die beide nach vorne wohl zu den Tentakeln ziehen. Weiterhin tritt aus der Seite des Hauptganglion ein Nervenstamm, der von dem kleinen Seitenganglion umgeben wird und sich darauf sofort in zwei Äste spaltet (n^2 und n^3), von denen der eine einen mehr dorsalen, der andere einen mehr ventralen Lauf nimmt. Was ich von den nach hinten laufenden Nervenstämmen sehe, ist mithin in vollständiger Harmonie mit HASWELL's Fig. 6 auf Tafel XX, passt aber nicht zu seiner Beschreibung.

Nicht deutlich ist mir seine Darstellung der Nerven, die zu den Tentakeln ziehen. Er lässt dieselben an der Wurzel der fünf Tentakel durch zahlreiche, eigenthümlich gebogene Commissuren von ausserordentlicher Dicke verbunden sein. Aus diesem Kopfbogen resultiren dann schliesslich fünf Tentakeläste, deren jeder ebenso dick ist, wie der ursprüngliche Nervenstamm, der aus dem Ganglion entsprang. Die Summe der fünf Tentakel-Äste übertrifft mithin im Caliber ganz ausserordentlich die beiden Nervenstämme, von denen sie sich abzweigen, ohne dass eine weitere Quelle angegeben wäre, von der sie neue Nervenfasern beziehen.

Auch das Auge meiner Art weicht erheblich ab von dem Auge der Temnocephala fasciata Hasw., der einzigen Art, von deren Auge HASWELL eine Beschreibung gibt.

Das Auge meiner Art nämlich besteht jederseits aus einem Pigmentfleck (Fig. 5a.), der zwei- oder dreizellige Körper umhüllt, die vielleicht als lichtbrechende Körper wirken. Zwei derselben liegen übereinander und sind nach aussen gekehrt, der dritte liegt nach innen.

Die Pigmentflecke liegen dem Ganglion unmittelbar auf. Früher wurde bereits bemerkt, dass sie in dem Embryo oder der Larve erst spät auftreten.

Noch sei hervorgehoben, dass nach PHILIPPI's Beschreibung die Augenflecken bei Temnocephala chilensis oval sind und rothes Pigment

---

[1]) Loos: Zeitschr. f. wiss. Zoologie Bd. XLI.

haben. Unsere Art hat schwarze Flecken von runder Form. Weist das vielleicht auf specifische Unterschiede hin?

Systematisches.

Nach Kenntnissnahme von den verschiedenen Organen der Temnocephala drängt sich die Frage nach ihrer Stellung sowie nach ihrem Verhältniss zu anderen Trematoden auf.

Durch ihre Lebensweise, die durchaus *nicht parasitisch* ist, unterscheidet sich Temnocephala zunächst von allen übrigen Trematoden; weiterhin durch ihre Körperform, die durch den Besitz von feinen contractilen Kopflappen oder Tentakeln gekennzeichnet ist. Hiermit könnte man höchstens die in der Zwei-oder Vierzahl auftretenden Kopfzipfel der Gyrodactylidae vergleichen.

Abweichend vom *gewöhnlichen* Verhalten ist ferner:

1. Der Darmcanal, der ein einfacher Sack und weder gabelig gespalten ist, noch auch sich verästelt.

2. Der Besitz von sehr zahlreichen, einzelligen Hautdrüsen mit aussergewöhnlich langen Ausführungsgängen, die an die Leydig'schen Drüsenzellen der Hirudineen erinnern.

3. Das Verhalten des Dotterstockes, der eine einzige, netzförmig zusammenhängende Masse darstellt.

4. Die Spermaria, die zu zwei Paaren jederseits als compacte, nicht disseminirte Körper auftreten.

5. Die Lage des Uterus (oder Ootypes im Sinne van Beneden's), des Körpers mithin, in den die Schalendrüsen einmünden, unterhalb der Einmündung des Cirrusbeutels. Der Cirrus muss demgemäss, soll er ausgestossen werden, erst durch den Uterus hindurchtreten.

6. Die dorsale Lage der Endblasen des excretorischen Apparates, wie sie ausserdem noch vorkommt bei Polystomum integerrimum, Octobothrium und Diplozoon paradoxum; vielleicht auch Pseudocotyle squatinae.

7. Fehlen eines Laurer'schen Canales oder dessen Homologon.

Durch die Art ihrer Fortpflanzung mit directer Entwickelung und Fehlen von Heterogonie schliesst sich das Genus Temnocephala schon gleich den monogenetischen Trematoden an. Es stimmt mit denselben auch überein durch ihr Wohnen aussen auf dem Wirthe und was damit in Verband steht: Eiablage, stärkere Entwickelung des Nervensystems, Besitz von Augen im erwachsenen Zustande, bedeutendere Ausbildung von Hautdrüsen.

Führt man aber die Vergleichung weiter, so ist es nicht möglich, Temnocephala einer der bestehenden Familien oder gar Subfamilien der monogenetischen Trematoden einzufügen. SEMPER lässt sich über diese Frage nicht aus. CLAUS [1]), basirend auf den Untersuchungen SEMPER's, stellt unser Thier zu den Polystomiden. Vorläufig darf man aber, wenn man die monogenetischen Trematoden in Tristomidae, Polystomidae und Gyrodactylidae eintheilt, gewiss mit mehr Recht für Temnocephala eine vierte, den drei genannten Familien ebenbürtige Familie: Temnocephalidae gründen. Ich gelange damit zu dem gleichen Resultat wie HASWELL, der sagt: „Though most nearly related to the Tristomidae, Temnocephala presents so many special peculiarities that it becomes necessary to regard it as the type of a distinct family".

Folgendes sind die Merkmale der Familie Temnocephalidae:

Körper abgeplattet, oval, vorderes Ende mit fünf, selten nur mit vier, contractilen Kopflappen; hinteres Ende nicht zu einem besonderen Körperabschnitte abgesetzt, mit ventralem Saugnapf. Letzterer ohne Chitinhaken. Gemeinschaftliche Ausmündung der Geschlechtsorgane in der Mittellinie der Bauchseite; Laurer'scher Canal fehlt. Dotterstock einfach mit zwei Dottergängen. Der kleine Uterus dicht vor dem Genitalporus. Cirrus stark entwickelt, muss Uterus passiren. Excretions-Canäle münden paarig durch dorsal gelegene Endblasen aus. Zwei dem Gehirn aufliegende Augen. Entwickelung direct aus grossen Eiern. Nicht parasitisch, lebt auf Süsswasser-Crustaceen und Süsswasser-Schildkröten.

Es gilt jetzt noch, die Artfrage zu erledigen. Zunächst halte ich meine Art für identisch mit der von SEMPER untersuchten; ich kann wenigstens keinen Grund für eine Scheidung derselben finden. SEMPER sagt nun von seiner Art, dass sie „der chilenischen Art so aufs Haar

---

1) C. CLAUS: Grundzüge der Zoologie 1880, pag. 403. Neben dem Druckfehler Süsswasserkorallen statt Süsswasserkrabben figurirt Temnocephala auf pag. 465 durch ein Versehen auch noch einmal als Branchiobdellide unter den Hirudineen. Auf diesen Druckfehler, der soschr vor der Hand liegt, würde ich nicht hingewiesen haben, wenn er nicht Anlasse gewesen wäre zu der Angabe von F. S. Monticelli: Saggio di una morfologia dei Trematodi Napoli 1888 pag. 88. „Temnocephaleae sono stati trovati sempre parassiti su Crostacei di acqua dolce o raromente su corallari (Claus)" Ueberflüssig zu sagen, dass ein Thier, dass auf Süsswasser-Crustaceen lebt nicht auch Korallen zu seinem Wohnthier macht.

gleicht, dass er nicht einmal an eine specifische Verschiedenheit der-selben zu glauben vermag". Um aber auszumachen, ob seine und die chilenische Art identisch seien, dafür wäre natürlich genaue Kenntniss des Baues der chilenischen nöthig, da Artverschiedenheit sich neben Anderem vornehmlich auch in der Form und Bewaffnung des Penis, der Form der Spermaria u. s. w. zu erkennen gibt. Hiervon hat aber PHILIPPI nichts mitgetheilt. Auch ist es an und für sich wohl unwahrschein-lich, dass die Species von Luzon und Chili wirklich dieselben seien; um so mehr, als sich jetzt schon zeigt, dass das Genus Temnocephala mehrere Arten umfasst. Aus Zweckmässigkeitsgründen möchte ich daher die von SEMPER und mir gefundene Art, Herrn SEMPER zu Ehren, der zuerst Anatomie und systematische Stellung dieses Thieres klar-legte, Temnocephala Semperi nennen. Auf diese Weise wird nichts praejudicirt bezüglich einer eventuellen Identität mit Temnocephala chilensis Gay.

Die bekannten Arten von Temnocephala sind mithin folgende:

1. *T. chilensis.* Gay. Abbildung bei PHILIPPI. Auf Aeglea. Chile.

2. *T. fasciata.* Haswell. Abbildung bei HASWELL. Auf Astacopsis ser-ratus. Neu-Süd-Wales.

3. *T. quadricornis.* Haswell. Abbildung bei HASWELL. Auf Astacopsis Franklini. Tasmanien.

4. *T. minor.* Haswell. Abbildung bei HASWELL, Auf Astacopsis bicari-natus. Neu-Süd-Wales.

5. *T. novae-zelandiae.* Haswell. Auf Paranephrops setosus. Neu-Seeland.

6. *T. Semperi.* n. sp. Auf Telphusa-Arten von SEMPER in Luzon und Min-danao, von *mir* auf Sumatra, Java und Celebes gefunden. Vermuthlich gehört hierher auch die Temnocephala, die WOOD-MASON von der Nord-Ost-Grenze von Englisch Indien erhielt [1]).

1) Durch die Güte von Herrn Prof. M. BRAUN bekam ich erst während der Correctur Einsicht in eine neuerdings, an einem mir unbekannt gebliebenen Orte erschienene Mittheilung von F. S. MONTICELLI: „Di una nuova specie del genere Temnocephala, ectoparassita dei Cheloniani." Die neue nach altem Spiritusmaterial nur auf ihr Aussores hin beschriebene Art T. brevicornis ist 2—2½ mm. lang und soll sich von T. chilensis, mit der sie am meisten übereinstimmt, unterscheiden durch ihre kurzen Tentakel und ihren runden Körper, sowie dadurch dass der Sangnapf kurz gestielt ist. Hiernach ist jedenfalls eine genauere Untersuchung der inneren Organe sehr erwünscht, ehe man hierin mit Sicherheit eine neue Art wird erkennen können. Der Wohnplatz dieser neuen Art: Susswasserschildkröten Brasiliens, kann doch wohl schwerlich Anlass werden, darauf hin eine neue Species zu schaffen. Herr Monticelli nennt Temnocephala zwar fortwährend ectoparasitisch, eigentlich aber wohl mit Unrecht, da wir es hier ja gar nicht mit einem Parasiten zu thun haben. Ich kann mir daher auch nicht vorstellen, dass es von

Parasit von Temnocephala.
(Tafel III, Fig. 13 a, b.)

Zum Schlusse sei noch darauf hingewiesen, dass es unserer Temnocephala nicht an einem Parasiten fehlt. An Exemplaren von Manindjau auf Sumatra fand ich wiederholt im Parenchymgewebe, ausserhalb des Darmcanales eine Cestodenlarve im Plerocercoiden-Stadium liegen. Das Kopfende war mit vier Saugnäpfen ausgestattet. Der Leib entweder gestreckt, wie in Fig. 13a oder gebogen, sogar wohl umgeschlagen bei Mangel an Raum. Die Länge des Thieres betrug gestreckt 0,56 mm. seine Breite 0,07 mm. Weiteres weiss ich über diesen Parasiten nicht anzugeben, doch schien er mir der Erwähnung werth, vor Allem auch in Anbetracht des Missverhältnisses zwischen dem kleinen Wirth und dem Parasiten, trotzdem derselbe für eine Cestodenlarve gewiss ausserordentlich klein ist. Ich möchte darauf aufmerksam machen, dass Monitor salvator, in jener Gegend häufig, Süsswasserkrabben frisst und damit auch Temnocephala. Er könnte somit *vielleicht* der Wirth der Cestode sein.

---

sonderlichem Einflusse auf das Thier sein soll, ob dasselbe durch einen Süsswasserkruster oder durch eine Schildkröte hin und her getragen wird.

Sehr bedaure ich, dass es mir trotz aller Bemühung nicht gelang eine andere Arbeit von Monticelli, die er in genanntem Artikel citirt: "Breve nota sulle uova e sugli embrioni della Temnocephala chilensis Blanch, in Atti Soc. H. Sc. Nat. vol. 32 pag. 2 nota zur Einsicht zu erhalten.

ERKLÄRUNG DER TAFELN.

Tafel I.

Fig. 1. Flächenhafte Darstellung eines Theiles des männlichen und weiblichen Geschlechtsapparates.

O. Ovarium mit theilweise reifen Eierstock-Eiern.

Ov. Oviduct mit seiner Ringmuskulatur. An verschiedenen Stellen verschiedentlich contrahirt, daher bald bauchig aufgetrieben, bald verengt. Er enthält Spermatozoen und mündet in den

U. Uterus, in dessen Centrum der Genitalporus liegt.

Sch. d. Schalendrüsen, die in den Uterus einmünden.

K. d. Kittdrüsen, die ihr Secret in den Genitalporus ergiessen.

D. st. Endstück der rechten und linken Hälfte des Dotterstockes.

d. g. Dottergang.

r. s. Receptaculum seminis, das gegen die

d. Membrana propria des Darmes anliegt.

T. Spermarium.

v. b. Verbindungscanal des hinteren Spermarium mit dem vorderen.

v. d. Vas deferens der rechten und linken Seite.

v. s. Samenblase; zum Theil geöffnet, um die Muskellage und die

z. Spermatozoen zu zeigen.

c. Cirrus im

c. b. Cirrusbeutel.

p. Drüsenartige Anschwellung des Cirrus, an der Einmündung der Samenblase.

Fig. 1a. Drei Stadien der Spermatozoen.

Fig. 2. Temnocephala Semperi n. sp. Alle Exemplare contrahirt oder nur mässig gestreckt.

a. und *d.* von der ventralen Seite gesehen. Der Darm, ferner bei *d.* auch die Spermaria scheinen durch. Ober- und unterhalb des Darmes die Mund-, respective die Genitalöffnung.

b. und *c.* Rückenansicht des Thieres. Oberhalb des durchscheinenden Darmes die zwei Augenpunkte. An Exemplar *c.* mit gespaltenem mittleren Tentakel scheinen gleichfalls die vier Spermaria durch.

Tafel II.

Fig. 3. Darstellung des Canalsystems des excretorischen Apparates, nach dem *lebenden* Thiere gezeichnet. Ausserdem ist die Lage des männlichen Geschlechtsapparates, des Darmes und eines Theiles des Nervensystems angegeben.

w. p. Dorsal gelegene Ausmündung der Endblase der excretorischen Canäle.

sp. sp'. sp''. sp'''. Die vier Spermaria.

v. b. Verbindungscanal zwischen vorderem und hinterem Spermarium.

v. d. Vas deferens.

v. s. Vesicula seminalis.

c. Cirrus im Cirrusbeutel.

g. Genitalporus.

m. Mundöffnung.

Ph. Pharynx.

D. Darm.

n. Die Kopfganglia mit den jederseits ausstrahlenden vier Nervenstämmen und den Augen.

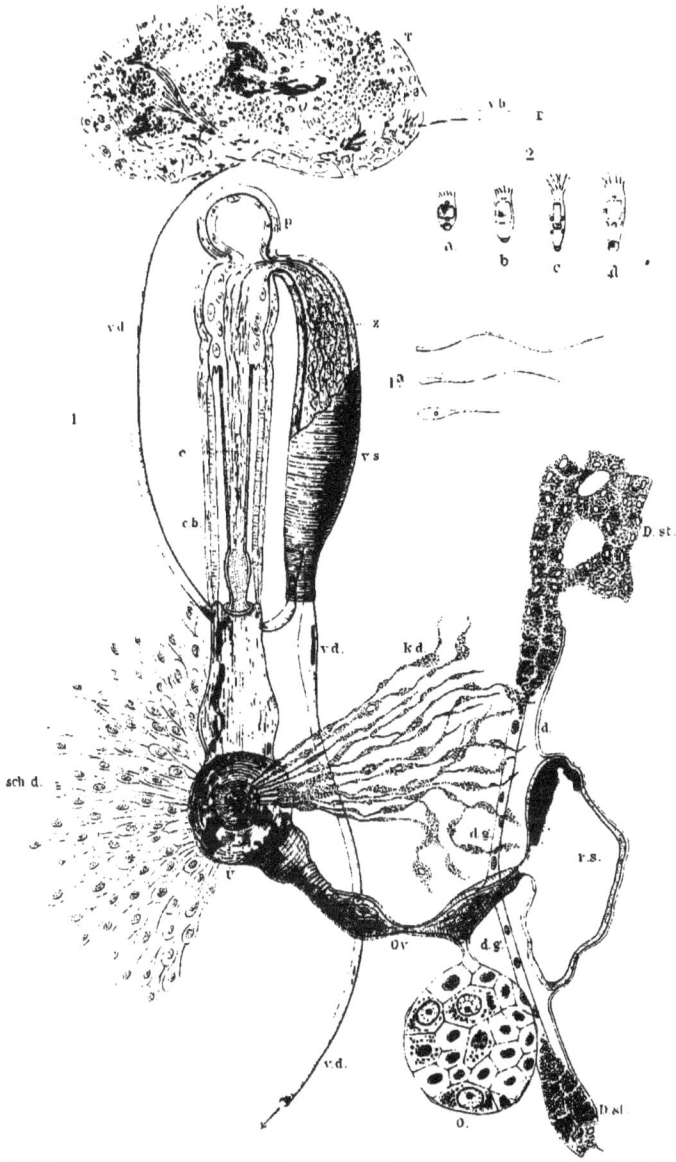

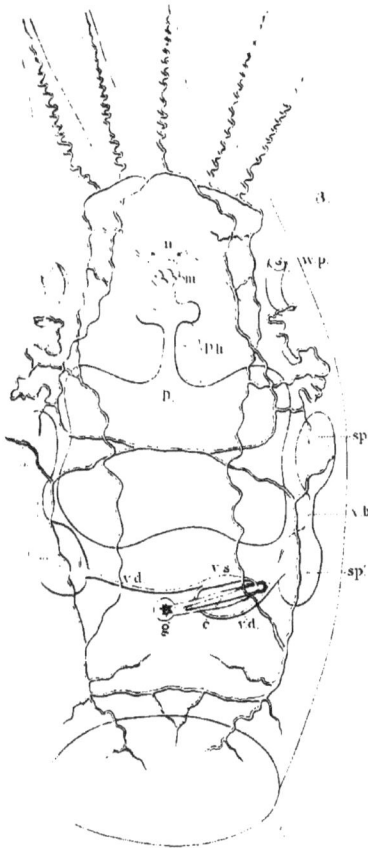

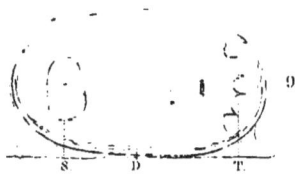

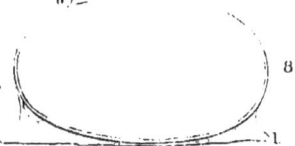

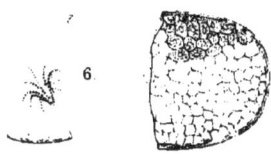

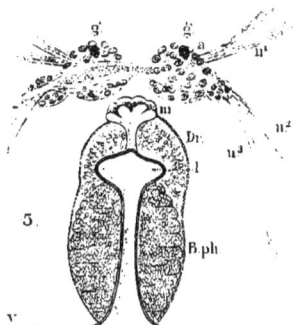

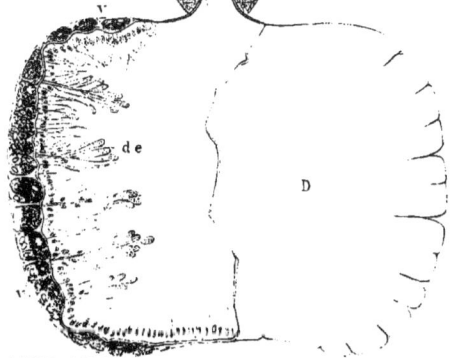

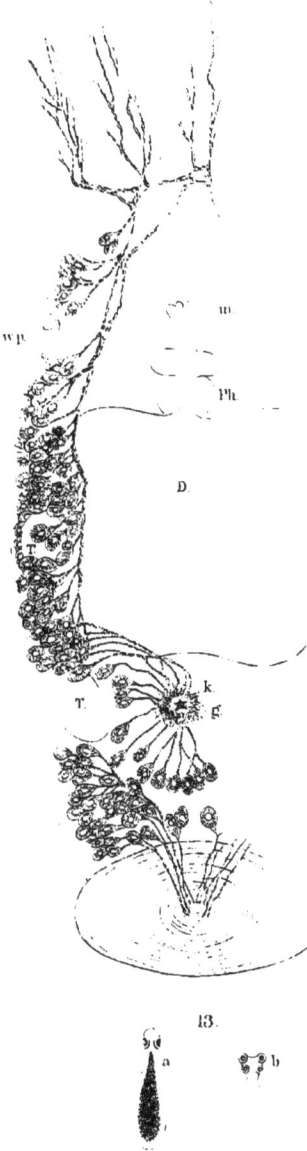

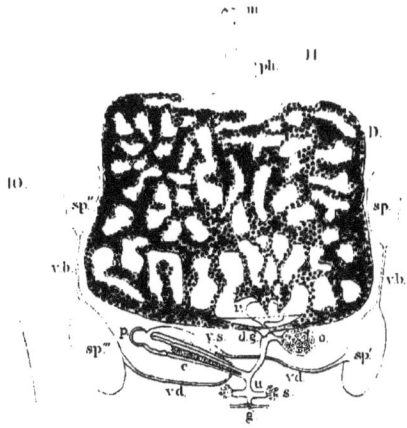

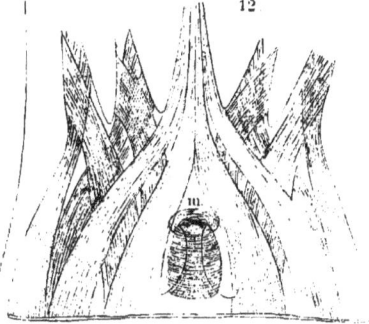

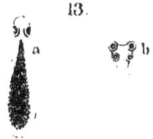

Fig. 4. Ein Stück der Hautdecke.

c. Cuticula.

h. Feingestreifte Hypodermis oder Matrix.

r. Ring-oder Quermuskellage.

m. Längsmuskellage.

Fig. 5. Ein Theil des Nervensystems sowie der gesammte Darmapparat. Letzterer ist so dargestellt, als wäre der grösste Theil des Oesophagus sowie die linke Hälfte des Magendarmes geöffnet. Auf der rechten Seite (ungeöffnet) sieht man die Einfaltungen des Magendarmes, links das Darmepithel d. e.

v. v. Dotterstock, der dem Magendarm eng anliegt.

m. Mundöffnung.

e. Erweiterung des Oesophagus.

Dr. »Speicheldrüsen«.

B. ph. Bulbus pharyngeus, der den Oesophagus umgibt.

G. g. Kopfganglion; links im optischen Querschnitt, rechts körperlich dargestellt, mit dem Mantel von Ganglienzellen, die die faserige sowie die centrale Punktsubstanz umgeben.

a. Auge.

n^1, n^2, n^3. Die drei Haupt-Nervenstämme.

Fig. 5a. Einzelnes Auge mit seinen lichtbrechenden Körpern.

Fig. 6. Ein Theil der Eischale mit dem schornsteinförmigen Organ.

Fig. 7. Hälfte eines noch im Uterus gelegenen Eies mit den Furchungszellen, deren Inhalt nur theilweise angedeutet ist.

Fig. 8. Ansicht eines Eies, das bereits auf Telphusa abgesetzt war.

l. Leiste, mit der das Ei auf der Krabbe festsitzt.

o. Schornsteinförmiges Organ.

Fig. 9. Ei mit einer jungen Temnocephala.

T. Deren Tentakel oder Kopflappen.

D. Darmapparat.

S. Gänzlich ventral gelegener Saugnapf.

Tafel III.

Fig. 10. Topographische Darstellung der Hautdrüsen mit langen Ausführungsgängen. Das Thier ist als vollständig durchsichtig dargestellt, und auf dorsale und ventrale Lage der Drüsen ist nicht geachtet.

w. p. Endblase des excretorischen Apparates.

m. Mundöffnung.

Ph. Pharynx.

D. Magendarm.

T. T. Oberes und unteres Spermarium einer Seite.

C. Genitalöffnung.

k. Kittdrüsen.

Fig. 11. Der gesammte hermaphroditische Geschlechtsapparat.

sp. sp'. sp''. sp'''. Die vier Spermaria.

v. b., v. b. Verbindungscanal zwischen dem vorderen und hinteren Spermarium jederseits.

v. d., v. d. Vas deferens.

v. s. Vesicula seminalis.

c. Cirrus im Cirrusbeutel.

p. Drüse am proximalen Ende des Cirrus.

D. Darm, bedeckt mit den Strängen des Dotterstockes, von der dorsalen Seite.

d. g. Dottergang.

r. Receptaculum seminis, grösstentheils in eine Bucht des Magendarmes eingestülpt.

o. Ovarium.

u. Uterus.

s. Schalendrüsen, die in den Uterus einmünden, schematisch dargestellt.

g. Genitalporus.

m. Mundöffnung.

ph. Pharynx.

Fig. 12. Ventrale Ansicht der Musculatur.

m. Mundöffnung.

g. Genitalporus.

Fig. 13. Plerocercoid aus dem Parenchymgewebe der Temnocephala.

a. der ganze Plerocercoid; b. dessen Kopf, etwas plattgedrückt.

SPONGILLIDAE des INDISCHEN ARCHIPELS.

VON

MAX WEBER.

Mit Tafel IV.

~~~~~~~~~

Während der letzten Jahre hat sich die Zahl der ausser-europäischen Süsswasser-Schwämme ausserordentlich vermehrt. Eine grosse Zahl ist von Nord-Amerika, ein Theil von Süd-Amerika und Afrika beschrieben worden. Auch Australien hat sein Contingent beigetragen.

Was Asien anlangt, so haben CARTER und BOWERBANK schon vor vielen Jahren Arten von Vorder-Indien beschrieben, desgleichen sind in Sibirien verschiedene Arten gefunden worden. Von der Inselwelt des Indischen Archipels aber hat, soweit mir bekannt, nur E. VON MARTENS *eine* Art bekannt gemacht.

Der monographischen Bearbeitung der Süsswasser-Schwämme, die kürzlich POTTS gegeben hat, entnehme ich folgende stattliche Liste von Genera und Species: *Spongilla* mit 17 Arten; *Ephydatia (Meyenia)* mit 17 Arten; *Heteromeyenia* mit 3 Arten; *Tubella* mit 5 Arten; *Parmula* mit 3 Arten; *Carterius* mit 4 Arten; *Uruguaya* mit 1 Art; *Potamolepis* mit 8 Arten; *Lubomirskia* mit 4 Arten. In dieser Liste von neun Genera mit 57 Species fehlt nun noch Tubella nigra v. Lendenfeld; ferner eine Art, die E. v. MARTENS bereits im Jahre 1868 als Spongilla vesparium beschrieb, die aber weder bei CARTER [1]) noch bei POTTS [2]) in deren Zusammenstellungen Erwähnung findet.

Hierdurch steigt die Zahl der Species auf neun und fünfzig. Wenn

---

1) CARTER: Ann. and Mag. Nat. Hist., ser. 5, vol. VII.
2) POTTS: Proc. Acad. of Nat. Sc. Philadelphia, 1887, p. 158.

nun manchen derselben in Zukunft nur der Werth von Varietäten und
Abnormitäten [1]) zuerkannt werden wird, da bei erweiterter Kenntniss
Übergänge zwischen scheinbaren Arten hervortreten werden, so dürften andererseits neue Fundorte gewiss auch wieder neue Formen kennen lehren.

Es wurde schon hervorgehoben, dass aus dem grossen, an süssen
Gewässern theilweise sehr reichen Gebiete des indischen Archipels bisher nur eine Art, und zwar von Borneo, beschrieben sei. E. von Martens nannte sie Spongilla vesparium und erkannte bereits [2]), dass sie
sich am nächsten an Tubella (Spongilla) reticulata Bowerbank, an-
schliesse, was auch heute noch, bei mehr geförderter Kenntniss der
Süsswasser-Schwämme, gilt.

Diese Tubella vesparium E. v. Martens ist die einzige bekannte
Spongillide aus dem grossen indischen Archipel. Süsswasser-Schwämme
aber gerade aus dieser Gegend haben ein erhöhtes Interesse, namentlich im Hinblick auf die Frage nach der Herkunft der Süsswasser-
Fauna der verschiedenen indischen Inseln.

Es gelang mir nun an zahlreichen Orten Spongilliden zu finden,
sowohl in stillstehendem als auch in fliessendem und stark strömen-
dem Wasser. Jedoch nur ein Bruchtheil der gesammelten Spongien
erwies sich als bestimmbar, da verschiedenen die Gemmulae fehlten,
ohne die selbst die Gattung nicht festzustellen ist.

Die Liste der Fundorte ist diese:

Sumatra: Süsswasser-Seen von Singkarah und Manindjau.

Java: bei Buitenzorg und Tjipanas in Teichen; ferner im Situ bagendit bei Garut, einer der wenigen *natürlichen* Süsswasser-Ansammlungen Javas, die man noch eben „Süsswasser-See" nennen darf.

Celebes: in einem kleinen Sawahteiche bei Makassar; in zwei Flüssen bei Pare-Pare, an der Süd-West-Küste; endlich in zwei Bächen
in Luwu in Central-Celebes.

Flores: in einem kleinen Flusse bei Bari an der Nordküste der
Insel.

---

1) Hierauf hat kürzlich noch Wierzejski (Verh. d. zool. bot. Ges. in Wien, 1888, pag.
529) hingewiesen, indem er Beweise für die Abnormität mancher als Arten oder Varietäten beschriebenen Spongilliden brachte und mit guten Gründen nachwies, dass die Art-
berechtigung der Spongilla novae terrae Potts und der damit verwandten Spongilla Bö-
hmii Hilgendorff sowie der Meyenia Everetti Mills anfechtbar sei. Damit würde obige
von uns angeführte Zahl der Arten schon eine Reduction erleiden.

2) E. v. Martens: Arch. f. Naturgesch., 1868, pag. 61.

Meist waren es Formen, die als kleine, unbedeutende, wenig in die Augen fallende Krusten Zweige, abgefallene Blätter, Steine in dünner Lage überzogen. Nur im See von Manindjau erreichte Meyenia fluviatilis eine ganz aussergewöhnliche Entwickelung. Sie überzog hier an manchen Stellen mit steinigem Ufer zahlreiche Steine, Stücke Holz u. s. w. mit einem dicken Polster, und zwar in solcher Masse, dass die Haut des an solchen Stellen Badenden durch die zahlreich aufgewirbelten Nadeln empfindlich gereizt wurde.

Zunächst soll eine Beschreibung der gefundenen Arten gegeben werden; am Schlusse eine Zusammenstellung der Arten aus benachbarten Gebieten folgen.

1. *Ephydatia fluviatilis* Gray.

Meyenia fluviatilis. Carter.
Spongilla fluviatilis Auct.

Bald als dickere oder dünnere Kruste Steine, Baumwurzeln, lebende Wasserpflanzen, in das Wasser herabhängende Zweige einfach überziehend, bald auf gleichnamiger Unterlage erhaben vorspringend oder erhabene, sich windende Bänder bildend. Bleichgelb von Farbe, häufig mit intensiv grünen Flecken, namentlich um die Oscula herum. Hier und da mit Gemmulae, die zu Gruppen vereinigt sind und häufig am Rande eines kräftig wachsenden Schwammes die Unterlage in mehr oder weniger locker geschlossener Lage überziehen. Oscula theilweise gross. *Gemmulae* braun, rund, meist 0,4 mm. im Durchmesser. Die Parenchymhülle mit radiär gestellten Amphidisken von 0,035—0,050 mm. Länge [1]. Ihr Stiel trägt in wechselnder Zahl einige kräftige Dornen, deren Länge nicht viel unter der Stieldicke bleibt. Die Endscheiben sind gleich gross, stark entwickelt, tiefgezähnt; die Zähne sind ungleich gross, glatt.

Sehr vereinzelt finden sich zwischen diesen Gemmulanadeln, deren Endscheiben gewöhnlich in der Mitte ein Endknöpfchen tragen, andere bis zu 0,080 mm. Länge, wo dies Endknöpfchen zu einem Stachel verlängert ist, der die Fortsetzung des Schaftes bildet, sodass die Endscheibe zu einem Kranze von Dornen geworden ist.

Die *Skeletnadeln* sind spindelförmig, 0,25—0,27 mm. lang, allmählich zugespitzt, glatt.

---

1) Die angegebenen Maasse sind hier und weiterhin das Resultat von wenigstens fünfzehn Messungen.

Der beschriebene Schwamm kommt der von HASWELL [1]) aufgestellten Art: Spongilla ramsayi am nächsten. Von LENDENFELD hat diese australische Art wohl richtiger zu einer Varietät der Ephydatia (Meyenia) fluviatilis gemacht. Unser Schwamm unterscheidet sich von der Varietät ramsayi Haswell durch die glatten, spindelförmigen Skeletnadeln, die bei ramsayi Haswell schwach dornig, mehr cylindrisch und plötzlich zugespitzt sind. Auch sind die Maasse verschieden.

Skeletnadeln: meine Art: 0,25—0,27 mm., v. ramsayi: 0,22 mm.

Gemmulae: meine Art: 0,40 mm., v. ramsayi: 0,35 mm.

Amphidisken: meine Art: 0,035—0,050 mm., v. ramsayi: 0,029 mm.

Meine Art hat aber andererseits mit der var. ramsayi die bedornten Amphidisken gemein, während sie, in Uebereinstimmung mit der echten Ephydatia fluviatilis glatte, spindelförmige, ganz allmählich zugespitzte Nadeln besitzt. Sie steht mithin zwischen der typischen Ephydatia fluviatilis und der von Haswell beschriebenen australischen Varietät. Dies scheint mir zugleich ein neuer Beweis dafür zu sein, dass v. LENDENFELD [2]) die Haswell'sche Art mit Recht zu einer Varietät gestempelt hat.

Die hellgelbe *Farbe* verdankt der Schwamm dem Fehlen von Zoochlorellen, die grünen Flecken aber einer Fadenalge, die parasitisch im Schwamme lebt. In einem folgenden Aufsatze soll dieses Consortial-Verhältniss der Alge mit dem Schwamme, zusammen mit anderen neuen Fällen von Symbiose näher beschrieben werden.

Als *Fundort* wurde bereits oben der Süsswasser-See von Manindjau in den Padang'schen Oberländern in Sumatra angegeben.

Ephydatia bogorensis, n. sp.

(Tafel IV, Fig. 11.)

Auf im Wasser liegenden Baumblättern, ferner auf der Unterseite der Blätter von Wasserpflanzen dünne, unregelmässig kreisförmige Ueberzüge von geringem Ausmass bildend; wenig starr, mit vereinzelten Oscula. Farbe hellgrau.

Gemmulae grau, rund, im Durchmesser 0,40 mm. Die Parenchymschicht enthält Amphidisken mit gleich grossen Endscheiben. Die Amphidisken stehen so dicht nebeneinander, dass ihre Endscheiben

---

1) HASWELL: Proc. Linnean Soc. of New-South-Wales, VII, 1883, pag. 210.
2) R. v. LENDENFELD: Zoolog. Jahrbücher, II, 1887, pag. 93.

3

einander fast berühren. Letztere ruhen mit einer Scheibe auf der Hornhülle der Gemmula, während die andere Endscheibe die Parenchymschicht nicht überragt. Die Amphidisken sind sehr gleichartig; ihre Länge beträgt 0,054—0,060 mm. Ihr cylindrischer Schaft ist 0,004 mm. dick und mit zwanzig bis dreissig Dornen besetzt, die in der Regel die halbe Länge des Durchmessers des Schaftes haben. Jede Endscheibe ist schirmförmig, ihr Rand ein wenig herabgebogen, sehr fein, unregelmässig gezähnelt, ihr Durchmesser beträgt 0,018 mm. [1]

Die *Skeletnadeln* sind schwach spindelförmig bis cylindrisch, allmählich zugespitzt, gerade; eigentliche Nadelspitze gewöhnlich scharf und plötzlich zugespitzt. Meist ganz glatt, theilweise mit rauher, aber nicht bedornter Oberfläche. Im Mittel beträgt die Nadellänge 0,24 mm.; sie schwankt zwischen den Grenzen 0,20 und 0,28 mm. Dicke 0,008 mm. Das grossmaschige Skeletnetz wird durch Bündel von wenig zahlreichen Nadeln gebildet. Dazwischen liegen zerstreut vereinzelte Nadeln, die gewöhnlich etwas kräftiger sind als die übrigen, eine rauhe Oberfläche haben und zuweilen stumpf endigen. Sie spielen einigermaassen die Rolle der Parenchymnadeln.

Diese Art wurde in Teichen bei Buitenzorg (Java) und bei Makassar (Celebes) gefunden. Beide Male nur mit ganz vereinzelten Gemmulae, die im Schwammgewebe lagen.

In der neuesten Zusammenstellung von Potts [2]) werden siebzehn Arten von Ephydatia (Meyenia) aufgeführt und nach dem Vorgange Carter's in zwei Gruppen vertheilt. Bei der einen Gruppe ist die Endscheibe der Amphidisken ganzrandig, bei der anderen ist sie „rayed" oder besser ausgedrückt: gezähnt. Zu letzterer Gruppe gehört mithin unsere Ephydatia; sie lässt sich aber keiner der dreizehn Arten dieser Gruppe einfügen.

Am nächsten schliesst sie sich, nach der Form der langen, bedornten Amphidisken mit sehr fein gezähnelter Scheibe, der Ephydatia (Meyenia) plumosa Carter von Bombay an, doch unterscheidet sie sich von dieser in folgenden Punkten: Ephydatia plumosa hat Parenchym-

---

1) Vereinzelt finden sich zwischen den Amphidisken feine, an beiden Enden angeschwollene Nadeln (Fig. 11 c) von der Länge der Amphidisken oder etwas kürzer, die vermuthlich nicht zur Entwickelung gelangte Amphidisken sind.

2) Potts: Proc. Acad. of Nat. Sc. Philadelphia, 1887, pag. 210.

nadeln, die CARTER [1]) beschreibt als „stelliform, consisting of a variable number of arms of various longths radiating from a large, smooth,
globular body". Und wenn auch in der Ephydatia plumosa var. pal.
mori POTTS [2]) von Nord-Amerika diese sternförmigen Parenchymnadeln
weniger zahlreich sind, so beschreibt sie POTTS doch auch von dieser
Art und fügt mit Recht hinzu, dass sich Ephydatia plumosa Carter
und seine Varietät palmeri von allen anderen bekannten Süsswasser-
Schwämmen eben durch den Besitz dieser Art von Parenchymnadeln
unterscheiden. In unserer Art hingegen finden wir Parenchymnadeln
nur ausserordentlich sparsam, und zwar in Form von cylindrischen,
theilweise stumpfendigenden Nadeln neben den typischen Skeletnadeln,
die gleichfalls abweichen von den Skeletnadeln der Ephydatia plumosa,
die CARTER als „curved, fusiform, gradually sharp pointed, smooth"
beschreibt. Weniger Werth will ich darauf legen, dass unsere Ephydatia durchaus incrustirend ist, die Carter'sche dagegen „massive,
lobate".

Ich sehe mich somit genöthigt, meine Art als eine neue anzusehen
und ich möchte sie nach Bogor, dem inländischen Namen für Buitenzorg, bogorensis zu taufen.

Spongilla cinerea. Carter.

CARTER: Ann. and Mag. Nat. Hist., ser. 2, vol. IV, 1848, p. 82.
BOWERBANK: Proc. Zool. Soc. London, 1863, p. 30.
CARTER: Ann. and Mag. Nat. Hist., ser. 5, vol. VII, 1881. p. 263.

Locker gefügter, von zahlreichen Canälen durchzogener Schwamm;
Wasserpflanzen und im Wasser liegende Baumblätter in dünner, vielfach unregelmässig kreisförmiger Lage überziehend. Der Unterlage fest
anhaftend. Bald grün oder blassgrün, bald hellgrau.

Gemmulae von hellgrauer bis graubrauner Farbe, der Unterlage des
Schwammes aufliegend. An den untersuchten, nicht zahlreichen, jungen
Exemplaren liegen die Gemmulae zerstreut; 0,40 mm. im Durchmesser
haltend. Die Gemmula-Öffnung hat die Gestalt eines gebogenen, braunen Canales von gleichbleibendem Caliber; der eine directe Fortsetzung der Hornkapsel ist. Die einfache, eigentliche Öffnung ragt über
die Peripherie der Parenchymhülle nicht hinaus. Letztere enthält eine
ausserordentlich grosse Zahl von Nadeln, die in mehreren Lagen tan-

---

1) CARTER: Ann. and Mag. Nat. Hist., 1849, pag. 81.
2) POTTS: Proc. Acad. of Nat. Sc. of Philadelphia, 1887, pag. 234.

gential durcheinander liegen. Die *Gemmulaenadeln* sind schwach gebogen, durchaus cylindrisch, die Enden mithin abgestumpft. Über
die ganze Länge der Nadeln finden sich kleine, spitze, theilweise
rückwärts gebogene Dornen; letztere hauptsächlich in der Nähe von
und an den Nadelenden. Die Zahl der Dörnchen mag ungefähr 30 bis
40 betragen.

Ausnahmsweise sind einzelne Gemmulaenadeln schwach spindelförmig, mit spitzeren Enden, gerade, mit kleineren Dornen, die im Mittelstück stärker entwickelt sind. Länge der Gemmulaenadeln im Mittel
0,076 mm., übrigens zwischen den Extremen: 0,056 und 0,092 mm.
schwankend.

Die *Skeletnadeln* sind spindelförmig, glatt, wenig gebogen bis gerade,
allmählich scharf zugespitzt, 0,20—0,28 mm. lang, im Mittel 0,24 mm.,
und 0,011 mm. dick; dünne, netzige Maschen bildend, die sich aus
nur wenigen Nadeln zusammensetzen.

Parenchymnadeln. Im Ganzen und Grossen den Gemmulænadeln glei-
chend; nur ist zahlreicher die Art vertreten, die an den Gemmulae nur
ausnahmsweise gefunden wird: spindelförmige Nadeln nämlich, an
beiden Enden ein wenig zugespitzt, mit dickerem Mittelstück und
kleineren Dornen, die am Mittelstück mehr in die Augen fallen. Diese
Nadeln sind entweder schwach gebogen oder gerade. Ihre Länge beträgt
meist 0,072 mm.

Diesen Schwamm traf ich spärlich in dem Flüsschen Batjo keke
bei Pare-Pare an der Westküste von Süd-Celebes an.

Einen gleichartigen Schwamm fand ich, in sehr geringer Menge
Wasserpflanzen überziehend, in einem stark fliessenden Bache bei Bari
an der Nordküste von West-Flores.

Die geringfügigen Abweichungen der Maasse von Exemplaren von letzterem Fundorte mögen hier angezeigt sein.

Gemmulæ, im Durchmesser 0,40 mm.

Gemmulænadeln, im Mittel 0,072 mm. lang. Extreme 0,056 und 0,120
mm. Eine Nadel von letzterem, aussergewöhnlichem Maasse wurde nur
ein Mal wahrgenommen.

Skeletnadeln, im Mittel 0,30 mm. lang; als Extreme 0,260 und 0,328 mm.

Parenchymnadeln, den Gemmulænadeln gleichgestaltet, im Mittel 0,068
mm. lang. Extreme 0,060 und 0,076 mm.

Endlich gehört hierher ein Schwamm, der als kleine Krusten Baumblätter überzog, die ich in einer Sawah-Pfütze in der Nähe von Makassar (Celebes) fand, zur Zeit als der Regenmousson erst kurz zuvor eingetreten war. Die Gemmulae waren denn auch erst noch in der Bildung, und nur ganz einzelne reife wurden entdeckt. Art und Form der Gemmulae und Nadeln waren wie bei dem Schwamm von Pare-Pare und Bari; nur boten die Maasse kleine Abweichungen.

Gemmulae, 0,40 mm. im Durchmesser.

Gemmulaenadeln, im Mittel 0,066 mm. lang, ihre Extreme 0,052 und 0,072 mm.

Skeletnadeln 0,24—0,25 mm. lang.

Parenchymnadeln, worunter zahlreiche gerade, spindelförmige, 0,044 —0,060 mm. lang.

Die drei im Vorhergehenden beschriebenen Schwämme möchte ich auf Spongilla cinerea Carter beziehen und zwar auf die erste Beschreibung dieses Autors, die er 1849 gab [1]). Hier finden sich Maasse und während es hier heisst, dass die Skeletnadeln glatt seien, werden in seiner späteren, viel dürftigeren Diagnose vom Jahre 1881 die Skeletnadeln dieser Art „minutely spined" [2]) genannt, obwohl der Autor nicht von einer erneuerten Untersuchung spricht. Er citirt nur BOWER-BANK, der zwischen CARTER's erster (1849) und letzter Mittheilung (1881) über genannte Art schrieb [3]) und allerdings die Skeletnadeln „incipiently spinous" nennt.

Die in CARTER's erster Mittheilung gegebenen Maasse stimmen gut zu den von mir gefundenen. Nach CARTER halten die *Gemmulae* $\frac{1}{73}$ inch = 0,37 mm. im Durchmesser.

Die *Skeletnadeln* sind $\frac{1}{71}$ inch = 0,35 mm. lang.

Die *Parenchymnadeln* sind $\frac{1}{386}$ inch = 0,065 mm. lang.

Ein weiterer Punkt der Übereinstimmung ist, dass ausdrücklich vermeldet wird, die Spongilla cinerea sei durchaus incrustirend und sehr niedrig.

Unser Schwamm erinnert auch an Spongilla alba Carter, die der englische Forscher ebenso wie die Spongilla cinerea in Bombay sammelte. Doch soll die Spongilla alba „subbranched" sein, was bei un-

---

1) CARTER: Ann. and Mag. Nat. Hist., 1849, ser. 2, vol. IV, pag. 82.
2) CARTER: Ann. and Mag. Nat. Hist., 1881, ser. 5, vol. VII, pag. 263.
3) BOWERBANK: Proc. Zool. Soc. of London, 1863, pag. 468.

serem Schwamme durchaus nicht der Fall ist. Ebensowenig stimmen die Maasse, die CARTER [1]) gibt: *Gemmulae* im Durchmesser $\frac{1}{10}$ inch = 0,8 mm.

Länge der *Skeletnadeln* $\frac{1}{11}$ inch = 0,45 mm.

Länge der *Parenchymnadeln* $\frac{1}{100}$ inch = 0,12 mm.

Spongilla sumatrana, n. sp.

(Tafel IV, Fig. 6, 7, 8, 9, 10.)

Schwamm sehr locker gefügt, in äusserst dünner Lage Steine in kleinen, rundlichen bis handgrossen, unregelmässigen Flecken überziehend, der Unterlage sehr fest anliegend. Hellgrau von Farbe, auch an dem Lichte ausgesetzten Stellen.

Gemmulae äusserst sparsam der Unterlage aufliegend, graubraun, nach der Unterlage zu ein wenig abgeflacht. Im grössten Durchmesser 0,45–0,60 mm. haltend. Die Hornkapsel der Gemmula setzt sich in einen kurzen Canal fort, der mit einfacher Öffnung im Niveau der Peripherie der Parenchymhülle ausmündet. Die Gemmula-Öffnung ist mithin einfach, nicht trichterförmig eingesenkt.

Die *Gemmulaenadeln* liegen tangential, dicht nebeneinander in der wenig entwickelten Parenchymhülle. Sie sind kurz, sehr dick, meist ein wenig gebogen, seltener ganz gerade, mit abgerundeten Enden, überall gleichmässig dick. Ihre Länge beträgt im Mittel 0,035 mm.; die Grenzen sind 0,032 und 0,040 mm. Ihre Dicke variirt noch weniger; sie beträgt im Mittel 0,013 mm. Über ihre ganze Oberfläche sind diese wurstförmigen Nadeln mit feinsten Dörnchen besetzt.

Die *Skeletnadeln* bilden sehr lose, weite Maschen, an deren Bildung sich jedesmal nur wenige Nadeln betheiligen. Sie sind spindelförmig, endigen mit scharfen Spitzen, die sich allmählich aus dem Schafte entwickeln und frei von Dornen sind, wogegen das Mittelstück mit spärlichen Dornen besetzt ist. Diese sind meist niedrig und sitzen mit breiter Basis der Nadel auf. Ganz vereinzelt findet man Nadeln mit Dornen, deren Länge der halben Dicke der Nadel gleichkommt und die abgestumpft endigen können. Die Länge der Skeletnadeln beträgt im Mittel 0,26 mm. und spielt zwischen den Grenzen 0,21 und 0,27 mm.

Parenchymnadeln, obwohl allerorts anwesend, sind doch nur hier

---

1) CARTER: Ann. and Mag. Nat. Hist. 1840, ser. 2, vol. IV, pag. 83.

und da, namentlich in der Umgebung der Gemmulae, zahlreicher vorhanden. Sie treten in zwei *extremen* Formen auf (Fig. 7 und 8), deren eine spindelförmig, kaum gebogen, kürzer, und deren andere gebogen, cylindrisch mit mehr oder weniger abgestumpften Enden ist. Die spindelförmigen Nadeln haben kurze, sehr zahlreiche Dörnchen, die längeren, cylindrischen Nadeln dagegen weniger zahlreiche, etwas grössere Dornen, die namentlich an den Enden angehäuft stehen und ein wenig zurückgebogen sind. Ihre Länge beträgt im Mittel 0,067 mm.; übrigens schwanken sie zwischen 0,056 und 0,092 mm. Länge.

Der Schwamm wurde in geringer Menge auf Steinen im Süsswasser-See von Singkarah bis zu einer Tiefe von einem halben Meter gefunden. Er bekleidete dieselben mit einer dünnen Kruste bis zu handgrossen Flecken, die alle der Unterlage so fest aufsassen, dass nur mit Mühe Bruchstücke zu erhalten waren.

Wenn wir die Eigenthümlichkeiten unserer Spongilla zusammenstellen, so sind es folgende:

1. Durchaus incrustirend.
2. Gemmulae rund, Öffnung einfach.
3. Gemmulaenadeln gebogen, sehr kurz und dick, cylindrisch, wurstförmig, mit abgerundete Enden, durchaus fein bedornt, tangential zur Gemmula dicht ineinander gefügt.
4. Skeletnadeln spindelförmig, scharf spitzig, im Mittelstück bedornt, gerade.
5. Parenchymnadeln lang, gerade oder gebogen, bedornt.

Hierdurch unterscheidet sich diese Spongilla von den übrigen, mir bekannt gewordenen, recht erheblich. Vielleicht steht ihr am nächsten Spongilla navicella CARTER [1]) vom Amazonen-Fluss.

Dass es keine Abart oder gar Abnormität der Spongilla lacustris ist, geht wohl genügend hervor aus obengenannten fünf Punkten, verglichen mit den Merkmalen, die für die typische Spongilla lacustris und ihre zahlreichen Varietäten gelten. Dies sind folgende:

1. In der Regel verzweigt.
2. Gemmulae rund, Öffnung trichterförmig.
3. Gemmulaenadeln mehr oder weniger stark gebogen, schlank, cylindrisch, schwach bedornt, die Dornen häufig zurückgebogen, spitz;

---

1) CARTER: Ann. and Mag. Nat. Hist., 1881, ser. 5, vol. VII, pag. 87.

umgeben ganz unregelmässig in horizontaler bis tangentialer Lage die Hornschale; im letzteren Falle einander überkreuzend.

4. Skeletnadeln glatt, gebogen, spindelförmig.

5. Parenchymnadeln spindelförmig, durchaus bedornt.

Spongilla decipiens, n. sp.

(Tafel IV, Fig. 1, 2, 3, 4, 5.)

Schwamm unter Wasser liegende Steine, Zweige, Blätter in dünner Lage überziehend, von lockerem Gefüge, grau von Farbe.

Die *Gemmulae* liegen der Unterlage auf. Sie sind in grosser Zahl (ich zählte bis zu *sechszig* Stück) in einreihiger Lage, dicht nebeneinander, zu zusammenhängenden Platten angeordnet. Sie sind dunkelbraun, haben einen Durchmesser von ungefähr 0,5 mm. und sind einigermassen linsenförmig, indem sie in der Richtung senkrecht zur Unterlage comprimirt sind. Jede Gemmula besteht zunächst aus der bekannten braunen Hornschale, die den Inhalt umgibt und sich an einer Seite zu einer kurzen Röhre mit einfacher endständiger Öffnung, der Gemmula-Öffnung, auszieht. An den zu einer Platte vereinigten Gemmulae liegen diese Gemmulae-Öffnungen sämmtlich nach der der Unterlage abgekehrten Seite; sie sind somit dem Schwamme zugekehrt. Der Hornkapsel liegen die *Gemmulaenadeln* in einer einzigen Lage auf. Es sind gerade bis schwach gebogene, cylindrische Nadeln mit mehr oder weniger abgerundeten Enden, die gewöhnlich von einer kleinen Spitze überragt sind. Ihr Mittelstück ist zuweilen ein wenig bauchig aufgetrieben und in verschiedenem Maasse mit grösseren und kleineren Dornen ausgestattet. Ihre Länge beträgt im Mittel 0,11 mm.; Extreme sind 0,08 und 0,14 mm. Ausserhalb dieser Nadellage folgt eine Lage von fünf- bis sechseckigen „Zellen“ mit sehr dicken Wänden ohne Inhalt (wenigstens an meinen Praeparaten), die einem Pflanzengewebe täuschend ähnlich sehen. In *einschichtiger* Lage überzieht dieses Gewebe die dem Schwamme zugekehrte Seite der Gemmula; dasselbe wird mächtiger und mehrlagig in der grössten Circumferenz (dem Aequator) der Gemmula, die benachbarten Gemmulae zugekehrt ist. Die nach der Unterlage gerichteten Seite der Gemmula ist nahezu frei von diesem pflanzenartigen Gewebe. Dasselbe bildet mithin um den grössten Umfang jeder Gemmula eine Art Ring, bestehend aus eckigen, dickwandigen Zellen, die zu mehr oder weniger regelmässigen Säulen angeordnet, in mehreren Lagen strahlig die Gemmula umgeben. Durch dieses Gewebe sind die

Gemmulae zu einer Platte vereinigt, und da demgemäss die „Ringe" aneinanderstossen, sind dieselben nicht rund, sondern durch gegenseitigen Druck polygonal (vergl. Fig. 1).

Die genannte zellige Lage ist schliesslich nach aussen abermals von einer unregelmässigen Lage durcheinander liegender Gemmulaenadeln überdeckt, die in Figur 1 nicht dargestellt sind, um die Zeichnung nicht allzu verwirrt zu machen. In der schematischen Figur 5 sind sie aber bei *d* angedeutet. Die der Unterlage zugekehrte Seite der Gemmula, in soweit sie frei ist von der zelligen Lage, hat somit zwei Lagen von Gemmulaenadeln, die einander berühren, während sie auf der dem Schwamme zugekehrten Seite durch die zellige Lage von einander geschieden sind.

Die *Skeletnadeln* sind wenig spindelförmig, kaum gebogen, glatt, allmählich zugespitzt, im Mittel 0,23 mm. lang; die Extreme sind 0,22 und 0,25. Die Dicke beträgt 0,012—0,016 mm.

Das oben beschriebene „zellige" Gewebe, das Pflanzengewebe so ähnlich sieht, dass ich mich genöthigt fand, als ich die ersten Gemmulae zu Gesicht bekam, eine Cellulose-Reaction mit Chlorzink-Jod auszuführen — natürlich ohne Resultat — ist wiederholt beschrieben worden; wohl zuerst von CARTER. Es kommt bei verschiedenen Süsswasser-Schwämmen vor, bald als einfache Parenchymhülle, bald in stärkerer Entwickelung bei Spongilla nitens, fragilis, erinaceus als Kästchenschicht MARSHALL [1]), Luftkammerschicht VEJDOVSKY [2]), PETR [3]).

Bei Spongilla fragilis, worüber namentlich VEJDOVSKY, DYBOWSKI und PETR genauere Mittheilungen gemacht haben, sind die Verhältnisse dieser Luftkammerschicht am ähnlichsten unserer Spongilla decipiens, mit der sie überhaupt am meisten übereinstimmt. Die Unterschiede zwischen beiden sind aber nicht unerheblich. Unsere schematische Figur 6 bringt sie sofort zur Anschauung. Wir finden, dass hier *zwei* Lagen von Gemmulaenadeln durch eine *ein*schichtige Lage von „Zellen" [4]) der Luftkammer schicht getrennt sind. Nichts hiervon ist wahrzunehmen auf den zahlreichen Abbildungen, die CARTER, VEJDOVSKY und PETR von Spongilla fragilis gegeben haben. Bezüglich dieses Punktes kommt

---

1) MARSHALL: Zoolog. Anzeiger, 1883, pag. 630.
2) VEJDOVSKY: Sitzgsber. d. Kgl. böhm. Gesellsch. Prag, 1884, pag. 167.
3) PETR: Sitzgsber. d. Kgl. böhm. Gesellsch. Prag, 1885, pag. 307.
4) Gerade diese „Zellen" haben einen Durchmesser von 0,012—0,016 mm. DYBOWSKY (Sitzgsber. d. Dorpater Naturforsch. Ges., 1884, pag. 66) findet für seine Zellen 0,006—0,09 mm.; nach Vejdovsky.

unsere Art der Spongilla nitens Carter noch näher; nur ist dort die Luftkammerschicht rund um die Gemmula herum viellagig, in der Art, wei bei unserer Art der „Ring", der eine Eigenthümlichkeit derselben ist. Die schornsteinartige Verlängerung der GemmulaRöhre, wie sie bei Spongilla fragilis beschrieben wird, fehlt unserer gleichfalls völlig. Auf weitere Abweichungen braucht demnach kaum noch hingewiesen zu werden wie die andere Gruppirung der Gemmulae bei den beiden verglichenen Arten, die bei unserer durchaus einreihig zu einer Platte von bis zu 60 Gemmulae vereinigt sind; weiterhin Unterschiede in der Nadelform.

Spongilla decipiens (nach der Luftkammerschicht, die Pflanzengewebe *vortäuscht*, so genannt) wurde in starker Strömung auf Steinen sowie an Zweigen und Blättern, die zwischen die Steine geklemmt waren, am 9ten October 1888 in dem Flusse Lapadi oder Sareminja in der Nähe von Pare-Pare an der Westküste von Süd-Celebes gefunden.

Es seien jetzt einige Spongilliden kurz erwähnt, die wegen Mangel an Gemmulae nicht näher oder nur sehr unsicher bestimmbar waren. Trotzdem möge ihre Beschreibung hier folgen. Einmal der Vollständigkeit halber, dann auch — wenn nöthig — um zu zeigen, dass mit den obigen fünf beschriebenen Arten und mit der Tubella vesparium E. v. Martens von Borneo, die im indischen Archipel vorkommenden Süsswasser-Spongien noch lange nicht erschöpft sind.

Spongilla?

Compacter, harter Schwamm, der mässig dicken Überzug auf im Wasser liegenden Zweigen bildet. Von sehr festem Gefüge, hellgrau von Farbe.

Gemmulae noch nicht reif. Hier und da liegen im Schwamme kugelige Gebilde zerstreut, die ich für die erste Anlage der Gemmulae halte, um so mehr, als ganz *vereinzelte* derselben von dünner, horniger, brauner Schale umgeben sind. Dieselben haben in ihrer directen Umgebung einige Nadeln von einer Form, wie sie sich sonst im Schwamme nicht zeigen. Vermuthlich sind dieselben mithin Gemmulaenadeln, vielleicht solche, die ihre schliessliche Gestalt noch nicht erreicht haben. Ihre Länge spielt zwischen 0,18 bis 0,26 mm.

Es sind mithin lange, schlanke Nadeln, cylindrisch mit allmählich zugespitzten Enden. An diesen findet sich eine Anzahl scharfer, theilweise rückwärts gebogener Dornen, die fast wirtelförmig in mehreren Kränzen angeordnet sind. Das Mittelstück dieser supponierten Gemmulaenadeln ist dagegen frei von Dornen; höchstens findet sich ein ganz vereinzelter, scharfer Dorn. Die *Skeletnadeln* sind kräftig, spindelförmig, meist ein wenig gebogen, allmählich zugespitzt, glatt. Ihre Länge beträgt im Mittel 0,41 mm., während die Extreme derselben 0,38 und 0,48 mm. sind. Die Nadeln erreichen somit eine ganz aussergewöhnliche Länge. Parenchymnadeln wurden nicht beobachtet.

Dieser Schwamm wurde auf Reiser-Bündeln im See von Singkarah bei Panjinggahan gefunden, die, in die Tiefe versenkt, gebraucht werden, um Palaemoniden zu fangen.

Sehr wahrscheinlich haben wir es hier mit einer Spongilla zu thun, und zwar mit einer ganz anderen Art als Spongilla sumatrana, n. sp., die ja gleichfalls in dem See von Singkarah gefunden wurde, jedoch an einer anderen Stelle und unter etwas anderen Bedingungen.

Spongilla?

Schwamm kleine, rundliche Krusten bildend auf Baumblättern, die ins Wasser gefallen sind. Grau von Farbe. Gemmulae fehlen.

Skeletnadeln schlank, spindelförmig, etwas gebogen, glatt, ganz allmählich scharf zugespitzt. Mittlere Länge 0,27 mm. Extreme 0,21 und 0,31 mm.

Parenchymnadeln etwas gebogen, cylindrisch, entweder abgerundet endigend oder die Nadelenden mit feiner Spitze gekrönt. Nadeln scharf bedornt. Mittlere Länge 0,074 mm. Extreme 0,060 und 0,081 mm.

In dem unbedeutenden Süsswasser-See Situ bagendit bei Garut in den Preanger Regentschaften (Java) wurde dieser Schwamm im Monat September gefunden.

Vielleicht gehört er zu Spongilla cinerea Cart., die oben beschrieben wurde.

Spongilla?

Ein kleines Exemplar eines Schwammes, der nach Maass und Form der Skelet- und Parenchym-Nadeln zu voriger Art gehört, wurde bei Tjipanas bei Sindanglaja in West-Java im Monat August in einem Teiche gefunden, der durch künstliche, bleibende Aufstauung des Wassers eines Baches gebildet ist.

Das Exemplar war ganz ohne Gemmulae und überzog einen Ast.

Ephydatia?

In einem Teiche bei Buitenzorg wurde zwischen Ephydatia bogorensis, n. sp. ein Schwamm gefunden, der vermuthlich zu dieser Ephydatia-Art gehört. Er überzog im Wasser liegende Zweige. Gemmulae fehlten. Seine Nadeln stimmten überein mit der Nadelform von Ephydatia bogorensis, die als cylindrisch mit stumpf abgerundeten Enden beschrieben wurde. In vorliegendem Schwamme ist dies die characteristische Nadelform; denn nur ganz vereinzelt findet man spindelförmige mit allmählicher Zuspitzung. Diese sind so klein, dass sie den Eindruck unfertiger Nadeln machen. Die cylindrische Nadelform zeichnet sich gegenüber den Nadeln von Ephydatia bogorensis dadurch aus, dass die runden, abgestumpften Enden meistens ein wenig angeschwollen und mit äusserst kleinen Dornen geziert sind. Ihre Länge beträgt im Mittel 0,21 mm. und schwankt nur zwischen den Extremen 0,19 und 0,23 mm. Die Nadeln sind mithin kleiner als bei Ephydatia bogorensis.

Spongillide?

In stark fliessenden Bächen in Luwu in Central-Celebes fand ich an drei Stellen auf untergetauchten Holzstücken einen Schwamm, jedesmal ein sehr kleines Exemplar ohne Gemmulae. Dieser Schwamm war von sehr lockerem Gefüge; er sass der Unterlage in dünner Schicht, kreisförmige Flecken bildend, auf und war hellgrau von Farbe. Nur bei einem Exemplar war, wie es scheint, eine allererste Anlage von Gemmulae, in Form von runden, compacten, der Unterlage aufliegenden Zellansammlungen, ohne dass es bereits zur Umkapselung oder gar Bildung von Gemmulaenadeln gekommen wäre. Die Länge der meist geraden, allmählich zugespitzten, schwach spindelförmigen, glatten oder wenig rauhen Skeletnadeln schwankte zwischen 0,20 und 0,26 mm. Weiteres weiss ich leider über diesen unbestimmbaren Schwamm nicht mitzutheilen.

Von den von fünf verschiedenen Standorten angeführten unbestimmbaren Schwämmen gehören zwei vielleicht zu Spongilla cinerea Cart., einer vermutlich zu Ephydatia bogorensis, während die beiden übrigen wahrscheinlich zu Süsswasser-Schwämmen gehören, die bisher von mir nicht aufgezählt, somit neu für den indischen Archipel sind.

Es dürfte jetzt nicht ohne Interesse sein, nachzuforschen, welche

Süsswasser-Schwämmo bisher in benachbarton Gebioton beobachtet wurden. Von benachbarten Gebioten können da nur das Festland von Indien und Australien in Anmerkung kommen, die boide dazu beige.tragen haben, die indische Inselwelt zu bevölkern. Unsore diesbozügliche Kentniss verdanken wir in erster Linie CARTER [1]), ferner BOWERBANK [2]), HASWELL [3]) und v. LENDENFELD [4]). Folgende Arten sind durch genannte Autoren bekannt gemacht:

I. *Spongilla.*

1. Sp. alba CARTER . . . . Bombay.
2. Sp. cerebellata BOWERBANK . .   Central Indien.
3. Sp. Carteri BOWERBANK . . .   Bombay (Mauritius).
4. Sp. bombayensis CARTER. . . . . Bombay.
5. Sp. botryoides HASWELL . . . . Australien.
6. Sp. sceptroides HASWELL. . . . . Australien.
7. Sp. cinerea CARTER. . . . . . . Bombay.
8. Sp. lacustris v. sphaerica v. LENDENFELD . . . . Australien.

II. *Ephydatia (Meyenia).*

9. E. fluviatilis var. meyeni CARTER . . Bombay.
   (Spong. Meyeni CART.)
9a. E. fluviatilis v. ramsayi HASWELL . . . . Australien.
   (Spong. ramsayi HASWELL)
10. E. capewelli BOWERBANK . . . . Australien.
11. E. plumosa CARTER . . . . . . Bombay.

III. *Tubella.*

12. T. nigra v. LENDENFELD . . . . Australien.

Im indischen Archipel wurde bisher nur ein Süsswasser-Schwamm und zwar Tubella vesparium, durch den so verdienstvollen Forscher E. VON MARTENS [5]) in Borneo gefunden und beschrieben.

Hierzu kann ich, nach dem oben Mitgetheilten, noch folgende be-stimmbare Arten mit Angabe der Fundorte hinzufügen:

---

1) CARTER: Ann. and Mag. Nat. Hist., 1848, 1849, 1881.
2) BOWERBANK: Proc. of tho Zool. Soc. of London, 1863.
3) HASWELL: Proc. Linn. Soc. of New-South-Wales, VII, 1883.
4) v. LENDENFELD: Zoolog. Jahrbücher, II, 1887.
5) E. v. MARTENS: Arch. f. Naturgesch., 1868, pag. 61.

I. *Spongilla.*

1. Spongilla cinerea CARTER.

Flüsschen Batjo keke bei Pare-Pare, Westküste von Süd-Celebes.
Flüsschen bei Bari an der Nordküste von West-Flores.
Makassar in einer Sawah-Pfütze.

2. Spongilla decipiens, n. sp.

Fluss Lapadi oder Sare-minja bei Pare-Pare, Westküste von Süd-Celebes.

3. Spongilla sumatrana, n. sp.

Süsswasser-See von Singkarah, Sumatra.

II. *Ephydatia.*

4. Ephydatia fluviatilis GRAY.

Süsswasser-See von Manindjau, Sumatra.

5. Ephydatia bogorensis, n. sp.

In einem Teiche bei Buitenzorg in Java.
In einer Sawah-Pfütze bei Makassar.

Endlich müssen wenigstens zwei der fünf unbestimmbaren Schwämme hier aufgezählt werden, da sie sich keinem der vorhergenannten anschliessen lassen:

6. Spongilla spec.

Süsswasser-See von Singkarah, Sumatra.

7. Spongillide?

In Flüssen von Luwu in Central-Celebes.

Rechnen wir hierzu die Tubella nigra von E. von MARTENS von Borneo so beträgt somit die Zahl der vom indischen Archipel ihren Artcharacteren nach bekannten Süsswasser-Schwämme sechs, denen noch zwei nicht näher bestimmbare zu zufügen sind.

Bei weiterer Durcharbeitung des zoologischen Materials, das in Seen und Flüssen des indischen Archipels von mir erbeutet wurde, wird sich wohl Gelegenheit darbieten, auf die Art der Verbreitung auch der Süsswasser-Schwämme näher einzugehen.

Tab IV

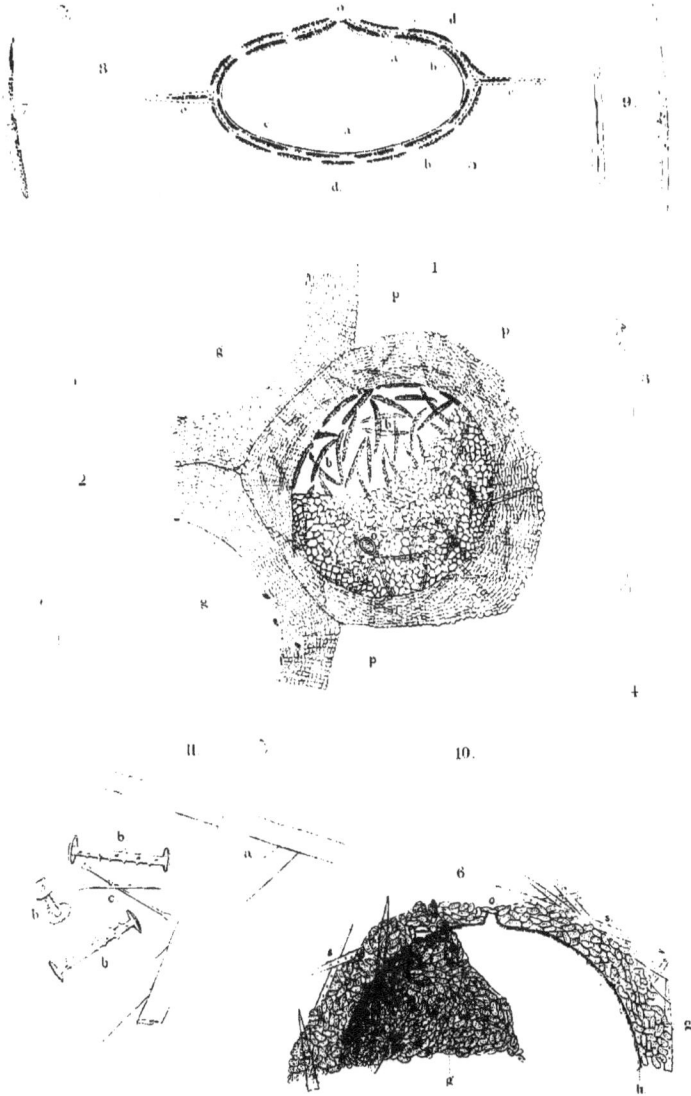

ERKLÄRUNG DER TAFEL IV.

Fig. 1. Spongilla decipiens, n. sp. Darstellung eines Randstückes einer Vereinigung von Gemmulae. Von zweien derselben (*g. g.*) ist nur ein Stück dargestellt; die dritte ist von oben gesehen abgebildet, umgeben von dem pflanzenzellen-ähnlichen Gewebe »*p*«(Luftkammerschicht),das auch die eigentlicheGemmula in einer einschichtigen Lage »*a*« überzieht. Theilweise ist die Gemmula als von dieser Schicht entblösst dargestellt, sodass die tiefe Lage der Gemmulanadeln »*b*« direct sichtbar wird. Im Bereiche der zelligen Überkleidung »*a*« der Gemmula scheinen die Nadeln nur durch. Die ausserhalb der zelligen Umhüllung gelegenen Gemmulanadeln, die somit eine zweite, äussere Nadelschicht bilden, sind nicht dargestellt. Ein Theil der zelligen Kapsel der beiden benachbarten Gemmulae ist gezeichnet, um die Art der Aneinanderlagerung der benachbarten zelligen Kapseln zur Anschauung zu bringen.

o. Gemmula-Öffnung.

Fig. 2. Spongilla decipiens, n. sp. Skeletnadel.

Fig. 3. Spongilla decipiens, n. sp. Gemmulanadel.

Fig. 4. Spongilla decipiens, n. sp. Etwas anders gestaltete Gemmulanadel.

Fig. 5. Spongilla decipiens, n. sp. Schematischer Durchschnitt durch eine Gemmula senkrecht auf die Unterlage.

a. Hornkapsel der Gemmula.

b. Tiefe Lage der Gemmulanadeln, die der Hornkapsel direct anliegen.

c. Zellige Umhüllung (Luftkammerschicht), die sich bei »*e*« mehrlagig als Ring um die Circumferenz der Gemmula herum erstreckt, auf der Unterseite aber fast vollständig fehlt.

d. Oberflächliche Lage der Gemmulanadeln.

o. Gemmula-Öffnung.

Fig. 6. Spongilla sumatrana, n. sp. Stück einer Gemmula. Rechts im optischen Durchschnitt, links umhüllt durch die kurzen, dicken Gemmulanadeln.

o. Gemmula-Öffnung.

s. Vereinzelte, der Gemmula angelagerte Skeletnadeln.

h. Hornkapsel der Gemmula.

g. g¹. Gemmulanadeln eine dichte, geschlossene Lage um die Gemmula bildend.

Fig. 7. Spongilla sumatrana, n. sp. Parenchymnadel.

Fig. 8. Spongilla sumatrana, n. sp. Andere Form der Parenchymnadeln.

Fig. 9. Spongilla sumatrana, n. sp. Skeletnadeln.

Fig. 10. Spongilla sumatrana, n.sp. Gemmulanadeln.

Fig. 11. Ephydatia bogorensis, n. sp.

a. Drei Skelettnadeln, von zweien derselben ist nur ein Stück vorgestellt.

b. Gemmulanadeln.

c. Zwei verkümmerte Gemmulanadeln.

QUELQUES NOUVEAUX CAS DE SYMBIOSE.

PAR

M. MAX WEBER

ET

Mme. A. WEBER—VAN BOSSE.

(Avec Planche V).

~~~~~~~~~

INTRODUCTION.

Depuis environ dix ans les naturalistes se sont occupés de cette question intéressante: la vie en commun de plantes et d'animaux dans une association intime.

L'intérêt qu'inspire cette question est d'autant plus grand qu'elle se rattache, du moins en partie, à la question de savoir d'où vient le chlorophylle qu'on rencontre chez plusieurs Protozoaires et chez quelques Metazoaires. C'est un fait très important, puisque la présence du chlorophylle est caractéristique lorsqu'il s'agit de déterminer si l'on a affaire à des plantes ou à des animaux, car le chlorophylle joue un rôle important dans la nutrition des plantes, et la manière différente dont se nourrissent les plantes et les animaux est encore toujours un des meilleurs indices en matière de délimitation des confins entre le règne végétal et le règne animal.

Déjà Bory de st. Vincent avait démontré que la couleur verte du Spongilla, l'éponge d'eau douce, était due à la présence d'algues. Mais on n'a commencé à s'occuper sérieusement du chlorophylle des animaux, que lorsque De Bary, en créant l'idée de la Symbiose, a dirigé l'attention des naturalistes sur l'association qui existe entre les animaux et les plantes et en conséquence sur la question de savoir d'où provient le chlorophylle chez les animaux.

Les recherches de Brandt, Geza Entz et Geddes donnèrent une réponse à cette question, dont s'occupèrent aussi, quoique moins directement, Cienkowsky, les frères Hertwig et Engelmann et d'autres. Comme résultat de ces recherches on admet de nos jours que les animaux, porteurs de chlorophylle, ne produisent cette substance qu'exceptionnellement eux-mêmes; en règle générale, le chlorophylle est lié à des corps chlorophylliens, qui ne constituent pas une partie intégrante du corps de l'animal mais sont des algues unicellulaires. La présence du chlorophylle provenant de l'animal lui-même ne fut avec certitude constatée jusqu'à présent qu'en forme diffuse sur le „Vorticella campanula" par ENGELMANN et par KLEBS chez les Infusoires flagellifères [1]).

Dans tous les autres nombreux cas on a pu démontrer que le chlorophylle était toujours lié à des corps chlorophylliens, qui étaient des algues unicellulaires entrées dans le corps de l'animal. Les algues sont capables de vivre en dehors de l'animal tout aussi bien que celui-ci peut vivre sans les algues, mais leur réunion en apparence en un seul organisme, paraît profiter aux deux associés. On ne remarque pas trace d'un désavantage sérieux et c'est ce qui fait qu'on peut nommer les deux conjoints: Symbiontes.

Il est inutile de relever le fait qu'une pareille Symbiose passe sans limites précises à l'état de Parasitisme où l'un des deux conjoints tire un profit réel de l'autre. Ce dernier, l'hôte, ne reçoit aucune compensation pour le dommage que lui cause son conjoint; il est, quant à lui, très bien capable de vivre sans celui-ci; en revanche l'existence du conjoint est absolument liée à la présence de l'hôte. Outre l'association entre algues unicellulaires *vertes* (Pseudo-chlorophyllkörper Entz ou Zoochlorella Brandt) et animaux, on a remarqué une même association entre des animaux et des algues unicellulaires *jaunes* (Zooxanthella Brandt), et à côté de cette vie en commun d'algues unicellulaires et d'animaux, soumise à des investigations répétées, on a trouvé une symbiose d'algues d'une organisation plus élevée avec des éponges. Cette association a été moins étudiée, mais d'après les connaissances acquises nous pouvons déjà distinguer les cas suivants: d'abord les cas où l'association est très peu intime, où les deux organismes croissent entremêlés sans s'influencer visiblement. Cette Symbiose passe aisément à ces états bien connus d'éponges incrustant des algues ou d'algues s'appuyant sur des éponges, états qui sont incompatibles avec l'essence de la Symbiose.

---

1) MAC MUNN cite dix espèces d'éponges marines avec chlorophylle où cette substance provient de l'animal même (Journ. of Physiology IX, Quart. Journ. Microscop. Sc. XXX, 2. pag. 84). Ce serait un phénomène étonnant qui mérite encore d'être confirmé surtout si nous avons affaire à du vrai chlorophylle.

Ensuite nous trouvons des cas d'éponges et d'algues qui, en crois-
sant, s'entrelacent si étroitement, qu'elles s'influencent réciproquement et que toutes deux changent de caractère par suite de l'association. Ceci peut aller si loin qu'on se demande si cette influence
n'est pas néfaste pour l'un des deux consorts, et justement à cause
de cela, la limite de l'idée qu'on attache à la Symbiose est dépassée
dans l'autre sens.

Plus loin nous aurons à nous occuper d'un cas pareil et alors l'occasion se présentera de revenir sur cette question.

Nous aurons donc à distinguer trois groupes dans la Symbiose entre
animaux et plantes.

1°. Symbiose entre animaux et algues unicellulaires vertes. (Zoochlorella).

2°. Symbiose entre animaux et algues unicellulaires jaunes. (Zooxanthella).

3°. Symbiose entre éponges et algues d'une organisation plus élevée,
confinant au Parasitisme.

Il serait inutile d'énumerer et de discuter encore une fois tous les
différents cas de ces trois groupes. Ceci a été fait plusieurs fois avec
une indication de la littérature complète. Nous devons à BRANDT l'article principal sur ce sujet, que GEZA ENTZ a traité à un point de
vue plus essentiellement botanique. O. HERTWIG aussi nous a donné un
aperçu de toutes les recherches faites sur cette question.

Au moment où cet article était déjà terminé nous reçûmes encore
par la complaisance de l'auteur, M. M. TREUB [1]), l'intéressante confé-
rence dans laquelle l'auteur vient de traiter de la symbiose dans le
règne végétal.

SYMBIOSE de l'EPHYDATIA FLUVIATILIS avec le TRENTEPOHLIA SPONGOPHILA.

On sait depuis longtemps que presque toujours, du moins en Europe, les éponges d'eau douce nommément le Spongilla et l'Ephydatia
ont une couleur verte et sont rarement incolores.

Ceci ne se produit que quand l'éponge croît dans l'obscurité ou
dans un endroit où elle n'est pas exposée à la lumière.

---

1) M. TREUB: Parasitisme en infectie in het Plantenrijk. 1889. Tijdschr. voor nijver-
heid en Landbouw in Nederl. Indië XXXIX. 1. 1889.

Différents naturalistes ont constaté que des corps chlorophylliens cellulaires rencontrés aussi à l'état de Palmellacées sont cause de la couleur verte. Il nous paraît que les infections des infusoires avec ces corps verts sont décisives et prouvent que ces corps sont des organismes indépendants et non des produits de l'éponge, des organismes enfin qui doivent être rangés parmi les algues unicellulaires. Ces expériences et la démonstration claire qui les accompagne nous paraissent devoir écarter les doutes de RAY LANKASTER — si tant est toutefois que cet auteur en entretienne encore.

Jusqu'à présent on n'a trouvé que des algues unicellulaires vertes comme cause de la couleur verte des Spongillides, mais comme on le verra dans les pages suivantes nous avons trouvé une algue filamenteuse comme cause de cette couleur.

Dans le lac de Manindjau à Sumatra on trouve à plusieurs endroits où les bords sont couverts de pierres l'Ephydatia fluviatilis en quantité extraordinaire [1]). L'éponge y recouvre dans les bas-fonds des pierres innombrables tantôt en forme de croûtes minces, tantôt s'élevant comme un ruban.

Il est remarquable comparativement aux représentants européens de cette espèce, que l'Ephydatia de Sumatra, quoiqu'il soit exposé dans les bas-fonds à la lumière du jour, voire même aux rayons du soleil pendant la plus grande partie du jour, soit principalement de couleur gris jaune, non verte comme cela serait le cas de l'Ephydatia fluviatilis de nos eaux, s'il croissait dans un endroit également exposé à la lumière.

Mais il est encore plus remarquable que la couleur verte ne fasse pas tout-à-fait défaut à l'Ephydatia du lac de Manindjau; que la plus grande partie même des morceaux d'éponge ramassés soit ornée de taches vertes d'une couleur intense qui se trouvent principalement autour des oscules ou dans leur voisinage.

L'investigation microscopique démontra de suite que ce n'étaient pas des algues unicellulaires (des zoochlorella) qui étaient la cause de la couleur verte, mais qu'elle était due à une algue d'un ordre plus élevé, appartenant à la famille des Trentepohliacées Hansg. et au genre Trentepohlia Mart. (Chroolepus Ag.).

Notre algue se distingue avant tout des autres espèces de ce groupe par le choix du lieu où elle s'implante. Elle est, sauf erreur, le pre-

---

1) Voyez l'article: Spongillidae des Indischen Archipels par l'un de nous dans cette ouvrage, pag. 30.

mier exemple parvenu à notre connaissance d'une algue d'eau douce d'un ordre si élevé vivant en symbiose avec un représentant du règne animal. On a bien trouvé des Trentepohlia sur des coquilles de lima-çon mais cela n'est pas un cas de Symbiose, car l'algue se sert seulement de la surface de la coquille comme point d'appui.

Quand on retire de l'eau des morceaux d'éponges infectés d'algues on est frappé de la quantité de taches vertes. Le chasseur indigène, que nous avions avec nous, parlait, quand il fut envoyé au lac pour en retirer des éponges garnies d'algues, „d'éponge verte", en opposition à „éponge blanche" sans algues. Comme nous l'avons déja remarqué, on trouve ces taches vertes surtout dans le voisinage des oscules, mais en brisant l'éponge on remarque qu'elles ne font pas défaut à l'intérieur. Etudiées sous le microscope, ces taches paraissent être constituées de filaments verts, qui se ramifient et s'entrelacent à la manière des Trentepohlia.

On éprouve d'abord quelque difficulté à s'orienter dans cet amas de cellules, qui forment souvent une couche parenchymateuse assez épaisse autour des aiguilles de l'éponge. Les points, où les jeunes algues commencent à se développer sont aussi les seuls propres à l'étude de la ramification. On trouve ces endroits facilement à l'aide d'un léger grossissement.

L'étude multipliée d'individus démontre que la formation du thalle commence souvent par un filament dont les cellules sont longues et comparativement très minces et qui rampent le long d'une aiguille de l'éponge en écartant les cellules du tissu de cette dernière. Nous avons même remarqué une cellule qui avait une longueur de 85 μ. sur une largeur de 6,4 μ., mais nous nous hâtons d'ajouter que c'est la seule cellule remarquée par nous qui eût une telle longueur. Ces longues cellules peuvent se ramifier; on voit alors apparaître d'abord une pe-tite protubérance qui s'allonge et se sépare ensuite de la cellule-mère par une cloison. Toutes ces cellules se cloisonnent plus tard en s'élar-gissant un peu, mais ces divisions secondaires se font sans aucune règle apparente. On remarque un filament avec quatre ou six cellules de grandeur à peu près isodiamétrique et à côté de ces dernières une cellule beaucoup plus longue. La longueur de ces petites cellules est en moyenne de 9 μ. sur une largeur de 7,2 μ.

Les cellules isodiamétriques donnent naissance à leur tour à des ramules, qui s'allongent en se divisant. Toutes ces cellules, égales entre elles, pouvent se ramifier dans toutes les directions et de la manière décrite et dessinée par WILLE [1]) pour le Trentepohlia umbrina, mais de prédilection elles enveloppent quelques aiguilles de l'éponge et forment un tissu parenchymateux.

On peut remarquer sur la fig. 1. de la planche V que les aiguilles sont très grandes en comparaison de l'algue. La figure représente un jeune thalle.

Quand les longues cellules se divisent, leurs parois jusqu'alors très minces s'épaississent et l'on peut distinguer dans la membrane des couches différentes qui ont une tendance à se gélifier, procédé par lequel quelques cellules se détachent quelquefois de la plante-mère.

Les cellules contiennent un beau chromatophore situé contre la paroi. Dans les longues cellules on remarque très aisément à l'aide de la coloration avec de l'hématoxyline un petit noyau rond suspendu au milieu de la cellule et quelques petits grains qui se colorent en bleu par l'iode et la chlorure de zinc iodé. Après la division en petites cellules ces grains d'amidon augmentent rapidement, jusqu'à colorer sous l'influence de l'iode tout le contenu de la cellule d'un bleu-grisâtre et diffus, car ces granules sont extrêmement petits; isolés, on aurait de la peine à distinguer leur coloration. Dans les exemplaires vivants étudiés par intervalle durant trois semaines, passées aux bords du majestueux lac de Manindjau, nous n'avons jamais rien remarqué d'une couleur rougeâtre des cellules due à des gouttelettes d'hématochrome. Parmi les échantillons séchés, recueillis au mois de Juin nous avons trouvé au mois de Juillet de l'année suivante dans quelques cellules deux ou trois gouttes d'une couleur pourpre et même deux ou trois cellules qui avaient une teinte uniforme et roussâtre.

Une après-midi à trois heures nous avons observé la sortie des zoospores des cellules qui s'étaient transformées en sporanges. Les zoospores sortaient en masse; nous en avons vu des centaines; tous les sporanges d'une même plantule semblaient atteindre la maturité en même temps. Pour autant qu'on pouvait le compter, le nombre des zoospores ne semblait pas excéder douze dans chaque sporange. Elles étaient oviformes, avaient un rostre hyalin avec deux cils, un chromatophore, un noyau et quelques granules dans la partie posté-

1) WILLE: Om Svaermecellerne hos Trentepohlia. Botaniska Notiser N°. 6. 1878, p. 165.

rioure. Elles se mouvaient avec grande rapidité; nous n'avons pas pu constater leur copulation, mais ceci n'implique nullement que les zoospores ne copulent pas dans des conditions plus normales que celles où elles se trouvaient dans notre primitive chambre d'étude à Manindjau.

Des échantillons conservés dans de l'alcool ont démontré que la formation des zoospores ou gamètes (?) commence par la division du contenu des cellules isodiamétriques. Nous n'avons pu remarquer un ordre sévère dans ces divisions, mais toujours on pouvait démontrer au moyen de l'hématoxyline un noyau, dans chaque partie divisée. Il est très probable qu'à un moment donné toutes les petites cellules peuvent se transformer en sporanges; nous avons trouvé des filaments entiers à courtes cellules, qui étaient vides et qui avaient une petite ouverture par laquelle les zoospores s'étaient échappées.

Ainsi que plusieurs autres représentants du genre Trentepohlia, notre algue peut aussi se multiplier par des cellules, qui se détachent de la plante par la gélification de la surface extérieure de la membrane. Probablement c'est le courant d'eau qui circule dans les éponges qui entraîne ces cellules; on remarque souvent de jeunes thalles dispersés dans le tissu de l'éponge. Ces thalles proviennent ou des zoospores, ou, ce qui nous parait plus probable en comparant la grandeur des cellules, de ces cellules détachées, décrites plus haut. (fig. 2.)

Nous n'avons pu constater la présence d'Akinòtes; nous n'avons osé décider si les cellules roussâtres remarquées sur les exemplaires séchés devaient être rangées dans cette catégorie.

L'épaisseur de leur paroi n'excédait pas celle des autres cellules qui se détachaient par voie de gélification [1]).

Notre algue est une espèce nouvelle de Trentepohlia, voisine des Tr. de Baryana (Rbh.) Wille et Tr. viridis (Kütz.) Wille. Elle se distingue de ces deux algues par la petitesse de ses cellules et du Tr. Willeana Hansg. par sa ramification sans ordre aucun. Elle se distingue de tous les Tr. aquatiques réunis par Hansg. [2]) dans le sous-genre des Leptosira par ce fait curieux et intéressant qu'elle vit en symbiose avec une éponge; à cause de cela nous proposons le nom spécifique de Trentepohlia spongophila.

---

1) Pour la diagnose du Trentepohlia spongophila voir l'article qui paraîtra prochainement dans les Annales du Jardin Botanique de Buitenzorg. 1890.

2) HANSGIRG: Prodromus der Algenflora von Böhmen. Erster Theil pag. 89. 1888.

Outre l'algue dont nous venons de faire la description nous avons trouvé plusieurs autres espèces d'algues dans l'Ephydatia fluviatilis.

Ces algues se distinguaient du Trentepohlia parce que leur présence dans l'éponge était toujours accidentelle; elles ne croissaient pas dans le tissu spongieux, mais avaient été apportées dans les canaux de l'éponge par un courant d'eau ou bien elles croissaient sur les pierres que l'Ephydatia avait choisies pour soutien.

Un Pithophora fut trouvé entrelacé par le tissu de l'éponge, mais ce fut pourtant chose rare. L'algue symbionte *toujours* présente quand l'éponge contient des algues, c'est le Trentepohlia.

Les algues vertes unicellulaires de la famille des Palmellacées, qu'on trouve dans tant d'éponges d'eau douce, font absolument défaut.

Nous donnons le nom de quelques genres d'algues trouvés dans l'é- ponge. Plusieurs espèces de Diatomées, Merismopoedia, des Oscillaires, Scenedesmus, Pithophora etc. Cette liste n'a pas la prétention d'être complète; on pourrait y ajouter plusieurs autres noms encore. Plus tard l'un de nous espère donner une liste complète des algues d'eau douce trouvées par nous dans les colonies néerlandaises aux Indes Orientales, où tous ces genres seront mentionnés.

Dans notre introduction nous avons émis l'opinion qu'on ne pouvait parler de Symbiose, que dans les cas où ni l'un ni l'autre des deux associés ne souffre de la vie en commun. Or ceci ne nous paraît pas être le cas dans l'association d'Ephydatia et de Trentepohlia. On peut déduire de la description de l'algue, et la fig. 1. le fait voir, que le Trentepohlia peut se répandre partout dans l'éponge, que ses filaments au commencement surtout côtoyent de préférence les aiguilles de l'é- ponge et entourent celles-ci parfois d'une couche épaisse et que de cette façon ils repoussent sans contradiction le tissu spongieux. Nous n'osons décider si c'est un simple déplacement du tissu spongieux ou bien si celui-ci est détruit, peut-être au profit de l'algue. Sans doute l'éponge souffre de l'association avec l'algue, mais elle ne paraît pas en souffrir beaucoup, car elle ne change pas de forme et nous n'avons trouvé aucun indice attestant que l'algue causerait la mort de l'éponge.

Nous avons donc à examiner si la présence du Trentepohlia dans l'Ephydatia peut encore se qualifier du nom de Symbiose.

L'éponge ne tire pas d'avantages visibles de l'algue. Nous avons trouvé au même endroit des échantillons avec et sans algues, et les éponges qui ne contenaient pas d'algues n'avaient certes pas plus mauvaise mine que celles qui étaient infectées d'algues. Il en résulte que l'Ephydatia peut très bien vivre sans le Trentepohlia, peut-être même se porte-t-il mieux sans son compagnon, car les cellules de l'algue écartent sans doute une partie du tissu spongieux de la place qui lui est due. Et l'algue, tire-t-elle profit de l'association?

Elle n'a été trouvée jusqu'ici que dans l'éponge, mais ceci n'est pas une raison pour l'empêcher de vivre ailleurs, ce qui paraît même probable. Ce n'est à coup sûr pas sans profit que l'algue habite l'é-ponge où elle se trouve bien à l'abri et où elle est toujours entourée d'eau en circulation. Le treillis de l'éponge lui offre un bon substra-tum pour ses ramifications, et en dernier lieu il se pourrait que l'al-gue se nourrît au moins en partie aux dépens de l'éponge.

Et quand même cette dernière supposition ne serait pas juste, ce qui caractériserait la relation comme un cas de parasitisme, c'est à peine s'il pourrait encore être question de symbiose, car les avantages de la vie en commun sont tous du côté de l'algue; l'éponge souffre plutôt qu'elle ne profite de l'association.

Nous avons ici un cas transitoire entre la symbiose et le parasitisme, tout au moins le parasitisme d'espace.

SYMBIOSE d'un HALICHONDRIA avec le STRUVEA DELICATULA.

Nous croyons avoir décrit dans les pages précédentes le premier cas connu d'une association entre une éponge *d'eau douce* et une algue d'un ordre élevé; des associations semblables entre algues supérieures et éponges *marines* sont connues depuis longtemps. Nous voulons en donner un résumé, d'où nous excluons cependant les algues unicellu-laires dans un sens restreint, surtout les Zooxanthelles. Concernant ces organismes nous renvoyons à l'excellente monographie de BRANDT [1]).

LIEBERKÜHN [2]) ne fut pas le premier naturaliste, comme on l'as-sure en général, qui découvrit la vie en commun d'algues et d'épon-ges. Cet honneur revient à ARESCHOUG [3]) qui fit connaître en 1853

---

1) BRANDT: Ueber d. morph u. phys. Bedeutung des Chlorophylls bei Thieren. Mitth. der Zool. Stat. zu Neapel 1883. Heft II.

2) N. LIEBERKÜHN: Arch. f. Anat. u. Phys. 1859. pag. 366 u. 518.

3) ARESCHOUG: Ofversigt af Kongl. Vet. Akad. Förh. 1853. N°. 9. pag. 201 u. 203.

un nouveau genre d'algues, nommé Spongocladia, qu'il tenait de l'ile Maurice et au sujet du quel il entretenait d'abord des doutes, si c'était une éponge ou une algue [1]).

L'aspect d'une éponge, l'odeur de cheveux brûlés, la présence d'aiguilles siliceuses et plusieurs autres caractères étrangers aux algues, le firent pencher vers la première supposition.

Il se décida pourtant en faveur de la nature d'algue de son échantillon, auquel il donna le nom de Spongocladia vaucheriaeformis.

Il ajoute cependant à la diagnose de l'espèce, qu'on remarque à la plante „spicula silicea, recta l. leviter curvata etc.," et il termine par ces paroles significatives: „Videntur haec spicula plantae heterogenea quamquam natura eorum non facile percipiatur, forsan sunt spongiae cujusdam". Sa description est accompagnée d'une très bonne figure.

Ajoutons encore qu'une description ultérieure de cet organisme se trouve chez DE MARCHESETTI [2]) et HAUCK [3]). DE MARCHESETTI a démontré le premier qu'on avait affaire à un cas de symbiose entre un Spongocladia et une éponge, savoir le Reniera fibulata. Cet exemple intéressant de symbiose ne se trouve pas dans les listes que BRANDT [4]) et plus tard VOSMAER [5]) ont données des cas d'association entre algues et éponges.

---

1) D'après MURRAY et BOODLE (Ann. of Botany vol. III. Note on Spongocladia pag. 130) on serait disposé à croire que déjà ESPER avait remarqué qu'une algue et une éponge peuvent vivre ensemble et constituer ce que nous appelons une symbiose. Les auteurs cités s'expriment ainsi: „It (Spongia cartilaginea, Esp.) is obviously of the same nature as Marchesettia though the alga is a different one. ESPER in describing this remarkable association of sponge and alga (Pflanzenthiere; Fortsetzung, II, p. 23, Tab. LXIII) says that the alga agrees with Fucus corneus or cartilagineus = Gelidium corneum Lam. or G. cartilagineum Gaill."

Ceci repose sur une erreur due à un mal entendu du texte allemand dans lequel nous lisons à l'endroit cité: „Im Wasser eingeweicht, erweitert sie (die Schwamm-Masse) sich über die Hälfte ihrer vorigen Grösse, und doch bleibt sie sehr dichte, es lassen sich die Aeste kaum über die Hälfte zusammen drücken, ohne zu brechen, doch nehmen sie sogleich den vorigen Raum wiederum ein. Es tritt bei dem Druck einiger Schleim hervor, von der nemlichen Art, wie man ihn bei den eingeweichten Tangen bemerkt. Das Gewebe selbsten hat mit den Tangen die naechste Aehnlichkeit es kommt mit dem Fucus corneus oder cartilagineus überein." Il est clair qu'ESPER compare la consistance de son éponge avec la consistance du tissu du Fucus corneus.

2) DE MARCHESETTI: Sur un nuovo caso di symbiosi. Atti del Mus. Civ. di stor. nat. di Trieste. Vol. VII. 1884.

3) HAUCK: Cenni sopra alcune Alghe dell Oceano Indico. Atti del Mus. Civ. di stor. nat. di Trieste. Vol. VII. 1884.

4) BRANDT: Mitth. der Zool. Station zu Neapel 1883. II Heft.

5) VOSMAER: Porifera in Bronn's Klassen & Ordnungen des Thierreiches. II. 1887. p. 458.

Nouvellement G. Murray et L. A. Boodle¹) ont soumis le Spongocladia vaucheriaeformis de l'île Maurice à de nouvelles investigations. Intéressante surtout est la découverte de deux nouvelles espèces du genre Spongocladia dont un Spongocladia dichotoma Murray & Boodle (Spongodendron dichotomum Zan.) vient de la Nouvelle Guinée, l'autre le Spongocladia neocaledonica Grünow in Murray & Boodle de la Nouvelle Calédonie. Quoique dans ces deux nouvelles espèces de Spongocladia provenant d'endroits différents le tissu spongieux fût moins développé — du moins dans les rares échantillons examinés — que dans l'espèce de l'île Maurice d'Areschoug, les aiguilles ne faisaient défaut dans aucun des spécimens. Les deux naturalistes anglais émettent leur opinion de la manière suivante: "It is possible that we have hore some biological relation between sponge and alga." Mais ils n'osent se prononcer plus décisivement à cause des exemplaires insuffisants.

Après Areschoug ce fut Lieberkühn²) qui publia en l'année 1859, qu'il vivait un Callithamnion dans une éponge cornée et un Polysiphonia dans l'Halichondria aspera, mais dans cette relation, la substance cornée de l'éponge entourait le Polysiphonia avec ou sans spicules et la recouvrait du moins en partie d'une couche mince. Nonobstant ceci le Polysiphonia ne changeait pas dans l'éponge sa manière de se ramifier, quoique la ramification du Polysiphonia soit tout autre que celle du tissu spongieux; c'est la substance cornée de l'éponge au contraire qui change son mode de ramification.

L'éponge au contraire détermine la ramification du Callithamnion, lequel se règle sur la manière de se ramifier de l'éponge et perd sa manière à lui.

Ces deux exemples sont importants pour le cas que nous aurons à traiter plus bas.

La communication de Carter³) où nous arrivons à présent a moins d'intérêt pour nous, quoique Carter disposât d'amples matériaux. De cinq algues trouvées par lui dans des éponges il en a désigné deux, savoir le Thamnoclonium flabelliforme dans le Reniera fibulata et le Scytonema dans le Spongia otahetica comme de véritables parasites.

1) G. Murray & L. A. Boodle: Annals of botany vol. II pag. 169 and ibidem vol. III pag. 129.
2) N. Lieberkühn: Archiv für Anat. u. Phys. 1859 p. 366 u. 518.
3) Carter: Ann. & Mag. of Nat. Hist. Serie 5. vol. II. p. 163.

Les algues détruiraient — du moins le Thamnoclonium [1]) — l'éponge entière, tout en conservant la forme extérieure de l'éponge et les aiguilles, „which thus are often the only remaining evidence of the kind of the sponge, that has thus been pseudomorphosed." Voilà bien un cas de vrai Parasitisme!

Il est intéressant du reste de savoir que De Marchesetti [2]) a trouvé le Thamnoclonium flabelliforme sans éponge, à l'état libre. Ce même naturaliste a découvert chez le Thamnoclonium spongioides Sonder, ce que Carter appellerait une pseudomorphose, c. à. d. que l'algue a adopté l'extérieur d'une éponge. Il a observé la même chose chez le Rhodymenia palmetta; l'algue est ici forcée par une éponge, qui se développe sur elle, à prendre la forme de son hôtesse.

Concernant le troisième cas de Carter nous osons bien affirmer que c'est un cas de symbiose. Une Oscillaire, Hypheothrix coerulea, qui est l'algue symbionte, envahit en masse si considérable une espèce de Suberites que l'éponge en est colorée en bleu de cobalt.

F. E. Schulze [3]) a très bien représenté et décrit une Oscillaire qui vit dans la substance molle du Spongelia pallescens; elle se trouve dans la région corticale de l'éponge environ jusqu'à 5 m.m. sous la surface, endroit qui répond à merveille au besoin que l'algue a de lumière. Cet Oscillaria spongeliae F. E. Schulze a des filaments d'un brun rougeâtre et sait aviser à ses propres besoins.

Mais il est plus important de savoir que W. Marshall [4]), ayant découvert la même Oscillaire dans le Psammoclema ramosum et l'ayant trouvée quelquefois en telles quantités, que les nombreux filaments avaient déplacé le tissu spongieux, déclare nonobstant que l'éponge ne paraissait pas souffrir de la présence de la plante. Tous les exemplaires lui paraissaient bien portants et il en déduit que c'est probablement un cas de Symbiose.

F. E. Schulze a rencontré le Callithamnion membranaceum P. Magnus dans le Spongelia pallescens, le Spongelia spinifera et l'Aplysilla sulfurea. L'algue croît autour et dans les fibres cornées des éponges ci-

1) La relation entre le Scytonema et l'éponge est moins claire, puisque Carter croit à la possibilité que l'algue ne choisisse l'éponge pour demeure qu'après la mort de celle-ci.

2) De Marchesetti: Sur un nuovo caso di Symbiosi. Atti del Mus. Civ. di Trieste vol. VII. 1884.

3) F. E. Schulze: Zeitschr. für wiss. Zool. 1878 XXXII. pag. 147.

4) W. Marshall: Zeitschr. für wiss. Zool. 1880 XXXV. pag. 111.

dessus, mais nous n'osons décider de quelle nature est la relation de ces deux associées.

Il importe de savoir que le Callithamnion membranaceum peut aussi très bien vivre sans les éponges.

Les autres cas de CARTER n'ont pas d'intérêt pour nous, puisque la relation de l'algue et de l'éponge n'y est pas définie. CARTER dit seulement que des algues, en partie d'une description obscure, furent trouvées dans des éponges.

Récemment v. LENDENFELD [1]) a décrit un nouveau cas d'association qui se rattache aux observations de CARTER, mentionnées plus haut, et c'est pourquoi v. LENDENFELD parle aussi de pseudomorphose dans l'esprit de CARTER. Il s'agit d'une algue: „It seems to be one of the Florideae," qui ressemble extérieurement et par son mode de croissance à l'éponge siliceuse Dactylochalina australis v. Lendenfeld, mais qui se distingue de l'éponge par une plus grande rigidité. L'incertitude que provoque l'auteur dans l'esprit du lecteur, quand tantôt il dit: "that these specimens were not sponges at all but algae," et que peu de temps après il s'exprime ainsi: „In every detail the shape of the sponge is copied; the protuberances on the surface and the oscula are there, but not a trace of the horny skeleton of the sponge can be detected", cette incertitude se dissipe enfin et l'auteur constate: „There can be no doubt — this is proved by the presence of the silicious spicules — that these structures are Pseudomorphs of the Dactylochalina australis. I assume that the alga is a parasitic species growing in the sponge, and extending throughout the whole body of it. The sponge is thereby resorbed by the alga. The soft parts and very fibres disappear, whilst the siliceous spicules are left and appear on close examination, adhering to the outer side of the stem and branches of the Alga. In this way the Alga forms a true Pseudomorph of the sponge".

Von LENDENFELD fait encore mention d'algues filamenteuses dans les „Phorinidae and others," mais il n'ajoute rien de plus.

Ce qui a un intérêt tout particulier pour nous, c'est une communication de SEMPER [2]) qui s'est longuement étendu sur la Symbiose d'une algue avec une éponge. Nous reviendrons encore sur cet orga-

1) v. LENDENFELD: Proc. Linn. Soc. N. S. Wales X. 1885. pag. 726.
2) SEMPER: Die natürl. Existenzbedingungen der Thiere. Th. II. 1858 pag. 178.

nisme composé, mais nous faisons remarquer déjà ici que c'est un cas précieux pour démontrer l'influence que l'algue subit de l'éponge dans laquelle elle vit.

Le cas que nous avons à décrire se rapproche de celui-ci.

Nous avons trouvé un Halichondria menant une vie en commun avec le Struvea delicatula Kütz. (Cladophora anastomosans Harv.), et dans cette association les deux organismes s'influencent mutuellement.

Sur les bancs de corail qui entourent à plusieurs endroits l'île de Florès nous avons remarqué des couches denses et épaisses qui, considérées à l'oeil nu, consistaient de filaments intriqués, verts et rigides au toucher. Ces couches avaient de curieuses petites élévations qui rappelaient les protubérances mamelonnées d'une espèce de Halichondria. C'étaient comme des monticules et de minuscules vallées.

Dans ces élévations on remarquait par ci par là de petits trous, qui ressemblaient parfaitement aux oscula des éponges. Depuis que les belles découvertes, dont il a été question dans les pages précédentes, nous ont fait connaître plusieurs éponges marines qui vivent ensemble avec des algues, il est naturel qu'en voyant ces couches nous pensions à un cas analogue de symbiose entre une éponge et une algue. En les étudiant superficiellement au microscope, nous découvrîmes des spicules d'éponge entre les filaments qui constituaient la plante. C'était un nouvel exemple d'un fait connu, il nous tardait seulement de savoir quels étaient les deux associés qui ensemble produisaient ces couches curieuses.

Dans le voisinage de ces couches sur les mêmes bancs de corail poussait le Struvea delicatula Kütz. L'idée nous vint que cette algue était peut-être la même que celle qui vivait en symbiose avec l'éponge. Dans l'espoir de pouvoir résoudre cette question plus tard, plusieurs morceaux de l'algue et de l'éponge furent conservés dans de l'alcool et après notre retour en Hollande, soumis à des recherches minutieuses.

Le thalle bien connu du Struvea delicatula consiste d'un long pédicelle unicellulaire, qui émet à sa base plusieurs filaments, dont quelques-uns s'allongent, se dressent verticalement et deviennent des plantules égales à la plante-mère. D'autres filaments issus du même pédicelle rampent horizontalement en diverses directions parmi les filaments verticaux et représentent un rhizome, qui peut émettre d'autres filaments verticaux.

Le pédicelle du Struvea peut atteindre une longueur considérable avant de se ramifier à son sommet où, après s'être séparé par une cloison, il émet des branches opposées, qui portent à leur tour des ramules de deuxième et de troisième ordre, toutes strictement opposées et souvent anastomosées entre elles à l'aide de tenacula. Et non seulement les ramules d'une seule plante peuvent se souder entre elles, mais celles-ci peuvent aussi se souder à des ramules de plantes voisines, d'où il suit que la partie supérieure de tous les Struvea d'un même endroit est entrelacée et forme une masse touffue et douce au toucher. Les branches anastomosées ressemblent à des filets fragiles à mailles irrégulières.

Après cette courte digression, revenons à notre algue, qui formait avec l'éponge des couches accidentées. En les étudiant au microscope, nous reconnûmes dans l'éponge un représentant du genre Halichondria; l'algue avait de longs filaments tubuleux divisés çà et là par une cloison et portant parfois une ramule isolée.

Les filaments et les ramules présentaient souvent des *tenacula*, organes décrits par M. M. MURRAY et BOODLE pour le genre Struvea et pour le genre Spongocladia. Les filaments étaient entrelacés entre eux, mais aussi entourés par le tissu spongieux de l'Halichondria, qu'ils perçaient à leur tour en élargissant les canaux de l'éponge. Quelque étendue que fût la couche d'éponge et d'algue réunies, partout l'algue présentait le même habitus.

La membrane des filaments tubuleux s'était à plusieurs endroits épaissie et même à tel point que le lumen de la cellule en était presque bouché. Notre algue entière ressemblait parfaitement au Spongocladia vaucheriaeformis Aresch. comme nous eûmes l'occasion de nous en assurer, en étudiant les échantillons de ce genre, conservés dans l'herbier du British Museum [1]).

Notre supposition que le Struvea delicatula serait l'algue de l'association, que nous avions sous les yeux ne fut donc pas justifiée au premier abord, car la belle ramification caractéristique de cette algue faisait partout défaut. Nous avions cependant remarqué dans nos échantillons à l'alcool deux fragments qui différaient extérieurement un peu des autres. L'algue et l'éponge avaient formé une petite colonne couronnée d'une touffe de filaments courts, ramifiés, anastomosés et doux

---

1) Pour les détails nous renvoyons à un article, qui paraîtra prochainement dans les Annales du Jardin Botanique de Buitenzorg. 1890.

au toucher. Dans cette touffe nous reconnûmes immédiatement le Struvea delicatula et en les étudiant avec soin nous pûmes suivre les filaments qui se branchaient à la manière du Struvea dans l'éponge et constater qu'ils étaient égaux *sous tous les rapports* aux autres filaments, entourés du tissu spongieux. Les filaments qui n'étaient pas parvenus à se libérer du tissu spongieux gardaient dans tout leur parcours une forme tubuleuse et portaient des ramules isolées; ce n'est qu'en sortant de l'éponge, que le branchement caractéristique du Struvea reparut.

Sur la planche V fig. 3 est représentée la petite colonne formée par l'algue et l'éponge. Cette petite colonne est remarquable pour le Halichondria, car les représentants de ce genre forment en général de petites protubérances plus ou moins pointues; c'était bien l'algue qui avait forcé l'éponge à prendre cette forme peu commune pour les Halichondria.

La fig. 4 représente une partie d'une coupe transversale d'une pareille colonne et montre que le tissu spongieux est bien étroitement lié à l'algue, et vit au dedans de la colonne entre les filaments de cette dernière.

Mais à la fin l'éponge ne suivait plus l'algue, dont les filaments débarrassés du tissu spongieux se ramifiaient immédiatement de la manière décrite pour le Struvea delicatula.

L'éponge a donc tellement influencé l'algue, que celle-ci a perdu sa ramification et s'est bornée à développer des filaments tubuleux.

Cependant, en dehors de cela, on ne peut dire que l'algue souffre de l'influence de l'éponge. Les filaments sont riches en matières, on y voit des noyaux en grande quantité. Les chromatophores et l'amidon ne font nulle part défaut et au moment où l'algue s'exhausse au-dessus de l'éponge, sa manière ordinaire de se ramifier apparaît, mais en attendant elle s'est élevée avec l'éponge à une hauteur comparativement considérable. Toutes les touffes de Struvea que nous avons trouvées à l'état libre étaient moins hautes. Ceci nous fait conclure que l'algue vit en symbiose avec l'éponge et que dans le cas présent on ne pourrait parler de parasitisme.

En l'étudiant dans l'intention de reconnaître l'éponge nous acquîmes la conviction par la forme si simple des aiguilles, par l'absence presque totale de substance cornée et enfin par un système de canaux qui se rapproche du troisième type de Vosmaer, que nous avions un représen-

tant du genre Halichondria sous les yeux. Un coup d'oeil jeté sur la
fig. 3 qui représente une partie de l'organisme en grandeur naturelle
fait voir que l'éponge est aussi influencée par l'algue, car en règle
générale l'éponge recouvre le substratum en couches pas trop épaisses,
pour s'élever ensuite en petites proéminences mamelonnées. Mais dans
nos échantillons le Halichondria a formé çà et là de petites colonnes
d'une hauteur tant soit peu considérable, qui portent à leurs sommets
un bouquet de filaments ramifiés de l'algue.

Ici l'algue par une forte poussée a soulevé l'éponge, mais à la fin
l'éponge ne pouvant plus suivre le développement de l'algue a été
dépassée par celle-ci. Les ramifications terminales de l'algue sont dé-
pourvues de tissu spongieux.

Puisque l'éponge et l'algue sont étroitement entrelacées, il en résulte que l'éponge est aussi influencée par l'algue. Partout on la re-
trouve entre les filaments de l'algue qui traversent l'éponge, mais ces
filaments empêchent l'éponge de se développer dans un corps compact.

D'un autre côté on ne peut affirmer que l'éponge éprouve un tort
de son association avec l'algue, car nous avons déjà constaté que,
grâce à l'algue, elle peut atteindre une hauteur plus élevée qu'elle n'atteint d'ordinaire.

Deux autres espèces d'algues se trouvent dans les couches mamelonnées et dans la petite colonne mentionnée plus haut. Elles appartiennent au genre Calothrix et au genre Lyngbya. Quoique le tissu
spongieux entoure très-étroitement les filaments de ces algues, nous
croyons que la présence de ces deux algues dans le Halichondria
dépend de circonstances fortuites.

SYMBIOSE d'un RENIERA avec le MARCHESETTIA SPONGIOIDES.

Dans les pages précédentes nous avons déjà parlé de l'association
intéressante d'une algue et d'une éponge des îles Philippines décrite
et représentée si clairement par SEMPER [1]).

SEMPER ne pouvant d'abord déterminer à quel genre appartenait
l'algue, se borna à désigner l'éponge comme une Chalinée.

---

1) SEMPER: Existenzbedingungen der Thiere II 1880, pag. 178.

En attendant DE MARCHESETTI [1]) a ou l'occasion de recueillir à Singapore d'autres exemplaires évidemment du même organisme double. HAUCK [2]) a donné à l'algue le nom de Marchesettia spongioides et DE MARCHESETTI à déterminé l'éponge comme étant un Reniera fibulata. Dernièrement ASKENASY s'est de nouveau occupé de cet organisme [3]) et en a donné des figures instructives faites d'après des échantillons provenant de la Nouvelle-Guinée. En dehors des endroits susdits les Philippines et Singapore, il cite encore comme lieux de provenance du Marchesettia, la Nouvelle-Calédonie et Madagascar. Nous aussi avons eu la chance de rencontrer cet organisme sur l'île de corail Samalona près de Macassar.

Jamais nous n'oserions, à cause du simple fait de la découverte d'un nouveau lieu de provenance, revenir sur cet organisme déjà décrit par des naturalistes si éminents, si ASKENASY n'avait appelé l'attention sur un point, qui incontestablement mérite d'être observé. Il relève que le Marchesettia, quoique provenant d'endroits si éloignés les uns des autres, est hors de doute partout le même et il ajoute qu'il serait intéressant d'observer si l'éponge aussi appartient à la même espèce dans tous les échantillons. En comparant ses échantillons de la Nouvelle-Guinée avec ceux du Dr. HAUCK de Singapore, ASKENASY leur trouva une grande ressemblance, mais cependant les aiguilles n'étaient pas toutes égales les unes aux autres. Dans les échantillons de la Nouvelle-Guinée les aiguilles offraient de l'analogie avec celles des échantillons de Singapore, mais la plupart des aiguilles de ces échantillons de la Nouvelle-Guinée avaient un diamètre deux à trois fois plus grand.

Nous avons eu l'occasion de comparer avec les nôtres un échantillon de Singapore que nous devions à l'obligeance du Dr. HAUCK. Contrairement à ce qu'avait remarqué ASKENASY nous trouvâmes que la plupart des aiguilles de nos échantillons étaient plus petites que celles de l'échantillon de Singapore. Il nous arriva très rarement de remarquer parmi les petites aiguilles une aiguille d'une dimension bien plus grande, mais parmi les aiguilles de l'échantillon de Singapore

1) DE MARCHESETTI: Sur un nuovo caso di symbiosi. Atti del Mus. Civ. di stor. nat. di Trieste vol. XII. 1884.

2) HAUCK: Cenni sopra alcune Alghe dell' Oceano Indico. Atti del Mus. Civ. di stor. nat. di Trieste. vol. XII. 1884.

3) ASKENASY: Algen der „Gazelle", 1888. pag. 40.

nous avions aussi trouvé de temps en temps une très grande aiguille.

C'est ce qui nous porte à conjecturer que le Marchesettia mène une vie en commun avec des éponges d'espèces différentes, mais qui appartiennent toutes au genre Reniera.

CONCLUSIONS.

Qu'est-ce que nous enseignent ces cas nombreux d'une vie en commun d'algues et d'éponges, auxquels nous avons pu en ajouter deux? Nonobstant les nombreuses investigations, la réponse n'est pas facile. Il faudrait, avant de répondre, qu'un plus grand nombre de cas fût étudié avec plus d'exactitude que cela ne s'est fait jusqu'à présent. De plusieurs d'entre eux tout ce que nous savons, c'est que l'organisme végétal et animal sont unis étroitement. Jusqu'où va cette union; si l'un des deux ou si les deux associés se transforment et sont influencés par la vie en commun — si cette vie leur profite mutuellement ou uniquement à l'un des deux, tandis que l'autre en supporte les conséquences néfastes — voilà toute une série de questions auxquelles on ne peut donner une réponse qu'en quelques cas. Et pourtant ces questions indiquent la voie à suivre pour savoir si un cas spécial doit être rangé dans la catégorie du Parasitisme ou bien dans celle de la Symbiose.

Quand il s'agit de déterminer une Symbiose éventuelle, il importe toujours de savoir si les organismes associés peuvent vivre l'un sans l'autre, chacun pour soi.

Sans doute notre Struvea, le Callithamnion membranaceum et le Thamnoclonium flabelliforme dont il a été question plus haut en sont capables; pour les autres algues mentionnées, c'est encore douteux. Nous avons ici à observer trois cas: d'abord il se peut que l'algue de l'association ne s'est pas encore rencontrée à l'état libre, ou qu'elle soit tellement modifiée par la vie en commun, comme c'est le cas du Callithamnion de LIEBERKÜHN, qu'on ne l'ait pas reconnue, quoiqu'elle fût connue depuis longtemps à l'état libre. Enfin en troisième lieu il se peut que l'algue vive *seulement* en association avec l'éponge.

Il nous paraît probable que le dernier c'est le cas du Marchesettia. On en trouva à Madagascar, aux Philippines, à la Nouvelle-Calédonie, à Singapore, à la Nouvelle-Guinée, à Celebes, récemment même dans la

Méditeranuée [1]), et toujours il était accompagné d'une éponge, jamais on ne l'a rencontré isolé. Et puisqu'on l'a trouvé pourvu d'organes do fructification il est très improbable qu'il changerait tellement d'habitus à l'état libre, qu'on ne le reconnaitrait pas. Un mauvais sort aurait seul pu le cacher aux yeux des Phycologues.

Nous sommes convaincus que cette assertion, que le Marchesettia ne vit qu'avec une éponge n'est pas sans portée, d'autant plus que l'éponge associée (Reniera) peut vivre isolée, mais pourtant nous nous croyons obligés de nous prononcer dans ce sens. Nous nous référons à DE MARCHESETTI, qui dit en termes formels que ni lui, ni son ami KASSEL de Singapore, où tous deux avaient trouvé de nombreux exemplaires de Marchesettia avec Reniera, n'avaient été assez heureux, *nonobstant leurs recherches assidues*, pour trouver un Reniera sans algue ou un Marchesettia sans éponge.

C'est là ce qui engage DE MARCHESETTI à admettre une association intime et ASKENASY [2]) dit catégoriquement que „sans contradiction le Marchesettia spongioides représente un cas de symbiose entre une Floridée et une éponge."

Nous sommes portés à croire que le Spongocladia vaucheriaeformis n'est autre chose qu'une forme particulière d'une algue connue, modifiée par la vie en commun avec l'éponge. A quelle espèce cette algue appartient, voilà ce qui n'est pas encore établi pour le moment, car les échantillons connus sont encore insuffisants pour décider cette question. L'étude de l'algue exige de la prudence, surtout quand nous pensons à notre Struvea si influencé par son association avec l'éponge.

Nous considérons qu'il y a *Symbiose* dans les cas d'association de:

Struvea delicatula avec un Halichondria.

Marchesettia avec Reniera fibulata.

Spongocladia vaucheriaeformis avec Reniera fibulata.

et peut-être faut-il ajouter à cette catégorie: l'Oscillaria spongeliae avec le Spongelia pallescens et la même algue avec le Psammoclema ramosum.

La symbiose est *douteuse* dans les cas d'association de:

Callithamnion membranaceum avec Spongelia pallescens, Spongelia spinifera et Asplysilla sulfurea.

Scytonema avec Spongia otahetica.

---

1) HAUCK: Ueber das Vorkommen von Marchesettia spongioides in der Adria. Hedwigia 1889, Heft 3.

2) ASKENASY: Algen der Gazelle 1888. pag. 40.

Selon nous doivent être considérés comme des cas de *Parasitisme* les cas suivants :

Thamnoclonium flabelliforme avec Reniera fibulata.

la Floridée observée par v. LENDENFELD avec Dactylochalina australis.

Thamnoclonium spongioides et Rhodymenia palmetta avec une éponge non définie selon DE MARCHESETTI.

Trentepohlia spongophila avec Ephydatia fluviatilis.

Nos raisons pour cette division sont déduites de la considération suivante :

Quand une éponge et une algue vivent en association intime, il faut absolument qu'elles s'influencent réciproquement. Ceci peut avoir des effets sur l'une ou l'autre des deux associées, mais l'éponge res-sentira toujours une influence. Cette influence peut être de deux espèces : il se peut que l'éponge demeure intacte dans ses parties élémentaires et dans la disposition de son tissu (texture), l'algue influence alors simplement la structure grossière de l'éponge. L'éponge par suite de la croissance de l'algue dans son tissu se développera dans un corps moins solide, que quand cet appui lui manque ; c'est ce que nous avons vu pour le Halichondria avec le Struvea.

Mais l'algue peut aussi par sa croissance déplacer les parties élé-mentaires de l'éponge et se mettre à la place de ces éléments. C'est le cas du Trentepohlia spongophila dont nous avons fait voir qu'il repousse le tissu spongieux adhérant aux aiguilles pour les entourer lui-même en formant un thalle continu.

Dans le premier cas nous ne pouvons dire que l'éponge souffre, aussi peut-on le qualifier de symbiose.

Dans le second exemple l'éponge — l'Ephydatia — souffre décidé-ment par la fait de l'algue — Trentepohlia. C'est du parasitisme, qui a atteint son plus haut degré dans les cas de CARTER, v. LENDENFELD et DE MARCHESETTI. Le Thamnoclonium flabelliforme, comme nous l'avons vu plus haut, a détruit le Reniera fibulata, une Floridée le Dactylo-chalina australis et le Thamnoclonium spongioides, une éponge non définie ; et l'algue a si bien détruit l'éponge que les aiguilles et la forme extérieure de l'éponge dont l'algue se revêt, sont seules épargnées. L'algue s'est entièrement substituée à l'éponge.

Tandis que dans ces cas l'éponge est la victime, ce qui ne l'em-pêche pas, quoique à l'état passif, de forcer l'algue à prendre sa forme —

il se peut dans d'autres cas que l'algue soit la partie sacrifiée. Par une voie contraire le même résultat peut-être obtenu, il peut donc arriver que l'algue prenne la forme de l'éponge, mais alors elle est contrainte par l'éponge à prendre cette forme. De Marchesetti a décrit un pareil cas pour le Rhodymenia palmetta.

Il est clair qu'on ne peut parler de Parasitisme toutes les fois qu'on rencontre une algue dans une éponge. Nous réservons cette expression pour les cas dans lesquels l'association est intime et fait tort à l'un des deux organismes, pendant que l'autre en profite; que ce profit consiste soit dans une enveloppe piquante de tissu spongieux, qui protège l'algue, soit dans un substratum exposé, entouré d'eau, comme l'éponge en trouve un sur l'algue.

Symbiose du NOCTILUCA MILIARIS avec une ALGUE UNICELLULAIRE VERTE.

Quoique les cas d'algues vertes, vivant en association avec des animaux, soient fréquents en eau douce, ils sont en comparaison rares en eau salée. Il est vrai que quelques espèces nous sont connues, qui donnent l'hospitalité à des algues vertes, p. e. l'Orbitolites, l'Elysia, le Convoluta Schultzii, auxquelles on peut ajouter le Tridacna qui renferme aussi des corps chlorophylliens dans son tissu, d'après les récentes recherches de feu M. Brook [1]).

En général cependant ce sont les „yellow cells" de Huxley dont Cienkowsky reconnut le premier la nature d'algue, qui vivent en commun avec des animaux marins. On observa en premier lieu la présence de ces algues chez les Radiolaires, ensuite chez les Actinies dont les frères Hertwig furent les premiers à constater que les cellules jaunes étaient des algues. Ces algues furent soumises à de nouvelles investigations par P. Geddes et Brandt. Ce dernier savant qui a tant contribué à nos connaissances sur la nature et la présence du chlorophylle dans le règne animal a donné ensuite une longue liste d'animaux marins chez qui on a trouvé des cellules jaunes.

Au petit nombre d'animaux marins qui vivent avec des cellules vertes nous pouvons en ajouter un. Il s'agit même d'un animal, dont on

---

1) Brook: Zeitschrift für wiss. Zoologie XLVI. pag. 280.

ignorait jusqu'à présent qu'il pouvait vivre en association avec des algues.

Dans la baie de Bima sur l'île de Sumbawa nous remarquâmes sur un îlôt situé au milieu de la baie et nommé Poulau Kambing, des mares d'eau que le flux y avait laissées. La surface de l'eau était couverte d'une mince couche verte, qui fut recueillie dans la supposition qu'elle consistait en petites algues globuleuses. Observées sous le microscope, ces soi-disant algues se trouvèrent être des Noctiluques, remplies de corps verts. Il était impossible d'étudier les Noctiluques sur place; cela n'eut lieu qu'après notre retour dans la patrie d'après des échantillons conservés dans de l'alcool.

Nos recherches ont démontré que le Noctiluca de Bima appartient au genre Noctiluca miliaris, vrai cosmopolite, que *Giglioli* avait déjà remarqué à Batavia et dans le détroit de Bangka. Aussi la présence de cet animalcule dans la baie de Bima ne saurait nous étonner, mais il est bien remarquable que nos nombreux exemplaires fussent tous sans exception d'une intense couleur verte, déjà visible à l'oeil nu. Comme cause de cette coloration le microscope avait fait connaître de nombreux petits corps verts qui, quoique incolores aujourd'hui, avaient conservé une forme sphérique, dont le diamètre était en général de $2,5\,\mu$. d'après nos échantillons d'alcool. Parmi ces petits corps ronds nous en trouvâmes par ci par là qui avaient un diamètre de $3,6\,\mu$. et qui n'étaient plus ronds, mais un peu allongés, d'autres enfin qui avaient une forme ovale très prononcée.

Finalement nous remarquâmes, isolés parmi les autres, de petits corps qui étaient toujours collés deux par deux, l'un contre l'autre. Nous croyions voir dans cette diversité de configuration des corps verts — les uns petits et ronds, les autres plus grands et allongés jusqu'à prendre une forme ovale, enfin d'autres encore accouplés deux par deux — une série qui finit par une division. Traités au chlorure de zinc iodé tout le contenu de ces corps verts prit une couleur bleu très pâle, et par la coloration avec de l'hématoxyline un petit noyau se fit apercevoir au milieu; d'où nous concluons que ces corps verts sont des cellules et de vraies algues unicellulaires.

Il aurait été important de constater que ces cellules ne se trouvaient pas dans les nombreuses vacuoles qui servent à la nutrition du Noctiluca mais qu'elles étaient situées dans le protoplasme réticulaire.

Ce qu'on put constater avec certitude c'est qu'elles étaient dispersées partout dans le corps du Noctiluca et situées aussi dans le protoplasme central. Nous n'avons remarqué aucun exemplaire digéré en tout ou en partie, ce qui nous force à admettre que ces cellules ne servent pas à nourrir le Noctiluca, mais qu'elles vivent en symbiose avec lui.

Ces états différents que nous avons observés et qu'on peut envisager comme le commencement et la fin d'une division de l'algue plaident aussi en faveur de notre opinion, de même que ce fait que toutes les Noctiluques sans exception étaient remplies d'algues.

Dans la littérature nous n'avons trouvé aucune description des algues unicellulaires des Noctiluques. Nous n'avons pas même trouvé mentionné que le Noctiluca pût avoir une couleur verte. Le nouveau livre de BÜTSCHLI [1] même, dans lequel cet auteur a rassemblé tout ce qui a rapport aux Noctiluques, n'en dit rien.

---

[1] BÜTSCHLI: Protozoa in Bronn's Klassen u. Ordnungen des Thier-Reichs. I. Mastigophora. pag. 1030 sqq.

EXPLICATION DES FIGURES.

PLANCHE V.

Fig. 1. Figure combinée d'un morceau de l'Ephydatia fluviatilis avec quelques filaments du Trentepohlia spongophila. Pour ne pas embrouiller la figure une partie du tissu spongieux n'a pas été dessinée. Les aiguilles de l'éponge sont enveloppés par le Trentepohlia dont les filaments ont déplacé en partie les cellules de l'éponge.

v. Cellule végétative oblongue avec noyau visible.

p. Sporanges; quelques uns sont encore remplis de zoospores, d'autres sont déja vides.

g. Cellules courtes abondamment remplies de granules.

s. Tissu de l'éponge.

Fig. 2. Jeunes états de Trentepohlia spongophila comme on en trouve dans le tissu spongieux; sur les cellules qui se sont détachées de la plante-mère on remarque encore les traces de la membrane laquelle s'est gélifieé.

Fig. 3. Un morceau d'Halichondria avec Struvea. Grandeur naturelle. A droite l'éponge et l'algue réunies ont pris la forme d'une colonne dont le sommet consiste exclusivement de filaments d'algue.

Fig. 4. Partie d'une coupe transversale d'une colonne d'Halichondria et de Struvea. Entre les filaments de l'algue on voit l'éponge avec ses spicules et son système de canaux. Les longs filaments d'algue consistent exclusivement des pédicelles du Struvea, dont on peut suivre la ramification quand le filament, voyez la fig. 5, s'exhausse en dehors de l'éponge.

Fig. 5. Filament de Struvea lequel s'est exhaussé en dehors de l'éponge.

Tab V

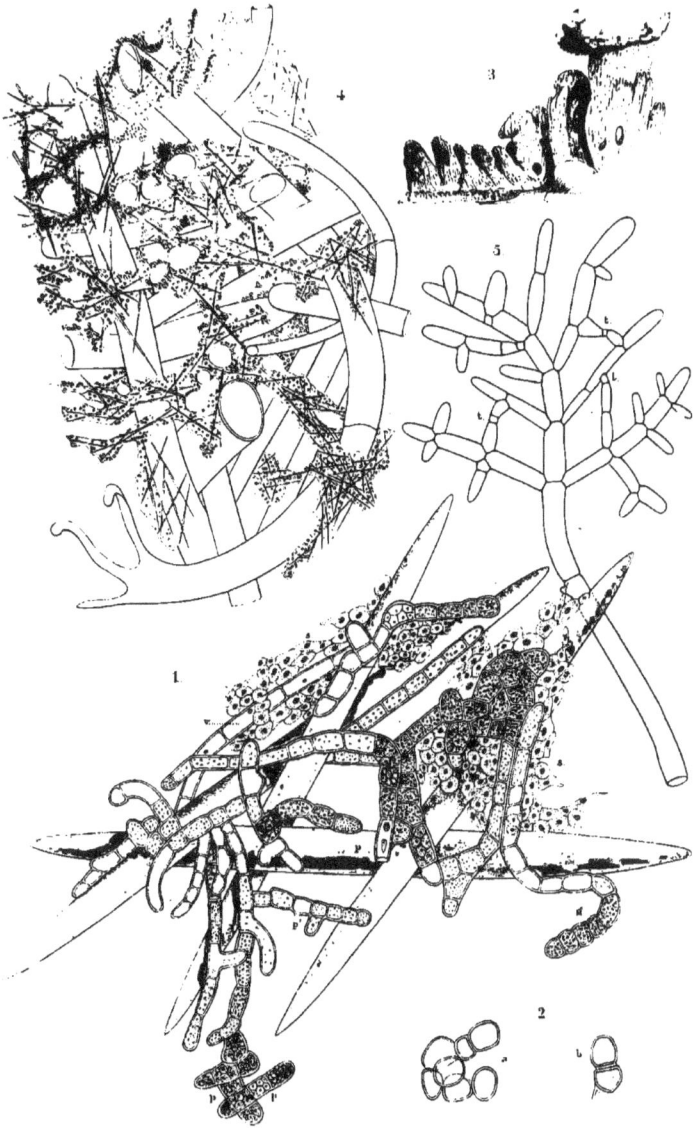

APTERYGOTA

DES

INDISCHEN ARCHIPELS.

VON

Dr. J. T. OUDEMANS,

Privatdocent und Assistent am Zoologischen Laboratorium in Amsterdam.

Mit Tafel VI und VII.

‹‹‹‹‹‹‹‹‹

Die Apterygota, die kleinere aber aus phylogenetischen Gründen nicht die unwichtigste der beiden Hauptabtheilungen der Insecten, haben durch die Reise von Prof. MAX WEBER einen beträchtlichen Zuwachs erhalten, der darum um so bedeutungsvoller ist, als bisher Apterygota aus der malayischen Inselwelt noch nicht beschrieben sind. Fünf Arten von Thysanura und zwölf von Collembola sind auf den verschiedenen Inseln gesammelt. Von diesen sind vier Thysanura und neun Collembola neu.

Die Liste der gesammelten Species ist die folgende:

THYSANURA.

CAMPODEIDAE.

Lepidocampa weberii nov. gen. nov. spec. Sumatra, Java, Insel Saleyer, Flores.

IAPYGIDAE.

Iapyx indicus nov. spec. Sumatra, Java, Insel Saleyer, Flores.

MACHILIDAE.

Keine.

LEPISMIDAE.

Nicoletia phytophila Gerv. Sumatra, Flores.
Lepisma cincta nov. spec. Java.
Lepisma nigra nov. spec. Java, Flores.

COLLEMBOLA.

SMINTHURINAE.

Keine.

TEMPLETONIINAE.

Macrotoma montana nov. spec. Sumatra.
Lepidocyrtus variabilis nov. spec. Sumatra, Java.
Lepidocyrtus javanicus nov. spec. Java.
Entomobrya florensis nov. spec. Flores.
Entomobrya longicornis nov. spec. Sumatra, Java.
Sira annulicornis nov. spec. Java.
Sira sumatrana nov. spec. Sumatra.
Templetonia spec. Java.

LIPURINAE.

Achorutes armatus Gerv. Sumatra.
Achorutes crassus nov. spec. Sumatra.
Lipura fimetaria Burm. Sumatra.
Anura fortis nov. spec. Sumatra, Java, Insel Saleyer.

Nach den Inseln gruppirt vertheilen sich die Arten folgenderweise:

Sumatra.

Lepidocampa weberii nov. spec.
Iapyx indicus nov. spec.
Nicoletia phytophila Gerv.
Macrotoma montana nov. spec.
Lepidocyrtus variabilis nov. spec.
Entomobrya longicornis nov. spec.
Sira sumatrana nov. spec.
Achorutes armatus Gerv.
Achorutes crassus nov. spec.

Lipura fimetaria Burm.
Anura fortis nov. spec.

Java.

Lepidocampa weberii nov. spec.
Iapyx indicus nov. spec.
Lepisma cincta nov. spec.
Lepisma nigra nov. spec.
Lepidocyrtus variabilis nov. spec.
Lepidocyrtus javanicus nov. spec.
Entomobrya longicornis nov. spec.
Sira annulicornis nov. spec.
Templetonia spec.
Anura fortis nov. spec.

Saleyer (zur Fauna von Celebes gehörend).

Lepidocampa weberii nov. spec.
Iapyx indicus nov. spec.
Anura fortis nov. spec.

Flores.

Lepidocampa weberii nov. spec.
Iapyx indicus nov. spec.
Nicoletia phytophila Gerv.
Lepisma nigra nov. spec.
Entomobrya florensis nov. spec.

Unter den Thysanura ist das neue Genus *Lepidocampa* sehr belangreich als nächste Verwandte von *Campodea*, die von vielen der
hervorragendsten Forscher als die dem Stammvater der Insecten am
nächsten stehende Form betrachtet wird. Ich werde versuchen von
dieser Art genügendes Material aus Indien zu erhalten, um später
durch gründliche anatomische Untersuchung das Verhältniss zu *Campodea* und zu den übrigen Thysanura klar zu legen.

Unter den Collembola ist mir keine Art vorgekommen, welche
sich in solchen wichtigen Punkten von den bekannten Arten unterscheidet, dass ein neues Genus dafür aufgestellt werden musste. Die
meisten Formen waren sofort einem bekannten Genus einzureihen.

Nur die zwei *Entomobrya*-Arten waren durch ihre langen Beine und sehr langen Antennen von den bekannten Arten mehr abweichend gebaut und die *Anura* durch ihre besondere Grösse ausgezeichnet.

THYSANURA.

CAMPODEIDAE.

Lepidocampa nov. gen.

Von *Campodea* durch den Besitz von Schuppen unterschieden.

Lepidocampa weberii nov. spec. Taf. VII, Fig. 6—13.

Diagnose [1]). Körper beschuppt. Antennen mit mehr als dreissig Gliedern. Cerci nur mit Spuren einer Gliederung. Tarsalklauen mit drei Krallen und zwei borstigen Organen.

Beschreibung nach den zwei grössten der sechs Alcohol-Exemplare; die vier übrigen waren sehr verletzt.

Länge 4.7 nm.

Schuppen finden sich auf der Dorsal- und Ventralseite von Thorax und Abdomen. Auf dem Kopfe habe ich sie nicht gesehen. Bei frischen Thieren sind die Schuppen wahrscheinlich leicht zu beobachten, bei Alcohol-Exemplaren ist dies schwieriger. Bei letzteren sah ich sie am besten an den Seiten des Abdomen, wo sie an den hinteren Ecken der Rückenschilde vorspringen (vergl. Fig. 7 Sch.). Die Schuppen haben sehr viel Uebereinstimmung mit den Schuppen anderer Thysanura. Einige der abweichendsten Formen sind in Fig. 9—13 dargestellt. Bei der Mehrzahl der kleineren Schuppen fehlen die Längsrippen. Im Mittel beträgt die Schuppenlänge 0.125 mm.

Behaarung. Das ganze Thier ist mässig behaart, ungefähr wie *Campodea staphylinus* Westw. Viele Haare sind an der Spitze gegabelt oder einseitig mit Stacheln bewaffnet (selten zweiseitig).

Antennen. Die einzige Antenne, deren Spitze nicht abgebrochen war, besass dreiunddreissig Glieder. Bei einer anderen, mit verletzter Spitze, waren noch neunundzwanzig Glieder vorhanden. Die normalen

---

1) Die Diagnosen für neue Arten von Thysanura und Collembola sind nur sehr unvollkommen zu stellen, da viele europaeische und die meisten nicht-europaeischen Arten zu unvollständig beschrieben sind, um zuweilen in den belangreichsten Punkten Vergleichungen machen zu können.

Antennen haben also wahrscheinlich mehr als dreissig Glieder. Bei *Campodea* zählt die Antenne höchstens zweiundzwanzig Glieder. Länge der intacten Antenne 3 mm.; letztes Glied nicht länger als die vorigen.

Cerci 2.6 mm. lang; mit Spuren einer Gliederung. Bei *Campodea* dagegen haben die Cerci deutlich Glieder und zwar höchstens vierzehn. Augen fehlen.

Tarsen eingliedrig. Die Tarsalklauen mit drei Krallen; die seitlichen grösser als die Mittelkralle (Onychium). An allen Tarsalklauen beobachtete ich zwei borstige Organe, Fig. 8 B O, die in Gestalt einigermaassen mit Weidenkätzchen zu vergleichen sind. Jede einzelne Borste eines solchen Organes hat eine etwas angeschwollene Spitze. Ein derartiges Organ fehlt bei *Campodea*, wo ausserdem auch kein Onychium vorkommt.

Ein Paar Zapfen, die gelenkig mit dem Körper verbunden sind, finden sich an der Ventralseite des ersten Abdominalsegmentes; sie sind wahrscheinlich die Homologa der in gleicher Lage befindlichen rudimentären Beine von *Campodea* [1]).

Abdominalgriffel kommen am zweiten bis siebenten Bauchschilde vor, also sechs Paar.

Ventralsäcke giebt es am zweiten bis siebenten und wahrscheinlich auch noch am achten Segment.

Sumatra: Singkarah, ein Exemplar.

Java: Tjibodas, drei Exemplare.

Insel Saleyer, ein Exemplar.

Flores: Maumerie, ein Exemplar.

IAPYGIDAE.

Iapyx.

Iapyx indicus nov. spec. Taf. VI, Fig. 3, 4 und 5.

Diagnose. Antennen mit sechsunddreissig oder achtunddreissig Gliedern. Siebenter Abdominaltergit mit ausgebuchtetem Hinterrande, rechts und links mit einer Spitze. Abdominalgriffel eingliedrig. Die beiden Forcepsstücke nur sehr wenig verschieden.

---

1) Man vergl. ERICH HAASE, Die Abdominalanhänge der Insekten mit Berücksichtigung der Myriopoden. Morph. Jahrb. XV, 1889, p. 377.

Beschreibung nach acht Alcohol-Exemplaren.

Länge 5 bis 8.25 mm. Sieben Exemplare waren 5 bis 7 mm. lang; nur ein Exemplar, von der Insel Saleyer, hatte eine Länge von 8.25 mm.

Antennen mit sechsunddreissig Gliedern; beim Exemplar von Saleyer mit achtunddreissig.

Der siebente Abdominaltergit hat einen ausgebuchteten Hinterrand, rechts und links mit einer Spitze ausgerüstet; vergl. Fig. 4.

Eingliedrige Griffel finden sich an den sieben ersten Bauchschilden.

Forceps; vergl. Fig. 5. Die beiden Stücke sind nur sehr wenig verschieden. Der grosse Zahn findet sich ungefähr in der Mitte. Die Ausbuchtungen sind tief und mit feinen Zähnchen besetzt.

Die Farbe ist gelblich weiss, mit Ausnahme des hinteren Körperendes, welches braun ist. Diese letztere Farbe ist schon am siebenten Segment bemerkbar, indem das achtte, neunte und zehnte mit der Forceps viel dunkeler sind.

Sumatra: Singkarah, ein Exemplar.

Java: Tjibodas, ein Exemplar.

Insel Saleyer, ein Exemplar.

Flores: Maumerie, fünf Exemplare.

Dass diese *Iapyx*-Art nicht mit einer der schon beschriebenen identisch ist, geht aus dem Folgenden hervor. Vom Genus *Iapyx* sind nämlich bis jetzt neun Arten beschrieben worden und zwar *I. solifugus* Hal.[1]), *I. saussurii* Humbert[2]), *I. gigas* Br.[3]), *I. subterraneus* Pack[4]), *I. wollastonii* Westw.[5]), *I. forficularis* Joseph[6]), *I. cavicola* Joseph[7]), *I. isabellae* Grassi[8]), *I. goliath* Parona[9]).

Bei der Vergleichung der Beschreibungen obengenannter Arten fand ich, dass keine auf den indischen *Iapyx* passte. Die Arten *I. saus-*

1) Transact. Linn. soc. of London, Vol. XXIV, prt. III, p. 441. 1864.

2) Revue et Mag. de Zoologie. 1868.

3) Wien. Zool. Bot. Gesells. p. 557. 1869.

4) Amer. Naturalist, Vol. VIII, p. 501. 1874.

5) Thesaurus Entomologiae Oxonensis, p. 196. 1874.

6) Erfahrungen im wiss. Sammeln etc. der den Krainer Tropfsteingrotten eigenen Arthropoden. Berlin 1882.

7) ibidem.

8) I progenitori degli Insetti e dei Miriapodi. l'Iapyx e la Campodea. (Atti dell. Acc. Gioenia, Catania, Ser. 3, Vol. XIX). p. 11. 1885.

9) Note sulle Collembole e sui Tisauuri. III e IV, p. 1. (Ann. del Museo Civico, Genova. Ser. II, Vol. VI, p. 78). 1888.

surii, *gigas* und *goliath* sind viel grösser und haben entschieden mehr Glieder in den Antennen. *I. isabellae* kommt aus entgegengesetztem Grunde gleichfalls nicht in Betracht. *I. forficularis* und *I. cavicola* fallen weg wegen der Grösse und der Gestalt der Forceps und *I. subterraneus* wegen des langen Abdomen; somit bleiben übrig: *I. solifugus* und *I. wollastonii*. Die letzte Art ist jedoch sehr unvollständig und, wie GRASSI [1]) mittheilt, nur nach trocknen, aufgeklebten Exemplaren von WESTWOOD beschrieben. Ist diese Beschreibung v o l l s t ä n d i g, so ist es meine Species nicht; denn WESTWOOD erwähnt die Spitzen am siebenten Tergit nicht und sagt von den Antennen „capite haud multo longioribus". Ist aber die Beschreibung u n v o l l s t ä n d i g, so ist es am gerathensten diese Art ganz ausser Betracht zu lassen, bis neue Exemplare gefunden und deutlich beschrieben sind. Endlich kann es *I. solifugus* auch nicht sein, wie ich bei Vergleichung mit typischen Exemplaren dieser Art sofort erkannte und wie auch aus meiner Beschreibung hervorgeht. Meine Art hat n u r Uebereinstimmung mit der Var. *maior* Grassi [2]) von *I. solifugus*. Die Gestalt der Forceps und die Grösse der Thiere stimmen aber nicht. GRASSI [3]) sagt nämlich: „lunghezza minima di nove mm. (poco inferiore alla massima da me riscontrata nel S o l i f u g u s); lunghezza massima dodici millimetri". Da GRASSI also die von ihm mit dem Namen Var. *maior* bezeichneten Thiere stets grösser findet als die grössten Exemplare von *I. solifugus* T y p u s, so kommt er zum Schlusse, dass es eben nur eine Var. dieser Art sei, obwohl er bei ihnen eine Form des siebenten Tergit findet, die abweicht von der bei *I. solifugus* T y p u s, und die Antennenglieder auch zahlreicher sind. Im letzteren Punkte stimmt mithin seine Var. *maior* mit meinen Thieren überein, sowie in der Gestalt des siebenten Tergit. Wäre nun meine Art mit der Var. *maior* Grassi identisch, so geben die Punkte, in welchen sie von *I. solifugus* verschieden ist, ihr den Werth einer neuen Art, da sie in jenem Fall jetzt auch bei Exemplaren, kleiner als die Grössten von *I. solifugus*, vorhanden sind. Ist meine Art dagegen nicht mit der Var. *maior* Grassi zu identificiren, was mir am wahrscheinlichsten vorkommt, so bildet

---

1) I progenitori degli Insetti e dei Miriapodi. l'Iapyx e la Campodea. (Atti dell. Acc. Gioenia, Catania. Ser. 3, Vol. XIX). p. 4. „promette però che l'A. ne ha veduto appena alcuni esemplari secchi, incollati sulla carta."
2) ibid. p. 8.   3) ibid. p. 9.

sie jedenfalls eine neue Art, welche nur mit der Var. *maior* Uebereinstimmung zeigt.

Lepismidae.

Nicoletia.

Nicoletia phytophila Gerv. [1]).

Beschreibung nach zwei Alcohol-Exemplaren.

Länge: Männchen 5.7 mm., Weibchen 5.8 mm.

Antennen und Cerci nicht intact. Beim Weibchen das zweite Antennenglied ohne, beim Männchen mit medianem Sporn.

Der zehnte Abdominaltergit endet in zwei stumpfe, papillenartige Spitzen, deren Distalseite glatt ist, nicht mit Stacheln bewaffnet, wie bei der *Nicoletia maggii* Grassi [2]).

Tarsen zweigliedrig; Endklauen mit drei Krallen, deren mittlere viel kleiner als die seitlichen ist. Bei *Nicoletia maggii* ist dagegen die mittlere die grösste [3]).

Sumatra: Singkarah, ein weibliches Exemplar.

Flores: Maumerie, ein männliches Exemplar.

Lepisma.

Lepisma cincta nov. spec. Taf. VI, Fig. 1.

Diagnose. Schuppenkleid oben schwarz mit gelblichem, thoracalem Querbande und weissem Dreiecke am Abdominalende; unten silberglänzend. Stark behaart, besonders die Cerci. Maxillartaster fünf-, Labialtaster dreigliedrig. Tarsen wahrscheinlich zweigliedrig. Zehnter Abdominaltergit hinten spitz.

Die Beschreibung ist zwei lebenden, männlichen Exemplaren entnommen. Wenn ich einen Unterschied zwischen ihnen beobachtete, so werde ich solches mittheilen. Die Abbildung ist nach dem grössten Exemplare angefertigt und zwar sofort nach einer Häutung.

Länge der Exemplare 10.5 und 8.5 mm.

---

1) Von Nicoletia phytophila Gerv. giebt es an keinem Orte eine Beschreibung, welche auch nur einigermaassen genügt. Ich entschliesse mich trotzdem meine Art vorläufig für Nicoletia phytophila zu halten, da ich keine Beweise des Gegentheils auffinde. Nicoletia maggii ist es nicht.

2) C. PARONA Res ligusticae VI. Annali del Museo Civico. Ser. 2ᵃ Vol. VI. 1888. Tav. II, Fig. 10 i.

3) ibid. Tav. II, Fig. 10 g.

Die Schuppen auf der Dorsalseite geben dem Thiere eine schwarze
Farbe. Hiervon ist ausgenommen ein gelbliches Band am Hinterrande
des prothoracalen Rückenschildes und ein weisses, von farblosen Schuppen gebildetes, dreieckiges Band, das am Ende des Abdomen gelegen
ist und dunkele Schuppen umschliesst. Die Basis dieses Dreieckes besteht aus einem Querbande farbloser Schuppen (am Hinterrande des
achten abdominalen Tergit und auf dem ganzen neunten befindlich)
über dem Abdomen, seine zwei Schenkel aus zwei Reihen derar-
tiger Schuppen rechts und links auf dem zehnten Tergit. Bei dem
kleineren Exemplare war das Querband viel weniger deutlich, weil
der Hinterrand des achten Tergit nur wenig farblose Schuppen trug
und auch von den Schuppen des neunten Tergit einige schwarz waren.
Ebenso kamen auf dem zehnten Tergit etwas weniger farblose Schuppen vor. — Die Ventralseite des Thieres ist von farblosen Schuppen
bedeckt, welche ihm einen gewissen Silberglanz geben. — Taster und
Beine sind zum grössten Theile mit Schuppen bedeckt, welche beinahe
farblos sind; diejenige des hinteren Beinpaares sind am dunkelsten. —
Die ersten Glieder der Antennen tragen dunkele Schuppen. — In Hinsicht auf die Farbe will ich bemerken, dass die Schuppen die schwarze
Farbe und den Silberglanz zeigen, wenn das Thier von der Kopfseite
her beleuchtet wird; geschieht dies vom Schwanzende her, so werden
die Farben sehr dunkel blauviolett und gelblich weiss.

Behaarung. Das ganze Thier ist stark behaart; viele Haare sind
zu Büscheln vereinigt. Die dichtsten Büschel stehen auf dem Kopfe
(von oben her sieht man deren nur sechs, sie sind aber zahlreicher)
und zwei auf dem Vorderrande des prothoracalen Rückenschildes. Die
Haare dieser Büschel sind dunkeler bräunlich als die übrigen Körperhaare. Dorsal, lateral und ventral sieht man kleine Haarbüschel oder
besser Haarreihen auf den Ringen des Abdomen. Sie stehen auf der
Vorderseite kleiner Einschnitte, welche sich am Hinterrande der Schilde
in der Schuppendecke finden und zwar in einer schrägen Richtung;
hinter ihnen fehlen die Schuppen. Solche Einschnitte und Haarreihen
kommen bei mehreren *Lepismiden* vor, z. B. bei *Thermophila furno-
rum* Rov. — Sehr stark behaart, und zwar mit verschiedenen Haarsystemen, sind die Cerci, welche hierdurch ein federartiges Aussehen
bekommen.

Antennen und Cerci sind ein wenig kürzer als der Körper; da
es aber möglich ist, dass sie abgebrochen sind, kann man diesem Be-

6

funde keine grosse Wichtigkeit beimessen. Antennen und Cerci zeigen nach der Spitze hin immer deutlichere Abtheilungen, eine jede von vier Gliedern; sie sind dadurch deutlich wahrnehmbar, dass das erste jeder vier Glieder länger und schwächer gefärbt ist als die drei folgenden.

Griffel finden sich am achten und neunten Sternit.

Die Maxillartaster haben fünf, die Labialtaster drie Glieder. Das erste Glied des Labialtasters hat an der Dorsalseite seiner Basis eine Duplicatur, welche sehr leicht zur Annahme eines vierten Gliedes verführen könnte.

Tarsen zweigliedrig; ob das zweite Glied vielleicht noch getheilt ist, habe ich wegen der Schuppenbedeckung nicht genügend ausmachen können.

Zehnter abdominaler Rückenschild hinten sehr spitz.

Java: Buitenzorg, zwei Exemplare. Diese kamen lebend aus grauem Pflanzenpapier zum Vorschein. Dieses Papier hatte mehrere Monaten in Buitenzorg verweilt und war darauf gut verpackt nach Holland geschickt worden.

Lepisma nigra nov. spec. Taf. VI, Fig. 2.

Diagnose. Schuppenkleid oben schwarz, unten silberglänzend. Weniger behaart als *Lepisma cincta*. Maxillartaster fünf-, Labialtaster dreigliedrig. Tarsen dreigliedrig. Zehnter Tergit hinten abgerundet.

Die Beschreibung ist einem lebenden und mehreren in Alcohol aufbewahrten Exemplaren entnommen.

Länge der Exemplare 5 bis 7 mm.

Die Schuppen waren bei den meisten Alcohol-Exemplaren fast verloren gegangen; wo noch anwesend, gaben sie dem Thiere eine bräunliche Farbe. Beim frischen Exemplare aber war die Dorsalseite schwarz, die Ventralseite silberglänzend. — Keine Schuppen auf den zwei ersten Antennengliedern.

Behaarung. Weniger stark behaart als *Lepisma cincta*. Viele Haare stehen in Büscheln zusammen. Die dichtsten Büschel stehen auf dem Kopfe (von oben her sieht man deren nur sechs, sie sind aber zahlreicher) und zwei auf dem Vorderrande des prothoracalen Rückenschildes. Die Haare dieser Büschel sind nicht dunkeler als die übrigen Körperhaare; alle haben eine gelbliche Farbe. Dorsal, lateral und ventral sieht man kleine Haarreihen auf den Ringen des Abdo-

mon und ebensolche auf den thoracalen Rückenschilden. Wie bei der
vorigen Art, stehen auch hier diese Reihen auf der Vorderseite kleiner Einschnitte in der Schuppendecke, am Hinterrande der Schilde. —
Die Cerci sind nur mässig behaart, jedoch auch hier mit verschiedenen Haarsystemen.

Antennen und Cerci abgebrochen, wahrscheinlich ungefähr von
Körperlänge.

Griffel am achten und neunten Sternit.

Maxillartaster mit fünf, Labialtaster mit drei Gliedern.
Auch hier hat das erste Labialtasterglied eine Hautduplicatur, welche
zur Annahme eines vierten Gliedes leiten könnte.

Tarsen dreigliedrig.

Eigenthümlich ist es, dass bei dieser Art die Seiten des Abdomen
nach hinten sehr wenig convergiren. In dieser Hinsicht steht *Lepisma
fuliginosa* Luc. [1]) dieser Art am nächsten. Die *Lepisma fuliginosa* ist
aber, nach Lucas „dépouillé d'écailles . . . . . brun de suie avec la tête
d'un brun rougeâtre foncé". Bei meiner Art ist die Farbe ohne
Schuppen matt gelblich; auch ist das Abdomen länger u. s. w.

Zehnter abdominaler Rückenschild hinten nicht spitz,
sondern abgerundet.

Java: Buitenzorg, ein Exemplar.

Flores: Maumerie, fünf Exemplare.

Zwischen Papier. Das Exemplar von Buitenzorg kam zugleich
mit den zwei Exemplaren von *Lepisma cincta* lebend aus Pflanzenpapier zum Vorschein

COLLEMBOLA.

TEMPLETONIINAE.

Macrotoma.

Diagnose [2]). Mesonotum vorspringend. Dritter Abdominaltergit länger als der vierte. Antennen länger als die halbe Körperlänge, vier-

---

1) Lucas. Exploration scientifique de l'Algérie. Hexapodes p. 371, Pl. I, Fig. 7.
2) Da die Genera-Diagnosen der verschiedenen Autoren häufig von einander abweichen,
erscheint es mir nothwendig die Diagnosen, auf Grund deren ich die neuen Arten in
das eine oder andere Genus untergebracht habe, mitzutheilen. Sie sind der schönen Arbeit
T. Tullberg's, Sveriges Poddurider, Stockholm 1872, entnommen.

gliedrig; drittes und viertes Glied geringelt; das dritte Glied ist das längste. An beiden Seiten des Kopfes sechs Ocellen. Tibia mit zwei Abtheilungen. Mucrones der Springgabel lang. Haut mit Schuppen bedeckt.

Macrotoma montana nov. spec.

Diagnose. Antennen kürzer als der Körper. Die Stacheln der Dentes von der Springgabel drei- oder mehrspitzig; jederseits fünf oder sechs. Obere Tarsalkralle mit zwei Zähnchen bewaffnet.

Beschreibung nach einem Alcohol-Exemplare.

Länge 2.9 mm.

Antennen viergliedrig. Länge der Glieder: 0.18, 0.29, 1.36, 0.22 mm.; die zwei letzten sehr deutlich geringelt.

Tarsen. Die obere Endkralle trägt nur zwei Zähnchen, von welchen sich das erste basal, das zweite halbwegs auf der Kralle befindet.

Springgabel ziemlich kurz. Länge der Theilstücke: 0.32, 0.88, 0.18 mm. Auf der Medianseite der Dentes finden sich, wie bei anderen Species dieses Genus, Stacheln und zwar mehrspitzige, wie sie von Tullberg [1]) für Macrotoma tridentifera Tullb. beschrieben und abgebildet sind. Ich vermuthe, dass diese Stacheln bei meiner Art neben der Hauptspitze nicht nur zwei, sondern drei oder vier Nebenspitzen tragen. Rechts beobachtete ich fünf, links sechs Stacheln. Sie sind ungefähr gleich gross, 0.036 bis 0.044 mm. lang, die hintersten am längsten.

Farbe. Die Schuppen geben dem Thiere im Leben wahrscheinlich ein eisengraues Aussehen. Ohne Schuppen ist die Farbe gelbbraun; die Beine sind hell-, die Antennen dunkeleisengrau. Tarsen und Mucrones farblos.

Sumatra: Spitze des Singalang (2890 M. hoch), ein Exemplar, unter Holz.

Lepidocyrtus.

Diagnose. Mesonotum vorspringend. Vierter Abdominaltergit drei- oder mehrmal so lang als der dritte. Antennen kürzer als die halbe Körperlänge [2]), viergliedrig. An beiden Seiten des Kopfes acht Ocellen. Mucrones kurz. Haut mit Schuppen bedeckt.

Lepidocyrtus variabilis nov. spec.

---

1) T. Tullberg. Sveriges Podurider, p. 37, Tafl. V, Fig. 17.
2) Nur bei Lepidocyrtus javanicus etwas länger.

Diagnose. Vierter Abdominaltergit reichlich viermal so lang als der dritte. Obere Tarsalkralle mit zwei Zähnchen. Blassgelb mit wenig violett.

Beschreibung nach sechs Alcohol-Exemplaren.

Länge 2.4—4 mm.

Vierter Abdominaltergit reichlich viermal so lang als der dritte.

Antennen viergliedrig. Längenverhältniss der Glieder nicht bei allen Exemplaren das gleiche. Gewöhnlich ist das erste Glied das kürzeste, darauf folgt in Länge das dritte, alsdann das zweite und zuletzt das vierte. Dieses kann die doppelte Länge des dritten Gliedes erreichen. Ich sah jedoch auch Exemplare, bei denen das zweite, dritte und vierte Antennenglied gleich lang waren. Länge der ganzen Antenne kleiner als die halbe Körperlänge.

Tarsen. Die obere Endkralle trägt zwei Zähnchen, welche sich im ersten und zweiten Drittel der Krallenlänge finden.

Springgabel lang; Länge der Theilstücke bei einem Exemplare von 4 mm.: 0.9, 1., 0.05 mm.

Farbe. Grundfarbe ohne Schuppen blassgelb; violett sind: die Antennen und zwar nach der Spitze dunkeler; weiter eine wenig ausgesprochene Zeichnung an den Seiten der thoracalen und abdominalen Rückenschilde und die Beine, wenigstens zum Theil und zwar in der Weise, dass sie bei den kleineren Individuen beinahe ganz gelb, bei den grössten beinahe ganz violett sind. Springgabel ganz gelb. Bei einem Exemplare war die ganze violette Farbe ausschliesslich auf die drei letzten Antennenglieder beschränkt.

Sumatra: Spitze des Singalang (2890 M. hoch), zwei Exemplare.

Java: Tjibodas, vier Exemplare.

Lepidocyrtus javanicus nov. spec.

Diagnose. Vierter Abdominaltergit fünfmal so lang als der dritte. Obere Tarsalkralle mit zwei Zähnchen. Blassgelb mit viel violett.

Beschreibung nach einem Alcohol-Exemplare.

Länge 3.3 mm.

Mesonotum so stark vorspringend, dass der Kopf, auch in der meist gestreckten Lage, von demselben gänzlich überwölbt wird.

Vierter Abdominaltergit fünfmal so lang als der dritte.

Antennen viergliedrig, lang und schlank. Länge der Glieder: 0.29,

0.46, 0.43, 0.53 mm. Gesammtlänge 1.71 mm., also ein wenig länger als die halbe Körperlänge.

Tarsen. Die obere Endkralle trägt zwei Zähnchen, welche sich im ersten und zweiten Drittel der Krallenlänge finden.

Springgabel lang; Länge der Theilstücke: 0.72, 0.96, 0.036 mm.

Farbe. Grundfarbe gelb; hell blauviolett sind: ein feines Band an dem distalen Ende jedes Antennengliedes; die Beine, mit Ausnahme der Tibia und des Tarsus; ein breites Querband über jedem Rückenschilde, ausgenommen das vierte, wo mehrere Längsstreifen vorkommen; endlich das Manubrium.

Java: Tjibodas, ein Exemplar.

Entomobrya.

Diagnose. Mesonotum nicht stark vorspringend. Vierter Abdominaltergit drei- bis viermal so lang als der dritte. Antennen länger als die halbe Körperlänge, viergliedrig. An beiden Seiten des Kopfes acht Ocellen. Mucrones sehr klein. Schuppen fehlen.

Entomobrya florensis nov. spec. Taf. VII, Fig. 15.

Diagnose. Antennen länger als der Körper. Grundfarbe des Thieres dunkel violettbraun.

Beschreibung nach mehreren Alcohol-Exemplaren.

Länge 2.7—3 mm.

Antennen viergliedrig, länger als der Körper. Länge der Glieder bei einem Exemplare von 3 mm.: 0.96, 1.04, 0,57, 1.25 mm. Totallänge der Antenne 3.82 mm., also reichlich ein Viertel grösser als die Körperlänge.

Tarsen. Die obere Endkralle trägt zwei Zähnchen, welche sich im ersten und zweiten Drittel der Krallenlänge finden.

Springgabel lang, in geknickter Lage beinahe bis zur Halsgegend reichend. Länge der Theilstücke: 0.86, 1.04, 0.05 mm.

Farbe. Grundfarbe dunkel violettbraun mit Ausnahme einiger variabelen, gelbbraunen Flecken und Streifen. Gelblich, d. h. ohne Pigment, ihre Farbe mithin nur dem Chitin verdankend, sind an allen Beinen: der Tarsus, die Tibia und das distale Femurende; an der Springgabel: ein Streifen auf der Dorsalseite des Manubrium und die Dentes und Mucrones.

Flores: Wukur bei Sikka, neun Exemplare.

Entomobrya longicornis nov. spec. Taf. VII, Fig. 14.

Diagnose. Antennen länger als der Körper. Grundfarbe des Thieres hellgelb.

Beschreibung nach mehreren Alcohol-Exemplaren.

Länge 3—3.5 mm.

Antennen viergliedrig, beinahe zweimal so lang als der Körper, mithin relativ noch viel länger als bei der vorigen Art. Länge der Glieder bei einem Exemplare von 3.4 mm.: 1.64, 1.43, 0.79, 2.64 mm. Totallänge der Antenne 6.5 mm., also beinahe das Doppelte der Körperlänge.

Tarsen. Die obere Endkralle trägt zwei Zähnchen, welche sich im ersten und zweiten Drittel der Krallenlänge finden.

Springgabel lang, in geknickter Lage bis zur Halsgegend reichend. Länge der Theilstücke beim obengenannten Exemplare: 0.93, 1.39, 0.11 mm.

Farbe. Grundfarbe hellgelb. Violettbraun bis blauschwarz sind: mehrere Flecken auf dem Körper, welche bei stark gezeichneten Exemplaren zu förmlichen Querbändern auf dem dritten und vierten Abdominaltergit verschmelzen; die drei letzten Antennenglieder und das Distalende des ersten Gliedes; die Beine, und zwar nach der Spitze dunkeler. Die Springgabel ist gelb.

Sumatra: Singalang, sechs Exemplare.

Java: Tjibodas, zwei Exemplare.

Sira.

Diagnose. Mesonotum nicht stark vorspringend. Vierter Abdominaltergit viermal so lang als der dritte. Antennen länger als die halbe Körperlänge, viergliedrig. An beiden Seiten des Kopfes acht Ocellen. Mucrones sehr klein. Haut mit Schuppen bedeckt.

Sira annulicornis nov. spec.

Diagnose. Antennen mit dunkelen Ringen. Grundfarbe des Thieres ohne Schuppen hellgelb.

Beschreibung nach zwei Alcohol-Exemplaren.

Länge 1.68 mm.

Antennen viergliedrig. Länge der Theilstücke: 0.126, 0.234, 0.216, 0.342 mm.

Tarsen. Die obere Endkralle trägt drei Zähnchen, von denen sich eins im ersten, zwei im letzten Drittel der Krallenlänge befinden.

Springgabel bis zur Hälfte des Metathorax reichend. Länge der Theilstücke: 0.54, 0.54, 0.02 mm.

Farbe. Grundfarbe hellgelb. Dunkelviolett sind: die distalen Enden der drei ersten Antennenglieder und die distale Hälfte des vierten Gliedes; ein Querband zwischen den Augenflecken; zwei Flecken nebeneinander auf dem vierten Abdominaltergit und ein kleines Fleckchen am Hinterrande des fünften Abdominaltergit. Beine und Springgabel hellgelb.

Java: Tjibodas, zwei Exemplare.

Sira sumatrana nov. spec.

Diagnose. Beine hell und dunkel geringelt. Grundfarbe des Thieres ohne Schuppen gelb.

Beschreibung nach einem Alcohol-Exemplare.

Länge 3 mm.

Antennen verletzt. Länge der zwei ersten Glieder 0.79 und 0.71 mm.

Tarsen. Die obere Endkralle trägt ein Zähnchen, das sich im ersten Drittel der Krallenlänge befindet.

Springgabel bis zum Metathorax hinreichend. Länge der Theilstücke: 0.86, 1.22, 0.07 mm.

Farbe. Grundfarbe gelb. Sehr dunkel violettbraun sind: der Kopf mit Ausnahme von zwei helleren Stellen zwischen den dunkelen Augenflecken; die Vorderhälften vom meso- und metathoracalen Rückenschilde und von den drei ersten Abdominaltergiten; weiter eine Längsstreifung auf der Vorderhälfte des vierten Tergit und, auf der Hinterhälfte desselben Tergit, zwei Querbänder, von welchen das hintere in der Mitte nach vorn gebogen ist, welche Querbänder seitlich von kurzen Längsbändern vereinigt sind; endlich zwei kleine Flecken auf dem fünften Tergit. Erstes Antennenglied gelbbraun mit dunkeler Spitze; zweites gelbbraun mit zwei dunkelen Bändern. Beine dunkel, nur die Tibia gelblich mit zwei dunkelen Querbändern. Tarsen farblos. Von der Springgabel ist das Manubrium gelbbraun, die Dentes dunkel mit helleren Spitze, die Mucrones farblos.

Sumatra: Manindjau, ein Exemplar.

Templetonia.

Diagnose. Mesonotum nicht vorspringend. Vierter Abdominaltergit zweimal so lang als der dritte. Antennen nicht länger als die halbe Körperlänge, fünfgliedrig. An beiden Seiten des Kopfes eine einzige Ocelle. Mucrones klein Haut mit Schuppen bedeckt.

Templetonia spec.

Das einzige Alcohol-Exemplar war zu sehr beschädigt, um mit Sicherheit festzustellen ob es eine bekannte oder eine neue Art sei. Antennen, alle Beine und die Springgabel waren stark verletzt. Ich konnte daher nur auf Grund der Anwesenheit von Schuppen, der relativen Grösse der Tergiten und der einzigen Ocelle auf kleinem Augenflecke das Genus feststellen.

Java: Tjibodas, ein Exemplar.

LIPURINAE.

Achorutes.

Diagnose. An beiden Seiten des Kopfes acht Ocellen. Untere Tarsalkralle klein oder fehlend. Keine Postantennalorgane. Springgabel kurz, nicht bis zum Ventraltubus reichend. Meist zwei Analhaken.

Achorutes armatus (Nic.)

Podura armata Nicolet, Recherches p. servir à l'hist. des Podurelles, 1841, p. 57, Pl. V, Fig. 6 (schlecht).

Achorutes armatus Tullberg, Sveriges Podurider, p. 51, Tafl. X, Fig. 23—25.

Diagnose. Untere Tarsalkralle anwesend. Dentes der Springgabel dick, zweimal so lang als die Mucrones. Analhaken gross.

Beschreibung nach mehreren Alcohol-Exemplaren.

Länge 0.7—1.2 mm.

Antennen viergliedrig; Länge der Glieder im Mittel: 0.05, 0.05, 0.05, 0.08 mm.

Tarsen. Die obere Endkralle trägt ein Zähnchen in der Mitte. Untere Kralle anwesend.

Springgabel kurz. Länge der Theilstücke: 0.16, 0.07, 0.032 mm., gemessen an der Ventralseite der ausgestreckten Gabel. Mucrones breit, wie von TULLBERG auf Tafl. X, Fig. 23 abgebildet.

Analhaken lang, viel länger als die Papillen, denen sie aufsitzen. Bei einem Exemplare von 1.2 mm. Länge waren die Papillen 0.024, die Haken 0.052 mm. lang.

Farbe grau, die Bauchseite blasser.

Sumatra: am Ufer des Seees von Manindjau, viele Exemplare.

Achorutes crassus nov. spec.

Diagnose. Halb so breit als lang. Untere Tarsalkralle fehlt. Dentes der Springgabel beinahe dreimal so lang wie die Mucrones. Analhaken fehlen.

Beschreibung nach einem Alcohol-Exemplare.

Länge 2.4 mm. bei einer Breite von 1.2 mm.

Antennen viergliedrig; Länge der Glieder 0.08, 0.10, 0.08, 0.17 mm.

Tarsen. Die obere Endkralle trägt, so weit ich habe finden können, keine Zähnchen. Untere Kralle fehlt.

Springgabel kurz. Länge der Theilstücke 0.20, 0.18, 0.064 mm. Mucrones stumpf.

Analhaken fehlen.

Farbe hell graublau, die Bauchseite blasser.

Sumatra: Singalang, ein Exemplar.

Lipura.

Diagnose. Postantennalorgan quer zur Längsachse des Thieres gerichtet. Chitinwarzen, welche einigermaassen Ocellen gleichen auf der ganzen Dorsalseite verbreitet. Tarsen mit gut entwickelter unterer Kralle. Springgabel fehlt. Augen fehlen. Oft zwei Analhaken.

Lipura fimetaria Burm.

Lipura fimetara Lubbock. Monograph of the Collembola and Thysanura, 1873 p. 191, Pl. XLVI.

Diagnose. Jedes Postantennalorgan mit vielen, wahrscheinlich sechszehn, Erhabenheiten. Analhaken fehlen. Länge bis 2 mm.

Beschreibung nach mehreren Alcohol-Exemplaren.

Länge 1—2 mm.

Antennen viergliedrig; Länge der Glieder bei einigen der grössten Exemplare im Mittel: 0.05, 0.07, 0.08, 0.13 mm.

Tarsen. Die obere Endkralle trägt keine Zähnchen. Untere Endkralle anwesend.

Analhaken fehlen.

Farbe blassgelb, im Leben weiss.

Sumatra: am Ufer des Seees von Manindjau, viele Exemplare.

Anura.

Diagnose. Körper gedrungen, höckerig. Mundtheile zum Saugen ein-gerichtet. Antennen viergliedrig, Endglied spitz. Untere Tarsalkralle, Springgabel und Analhaken fehlen. An beiden Seiten des Kopfes drei Ocellen.

Anura fortis nov. spec.

Diagnose. Ocellen nicht auf einem schwarzen Augenfleck; die zwei vorderen einander sehr nahe. Farbe im Leben roth.

Beschreibung nach mehreren Alcohol-Exemplaren.

Länge 1—4 mm.

Antennen viergliedrig; Länge der Glieder bei einem Exemplare von 3 mm.: 0.11, 0.18, 0.11, 0.18 mm.

Tarsen. Die obere Endkralle trägt keine Zähnchen. Untere Kralle fehlt.

Farbe an den Alcohol-Exemplaren weiss, war jedoch, während des Lebens roth, wie mir Prof. WEBER, der sie selbst sammelte, mitgetheilt hat.

Die meisten Exemplare waren nicht viel länger als 2 mm.; nur die zwei Exemplare von der Insel Saleyer hatten eine Länge von 3 und 4 mm.

Sumatra: am Ufer des Seees von Manindjau, mehrere Exemplare; Singkarah, mehrere Exemplare; Kaju tanam, ein Exemplar; Sing-alang, drei Exemplare.

Java: Buitenzorg, mehrere Exemplare.

Insel Saleyer, zwei Exemplare.

AMSTERDAM, 30 November 1889.

TAFELERKLÄRUNG.

TAFEL VI.

Fig. 1. *Lepisma cincta* nov. spec.
Fig. 2. *Lepisma nigra* nov. spec.
Fig. 3—5. *Iapyx indicus* nov. spec.
3. Rückenansicht des Thieres.
4. Siebenter Abdominaltergit mit den zwei Spitzen.
5. Forceps.

TAFEL VII.

Fig. 6—13. *Lepidocampa weberii* nov. spec.
6. Rückenansicht des Thieres; rechts ist die Behaarung angegeben.
7. Ein Segment des Abdomen. An den Seiten sieht man die Schuppen, Sch.
8. Tarsus mit zwei Endkrallen, Onychium und zwei borstigen Organen, B O.
9—13. Verschiedene Schuppen.

Fig. 14. *Entomobrya longicornis* nov. spec.
Fig. 15. *Entomobrya florensis* nov. spec.

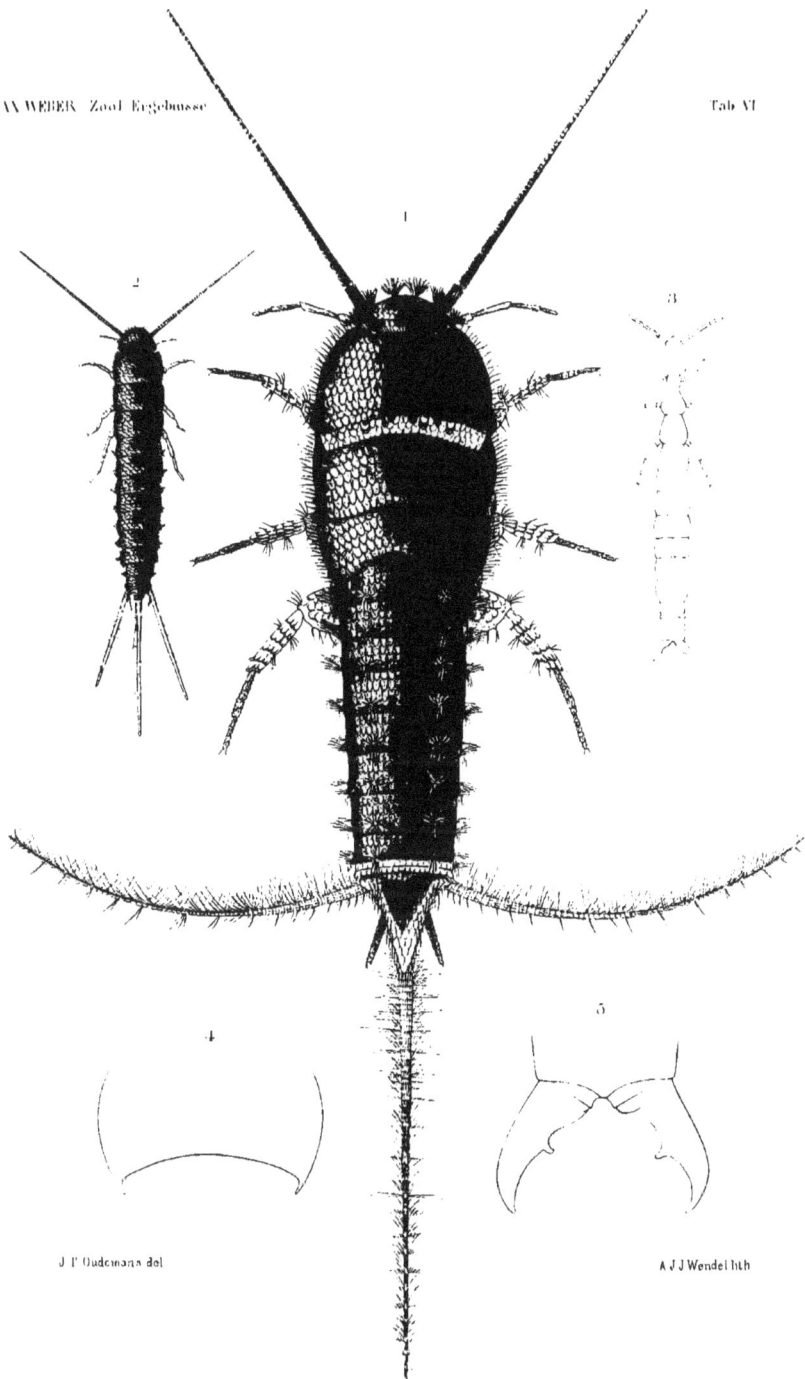

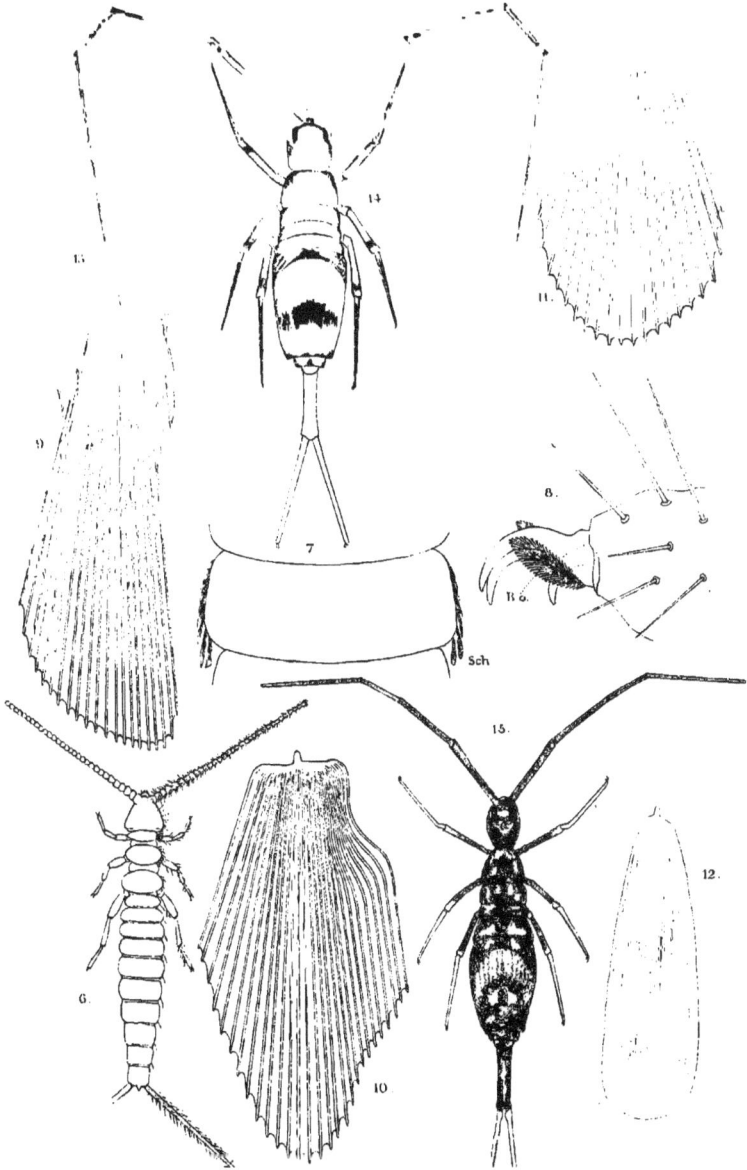

MAMMALIA from the Malay archipelago.

I.

PRIMATES, PROSIMIAE, GALEOPITHECIDAE, CARNIVORA, ARTIODACTYLA, EDENTATA, MARSUPIALIA.

BY

MAX WEBER.

~~~~~~~~~~~

The mammals described in the present paper and those in a succeeding paper by Dr. Jentink, form part of my zoological collections
made in Sumatra, Java, Flores, Celebes and Saleyer.

As already stated in the preface I never neglected during my
journey to collect mammals.

In Flores, Saleyer and Celebes I tried to secure as full a collection
of them as possible. In Sumatra and Java however I could not attach
very much importance in the collecting of mammals as I could spend
only a certain amount of time in searching for them and principally
for the purpose of getting good material for further anatomical investigations. For these different reasons the collection brought home
is not an extensive one. Nevertheless and even if a large amount of
the Mammalia collected is very well known, I believe it is worth
while to give a complete list. In the first place to have an opportunity for some more or less extensive remarks and observations about
the mammals in question. In the second place I can give authentic
statements of the occurrence of them in different localities, a point of
much interest in these days, that needs extreme.accuracy.

In this way the Island Flores is of special interest, as there was
hitherto no indication about the mammals living there. Also the southern part of Celebes was — zoologically speaking — a terra incognita.

Dr. F. A. JENTINK has been kind enough to work out the Rodentia, Insectivora and Chiroptera, an account of which will appear in the following article. He describes there six new Mammals; one from Sumatra, two from Java, two from Celebes and one from Flores.

The following is a list of the species collected after the identifications of Dr. JENTINK and myself:

PRIMATES.

Hylobates agilis F. Cuvier. Sumatra.

     „   *syndactylus* F. Cuvier. Sumatra.

     „   *leuciscus* Schreber. Java.

Semnopithecus melalophus Raffles. Sumatra.

       „   *maurus* Schreber. Java.

       „   *mitratus* Müller & Schlegel. Java.

Macacus maurus F. Cuvier. Celebes.

Cercocebus cynamolgus Schreber. Flores, Sumatra.

PROSIMIAE.

Nycticebus tardigradus Fischer. Sumatra.

CARNIVORA.

Felis tigris Linné. Sumatra, Java.

   „   *pardus* Linné. Java.

   „   *minuta* Temminck. Java.

Viverra tangalunga Gray. Sumatra.

Viverricula malaccensis Gmelin. Java.

Paradoxurus leucomystax Gray. Sumatra.

       „   *musanga* Gray. Sumatra, Flores, Saleyer.

Herpestes javanicus Geoffroy. Java.

Mustela henricii Westerman. Sumatra.

Helictis orientalis Horsfield. Java.

Mydaus meliceps Cuvier. Java.

Lutra leptonyx Horsfield. Java.

GALEOPITHECIDAE.

Galeopithecus volans Shaw. Sumatra.

ARTIODACTYLA.

Sus verrucosus S. Müller. Java.

Sus rittatus S. Müller. Sumatra, Flores (?)

„ *celebensis* S. Müller. Celebes, Saleyer.

Tragulus napu Cuvier. Sumatra.

Russa russa S. Müller. Celobes, Saleyer, Flores.

Bibos banteng Raffles. Java.

Bubalus bubalus Linné. Java.

EDENTATA.

Manis javanica Desmarest. Sumatra, Java.

MARSUPIALIA.

Cuscus celebensis Gray. Celebes.

RODENTIA.

Pteromys nitidus Desmarest. Sumatra.

Sciurus bicolor Sparrmann. Sumatra, Java.

„ *tenuis* Horsfield. Sumatra.

„ *weberi* n. sp. Celebes.

„ *notatus* Boddaert. Sumatra, Java, Saleyer.

„ *insignis* Desmarest. Java.

Mus setifer Horsfield. Java.

„ *decumanus* Pallas. Sumatra, Java, Flores, Celebes.

„ *rattus* Linné. Sumatra, Java, Celebes.

„ *alexandrinus* Geoffroy. Sumatra.

„ *callithrichus* Jentink. Celebes.

„ *lepturus* Jentink. Java.

„ *wichmanni* n. sp. Flores.

Acanthion javanicum Cuvier. Java, Celebes.

Lepus nigricollis Cuvier. Java.

INSECTIVORA.

Tupaja tana Raffles. Sumatra.

„ *javanica* Horsfield. Sumatra, Java.

Hylomys suillus S. Müller. Sumatra, Java.

Pachyura indica Geoffroy. Java.

Crocidura weberi n. sp. Sumatra.

„ *orientalis* n. sp. Java.

„ *brevicauda* n. sp. Java.

CHIROPTERA.

Pteropus edulis Geoffroy. Sumatra.

    „   *alecto* Temminck. Celebes.

    „   *hypomelanus* Temminck. Celebes, Saleyer.

    „   *macklotii* Temminck. Flores, Celebes.

Cynonycteris amplexicaudata Geoffroy. Java.

Cynopterus marginatus Geoffroy. Sumatra, Java.

Eonycteris spelaea Dobson. Sumatra.

Macroglossus minimus Geoffroy. Sumatra.

Phyllorhina diadema Geoffroy. Celebes.

    „   *bicolor* Temminck. Celebes.

Megaderma spasma Linné. Sumatra.

Vesperugo abramus Temminck. Sumatra, Java.

Scotophilus temminckii Horsfield. Java.

Vespertilio hasseltii Temminck. Celebes.

    „   *muricola* Hodgson. Sumatra, Java, Flores.

Kerivoula picta Pallas. Java.

    „   *weberi* n. sp. Celebes.

Taphozous saccolaimus Temminck. Java.

In the different islands I collected the following mammals:

Sumatra.

Hylobates agilis F. Cuvier.

    „   *syndactylus* F. Cuvier.

Semnopithecus melalophus Raffles.

Cercocebus cynamolgus Schreber.

Nycticebus tardigradus Fischer.

Felis tigris Linné.

Viverra tangalunga Gray.

Paradoxurus leucomystax Gray.

    „   *musanga* Gray.

Mustela henrici Westerman.

Sus vittatus S. Müller.

Tragulus napu Cuvier.

Manis javanica Desmarest.

Galeopithecus volans Shaw.

Pteromys nitidus Desmarest.

Sciurus bicolor Sparrmann.

„ *tenuis* Horsfield.

„ *notatus* Boddaert.

Mus decumanus Pallas.

„ *alexandrinus* Geoffroy.

„ *rattus* Linné.

Tupaja tana Raffles.

„ *javanica* Horsfield.

Hylomys suillus S. Müller.

Crocidura weberi Jentink.

Pteropus edulis Geoffroy.

Cynopterus marginatus Geoffroy.

Eonycteris spelaea Dobson.

Macroglossus minimus Geoffroy.

Megaderma spasma Linné.

Vesperugo abramus Temminck.

Vespertilio muricola Hodgson.

J a v a.

Hylobates leuciscus Schreber.

Semnopithecus maurus Schreber.

„ *mitratus* Müller et Schlegel.

Felis tigris Linné.

„ *pardus* Linné.

„ *minutus* Temminck.

Viverricula malaccensis Gmelin.

Herpestes javanicus Geoffroy.

Helictis orientalis Horsfield.

Mydaus meliceps Cuvier.

Lutra leptonyx Horsfield.

Sus verrucosus S. Müller.

Bibos banteng Raffles.

Bubalus bubalus Linné.

Manis javanica Desmarest.

Sciurus bicolor Sparrmann.

„ *notatus* Boddaert.

„ *insignis* Desmarest.

Mus setifer Horsfield.

7

Mus decumanus Pallas.

„ *rattus* Linné.

„ *lepturus* Jentink.

Acanthion javanicum Cuvier.

Lepus nigricollis Cuvier.

Tupaja javanica Horsfield.

Hylomys suillus H. Müller.

Pachyura indica Geoffroy.

Crocidura orientalis Jentink.

„ *brevicauda* Jentink.

Cynonycteris amplexicaudata Geoffroy.

Cynopterus marginatus Geoffroy.

Vesperugo abramus Temminck.

Scotophilus temminckii Horsfield.

Vespertilio muricola Hodgson.

Kerivoula picta Pallas.

Taphozous saccolaimus Temminck.

Flores.

Cercocebus cynamolgus Schreber.

Parodoxurus musanga Gray.

Sus (vittatus S. Müller?).

Russa russa S. Müller.

Mus decumanus Pallas.

„ *wichmanni* Jentink.

Vespertilio muricola Hodgson.

Pteropus macklotii Temminck.

Besides these I noticed *Acanthion javanicum* brought alive from Flores to Macassar by a buginese sailor. The pins of Acanthion javanicum are also used at Flores by the women of the mountain people as hair pins. So I am convinced that *Acanthion javanicum* belongs to the fauna of Flores.

Celebes.

Macacus maurus F. Cuvier.

Sus celebensis S. Müller.

Russa russa S. Müller.

Cuscus celebensis Gray.

Sciurus weberi Jentink.

Mus decumanus Pallas.

Mus rattus Linné.

    „   *callithrichus* Jentink.

Acanthion javanicum Cuvier.

Pteropus alecto Temminck.

    „   *hypomelanus* Temminck.

    „   *macklotii* Temminck.

Phyllorhina diadema Geoffroy.

    „   *bicolor* Temminck.

Vespertilio hasseltii Temminck.

Kerivoula weberi Jentink.

Besides these I noticed, without being able to obtain any specimen: *Viverra tangalunga* in captivity by a native of Pare-Pare, and *Cerco-cebus cynamolgus* in the same place under the same conditions. The owners told me both were captured in the neighbourhood.

Saleyer.

Paradoxurus musanga Gray.

Sus celebensis S. Müller.

Russa russa S. Müller.

Sciurus notatus Boddaert.

Pteropus hypomelanus Temminck.

———

PRIMATES.

Hylobates.

Hylobates agilis F. Cuvier.

    Sumatra: Kotta Sani near Solok ♂ (146) and Ajer mantjur near Kaju
           tanam ♂ (214). Two full grown specimens, one belongs
           to the dark the other to the pale variety.

           Sidjungdjung. Skull (96).

Hylobates leuciscus Schreber.

    Java: near Buitenzorg; ad. ♀ (263).

    In this specimen I was able to state the weight of the brain:

    animal long from vertex to anus . . . . 50 cm.

           weight of body. . . . . . . 6250 gr.

           weight of brain. . . . . . . 94,5 gr.

The proportion of the weight of brain to the weight of body is 1,51 $^{0}/_{0}$.

Hylobates syndactylus F. Cuvier.

Sumatra: Paninggahan; ad. ♂ (121) young ♂ (167). Skeleton ♂ (129.).
Sidjundjung; Skull (95).

Muka-Muka near Manindjau; Skin (188). Skeleton (189).

The specimen 121 has a sixth ulnar small finger on the right hand at the basis of the fifth finger. It contains after the investigation of Dr. KOHLBRÜGGE, who is working out in my laboratory the anatomy of the genus Hylobates, two small phalanx-like bones but without muscles.

In two specimens I stated the weight of the brain. This was as follows:

N°. 121.

length from vertex to anus . . . 62,5 cm.
weight of body. . . . . 9500 gr.
weight of brain . . . . 130 gr.

The proportion of the weight of brain to weight of body is: 1,37 %.

N°. 167.

length from vertex to anus . . . 28,5 cm.
weight of body. . . . . 1250 gr.
weight of brain. . . . . 100 gr.

The proportion of the weight of brain to weight of body is in this case 8 %, agreeing with the youth of the specimen, that was about two months old. [1]).

It is an interesting fact, that the length of the fore limb of the Gibbons increases after birth proportionally much more than the hind limb. Therefore the enormous length of arms is more conspicuous in old specimens.

The question about the proportion of fore and hind-limbs by the Anthropomorpha has been the subject of different interesting researches of late. I may quote here in the first place DENICKER [2]).

My attention was first attracted to this point when I had the opportunity of observing a living specimen of Hylobates lar. The length of the animal and of the limbs, measured at three different times were the following:

---

1) In a previous paper on the weight of brain of mammals (Bijdragen tot de Dierkunde. Amsterdam, Holkema, 1888) I have shown how the proportion of the weight of brain to the weight of body is depending from age.

2) DENICKER: Archives d. Zool. experiment. 1885.

	length from vertex to anus.	length of arm.	length of forearm.	length of thigh.	length of leg.
June 14. 1886.	27,5 cm.	14	17	12	14
May 5. 1887.	40,5	17,1	21	14	16
November 1. 1887.	41,75	19,2	22,5	15,5	17

In the first place the forearm is therefore increasing in length and is the principal cause of the enormous length of the arms in the full grown individual.

From my material collected in India and from some measurements of skeletons in the Leyden Museum and in the collections of the Royal Zoological Society of Amsterdam, the same conclusion may be derived. In Hylobates syndactylus that in other respects is very different from the other species of Hylobates, this difference is not the least, as may be seen from some of my measurements.

Hylobates syndactylus.

	Length from atlas to apex coccygis.	Humerus.	Radius.	Femur.	Tibia.
Specimen Amsterdam.	24,5	17,2	18,1	13,4	11,7
Specimen Amsterdam.	40	26,5	28,2	20,5	17,8
Specimen Amsterdam. (189).	39,9	27	30	20,3	17,2
Specimen Leyden.	41	29	32,2	22	19
	from vertex to apex coccygis.				
Specimen Amsterdam. (167) in spirit.	28,5	11	11	8,25	8,25
Specimen Amsterdam. (121) in spirit.	53	28	29	19,5	18,75

Hylobates leuciscus.

	from atlas to apex coccygis.				
Specimen Leyden.	18	13,4	13,5	10,6	10,2
Specimen Leyden.	28,2	18,4	22,1	15,6	13,2
Specimen Amsterdam.	30,5	22,6	26,2	19,8	17,5
Specimen Leyden.	31,1	22	26	20,5	18,4

Semnopithecus.

Semnopithecus melalophus Raffles.

(Sem. ferrugineus, Schlegel).

Sumatra: near Singkarah; ad ♀. (110) ad. '♂ (111). Kotta Sani near Solok; young ♂ (166), a skeleton ♀ (119) and a skull ♀

(113). Paninggahan; skull (125). Manindjau; skin ♀ (185), two skeletons ♀♀ (119).

JENTINK [1]) has already shown, that Semnopithecus ferrugineus of Schlegel can not be separated from S. melalophus Raffles, as they are distinguished exteriorly only by a slight difference in tinge, and that the difference in number of ribs, as believed by SCHLEGEL [2]) does not exist really. I can confirm this view in every particular and can add a new argument against SCHLEGEL's opinion. Comparing the skeleton of two specimens, both shot at Manindjau and both belonging to S. melalophus, after the description of SCHLEGEL, one has 13 ribs but only 5 lumbal vertebrae, the other has 12 ribs but 6 lumbal vertebrae. The number of ribs is therefore not specifically different as already stated by JENTINK.

SCHLEGEL believes, that S. ferrugineus lives in the plains and mountainous district of Padang and is substituted in the South-East of Sumatra by S. melalophus.

Now I have found both together in the same district, I may say living together. Therefore also this argument for separating S. melalophus and ferrugineus can not be sustained.

Semnopithecus maurus Schreber.

Java: mount Salak near Buitenzorg; a young female (267); skeletons, ♂ and ♀ (264, 266).

Semnopithecus mitratus Müller et Schlegel.

Java: mount Salak near Buitenzorg; Skeleton ♀ (265). Tjibodas 1425 Met. high; ♀ (278).

Cercocebus.

Cercocebus cynamolgus Schreber.

Sumatra: Manindjau; skeleton ♂ (175).

Flores: Bari; ♂ (71) and a skull found in the forest.

Besides these I saw specimens at Reo and Sikka at the North- and South-coast of Flores, along the shore and on riversides.

In South-Celebes I noticed a specimen in captivity at Pare-Pare and my Malay hunters observed a specimen in the forest at Loka near Bonthain.

---

1) JENTINK, Notes from the Leyden Museum, XI, pag. 20.
2) SCHLEGEL, Mus. d'hist. nat. Leide, 1876, 12mo livr., pag. 43.

Macacus.

Macacus maurus F. Cuvier (1823).

  (Macacus ocreatus, Ogilby (1840)).

Celebes: Maros: adult ♂ (314) and ♀ (315) with her young. Very
    common in this district. I lost several of them that had
    fallen, after being shot, in the spiny bamboo in the forest
    of Tanralili and in the crevices of the limestone cliffs by
    Bantimurong.

    Pare-Pare; adult ♀ (334), skeletons ♀ (332) and ♂ (333).
    From Kandari-bay I got a living female and from the island
    Buton, through the courtesy of Mr. Eerdmans, a living male.
    Besides these I observed specimens at Katjang and Bonthain.

Hitherto the exact locality where this monkey is living in Celebes
was not known. SCHLEGEL[1]) writes: „Feu le docteur Forsten nous en
a envoyé, en 1840, un individu provenant de Célèbes et probablement
encore de la partie méridionale de cette île, attendu que, ni ce naturaliste, ni Wallace, ni M. von Rosenberg n'ont jamais rencontré ce
singe dans la partie septentrionale. Les objets vivants que l'on ap-
porte en Europe viennent aussi, au dire des marchands de Célèbes."

It is a very curious fact that WALLACE does not mention this
monkey from Celebes in his enumeration of animals living in that island.

WALLACE lived for some months near Maros. From that place he
mentions only what he calls Cynopithecus nigrescens, but this is surely
erroneous. I saw there troops of Macacus maurus and there is no other
monkey living there. Cynopithecus (nigrescens) niger is restricted to
North-Celebes.

In a forest between Maros and Tanralili I shot four specimens in
a few hours and saw about ten others.

Generally speaking this monkey is very common in the southern
parts of Celebes. Besides at Maros I found it at Pare-Pare, Katjang,
Bonthain and I got a specimen from Kandari-bay and the island Buton.

I could detect no trace of it in the island Saleyer, nor did I hear
of it in Luwu in the central part of Celebes. As it is also unknown
in North Celebes, the play-ground of Cynopithecus niger, it seems to
be restricted to the southern peninsula of Celebes and the neigh-
bouring island of Buton. Another curious fact is the different colour

---

1) SCHLEGEL, Mus. d'hist. nat. Leide. 12mo livr., 1876, pag. 118.

of the animals, independent of sex but perhaps not of age. In all, the face and ears are nude and black, the buttocks surrounding ischia rosy, the tail short, stumpy and curled. In some animals, generally the smaller ones, the general colour is brownish black, in others, generally the older ones, the trunk above and below brownish or brownish black or sooty black on the upper parts. The limbs of the same colour, only the hind parts of the thighs ashy, or the whole limbs have this ashy hue or are greyish externally. In one very large specimen (N°. 333) the colour was brownish black with two greyish patches on the gluteal-streak.

One full grown female (N°. 315) 43,51 c.m. long from vertex to anus, with a brownish coloured young one, had white hairs on the black face, white spots on the black ears, hairs on the vertex and on the parts surrounding the anus white, trunk brownish black. Limbs with white patches on the medial parts and nearly without hair, lateral parts black with only slight downy white hairs. In another full grown female (N°. 334) the limbs are nearly without hair, those on the vertex white, on the trunk greyish. The skin of the face, ears and limbs is white with black spots. The palm of the hands and the sole of the feet are nearly white.

These last two cases belong to a sort of albinisme and are of no special interest for us. Of more importance are the different colours described above that may be observed in different specimens *living together*.

They agree in all parts with the descriptions given by various authors of Macacus ocreatus and of Macacus maurus. The last is called without any authenticity the *Bornean* ape.

The history of this ape is as follows: F. Cuvier [1]) gives 1823 a figure „que nous devons à M. A. Duvaucel et qui (le singe) se trouve dans l'Inde". Furtheron he adds that it is „propre au continent de l'Inde" and calls this specimen, that he only knew from the figure of Duvaucel, Macacus maurus.

Sclater [2]) was then the first that saw a living specimen that „seems to belong to Macacus maurus as figured by Cuvier .... Having the tail reduced to a mere naked tubercle, hardly an inch in length. The hair

---

1) F. Cuvier: Hist. nat. des Mammifères. 1823, pl. 45.
2) Sclater: Proc. Zool. Soc. London. 1860, pag. 420.

is of a uniform brown, without annulations and the naked face black. The locality of this Macaque is not accurately known".

GRAY [1]) described a supposed new ape as Macacus inornatus as follows: „The tail rudimentary, scarcely to be distinguished. Buttocks callous, surrounded by a large naked red space, which is interrupted above by a narrow hairy streak to the base of the tail. Face and ears naked, black nose flat. Head covered with hair, regularly directed backwards: the hair of the hinder part of the head rather elongate, not forming any crest. Fur blackish brown, nearly uniform. Hair soft, one-coloured, forehead, frontal band and hands black, the hinder part of the thigh greyish white".

Really this is Macacus maurus F. Cuv. as already stated by MURIE [2]).

As locality GRAY names „Borneo?" and adds: „This not full grown „female was purchased from the wife of a sailor, who had brought it „from Borneo".

SCLATER [3]) writes then: „In August last Mr. W. Jamrach deposited in the Society's gardens three monkeys of this species (maurus) along with two of M. ocreatus and six of the so-called Cynopithecus niger".

„It is unfortunate that we do not yet with certainty know the exact locality of this Macaque. But I think it is probably Borneo, as already conjectured by Dr. Gray".

„This Macaque is of exactely the same forme as M. ocreatus and the young animals of the two species are so much alike, that one of Mr. Jamrach's specimens, supposed when it was deposited to be M. maurus, has since turned out to be M. ocreatus".

Now we have here already an increasing certainty about the locality Borneo without any new argument. On the contrary: the two specimens of Macacus ocreatus and the six Cynopithecus niger that were deposited along with the three maurus are real Celebesian animals and make it not so very improbable that the three so-called maurus came with them from Celebes too.

The question about the locality is settled in the following paper on M. maurus by MURIE [4]) entitled: „Observations on the Macaques. I. The Bornean ape". After this title there seems to be no more question

---

1) GRAY: Proc. Zool. Soc. London. 1866, pag. 202.

2) MURIE: Proc. Zool. Soc. London, 1872.

3) SCLATER: Proc. Zool. Soc. London. 1871, pag. 223.

4) MURIE: Proc. Zool. Soc. London. 1872, pag. 721.

about the locality Borneo. But I can not find in MURIE's paper a new argument in favour of this affirmative title.

After describing M. maurus he says:

„In outward aspect there is undoubtedly considerable resemblance between the Moor Monkey and the Ashy-black ape (Macacus ocreatus Ogilby). Indeed in their juvenile stage a most practical naturalist among living animals (Mr. Bartlett) as well as Dr. Sclater himself, have been deceived regarding the two. The former gentleman relates to me how that he purchased two young animals which he in every way regarded as representatives of the Bornean Ape (M. inornatus? = M. maurus). Much was his astonishment, therefore to find one of them to develope into a typical ashy-black Ape (M. ocreatus.) There can be no doubt they are two forms closely allied. But the adult of the latter is distinguished by a deeper sooty tint of the upper parts, and underneath and on the limbs, and very characteristically displays the ashy hue, wherefore its name. Its tail also is a trifle longer and somewhat curled forwards; and the hair of the head has a bushier appearence. Relatively it is a higher-limbed Monkey than is M. maurus".

Then follows SCHLEGEL [1]. He unites two Macaques with this common characters: „Face noire. Teinte dominante du pelage d'un brun s'approchant, ordinairement, du noir", and distinguishes them as follows. *M. maurus*: „Le pelage de ce singe est ordinairement teint d'un brun-noir, plus clair et tirant plus ou moins au grisâtre sur le dessus et quelquefois encore sur les joues. Nous en possédons cependant un individu passablement jeune dont la teinte dominante se trouve remplacée par un brun grisâtre peu foncé".

M. ocreatus: „Cette espèce rappelle en général le Mac. maurus; mais elle s'en distingue, au premier coup d'œil, par ses bras, ses jambes et la face postérieure de ses cuisses teintes, dans les uns, de jaune brunâtre ou roussâtre, dans les autres de grisâtre. Elle a aussi le museau plus alongé et pourvu, à l'âge adulte, de deux côtes saillantes".

From five specimens of Macacus ocreatus investigated by SCHLEGEL only one was „adult", from four specimens of Macacus maurus not one. Therefore the distinction about the longer muzzle seems to be of no value. I brought home alive from Celebes a male and a female. One, the male, was generally brownish black coloured like a Macacus mau-

----

1) SCHLEGEL: Mus. d'hist. nat., 12me livr., 1876, Leide, pag. 116.

rus with an extraordinary long muzzle, the other, a female was short muzzled with a black trunk and ashy limbs as a typical Macacus ocreatus.

About the locality of Macacus maurus SCHLEGEL says: „On dit généralement que les individus de ce singe apportés vivants en Europe proviennent de Bornéo. Nos voyageurs ne l'ayant observé, ni dans le Sud, ni dans le Sud-Ouest de cette île, il est permis de supposer qu'il vient de la Côte Nord-Ouest, peut-être par la voie de Labouan".

The last author who has made original researches regarding our monkeys, ANDERSON [1]) gives the following definition of both. *M. maurus*: „Face and ears black. Buttocks surrounding ischia, flesh-coloured or rosy. General colour of the animal sooty black, paler on the under surfaces and darker on the head. Tail short and stumpy. In the young state the animal less black than in the adult".

M. ocreatus: „Face and ears nude and black. The trunk generally, above and below, brownish black, or tinged below with greyish. Arms and legs greyish externally on their radial and tibial portion. Tail short and stumpy".

His affirmation: „inhabits Borneo" is based upon the following: „This monkey is not unfrequently brought to Calcutta from Singapore which port it reaches from Pontianak on the westcoast of Borneo".

This proves nothing at all.

1. In such a centre as Singapore are brought together very different animals from various countries as is very well known.

2. From my own experience I may say that there are more vessels reaching Singapore from Makassar (the habitat of Macacus ocreatus) than from Pontianak.

3. Pontianak was visited very often by Dutch and other travellers but none of them ever brought from there any Macacus maurus. I therefore know, of no other authority for the locality Borneo, than „the sailor's wife" spoken of by Gray. A very doubtfull authority indeed, doubted by Gray himself.

In the second place I believe that there is no real Macacus maurus. Different authors, quoted above, have already stated, that it is impossible to distinguish, when young, Macacus maurus and ocreatus. When older some of them become black with greyish limbs, these are called Macacus ocreatus, those remaining brownish black are called Macacus maurus.

1) ANDERSON: Anatom. & Zoolog. researches, Western Yunnan Exped., pag. 82.

But in Celebes both varieties are living together.

If this supposition be right, we may only speak of Macacus maurus F. Cuvier (1823), as this is the older name with the synonym ocreatus Ogilby (1840).

This question is not without real importance.

There are known only three species of Macacus, very remarkably characterized by an extremely short tail and a simply coloured fur. One of them, M. arctoides, from Burma to Cochinchina, is by its red face strongly distinguished from the two others. These: Macacus maurus and ocreatus have black faces and are also in other respects very different from M. arctoides. Is my supposition right, that both are variations of one species, both only living in Celebes, then Celebes has one extremely characteristic animal more. With Babirusa alfurus, Cynopithecus niger, Anoa depressicornis, Paradoxurus musschen-broekii, — Macacus maurus F. Cuv. (ocreatus Ogilby) is one more of these remarkable animals peculiar only to that island with a continental character.

PROSIMIAE.

Nycticebus.

Nycticebus tardigradus Fischer.

Sumatra: Singkarah and Solok; four specimens (106, 144, 146, 620).

The weight of the brain I found in one specimen as follows:

♂ n°. 106. head and body . . . . 31,5 cm.

tail . . . . 1,5 cm.

weight of body . . . . 500 gr.

weight of brain . . . . 8,8 gr.

The proportion of the weight of brain to the weight of the body is $1,63°/_o$.

CARNIVORA.

Felis.

Felis tigris Linné.

Sumatra: Fort de Kock; skull (206).

Java: Preanger Regencies; skull (283).

Felis pardus Linné.

Java: Preanger Regencies; skull (284).

Felis minuta Temminck.

Java: Mount Salak near Buitenzorg; a young ♂ (257).

Viverra.

Viverra tangalunga Gray.

Sumatra: I brought home a living specimen from Singkarah.

Celebes: In Pare-Pare, on the south-western peninsula of Celebes, I saw a specimen in captivity. The owner told me, that it was caught in the neighbourhood.

Viverricula.

Viverricula malaccensis Gmelin.

Java: Buitenzorg; two young male specimens (269, 298) that I had some months in confinement. They were immediately very tame and followed us like dogs.

Paradoxurus.

Paradoxurus leucomystax Gray.

Sumatra: from mount Sago near Pajakombo, abouth 2000 Met. high; an adult ♂ (201). My hunter shot it, while it was sleeping on the branch of a tree, abouth the middle of the day.

Paradoxurus musanga Gray.

Sumatra: Manindjau; skulls (174, 195).

Fort de Kock; skeleton (602).

Java: Buitenzorg; skeleton (272).

Saleyer: two young ♀ (541).

Flores: Sikka; young ♂ (624) and old ♂ (625).

P. musanga was previously not known from Flores, but it could be expected there as it also lives in Timor. Neither do I find any indication, that it was found before in the Island Saleyer near Celebes. The Saleyer-specimens are very dark, those from Flores, presented to me by the catholic priest of Sikka, Mr. le Cocq d'Armandville, have the common ashy colour with dark stripes. The dark part of the skin is used at Sikka, Wukur and Hokor on the South-Coast of Flores as a band for supporting the pocket used by the male inhabitants.

P. musanga has thus a farther distribution than BLANFORD [1]) gives it.

---

1) BLANFORD. Fauna of British India. Mammalia, 1888, pag. 110.

Paradoxurus musschcnbroekii Schlegel.

When travelling in the south part of Celebes and afterwards in Luwu, in the central part, all my inquiries about this interesting Paradoxurus were without result. No one had ever heard of this animal. This was also the experience of Prof. Wichmann of Utrecht, who was kind enough, to inquire about this animal when crossing Celebes from Palos-bay to Parigi on the gulf of Tomini (cf. map III).

This animal seems therefore to be restricted to North Celebes.

Herpestes.

Herpestes javanicus Geoffroy.

Java. Buitenzorg; two adult ♂ (253, 254).

Mustela.

Mustela henricii Westerman.

Sumatra: Singkarah; adult ♂ (141).

Helictis.

Helictis orientalis Horsfield.

Java: Buitenzorg; ♀ (243) long: head and body 47, tail 17 cm.

Mydaus.

Mydaus meliceps Cuvier.

Java: Sinagar near Buitenzorg. A young female presented to me by Mr. Kerkhoven. The specimen is long: head and body 26,5, tail 3,3 cm. Fur on back splendid white, underneath and on the face of a reddish hue. Single hairs above the eyes black. The animal is therefore no albino; against this plead also the brown eyes and the black soles of the feet. Top of snout red.

Lutra.

Lutra leptonyx Horsfield.

Java: Buitenzorg; one very young (226) and two halfgrown speci-mens (259, 260). Two skeletons (258, 268).

In one specimen, — head and body 51 cm., tail 30 cm. long — I measured the intestine. It was 1 met. 96 cm. long, there was exteriorly no difference visible between the small and the large intestine.

GALEOPITHECIDAE.

After the excellent investigations and deductions of Prof. W. Leche, we must raise Galeopithecus to the rank of an order.

Galeopithecus.

Galeopithecus volans Shaw.

Sumatra: I purchased only one skeleton at Solok (97). This animal seems to be very rare, at least in the mountainous part o f West-Sumatra.

ARTIODACTYLA.

Sus.

Sus verrucosus S. Müller.

Java: Garut. Preanger Regencies; ♂ skull (271).

Sus vittatus S. Müller.

Sumatra: Fort de Kock; ♂ skull (205) and a young specimen: head and body 38, cm. tail 8 cm. long, brown with six longitudinal white dorsal stripes, agreeing perfectly with the description given by S. Müller and Schlegel [1]).

In Flores is also a species of wild hog. I got only the right mandibular tusk of a male, that agrees most with the tusk of Sus vittatus, not at all with that of S. celebensis. Two of these tusks, united by a string are used by the male inhabitants as bracelets.

In some of the Flores kampongs, except the few that are mahometans, the natives cultivate pigs, these however belong to the wide spread chinese race.

Sus celebensis S. Müller.

Celebes: Pare-Pare; Skull ♂ (443). Loka near Bonthain; skull ♀ (416).

Katjang; skull ♀ juv. (612). Bira; two skulls ♂ (438) ♀ (439) found in the „dead caves" near Birakeke.

Saleyer: very old skull ♂ (583).

Tragulus.

Tragulus napu Cuvier.

Sumatra: Sidjungdjung; ad. ♀ (621).

near Padang; ad. ♂ (622) presented by Dr. Dubois.

---

1) MÜLLER en SCHLEGEL: Natuurk. Verhandelingen. 1839—1844, pag. 174.

Russa.

Russa russa S. Müller.

I have at my disposition only horns, but they are very easy to identify after the excellent figures of S. Müller and Schlegel [1]).

Celebes: Tello; (302).

Saleyer: (537).

Flores: Maumeri; (1 and 500). N° 500 agrees more with Russa moluccensis M. et Schl. as the first branch is very long and as the foremost of the two upper branches is only a little smaller than the hindermost. N°. 1 is from a very young animal; the antlers are not yet branched at all.

Bibos.

Bibos banteng Raffles.

Java: Tjipandak on the South-Coast; ad. ♂ Skeleton. Dr.F.H.Bauer,who shot the specimen, was kind enough to give it to me.

Bubalus.

Bubalus bubalus Linné.

Java: Buitenzorg; domesticated. Skull (297).

Anoa.

Anoa depressicornis Smith.

Hitherto this curious animal has been known only from North-Celebes. But without question it is spread over the whole island. I heard of it first — called by the buginese name Anúwang — in South-Celebes, where the Prince of Sidenreng told me that it was found in the central part of Celebes. Afterwards, when in Luwu (Central-Celebes), different people told me, that it was met with in Bingkoka, one of the provinces of the principality of Luwu, situated in the south-eastern peninsula of Celebes. Here it extends up to the small island of Kubuna, south of island Muna near the well known island Buton. For this information I am indebted to Mr. Eerdmans, Secretary to the Governement of Celebes, who is much interested in natural history.

Also on the south-western peninsula of Celebes Anoa is living, but as far as I could make out only on the peak of Bonthain. I staid myself some days at Loka (1150 Meter high) in the vicinity of this

---

1) Müller en Schlegel: Natuurk. Verhandelingen. 1839—1844. Tab. 45.

high peak but had no opportunity to visit it. By all the natives here the Anoa was known and called „Soko" and many curious stories were told about it. One of my friends has seen a pair of horns from an Anoa shot on the peak of Bonthain. As this animal is so easily distinguished, there can not be any error about it.

The fact, that Anoa is spread over the whole island of Celebes, although it is wanting in many places, is of much interest, as two other mammals characteristic of Celebes: Babirusa alfurus and Cynopithecus niger, really seem to belong only to North-Celebes. At least in the southern and central part, as far as I visited them, no one knew anything about them. I am not quite sure, that this is not also the case with Paradoxurus musschenbroekii, although I am convinced myself, that it is restricted to the northern part of the island, in the same way as Macacus maurus belongs to South-Celebes.

This difference between North- and South-Celebes, which can be proved by many other facts (difference in occurrence of Sciuri, birds etc.) is very striking and in agreement with geological differences.

EDENTATA.

Manis.

Manis javanica Desmarest.
    Sumatra: Singkarah; ad. ♂ (147).
            Fort de Kock; ad. ♀ (165).
    Java: Buitenzorg; two ♀ (283, 247), one ♂ (249) and ♀ (270) skeleton.
    In one specimen I stated the weight of the brain as follows:

Length of head and body . . . . 37,5 cm.
length of tail . . . . 29 cm.
weight of the animal . . . . 1750 gr.
weight of the brain . . . . 9,5 gr.

Proportion of weight of brain to weight of body 0,543°/o.

The natives of West-Sumatra believe that there are three different species of Manis, called Tenggiling bras, T. andjing and T. ikan. Without question these are however only three different stages of age. The meaning of Tenggiling bras is *small* Manis. Tenggiling andjing means a *dog* ant-eater, distinguished by the presence of hairs. Now the younger stages are provided with hairs or bristles at the base of each scale. The exposed portion of these hairs is worn away by abrasion in the

adult, as also stated by ANDERSON [1]), then it is called Tenggiling ikan
or *fish* ant-eater as having only scales.

MARSUPIALIA.

Cuscus.

Cuscus celebensis Gray.

Celebes: Goa near Macassar; a female with her young (327, 328).

This species was first described in an extremely unsatisfactory way
by GRAY from a young animal brought from Celebes by Mr. WALLACE.
JENTINK [2]) in his valuable monograph of the Genus Cuscus writes: „It
is a pity that we are in dubio as to the exact locality, where Wallace gathered the specimen. It now is questionable if the species is
restricted to Northern Celebes or is spread over the whole island".
All the specimens in the Leyden Museum are from North-Celebes. As
my specimen is from Goa, it is stated that its range of distribution
is as far as the southern point of Celebes.

The fullgrown female is long:

head and body . . . . 33 cm.

tail . . . . 32,7 cm.

It agrees exactly with the description given by Jentink.

The young one is long:

head and body . . . . 16,6 cm.

tail . . . . 12,8 cm.

In colour it is quite different from the mother, as its general colour
is a chestnut, especially the uppersides are dark; there is however
no dark backstreak.

---

1) ANDERSON: Western-Yunnan Exped., pag. 344.
2) Notes from the Leyden Museum. Vol. VII, pag. 106.

II.

RODENTIA, INSECTIVORA, CHIROPTERA.

BY

F A. JENTINK.

With plates VIII, IX, X and XI.

~~~~~~

RODENTIA.

Pteromys.

Pteromys nitidus Desmarest.

Sumatra: Kotta Sani near Solok ; *skins*: ♂ ad. (114) and ♀ ad. (115).

" Manindjau; *skin*: ♀ ad. (163).

Sciurus.

Sciurus bicolor Sparrmann.

Sumatra: Singkarah; *skins*: ♂♂ ad. (112, 116), *skeleton*: ad. (120).

" Manindjau; *skins*: ♂♂ ad. (169, 198), *skeleton*: ad. (190), *skull*: ♀ ad. (13).

" Ajer mantjur near Kaju tanam; *skeleton*: ad. (215).

" Solok; *skull*: ad. (1).

Java: Tjibodas; *skull*: ad. (14).

Sciurus tenuis Horsfield.

Sumatra: Singkarah; *skins*: ♂ ad. (153), ♀ ad. (155), ♂ nearly ad. (159).

Sciurus weberi n. sp. (Plates VIII and X, figs. 1, 2 and 3).

Celebes: Luwu near Palopo, central Celebes; three adult *skins*, two *skeletons* and one *skull* (586).

This beautiful Squirrel belongs to a group of middle sized species, consisting of *Sciurus leucomus*, *rosenbergii* and others having no stripes or bands on the sides of the body and more or less prominently pencilled ears. It is distinguished from all the hitherto known East-

Indian-Squirrels by having a rather *broad black band along the spine of the back*, running from the neck, increasing in broadness in the middle of the back and diminishing towards the root of the tail. The ears are adorned with rather long black hairs which form a kind of small pencil. It is to be observed that in one of the three type-specimens the black earpencils are slightly tipped with white. For the rest the upperparts and sides of the head and body and the legs are covered with very soft hairs showing a reddish-black tinge, occasioned by being each black hair ringed with reddish; the underside of head, the breast, belly and inside of legs have the black hairs largely tipped with red, so that the named parts present a fine red hue. The tail shows undistinct rings; upperpart of tail with hairs ringed with red and black ending in white tips; towards the tip of the tail the red and white disappear so that the tip of that organ is black; as the tail is distichous it is evident, that on the underside the red tinge prevails. The whiskers are black; they reach as far backwards as the end of the earpencils.

Incisors light orange colored: there are two upper premolars, of which the foremost one is very well developed. Skeleton with 7 cervicales, 12 costales, 7 lumbares, 3 sacrales and 28 caudales.

Dimensions of one of the type-specimens, being an adult female.

Head and body	Mm.	187
Tail without tuft	„	142
„ with tuft	„	220
Hind foot	„	48
Ear with pencil	„	17
Length of skull . .	„	45
Greatest breadth . . .	„	27
Length of nasals . . .	„	11
„ „ palate	„	16.5
„ „ uppermolar series	„	8
Distance between upper incisor and first premolar	„	10

Sciurus notatus Boddaert.

Java: Buitenzorg; *skins*: 244 *a*, *b*, 245, 248, 598, 599; *skeletons*: 600, 601.

Sumatra: Pajakombo; *skins*: 202, 203.

„   Singkarah; *skins*: 103, 104, 128, 154; *skull*: 143.

Sumatra: Manindjau: *skins*: 178, 186, 187; *skeleton*: 193.

    „   Paninggahan: *skeleton*: 193.

    „   Solok; *skulls*: 2, 3, 4, 5, 6, 7, 8, 9, 19.

Saleyer: *skins*: 489 (young ♂), 520, 521, 539 (eight specimens);
    skeleton: 532.

I accept with Oldfield Thomas (P. Z. S. L. 1889, p. 231) for this species the name given by Boddaert in 1785 as having the priority over Kerr's *S. badjing* and Ljung's *S. plantani*, however I remark that the white ear-spot only is present in perhaps one out of ten specimens.

Among the large series of individuals belonging to this species and collected by Prof. Max Weber there are several from Saleyer which without doubt belong to the form described by me in 1879 as *Sciurus microtis*. As I stated in that description „the species agrees with „*Sciurus nigrovittatus (Sc. plantani* or *Sc. badjing*) in the distribution „of the external marks", the chief difference being the grooved condition of the upper incisors. And now Weber's collection shows that the named characteristic is not constant but ought to be regarded upon as merely accidental, so that I see no reason to separate the Saleyer-form specifically from the so widely distributed and so very variable *Sciurus notatus*. Prof. Weber observes that this is a very common animal and well known by every one in the Saleyer; it is living in great numbers in the cocosnut-trees in the neighborhood of the seashore. These squirrels are likewise known from Boelekomba, South Celebes, opposite Saleyer.

The indigenous name is *Kalabientien* (Teysmann) or *Kalabienting* (Weber), the Buginese name for *Squirrel*.

? *Sciurus insignis* Desmarest.

Java: Buitenzorg; *skin*: 597.

Dr. F. H. Bauer, Director of the lunatic asylum at Buitenzorg presented to Prof. Weber an albino-squirrel purchased by him from a Malay. As it is a specimen having the hindmost molars not not yet fully developed and as it is a complete albino without a single colored hair, it is very difficult to make out with exactness to what species it belongs. For the following reasons I bring it under this head with a note of interrogation. Although it is not an adult specimen, I think it is fullgrown as I see no disproportion between the hindfeet and the other parts of its body. As living in Java the following species of Squirrels have hitherto been recorded: *Sciurus bico-lor*, *albiceps*, *soricinus*, *notatus* and *insignis*; and the supposition is allowed that in comparing it with these species its nearest ally can be pointed out. As its head and body measure about 145 Mm., we can let immediately the larger *Sciurus bicolor* and *albiceps* out of consideration, meanwhile *Sciurus soricinus* is a much smaller form than our albino. Remain *Sc. notatus* and *Sc. insignis*; the skull of *Sc. notatus* is surprisingly broader between the orbits than that part of *Sc. insignis*, and our albino has that part of the skull not very broad but much more small like is the case in *Sc. insignis*. Notwithstanding its tail is somewhat longer than usually I can not fail in supposing that it in reality is an albino-variety of *Sciurus insignis*. Moreover the Java-Mammals are very well known, so that there would be but little room for the supposition that in Java is living an unknown species of Squirrel and that we have here a variety of an undescribed and new species!

Mus.

Mus setifer Horsfield.

Java: Buitenzorg; *skin*: ♂ ad. (608).

This gigantic rat is the true *Tikus-wirok* of the Javanese described and figured by Horsfield. It perhaps may be the same species as *Mus bandicota* Bechstein = *M. malabaricus* and *perchal* Shaw = *M. giganteus* Hardwicke, but according to Hardwicke's description and figure (Trans. Linn Soc. 1804, Vol. VII, p. 307, tab. XVIII) *M. giganteus* has „the „last inch of the tail *naked* and *differing in colour* from the rest", a characteristic not mentioned in Horsfield's description of *M. setifer*, nor to observe in the adult ♂ from Buitenzorg under consideration.

Dimensions of the adult ♂ in spirit:

Head and body	Mm.	325
Tail	„	237
Ear	„	29 × 26
Nose to eye	„	32
Nose to ear	„	63
Hind foot	„	54

This specimen has been presented to Prof. WEBER by Dr. F. H. BAUER from Buitenzorg.

Mus decumanus Pallas.

Java: Buitenzorg; *skins*: adult and young specimens (228—239, 605), very young specimens (240, twenty three individuals).

Java: Tjibodas near Sindanglaja; *skins*: ♂ ad. (276), one young and two very young specimens (277).

Sumatra: Singkarah; *skin*: ♂ ad. (162).

South Celebes: Tempe; *skins*: ♂, ♀ ad. (341, 342).

Central Celebes: Luwu; *skins*: ♂ ad. and ♂ nearly ad. (587 *a*, *b*).

Flores: Kotting; *skins*: ♀ ad. (515), young ♂ (514).

    „   Sikka; *skin*: ♂ ad. (77).

It seems that *Mus decumanus* attains an enormous size in Celebes, the Paradise of large *Mus*-species. HOFFMANN described (Abhandlungen, Museum, Dresden, 1887, N°. 3, p. 19) large *decumanus*-specimens under the name of *Mus decumanus*, var. *major*; measuring: head and body 23—24 cm., tail 21—22 cm. Perhaps belong to this variety the adult male and female from Tempe, South-Celebes, mentioned above. Some measurements may give an impression of the dimensions of the adult male-specimen:

Head and body	Mm.	230
Tail	„	202
Hind foot	„	48
Ear		„ 22 × 16
Nose to ear	„	50
„ „ eye	„	24

Like in the following species the number of mammae seems to be very variable in *Mus decumanus*.

Mus alexandrinus Geoffroy.

Sumatra: Pajakombo; *skin*: ♀ ad. (204).

As according Oldfield Thomas (P. Z. S. L. 1881, p. 534) the number of mammae in *Mus alexandrinus* is very variable, viz: from 10 to 12, I bring the adult female-specimen from Pajakombo under this head, being a specimen with 10 mammae.

Mus rattus Linné.

Java: Buitenzorg; *skins*: three very young specimens (603 *a*, *b*, *c*).

Sumatra: Singkarah; *skins*: young males (127, 140).

Celebes: Makassar; *skin*: very young ♀ (553).

Mus callithrichus Jentink (Plate X, fig⁹. 4, 5 and 6).

South-Celebes: Pare-Pare; skull without lower jaws (15).

This skull agrees so exactly with the same bony parts of our typical specimens of this species, described by me in the Notes from the Leyden Museum, 1879, p. 12, that I do not hesitate a moment in bringing it under the named head. It is very easy to distinguish *Mus callithrichus* from the other large-sized Celebean-mice by the skull alone; cf. plate X, fig⁹. 4, 5, 6, with plate 7, fig⁹. 5—12 in my Catalogue ostéologique, 1887, which represent the skulls of *Mus meyeri* and *Mus mülleri*; see also B. Hoffmann, Säugethiere aus dem ostindischen Archipel, Abh. Museum, Dresden, 1887, plate 3, fig. 3, representing the skull of *Mus musschenbroekii*.

Mus lepturus Jentink.

Java: Buitenzorg; *skin*: very young ♂ (603 *d*).

As I know no other species of mice from the Indian Archipelago having a tail ending in a small tuft like the species described by me in the Notes from the Leyden Museum, 1880, p. 17, under the name of *Mus lepturus*, and as the very young male-specimen from Buitenzorg presents this characteristic, I think, that there is reason to believe that they agree, the more as the tail in our specimen is very long and the lowerparts of the animal are pure white colored like in *M. lepturus*.

Mus wichmanni n. sp. (Plates IX and X, fig⁹. 7—11).

Flores: Sikka; *skin:* adult male (518); (9) young specimen from Uma ili, mountainous region near Sikka.

Upperparts colored like the same parts in the well known *Mus decumanus*; underparts of body and inside of legs pure white, the hairs being wholly snow-white colored. Ears broadly rounded off. As the tail unfortunately has lost its epidermis and all fleshy parts, I can say nothing about the teguments of that organ; as however the basal part of the tail has preserved its epidermis for about 35 mm., I can state that there are about 15 scales to the centimetre and that the tail is covered with very short black hairs. Hands and feet white, the elongate white hairs overcover the pure white claws. The three middle fingers of the feet are about of the same length; thumb without claw reaches to he end of the first phalanx of the index finger; fifth finger with claw reaches to the end of the second phalanx of the fourth finger. The fourth finger of the hands is about of the length of the middle finger; index finger with claw as long as fourth finger without claw; fifth finger without claw reaches to the end of the first phalanx of the index finger; the thumb only represented by a rounded well developed sole-pad, without claw or flat nail.

The palate-ridges have a very remarkable form, see Plate X, fig. 7.

Whiskers very long, they are wholly white or wholly black colored.

Upper-incisors orange, lower ones much lighter colored: they are ungrooved.

Some measurements of the type-specimen, an adult male in alcohol:

Head and body	Mm.	125
Tail	„	100
Hind foot	„	28
Nose to eye	„	15
„ „ ear	„	28
Ear	„	15×18
Length of skull	„	30
Greatest breadth	„	14
Length of nasals	„	11
„ „ upper molar series.	„	5
Distance between upper incisor and first molar.	„	7

This species has been called *wichmanni* in honor of Professor WICH-MANN from Utrecht, the fellow-traveller of Prof. WEBER.

Acanthion.

Acanthion javanicum Cuvier.

Java: Buitenzorg; *skin*: young (274); *skeleton* (292).

South-Celebes: Manindjau; *skin*: adult (479).

Prof. Weber remarks that this Porcupine is very well known to the indigenous as living in South-Celebes: they sell the quills at the passars (markets), f. i. at Katjang on the bay of Boni and at Bikeru, interior of South-Celebes; the women make use of the quills for needles, in Flores for hair-ornament. Prof. Weber purchased at Sikka, Flores, a large quill stinged through a ring of the tail upon which the obtuse quills still present: here it is too a hair-ornament. In Flores this Porcupine everywhere is known. Although he was not lucky enough to procure a specimen, a man showed to Prof. Weber the spot where he had catched one in the neighborhood of Sikka. Mr. Le Cocq d'Armand-ville, Priest at Sikka affirmed the occurrence of tho Porcupine in Flores. Prof. Weber saw a still living specimen on the market at Makassar, transferred from Flores in a perogue; its owner; an European, however would not sell it. Mr. de Haas, formerly controller at Bima (Sumbawa) stated that the Porcupine is living in Manggarai, as is called the West-part of Flores, and that it is very frequent in Bima, where he had seen it. It too is an inhabitant of the isle of Buton as the people relates.

As Celebes has a very peculiar Mammalian fauna, quite different from that of Java, the occurrence of the Javan Porcupine would be a very surprising fact and I cannot believe that it originally lived there; I am inclined to suppose that this animal a long remoted time ago has been brought over from Flores and that therefore the present population is convinced that it always lived there.

Lepus.

Lepus nigricollis Cuvier.

Java: Buitenzorg; *skeleton* (273).

The Hare from Java has been described by Temminck under the name of *Lepus melanauchen*: he regarded upon it as a species distinct from the continental *L. nigricollis*. At present everyone is convinced that it is not to distinguish from the latter and it generally is believed that it has been introduced into Java from the Indian continent. No-body however has given grounds on which this statement has been based.

INSECTIVORA.

Tupaja.

Tupaja tana Raffles.

Sumatra: Manindjau; *skins*: ♂ ad (170), young ♂♂ (180, 182).

        „   Singkarah; *skins*: ♂ ad. (157).

Tupaja javanica Horsfield.

Sumatra: Solok, near Singkarah; *skin*: ♂ ad. (130).

        „   Paninggahan, near Singkarah; *skin*: ♀ ad. (129).

        „   Singkarah; three adult males and one ditto female (158, 160, 161, 156).

        „   Manindjau; one male and three adult females (179, 177, 208, 210).

Java: Buitenzorg: a nearly fullgrown female and two young males
(609, 595, 596).

The young specimens 595 and 596 are tailless: Prof. WEBER observes that in confinement they have swallowed one another the tails.

Hylomys.

Hylomys suillus S. Müller.

Sumatra: Manindjau; *skin*: ♂ ad. (181).

Java: Papendajan near Garut; skull with skin and fore legs (7).

I purchased from Mr. JOHN WHITEHEAD one of the specimens from
the Kina-Balu, North Borneo, called by Oldfield Thomas *Hylomys
suillus dorsalis*. I afterwards compared that specimen with the type-
specimen of *Hylomys suillus* S. MÜLLER in our Museum and its skull
with the same part of *H. suillus* and as there are no differences in
the skulls nor in dentition, the only difference being a *more or less
distinct sometimes faint* (O. Thomas) black line running from between
the eyes down the neck to the middle of the back, I subscribe what
Oldfield Thomas stated (P. Z. S. L. 1889, p. 229), namely: „that I
believe it to be not worthy of separation from the true *Hylomys suillus*."

Pachyura.

Pachyura indica Geoffroy.

Java: Buitenzorg; adult males and females (220, 221, 222, 223,
224, 225).

Crocidura.

Crocidura weberi n. sp.

Sumatra: Singkarah; one adult specimen (8).

Although in color very difficult to distinguish from the following
species, it represents a quite different form with relatively shorter
tail and much shorter fur.

Hairs of upperparts black with the extremity of each hair finely
tipped with brownish, underparts of the same color as the upperparts,
but each hair has a broader brownish tip. Tail with very short black
hairs, base of tail with a few longer black hairs.

Upper jaw: Second unicuspidate about three quarters of the height
of the anterior hook of the first incisor; posterior hook of the first
incisor as high as the fourth unicuspidate; third unicuspidate about
two third of the fourth one.

Lower jaw: first incisor with two very feebly developed denticulations; second unicuspidate about two third of the size of the third one, which corresponds with the second upper one in size and shape.

All the teeth are white.

Measurements of the type in alcohol:

Head and body . . . . Mm. 80
Tail . . . .   „ 56
Ear . . . .   „   7
Hind foot . . . .   „ 12

The other Shrews hitherto recorded from Sumatra are the following species:

Pachyura indica Geoffroy, *P. sumatrana* Peters, *Crocidura neglecta* Jentink, *Cr. paradoxura* Dobson, *Cr. beccarii* Dobson and *Cr. brunnea* Jentink (cf. Notes from the Leyden Museum, 1888, p. 163).

Crocidura orientalis n. sp.

Java: Tjibodas near Sindanglaja; one adult specimen (275*a*).

Fur generally longer than in *Cr. weberi*, distribution of color like in that species. Tail slender with short black hairs; I fail to detect longer hairs as there are almost on the basal part of the tail.

Upper jaw: anterior hook of the first incisor on the same level with the first molar; posterior hook agrees in height with the fourth unicuspidate; third unicuspidate somewhat smaller; second about twice the fourth unicuspidate.

Lower jaw: first incisor without denticulations; second unicuspidate about as high as the fourth upper one; third about as high as the second upper unicuspidate.

All the teeth are white.

Measurements of the type-specimen in alcohol:

Head and body . . . . Mm. 75
Tail . . . .   „ 70
Ear . . . .   „   6.5
Hind foot . . . . „ 15.5

Crocidura brevicauda n. sp.

Java: Tjibodas near Sindanglaja; one adult specimen (275*b*).

Its larger size, shorter tail and shorter, less dark colored fur distinguish this species from *Crocidura orientalis*.

Upperparts colored like in the foregoing species, the tinge is however somewhat more brownish, caused by the hairs being for a larger part tipped with brownish; this color prevails still more on the underparts of the animal. Tail much more conical than in *Cr. weberi* and *orientalis*; the hairs on the tail are black colored like in the named species, but they are generally longer, especially towards the base of that organ, where also some very elongate hairs are to be found.

Upper jaw: exactly like the same parts in *Cr. orientalis*.

Lower jaw: I see no difference between *Cr. brevicauda* and *Cr. orientalis*. All the teeth are white.

Measurements of the type specimen in alcohol:

Head and body. . . . . Mm.	94
Tail . . . . „	46
Ear . . . . „	7
Hind foot . . . . „	15

The following *Sorex*-species have up to this day been found in Java: *Pachyura indica* Geoffroy, *Crocidura brunnea* Jentink, *Cr. monticola* Peters, *Cr. orientalis* Jentink and *Cr. brevicauda* Jentink.

———

CHIROPTERA.

Pteropus.

Pteropus edulis Geoffroy.

Sumatra: Matua near Fort de Kock; *skin*: 192, ♂ (210 Mm. [1]).

Sumatra: Singkarah; *skins*: 107, 109, ♂♂ (205 and 195 Mm.); *skeletons*: 117, 119, ♂♂.

Pteropus alecto Temminck.

South-Celebes: Maros near Makassar; *skins*: 317, ♂ (160 Mm.), 318 ♀ with young in utero (170 Mm.).

South-Celebes: Makassar; *skins:* 454, 455, ♂♂ (170 Mm.).

Pteropus hypomelanus Temminck.

Celebes: Makassar; *skins*: 457, ♀ (107 Mm.), 466, ♀ (118 Mm.), 467, ♂ (135 Mm.), 468, ♂ (127 Mm.).

Saleyer: *skins*: 538, ♀♀ (115, 123, 133, 138, 139 Mm.).

---

1) I give the length of the forearm of each specimen; this will be much more exact than the generally used rather vague and very relative terms *adult, nearly adult, semi-adult*, a. s. o.

Pteropus macklotii Temminck.

South-Celebes: Maros near Makassar; *skins*: 319, ♂ (133 Mm.), 320 ♂ (140 Mm.).

Central „ Island opposite Palopo, Luwu; *skins*: 584a ♂(140 Mm.); 584b, ♀ with young in utero (137 Mm.); 584c, ♀ (110 Mm.).

Flores: Sikka; *skins*: 75, ♀ (123 Mm.), ♂ (93 Mm.) and ♀ (99 Mm.).

Two specimens from Celebes, 320 ♂ and 584 ♂ are *larger* than the type-specimen of *Pt. macklotii* from Timor; as there are however further no differences nor in relative measures nor in color or dentition between the other Celebes-specimens and *Pt macklotii*, there is no reason to separate the Celebes-specimens under the title *Pteropus celebensis* from the named species as Schlegel, Peters and Dobson did, calling it another species or local race (Peters) or a variety (Dobson).

Cynonycteris.

Cynonycteris amplexicaudata Geoffroy.

Java: Buitenzorg; *skins*: 610, ♂ (69 Mm.); 607, ♂ (66 Mm.) with young ♀ (25 Mm.).

This widely distributed species seems to be very rare in Java, for it is now the second time that it has been recorded from that island. The first recorded specimen has been procured by Dr. J. Semmelink in 1865 (cf. Catalogue des Mammifères, 1888, p. 151).

Cynopterus.

Cynopterus marginatus Geoffroy.

Java: Buitenzorg; *skins*: 604, ♀ (81 Mm.) with young ♀ (70 Mm.); 288, ♂ (61 Mm.) and young ♂ (40 Mm.).

Sumatra: Sumanik near Singkarah; *skins*: 173, ♂ (66 Mm.) and ♀ (66 Mm.).

„ Paninggahan; *skins*: 132, ♀ (65 Mm.); 133, head of an adult specimen.

„ Manindjau; *skin*: 184, ♂ (53 Mm.).

It seems that the females are much stouter built and attain a larger size than the males.

Eonycteris.

Eonycteris spelaea Dobson.

Sumatra: Singkarah; *skin*: 90, ♀ (72 Mm.).

This species was hitherto only known from the Indian continent, especially from Burma. The Sumatra-specimen agrees in size, color and all other characters exactly with the description given by Dobson of the type-specimen.

Macroglossus.

Macroglossus minimus Geoffroy.

Sumatra: Sumanik near Singkarah; *skin*: 173, ♂ (47 Mm.).

In all dimensions a good deal larger than the adult female measured by Dobson (Catalogue, p. 96).

Phyllorhina.

Phyllorhina diadema Geoffroy.

Central-Celebes: Palopo, Luwu; *skin*: 585, ♀ (92 Mm.).

The late Mr. Teysmann collected this species in Celebes (Catalogue des Mammifères, 1888, p. 166), and as far as I am aware there are in other Musea no specimens from Celebes, except these Teysmann-specimens in the Leyden Museum.

Phyllorhina bicolor Temminck.

South Celebes: Cave Bulu Sipong, near Maros; *skin*: 3, ♀ (41 Mm.).

In the Notes from the Leyden Museum, 1883, p. 174 I have mentioned this species from North-Celebes. The specimen collected by Prof. Weber is therefore the second known one from Celebes and the first specimen from South-Celebes. As the length of the fore-arm indicates, our ♀ is much larger than one of the specimens of which Dobson gives measurements in his well known Catalogue, p. 150.

In our female-specimen are two good developed anal-mammae. If I remember rightly, I often have seen in other Bat-species mammae in the neighborhood of the orifice of the female sexual organs, but seldom I saw these parts so well developed as in the adult female under consideration. We may ask what may be the function of these anal-mammae? It is well known, as Dobson remarks in his Catalogue, that many species of Bats have occasionally two young at a birth and he thinks it probable that where two young are born in a single birth the male relieves the female of the charge of one and at the same time performs the office of a nurse! I think we are here placed before a very interesting biological problem, which can be solved only by studying the animals in their natural behavior. It seems to be very difficult to find out any concordance between a female-bat, with four mammae and two young, and a male-bat officiating as nurse.

Megaderma.

Megaderma spasma Linné.

Sumatra: Fort de Kock; *skin*: 1, ♀ (58 Mm.).

Here again is another instance of a female with anal-mammae. In this specimen they are much smaller than in the foregoing example, but the pectoral-mammae too are much less developed.

Vesperugo.

Vesperugo abramus Temminck.

Java: Buitenzorg; *skin*: 227, ♀ (33.5 Mm.) 288, two ♂♂ (35 and 35 Mm.) and four ♀♀ (35, 36, 32.5 and 33 Mm.).

Sumatra: Solok; *skins*: 134, ♂ (32.5 Mm.) and ♀ (23 Mm.).

   „   Singkarah; *skins*: 93, ♀ (30 Mm.), 2, ♀ (35.5 Mm.) and ♂ (14.5 Mm.).

Dobson observed in his Catalogue of the Chiroptera, 1878, p. 227, that in this species the length of the penis is extraordinary and that this organ is much greater in *V. abramus* than in any other species of Bat, in proportion to the size of the animal.

How enormously the penis is developed even in very young specimens may be illustrated by our N° 2, ♂ from Singkarah. Its fore-arm measures 14.5 Mm. and it may therefore be called a very young specimen, however its penis measures at least 4.5 Mm., that is nearly *one third* of the length of the fore-arm! In *V. abramus* like in other small bats the female seems to be larger than the male.

Scotophilus.

Scotophilus temminckii Horsfield.

Java: Buitenzorg; *skins*: 606, ♂♂ (54 and 47 Mm.).

Vespertilio.

Vespertilio hasseltii Temminck.

South-Celebes: Tempe; *skin*: 5, ♀ (41 Mm.).

According to Dobson, Catalogue, p. 292, this species inhabits the Malay-peninsula, Siam, Sumatra and Java. In the collections of the Leyden Museum however are since half a century specimens from Gorontalo in Celebes, collected by the late Forsten.

Vespertilio muricola Hodgson.

Java: Buitenzorg; *skins*: 227, ♂♂ (34 and 33.5 Mm.) and 10 ♀♀ (35.5, 35, 36.5, 36, 36, 35, 35, 35, 34 and 34 Mm.); 606, two ♂♂ (35 and 34 Mm.) and four ♀♀ (35, 35.5, 35.5 and 26 Mm.).

Sumatra: Singkarah; *skins*: 138, ♂♂ (36 and 36 Mm.); 91, pregnant ♀ (36 Mm.) and 92, ♂ (36 Mm.).

Flores: Maumeri; *skin*: 4, ♂ (35 Mm.).

Kerivoula.

Kerivoula picta Pallas.

Java: Buitenzorg; *skin*: 241, ♂ (34 Mm.).

Dr. F. H. BAUER from Buitenzorg presented the specimen to Prof. WEBER as a great rarity: he never before had seen a specimen like it and believing it to belong to a new species he made a drawing and some photographs of it from the live.

Kerivoula weberi n. sp. (Plate XI).

South-Celebes: Loka, near Bonthain; *skin*: 6, ♂ (59 Mm.).

This splendid bat is at a glance distinguished from the other species of the genus *Kerivoula* by its large size, as its forearm surpasses in length for about *one inch* the same part in the other species. In brightness of color it exceeds even *Kerivoula picta*.

Some measures of the type-specimen in alcohol:

Head and body.	Mm.	57
Tail	„	42.5
Ear.	„	16.5
Tragus	„	9
Forearm	„	59
Thumb	„	8
Second finger, metacarp.	„	46.5
„ „ 1st phalanx.	„	3.5
Third finger, metacarp.	„	· 47.5
„ „ 1st phalanx.	„	20
„ „ 2nd phalanx.	„	14
„ „ 3rd phalanx.	„	5.5
Fourth finger, metacarp. . . . : .	„	43
„ „ 1st phalanx.	„	13.5
„ „ 2nd phalanx.	„	11
Fifth finger, metacarp	„	44
„ „ 1st phalanx.	„	12
„ „ 2nd phalanx.	„	9.5
Tibia	„	25
Foot	„	12
Calcaneum	„	14

Like in *K. picta* the ears are moderate; laid forewards the tips reach about midway between the eyes and the end of the muzzle. Inner margin of ear-conch very convex, tip subacute; outer margin about midway beneath the tip very deeply concave, lower part broadly convex, terminating abruptly about midway between the base of the tragus and the angle of the mouth by an inward curved lobule on the outer margin. Tragus less slender than in *K. picta*, much broader and *not acutely* pointed: inner margin straight; a very distinct *triangular lobe* at the base of the outer margin.

Thumb well developed; wings from the base of the toes.

Fur deep orange, much more lively than in *K. picta*: interfemoral-membrane, wing-membrane between humerus and posterior limb, membranes along the posterior side of the forearm and on both sides of each finger and between second and third finger, the fingers and tibiae and finally the upperparts of feet till the toes are of the same deep orange color. *Antebrachial*-membranes and wing-membranes between the fingers, free tip of tail, thumbs, sole of the foot, toes and nails deep black; *without* scattered orange dots on the wing-membranes: the orange colored ears margined with deep black; nostrils black. Integuments of ears, face and muzzle about like in *K. picta*. Wing-membranes much less covered with hairs than in *K. picta*, fringe along calcanea and interfemoral-membranes hardly visible; forearms, fingers, tibiae and backs of feet destitute of hairs.

Inner upper incisors in vertical extent about half the height of the canines, with a large cusp posteriorly; outer incisors unicuspidate, of about the same length as the inner incisors. First upper premolar about half the vertical extent of the third, the second internal and much smaller than the first; third upper premolar four fifth the length of the canine. First lower premolar about the size of the first upper one, second somewhat smaller; third lower premolar nearly as long as the lower canine. Lower incisors distinctly trifid.

Taphozous.

Taphozous saccolaimus Temminck.

Java: Buitenzorg; *skin*: 606, ♂ (76 Mm.).

UEBER NEUE LANDPLANARIEN VON DEN SUNDA-INSELN.

VON

Dr. J. C. C. LOMAN.

Mit Tafel XII und XIII, und 4 Zincographien.

I. SYSTEMATISCHER TEIL.

Die Landplanarien vorliegender Untersuchung wurden alle von Herrn Prof. Dr. Max Weber in Padang und den Padangschen Oberländern (West-Sumatra, vergl. Karte I) und in West-Java (vergl. Karte II) gesammelt. Bis jetzt wurden von beiden Inseln nur wenige Formen bekannt, sämtlich *Bipalium*-Arten, die in einer vorigen Arbeit bereits beschrieben sind [1]). Einige derselben befinden sich auch in der von Herrn Prof. Weber gemachten Ausbeute. Ausserdem enthielt die Sammlung aber *vierzehn* neue Arten, von denen *zehn* zum Genus *Bipalium*, und je *zwei* zu *Geoplana* und *Rhynchodemus* gehören. Bevor ich zur Beschreibung dieser neuen Formen übergehe, möchte ich mir einige Bemerkungen über die Verbreitung dieser Genera und über ihre Systematik erlauben.

1. Geoplana.

Das Genus *Geoplana* ist wohl ein sehr weit verbreitetes. Besonders artenreich sind Brasilien, Australien und Neu-Seeland, doch wurden auch aus Süd-Africa und Nord-Japan [2]) Species beschrieben. Fügt man die zwei neuen Arten aus Sumatra und Java

---

1) Loman: Ueber den Bau von Bipalium, etc. in: Bijdragen tot de Dierkunde, herausgegeben von der Zool. Gesellsch. *Natura Artis Magistra* in Amsterdam. 14 Afl. 1888.
2) Stimpson: Prodromus animalium evertebratorum, etc. in: Proc. Ac. Nat. Sci. Philad. 1857, p. 30.

hinzu, weiter eine Geoplana von der Insel Rodriguez [1]) und rechnet man endlich auch die von v. MARTENS genannte Form hierzu [2]) von der Halbinsel Malacca, so ergiebt sich die wahrscheinliche Verbreitung dieser Gattung als von Nord-Japan über Ost-Asien, Australien bis Neu-Seeland, ausserdem über Süd-Africa und Süd-America. Nun ist eine so ungeheure Verbreitung derselben Gattung fast nicht anzunehmen. An alledem sind unsere dürftigen Kenntnisse Schuld. Zuerst ist wohl die Characteristik der Gattung eine ziemlich ungenügende. STIMPSON gab als Char. gen.:

> „Corpus depressum v. depressiusculum, elongatum v. lineare, capite continuo. Ocelli numerosi marginales, v. in acervos submarginales, in capite dispositi,"

der aber neulich von FLETCHER und HAMILTON [3]) erweitert wurde zu:

> „Corpus depressum v. depressiusculum, elongatum v. lineare, capite continuo. Ocelli numerosi marginales v. submarginales; vel in parte anteriori corporis solum, vel passim circa corpus, singulatim plerumque, nonnunquam in acervos dispositi."

Alle Landplanarien von platt linearer Gestalt mit mehr als zwei Augen, gehören also hierher. Da aber die innere Organisation bis jetzt kaum berücksichtigt wurde, so ist es wohl nicht zu verwundern, dass die Zahl der beschriebenen Arten fast bis an die fünfzig gestiegen ist. Jedenfalls ist es sehr wahrscheinlich, dass aus so verschiedenen Localitäten stammende Arten nicht zu demselben Genus gehören werden. Das ist aber vorläufig nicht zu ändern, und ich werde daher die zwei neuen Arten aus Ost-Indien auch einstweilen zu *Geoplana* stellen. Wahrscheinlich ist es aber, dass das Genus, sobald es nur näher untersucht wird, in mehrere Genera zerfallen wird. Schon MoSELEY [4]) spricht die Vermutung aus, die Süd-Amerikanischen Arten seien den Neu-Seeländischen, die Afrikanischen den Ost-Asiatischen verwandt. Doch sind wir heute, nach mehr als zehn Jahren, noch nicht im Stande diese Meinung näher zu begründen; es fehlt uns auch die geringste Stütze für eine derartige Behauptung. Hoffentlich werden

---

1) GULLIVER: Turbellaria of Rodriguez, in: Phil. Trans. Vol. 168. Extra Vol. p. 557.

2) v. MARTENS: Preussische Exped. nach Ost-Asien I. p. 231: „Landplanarie, wurmförmig lang, aber platt, schwefelgelb, mit drei schwarzen Läugsbinden, welche mir in dem feuchten Buschwerk von Bukit-tima vorgekommen."

3) FLETCHER und HAMILTON: Notes on Australian Land-Planarians, in: Proc. Linn. Soc. N. S. W. 1887, p. 349.

4) MOSELEY: Quart. Journ. Micr. Sci. 1877, p. 285.

neuere Untersuchungen mehr Licht über die Anatomie der Geoplana-Arten verbreiten. Bis jetzt kennen wir nur mehr oder weniger vollständig die innere Organisation des *G. traversii* vom Cap, welche von MOSELEY beschrieben wurde. FLETCHER und HAMILTON haben versprochen Näheres über die australischen Formen mitzuteilen, und im zweiten Teile dieser Arbeit werde ich Einiges über die indischen Arten berichten. Hier möge nur die systematische Beschreibung der beiden Arten folgen:

Geoplana nasuta n. sp. (Taf. XII. fig. 11).

Körper platt länglich, vorn abgerundet, jedoch in der Mitte des Kopfes mit kleiner, spitzer Schnauze; nach hinten zu sich allmälich verjüngend; Rückenfläche sehr dunkelgrau, einen Stich in's Violett zeigend, am Rande und am äusseren Kopfende heller; mit schmaler schwarzer Längsbinde, die nahe am vorderen Kopfteil endet und bis zur äussersten Schwanzspitze geht; Unterseite heller, fast grauweiss mit noch hellerem Ambulacralstreifen. Wenige (10—20) ziemlich grosse Augen in einfacher Reihe, vorn am Kopfe gedrängt, auf den Seiten bald weit auseinander.

Länge: fast 3 cm.; grösste Breite: 3$\frac{1}{2}$ mm. am Vorderende.

Sumatra: ein Exemplar aus *Singkarah* unter umgefallenen Baumstämmen, ein zweites aus *Fort de Kock* unter Helz.

Geoplana sondaïca n. sp. (Taf. XII fig. 13).

Körper schlank, vern abgerundet, hinten mehr oder weniger zugespitzt; auf der Rückenseite dunkelbraun mit schwarzem Längsstreifen, wie bei der vorigen Art; auf der Bauchseite hellfarben mit deutlich abgesetztem Ambulacralstreifen. Augen kleiner und zahlreicher (etwa 40) als die des *G. nasuta*; Anordnung derselben sonst aber ähnlich.

Länge: ± 4 cm.; grösste Breite: ± 3 mm.

Java: Buitenzerg und Sumatra: Singkarah. Zahlreiche Exemplare.

Ausser den javanischen Exemplaren, fand ich auch Individuen aus Sumatra (Singkarah), welche in jeder Hinsicht jenen gleich waren, nur die Farbe war schmutzig grau. Da aber die Exemplare aus Java ganz dieselbe Verfärbung in Alcohol zeigten, und weder innerlich noch äusserlich von jenen zu unterscheiden waren, stehe ich nicht an die sumatranischen, als zu derselben Art gehörig, aufzufassen. Eine Abbildung nach einem Spiritusexemplar giebt die Fig. 14. [1]).

2. Rhynchodemus.

Wenden wir uns jetzt zu *Rhynchodemus*. Zwar ist die Arten-zahl dieser Gattung nicht eine so grosse wie die des vorigen Genus, doch ist ihre Verbreitung kaum weniger ausgedehnt zu nennen. In der Liste MOSELEY's werden zehn Arten aus Europa, den Samoa-Inseln, Ceylon, dem Cap der guten Hoffnung, Nord-America, Süd-America genannt, während vor Kurzem fünf Arten aus Australien bekannt wurden und sich jetzt wieder zwei Arten aus Java zu jenen gesellen. Die fünf Weltteile besitzen also Vertreter dieser Gattung; die Tiere sind demnach wahre Kosmopoliten. Betrachten wir aber die Characteristik des Genus nach LEIDY [2]):

„Corpus elongatum, subdepressum, antrorsum attenuatum, utrinque obtusum. Ocelli duo subterminales,"

so ersehen wir, dass auch hier die Anatomie nicht berücksichtigt ist, und alle Landplanarien von länglicher Form mit zugespitzten Enden und zwei Augen, zusammen gestellt sind. Ich komme demnach zu dem-selben Schluss wie für *Geoplana*, dass nämlich eine genauere anato-mische Kenntnis wahrscheinlich grosse Differenzen an's Licht bringen wird, durch welche die Verwandtschaft der aus verschiedenen Locali-täten stammenden Arten besser begründet werden wird. Im anatomi-schen Teile kann ich schon jetzt einige vorläufige Bemerkungen machen, hauptsächlich zur Vergleichung mit *R. terrestris* und *R. thwaitesii*, die einzigen näher von v. KENNEL und MOSELEY untersuchten Formen. Doch werde ich mich von allgemeinen Schlüssen sorgfältig enthalten müssen wegen Mangel an genügenden Anhaltspunkten.

Die neuen Arten kennzeichnen sich durch folgende Eigenschaften:

Rhynchodemus megalophthalmus n. sp. (Taf. XIII fig. 15).

Körper vorn und hinten spitz endend; auf dem Rücken grauschwarz mit feiner, jedoch deutlich erkennbarer pechschwarzer Längslinie, die bis zur äussersten Schwanzspitze verläuft. Bauchfläche heller, schmutzigweiss, mit schmalem Ambulacralstreifen. Zwei $^1\!/_5$ mm. grosse seitliche Augen etwas hinter dem Vorderende.

Länge: ± 3$^1\!/_2$ cm.; grösste Breite: 4 mm.

Java: Tjibodas; ein Exemplar.

Rhynchodemus nematoïdes n. sp. (Taf. XII. fig. 12).

Grundfarbe des Rückens hellgelb, mit drei dunkelbraunen Längsbinden; die mittlere, breitere, zerfällt bei geringer Vergrösserung in zwei dicht neben einander verlaufende schmalere; die beiden seitlichen einfachen liegen etwa auf der Hälfte zwischen Rückenmitte und Seitenrand. Bauchfläche heller, gelblich weiss, mit schwachem Ambulacralstreifen. — Die zwei Augen etwas hinter dem Vorderende, bedeutend kleiner als die der vorigen Art.

Länge: ± 4 cm.; grösste Breite: Kaum 2 mm.

Java: Buitenzorg; zwei Exemplare.

Der von Metschnikoff zuerst beschriebene *Geodesmus bilineatus* wurde nachher von v. Kennel einer genaueren Untersuchung unterzogen; hierbei zeigten sich einige, wiewohl geringe anatomische Unterscheidungsmerkmale, die sich hauptsächlich auf die Geschlechtsorgane beziehen. Doch sind das keine so prägnanten Unterschiede, dass man gerechtfertigt ist, das Tier als eine von *Rhynchodemus* gesonderte Gattung aufzuführen. Moseley hat es daher in seiner Liste auch ganz logisch als *Rhynchodemus bilineatus* beschrieben. Auch hier sind unsere Kenntnisse noch zu gering, zu unbestimmt, um eine definitive Entscheidung dieser Frage herbeiführen zu können.

3. Bipalium.

Etwas besser schon wird es uns bei der Besprechung der *Bipalium*-Arten ergehen. Dieses Genus zeigt nämlich eine bestimmte Localisation auf die orientalische Region und erscheint als viel besser bestimmt neben den anderen Gattungen. Zwar wurde es auch in Japan angetroffen, doch ist hier z.B. die von Wallace gezogene Grenze zwischen den orientalischen und paläarctischen Regionen keinenfalls eine scharfe, und trägt wenigstens die Fauna Süd-Japans eher einen orientalischen als einen paläarctischen Charakter.

Es wäre nun gewiss eine grosse Merkwürdigkeit, wenn auch in Neu-Seeland *Bipalium*-Arten vorkämen, wie vor etwa achtzehn Jahren von Hutton [1]) geschrieben wurde; ich kann dies aber um so weniger glauben, als die mit grösster Sorgfalt angestellten Untersuchungen von Fletcher und Hamilton in Neu Süd-Wales zwar viele neue Landplanarien, jedoch kein einheimisches [2]) *Bipalium* zu Tage gefördert haben.

In nebenstehende Skizze habe ich alle bekannten Fundorte von *Bi-*

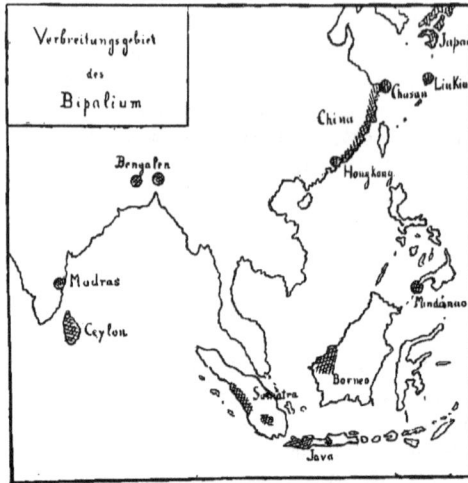

palium eingetragen und durch Schraffierung verdeutlicht. Obschon von vielen Orten Angaben nicht vorliegen, gestattet uns ein Blick auf das Kärtchen als den vermutlichen Verbreitungsbezirk ganz *Ost-Asien* anzugeben, von Japan südwärts über die Inselkette nach den Philippinen, von da über Borneo, Java, Sumatra, Hinter-Indien, Vorder-Indien bis Ceylon. Die Nordgrenze wird wahrscheinlich wohl mit der Nordgrenze der betreffenden Region zusammenfallen, doch stehen uns hierüber keine Berichte zu Gebote.

---

[1]) Hutton: Trans. New-Zealand Inst. 1872, p. 23 ff.

[2]) *B. kewense* wurde auch in Sydney mit ausländischen Pflanzen eingeschleppt, war aber dort gewiss nicht einheimisch. Cfr. Proc. Linn. Soc. N. S. W. 1887, p. 244. Neulich hat man es sogar in Süd-Africa angetroffen, Zool. Soc. London. Sitzung des 3. Dec. 1889. Ein wahrer Kosmopolit demnach!

Von der Insel Celebes sind bisher keine Landplanarien bekannt geworden. Herr Prof. Max Weber teilt mir mit, dass er eifrigst nach denselben suchte, jedoch vergebens. Eine zweimonatliche Reise in der südlichen Halbinsel, womit eine Durchquerung derselben verbunden war, fiel in das Ende der trocknen Zeit. Dass während derselben keine *Geoplanidae* gefunden wurden, kann nicht Wunder nehmen. Doch auch ein späterer, allerdings kurzer Aufenthalt in L u w u (Central-Celebes), das sehr regen- und wasserreich ist, lieferte keine Bipalien. Ebenso- wenig wie ein späterer Besuch von Makassar, der in die Regenzeit fiel; desgleichen gelang es nicht in Saleyer — das der Fauna von Celebes sehr nahe steht, auch geographisch zu Celebes gehört — Land- planarien wahrzunehmen. Doch muss ich dennoch, auf Grund der geographischen Beziehungen dieser Insel, die Vermutung höchstwar- scheinlich erachten, dass man daselbst nicht allein *Geoplana* und *Rhyn- chodemus*, sondern auch *Bipalium* vertreten finden werde.

Im Ganzen wurden von *Bipalium* 24 Species bekannt gemacht, doch sind die meisten nur dürftig beschrieben und wohl schwerlich wiederzuer- kennen, wenn dieselben abermals gefunden werden sollten. So besitzen wir von noch nicht zehn Species genaue Zeichnungen. Behufs besserer Orientierung habe ich von allen 24 Arten Zeichnungen angefertigt, de- ren Maasse und Farben so genau wie möglich der Beschreibung entspre- chen, und diese nachher mit den zehn neuen, von Prof. Weber gesam- melten verglichen. Beim ersten Anblick traf mich der beträchtliche Grös- senunterschied. So finden sich Formen von $1\frac{1}{2}$ c.m., und andere von fast 30 c.m., welche also die ersteren um das Zwanzigfache übertreffen. Zunächst lassen sich nun bequem zwei Sippen erkennen; die erstere zeigt einen schön entwickelten halbmondförmigen Kopf, manchmal sogar mit nach hinten gebogenen Ohren, und einen Körper, der ver- hältnismässig breit und kurz ist; die andere hingegen hat einen nur mässig grossen Kopf, welcher zwar deutlich vom Halse abgesetzt, aber nicht immer halbmondförmig zu nennen ist, sogar öfters mehr einem stumpfen Dreieck ähnelt. Die Länge des Körpers übertrifft aber die Breite viele Male; das Tier, wenn in Ruhe, windet sich stets n e- m e r t i n e n a r t i g zu einem Knäuel auf, was bei der anderen Gruppe n i e geschieht. Schon früher waren mir diese beiden Gruppen aufgefal- len, doch hoben sich dieselben niemals so bestimmt von einander ab als jetzt, da ich Abbildungen aller Arten vor mir hatte.

Ist nun bei Tieren von so differentem Äusseren auch die innere

Organisation damit in Einklang? Diese Frage kann ich leider bis jetzt nicht bejahen. Wiewohl mir die Zeit zur Untersuchung sämtlicher Arten fehlte, finde ich an den untersuchten Exemplaren nicht eine so grosse innere Verschiedenheit, wie sich vermuten liess. Ich halte es daher für besser, diese Frage ruhen zu lassen, bis ich Gelegenheit haben werde eine gründlichere Bearbeitung dieses Themas anzufangen. Vor der Hand genügt es auf diese Thatsache aufmerksam gemacht zu haben. Jedenfalls wird ein Blick auf Tafel XII zur sofortigen Erkennung der beiden Sippen führen. So gehören z. B. fig. 9 und 10 der letzteren, fig. 1—7 der ersteren an. Von den früher beschriebenen Formen darf ich bestimmt behaupten, das *B. javanum* und *B. kewense* eine längliche Gestalt haben mit kleinem Kopfe, *B. marginatum*, *B. vittatum*, *B. moseleyi* und *B. sumatrense* aber zu der durch grösseren Kopf und geringere Länge ausgezeichneten Abteilung gerechnet werden müssen.

Eine zweite Beobachtung, die ich bei der Betrachtung der Abbildungen sämtlicher Arten machte, betrifft die Körperzeichnung. Nur ganz wenige haben keine besonders auffallende Farben und Streifen, weitaus die Mehrzahl ist aber durch Längsbinden characterisiert, welche sich entweder als breite hellere Bänder auf der Mitte des Rückens, oder aber als dunklere Linien auf hellerem Grunde hervorheben.

Von vierundzwanzig Bipalium-Arten finden sich jedoch nur zwei vor, *B. houghtoni* und *B. everetti*, beide aus Borneo, welche deutlich quergestreift sind, und es ist wirklich bemerkenswert, dass von der faunistisch so verwandten Insel Sumatra fünf neue Arten sich ebenfalls durch stark ausgeprägte Querbänder auszeichnen, während überhaupt ähnliche Formen von keinem anderen Fundorte bekannt geworden sind.

Ausser den zehn neuen finden sich in der Sammlung des Prof. WEBER ein Exemplar des *B. javanum*, zwei des *B. vittatum*, und mehrere des *B. marginatum*, sämtlich von der Insel Java bereits beschriebene und abgebildete Arten [1]). Die beiden letzteren wurden bis jetzt nur aus den Abbildungen der früh verstorbenen Reisenden KUHL und v. HASSELT bekannt. Aus einer Vergleichung der mir vorliegenden Exemplare mit jenen Zeichnungen geht nun hervor, dass *B. vittatum* ganz gut abgebildet wurde, dass aber *B. marginatum*, welches

1) LOMAN l. c. p. 64, ff.

sich sogleich am hellweissen Rande des Vorderkopfes wiedererkennen lässt, durch den Maler wohl etwas reichlich mit Farben und Streifen geschmückt wurde; in natura hat das Tier einen mehr gleichmässig bräunlich-rothen Rücken, wie Prof. WEBER mir mitgeteilt hat. Das Tier gehört im Uebrigen zu den grösseren Arten, da ich Individuen dieser Art vor mir habe von ± 15 cM. Länge in Spiritus; das in meiner obengenannten Arbeit reproducierte Exemplar stellt also nur ein mittelgrosses, wohl noch nicht geschlechtsreifes dar.

Von den neuen Arten sind d r e i auf Java, die übrigen s i e b e n auf Sumatra einheimisch.

Die meisten Abbildungen sind nach den mir überlassenen farbigen Skizzen des Prof. WEBER angefertigt, welche alle nach dem Leben gezeichnet sind. So die Fig. 1—7, 11—13; die anderen (Fig. 8 und 10) wurden nach dem Spiritusmaterial gezeichnet und geben demnach wohl nicht genau das lebende Tier wieder. Die Fig. 9 konnte ich nach einer Skizze anfertigen, die ich in 1882 Gelegenheit hatte nach einem einzigen von mir damals erbeuteten Exemplar zu machen [1]).

Zeichnungen sind überhaupt zur genauen Kenntnis unentbehrlich; Grösse und Farbe werden ja in Alcohol sosehr geändert, dass man oft, besonders an den wenig auffallend gezeichneten Arten Mühe hat, die Species wieder zu erkennen. So sehen z. B. die in fig. 11 und 13 abgebildeten *Geoplana*-Arten, die beide mit schwarzem Rückenstreifen gezeichnet sind, in Alcohol vollkommen ähnlich aus, und es leidet keinen Zweifel, dass dieselben als e i n e Art beschrieben worden wären, wenn keine Abbildungen der lebenden Tiere vorgelegen hätten.

Die neuen Arten sind:

Bipalium ephippium, n. sp. (Taf. XII. Fig. 1. *a—e*).

Körper mit deutlich vom Halse abgesetztem Kopf, hinten spitz endend; Rückenseite orangefarben, der Kopf und die Umgebung des schwarzen Fleckens etwas heller. Etwas hinter der Mitte befindet sich eine schwarze Fleckengruppe, die wie die Figur zeigt sehr verschie-

---

1) Dieses Tier ist mir gänzlich verdorben, als ich es mit anderen in der Wickersheimer'schen Conservierungsflüssigkeit für niedere Tiere vorzüglich aufzubewahren gedachte. Die Flasche zeigte nach wenigen Wochen, als mir dieselbe zufällig wieder in die Hände kam, nur einen bräunlichen schlammigen Bodensatz, mit dem nichts mehr anzufangen war.

don gestaltet ist. Bei den kleinen Exemplaren oft ein schmales Querband ohne Unterbrechung in der Mittellinie (*a*), mit winzigen schwarzen Flecken (*b*) oder breiteren Flecken (*c*) hinter demselbem, kommt
es bei den grösseren Individuen zur Bildung eines von vier schwarzen Flecken umrandeten Kreuzes (*d*, *e*), und nur bei den ganz ausgewachsenen Tieren gesellen sich noch zwei vordere schwarze Keilchen
hinzu (Fig. 1). Bauchfläche viel heller mit weisser erhabener Mittellinie.

Länge ± 4 cm.; grösste Breite 4 mm.

Sumatra: in der Nähe von *Singkarah* auf Farnkräuter und nie-
    derem Gebüsch, unter umgefallenen Bäumen, etc.
    Zahlreiche Exemplare.

Bipalium sexcinctum, n. sp. (Taf. XII. Fig. 2).

Körper von ähnlicher Form wie bei der vorigen Art, dunkelbraun
auf der Rückenseite, mit schmalem orangefarbenem Längsstreifen, welcher von sechs gleich breiten Querbändern gekreuzt wird, die in
ziemlich gleicher Entfernung von einander liegen, jedoch nicht bis
zur Mittellinie ziehen; ausserdem auf dem Kopflappen zwei ähnlich
gefärbte keilförmige Stellen; Bauchfläche heller bräunlich, mit noch
hellerem Ambulacralstreifen.

Länge: ± 3,5 cm.; grösste Breite: 3,5 mm.

Sumatra: Singkarah; wenige Exemplare.

Bipalium quadricinctum, n. sp. (Taf. XII. Fig. 3).

Körper dem vorigen ähnlich; auf dem Rücken sehr dunkelbraun,
mit *nur am hinteren Teile* deutlich abgesetztem feinem orangefarbenem Längsstreifen. Vier quere weisse Bandflecken von nicht immer
ganz regelmässiger Form, in der Mitte unterbrochen; endlich am
Kopfe zwei Keilflecken wie bei der vorigen Art; Bauchfläche hellfarben.

Länge: ± 3 cm.; grösste Breite: 4 mm.

Sumatra: Singkarah; ein Exemplar.

Bipalium nigrilumbe, n. sp. (Taf. XII. Fig. 4).

Körper von der Form des B. ephippium; der Kopf und ein mittlerer breiterer Rückenstreifen, der bis zur Schwanzspitze zieht, sind
von gelblich weisser Farbe; die beiden Seiten sind dunkler, etwa

schmutzig gelbroth, diese Farbe geht jedoch etwas hinter der Mitte in's Pechschwarze über, während der Schwanzteil wieder die erstere Farbe besitzt. Bauchseite heller mit schmalem Ambulacralstreifen. Länge: ± 1½ cm.; grösste Breite: 2 mm.
Sumatra: Karbouwengat bei Fort de Kock; zwei Exemplare.

Bipalium claviforme, n. sp. (Taf. XII. Fig. 5).

Der Körper dieser Art ist schlank gebaut; die Farbe ist sehr dunkelbraun, nur der Kopf und eine mit diesem in Verbindung tretende sehr schmale Rückenlinie sind heller braun. Bauchseite noch heller mit feinem Ambulacralstreifen.
Länge: ± 2 cm.; grösste Breite: Kaum 2 mm.
Java: Buitenzorg; drei Exemplare.

Von dieser Art fand ich eine gute Abbildung unter den von KUHL und v. HASSELT hinterlassenen Zeichnungen aber ohne jede Beschreibung. Vielleicht bezieht sich also der Name *Sphyrocephalus unistriatus*, der sich auch in der ältesten Notiz BLEEKER's findet auf dieses Tier. Da jedoch schon ein *B. univittatum* und ein *B. unicolor* existiert, habe ich es für besser gehalten die Species als *claviforme* (clavus = der Nagel) zu bezeichnen. Cfr. LOMAN l. c.: p. 64, 65 und die Nachschrift.

Bipalium weberi, n. sp. (Taf. XII. Fig. 6).

Körper breit und dick; Kopf deutlich entwickelt aber beim Kriechen nicht viel breiter als der Hals; Grundfarbe des Rückens sehr dunkel, fast schwarz; der Kopf mit breitem Längsstreifen ist orangegelb; etwa auf ¼ und auf ¾ der Körperlänge befinden sich Querbänder von derselben Farbe, welche auf den Seiten des Körpers spitz enden und dem Längsstreifen mit breiter Basis aufsitzen. Bauchfläche hellfarben.
Länge: ± 4 cm.; grösste Breite: 8 mm.
Sumatra: Apenberg bei Padang; ein Exemplar.

Dieses erste von Prof. Dr. MAX WEBER während seiner indischen Reise aufgefundene *Bipalium*, erlaube ich mir nach ihm zu benennen.

Bipalium kuhlii, n. sp. (Taf. XII. Fig. 7).

Kopf deutlich abgesetzt mit nach hinten gebogenen Randlappen. Auf dem Rücken, dessen Grundfarbe etwa stahlgraublau ist, ein breiter schmutzigweisser Längsstreifen, der auf einer einzigen Stelle, kurz vor der Schwanzspitze unterbrochen ist, und vier Paar sehr ungleich grosser Querbinden, die den erstgenannten nicht erreichen. Auf den Seitenlappen des Kopfes ähnliche kommaförmige Figuren wie bei den in Fig. 2 und 3 gezeichneten Arten. Alle hellen Linien sind besäet mit winzigen Pigmentflecken von der Grundfarbe des Tieres. Bauch und Ambulacrallinie fast weiss.

(Beschreibung nach dem Spiritusexemplar).

Länge: ± 4½ cm.; grösste Breite: 8 mm.

Sumatra: Panjinggahan; ein Exemplar.

Bipalium hasseltii, n. sp. (Taf. XII. Fig. 8).

Form des Körpers länglich; der Kopf des Spiritusexemplars klein, quer oval, dunkel schwarzviolett; zwei breite Seitenbänder und ein viel feineres Mittelband von derselben Farbe ziehen den Rücken entlang zum Schwanze. Farbe des Rückens zwischen den Streifen hellgrau, wie die der Bauchseite.

Länge: ± 6 cm.; grösste Breite 4 mm.

Java: Tjibodas; zwei Exemplare. Die Tiere waren wohl noch nicht erwachsen, wenigstens habe ich die Genitalien nicht finden können.

Bipalium gracile, n. sp. (Taf. XII. Fig. 9).

Körper sehr schlank ungeheuer dehnbar mit kleinem, fast dreieckigem Kopfe; der Rücken wie der Kopf von brauner Farbe; drei gleich breite schwarze Längsstreifen verlaufen über den Rücken. Bauchseite hell bräunlich.

Länge: ± 13 cm.; grösste Breite: 4 mm.

Java: Tjibodas; zwei Exemplare.

Bipalium dubium, n. sp. (Taf. XII. Fig. 10).

Körperform der der vorigen Art ähnlich, mit im Verhältnis zum langen Körper sehr kleinem pechschwarzem Kopflappen von herzförmigor Gestalt; fünf schwarze Längsstreifen, am Schwanzteil undeutlicher werdend, ziehen über den hellgelben Rücken. Die mittlere Linie ist auch die schwächste, fängt etwas hinter dem Kopfe an und schwindet schon über dem Pharynx. Die vier Seitenstreifen sind breiter und länger, fangen auch schon am Kopfe an. Besonders auffallend ist der helle Ambulacralstreifen, von zwei breiten pechschwarzen Linien begleitet (fig. 10 a).

Länge: ± 12 cm.; grösste Breite: 4 mm.

Sumatra: Panjinggahan; zwei Exemplare.

Ich habe den Speciesnamen *dubium* gewählt, weil das Tier mich auf den ersten Anblick an *B. kewense* erinnerte. Dennoch fühle ich mich nicht berechtigt es mit dieser Art zu identificieren, weil ich ja nur über Spiritusexemplare urteilen kann. Doch soll die Farbe im Leben um Vieles dunkler, die Streifung aber nicht so deutlich gewesen sein.

II. ANATOMISCHER TEIL.

In diesem Teile habe ich die Beobachtungen zusammengestellt, welche an den verschiedenen neuen Arten gemacht werden konnten. Es ist leicht begreiflich, dass nicht alle Formen untersucht wurden; für's Erste fehlte dazu die Zeit, für's Andere waren bedeutende Resultate von einer Untersuchung aller Bipalium-Arten nicht zu erwarten. Daher werden diese Zeilen vielleicht mehr den Character einer vorläufigen Mitteilung haben wie den einer vollständigen Abhandlung. Zweck war allein die Vergleichung der drei Gattungen; dazu wählte ich

Bipalium ephippium n. sp.,

Geoplana nasuta n. sp. und

Rhynchodemus megalophthalmus n. sp.,

welche genau untersucht wurden. Alle Angaben beziehen sich daher auf diese Arten. Ausserdem fand ich noch Gelegenheit vereinzelte Beobachtungen an anderen Arten zu machen, über die ich an den geeigneten Stellen berichten werde. Im Allgemeinen ist die Gruppe der Geoplanidae wirklich eine sehr einheitliche, und besonders in ihrer inneren Organisation zeigen die Tiere eine so grosse Übereinstimmung, dass man sogar Mühe hat die Unterscheidungsmerkmale der Genera heraus zu finden, geschweige denn die Artdifferenzen. Bei einer so grossen Veränderlichkeit der Grösse und Körperform ist dies wohl bemerkenswert.

Zur Untersuchung wurden die Tiere ganz oder in Stücken gefärbt in Picrocarmin oder Boraxcarmin, oder auch wohl, nachdem sie erst geschnitten, auf dem Objectträger nachgefärbt. Am Ende scheint sich für unsere Tiere der letztere Farbstoff am besten zu eignen; die Doppelfärbung mit Eosincarmin nach LANG, welche ich einige Male angewendet habe, giebt hier nach meiner Meinung keine schöneren Präparate, sodass ich immer wieder zum Boraxcarmin griff.

Eingebettet wurde in Paraffin; die Schnittdicke der Serien wechselt zwischen $\frac{1}{100}$ und $\frac{1}{150}$ mm.

Die Haut.

Bei allen Landplanarien besteht die Haut aus einer einfachen Zellen-schicht, deren Zellen alle hoch zilindrisch sind. Ob dieselben aber alle Wimpern tragen, konnte nicht ausgemacht werden. An der Sohle sind jedenfalls stets lange Flimmerhaare zu sehen, auf der Rückenfläche und den Seiten der Tiere habe ich nie solche beobachten können. Am lebenden *Bipalium kewense* hat nun BERGENDAL [1]) über die ganze Ober-fläche verbreitete, wenn auch kurze Zilien nachgewiesen. Es bleibt also immer die Möglichkeit, dass diese überaus zarten Elemente bei der Conservation meiner Tiere verloren gegangen sind, oder beim nachherigen Färben zerstört und durch den sich tief färbenden Haut-schleim der Beobachtung entzogen wurden.

In oder zwischen den Epithelzellen befinden sich die Stäbchen. Bei *Geoplana* sind dieselben keulenförmig und oft zu zweien oder dreien in einer Zelle zusammengedrängt. Eine zweite Art längerer fadenför-miger Elemente, welche von verschiedenen Autoren gefunden wurde, scheint nur bei *Bipalium* und *Rhynchodemus* vorzukommen, wenig-stens traf ich dieselbe bei allen untersuchten (auch den kleinsten) Arten dieser Gattungen, während ich bei *Geoplana* vergebens nach derselben suchte. Nach Beobachtungen an lebenden Bipalien scheinen mir die kurzen s t a r r e n Stäbchen der Haut zur Stütze zu dienen, ähnlich denen der Süsswasserplanarien, welche nach IIJIMA gleichfalls als Hautskelet aufzufassen sind. Die f a d e n f ö r m i g e n flexilen schies-sen aber aus der Haut hervor und sind demnach als Waffen zu deu-ten, und den Nesselfäden der Coelenteraten zur Seite zu stellen.

---

1) BERGENDAL: Zur Kenntnis der Landplanarien. Zool. Anz. 1887. p. 223.

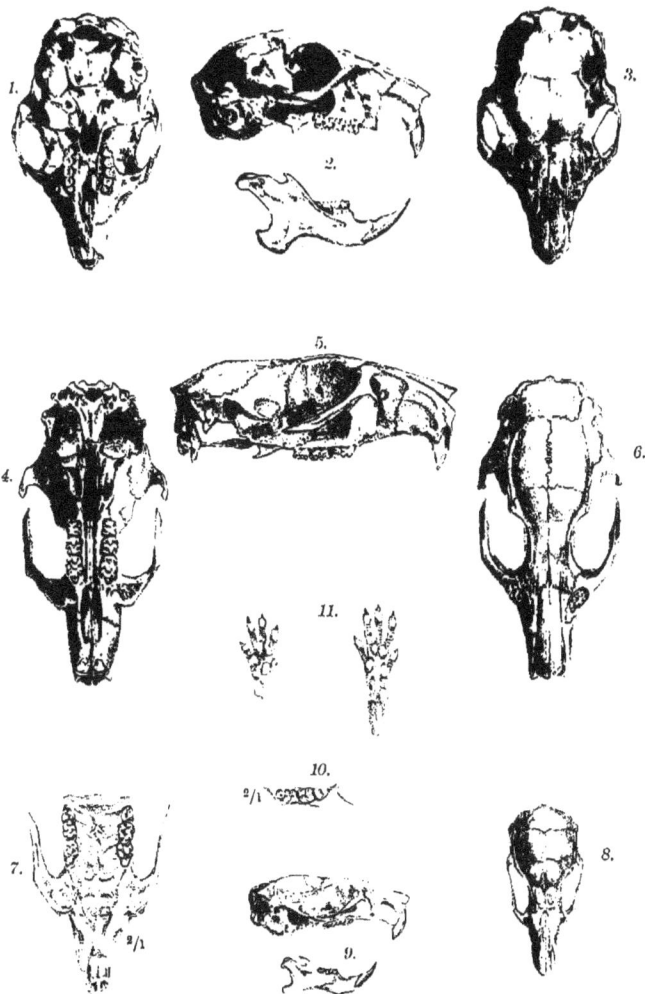

Th. van Hoytema ad nat. del. et lith. P.W.M.Trap impr.

1, 2, 3. SCIURUS WEBERI *Jentink*.
4, 5, 6. MUS CALLITHRICHUS *Jentink*.
7—11. MUS WICHMANNI *Jentink*.

Tab. XI.

MAX WEBER, Zool Ergebnisse

Th. van Hoytema ad nat. del. et lith.

KERIVOULA WEBERI *Jentink.*

P.W. M.Trap impr.

Th. van Hoytema ad nat. del. et lith. P.W.M.Trap impr.

SCIURUS WEBERI *jentink.*

MAX WEBER, Zool. Ergebnisse,

P. W. M. Trap impr.

MUS WICHMANNI *Jentink.*

Th van Hoytema ad nat del et lith

V. Kennel [1]) beschrieb beide Formen für *Rhynchodemus*, Bergendal [2]) und ich [3]) für *Bipalium*, doch hat schon Moseley [4]) dieselben
Gebilde bei *Bipalium diana* gesehen, wenn auch falsch gedeutet.

Die Muskeln.

Wenn auch jede Art, welche ich bis jetzt untersuchte, in Bezug
auf das Muskelsystem einen von den anderen verschiedenen Anblick
bot, sodass ich oft genug zur irrigen Meinung verleitet wurde, die
Landplanarien wären hinsichtlich ihrer Muskeln grundverschieden gebaut, so kam doch schliesslich heraus, dass im Gegenteil eine Übereinstimmung nicht zu verkennen sei. Trotz mannigfacher kleinerer
Abweichungen in der Stärke und Anordnung der verschiedenen Schichten, lassen sich die Körpermuskeln aller meiner Geoplaniden dennoch
auf fünf Systeme zurückbringen.

Zur besseren Orientierung habe ich die Muskulatur von sechs verschiedenen Species in nebenstehender Zincographie

Bipalium ephippium.   Bipalium marginatum.   Bipalium javanum.

Bipalium sumatrense.   Geoplana nasuta.   Rhynchodemus
megalophthalmus.

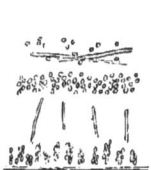

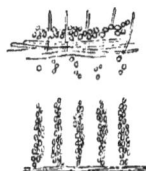

1) v. Kennel: Die in Deutschland gefundenen Landplanarien. Arb. Zoot. Inst.
Wrzbg. 1879.

2) Bergendal: l. c. p. 223.

3) Loman: l. c. p. 69 ff.

4) Moseley: Anat. and Hist. of the Land-Planarians of Ceylon. Trans. Roy. Soc. London, 1874. p. 118: „The epidermis here is seen to be made up of large gland-cells and
cells containing rod-like bodies and *a certain amount of vertical filaments*." Und etwas
weiter unten deutet er die Fäden: „The irregular filaments which fill up the interspaces
between the gland-cells and rod-like bodies appear to be the remains of the cell-walls
and rod-like bodies," etc.

wiedergegeben, und zwar von vier *Bipalium*-Arten, einer *Geoplana* und einem *Rhynchodemus*. Selbstverständlich sind diese Schemata derselben Körperstelle der Tiere entnommen, denn es ist bekannt genug, dass die Muskulatur desselben Tieres an der Rückenseite schwächer entwickelt ist, als an der Bauchseite, am allerschwächsten aber an den beiden Seiten, wo sogar einzelne Systeme ganz in Wegfall kommen können. Die zur Abbildung gewählte Stelle ist die Bauchfläche neben dem höchst muskulösen Ambulacralstreifen, nicht weit hinter dem Kopfe. Die untere schwarze Linie bezeichnet in allen Figuren die Basalmembran.

Von aussen nach innen sind die fünf Systeme nun Folgende:

1. Ring- und Schrägmuskeln, welche eine dünne aber einheitliche Schicht unter der Basalmembran bilden;

2. Längsbündel (äussere), von sehr verschiedener Stärke, nicht zu einer Schicht verwachsen;

3. Radiärfasern, zerstreut im Parenchym, sich oft verästelnd und an die Basalmembran inserierend;

4. Längsfasern (innere) und

5. Querfasern, sehr verschieden nach Mächtigkeit und Zusammenhang.

1. Die äussere Ringmuskelschicht Moseley's finde ich bei allen Formen wieder. Wenn auch v. Kennel sie bei *Rhynchodemus* nicht gefunden hat, und daher meint, dass Moseley wohl die Basalmembran für dieselbe angesehen habe, so haben Horizontalschnitte überall auch den geringsten Zweifel fortgenommen. Es geht aber aus denselben gleichfalls hervor, dass der Name „Ringmuskelschicht" nicht ganz richtig ist. Zwar kommen in derselben Ringfasern vor, das Ganze besteht aber für den grösseren Teil aus sich kreuzenden Fasern, die zusammen ein Muskelgeflecht darstellen, dicht unter der Basalmembran und das gewöhnlich nur 1 oder 2 Fasern dick ist. Es ist daher sehr gut zu verstehen, dass Moseley diese Schicht wohl bei den grossen *Bipalium diana* und *Rhynchodemus thwaitesii* finden konnte, während sie beim viel kleineren *Rhynchodemus terrestris* dem Auge v. Kennel's entging.

2. Die äussere Längsfaserschicht besteht aus Bündeln neben einander verlaufender und wiederholt anastomosierender Fasern von

sehr verschiedener Mächtigkeit. Vergleichen wir die vier oben abgebildeten Schemata der Bipalium-Arten, so ersehen wir, dass die Bündel des *B. ephippium* aus nur einer einzigen Faser bestehn, dahingegen beim grossen *B. sumatrense* aus 5—6 Fasern aufgebaut sind. *Geoplana nasuta* zeigt noch stärkere Bündel, und bei *Rhynchodemus megaloph. thalmus* begegnen wir einer ungeheuer hohen äusseren Längsmuskelschicht, die fast ein Drittel der ganzen Körperdicke besitzt. Bei keiner Landplanarie konnte ich überhaupt eine mächtigere Schicht beobachten. Nach MOSELEY [1]) ist die betreffende Schicht seiner *Geoplana traversii* vom Cap ebenfalls sehr dick, während die des *Rhynchodemus thwaitesii* nur aus wenigen Fasern besteht. v. KENNEL giebt für *Rh. terrestris* gleichfalls eine aus einzelnen Fasern gebildete Schicht an.

3. Die Radialfasern sind bei keiner Form besonders entwickelt, und verlaufen immer einzeln im Parenchym, ohne dass ich Anastomosen beobachten konnte. Nur *Rhynchodemus thwaitesii* zeigt nach MOSELEY ein sehr kräftig entwickeltes Radiärfasersystem mit zahlreichen Anastomosen. *Rh. megalophthalmus* war hingegen die einzige Art, bei welcher ich sie nur im Innern nachzuweisen im Stande war, d. h. nicht bis zur Basalmembran verfolgen konnte. Auch v. KENNEL erwähnt dieselben bei *Rh. terrestris* nicht, hat sie auch nicht abgebildet.

4 und 5. Die beiden inneren Muskelschichten sind nicht immer scharf geschieden und bilden in den meisten Fällen ein mehr oder weniger lockeres Geflecht. Bald verhältnismässig wenig stark, wie bei *B. ephippium*, *B. marginatum*, *Geoplana nasuta* und *Rhynchodemus megalophthalmus* sind sie bei anderen Arten, wie *B. javanum* und *B. sumatrense* von erstaunlicher Dicke. Bei *B. diana* und *Rh. twaitesii* sind sie nach MOSELEY von mittelmässiger Stärke und so auch bei *Geoplana traversii*. Was endlich *Rh. terrestris* betrifft, so findet v. KENNEL hier innere Längsbündel unter den Längsnerven verlaufend und dorsal von den Längsnerven wieder lockere Längsmuskelbündel zusammen mit einem Gewirre von nach allen Seiten ausstrahlenden und den Darm umgreifenden Fasern, die aber keineswegs als „Lage" oder „Schicht" bezeichnet werden können.

---

1) MOSELEY: Notes on the structure of several Forms of Land-Planarians. Qu. Journ. Mi. Sci. 1877. p. 276.

Im Allgemeinen könnte man von dieser inneren Muskulatur sagen, dass die Längsbündel bei allen Arten am deutlichsten sind, dann aber auch Querfasern, Schrägfasern, ja sogar Radiärfasern sich zu jenen gesellen. Demnach wolle man nicht zu sehr an diesen beiden inneren Schichten festhalten. Nur der Übersichtlichkeit wegen wurden sie oben mit den Nummern 4 und 5 angedeutet. Das Verhalten derselben ist wohl am besten aus einer Betrachtung der Figur zu ersehen.

Das Genus *Dolichoplana*, welches von MOSELEY gegründet wurde auf die stark entwickelten Längsmuskelbündel des *Dol. striata* von den Philippinen, ist nach meiner Meinung nicht haltbar, sondern muss einstweilen zu *Rhynchodemus* gestellt werden, mit welcher Gattung es die grösste Übereinstimmung zeigt. Nach eben demselben Maasstabe müsste man ja fast alle *Bipalium*-Arten als differente Genera betrachten![1]).

Der Darm.

Da ich über dieses Organ keine neue Beobachtungen mitzuteilen habe, kann ich mich darüber ganz kurz fassen und wird es hier genügen einen Überblick folgen zu lassen.

Der Mund ist eine rundliche Öffnung, zumeist ungefähr in der Mitte der Bauchfläche oder wohl etwas mehr nach vorn gelegen. Derselbe führt in die geräumige bei den *Bipalium*-Arten besonders stark entwickelte Pharynxhöhle, in welcher der in viele Falten zusammengelegte Pharynx ruht. Die *Rhynchodemus*- und *Geoplana*-Arten haben hingegen wie die Süsswasserplanarien einen einfach zilindrischen Pharynx. Bei allen Landplanarien ist der Darm in drei Äste verteilt, einen vorderen und zwei hinteren. Der vordere zieht bis in den Kopf, die hinteren gehen neben einander bis zur äusseren Schwanzspitze. Seitenäste sind in grosser Zahl vorhanden, und zwar zu beiden Seiten des vorderen Astes, aber nur an der Aussenseite der hinteren Darmschenkel, welche in der Mitte bloss durch eine dünne bindegewebige Wand getrennt sind. Diese Seitenäste sind auf 's Neue gegabelt und wie die Haupt-

---

1) Dass überhaupt MOSELEY bei der Aufstellung seiner neuen Genera wohl etwas flüchtig gewesen, erhellt weiter aus dem Loose, das eine andere von ihm in Australien neu aufgefundene Gattung *Coenoplana* getroffen hat. Die Arten dieses Genus, welches durch das Fehlen der Augen gekennzeichnet sein sollte, sind nach FLETCHER und HAMILTON unverkennbare *Geoplana*-Arten, deren Augen aber von MOSELEY übersehen worden sind.

schenkel von einem hohen Zilinderopithel bekleidet. Überall finden sich einzellige Drüsen, welche am Grunde des Pharynx in denselben münden.

Die Nerven.

Auch hinsichtlich der Nerven herrscht grosse Übereinstimmung. Überall stösst man auf ein deutliches Gehirn, dass sich nach hinten in zwei an der Bauchseite des Körpers gelegenen Längsnerven fortsetzt. Diese verjüngen sich allmälich bis sie am hinteren Ende fast so dünn werden wie die sie verbindenden Commissuren, und v e r e i n i g e n s i c h s c h l i e s s l i c h, nachdem sie sich mehr und mehr genähert sind. Diesen Umstand muss ich hier um so mehr betonen, als ich in einer vorigen Arbeit gerade das Gegenteil behauptet habe und auch jetzt an den alten Präparaten den Zusammenhang der Längsnerven nicht sehen kann.

Das Gehirn liegt bei *Rhynchodemus* etwas mehr nach hinten als bei *Geoplana*, da bei der ersteren Form eine spitze Schnauze gebildet wird, durch welche starke Nerven aus dem unteren vorderen Teile der beiden Hirnhälften zur Sohle ziehen und sich in die Haut derselben verlieren. Bei *Geoplana* ist dieses Fühlorgan weniger entwickelt, die ausstrahlenden Nerven lange nicht so dick. Ob bei unseren Arten die für *Bipalium* nachgewiesenen Epithelialröhren (c i l i a t e d p i t s von Moseley) gleichfalls vorkommen, habe ich nicht bestimmt feststellen können, da die Schnittrichtung meiner Präparate dazu nicht gerade günstig war. Bei *Geoplana sondaica* fand ich aber schon früher ähnliche Sinnesorgane am lebenden Tiere, jedoch weniger markiert als bei *Bipalium* [1]).

Schematische Querschnitte durch das Gehirn von

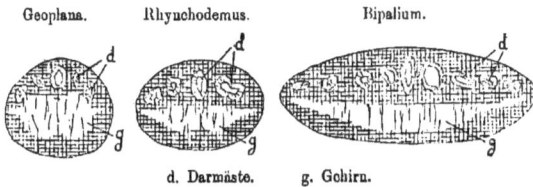

Geoplana.   Rhynchodemus.   Bipalium.

d. Darmäste.   g. Gehirn.

In der Form stimmt das Gehirn von *Rhynchodemus* mit dem von *Geoplana* überein. Es besteht immer aus zwei mit einander verwach-

---

1) Loman: l. c., p. 78.

senen Hälften, die auf dem Querschnitt rundlich oder oval aussehen, wie das Gehirn der Süsswasserplanarien. Übrigens wird bei unseren überaus contractilen Tieren die Art des Zusammenziehens beim Ab-töten nicht ohne Einfluss auf diese Form bleiben. Bei *Bipalium* dahin-gegen schwindet auch die letzte Spur der mittleren Einsenkung wie es umstehende Figur zeigt; die Form des *Bipalium*-Gehirnes ist die eines dicken Fächers und erst ganz am hinteren Teile sprossen aus ihm die zwei anfangs mächtigen Längsstämme hervor.

Ausser dieser centralen Nervenmasse haben die drei untersuchten Genera noch ein sehr deutlich ausgeprägtes Commissuren-System, und an der Körperoberfläche, gleich unter der Haut, einen schönen Nerven-plexus. Die Lage dieses letzteren ist unveränderlich dieselbe und zwar gleich unter den äusseren Längsmuskelbündeln. Während nun bei *Bipalium* und *Rhynchodemus* dieser Plexus schwach entwickelt ist und oft an den Seiten nicht einmal wahrzunehmen, erreicht derselbe bei *Geoplana nasuta* eine so auffallende Mächtigkeit, dass man bequem die einzelnen Faserbündel beobachten kann, aus welchen er besteht. Das centrale Nervensystem wird durch mehrere Commissuren mit diesem Plexus verbunden. Wie zu erwarten war, sind diese Commis-suren wieder bei *Geoplana nasuta* am kräftigsten; ein starker Haut-plexus bedingt ja starke Commissuren. Immerhin steht auch hier die beträchtliche Entwicklung der Dotterdrüsen und Hodenbläschen, welche fast alle Zwischenräume im Parenchym ausfüllen, einer genauen Beo-bachtung sehr im Wege. Besonders im hinteren Teile gelang es mir durchaus nicht immer ihr Vorhandensein festzustellen, was wohl auch seinen Grund haben mag in dem allmälich feiner Werden derselben nach hinten zu. Wo aber die genannten belästigenden Umstände noch nicht störend wirken und die Commissuren überhaupt am dicksten sind, d. h.: gleich hinter dem Kopfe, da liegen sie nun in ganz regel-mässigen Abständen hintereinander. Untenstehendes Schema stellt einen Querschnitt durch den vorderen Teil der *Geoplana* dar. Nur die Lage des Hauptdarmes (h d) und der Darmäste (d a) wurde eingezeichnet, das Übrige bis auf die Nerven schraffiert. Man sieht wie die Längs-nervenstämme (l n) durch vier Paare Verbindungsnerven (c o_1, c o_2, c o_3, c o_4) mit dem Bauch- (b p) und Rückenplexus (r p) in Verbindung treten. Ausserdem stehen aber die Längsnerven noch durch eine di-ckere Commissur mit einander in Zusammenhang. Diese letztere hat durch ihre Regelmässigkeit bei *Gunda* zuerst den Namen „Strick-

leiterystom" iu die Welt gebracht, und auch v. Kennel beschreibt
eine ähnliche Anordnung für *Rhynchodemus*. Dennoch gestalten mir
meine Präparate gerade bei diesen Quercommissuren am wenigsten

Geoplana nasuta. Querschnitt. Schema des Nervenverlaufs.

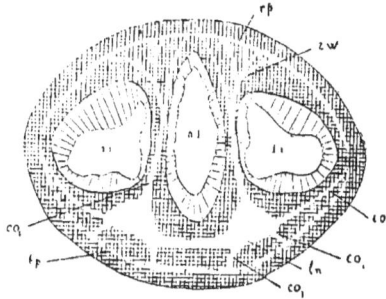

von einem Strickleitersystem zu sprechen, viel eher würden die
anderen mit co^{1-4} bezeichneten wegen ihrer Regelmässigkeit eine ähnliche Bezeichnung verdienen. Die dicken Quercommissuren der Längsstämme sind ja fast auf jedem Querschnitt getroffen und anastomo-
sieren untereinander fortwährend, sodass man eher die Längsnerven
als durch einen ausgebreiteten Querplexus verbunden beschreiben
sollte. So wenigstens bei *Geoplana nasuta*. Was die anderen Genera
betrifft, so sind die Quercommissuren der Haupstämme viel feiner
aber ebensowenig strickleiterartig angeordnet. Auf Tafel XIII fig. 19,
habe ich einen Medianschnitt durch den vorderen Teil eines *Bipalium
javanum* abgebildet; man wird daraus ersehen, wie zahlreich, wie
enge zusammengedrängt die Commissuren sind, und es ist wirklich
nicht zu verwundern, dass diese feinsten Nervenästchen von Moseley
und v. Kennel übersehen wurden, da durch mangelhafte Conservie-
rung entweder die Nerven sehr leicht zu Grunde gehen, oder aber
sich gerade als Lücken oder Maschen im Parenchymgewebe hervorheben.

Von den übrigen Commissuren geht bei *Geoplana* eine (co^1) aus
dem Längsnerven nach den Seiten des Körpers und vereinigt sich daselbst mit dem Hautplexus; gerade in der Augengegend kommt dieser
Nerv am besten zur Erscheinung und scheint mir deshalb als Sin·
nesnerv gedeutet werden zu müssen, indes die Uebrigen (co^2 und co^3)
lediglich als Commissuren mit dem Bauchplexus aufzufassen sind. Die

vierte Commissur (c o[1]) steigt zwischen Hauptdarm und Darmästen empor, und bildet mit ihren zahlreichen Verzweigungen (z w) die einzige Verbindung mit dem Rückenplexus (r p). Ob Rücken- und Bauchplexus endlich auf den Seiten mit einander in Verbindung treten, mag dahingestellt bleiben; es ist mir dies nie klar geworden.

Bei *Rynchodemus* und *Bipalium* sind die Nerven sehr dünn und, wie gesagt, nicht immer deutlich zu sehen; wenn beim Schneiden des Wurmes solche feine Commissuren nicht gerade in der Schnittebene liegen, sondern wegen unregelmässigen Zusammenziehens auch nur einigermassen gekrümmt sind, fällt es äusserst schwer diese quer- und schrägdurchschnittenen Aestchen im Parenchym wieder zu finden, zumal wenn dieselben durch grössere aus Dotterstockszellen bestehende Anhäufungen aus ihrer Lage verdrängt wurden; nur von Zeit zu Zeit sieht man daher bei der Durchmusterung der Serien eins ganz scharf. Ich darf aber mit einiger Wahrscheinlichkeit behaupten, dass sie auch hier in regelmässigen Abständen wiederkehren.

Von den Sinnesorganen erwähne ich nur die Augen. Wie bekannt hat *Rhynchodemus* nur zwei grössere Augen, *Geoplana* mehrere am vorderen Rande und an den Seiten des Körpers gelegene kleinere Pigmentbecher. Die Augen der *Bipalium*-Arten sind aber noch viel kleiner und zahlreicher und sogar bis hinter den Pharynx kommen welche vereinzelt vor. Zahl und Grösse stehen also in umgekehrtem Verhältnis. Während der feinere Bau der viel kleineren Augenbecher der *Planaria polychroa*, des *Dendrocoelum lacteum* und anderer Süsswasserplanarien besonders durch die Untersuchungen von Carrière bekannt geworden ist, sind die Beobachtungen über diese Organe bei den Landplanarien lückenhaft. Weder Moseley noch v. Kennel noch ich selbst haben es zu einer vollständigen Lösung dieses Problems gebracht. Sehr freute ich mich darum, als sich unter den neuen Arten eine fand, welche durch wahre Riesenaugen unterschieden war, den *Rhynchodemus megalophthalmus*. Zur Vergleichung gebe ich auf Tafel XIII. fig. 20, 17, und 21 die Augen von *Bipalium javanum*, *Geoplana nasuta* und dem obengenannten *Rhynchodemus* wieder, alle bei derselben Vergrösserung gezeichnet. Bei dieser ansehnlichen Grösse zeigte sich der feinere Bau zugleich grundverschieden von dem aller bekannten Turbellarienaugen; leider befand sich von diesem Tier nur ein einziges Exemplar in der Sammlung, sodass Schnitte in verschiedene Richtungen nicht verglichen werden konnten.

Ueber die Augen der schon früher untersuchten *Rhynchodemus*-Arten liegen nur spärliche Angaben vor. MOSELEY beschreibt das Auge des *Rh. treaitesii* wie folgt: „*Rhynchodemus* possesses a single pair of eyes, but these are very much larger than those of *Bipalium*; they are elongate, and somewhat like those of the leech in form; they have a transparent cornea in front, which projects amongst the epithelium of the skin, and a posterior pigmented sac. From the pointed extremity of the sac a nerve-fibre can be traced a short distance." Und nach v. KENNEL sind die Augen dieser Gattung „zwei kleine Pigmentbecher, ausgefüllt mit kleinen Zellen, deren Kerne sich ziemlich deutlich färben."

Nach den neueren Untersuchungen von CARRIÈRE [1]) besteht das Auge der Planarien im Allgemeinen aus einem mehr oder weniger flachen Pigmentbecher. Aus einem dicht vor oder neben dem Auge gelegenen Ganglion opticum, das mit dem Gehirn in directem Zusammenhang steht, treten nun feinere Nervenästchen durch die nach aussen gerichtete Oeffnung der Pigmentschale in die Höhlung derselben hinein und bilden hier einige neben einander liegende Stäbchen, welche am Grunde des Bechers an Dicke zunehmen und daselbst kolbenartig enden.

Vergleichen wir damit das Auge der oben genannten Landplanarienart, an der Hand unserer Figur 21 auf Tafel XIII, so bekommen wir ein ganz verschiedenes Bild. Die nicht besonders dicke aber feste Pigmentschale hat nahezu eine Kugelform. Die einzelnen Zellen dieses Bechers sind so strotzend mit Pigmentkörnchen angefüllt, dass die Kerne derselben nicht zu entdecken sind, wenigstens halte ich die Kerne, welche man überall diesem Pigment angelagert findet, für Bindegewebskerne des das Auge umgebenden Parenchyms. Der Augenbecher ist nun — und hier zeigt sich ein bedeutender Unterschied — keine Schale, jedoch eine vollkommen geschlossene kugliche Kapsel, welche natürlich an der Aussenseite eine unpigmentirte Stelle besitzt. Aus der Figur lässt es sich sogleich ersehen, wie das Pigment nur in den Zellen der Hinten- und Seitenwand gelagert, die Augenblase aber auch nach der Vorderseite geschlossen ist durch ein Fenster, dessen dicht aufeinander gedrängte platte Zellen eine directe

---

1) CARRIÈRE: Die Augen von *Planaria polychroa*, etc. in: Arch f. mikr. Anat. Bd. 20. 1861. p. 160 ff.
CARRIÈRE: Die Sehorgane der Tiere. 1885.

Fortsetzung dieser Pigmentkapsel bilden. Ich werde diesen durchsichtigen Teil der Augenblase als c o r n e a (c o r) bezeichnen. Deutlich zeigt es sich hierbei, dass diese nur aus Bindegewebselementen besteht, da ihre Zellen sich ohne merkliche Grenze dem lockeren Parenchym anschliessen, welches die Kapsel allseitig umgiebt. Ich bin ganz gewiss, dass eine vordere Oeffnung in diesem Auge nicht existiert; es fehlt kein Schnitt in der Serie von achtzehn, durch welche das Auge getroffen worden ist.

Die Innenmasse fand ich überall etwas von der Wand zurückgezogen, und dieser auch von CARRIÈRE in seinen mit besonderer Schonung der Gewebe ausgeführten Untersuchungen empfundene Uebelstand scheint demnach wohl kaum zu vermeiden. Nirgends konnte ich aber die Spur von mit der Cornea in Zusammenhang gebliebenen Fasern entdecken, welche auch nur im Entferntesten auf eine Innervierung von der Vorderseite hinwiese; in allen Schnitten wurde die Innenseite der Cornea von einer eben so scharfen Linie gebildet, wie in dem hier abgebildeten. Der Grund des Augenbechers wird nun eingenommen von einer ziemlich scharf begrenzten Masse (n z) in welcher sich neben zerstreuten Kernen die protoplasmatischen Ueberreste verschiedener Zellen unterscheiden liessen; auch die characteristische Punktsubstanz fehlte nicht, aber das Ganze war, wie es übrigens die Figur zeigt, nicht so tadellos erhalten, wie zu einer vollständigen Erklärung erforderlich gewesen wäre. Von dieser Masse, die ich dem Ansehen nach, für nichts Anderes als Nervensubstanz halten kann, strahlen nach den freien Seiten fächerartig geordnete Stäbchen aus, welche den noch übrigen Raum des Auges beim lebenden Tiere gewiss ganz ausfüllen, wenn auch meine Präparate unter dem Einflusse der angewandten Reagentien etwas geschrumpft erscheinen.

Was mich aber in meiner Meinung bestärkt hat, dass die mit n z bezeichnete Stelle aus einer Anhäufung von Nervenzellen bestehe, mithin als eine Art G a n g l i o n o p t i c u m aufzufassen wäre, ist die Beobachtung, dass diese Masse durch eine kleine am Grunde des Bechers gelegene Oeffnung mit einem feinen ausserhalb des Auges im Mesenschym verlaufenden Nervenästchen in directe Verbindung tritt. Dieses Verhalten zeigt ein anderer Schnitt durch die Mitte desselben Auges, aus welchen ich die betreffende Stelle unter stärkerer Vergrösserung in Fig. 22 wiedergebe. Man sieht wie der im Parenchym (m es) verlaufende Nervenast (n o) durch die Pigmentkapsel (p i) hindurchgeht und

sich in dem oben besprochenen Ganglion opticum (go) fortsetzt. Auch
die basalen Teile der von ihm sich in das Auge ausbreitenden Stäbchen (st) wurden noch gezeichnet, das Uebrige jedoch wegen Raum-
mangels fortgelassen. Endlich sei noch bemerkt, dass die Augen sehr
dicht unter der Oberfläche liegen, an einer stäbchenfreien Stelle der
Haut und dass vor oder neben denselben ein Ganglion wie bei den
Süsswasserplanarien bestimmt nicht vorkommt.

Der Bau dieses *Rhynchodemus*-Auges weicht nach dem oben Mitgeteilten ganz von dem Typus der Turbellarien-Augen ab, und zeichnet sich durch eine viel höhere Organisation aus. Wenn später mehrere
Planarienformen genauer bekannt werden, so können Analogien nicht
ausbleiben, allein für den Augenblick sind weitere Bemerkungen zu
diesem einzigen Falle als voreilig zurückzuweisen.

Die Genitalorgane.

Soviel bis jetzt bekannt wurde, stimmen unsere drei Genera in der
allgemeinen Anordnung dieser Organe ganz überein. Es ist aber jedenfalls nicht leicht, wenn man nur über wenige Exemplare einer Art
verfügen kann, sich eine klare Vorstellung von den Geschlechtsorganen zu
bilden, denn die Gefahr ist immer vorhanden, dass ein noch nicht
völlig ausgewachsenes Tier vorliegt, dessen Organe nur zum Teil entwickelt sind. Nun hat IIJIMA gefunden, dass wenigstens bei den Süsswasserplanarien die Dotterstöcke sich erst kurz vor der Eiablage in
den Oviduct öffnen, und ich glaube nicht zu weit zu gehen, wenn
ich dieses Criterium der Reife auch auf die Landplanarien anwende.
Wenn in meiner vorigen Arbeit über den Bau des *Bipalium*, die Verbindung zwischen Oviduct und Dotterstöcken nicht beschrieben werden
konnte, so kann ich jetzt mitteilen, dass ich dieselbe bei *Bipalium
ephippium* und *Geoplana nasuta* besonders schön gesehen habe. Gerade bei letzterer Art liegen die zahlreichen Einmündungsstellen in so
regelmässigen Intervallen, dass alle 7—8 Schnitte eine getroffen wird.
Also auch hier, wie bei den Nervencommissuren, bei den Hoden,
bei den Darmästen, dieselbe Wiederholung der Organe in regelmässigen Abständen, eine Segmentationserscheinung, welche wohl am
deutlichsten bei *Gunda* ausgeprägt ist.

Sodann haben v. KENNEL und später IIJIMA auf das Vorkommen ge-
wisser Riesenzellen aufmerksam gemacht, welche gerade an diesen
Stellen der Oviducte gefunden werden, deren Bedeutung aber nicht

aufgeklärt wurde. Auch diese finden sich bei einigen meiner Exemplare, und oft zu mehreren um die Mündungsstelle der Dotterstöcke versammelt. In der Fig. 16 habe ich einige dieser Zellen *do* mit wasserhellem Inhalt und grossem Kern sammt ihrer Umgebung gezeichnet. Nach meiner Meinung sind diese Zellen gleichwie die Dotterzellen umgewandelte Mesenchymzellen, deren Inhalt aber nicht zu Dotterkugeln wird, sondern sich als S c h l e i m den Dotterzellen im Oviducte beimischt.

Das Ovarium liegt bei allen Landplanarien gleich hinter dem Kopfe, relativ am weitesten nach hinten bei *Rhynchodemus*. Die Zahl der Hoden ist am geringsten bei derselben Gattung. Zu bemerken ist, dass bei *Geoplana nasuta* mehrere (2—3) Hodenreihen neben einander vorkommen, was mit dem für *G. traversii* Gefundenen stimmt. Demnach nähert sich das Genus in dieser Hinsicht der Familie der *Planariidae*. Die Vasa deferentia sind kurz, dick und gewunden bei *Geoplana*, sie erstrecken sich am weitesten nach vorne bei *Rhynchodemus*.

Die Geschlechtsorgane der *Geoplana nasuta* habe ich schematisch in der Fig. 18 dargestellt, da die Beschreibung dieser Teile des *G. traversii* von MOSELEY mir nicht richtig scheinen will. Sie zeigen grosse Uebereinstimmung mit denen anderer Planarien. Besonders auffallend ist das Verhalten der Verbindung zwischen Uterus (u t) und Antrum (A). Der Uterus verschmälert sich nämlich oben zu einem engen Ausführungsgang, der endlich (x) in den oberen Teil des Antrums mündet.

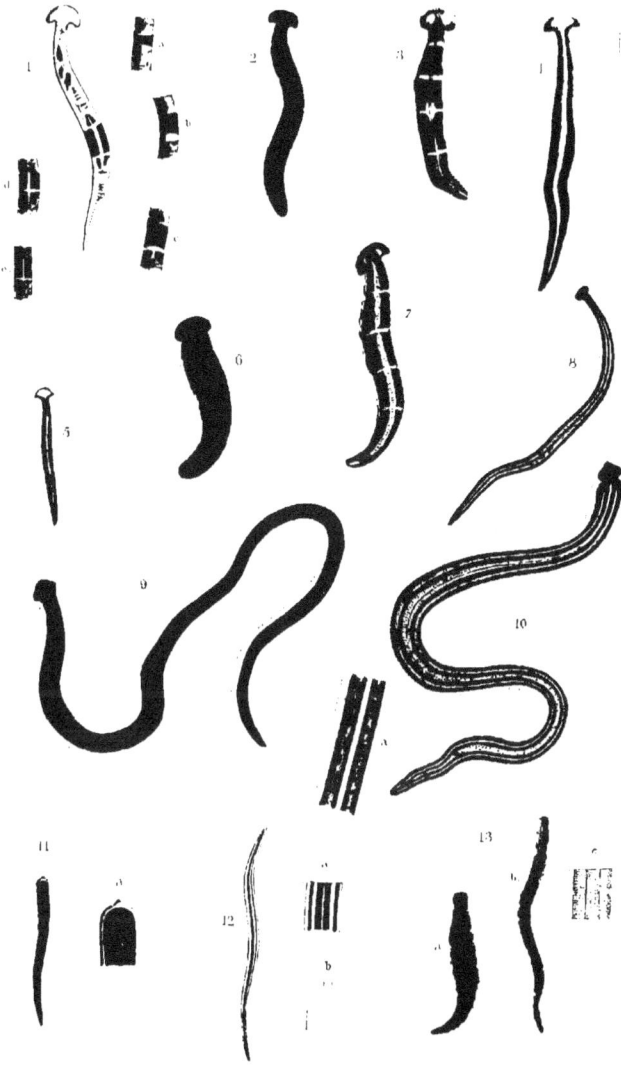

Tab XIII

ERKLÄRUNG DER ABBILDUNGEN.

Tafel XII.

Fig. 1. *Bipalium ephippium n. sp.*, nach dem Leben gezeichnet. Nat. Gr.

a, b, c, d, e: Verschiedene Formen des schwarzen Pigmentfleckens.

Fig. 2. *Bipalium sexcinctum n. sp.* nach dem Leben. Nat. Gr.

Fig. 3. *Bipalium quadricinctum n. sp.* nach dem Leben. Nat. Gr.

Fig. 4. *Bipalium nigrilumbe n. sp.*, nach dem Leben, etwa drei Mal vergrössert.

Fig. 5. *Bipalium claviforme n. sp.*, nach dem Leben Nat. Gr.

Fig. 6. *Bipalium weberi n. sp.*, nach dem Leben. Nat. Gr.

Fig. 7. *Bipalium kuhlii n. sp.*, nach dem Spiritusexemplar. Nat. Gr.

Fig. 8. *Bipalium hasseltii n. sp.*, nach dem Spiritusexemplar. Nat. Gr.

Fig. 9. *Bipalium gracile n. sp.*, nach dem Leben. Nat. Gr.

Fig. 10. *Bipalium dubium n. sp.*, nach dem Spiritusexemplar. Nat. Gr.

a. Ein Teil der Unterseite, etwa 2 Mal vergrössert.

Fig. 11. *Geoplana nasuta n. sp.*, nach dem Leben. Nat. Gr.

a. Kopfteil vergrössert.

Fig. 12. *Rhynchodemus nematoïdes n. sp.* nach dem Leben. Nat. Gr.

a. Detail der Rückenzeichnung. Vergrössert.

b. Bauchfläche, vergrössert.

Fig. 13. *Geoplana sondaïca n. sp.* aus Java, nach dem Leben:

a. in zusammengezogenem Zustande; Nat. Gr.

b. beim Kriechen; Nat. Gr.

c. Bauchfläche, vergrössert.

Tafel XIII.

(Die römischen Zahlen bezeichnen die Apochr. Objective, die arabischen die Comp. Oculare von ZEISS.)

Fig. 14. *Geoplana sondaïca n. sp.* nach einem Spiritusexemplar aus Sumatra.

Fig. 15. *Rhynchodemus megalophthalmus n. sp.*, nach dem Spiritusexemplar. Nat. Gr.

Fig. 16. Aus einem Querschnitt der *Geoplana sondaïca.* IV. 4.

ovid. Verzweigung des Oviduktes.

do Dotterstockszellen, *do'* Schleimzellen.

mes. Mesenchymgewebe.

Fig. 17. Querschnitt derselben Art. XVI. 18.

mes. Mesenchym. *a.* Augen.

ep. Epithelium.

m. Muskelschicht.

pi. Pigment der Augenkapsel.

Fig. 18. Schema der Genitalorgane derselben.

A. Geschlechtsantrum. *vd.* Vas deferens. *go.* Geschlechtsoeffnung. *Sb.* Samenblase. *P.* Penis. *x.* Stelle wo der Uterusgang in das Antrum mündet.

Ut. Uterus.

ovid. Ovidukt.

Fig. 19. Medianschnitt durch den vorderen Teil eines *Bipalium javanum.* XVI. 12.

ep. Epithel. *co.* Querdurchschnittene *m.* Muskeln.   Nervencommissuren. *bp.* Basalnervenplexus. *lm.* Längsmuskeln. *dr.* Schleimdrüsengänge.

Fig. 20. Querschnitt desselben Tieres XVI. 18.

ep. Epithel. *mes.* Mesenchym.
m. Muskeln. *pi.* Augenbecher.

Fig. 21. Das Auge von *Rhynchodemus megalophthalmus.* Vertikaler Median-schnitt. XVI. 18.

cor. Cornea. *mes.* Mesenchym.
st. Stäbchen. *pig.* Pigmentkapsel.

ep. Epithel. *nz.* Nervenzellen.
m. Muskeln.

Fig. 22. Schnitt durch das Auge des-selben, mit dem vermutlichen *Nervus opticus (no).* IV. 8.

st. Die unteren Teile der Stäbchen.
pi. Pigmentschale.
go. Ganglion opticum. *mes.* Mesenchym.

REPTILIA from the Malay Archipelago.

I.

SAURIA, CROCODILIDAE, CHELONIA.

MAX WEBER.
With plate XIV.

The small collection of Reptiles described in the present paper by myself and in a succeeding paper by Dr. Th. W. van Lidth de Jeude, I brought together in Sumatra, Java, Flores, Celebes and Saleyer.

In the two first-named islands I did not direct much attention to these animals. In Celebes, Flores and Saleyer, however, I collected as many as I could obtain.

Although the collection is a small one, it may be not without interest to give a complete list, as the collection contains some interesting new or rare specimens.

Dr. v. Lidth de Jeude, who has been kind enough to prepare a list of the Ophidia, has found two new genera and some new species among them, even from places so often investigated as the neighbourhood of Padang and Buitenzorg (Java).

Among the Sauria I rediscovered *Lygosoma sanctum* described by Duméril and Bibron from one single, badly preserved specimen from Buitenzorg, in the same place, which is the more curious as Buitenzorg has been so many times visited by naturalists. The occurrence of Lygosoma sanctum in Java is interesting as this Lygosoma and Lygosoma malayanum from Sumatra are the only representatives of the group Hinulia, hitherto known from the large Sunda-Islands.

Of more importance was the investigation of Flores. Although

11

tho island is not large and although the number of Reptiles, collected by me there was very small, I discovered three new species: one *Gymnodactylus* and two species of *Lygosoma*.

In Celebes I obtained also some Reptiles hitherto not known from that island.

In preparing this list I had the opportunity of examining the collection of the British Museum. I acknowledge with pleasure my indebtness to Dr. G. A. BOULENGER for his kind advice regarding certain species described.

The species collected are the following:

SAURIA.

Gymnodactylus marmoratus Dum. et Bibr. Java.

Gymnodactylus d'armandvillei n. sp. Flores.

Hemidactylus platyurus Schneider. Flores, Celebes.

Hemidactylus frenatus Dum. et Bibr. Java, Flores, Celebes, Saleyer.

Gehyra mutilata Wiegmann. Java, Sumatra, Celebes, Flores.

Gecko verticillatus Laurenti. Java, Celebes, Flores.

Ptychozoon homalocephalum Creveldt. Java.

Draco volans Linné. Sumatra, Java.

Draco lineatus Daudin. Celebes.

Draco reticulatus Günther. Flores.

Gonyocephalus chamaeleontinus Laurenti. Sumatra.

Gonyocephalus kuhlii Schlegel. Java.

Gonyocephalus grandis Cantor. Sumatra.

Gonyocephalus tuberculatus Günther. Sumatra.

Calotes cristatellus Kuhl. Sumatra.

Calotes celebensis Günther. Celebes.

Calotes jubatus Kaup. Java.

Lophura amboinensis Schlosser, var. *celebensis* Peters. Celebes.

Varanus salvator Laurenti. Sumatra, Java, Flores.

Varanus togianus Peters. Celebes, Saleyer.

Tachydromus sexlineatus Daudin. Java.

Mabuia multifasciata Kuhl. Java, Sumatra, Flores, Celebes.

Mabuia rudis Boulenger. Celebes.

Lygosoma malayanum Doria. Sumatra.

Lygosoma sanctum Dum. et Bibr. Java.

Lygosoma striolatum n. sp. Flores.

Lygosoma variegatum Peters. Celebes.

Lygosoma florense n. sp. Flores.

Lygosoma smaragdinum Lesson. Saleyer.

Lygosoma olivaceum Gray. Sumatra, Java.

Lygosoma cyanurum Lesson. Celebes.

Lygosoma temminckii Schlegel. Sumatra, Java.

Lygosoma chalcides Linné. Java, Saleyer.

Lygosoma sumatrense Günther. Sumatra.

Ablepharus boutonii Desjardin, var. *furcata* n. v. Flores.

Tropidophorus grayi Günther. Celebes.

Dibamus novae-guineae Dum. et Bibr. Celebes, Sumatra.

CROCODILIDAE.

Crocodilus porosus Schneider. Java, Celebes.

CHELONIA.

Chelone mydas Linné. Celebes, Flores.

Cyclemys amboinensis Daudin. Celebes.

Testudo emys Schlegel et Müller. Sumatra.

Trionyx phayrii Theobald. Java.

Trionyx cartilagineus Boddaert. Sumatra.

As far as I can make out the following not-ophidian-Reptiles are hitherto found in Celebes:

Gymnodactylus marmoratus Dum. et Bibr.

Hemidactylus frenatus Dum. et Bibr.

Hemidactylus garnoti Dum. et Bibr. (*H. lüdekingii* Bleek.)?

Hemidactylus platyurus Schneider.

Gehyra variegata Dum. et Bibr. (?)

Gehyra mutilata Wiegmann.

Lepidodactylus lugubris Dum. et Bibr.

Gecko verticillatus Laurenti.

Gecko monarchus Schlegel.

Draco volans Linné.

Draco lineatus Daudin.

Draco beccarii Peters et Doria.

Draco spilonotus Günther.

Calotes cristatellus Kuhl.

Calotes celebensis Günther.

Calotes jubatus Kaup.

Lophura amboinensis Schlosser, var. *celebensis* Peters.

Varanus salvator. Laurenti.

Varanus togianus Peters. [1])

Varanus indicus Daudin.

Mabuia multifasciata Kuhl.

Lygosoma nigrilabre Günther.

Lygosoma atrocostatum Lesson.

Lygosoma baudinii Dum. et Bibr.

Lygosoma infralineolatum Günther.

Lygosoma cyanurum Lesson.

Lygosoma smaragdinum Lesson.

Lygosoma quadrivittatum Peters.

Dibamus novae-guineae Dum. et Bibr.

Tropidophorus grayi Günther.

Crocodilus porosus Schneider.

Testudo forsteni Schlegel et Müller.

Chelone mydas Linné.

Chelone imbricata Linné.

Thalassochelys caretta Linné.

Cyclemys amboinensis Daudin.

To these I may add:

Mabuia rudis Boulenger.

Lygosoma variegatum Peters.

Varanus togianus Peters. [1])

In F l o r e s I collected:

Gymnodactylus d'armandvillei n. sp.

Hemidactylus platyurus Schneider.

Hemidactylus frenatus Dum. et Bibr

Gehyra mutilata Wiegmann.

Gecko verticillatus Laurenti.

Draco reticulatus Günther.

---

1) Previously this reptil was found by *A. B. Meyer* only on the Togean-Islands. But as they belong to the Celebesian fauna, agreeing with their situation near Celebes, I have placed Varanus togianus in this list. I then have found it indeed in Celebes itself and in the island of Saleyer.

Varanus salvator Laurouti.
Mabuia multifasciata Kuhl.
Lygosoma striolatum n. sp.
Lygosoma florense n. sp.
Ablepharus boutonii Desjardin, var. *furcata* n. v.
Chelone mydas Linné.

SAURIA.

GECKONIDAE.

Gymnodactylus.

1. *Gymnodactylus marmoratus* Dum. et Bibr.
   Java: Buitenzorg, 7 sp.
2. *Gymnodactylus d'armandvillei* n. sp. (Plate XIV. Fig. 1).
   Flores: Sikka, 2 sp.

Habit Gecko-like, head large, snout twice as large as the diameter of the orbit; distance of orbit from earopening equals once and one half the diameter of the orbit; forehead concave; earopening suboval, one half the diameter of the eye. Rostral quadrangular, twice as broad as high, deeply notched behind and grooved, entering considerably the nostril; latter pierced between the rostral, the first labial and three nasals; twelve upper labials, last four very small, granular and nine to ten lower labials; mental partially wedged in between two large chin-shields, which form a broad suture with each other; a pair of small chin-shields on each side of the median pair. Head with small granules intermixed with conical tubercles on the occiput and temples. Upper surface of back and tail covered with very small granules, back and flanks with about nine longitudinal series of alternating very strong subconical, distinctly ribbed or uni- to three-carinate tubercles. Upper surface of the tail with strong unicarinate similar tubercles in semicentric rings. Inner surface of hindlimbs with keeled scales, upper surface with irregularly scattered tubercles. A slight fold of skin from axilla to groin, provided with a series of tubercles; 36—40 longitudinal rows of small cycloid, imbricate abdominal scales. Tail inferiorly with a median series of large transverse plates. Digits strong; the basal joints not very distinct from the distal ones, provided with transverse imbricate plates inferiorly; the compressed distal phalanges with smaller ones. Males with eightteen to nineteen femoral pores on each side along the whole length of the thigh. Tail cylindrical, tapering.

Gray above, with two dorsal series of dark-brown small more or less confluent spots; similar spots on the tail and the limbs; a broad dark streak behind the eye to the ear.

Total length 187 mm.		fore limb 28	
head	25	hind limb 40.	
width of head 18.		tail	102.
body	60.		

Named in honour of the zealous dutch Catholic priest of Sikka, Mr. Le Cocq d'Armandville.

Stands nearest to Gymnodactylus variegatus, from which it differs by the small size of the abdominal scales the larger number of femoral pores, the number of labials and principally by the enormous size of the tubercles.

Hemidactylus.

3. *Hemidactylus platyurus* Schneider.
    Flores: Reo (North-west-coast), 1 sp.
        Endeh (South-coast), 2 sp.
    South-Celebes: Pare-Pare, 4 sp.
        Tempe, 1 sp.

4. *Hemidactylus frenatus* Dum. et Bibr.
    Java: Buitenzorg, 4 sp.
    Flores: Maumeri, Sikka and Endeh, 18 sp.
    South-Celebes: Makassar and Pare-Pare, 7 sp.
    Central-Celebes: Luwu, 1 sp.
    Saleyer, 2 sp.

Gehyra.

5. *Gehyra mutilata* Wiegmann.
    Java: Buitenzorg, 4 sp.
    Sumatra: Singkarah, 1 sp.
    Celebes: Makassar, 2 sp.
    Flores: Endeh, 1 sp.

Gecko

6. *Gecko verticillatus* Laurenti.
    Java: Buitenzorg, 1 sp.

Flores: Mbawa, Maumori and Sikka, 6 sp.

Colebos: Makassar, 1 sp.

7. *Ptychozoon homalocephalum* Creveldt.

Java: Buitenzorg, 2 sp.

Some observations may perhaps be made here on the eggs of this remarkable animal, and with the more right, because I find nothing in literature [1]) about the manner in which the female deposits its eggs.

I found numerous eggs on the smooth trunk and branches of an Urostigma rumphii. They have a glossy grayish-white colour, are semiglobular and are attached to the bark of the tree with a flat basis. Their greatest diameter is 14 mm., their smallest 11 mm. Always two eggs are found together; they touch each other with flat surfaces. Now and then a different number of eggs are loosely united in a little group, but even then we find two eggs more intimately united and independent of the others. From this we may conclude that a female always deposits two eggs at once. Dr. *Bauer's* specimen (v. i.) laid also only two eggs.

Whether larger groups of eggs result from one and the same female, that continues depositing eggs on the spot where it already had laid two before, or whether such a group contains the eggs of several females I do not dare to assert. I observed however that the eggs were in different stages of development, but this proves nothing. Nevertheless I am inclined to believe that several females choose the same spot for their eggs. All the eggs I gathered, were collected on one and the same tree and notwithstanding very careful searching on different Urostigma — though not U. rumphii — in the neighbourhood I could not succeed in finding one single specimen more of these easily visible eggs. This makes it probable that the animals choose only this tree. The very smooth bark that is peculiar to Urostigma rumphii may well explain this fact, for it will indeed prove useful in adhering the eggs to it with a broad face. This face of the egg is rather soft; the other part of the eggshell is as hard as porcelain and will break easily.

The size of the egg compared with the size of the animal is very remarkable; but this is also the case with other Geckotidae, whose eggs are also very large.

---

1) The only notice I know of, is the remark of Dr. *F. H. Bauer* (Proc. Zool. Soc. London 1886 pag. 718) about a living specimen: „It appeared to be a female, for only a few days after its capture it laid two eggs in the box in which it was kept".

When the new-hatched animal leaves the egg, it has already grown rather large. I found specimens of 5,5 cm. length, still enclosed in the eggshell and still provided with a yolksack, round which they were curled up. Otherwise they resembled in every particular the full grown specimen. The parachute-like expansion of the skin between the limbs was already to be seen in very young embryos as a fold of the skin.

AGAMIDAE.

Draco.

8. *Draco volans* Linné.

    Sumatra: Kaju tanam, 3 sp.

    Java: Buitenzorg, 4 sp.

9. *Draco lineatus* Daudin.

    Central-Celebes: Luwu, 1 sp.

Besides from the Moluccas and Java only known from North-Celebes.

10. *Draco reticulatus* Günther.

    Floros: Maumeri and Sikka, 4 sp.

        Endeh, 4 sp.

Hitherto only found in the Philippines and Sangir-Islands.

In the male the wing-membrane is unspotted below, in the female spotted.

Gonyocephalus.

11. *Gonyocephalus chamaeleontinus* Laurenti.

    Sumatra: Singkarah, 2 sp.

12. *Gonyocephalus kuhlii* Schlegel.

    Java: Tjibodas 1425 meter above the level of the sea, 1 sp.

My specimen agrees very well with the description of *Schlegel* (Bijdragen tot de Dierkunde I. Amsterdam 1848—1854. pag. 5). *Schlegel* states, in contradiction with the preceding species; — „bords sourcilliers moins saillants." *Boulenger* (Catalogue of Lizards I. pag. 286) says: „Supraciliary border more projecting still" than in the preceding species. I suppose this must be a slip of the pen.

13. *Gonyocephalus grandis* Cantor.

    Sumatra: Singkarah, 1 sp.

14. *Gonyocephalus tuberculatus* Günther.

    Sumatra: Singkarah, 1 sp.

This species seems to be described after one specimen only in the

British Museum with the very general indication of habitat viz. „East-Indian archipelago." I can thus state that Sumatra is one of the localities.

Calotes.

15. *Calotes cristatellus* Kuhl.

    Sumatra: Manindjau, 1 sp.

    Singkarah, 5 sp.

16. *Calotes celebensis* Günther.

    South-Celebes: Bantimurong near Maros, 1 sp.

17. *Calotes jubatus* Kaup.

    Java: Tjibodas 1425 meter above the level of the sea, 3 sp.

    Buitenzorg, 3 sp.

Lophura.

18. *Lophura amboinensis* Schlosser, var. *celebensis* Peters.

    South-Celebes: near Tempe and Pampanua, 4 sp.

In the session of the Berlin Academy of science, July 22. 1872, PETERS communicated the diagnosis of a new species of Lophura, that he calls Lophura celebensis, based upon a single male specimen collected by A. B. Meyer in the bay of Tomini at the river Posso, Celebes.

BOULENGER however, in his new Catalogue does not recognize it as a new species and classes it as identical with L. amboinensis.

The description of PETERS [1]) is as follows: „Schwarz, Körperseiten schön gelb mit eingesprengten schwarzen unregelmässigen, oft zusammenfliessenden Flecken. Die einzelnen zerstreuten grossen Schuppen der Körperseiten z. Th. fast so gross wie das Trommelfell. Die Schuppen der Bauchseite sind meist länger als breit, am hinteren Rande mit einem oder zwei Ausschnitten und daher zwei- bis dreispitzig. Das einzige Exemplar ist ein ausgewachsenes Männchen und hat daher den Kamm auf der Schnauze sowie den Schwanzkamm und die mittleren Rückenschuppen sehr entwickelt. Ungefähr 12 Schenkelporen jederseits in unterbrochener Reihe."

Now my specimens agree in every particular with this description. Only I should like to lay more stress on the peculiarity that the large scales of the sides of the body are not irregularly dispersed as in L. amboinensis but are united in six groups or bands. The first group,

---

1) Monatsberichte d. Königl. Akad. d. Wiss. Berlin aus d. Jahre 1872—1873. pag. 581.

consisting of six to eight scales, is placed in the nuchal streak. Three groups are placed between fore and hind limbs, a fifth one, with smaller scales above the hind limbs. A sixth or last, at the beginning of the tail, is the smallest group with smaller scales.

The large scales are roundish, pointed, keeled, as large as the tympanic. In a large specimen the largest scales have a diameter of 1,1 cm.

Uppersides of the animal black; point of scales at the sides of the body yellow. Under surfaces of body and limbs light yellow. From the nuchal streak runs a yellow patch, increasing in broadness to the throat. Ventral scales mostly longer than broad, two- or three-pointed.

My largest specimen measures as follows:

head	6,8 cm.	tail	71.
width of head	5.	total length	108,8.
body	31.		

In the beginning, when comparing my specimens with a typical amboinese one I was inclined to separate them specifically, as PETERS did. Afterwards however I had the opportunity of seeing in the series of L. amboinensis in the British Museum some specimens from the Philippines. These have already some very large scales intermixed between the others with a slight indication of grouping. So they form a bridge between the typical L. amboinensis and L. celebensis, that stand at the two extremeties of the series. I am therefore strongly disposed to believe that BOULENGER is right in uniting L. celebensis with L. amboinensis. Perhaps L. celebensis may have the value of a variety or race peculiar to Celebes.

BLEEKER [1]) has described a new species of Lophura, as „Istiurus microlophus", from Makassar. I believe that this is a young specimen of L. celebensis as one may already suppose from the length of the animal as indicated by BLEEKER. As I have two young specimens of L. celebensis, the total length of one of which is 24 cm., of the other 47 cm., that agree very well with the description of Bleeker, I can confirm this suggestion.

I obtained my specimens in South-Celebes at the Minralang river near Tempe and at Pampanua on the river Tjinrana. The animal lives only on the banks of rivers; small specimens principally in steep places of the banks and on trees lying in the water. Large individu-

---

1) Natuurk. Tijdschrift v. Nederl. Ind. XXII. 1860. pag. 80.

als prefer to sit on branches also of very high trees, that are hanging over the water or stand at least immediately on the river. When shot they fall or jump into the water to have a chance of escape, as they swim and dive exceedingly well; when hunted on the ground they always run to the water and swim with considerable speed to the opposite side.

This variety or race seems to be restricted to Central-and Southern-Celebes. BLEEKER's and my specimens are from the southern part; A. B. MEYER obtained his specimen in the central part and communicated to PETERS, that it is not found in North-Celebes. During a short residence at Luwu in the central part of Celebes the inhabitants told me of the existence of a large lizard living near rivers, that, according to their description, must be a Lophura.

VARANIDAE.

Varanus.

19. *Varanus salvator* Laurenti.
>   Sumatra: Kaju tanam, Solok and Singkarah, 3 sp.
>   Java: Buitenzorg, 4 sp.
>   Flores: Reo, Sikka and Endeh, 3 sp.

20. *Varanus togianus* Peters.
>   Celebes: Makassar, 1 sp.
>   >   Tello near Makassar, 1 sp.
>   Saleyer, 2 sp.

This species is easily to be distinguished from Varanus salvator by its larger scales of the upper surfaces and by the totally different colour. It was detected by A. B. MEYER on the Togean-Islands near the central part of Celebes and described by PETERS. I am inclined to believe, that it is a typical species of the celebesian fauna; for I found it in South-Celebes and on the Island of Saleyer, that belongs faunistically and geographically to Celebes. The Island of Saleyer lies very near to the south-western peninsula of Celebes and is connected with it by several small islands. On the island of Flores I observed only the common Varanus salvator.

LACERTIDAE.

Tachydromus.

21. *Tachydromus sexlineatus* Daudin.
>   Java: Buitenzorg, 1 sp.

SCINCIDAE.

Mabuia.

22. *Mabuia multifasciata* Kuhl.

Java: Buitenzorg, 15 sp.

Sumatra: Solok, Singkarah, Fort de Kock and Kaju tanam, 12 sp.

Flores: Maumeri, Sikka and Endeh, 5 sp.

Celebes: Makassar, 2 sp.

23. *Mabuia rudis* Boulenger.

Celebes: Luwu, 1 sp.

This species was before observed only in Sumatra and Borneo.

Lygosoma.

24. *Lygosoma malayanum* Doria.

(Annali del museo civico d. Genova. ser. 2ª vol. VI. 1888).

Sumatra: Alahan pandjang.

Body slender, elongate; limbs short; the distance between the end of the snout and the fore limb is contained once and three fifths in the distance between axilla and groin. Snout obtuse. Lower eyelid scaly. Nostril pierced in a single nasal; no supranasal; a single anterior loreal; frontonasal broader than long, forming a flat suture with the rostral; praefrontals large, forming a broad median suture; frontal a little shorter than frontoparietals and interparietal together, in contact with the two anterior supraoculars; four supraoculars subequal in length; seven supraciliaries; frontoparietals and interparietal distinct, subequal in size; parietals in contact behind the interparietal; *no enlarged nuchals;* seven upper labials, fifth, sixth and seventh largest, subequal; fifth and sixth below the eye. Ear-opening large, globular, smaller than the eye-opening; *no auricular lobules.* 32 smooth subequal scales round the middle of the body, a pair of slightly enlarged praeanals. The adpressed limbs fail to meet. Digits short, subdigital lamellae smooth, not divided, 13 under the fourth toe. Tail thick, much longer than head and body. Head dark brown above, back dark brown with yellowish reticulations; a dark brown band, edged with yellowish spots, extends from the eye to the tail; lower surfaces yellowish, flanks with light brown spots.

Total length	87 mm.	Body	24,5.
Head	7,5.	Fore limb	7,5.
Width of head	4.	Hind limb	9,5.
		Tail	55.

One young specimen from Alahan pandjang (West-Sumatra) 1500 meter above the sea-level.

I suppose this must be the Lygosoma malayanum described by DORIA from some specimens found by O. BECCARI on mount Singalang in West-Sumatra. For comparison I have given the preceding description in the way of BOULENGER's Catalogue.

When this Lygosoma, belonging to the group Hinulia, is really identical with DORIA's L. malayanum, it seems to be a mountain species. DORIA adds: „E il solo Lygosoma del gruppo delle Hinulia trovato finora nelle grandi isole Malesi", but he has neglected that Lygosoma (Hinulia) sanctum Dum. et Bibr. belongs to Java.

25. *Lygosoma sanctum* Dum. et Bibr. (Plate XIV. Fig. 4).

Java: Buitenzorg, 4 sp.

Habit lacertiform, the distance between the end of the snout and the fore limb equals once and one fifth the distance between axilla and groin. Snout moderately elongate. Lower eyelid scaly. Nostril pierced in a single nasal; no supranasal; rostral flat or a little convex above, largely in contact with the frontonasal, which is broader than long and forms a very narrow suture with the frontal, latter shield as long as frontoparietals and parietals together, in contact with the three anterior supraoculars; five large supraoculars; first much longer than second, fifth smallest; nine supraciliaries, first largest, supraocular region swollen. Frontoparietals and interparietals distinct, former a little larger than latter; parietals forming a short suture behind the interparietal, no nuchals; fifth and sixth upper labials largest and below the eye. Earopening oval, smaller than the eyeopening, no auricular lobules; 32—34 finely striated scales round the middle of the body, dorsals largest, laterals smallest. A pair of large praeanals. The hind limb reaches the axilla. Digits long compressed, subdigital lamellae unicarinate, 25 to 26 under the fourth toe.

Graybrown above, a black lateral band, spotted with whitish, extends from the nostril through the eye and above the ear to the groin. Back with a silvery median band, commencing on the forehead and edged by two series of black spots. Lower surfaces whitish.

Total length	116 mm.	Body	36.
Head	12.	Fore limb	18.
Width of head	8,5.	Hind limb	25.
		Tail	68.

My specimens agree very well with the description of DUMÉRIL et BIBRON (Erpétologie 1839 pag. 730) of Lygosoma sanctum after a young speci-men in bad state of preservation, from Java. I can not find any description posterior to this. BOULENGER (Catalogue of Lizards III. pag. 243) supposes that Lygosoma sanctum Dum. et Bibr. is probably closely allied to Lygosoma maculatum Blyth. This is really the case. After comparison of my specimens with L. maculatum in the British Museum I find only a difference in the number of scales round the middle of the body and a difference in coulour and markings, that are of no specific value. Therefore Lygosoma maculatum Blyth (1853) is a synonyme to Lygosoma sanctum Dum. et Bibr. (1839); perhaps L. maculatum may have the value of a variety.

26. *Lygosoma striolatum* n. sp. (Plate XIV. Fig. 5 and 6).

Flores: Reo, 1 sp.

Habit lacertiform; the distance between the end of the snout and the fore limb equals once to once and one fifth the distance between axilla and groin. Snout short, obtuse. Lower eyelid scaly. Nostril pierced in a single nasal; no supranasal; rostral a little concave above, largely in contact with the frontonasal, which is broader than long; praefrontals forming a median suture. Frontal as long as frontopa-rietals and interparietal together, in contact with the *four* anterior supraoculars; *seven* supraoculars, first a *little longer* than second, posterior supraocular very small; ten supraciliaries, first largest; fronto-parietals and interparietal distinct, equal in length; parietals forming a short suture behind the interparietal; no nuchals; fifth and sixth upper labials largest and below the eye. Earopening oval, smaller than the eyeopening; no auricular lobules. 40 finely striated scales round the middle of the body, lateral smallest. A pair of large prae-anals. The hind limb reaches the ear. Digits long, compressed; subdigital lamellae unicarinate, 26 under the fourth toe. Tail broken. Pale brown above with strong metallic gloss and small brown spots, forming differ-ent irregular, somehow reticulated series along each side of the back. A dark brown band passing from the nostril to the eye; edge of jaws blackish; lower surfaces white.

Head	12 mm.	Fore limb 18.	
Width of head 8.		Hind limb 29,5.	
Body	36,5.		

I caught one specimen only at Reo, north-coast of West-Floros.

Stands nearest to Lygosoma dussumieri from which it differs in the following points: seven supraoculars, four of which are in contact with the frontal; Lyg. dussumieri has only five supraoculars, two or three of which are in contact with the frontal. L. striolatum has only ten supraciliaries, striated scales and 26 lamellae under the fourth toe, while dussumieri has 22 or 23. Colour quite different in both.

27. *Lygosoma variegatum* Peters.

        Celebes: Bantimurong near Maros. 1 fullgrown specimen.

                Loka near Bonthain, about 1150 meter above the level of the sea, 2 young specimens.

Celebes seems to be a new locality for this species, that was found before in the Philippines, Borneo, Mollucas and New-Guinea.

28. *Lygosoma florense* n. sp. (Plate XIV. Fig. 2 and 3).

        Flores: Sikka and Maumeri, 11 sp.

Habit lacertiform; the distance between the end of the snout and the fore limb equals about once and a half the distance between axilla and groin. Snout short, obtuse. Lower eyelid scaly. Nostril pierced in a single nasal; no supranasal; rostral flat above, forming a *straight* broad suture with the frontonasal which is *nearly* twice as broad as long. A single anterior loreal. Praefrontals forming a median suture; frontal as long as frontoparietals and interparietal together, in contact with the four anterior supraoculars; six or seven supraoculars, *first not very much longer than second*; twelve supraciliaries, first largest; frontoparietals and interparietal distinct, subqual in length; parietals forming a short suture behind the interparietal; *no nuchals.* Fifth and sixth upper labial largest and below the centre of the eye. Earopening large, oval, nearly as large as the eyeopening; *five to six auricular lobules.* 44 to 50 *very finely* striated scales round the middle of the body; dorsals largest, laterals smallest. A pair of large praeanals. The hind limb reaches the shoulder; digits elongate, compressed, subdigital lamellae smooth, 27 to 29 under the fourth toe. Tail about one and two thirds the length of head and body. Chestnut-brown above, with metallic gloss and irregular transverse dark brown spots; flanks reticulated with numerous black and whitish small spots. Tail more or less blackish below. In young specimens a lateral dark band, edged above with white. Throat black intermixed with white spots and marblings.

Total length 173.	(173) mm.		Fore limb 22.	(2ϊ).	
Head	17.	(15)	Hind limb 38.	(36).	
Width of head 11.	(9)		Tail	1u2. (110).	
Body	54.	(48)			

Stands nearest to Lygosoma melanopogon, from which it is easily distinguished by its auricular lobules, the flat rostro-frontonasal suture, the smaller size of the frontonasal, the *four* supraoculars that are in contact with the frontal, the striated dorsal scales and the larger number of subdigital lamellae under the fourth toe. The black throat is very characteristical too.

29. *Lygosoma smaragdinum* Lesson.
    Saleyer, 1 sp.

30. *Lygosoma olivaceum* Gray.
    Sumatra: Manindjau, 1 young sp.
    Java: Buitenzorg, 2 fullgrown sp.

31. *Lygosoma cyanurum* Lesson.
    Celebes: Luwu. One young specimen with azure-blue tail. One fullgrown specimen with tail not differently coloured from back. Sides of body with a white line, that commences on the supraoculars and extends — above the earopening — to the hind limb.

32. *Lygosoma temminckii* Schlegel.
    Sumatra: Padang, 1 sp.
    Java: Tjibodas 1425 meter above the level of the sea, 4 sp.

33. *Lygosoma chalcides* Linné.
    Java: Buitenzorg, 1 sp.
    Saleyer, 2 sp.
    The latter specimens are very dark coloured.

34. *Lygosoma sumatrense* Günther.
    Sumatra: Kaju tanam, 1 sp.

Ablepharus.

35. *Ablepharus boutonii* Desjardin, var. *furcata* n. v.
    Flores: Sikka and Endeh, 5 sp.
    24 or 26 scales round the body. Four labials anterior to the sub-

ocular. Black above, with a lateral and four dorsal white bands with strong metallic gloss. The lateral band runs from the labials over the ear-opening and above the fore limb to the hind limb. The median dorsal band commences on the top of the snout and *bifurcates* between the eye and the fore limb in two bands running to the tail. The two lateral dorsal bands begin on the nostril and extend, above the eye, to the tail.

Tropidophorus.

36. *Tropidophorus grayi* Günther.

Central-Celebes: Luwu, 1 sp.

The genus Tropidophorus was only known from China, Indochina, Philippine Islands and Borneo, especially Tropidophorus grayi only from the Philippines and North-Celebes. The new locality is therefore zoogeographically not without interest. The only difference between my specimen and BOULENGER's description is, that it has no azygos shield between the frontonasals and the praefrontals.

DIBAMIDAE.

Dibamus.

37. *Dibamus novae-guineae* Dum. et Bibr.

Central-Celebes: Luwu, 1 sp.

Sumatra: Singkarah, 1 sp.

Kaju tanam, 1 sp.

It is an interesting fact that this species, hitherto only known from Celebes, the Molluccas and New Guinea, occurs also in Sumatra. The differences of the two Sumatra-specimens from the descriptions of Dibamus novae-guineae are so small, that I can not separate them from that species.

CROCODILIDAE.

Crocodilus.

38. *Crocodilus porosus* Schneider.

Java: Buitenzorg, skeleton (N°. 250).

South-Celebes: Pampanua on the river Tjinrana, Cranium (N°.618)61 cm. long, from a specimen found dead in the river. I observed also some specimens in the river Lapa-Lupa near Tempe (South-Celebes), far in ✓ the inland.

Tomistoma.

Tomistoma schlegelii S. Müller.

This interesting species is only known from Borneo. Since about six months a small specimen is living in the Zoological Gardens of the Royal Zoological Society of Amsterdam. This specimen was brought from Deli, East-Sumatra, with much trouble to Amsterdam by Mr. V. H. Huurkamp Boeken.

Although this animal does not belong to my collection I thought the fact, that Tomistoma schlegelii lives also in Sumatra, interesting enough to make it known.

CHELONIA.

Chelone.

39. *Chelone mydas* Linné.

Celebes: Makassar, skeleton (N⁰. 800).

Flores: Maumeri, skeleton (N⁰. 611).

Cyclemys.

40. *Cyclemys amboinensis* Daudin.

Celebes: Makassar, 5 sp. (N⁰. 551, 552, 554, 617), one specimen just hatched.

Pandjana (Tanette, South-Celebes) 2 sp. (N⁰. 380, 381).

Testudo.

41. *Testudo emys* Schlegel et Müller.

Sumatra: Kotta Sani near Solok in a forest, 1 sp. (N⁰. 613).

My specimen differs in the form of the body from the description and figure of *Schlegel* and *Müller* (Verhandl. tot de Nat. Hist. v. Nederl. Indië. 1844. pag. 84), in as much as the carapace is narrower and in the forepart is at once bent more downward. The gulars are more produced, pointed and deeply notched.

Trionyx.

42. *Trionyx phayrii* Theobald.

Java: Buitenzorg, 3 sp. (N⁰. 262, 614. Skeleton: N⁰. 256).

43. *Trionyx cartilagineus* Boddaert.

Sumatra: River Sumanik and lake of Singkarah, 7 sp. (N⁰. 615, 616. Skeleton: N⁰. 150, 151, 152. Skull: N⁰. 98 and 100). One skull (N⁰. 98) was found in the stomach of Varanus salvator.

Kaju tanam, 2 young specimens.

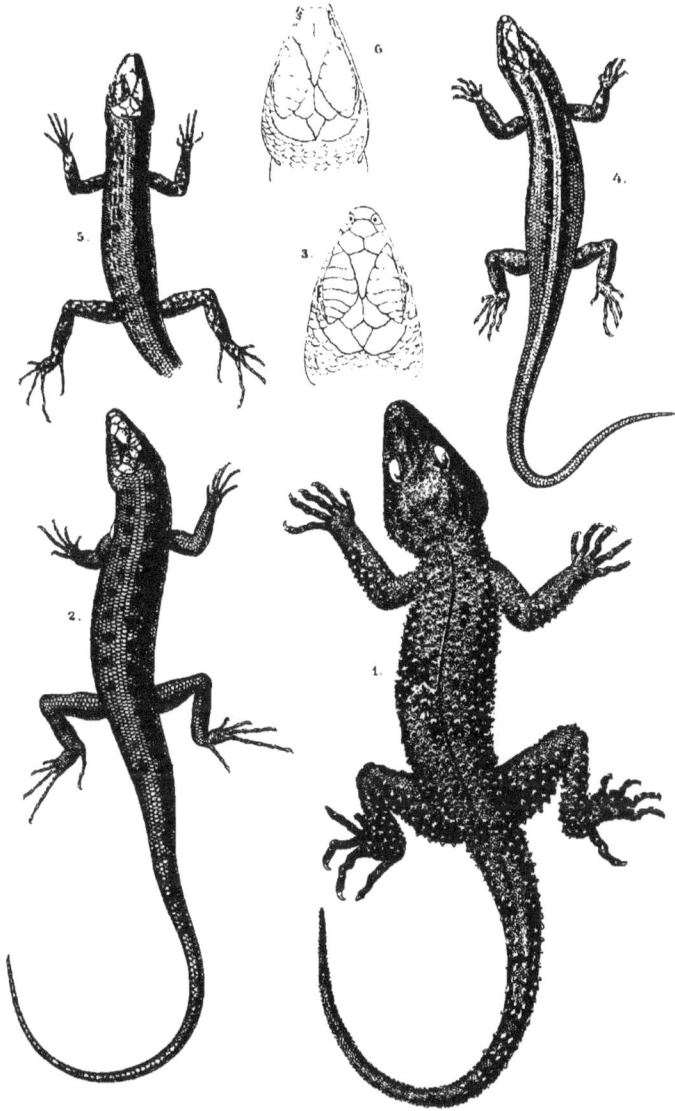

DESCRIPTION OF PLATE XIV.

Fig. 1. *Gymnodactylus d'armandvillei*, n. sp.

Fig. 2. *Lygosoma florense*, n. sp.

Fig. 3. Head of *Lygosoma florense*, n. sp.

Fig. 4. *Lygosoma sanctum*, Dum et Bibr.

Fig. 5. *Lygosoma striolatum*, n. sp.

Fig. 6. Head of *Lygosoma striolatum*, n. sp.

The figures give the natural size, only the two heads (fig. 3 and 6) are two times the natural size.

REPTILIA from the Malay Archipelago.

II.

OPHIDIA.

BY

Th. W. VAN LIDTH DE JEUDE.

With plates XV and XVI.

The snakes, collected by Prof. Max Weber during his stay in the Malay Archipelago, belong to the following species.

Typhlina lineata Boie. Java.

Typhlops braminus Daudin. Java, Saleyer, Flores.

Typhlops nigro-albus Dum. et Bibr. Sumatra.

Cylindrophis rufa var. *melanota* Boie. Celebes.

Anomalochilus weberi n. g. et sp. Sumatra.

Xenopeltis unicolor Reinwardt. Java, Sumatra.

Calamaria linnaei Boie. Java.

Calamaria pavimentata Dum. et Bibr. Java.

Calamaria vermiformis Dum. et Bibr. Sumatra.

Calamaria bogorensis n. sp. Java.

Calamaria variabilis n. sp. Java.

Pseudorhabdion torquatum Dum. et Bibr. Sumatra.

Oligodon subquadratus Dum. et Bibr. Java.

Simotes trilineatus Dum. et Bibr. Sumatra.

Diadophis baliodirus Boie. Sumatra.

Diadophis bipunctatus n. sp. Sumatra.

Elaphis melanurus Schlegel. Sumatra.

Elaphis subradiatus Schlegel. Flores.

Elaphis radiatus Schlegel. Java.

Coryphodon korros Reinwardt. Java.

Tropidonotus vittatus Linné. Java.

Tropidonotus trianguligerus Schlegel. Sumatra.

Amphiesma subminiatum Roinwardt. Java.

Amphiesma chrysargos Boie. Java, Sumatra.

Lepidognathus rugosus n. g. et sp. Sumatra.

Cerberus rhynchops Schneider. Celebes.

Hypsirhina enhydris Schneider. Java.

Hypsirhina plumbea Boie. Celebes.

Gonyosoma oxycephalum Reinwardt. Java.

Leptophis formosus Schlegel. Sumatra.

Dendrophis pictus Boie. Java, Sumatra, Flores.

Dendrophis caudolineatus Cantor. Sumatra.

Chrysopelea ornata Shaw. Sumatra.

Dryophis prasinus Wagler. Java, Sumatra.

Psammodynastes pulverulentus Boie. Java, Flores.

Lycodon aulicum Linné. Celebes, Saleyer, Flores.

Ophites subcinctus Boie. Java.

Dipsas drapiezi Boie. Sumatra.

Astenodipsas malaccana Peters. Sumatra.

Chersydrus granulatus Schneider. Celebes.

Platurus scutatus Laurenti. Flores.

Elaps furcatus Schneider. Java.

Elaps sumatranus n. sp. Sumatra.

Elaps trilineatus Dum. et Bibr. Sumatra.

Bungarus semifasciatus Kuhl. Java.

Naja tripudians Merrem. Sumatra, Flores.

Trigonocephalus rhodostoma Reinwardt. Java.

Bothrops erythrurus Cantor. Flores.

Bothrops wagleri Boie. Sumatra.

Bothrops puniceus Reinwardt. Sumatra.

In Celebes were collected only five snakes belonging to the following species, all of them already known from that island:

Cylindrophis rufa var. *melanota* Boie.

Hypsirhina plumbea Boie.

Cerberus rhynchops Schneider.

Lycodon aulicum Linné.

Chersydrus granulatus Schneider.

There are only two species collected at Saleyer, viz.

Typhlops braminus Daudin.

Lycodon aulicum Linné.

It may be considered as a curious fact that, though six of the fifty species in Prof. Weber's collection are new to science, still all the eight species collected in Flores were known before. They are:

Typhlops braminus Daudin.

Elaphis subradiatus Schlegel.

Dendrophis pictus Boie.

Psammodynastes pulverulentus Boie.

Lycodon aulicum Linné.

Platurus scutatus Laurenti.

Naja tripudians Merrem.

Bothrops erythrurus Cantor.

TYPIILOPIDAE.

Typhlina.

1. *Typhlina lineata* Boie.

Java: Buitenzorg, 2 spec.

Sinagar, 2 spec.

With one of the specimens from Buitenzorg, a very young one, long only 0,3 c. m., the eyes are clearly visible.

Typhlops.

2. *Typhlops braminus* Daudin.

Java: Buitenzorg, 5 spec.

Saleyer, 5 spec.

Flores: Maumeri, 2 spec.

3. *Typhlops nigro-albus* Dum. et Bibr.

Sumatra: Padang (?), 2 spec.

TORTRICIDAE.

Cylindrophis.

4. *Cylindrophis rufa* var. *melanota* Boie.

Celebes: Tempe, 1 spec.

This specimen was kindly presented to Prof. Max Weber by Mr. A. J. A. F. Eerdmans, residing at Makassar.

Anomalochilus nov. gen. [1]).

Rostral rather large, more high than broad. Nasals undivided, touching the second upper-labial. Only one pair of frontals, in contact with the third upper-labial and with the eye. Vertical small, quadran-

---

1) From ἀνώμαλος = abnormal, and χεῖλος = lip.

gular. Two supra-ciliaries and two very small occipitals. *Four upper-labials*, the third of them entering the orbit. Mental very small; five lower-labials. *No mental groove*. No distinct chin shields, all of them resembling ordinary scales. Ventrals very small. Anal divided, subcaudals undivided.

5. *Anomalochilus weberi* n. sp.   (plate XV, fig. 1, 2 and 3).

Sumatra: Kaju tanam, 1 spec.

This very interesting species agrees with *Tortrix scytale* Lin. in the absence of a mental groove, but differs from that species in the arrangement of the eye, which is not covered by one shield but surrounded by four shields viz. by the supraciliary, the praefrontal, the third upper-labial and the posterior ocular. It agrees with *Cylindrophis rufa* Laur. in having a supraciliary and a posterior ocular, but it differs both from *Cylindrophis rufa* Laur. and from *Tortrix scytale* Lin. in the number of the upper-labials.

Head very small, depressed, not distinct from neck. The distance between both corners of the mouth equals the distance from one corner of the mouth to the tip of the snout. Nasals nearly as broad as the praefrontals. Vertical nearly twice as large as the supraciliary, quadrangular, the anterior angle being very obtuse, the posterior almost a right one. The occipitals small, resembling ordinary scales. A small triangular postocular. The third upper-labial the largest, touching the eye and the praefrontal. Scales in 21 rows, the ventrals scarcily differing in size with the other scales, 244 in number, a divided anal, six undivided subcaudals, followed by two rows of scales at the extremity of the tail.

Coloration (in spirits) brown, each brown scale with lighter edge. A light spot on each of the praefrontals and on the vertical. On both sides of the back a series of round light spots placed in pairs or alternatively, the number of these spots amounts to 28. Along the middle of the sides runs an interrupted whitish line. The underparts of the trunk are provided with a large number of irregular light spots arranged in two longitudinal series, but sometimes flowing together.

The divided anal is for the greater part whitish; whilst on the under part of the tail there is a white cross-band the outer parts of which ascend along the sides and reach the back, however without forming a complete ring. At the extremity of the tail two small round spots are seen on the upper part.

XENOPELTIDAE.

Xenopeltis.

6. *Xenopeltis unicolor* Reinwardt.

Java: Buitenzorg, 1 spec.

Sumatra: Singkarah, 1 spec.

CALAMARIDAE.

Calamaria.

7. *Calamaria linnaei* Boie.

Java: Buitenzorg, 5 spec.

8. *Calamaria pavimentata* Dum. et Bibr.

Java: Buitenzorg, 1 spec.

9. *Calamaria vermiformis* Dum. et Bibr.

Sumatra: Kaju tanam, 1 spec.

10. *Calamaria bogorensis* n. sp.   (plate XVI, fig. 6 and 7).

Java: Buitenzorg, 7 spec.

Upper labials five; the first pair of lower labials in contact with each other; there is no azygos shield in contact with the anterior chinshields. Vertical shield six-sided with an obtuse anterior angle, and the posterior angle almost a right one. The third and the fourth upperlabial in contact with the eye. One posterior and one anterior ocular shield. The number of ventrals varies from 157—167, that of the pairs of subcaudals from 16—28. One of our specimens has 179 ventrals and 16 pairs of subcaudals.

Upper part blackish, head somewhat lighter, rostral shield of a lead-colour, the lower part of the upper labials whitish. The lower part of the head whitish with a dark, longish, irregular spot on every shield. Ventrals and subcaudals of a light colour with two crescent-shaped dark spots, placed side by side with the convex side behind. These spots regularly arranged two on every ventral do not meet on the middle of the belly. On the anterior part of the tail the dark spots on the subcaudals leave a light space about the region of the subcaudal line; lower down these spots increase so much in size that the underpart of the extremity of the tail is of a dark colour.

This species is closely allied to *C. nigro-albus* Gthr. which has the lower parts of a uniform whitish colour, and to *C. modesta* D. et B. which has *one* crescentshaped dark spot on the ventrals, and a black subcaudal line.

11. *Calamaria variabilis* n. sp.   (plate XVI, fig. 8).

Java: Buitenzorg, 1 spec.

Upper-labials five, the first pair of lower-labials are not in contact with each other; there is no azygos shield in contact with the anterior chin-shields. Head rather long, snout somewhat pointed; vertical nearly twice as long as broad, six-sided, with a very acute posterior angle. The third and fourth upper-labials entering the orbit. One posterior and one anterior ocular shield. On both sides of the small scale lying in the middle between the occipitals, lies a large white-coloured scale nearly twice as broad as the surrounding ones. Our specimen has 192 ventrals and 21 pairs of subcaudals.

Upper parts black except the two large scales already mentioned, lying just behind the occipitals. Underparts and the outer row of scales spotlessly whitish. It may be mentioned as a curious fact that our specimen in getting dry after being taken out of spirits assumes an altogether different coloration. Nearly all the scales of the back assume a greyish-blue colour, whilst the scales of the outer series, the ventrals and the subcaudals get the glossy whitish-yellow colour peculiar to china. I think this change of colour must be attributed to the air getting between the epidermis and the colour-layer of the scales. Our only specimen is a rather small one measuring only 24 c. m.

Pseudorhabdion.

12. *Pseudorhabdion torquatum* Dum. et Bibr.

Sumatra: Singkarah, 1 spec.

This specimen differs from Dumeril's description and from the only specimen in the Leyden Museum from Celebes by the absence of a posterior ocular and in not having one or two small scales between the chin-shields. There is no light spot on the head, the collar round the upper part of the neck is very clearly visible, and every scale has a light spot in its centre. As there is only one specimen in the collection, I am not in a position to make out whether these peculiarities are characteristic to *all* specimens from Sumatra, in which case these ought to be regarded als belonging to a local variety of the species.

OLIGODONTIDAE.
Oligodon.

13. *Oligodon subquadratus* Dum. et Bibr.

Java: Buitenzorg, 1 spec.

Simotes.

14. *Simotes trilineatus* Dum. et Bibr.
    Sumatra: Manindjau, 1 spec.

CORONELLIDAE.
Diadophis.

15. *Diadophis baliodirus* Boie.
    Sumatra : Manindjau, 1 spec.
16. *Diadophis bipunctatus* n. sp.　　　(plate XVI, fig. 9).
    Sumatra: Kaju tanam, 1 spec.

Scales in thirteen rows. One praeocular, two postoculars, one loreal, temporals $1 + 2$ the anterior in contact only with the lower postocular. Upper labials seven, the third and fourth entering the orbit,
the sixth is the largest and as long as the anterior temporal. Ventrals 117; subcaudals 90. Upper parts dark brown, lower parts yellow
without stripes or spots. Head and neck black with two white small
spots on the occipitals. Three yellow cross-bands on each side of
the neck, the first pair melting together across the back and
forming a collar, the third not clearly visible. A yellow spot behind
and under the orbit, the three anterior upper-labials partly yellow
partly black. In each corner of ventrals and subcaudals nearest to the
outer rows of scales there is a triangular black spot, these series of spots
form a continuous black line along both the sides of the belly.

COLUBRIDAE.
Elaphis.

17. *Elaphis melanurus* Schlegel.
    Sumatra: Kaju tanam, 1 spec.
18. *Elaphis subradiatus* Schlegel.
    Flores: Kotting, 1 spec.
    　　　Sikka, 1 spec.

Both specimens differ from Schlegel's description as well as from
the figure given by him in „*Abbildungen neuer oder unvollständig
bekannter Amphibien.*" The black line running along the sides of the
neck to the posterior temporal shields is missing in both of them,
whilst in the smaller specimen from Kotting scarcely a trace of the
black line running behind the eye is to be seen. Moreover the larger
specimen from Sikka shows a very peculiar coloration along the sides
of the body. Just above the 13th and 14th ventral a black crossband

is to bo seen on either side, these bands nearly as broad as two ventrals do not melt together on the back but remain isolated. Some
4 or 5 ventrals farther on a similar black crossband is to be seen on
each side but now the band is of an irregular form and shows a ten-
dency to become split up into two spots lying one above the other.
Five or six more ventrals lower down to the tail the irregular black
spot is represented by two irregular spots lying one above the other
and still farther on there are to be seen on each side 18 combinations
of three black spots lying one above the other, there being an inter-
vening space of five or six ventrals between combination and combination. Moreover there are on each side two black lines, the upper
beginning behind the third cross-band, the lower behind the fourth
and both running as far as the twentieth or last combination of spots.
This particular coloration, is only to be seen as far as the foremost
half of the body, the rest of the body and the tail being of a greyish
colour without any markings. In the smaller specimen from Kotting
this coloration is not so clearly visible, the two dark lines being
only just indicated, but the series of black spots one above the other
are distinct enough.

As to the pholidosis of the head the larger specimen quite agrees
with Schlegel's figure, having 8 upper-labials, the fourth and fifth of
them entering the orbit. The smaller specimen has 9 upper labials, the
fourth being a very small one lying beneath the lower praeocular and
the fifth and sixth entering the orbit. This agrees with Duméril's description of a specimen of *Composoma subradiatum* from Timor presented by the Leyden Museum to that of Paris. Both our specimens
have 25 rows of scales, whilst both Schlegel and Duméril agree in
stating that the specimens from Timor have 23 rows of scales.

I think it not improbable that the specimens from Flores form a
local variety, but cannot vouch for it, as only two specimens were collected. Still I am strongly inclined to believe both, the numerous specimens caught at Timor and the two specimens from Flores, to belong
to local varieties of the following species *E. radiatus* Schl., a species
collected in Java, Sumatra, Borneo and several parts of the Indian
continent, but subject to many variations.

19. *Elaphis radiatus* Schlegel.

Java: Buitenzorg, 2 spec.

These two young specimens agree in all points with Schlegel's description, they both show the three black lines radiating from the orbit and the black line across the hind part of the head. Besides the two longitudinal lines on the flanks these specimens have series of two and three black spots lying one above the other, on the sides of the neck and also on part of the body. These combinations of spots resembling those described in the specimen of *Elaphis subradiatus* from Flores confirm my doubt as to the identity of that species. It may be noted that the Leyden Museum is in the possession of a young specimen of *E. radiatus* from Borneo resembling in *all* points the last mentioned specimens from Java.

Coryphodon.

20. *Coryphodon korros* Reinwardt.
    Java: Buitenzorg, 3 spec.

POTAMOPHILAE.

Tropidonotus.

21. *Tropidonotus vittatus* Linné.
    Java: Buitenzorg, 9 spec.

22. *Tropidonotus trianguligerus* Schlegel.
    Sumatra: Singkarah, 1 spec.
         „   Kaju tanam, 2 adult and 2 young specimens.

Amphiesma.

23. *Amphiesma subminiatum* Reinwardt.
    Java: Buitenzorg, 6 spec.

24. *Amphiesma chrysargos* Boie.
    Java: Tjibodas, 1 spec.
    Sumatra: Kaju tanam, 3 spec.

The specimen from Tjibodas differs from the typical specimens in having two praeoculars in stead of one, moreover the upper praeocular on the left side has an incision indicating a division into three praeocular shields.

Lepidognathus nov. gen. [1]).

Head depressed, rostral as high as broad, loreal present, nasals on the upper side of the head separated by the anterior frontals. No labials entering the orbit, but the eye surrounded by a ring of small scales. Upper labials 12, resting on a row of very small trigonal scales,

---

1) From λεπίς, (ίδος) = scale, and γνάθος = w.

which border the cleft of the mouth. Lower labials **11**. Scales in **17** rows, keeled and covered with very narrow stripes.

25. *Lepidognathus rugosus* n. sp. (plate XVI, fig. **1, 2, 3, 4** and **5**).
    Sumatra: Kaju tanam, 1 spec.

The only specimen of this species has the upper part of the head and the back of an olive-colour, whilst the margins of the scales are whitish; the underparts of the head, the anterior upper-labials, the ventrals, the outer row of scales and the lower half of the penultimate row are yellow.

A fold behind the nostril runs straight through the nasal, thus as it were dividing it into two parts. The nasals rest on the two anterior and a part of the third upper-labial, they are separated by two almost crescent-shaped anterior frontals, which form together a triangle with a rounded top. The three-sided loreal rests on the anterior part of the fifth, on the fourth and on the posterior part of the third upper-labial; the pretty large praeocular on the posterior part of the fifth upper-labial. The small scales below the orbit, three in number, rest on the sixth, seventh, eighth and ninth upper-labials. The tenth upper-labial touches the first of the temporals, whilst the eleventh and the twelfth upper-labials, greatly inferior in height to the ten preceding ones, are in contact with the posterior temporals. There is a longitudinal groove between the ten anterior upper-labials and the shields above them. The third, fourth, fifth, sixth, seventh, eighth, ninth and tenth upper-labial are resting on a row of small trigonal scales which border the cleft of the mouth.

The five-sided vertical is as broad as high, and is bordered on both sides by the supraciliaries, that of the left side being divided into two shields. The postocular closes the ring round the orbit formed by the supraciliaries, the praeocular and the three small shields below the eye.

The mental shield is rather narrow; the first pair of lower labials in contact behind the mental. Two small scales between the second pair of chin-shields. Our specimen has 170 ventrals, a divided anal and 95 pairs of subcaudals. The ventrals and subcaudals are smooth, the scales on the back, the flanks and the tail with many small longitudinal stripes, which give the surface a rough appearance. There is a strong denticulated keel on each of the scales.

Cerberus.

26. *Cerberus rhynchops* Schneider.

Celebes: Pare-Pare, 1 spec.

Our semi-adult specimen has the vertical shield in perfect form and not broken up into smaller shields.

Hypsirhina.

27. *Hypsirhina enhydris* Schneider.

Java: Buitenzorg, 1 adult, 1 semi-adult and 10 young specimens.

28. *Hypsirhina plumbea* Boie.

Celebes: Tempe, 3 spec.

DRYOPHILIDAE.

Gonyosoma.

29. *Gonyosoma oxycephalum* Reinwardt.

Java: Buitenzorg, 1 spec.

Leptophis.

30. *Leptophis formosus* Schlegel.

Sumatra: Singkarah, 1 spec.

Dendrophis.

31. *Dendrophis pictus* Boie.

Java: Buitenzorg, 1 spec.

Flores: Rokka, 2 spec.

Sumatra: Singkarah, 13 spec.

The two specimens from Flores differ from the typical specimens by the absence of the two black lines, running along the sides and bordering the yellow line. The black stripe behind the orbit runs gradually vanishing on to on the neck and the beginning of the body.

32. *Dendrophis caudolineatus* Cantor.

Sumatra: Singkarah, 1 spec.

Chrysopelea.

33. *Chrysopelea ornata* Shaw, var. ε Günther.

Sumatra: Kaju tanam, 1 spec.

Dryophis.

34. *Dryophis prasinus* Wagler.

Java: Buitenzorg, 7 spec.

Sumatra: Kaju tanam, 1 spec.

PSAMMOPIIIDAE.

Psammodynastes.

35. *Psammodynastes pulverulentus* Boie.

    Java: Tjibodas, 1 spec.

    Flores: Sikka, 1 spec.

           Maumeri, 2 spec.

           Endeh, 1 spec.

The coloration of the specimens from Flores is less distinct than that exhibited by specimens from Java or Sumatra. The light band bordered with black, clearly to be seen behind and below the eye in specimens from these islands, is very indistinct in the specimens from Flores, and so are the markings on the back. Colour grey or red, lighter on the belly; in red specimens the belly is of a yellowish colour.

LYCODONTIDAE.

Lycodon.

36. *Lycodon aulicum* Linné, var. γ Günther.

    Celebes: Tempe, 1 spec.

    Saleyer: 1 spec.

    Flores: Mbawa, 3 spec.

          Sikka, 1 spec.

Ophites.

37. *Ophites subcinctus* Boie.

    Java: Buitenzorg, 2 spec.

DIPSADIDAE.

Dipsas.

38. *Dipsas drapiezi* Boie.

    Sumatra: Kaju tanam, 1 spec.

Astenodipsas.

39. *Astenodipsas malaccana* Peters. (plate XV, fig. 4, 5 and 6).

    Sumatra: Kaju tanam, 1 spec.

The type of this species, described by Dr. Peters in „*Berliner Mo-natsberichte*" 1864, p. 173, is now in the Museum of Berlin. Dr. Mö-bius director of that Museum has been kind enough to compare our specimen with the typical one, and has pronounced them to be identical.

ACROCHORDIDAE.

Chersydrus.

40. *Chersydrus granulatus* Schneider.
   Celebes: Macassar, 1 spec.

HYDROPHIDAE.

Platurus.

41. *Platurus scutatus* Laurenti.
   Flores: in the sea near Sikka, 1 spec.

ELAPIDAE.

Elaps.

42. *Elaps furcatus* Schneider.
   Java: Buitenzorg, 2 spec.
      Tjibodas, 1 spec.
43. *Elaps sumatranus* n. sp.
   Sumatra: Kaju tanam, 1 spec.

Upper labials six, vertical six-sided, somewhat more long than broad. Temporals 1 + 1, the posterior longer and narrower than the anterior. Ventrals 225. This species bears some resemblance to *E. bivirgatus* Boie, as regards the general colour of the back and that of the belly. In coloration, however, the difference between the two species is very important. Our only specimen has the tail mutilated just behind the anal shield, so I am unable to give any information as to the shields or coloration of the tail. In the beginning the belly is of a red colour uniform without dark spots, the 73rd ventral is the first that assumes a black colour, though only on its left half. Again 30 ventrals are uniform red, the 31st is quite dark, followed by alternately black and red cross bands, the latter colour occupying 4 or 5 ventrals, whilst the former colour occupies half a ventral, one, one and a half, or two, in one instance even three ventrals. The upper parts are of a violet colour with a glossy shine and with three dark longitudinal bands, one occupying the three series of scales on the middle of the back, and one on each side occupying the three outer series of scales. Upper parts of the head of a dark colour, except the posterior frontals, which are somewhat lighter than the rest of the shields.

44. *Elaps trilineatus* Dum. et Bibr. (plate XVI, fig. 10).

Sumatra: Kaju tanam, 1 spec.

This species, described by Duméril et Bibron from a specimen captured at Padang, is not, as far as I know of, mentioned in any collection described afterwards. Though I could not compare our specimen with the typical one or with a figure of it, still the coloration agrees in so many points with Duméril's description, that I do not hesitate to class this little snake under *Elaps trilineatus*. It is remarkable for its slenderness, on the thickest part of the body measuring only 3 c. m. to a length of 23 c.m. The light band running on the middle of the back, from the vertical to the end of the tail, is interrupted in nearly 50 places. The white zig-zag line running between the outer row of scales and its preceding one is clearly visible as far as the analshield. The dark cross bands on the underside are very regularly disposed, and correspond with the interruptions of the light band, that runs on the back. Under part of the tail uniform red. Ventrals 271, an undivided anal and 14 pairs of subcaudals.

Bungarus.

45. *Bungarus semifasciatus* Kuhl.
Java: Buitenzorg, 1 spec.

Naja.

46. *Naja tripudians* Merrem.
Sumatra: Singkarah, 1 spec.
Flores: Endeh, 1 spec.
Bari, 1 spec.

The specimen from Sumatra of a dark brown colour, with two black oval spots, surrounded with white, on the sides of the neck; but without curved line uniting these spots. The specimens from Flores of a bluish-grey colour without any coloration on the neck, very much resembling specimens from Java, which also miss any trace of the markings on the neck.

CROTALIDA.

Trigonocephalus.

47. *Trigonocephalus rhodostoma* Reinwardt.
Java: Buitenzorg, 5 spec.

13

Bothrops.

48. *Bothrops erythrurus* Cantor.

Flores: Sikka, 2 spec.

Maumeri, 2 spec.

Mbawa, 1 spec.

49. *Bothrops wagleri* Boie.

Sumatra: Kaju tanam, 1 adult, 2 young specimens.

50. *Bothrops puniceus* Reinwardt.

Sumatra: Padang (?), 2 spec.

—— ——— ——

EXPLANATION OF THE PLATES.

———

PLATE XV.

Fig. 1, 2 and 3. *Anomalochilus weberi*, n. sp.

Fig. 4, 5 and 6. *Astenodipsas malaccana* Peters.

The figures 1, 4, 5 and 6 give the natural size the figures 2 and 3 twice the natural size.

PLATE XVI.

Fig. 1, 2, 3, 4 and 5. *Lepidognathus rugosus*, n. sp.

Fig. 6 and 7. *Calamaria bogorensis*, n. sp.

Fig. 8. *Calamaria variabilis*, n. sp.

Fig. 9. *Diadophis bipunctatus*, n. sp.

Fig. 10. *Elaps trilineatus* Dum. et Bibr.

The figures 1, 2, 6, 7, 8 and 9 give the natural size; figure 10 twice the natural size the figures 3, 4 and 5 are enlarged.

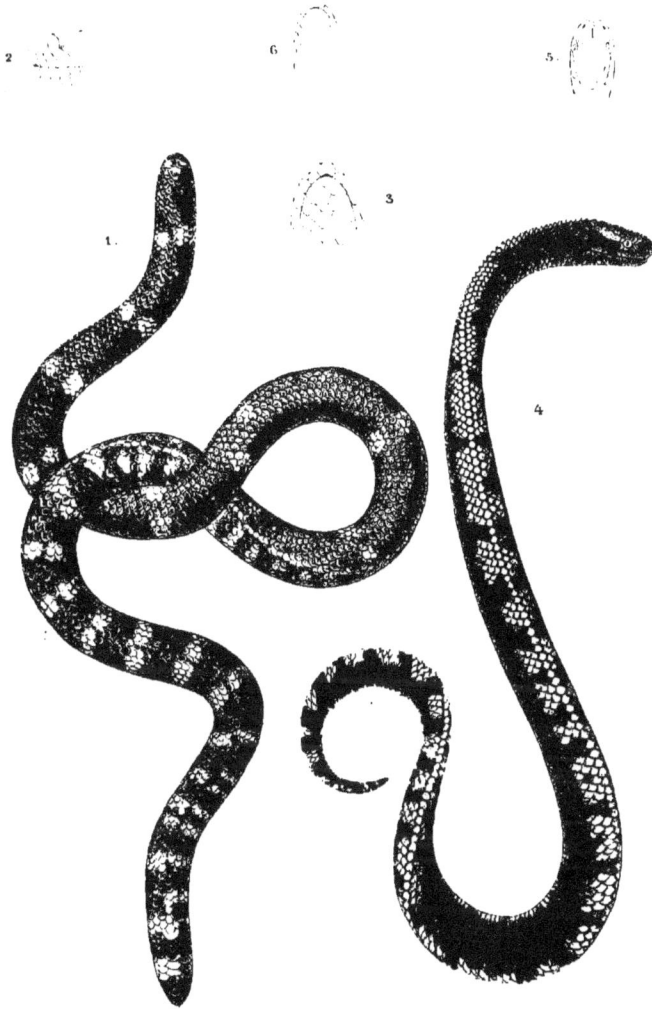

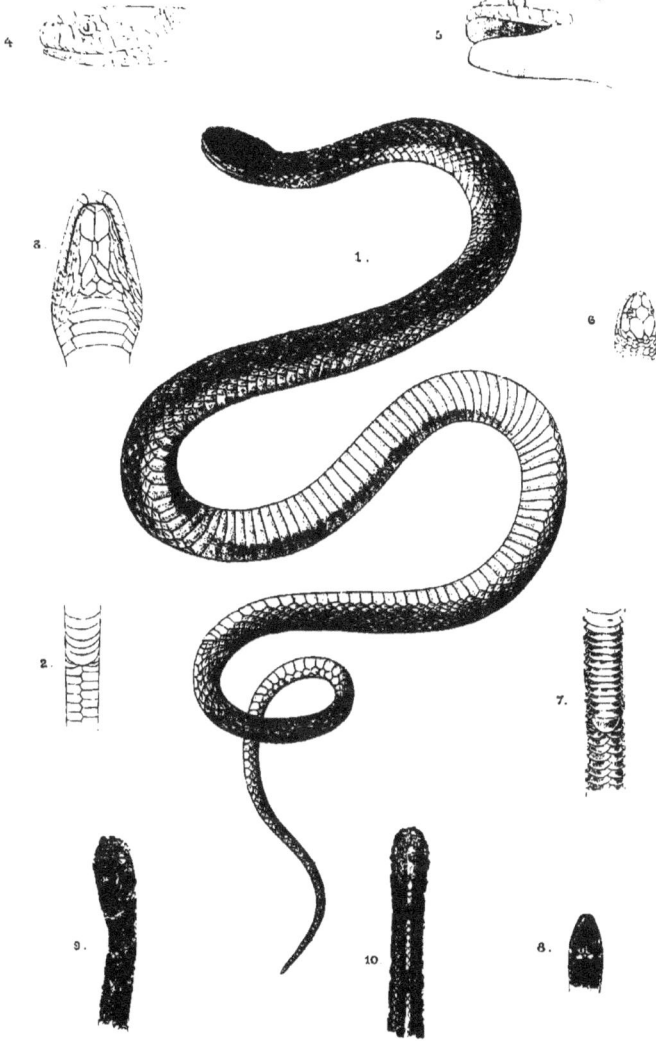

ARANEAE

EX

ARCHIPELAGO MALAYANO.

DETERMINAVIT

Dr. A. W. M. VAN HASSELT.

ORBITELARIAE.

EPEIROÏDAE.

Plectana. Walk. (Thor.). [1])

1. *Plectana arcuata* Fabr. = *Epeira curvicauda* Vauth. ♀.

Java: Buitenzorg.

In uno exemplari, sed hoc, in toto, tam complete conservato ac pulchre colorato, quam raro aut nunquam vidi.

Ab omni parte haec *Macrocantha* Simonii respondet egregiae descriptioni minutissimae, a viro clarissimo Thorellio nuper datae, in ejus classicis *Studi s. Ragni Malesi e Papuani*, Parte IV, Vol. I, p. 65.

Ex hac abunde constat, prisca judicia, de „arcuatae" et „curvi-caudae" diversitate specifică emissa, erronea fuisse.

Gasteracantha Sund.

Subgenus: *Gasteracantha*, „sensu stricto" E. Simon.

Species hujus sequentes, nempe, omnes, „abdomine infra in me-„dio, ante mamillas, tuberculo corneo conico" instructae sunt.

---

1) Thorell de ea monuit: „Nomen gonoricum *Plectanae* (Walck.) iis *Gasteracanthis* servatum vellem, quarum feminae „cono ventrali" carent." (Primo Saggio s. RAGNI BIRMANI (1887), p. 223, in Nota).

2. *Gasteracantha fornicata* Fabr. ♀.

    Java: Buitenzorg.

    Sumatra: Manindjau et Paninggahan.

Hujus speciei, — ceteroquin communis, — unum modo specimen adul-tum aderat, aliis, tam scuto quam spinis, valde corruptis. Singulis porro concomitabantur pullis, forsan et aliarum specierum, indeter-minabilibus. Exemplar ex Paninggahan, ad *G. sumatranam* Butl. accedere videtur, spinis longis vero minus „straight and horizontal."

3. *Gasteracantha vittata* Thor. ♀.

    Java: Tjibodas.

In tribus exemplaribus completis, uno valde pulchro, solito majore.

Haec species, — pedibus piceis concoloribus sternoque nigro, cum maculâ centrali flavâ, — mihi sat analoga videtur *G. trans-versae* C. Koch, ut et *G. formosae*, minus directe tamen illae Vin-sonii, quam quidem huic, qua talis viro cel. Cambridgeo notatae in *Proceedings o. t. Zool. Soc. o. London* 1879. Confer ibi Pl. XXVI, Fig. 11, quoad scuti picturam, ut et Fig. 11c, quoad spinarum formam et directionem.

Praeter ventris maculas, pulchre flavas, solito majores, pro nostris speciminibus adhuc notandum, harum duas inveniri intra spinas pos-ticas subtus, et quatuor lateraliter circum coni praemamillaris basin positas.

Minus communis.

4. *Gasteracantha Kochii* Butl. = *hexacantha* C. K. var. ♀.

    Celebes: Loka, prope Bonthain.

Pulchrum specimen unicum, scuto insolite albescente, pedibusque late annulatis, sterno flavescente nigro marginato, postice in medio late fusco striato. Spatio obscuriore intra spinas posticas, cum ceteris rubras, uti in analogâ(?) *frontata* Blackw. (Cambr.), superius „with a roundish yellow central blotch", inferius duabus, ornato.

Conus ventralis quoque quatuor maculis, ut ceterae pulchre flavis, licet minoribus, uti in praecedente, cingitur.

Species sat rara.

5. *Gasteracantha leuco-melas* (*melaena*) Dol. (Thor.) ♀.

    Java: Garut.

Secundum Butlerii opinionem, haec Gasteracantha, — cum pedibus crebro lato et laeto albo-annulatis, et sterno huic praecedentis subsimilari, — esset „allied to *G. Kuhlii* C. K." (?).

Nostrae araneae, quamvis, ut scripsit, quoquo „white above and „with black spots and spines", conformatio atque spinarum rolatio ceteroquin magis adhuc conveniunt cum his in *G. praetextata* Walck. (Dol.).

Exemplar unicum.

Subgenus: *Stanneoclavis* Butl. (= *Thelacantha*, mihi).

6. *Stanneoclavis brevispina* Dol. = *roseo-limbata* Dol. ♀.

Java: Buitenzorg.

In duobus exemplaribus (hâc insulâ minus raris) perpulchris, cum pedibus flavis, fusco-nigro annulatis ac sterno antice et ad margines flavo maculato. Doleschallii quoque *flavidae* affinis. Propter spinarum organisationem ad Gastheracanthas „mammeatas" ducta, tamen, uti in 4 praecedentibus, quoque cono ventrali instructa est, sed ab iis differt c e p h a l o t h o r a c i s sui tuberculo alto, indiviso, nigro.

NB. Quamquam viri cel. Walckenaer, Simon, Butler, Cambridge, Thorell, [1]) *speciale* Gastheracanthidum studium jam valde promovuerint, nihilominus harum nomenclatura adhuc saepius intricata et incerta manet. Nova *monographia*, potius illustrata, gratissimum foret opus!

Argiope Sav.

7. *Argiope Doleschallii* Thor. = *trifasciata* Dol. et verosimiliter quoque *Reinwardtii* hujus auctoris ♀.

Java: Tjibodas.

Sed in uno specimine adulto, optime conservato, cum singulis junioribus abrasis aut mutilatis.

8. *Argiope aetherea* Walck. ♀.

Flores: Sikka et Maumeri.

Insulis S a l e y e r et R o t t i.

De hacce specie, priori in multis valde analogâ, in collectione multa exemplaria, variae aetatis, plerumque juniora, pro magnâ parte nimis abrasa et incompleta, et idcirco difficilius dignoscenda, adesse mihi videntur. In horum uno, ex Rotti (Wichmann), — licet abdomine

---

[1]) Nuper hanc questionem elucidavit in ejus *Studi s. Ragni Malesi.* etc. P. IV, p. 44.

paulisper emollito, — variëtatem „*deüsta*" Thor. („*Studi*" supra citat. III, p. 69) discernere sat certe mihi licuit.

9. *Argiope aemula* Walck. = *striata* (sic) Dol. ♀.

Celebes: Luwu.

Exemplar unicum, pulchrum, solito pallidius, sed completum. Species duabus praecedentibus multo rarior.

10. *Argiope crenulata* Dol. ♀.

Java: Garut.

Itidem modo in uno specimine, solito obscuriore colorato.

Etsi de ejus diagnosi certus sim, in toto magis Doleschallii figurae, quam ejus descriptioni respondet. — Quoque minus communis.

11. *Argiope catenulata* Dol. = *opulenta* Thor ♀.

Java: Buitenzorg.

Sumatra: Padang.

In pluribus exemplaribus, aetatis diversae, optime conservatis.

NB. Dolendum, speciem ultimam, pulcherrime flavo-pictam et argenteo-ornatam, ut et aliarum hujus generis fascias splendidas, in spiritu tantopere ab earum naturali elegantiâ deviare. Idem valet pro cephalothoracis indumento argenteo-piloso.

Herennia Thor.

12. *Herennia multipuncta* (sic) Dol. ♀.

Java: Buitenzorg.

Cum viro cel. Thorellio („*Studi*" etc. I, p. 31) facio, hanc speciem alterae Doleschallii, — eo ceteroquin summo jure *ornatissima* dictae, — perfecte aequalem esse.

Exemplar nostrum unicum, optime conservatum, ambarum descriptionibus ut et figuris luculenter respondet.

Sat rara.

Nephila Leach.

13. *Nephila maculata* Fabr. ♀ et ♂.

Inclusis varietatibus *Walckenaerii* Dol. et *penicillum* Dol., in numerosis speciminibus femininis, pro magnâ parte immaturis.

Java: Buitenzorg.

Sumatra: Padang.

Celebes: Luwu.

Flores: Bari.

Femina communissima. M a s perrarus, in collectiono quoquo unicus.
Hic, oxiguitato rolativa oxtraordinaria, pro *Nephilarum* biologia [1]) valdo
notabilis!

14. *Nephila Kuhlii* Dol. ♀.

     F l o r e s : Kotting.

     Insula R o t t i (Wichmann).

Ex hâc in exomplari adulto perpulchro; altero immaturo, mutilato.
Diu quoque pro *maculatae* „varietate" habita, ut ei in multis affini,
nunc demum Thorellio qua propria species fuit recognita. Confor illius
Primo Saggio sui Ragni Birmani, 1887, p. 150.

Inter alia attendas ad macularum abdominis et striarum absentiam
ut et pedum colorem rufum, solummodo ad articulationes nigrum.

Non sine analogiâ quadam mihi videtur cum *Epeira* (Nephila)
nigra Vinson. — Praecedenti multo rarior.

15. *Nephila Piepersii* Thor. ♀.

     C e l e b e s : Makassar.

In duobus speciminibus junioribus, mutilatis et paulisper emollitis.

Licet ceteroquin minus certe similitudinem totalem affirmare audeam,
tamen horum abdominis color aurantiaco-flavus ut et praecipue hujus
pictura versus partem apicalem mihi denuo appropinquare videntur iis
in *Epeira* (Nephila) *inaurata* Walck. (Vinson) obviis. De hacce (cum
N. Piepersii diagnosi, confer Thorell „*Studi*" I, p. 451, conveniente)
Vinson, in *Aran. d. I. d. l. Réunion*, etc. p. 185 quoque monuit: „On
„y distingue huit points noirs enfoncés; les antérieurs placés près de
„la base sont isolés; les six autres points posés plus loin (i. e. en
„arrière) sont reliés entre eux par des lignes noires et déliées, qui
„simulent assez bien le dessin d'un M."

Nephilengys L. Koch.

16. *Nephilengys malabarensis* Walck. = *rhodosternon* Dol. ♀ et ♂.

     J a v a : Buitenzorg et Tjibodas.

     S u m a t r a : Padang et mons Singalang.

Praeter nonnullas feminas adultas, numerosi aderant pulli et juniores,
ut solet multopere colore variantes, cum mare unico.

---

1) Confor in Tijds. v. Entom. D. XVI, 1873, obsorvationom moam „*Over sexueel ver-
schil b. h. Ar.-geslacht Nephila*."

Species, praesertim in Sumatrâ, communissima.

M a s autem, — feminis quoque valde minor, — raro occurrit. Hunc antea ad *Nephilas* perverse retuli et pro harum nova specie tunc proposui, sub nomine *N. urnae*, propter talem abdominis dorsi picturam, etiam in nostro individuo de novo notandam [1]. Posthac, in litteris, vir cel. Thorell me benevole docuit, illum ad dictam *Nephilengys* speciem pertinere, uti ex „*Studi*" etc. II p. 123 tunc lucide mihi inclaruit.

RETITELARIAE.

THERIDIOÏDAE.

Lathrodectus Walck.

17. *Lathrodectus scelio* Thor. ♀.

Flores: Maumeri.

Insula Rotti (Wichmann).

In tribus exemplaribus, quorum modo unum adultum et sat bene conservatum.

Thorellio quoque sub nomine *Hasseltii* descriptus, — in ejus *Araneae nonnullae Novae Hollandiae*, — et L. Kochio, qua talis, — in ejus *Arachniden Australiëns*, — depictus.

Haec species ceteroquin, in nostrae Indiae Orientalis insulis majoribus Malayanis, vix aut certe rarissime provenit. E contra in Polynesiâ, nominatim in *Novâ Zelandiâ*, sat communis et inde POWELLIO, „*Katipo*" sub nomine, cognitus.

Uti hujus generis species plurimae, imo fere omnes, indigenis inter araneas *venenosas* metuitur. Anne sufficiente jure? Semper nondum satis constat.

SCYTODOÏDAE.

Scytodes Latr.

18. *Scytodes marmorata* L. Koch ♀.

Java: Buitenzorg.

Duae feminae adultae, sed abdomine valde emollito, pedibusque

---

1) Confer *Midden-Sumatra*. Reizen en onderzoekingen der „Sumatra-Expeditie" uitge-rust door het *Aardrijkskundig Genootschap* (1877—1879); onder bezorging van den Leidschen Hoogleeraar P. J. VETH; te Leiden bij E. J. Brill, 1881—82. Natuurl. Historie. Elfde Afdeeling A, *Araneae*, blz. 28.

mutilatis, uti saepius fieri solet, eorum teneritatis et longitudinis causâ.

Rara, sed quoque nobis antea jam ex *Sumatrà* (Expeditione citata) cognita.

TUBITELARIAE.

AGALENOÏDAE.

Anomalomma nov. E. Simon.

Cephalothorax oblongus, sat altus, sed supra rectus et postice sat abrupte declivis, parte cephalica parum attenuata et antice obtuse truncata, facie verticali.

Sternum magnum, cordato-ovatum, longius quam latius.

Oculi antici parvi subaequi, sat anguste et fere aeque distantes, lineam valde procurvam formantes. Postici magni et convexi, in lineas duas dispositi et desuperne visi figuram subquadratam, — fere ut in *Lycosa* [1]), — occupantes. Clypeus angustus, oculis lateralibus anticis haud latior.

Pedes maxillares ordinarii, sed sat longi.

Chelae longae, sed parum robustae, margine inferiore sulci dentibus quatuor, ultimo reliquis minore, instructo.

Pars labialis longior quam latior et dimidium laminarum superans, apice leviter attenuata atque obtusa.

Laminae maxillares longiores quam latiores, ad basin attenua-tae, ad apicem recte sectae, cum angulo exteriore rotundato.

Pedes, — in relatione 4, 1, 2, 3, — modice longi, sat robusti, sed tarsis, ut et eorum unguibus (trinis?) brevibus, gracilibus, nume-rose aculeati.

Mamillae brevissimae, ut in *Cyboeo* L. Koch.

NB. Genus valde ambiguum, ex Familiâ *Agelenidum*, Sect. *Cyboeini*, sed adspectu corporis et dispositione oculorum serierum fere ut in Familiâ *Lycosidum*. Armatura vero chelarum, partes oris, ungues tarsorum ut in Familiâ *Agelenidum*.

A genere *Emmenommate* E. S. [2]), sat affini, differt imprimis oculis anticis parvis aequis et lineam valde procurvam formantibus.

---

1) Revera ipse, primo adspectu, pro specie *hujus* generis, mihi incognita, nostrae *L. pullatae* Clk. subsimilari, habui.

2) Arachnides d. *Cap Horn*, par Eug. Simon, décrits en Bullet. *Soc. Zool. d. France*, IX, 1884, p. 126 (séparat p. 10), pl. III, Fig. 8—11.

19. *Anomalomma lycosinum* sp. nov. E. Sim. ♀.

    J a v a : Tjibodas.

In unico modo exemplari completo. Longitudinis 5 mm.

C e p h a l o t h o r a x fusco-olivaceus, regione oculorum nigra, vitta media lata, postice, in regione thoracica valde coarctata, vittaque sub-marginali angusta luridis et parce albido-pilosis notatus.

A b d o m e n breviter ovatum, atrum, atro-sericeo-pubescens et maculis parvis, fulvo-pilosis, antice longitudinalibus, reliquis transversis, or-natum.

C h e l a e laeves, rufescentes. S t e r n u m, p e d e s m a x i l l a r e s, par-tesque o r i s, ut et p e d e s, lurida, parte labiali infuscata; femoribus ti-biisque late et confuse olivaceo-annulatis, metatarsis tarsisque leviter rufo-tinctis, aculeis numerosis et longis nigro-fuscis (tibia I^i paris in-ferne aculeis 2—2 et intus aculeo minore unico; tibia II^i paris inferne aculeis minoribus 2—1 et intus aculeis binis; metatarsis quatuor an-ticis inferne aculeis robustis et longis 3—3).

V u l v a e plaga depressiuscula (ideo difficilius observanda) fusca, valde ciliata, fovea magna, paulo longiore quam latiore et obtuse triquetro-impressa.

    Determinavit vir Cel. E. SIMON.

TERRITELARIAE.

THERAPHOSOÏDAE.

Calommata Luc.

20. *Calommata* (Pelecodon Dol.) *sundaica* Dol. = *sumatrana* Auss. ♀.

    J a v a : Buitenzorg.

Exemplar completum, adultum, optime conservatum, longitudinis circa 23 m.m.

Territelaria ex tribu *Atypinarum* Thor. quam maxime memorabilis. Rarissima et pretiosa.

Praeter nomina generica supra commemorata, genus illud, passim, quoque ut *Pachyloscelis* et ut *Actinopus* viro cel. Lucasio descriptum fuit. Doleschallii nostri fide (Aussererii auctoritati freta) durante quarta seculi parte et ultra, dicta aranea, *Pelecodon* sub nomine [1]), unanimo

---

1) De illo, ac de *Calommata*, confer Doleschallii Tweede Bijdrage *T. d. k. d. Arachniden v. d. Ind. Archipel*, 1857, blz. 5, et A. Ausserer, *Beiträge z. K. d. Arachniden-Fam. d. Territelariae*, 1871, S. 129.

consensu et absque ulla refutatione, ad proprium genus extraordinarium „senoculinum", inter ceteras *Mygalidas* octoculinas, ducebatur.

Abhinc quinque annis (1885) bona fortuna mihi favit, inventione, inter quasdam araneas javanenses communes, quas collega Dr. H. Bos benevole mihi dono dederat, exemplaris mutilati (abdomine privati) araneae, quam primo adspectu ut mirificus Doleschallii „*Pelecodon sundaicus*" senoculinus salutari posse mihi videbatur, quâ in re multi amici curiosi, quoad oculorum numerum, consentiebant.

Exploratione vero ulteriore nos in errorem versari mox patuit. Postquam penicillo humido area ocularis argillo, parti cephalothoracis adhuc adhaerente, melius depurata fuerit, sub lente, sine magnâ difficultate in visu laterali, non sex, sed octo oculos recognoscere licuit.

Sequentis mei studii historiam, in quâ genus „*Pelecodon*," qua tale, non existere, idque verosimiliter duci debere ad affine jam antea viro cel. Lucasio descriptum genus *Calommata*, octoculinum, demonstrare conatus fui, sine morâ, in nostro *Tijdschrift voor Entomologie*, Deel XXVIII, (1885), sub titulo: „Pelecodon of Calommata?," amici Evertsii figuris egregiis illustrato, publici juris feci.

Tunc jam ad hancce quaestionem responsio quam gratissima mihi advenit in litteris amici celeberrimi Thorellii, ut et nunc in praeclaro opere suo *Studi s. Ragni Malesi e Papuani*, Parte IV, Vol. I (1889—1890), p. 416. Etsi meum suspicium, momenti secundarii, *C. sumatranam* Auss. sed perparum a *C. fulvipede* Lucas differre, sequi non audeat, tamen opinionem meam principalem, de *rejectione* necessariâ „generis" *Pelecodon* e systhemate, omnino eo, — propriâ observatione jamdudum in manuscripto dicti operis, fere simul mecum, notatâ, — confirmatam video.

Ex hujus araneologi summi descriptione, ut solet lucidissimâ, unici sui exemplaris, quoque javanensis, et ex comparatione minutissimâ duorum nostrorum speciminum, inprimis hujus Weberii, mihi nunc, sat certe, constat, Doleschallii *Pelecodon sundaicum* identicum esse cum *Calommata sumatrana* Aussererii.

N.B. Propter hujus Territelariae raritatem paucas adhuc adjicio notas:

1°. Oculi. Cum Thorellio pro *duobus mediis* facio: „spatio diametrum suam CIRCITER aequanti disjuncti." Non sine momento duco, hac quoque occasione repetere, quod Ausserer oculorum dispositionem pro suâ *sumatranâ*, — *Libr. cit.* Taf. I, Fig. 3, — incredibili in modo, perverse figurare curavit. E contra area ocularis valde characteristica, ocellis non, uti in familia solet, cumulatis, sed in tribus acervis, invicem longe distantibus, — multo melius delineata fuit in nostro *Tijdschrift*, *loc. cit.* Plaat 5, Fig. 3.

2°. Sternum. Praeter definitionem et figuram Doleschallii erroneas, non in conformatione, ast in singulis ejus accessoriis variare potest. Sic Ausserer, pro *sumatrana*, indicat: „VORN beiderseits ein kleines HÖCKERCHEN." Sic, e contra, in meo priori specimine, observavi: „VAN ACHTEREN twee kleine oppervlakkige GROEFJES, van eene iets donkerder kleur." Sic in suâ *Calommata* Thorell descripsit, pro ejus sterno: „AREAS S. MACULAS parvas SEX rotundatas glabras." In Weberii exem-plari TALES maculae, — absque ullâ elevatione nec impressione, — quoque inveniuntur, sed numero OCTO, duae anteriores, rotundatae, minores, sex posteriores, ovatae, majores, omnibus lutei coloris et parum distinctis.

3°. Palpi. „Fortiter compressi" (Thor.), in nostris magis adhuc BASIN versus, in parte femorali, et quidem inprimis ad latus INTERNUM.

4°. Dentes. In illarum serie ad sulcum unguicularem majores re-gulariter cum minoribus ALTERNANT.

5°. Pedes. Relatio 4, 2, 3, 1 pro nostris exemplaribus valet; tamen 2 et 3 sed PERPARUM longitudine differunt.

6°. Vulva. Nondum descripta. Quam simplicissima. Paulo ante sic dictam rimam genitalem, in medio, inter basin plagarum pul-monalium anteriorum, rima observatur transversa, fusco-nigricantis coloris, longitudinis circa 4 m.m., triquetro-linearis, sub-labiiformis, parce pilosa, primo visu superficialis, sed sub lente sat profunda, in-tus, in medio antice, magis superne, septo tenero luteo bipartita.

7°. Color. In altero specimine magis PALLIDE fuscescit quam in priore. Quod ad notam Doleschallii de „STRIâ LONGITUDINALI nigricante ad dorsum abdominis" nobis nihil constat. Thorellii autem observatio „abdomen, POSTERIUS, in dorso magis esse nigricantem," pro Weberii exemplari — versus apicem FUMOSO, — itidem valet.

Selenoscomia Auss.

21. *Selenoscomia* (*Mygale*) *javanensis* Walck. (Dol.) ♀.

Java: Buitenzorg, Garut.

Sumatra: Padang.

Femina unica adulta, sed longitudinis mediocris. Ceteroquin de utriusque sexus numerosi pulli et juniores aderant, plerumque condi-tionis minus completae.

Phlogius E. Sim. [1]).

22. *Phlogius insignis*, spec. nov. E. S. ♂ [2]).

S u m a t r a: Manindjau, propo Fort de Kock.

Specimen unicum, longitudinis 16 m. m., bene conservatum et completum.

C e p h a l o t h o r a x humilis, ovatus, antice sat attenuatus, niger, crebre et longo obscure corvino-pubescens, fovea thoracica, tubere oculorum paulo angustiore, profunda et valde procurva.

O c u l i quatuor antici magni (medii lateralibus paulo majores) inter se anguste et aeque separati. Medii postici ovati et leviter angulosi, mediis anticis saltem ¹/₃ minores, sed vix minores quam laterales postici.

S t e r n u m vix longius quam latius, simplex, atrum, breve-fusco pilosum.

C h e l a e sat fortes, convexae, coloris et indumenti ut in cephalo-thorace, infra, cum maxillis, margine interno, breve rufo-ciliatae.

A b d o m e n breviter ovatum, atrum, crebre cervino-pubescens et longissime ravido-hirsutum.

Pedes m a x i l l a r e s, m a m i l l a e, — ut et pedes, — fusci, itidem cervino-pubescentes.

P e d e s sat longi ac tenues, tibiis cum metatarsis I^i et IV^i paris fere longitudine aequis, metatarso IV^i paris tibia longior. Pedes I^i paris omnino mutici, II^i paris aculeo metatarsali unico parvo tantum armati. Pedes postici aculeis apicalibus metatarsorum 3 vel 4 instructi. S c o p u l a e tarsorum IV^i paris v i t t a s e t o s a l a t a l o n g i t u d i n a l i t e r s e c t a e; scopulae tarsorum III^i paris v i t t a a n g u s t a s e c t a e. Tarsi postici supra pilis clavatis rufulis paucis ornati.

P e d u m m a x i l l a r i u m tibia patella longior, simplex, mutica, teretiuscula, sed versus apicem leviter attenuata, tarsus minutus, apice obtusus et iniquiter fissus, bulbus lobo sat parvo sulcato et bipartito, spina lobo longiore, valde curvata, late compressa et carinata, sed apice tenui et acuta.

M a m i l l a e superiores triarticulatae, longae, sed tibia IV^i paris breviores, graciles, inferiores brevissimae.

NB. Species „insignis" dicenda, s c o p u l i s tarsorum quatuor posticorum, — (ut in *Chaetopelmate* Auss.) — s e c t i s, eximie distincta. [Solummodo

---

1) *Phlogius* E. Sim., in *Bulletin Soc. Ent. d. Fr.* Nov. 1887 = *Phrictus* L. Koch, in *Ar. Australiëns*, 1873 (nomen praeoccupatum).

2) In initio mihi perverse, ut nunc fateor, pro *Mygale* (Trechona) *drassiformi* C. Koch habita, hujus figura 734 partim analoga seducto.

dolendum, criterium hocce Ausserianum, saltem in spiritu, tam diffi-
culter observari posse. V. II.].

Determinavit vir Cel. E. SIMON.

LATERIGRADAE.

HETEROPODOÏDAE.

Heteropoda Latr.

23. *Heteropoda venatoria* Latr. ♀, ♂ et cocon.

Java: Buitenzorg et Garut.

Sumatra: Manindjau.

Flores: Maumeri et Sikka.

In permagno numero, plerumque juniorum et pullorum.

24. *Heteropodae* species altera ♀. Antecedenti in multis affinis.

Sumatra: Pajakombo.

Flores: Bari.

In singulis exemplaribus, omnibus immaturis et secundum viri cel.
Simonii opinionem nondum satis determinabilibus.

Abdomine antice NIGRO-MACULATO, pedibus plus minusve crebre
ANNULATIS.

Anne forsan haec species varietas: *H. submaculatae* Thor.? („*Studi*"
etc. III, p. 277), vel.: *H. variegatae* E. Sim.? (*Révision des Sparassidae*, 1880, p. 51).

Tortula E. Sim. ').

25. *Tortula gloriosa* E. S. ♀ (?).

Java: Buitenzorg.

Non plane matura. In exemplari unico, eheu! cum abdomine valde
vulnerato, hoc, ut et cephalothorace, non parum quoque abraso, pedibusque partim mutilatis. Longitudo 24 mm.

Primo adspectu, ratione habita figurae typicae generis *Delenae* C.
Koch, pro ejus *D. impressa* datae, tam ob formam generalem, quam
ob „pedes in utroque margine longissime denseque pilosos (Doleschall)",
hujus auctoris *Delena plumipes* (Tweede Bijdrage, blz. 53) mihi in
mentem venit. Quum autem vir cel. Simon pro hoc genere (eo *Tychici*
sub nomine notato), cum Doleschallio, aliam pedum relationem com-

---

1) *Révision* hic supra citata, p. 37.

memorat, ut „paro primo reliquis longioro" ot huic „des pattes ex-
„cessivemont longues" adscribit, — et quum Doleschallio suao *Delenae*
conformatio „planissima" dicitur, haec criteria pro nostrâ araneâ non
valere mihi licuit. Insuper nulla vestigia „viridescentis coloris", in
plumipede obvii, detegore potui.

Nostri speciminis pedum relatio 2, 1, 4, 3 eorumque longitudo
mediocris, ejus oculorum dispositio, pluraque alia criteria multo magis
conveniunt cum novo genere Simonii *Tortula*, ut mihi videtur
Delenae vicino aut affini. In hujus unicâ specie, *T. gloriosa*, sic ut
nostrâ, in toto „brun-rouge foncé", PEDUM imprimis characteres multopere cum his in nostrâ quadrant. Sic femorum crassities („femur I
„aussi large que la moitié du front"); sic horum (ut et partim tibiarum)
similaris pictura et indumentum („trois larges zônes transverses, fauve
„clair, en dessus, ornés de plus de touffes blanches à la base des
„épines"); sic metatarsorum descriptio („avec des scopulas larges et
„très serrées d'un gris noirâtre à reflets irisés, comme chez les *Avi-
cularidae*"). Confitendum vero, *gloriosam* aliam habere originem (*Cochinchina*) ejusque longitudinem totalem, — pro 35 mm. notatam, — huic
nostri exemplaris multo excedere. Dubium meum eo adhuc augetur,
quia nihil constari potuerit de *gloriosae* abdominis (nobis abrasi)
„picturâ transverse zonatâ".

NB. Licet in casu diagnosis specialis propter conditionem defectam
fieri nequeat, sequentia tamen huic addere non alienum putavi pro
studio ulteriore.

P a l p i longi, sat crassi, fortiter aculeati, pedibus colore aequales.

C h e l a e robustae, convexae, supra glabrae, ibique duabus striis ob-
scuris ad longitudinem pictis, ad latus et infra sat longe rufo-ciliatae.

M a x i l l a e cylindratae, latae, in medio extus constrictae et l a b i u m
quadrangulare, parvum, iis saltem triplo minus, laete fusco-flavi coloris
(non „bruns noirâtres").

S t e r n u m cordiforme, vix longius quam latius, breve pilosum.

P e d e s fusci, quidem „très robustes" sed non „courtes" dicendi.

V e n t e r quidem „noirâtre", sed tribus (an 4?) striis longitudinalibus, latis, luteo-flavi coloris ornatus.

E p i g y n e albescens, nondum sat evoluta ut describi posset; ad latera
comitatur plagis pulmonalibus, permagnis, griseis, intra quas in medio
duae striae semilunares, convexitate sibi oppositae, luteae spectabiles.

M a m i l l a e breves et inprimis inferiores crassae, flavescentes.

Sarotes Sund.

26. *Sarotes inaequipes* sp. nov. E. Sim. ♀.

Flores: Maumeri.

In exemplari unico, optime conservato, longitudinis 18 mm.

Cephalothorax non multo longior quam latior, valde convexus, antice posticeque fere aequaliter declivis, antice vix attenuatus et fronte latissima, laete fulvo-rufescens, postice sensim dilutior, albo-sericeo pubescens.

Oculi antici in linea subrecta (vix procurva), medii lateralibus paulo minores et a lateralibus quam inter se saltem $^1/_3$ remotiores. Postici in linea lata et subrecta subaequales (medii vix minores), medii a lateralibus quam inter se multo remotiores. Area mediorum trapeziformis (antice quam postice angustior), saltem haud latior quam longior.

Sternum cordiforme, antice late truncatum, luridum, breve pilosum.

Chelae robustissimae, infuscatae, parce pubescentes, et partes oris nigerrimae; maxillae antice flavo-marginatae et fulvo-ciliatae; pars labialis paulo latior ad basin quam longior, apice attenuata et obtuse truncata (haud semicircularis).

Pedes maxillares sat longi et fortes (non tenues), luridi, tarso nigro.

Pedes luridi, metatarsis tarsisque leviter infuscatis, aculeis ordinariis nigris numerosis, sed patellis cunctis muticis. Pedes quatuor postici quatuor anticis multo breviores, fere ut in genere *Nisueta* E. S. [1]).

Abdomen supra fulvo-cinereum, vitta media dilutiore angusta et dentata, parum expressa, notatum, dense et sat longe pallide pubescens; subtus fulvum, MACULA MAGNA NIGERRIMA, antice late truncata et rimam genitalem attingente, postice leviter oblique attenuata, obtusa et mamillas haud attingente, ornatum.

Vulvae fovea simplex, sat profunda, late ovata et vix longior quam latior, in fundo albescens, marginibus corneis lateralibus rubro-fuscis.

Mamillae conicae, breves, luridae.

NB. Revera notabilis, quum a speciebus typicis differt cephalothorace vix longiore quam latiore, parte labiali ad basin latiore quam longiore et pedibus valde inaequalibus.

Saroti (Heteropodae) *picto* L. Koch (species mihi ignota v.h.) verosimiliter affinis, sed, inter alia, differt tibiis concoloribus, haud maculatis, patellis muticis et fovea vulvae simpliciter ovata.

---

1) *Révision d. Sparassidae*, supra citata, p. 109.

Dotermiuavit vir Col. E. Simon.

[Hanc arancam, primo visu, ut nunc liquot pervorso, affinom cro-
didorum, proptor ejus formam generalom ot ojus colorem, ut ot prae-
cipuo ob ojus ventris picturam nigram peculiarem, *Voconiae* (Holconiae
Thor.) *maculatae* Keyserling (*Laterigradae Amerika's*, Tab. VI, Fig.
127. V. 11.].

THOMISOÏDAE.

Pistius E. Sim.

27. *Pistius* (Thomisus) *spectabilis* Dol. = *pustulosus* L. Koch. ♀ jun.
    Celebes: Loka, prope Bonthain.
    Specimen unicum.
    Optime Doleschallii diagnosi respondet, e contra nullomodo ejus
    figurae deformi (in „Tweede Bijdrage", supra citato).
    Sat rarus.

Platythomisus Dol.

28. *Platythomisus octomaculatus* C. K. = *phryniformis* Dol. ♀.
    Java: Buitenzorg.
    In exemplari unico sed perpulchro et completo.
    Typo Kochii et Doleschallii in eo conformis, quod maculâ ventrali
    magnâ, nigrâ caret, uti haec ceteroquin in affini *specioso* Thor., *quadri-
    maculato* mihi et *octomaculati* varietate Sumatrensi meâ provenit (de
    hisce confer catalogum expeditionis in „*Midden-Sumatra*", jam supra
    notatum, sub n° 74).
    Minus communis.

CITIGRADAE.

LYCOSOÏDAE.

Dolomedes Latr.

29. *Dolomedes albocinctus* Dol. ♀.
    Java: Buitenzorg.
    Specimen unicum, parvis exemplaribus Europaeis *D. fimbriati* C. K. sat
    simile.
    Longitudo variare videtur. Noster 14 mm. modo mensurat, quum
    Doleschallii quoque Javanenses pro „11 lineis" notantur. Anne *Dendro-
    lycosa albolimbata* Thor., ex Amboina, — 9$^1/_2$ mm., — forsan quoque
    dictorum parva esset varietas? Magnam differentiam non eruere potui.

Ctenus Walck. (subgenus *Phoneutria* C. K.?).

30. *Ctenus fimbriatus* Walck. ♀ jun. — Verosimiliter affinis ojus *mar-
    ginato* ex Insulis Fidsji (*Aptères* I, p. 364 et IV, p. 402).

14

Sumatra: Telagâ pabilâ, lacus prope Singkarah.

Longitudo 17¹/₂ mm.

In duobus exemplaribus, egregie conservatis, quorum uno fere, altero minus adulto. Habitu (non picturâ) ut et pedum longitudine *C. concolori* C. K. subsimilaris, pedibus IVⁱ paris vero in nostro adhuc longioribus, omnium longissimis. Horum modo binos ungues tarsorum distinguere potui. Epigyne nondum plane evoluta.

Species ut videtur, perrara, mihi saltem hucusque numquam visa.

Lycosa Latr.

Praeter singulos pullos indeterminabiles, tam ex Sumatra quam ex Celebes, hujus modo duas species dignoscere mihi licuit. Ex

Subgenere *Pirata* Sund.

31. *Pirata piraticus* Clk. ♀ jun.

Java: Telagâ Bodas sive „Krater-meer".

In duobus exemplaribus nostrae Europaeae sat similaribus. Et ex

Subgenere *Tarentula* Sund.

32. *T. laeta* L. Koch (Thor.). ♀ varietas.

Flores: Maumeri.

Specimen unicum.

Etsi pictura dorsalis minime dignoscenda, propter stadium desquamationis ultimum ibi non plane absolutum, et quamvis paulo minor (14 loco 17¹/₂ mm.), ejus conformatio ac cetera criteria, ut et haec pro epigyne [1]), uti Thorellio sunt descripta in *„Studi"* etc. III, p. 382, sat nostrae araneae convenire mihi videntur. Solummodo variant fasciae cephalicae marginales, minus latae et pallidae, et praecipue mandibularum color ac indumentum. Ille quidem quoque „niger", sed simul in luco solari, ex subviridi-aeneo, splendens. Hoc non ad basin supra „cinereo-albo pubescens", sed ex aureo-flavo vel aurantiaco, latâ maculâ brevi-pilosâ signatum.

---

1) Nunc comparatio me docuit, organon illud in analogâ *Tarentula* ex Guyana, — quam quoque pro „laeta" habui, — multopere ab hoc in nunc observato specimine differre. Confer *Aran. exotic. ex Guyana Hollandica*, a Dr. TEN KATE captae, in Tijdsch. v. Entomologie, Deel XXXI. Pl. 5, Fig. 8.

OXYOPOÏDAE.

Oxyopes Latr. = *Sphasus* Walck.

33. *Oxyopes striolatus* Dol. ♀ et ♂.

Java: Tjibodas.

In tribus exemplaribus completis.

Fere aequalis habendus Doleschallii *O. striato*, valde affinis *O. Timoriano* Walck. et forsan non procul ab *O. Papuano* Thor.

Mihi nondum contigit, ex Indiâ nostrâ Orientali alias hujus generis species sub oculis habere, nisi ambas Doleschallio notatas, exclusis paucis variationibus picturae, parum specificis.

SALTIGRADAE.

ATTOÏDAE.

Hyllus C. Koch.

34. *Hyllus giganteus* C. K. = *Attus cornutus* (sic) Dol. ♀.

Flores: Sikka et Bombang.

Duo specimina perpulchra et completa.

Fasciis pilorum, uti „cornua", ad latera cephalothoracis antica erectis, longis et nigris, optime spectabilibus.

Species nec rara, nec communis.

35. *Viciriae* Thor. pulli duo.

Sumatra: Manindjau.

Flores: Wukur.

Oculorum plagâ nigerrimâ singulari in cephalothoracis fundo, ex ochraceo albescente, *Atto Branickii* Taczan. analogâ.

Confer: *Araneae exoticae*, viro doct. ten Kate captae, supra citatae, p. 196.

36. *Maeviae* C. K. pullus, quoque indeterminabilis.

Insula Saleyer.

Toto abdominis dorso, in luce solari, ex flavo, aureo-micante.

———

Hocce ex Catalogo satis constat, celeberrimum nostrum peregrinatorem Amstelodamensem, virum Clarissimum MAX WEBER, quoque pro eâ Zoologiae parte, quae ad Entomologiam ducitur, magno cum fructu,

vires suas eruditas intendisse. In numero relative parvo, nempe, specierum Ananearum collectarum (36), non minus inveniuntur quam 8
species *rariores* (4, 9, 10, 12, 14, 18, 27, 28), 3 *perrarae* (17, 25, 30)
1 *rarissima* (20) et 3 *novae* (19, 22, 26).

Inprimis quoad ultimas mihi et hac occasione liceat, gratias meas
sinceras renovare expertissimo meo consultori Parisiensi, viro cele-
berrimo Eugène Simon, de eximio auxilio, mihi iterum benevolentissime
praebito.

    Hagis Comitum;
   Mense Februarii, Anni 1890.

ANATOMIE DES GENUS HYLOBATES

VON

Dr. J. H. F. KOHLBRÜGGE.

in Amsterdam

ERSTER TEIL.

mit Tafel XVII, XVIII, XIX und 24 Figuren im Texte.

EINLEITUNG.

Die Untersuchungen für die vorliegende Abhandlung wurden im zoologischen Institut der Universität Amsterdam angestellt, mit der Absicht eine den heutigen Anforderungen nach Möglichkeit entsprechende Darstellung der Anatomie des Genus Hylobates zu liefern. Das Material zu diesen Untersuchungen verdanke ich der Güte des Herrn Professor MAX WEBER, der die untersuchten Arten in Sumatra und Java sammelte und sie in seiner Mittheilung auf pag. 99 u. 100 vorliegenden Werkes als H. syndactylus (♂), H. agilis (♂) und H. leuciscus (♀) bestimmte. Herr Prof. WEBER machte mich auf dieses Thema aufmerksam, das in der That als ein dankbares Unternehmen sich herausstellte, da keiner der anthropoiden Affen bisher so wenig untersucht wurde als grade Hylobates; wie es denn ja auch noch stets ein strittiger Punkt ist, ob Hylobates den Anthropomorphen im engeren Sinne oder aber den niederen Affen zuzurechnen sei.

Ihm und Herrn Prof. RUGE spreche ich meinen wärmsten Dank aus für das Interesse welches sie meiner Arbeit schenkten.

Sucht man in der Literatur nach allem, was bisher über die Anatomie des Genus Hylobates veröffentlicht wurde, so findet man gegenüber dem Reichtum an Mitteilungen über die anderen Anthropomorphen eine Armut an Berichten über den inneren Bau des Hylobates, die eine eingehende Untersuchung dieses Genus sehr wünschenswert erscheinen lässt.

ERSTE ABTEILUNG.

MUSKELN UND PERIPHERE NERVEN.

Der Beschreibung der Muskeln und peripheren Nerven mögen einige allgemeine Bemerkungen über die Literatur vorausgeschickt werden.

Der erste Naturforscher, welcher einen Hylobates zergliederte, war VROLIK. In seinen „Recherches d'anatomie comparée sur le chimpansé" (Amsterdam 1841) beschrieb er einige Muskeln des H. leuciscus. Doch beschreibt er in aller Kürze immer nur das, was ihm für eine Vergleichung mit den ausführlich geschiderten Verhältnissen beim Chimpanse belangreich erschien. Wenig mehr brachten die „Reports on Prof. HUXLEY's lectures on the structure and classification of the mammalia", veröffentlicht in der „Medical times and gazette 1869". Das Wenige, was diese beiden Forscher mitteilten, war genau und gut; die weit umfangreichern Mitteilungen von BISCHOFF und HART-MANN sind oft ungenau oder unverständlich. BISCHOFF veröffentlichte seine „Beiträge zur Anatomie des Hylobates leuciscus" in den Abhand-lungen der bairischen Akademie der Wissenschaften im Jahre 1870 [1]. Diese Arbeit wurde mit bestimmter Tendenz geschrieben; auch war dem Autor ein grosser Teil der Anthropoiden-Literatur unbekannt. Bekanntes benützte er häufig in nicht präciser Weise, auch scheint mir, dass er sich einige Beobachtungsfehler zu Schulden kommen liess. HARTMANN [2] teilt mit „er habe sich mit der Anatomie des Hylo-bates beschäftigt." Es scheint, dass er besonders den H. albimanus (nach SCHLEGEL: H. lar.) untersucht hat. Alle seine Mitteilungen sind wenig eingehend; doch es sollte seine Arbeit ja auch keine Myologie sein, aus welchem Grunde dieselbe für unseren Zweck nur einen ge-ringen Wert hat. Weit wertvoller für uns ist die Arbeit DENIKER's [3]. Dieser zergliederte einen Gorilla- und einen Gibbonfoetus und beschrieb die Muskulatur des Gorilla sehr eingehend, um alsdann damit die Befunde beim Gibbon zu vergleichen, welche stets kürzer gefasst sind. DENIKER beschreibt jeden einzelnen Muskel, was keiner zuvor gethan hatte, doch

---

1) In derselben Zeitschrift erschienen 1880: „Beiträge zur Anatomie des Gorilla," in denen BISCHOFF noch einiges über die Bauchmuskeln des Hylobates mitteilt.

2) HARTMANN: Die menschenähnlichen Affen und ihre Organisation im Vergleich zur menschlichen. Leipzig. 1883.

3) DENIKER: Archives de Zoologie experimentale et generale. Ser. II. t. 3. Paris. 1885. Nach seiner Meinung war das Gibbonfoetus ein H. lar oder agilis, doch glaube ich, dass es unmöglich ist einen Gibbonfoetus genau zu determiniren, denn da darf man doch nicht nach der Farbe der Haare urteilen, die ja bei so vielen Thieren während des Wachstums sich ändert.

ging er nicht auf die Innervation der Muskeln ein und begnügte sich damit an einigen Stellen kurze Mitteilungen über periphere Nerven zu geben.

Sonst bietet die Literatur nur noch Angaben über einzelne Muskeln des Hylobates. Brook ¹) untersucht die kurzen Muskeln des Pollex und Hallux eines H. agilis. Ruge beschrieb die Gesichtsmuskulatur des H. leuciscus Owen, Chudzinsky und Broca brachten Mitteilungen über den Biceps brachii. Eschricht bespricht einige Muskeln des Larynx des H. albifrons. Schulze untersuchte die Sehnenverbindung in der Planta.

Die genannten Forschungen sind vergleichend anatomische und beziehen sich gleichzeitig auf andere Säugethiere, keiner der Verfasser beabsichtigte den Hylobates als solchen, um seiner selbst willen, zu beschreiben.

Ich stellte mir die Aufgabe vergleichende Untersuchungen über die Hylobates-species zu liefern, um dadurch Material zur Lösung der Frage nach der systematischen Stellung des Hylobates zu gewinnen.

Dieser vorliegende erste Teil soll sich ausschlieslich mit den Muskeln und ihrer Innervation beschäftigen. Um auf breiterer Basis arbeiten zu können, fertigte ich mir Uebersichts-Tabellen an über die Muskulatur der Anthropomorphen, in welche ich Alles eintrug, was ich in der Literatur finden konnte. Sie füllten sich mit Mitteilungen über zwölf Gorillas, sieben und zwanzig Orangs und fünf und dreissig Chimpanses. Hiermit und mit einigen Muskelvarietäten des Menschen, die mir näher bekannt waren, verglich ich die Resultate, die ich erhielt durch Zergliederung der drei obengenannten Species. Diese Vergleichungen werden aber in der vorliegenden Arbeit nur selten erwähnt, da ich meine Mitteilungen auf die Beschreibung der selbst beobachteten Thatsachen beschränke. Es wurden einige derselben ausführlicher behandelt als andere; auch findet man in der Beschreibung manche nicht näher begründete Affirmation oder Negation. Diese erklären sich aus den obengenannten, aber hier nicht näher erwähnten Vergleichungen.

Ich nahm hier Abstand von der Wiedergabe der aus den Vergleichungen gewonnenen Resultate, weil ich beabsichtige späterhin dieselben zu veröffentlichen.

---

¹) Brook: Journal of anatomy and physiology. vol. XXII. 1888. Die anderen genannten Publicationen werde ich bei den betreffenden Muskeln näher citiren.

Bei der Beschreibung der Muskulatur des Hylobates erwähne ich daher nur die Abweichungen von den durch andere Forscher zergliederten Hylobatesarten und vergleiche die Befunde mit einigen Muskelvarietäten des Menschen. Auf einige myologische Themata bin ich im Folgenden noch speciell eingegangen, so untersuchte ich z. B. genauer die Muskeln der Hohlhand und der Fusssohle, für welche die Forschungen von Ruge und Brook mir zum Ausgangspunkt dienten. Wo ich die menschliche Anatomie bei der Beschreibung nicht entbehren konnte, da folgte ich dem Lehrbuch Gegenbaurs. In der Regel entnahm ich diesem die Namen der Muskeln und Nerven und andere technische Ausdrücke. Seiner Einteilung der Muskulatur folgte ich nicht. Das Ordenen der Muskeln nach Körperregionen ist nothwendig für die Anatomie des Menschen; die vergleichend-anatomische Forschung bedarf eines anderen Principes; denn ein Muskel, der z. B. beim Menschen an der Streckseite entspringt, kann beim Affen teilweise an der Beugeseite liegen, und dann ist es oft schwierig zu entscheiden, zu welcher von beiden man ihn rechnen muss. Andere ordenen die Muskeln nach den Funktionen, oder teils nach den Funktionen, teils nach den Regionen; wiederum andere Autoren verteilen die grossen Muskeln nach den Regionen, die kleinen aber nach der Innervation. Man wird nothwendig auf diese Art zu Inconsequenzen geführt, sobald man seine Forschungen über eine grössere Gruppe ausdehnt. Es wachsen die Schwierigkeiten in demselben Verhältnis, wie die Anzahl der Untersuchungen über die zu vergleichenden Familien und Ordnungen sich vergrössert. Das Unveränderlichste sind nach den neuesten Resultaten die Nerven. Darum wählte ich diese zur Einteilung aller Muskeln des Skelets. Ich bin mir dabei wohl bewusst, dass sich an den Grenzen der Nervengebiete Schwierigkeiten hier und da einstellen können.

Die vorliegende Arbeit behandelt den grössten Teil der sogenannten Skeletmuskulatur.

Practisch praeparatorische Gründe bewegen mich, die durch Cerebralnerven innervirten Muskeln später beim Auge, bei der Mundhöhle, beim Larynx und so weiter und die vom Plexus pudendus innervirten gesondert zu beschreiben.

Die Innervation der Muskeln habe ich entweder bei jedem einzelnen Muskel oder am Schlusse je einer Muskelgruppe beschrieben. Bei jedem Muskel erwähnte ich ob frühere Forscher zu anderen

Resultaten gelangt waren. Sind deren Befunde den meinigen gleich oder fehlten nähere Angaben, so erwähnte ich nichts. Waren die Angaben der Autoren schwankend, oder hiess es mit dem immer und immer wiederkehrenden Ausdruck: „Wie beim Menschen", so berücksichtigte ich dieselben nicht weiter.

Stets habe ich die drei untersuchten Species mit einander verglichen, waren alle drei einander gleich, so nannte ich ihre Namen nicht, wo also keine Namen erwähnt werden, sind stets alle drei gemeint.

Zuweilen beobachtete ich die Innervation von Muskeln nicht bei allen drei Exemplaren. Das findet sich jedesmal an Ort und Stelle erwähnt.

Die Plexusbildung habe ich nicht näher beschrieben, ich beabsichtige diese später gesondert zu behandeln.

Von allen drei Species praeparirte ich immer nur die rechte Seite des Körpers, nur zuweilen habe ich auch Teile der linken Seite zergliedert, was dann auch angegeben ward.

Das Schema der Einteilung ist dieses:

I. Muskeln, welche durch Zweige der Gehirnerven III bis VII, IX, X und XII innervirt werden. (pag. 216).

II. Muskeln, welche durch Zweige des Plexus cervicalis und des vorletzten Gehirnnerven innervirt werden. (pag. 217).

III. Muskeln, welche durch Zweige des Plexus brachialis innervirt werden. (pag. 222).

IV. Muskeln, welche durch Zweige der grossen Nervenstämme innervirt werden, die aus dem Plexus brachialis hervorgehen.

    A. Muskeln, welche durch Zweige der vorderen Wurzel des Nervus medianus innervirt werden. (pag. 229).

    B. Muskeln, welche durch den Nervus radialis innervirt werden. (pag. 233).

    C. Muskeln, welche durch den Nervus ulnaris innervirt werden, bevor er sich in den Rücken- und Hohlhandast spaltet. (pag. 245).

    D. Muskeln, welche durch den Nervus medianus innervirt werden. (pag. 247).

    E. Muskeln, welche durch den palmaren Endzweig des Nervus ulnaris innervirt werden. (pag. 255).

V. Muskeln, welche durch dorsale Zweige der Spinalnerven innervirt werden. (pag. 262).

**I. Muskeln, welche durch die Gehirnnerven III bis VII, IX,
X und XII innervirt werden.**

Alle diese Muskeln werde ich bei den Eingeweiden behandeln.
Die Gesichtsmuskulatur wurde durch Ruge bei einem II. leuciscus
untersucht [1]. Da Prof. Ruge auch die Gesichtsmuskeln der anderen
Species des Genus Hylobates zu praepariren beabsichtigt, so werde ich
nicht näher hierauf eingehen [2]).

---

1) Ruge: Die Gesichtsmuskulatur der Primaten. 1887.
2) Das Platysma gehört zur Gesichtsmuskulatur. Weitere Reste von Hautmuskeln fand

II. Muskeln, welche durch Zweige des Plexus cervicalis und des vorletzten Gehirnnerven innervirt werden [1]).

M. trapezius. Der Ursprung beginnt am Halse am schwachen Ligamentum nuchae über den Halswirbeln II bis VI [2]); er breitet sich weiter auf den Halswirbel VII bis zum Brustwirbel IX aus. Am Brustwirbel II bis VII, ist der sehnige Ursprung breiter und zwar am breitesten am Brustwirbel IV, sodass dieser sehnige Teil mit der Ansatzsehne des Muskels der anderen Seite eine weissglänzende elliptische Figur bildet. Proximal und distal ist die mediane Insertion musculös, aber doch mit sehnigen Fasern gemischt. Der distale Rand bedeckt den M. latissimus dorsi, der proximale den M. levator anguli scapulae und den M. omo-cervicalis. Er inserirt an dem lateralen Drittel der Clavicula, am Acromion und den zwei proximalen Dritteln der Spina scapulae. Die proximalsten Ursprungsfasern haben ihre Insertion medial. Die oberflächlichen Fasern inseriren nicht an der Clavicula, sondern an den, an ihr befestigten Ursprungsfasern des M. deltoides. Dieses Hinübergreifen auf den anderen Muskel ist bei H. agilis am stärksten ausgebildet. H. agilis weicht von obiger Beschreibung in so weit ab, als bei ihm der M. trapezius bis zum Brustwirbel X hinabreicht, und bis zur Mitte der Clavicula inserirt. Dem H. syndactylus fehlt die elliptische Figur der Ursprungssehne. Bei ihm sind die Fasern an der dorsalen Fläche alle musculös ausser den am Brustwirbel IX und X befestigten. An der den Rippen zugekehrten Fläche ist der Ursprung aber sehnig und zwar vom Brustwirbel I bis V. Sehr breit ist dieser sehnige Teil am Brustwirbel II und III. Deniker beschreibt den Muskel so, wie ich ihn bei H. agilis fand.

M. sterno-cleido-mastoideus. Dieser Muskel zeigt ein gleiches Verhalten bei den drei Species. Der Ursprung der Sternal-Portion ist ungeteilt und entspricht der ganzen Länge des Manubrium. Die Muskeln beider Seiten liegen einander an. Sie sind nicht verbunden mit dem M. pectoralis major. Weiter sind sie ganz fleischig. Die Insertion ist viel breiter und platter als der Ursprung. Erstere liegt am tempo-

---

ich weder an der äusseren Seite des Oberschenkels, die ich bei H. agilis und leuciscus näher darauf untersuchte, noch in Verband mit dem M. latissimus dorsi, wie bei diesem erwähnt werden wird. Auf der Rückenfläche nach Resten einer Hautmuskulatur zu suchen habe ich vernachlässigt.

1) Die tiefen Halsmuskeln und die Zungenbeinmuskeln werde ich später beschreiben.
2) Bei H. syndactylus reicht er bis an das Os occipitale.

ralen Teil der Linea semicircularis bis an das Ohr, dabei bedeckt sie den am meisten lateral inserirenden Teil des M. splenius capitis. Bei H. syndactylus reicht die Insertion weit dorsalwärts bis an die Protuberantia occipit. ext. Die Clavicular-Portion ist viel schwächer als die vorige. Sie kommt ungeteilt vom Sternalteil der Clavicula, auch sie bleibt ganz getrennt vom M. pectoralis major. Sie zieht in beinah verticaler Richtung zum Kopfe und inserirt, stets schmaler werdend, unter der sternalen Portion und zwar nicht an der Linea semicircularis, sondern am distalen Rande des Meatus auditorius externus.

Innervation. Der Nervus accessorius Willisii sendet erst Zweige zum M. sterno-cleido-mast. und erhält dann Zweige vom Cervicalnerven II bis IV. Der vom Cervicalnerven IV kommende ist der Nervus trapezius, welcher den M. omo-cervicalis durchbohrt (Fig. I. A. u. C. x) und dann erst mit dem Accessorius Willisii sich vereinigt. Bei H. leuciscus erhält er keinen Zweig vom N. cervic. II, dafür aber zwei aus dem N. cervic III. Der Nerv endet im M. trapezius. (Fig. I. T.)

M. levator scapulae. Er entspringt mit drei Sehnen von den Processus transversi der Halswirbel I, III, IV. Bald gehen diese in Muskeln über. Diese convergiren, legen sich an einander, vereinigen sich aber erst nahe an der Insertion am Angulus scapulae. Hier sind sie bei H. leuciscus vom M. serratus anticus major nur schwer zu trennen, bei den andern sind beide Muskeln nicht mit einander verbunden. Bei H. syndactylus vereinigen sich die drei Portionen schon am distalen Drittel ihrer Länge. Die Insertion liegt nicht am Angulus selbst, sondern etwas distal von demselben am proximalen Teil des medialen Randes der Scapula. An der proximalen Ecke inserirt nur der Serrat. ant. maj.

DENIKER fand den Ursprung mit vier Zacken an den ersten vier Wirbeln.

M. Omo-cervicalis [1]). Dieser Muskel fehlte bei H. leuciscus. Bei H. agilis und syndactylus entspringt er am Processus transversus

---

1) Diesen Namen des hier beschrieben Muskels fand ich in den Untersuchungen Bischoff's; andere Forscher, gaben ihm andere Namen: Levator claviculae (Tyson); Claviculo-trachealis (Duvernoy); Acromio-trachélien (Cuvier); Acromio-basilaire (Vicq d'Azyr); Cleido-omo-transversaire (Testut); Cleido-atloidien (Gratiolet).

des Atlas. Er zieht über den M. levator scapulae hinweg und insorirt am acromialen Endo der Clavicula.

Fig. 1.

Plexus cervicalis eines H. agilis (A),
eines H. leuciscus (B) und eines H. syndactylus (C); Ac. W. Nervus accessorius
Willisii; St. c. Zweig zum M. sterno-cleido-
mast; a. W. Anastomoson der Cervicalnerven mit dem N. accessorius Willisii; 11, 2,
3, 4, 5 bezeichnen den elften Gehirnnerven
und den zweiten, dritten, vierten und
fünften Cervicalnerven; R. c. Rami cutanei; O. c. Zweig zum M. omo-cervicalis;
L. sc. Zweige zu den Portionen des M.
levator anguli-scapulae; R. Nerv des M.
rhomboides; S. m. Zweig zur proximalen
Portion des M. serratus anticus major; Ph.
Nervus phrenicus; P. b. Wurzel des Plexus
brachialis aus dem N. cervicalis V; T.
Nerv des M. trapezius; H. d. Nervus Hy-
poglossus; a. H. Anastomose des N. hypogl.
mit dem N. cervicalis II, welche die Ansa
hypologossi (A. H.) bildet. Aus dieser die
Zweige zu den Zungenbeinmuskeln (h.); X.
Der kleine Kreis bei x deutet an, dass der
Nerv den M. omo-cervicalis durchbohrt.
C. Zweig zur Carotis. Die Zweige zu den
Halsmuskeln und den Scaleni wurden nicht
gezeichnet.

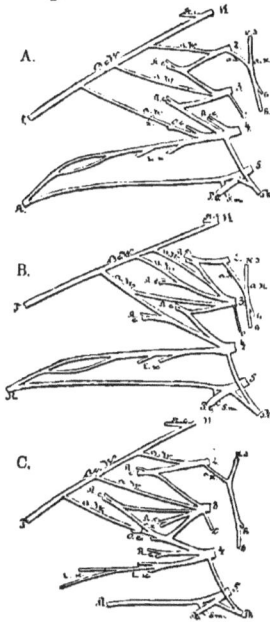

A.

B.

C.

Innervation. Beim H. leuciscus (Fig. I. B.) geht ein Nervenzweig
aus vom vierten Cervicalnerven, der die drei Portionen des M.
levator anguli scapulae innervirt. Dabei teilt er sich in zwei Teile, welche
zwischen den Portionen durchtreten, sich an ihrer innern Fläche wieder
vereinigen und dann mit dem N. thoracicus posterior verschmelzen.
Ein anderer Zweig verbindet sich mit einem Ast des N. cervicalis
III und zieht direct zur Haut, ein dritter Ast verbindet sich mit dem
N. accessorius Willisii, nimmt aber vorher noch einen Zweig des
N. cervicalis III in sich auf und sendet auch noch ein Zweig zur Haut.
Beim H. agilis (Fig. I. A.) gehen vom N. cervicalis IV vier Nervenzweige aus. Der eine verhält sich ganz wie der Nerv des M. lev.
ang. scap. bei H. leuciscus, der zweite innervirt den M. omo-cervicalis,
durchbohrt diesen Muskel und vereinigt sich mit dem N. accessorius

Willisii, der dritte ist ein Hautnerv, der vierte vereinigt sich mit einem Ast des N. cervicalis III und zieht auch zur Haut. Beim II. syndactylus (Fig. I. C.) kommen aus dem N. cervicalis IV zwei Zweige, der eine innervirt die Portionen des Levator anguli scapulae, vereinigt sich dann aber nicht mehr mit dem N. thoracicus post., sondern endet im Muskel. Der andere giebt erst einen Ramus cutaneus ab, vereinigt sich dann mit einem noch stärkern Zweig des N. cervicalis III. Der so gebildete Nerv innervirt den Omo-cervicalis, durchbohrt dann den Muskel mit zwei Endzweigen, von denen der eine zum Hautnerv wird, nachdem er einen Ast des N. cervicalis III in sich aufgenommen hat, während der andere sich mit dem N. accessorius Willisii verbindet (Fig. I).

DENIKER [1]) scheint Ähnliches gefunden zu haben, doch ist seine Beschreibung nicht sehr genau und schwer zu deuten. Er teilt mit, dass die vom Wirbel IV entspringende Portion des M. levator anguli scapulae von einem Nervenzweig innervirt werde, der von dem Nerven ausgeht, welcher zum M. rhomboides zieht. Weiter teilt er mit der M. omo-cervicalis werde von dem N. trapezius (so nennt er einen vom N. cervicalis IV ausgehenden Nervenzweig, welcher in dem M. trapezius endet) durchbohrt, welcher ihm einige Fasern abgeben soll. Auch fand er, dass dieser N. trapezius den clavicularen Teil des M. sterno-cleido-mastoideus innervire, und ist dies nach DENIKER ein Beweis für das Zusammengehören der beiden Muskelen (Omo-cerv. und Sterno-cleido-mast.). Ich fand nichts der Art. Bei allen von mir untersuchten Gibbons wurde der M. sterno-cleido-mastoïdeus vom N. accessorius Willisii innervirt, und zwar noch bevor dieser Zweige aus dem Cervicalplexus in sich aufgenommen hatte.

M. scalenus anticus. Er entspringt bei H. leuciscus und agilis am Proc. transversus der Halswirbel III bis VI, bei H. syndactylus von denselben Fortsätzen der Halswirbel III bis V. Bei H. leuciscus zeigt der Proc. transv. des Halswirbels VI deutlich zwei Zacken, der Muskel erhielt Fasern von beiden, bei H. agilis hat er nur einen Höcker. — II. syndactylus hatte am Proc. transv. der Halswirbel V (auch VI) je zwei Zacken. Der M. scalenus ant. erhielt nur Fasern von der ventralen. Der Muskel liegt ventralwärts von den Cervicalnerven u. inserirt am Sternalteil der ersten Rippe.

---

1) DENIKER l. c. Seite 140, 130 u 126.

M. scalenus posticus. Dieser entspringt an den Processus transversi und zwar bei II. leuciscus an denen der Halswirbel II bis V,
bei II. agilis an den Halswirbeln II und III, bei II. syndactylus an
den Halswirbeln II bis IV. Er liegt dorsalwärts von den Cervicalnerven,
die auch ihn, wie den Scalenus anticus innerviron. Er inserirt am
Vertebralteil der ersten und zweiten Rippe. Keine Faser zieht weiter
hinab als bis zum vorderen Rand der zweiten Rippe. Er wird von je
einem Zweige des N. cervicalis V und VII durchbohrt. Der Zweig des
N. cervicalis V ist der N. thoracicus posterior, welcher den M. rhomboides und den proximalen Teil des M. serratus ant. maj. innervirt.
Der Zweig des N. cervicalis VI ist der N. thoracicus longus, welcher
den distalen Teil des M. serratus ant. maj. innervirt. Letzterer vereinigt sich mit einem Zweig des N. cervicalis VII, der ventralwärts
von dem M. scalenus posticus liegt.

M. scalenus medius. Entspringt am Proc. transversus des Halswirbel VII und inserirt zwischen den beiden anderen Scaleni am vorderen
Rande der ersten Rippe. Er liegt tiefer als die beiden anderen, auch dorsalwärts von den Cervicalnerven und wird vom Scalenus posticus bedeckt.

Die Arteria axillaris liegt nicht zwischen den Scaleni sondern ventralwärts von ihnen.

Die Mitteilungen über die Scaleni des Hylobates in der Literatur
sind sehr ungenau. Bischoff nennt nur zwei Scaleni, die er Scal.
anticus und posticus nennt, und von denen er behauptet, sie seien
gleich denen des Menschen. Der dritte Scalenus soll fehlen. Deniker
beschreibt einen Scalenus anticus, der an den fünf ersten Cervical-
wirbeln entspringt, ein Faserbündel zum M. rectus capitis anticus
major schickt und an der ersten Rippe inserirt. Weiter nennt er noch
einen Scalenus posticus, der an den Proc. transversi der vier ersten
Halswirbel entspringt und auch an der ersten Rippe inserirt. Der
Scalenus medius fehlte [1]).

---

1) An seinem Gorillafoetus sah er einen Scalenus anticus und posticus. Letzterer
teilte sich in zwei Portionen, von denen die eine an den sechs oberen Halswirbeln entspringt und an der zweiten Rippe inserirt. Diese entspräche also dem Scalenus posticus
des Hylobates. Die andere Portion entsprang am Proc. transv. des siebenten Halswirbels
und inserirte an der ersten Rippe, also verhält er sich ganz wie der von mir als Scalenus
medius bezeichnete Muskel. Doch sagt Deniker, dies könne nicht der Scalenus medius
sein, denn er trenne nicht die Arterie vom Plexus cervicalis. Demnach würde ich also
auch kein Recht haben, den Muskel beim Hylobates Scalenus medius zu nennen. Die
Entscheidung bleibt noch aus.
Nach Gratiolet (Nouv. archives du museum d'hist. nat. T. II. Trogl. aubryi) liegt ein

III. Muskeln, welche durch Zweige des Plexus brachialis innervirt werden.

M. rhomboides. Entspringt ungeteilt vom Brustwirbel I bis VI mit sehnigen Fasern, die gleich in fleischige übergehen. Bei H. agilis kommen die Fasern auch vom Halswirbel VI und VII, und bei H. syndactylus noch weiter proximal vom Lig. nuchae über den Halswirbeln VI bis III. Bei letzterem reicht der Ursprung auch bis zum Brustwirbel VII. Er inserirt an der Scapula am medialen Rande zwischen den Insertionen des M. levator ang. scap. und des M. serratus ant. maj. Die Fasern greifen auch auf die dorsale Fläche der Scapula über. Der Muskel ist gleich breit bei H. leuciscus an Ursprung und Insertion, bei H. agilis ist er breiter an der Wirbelsäule als an der Scapula. Bei H. syndactylus ist er an der Wirbelsäule beinah doppelt so breit wie an der Scapula, wo er proximalwärts nicht bis zum Angulus reicht, sondern bereits drei Centimeter distalwärts von demselben endet, wegen der tieferen Insertion des M. levator scapulae.

Deniker konnte an seinem Hylobates am proximalen Rande ein Bündel abtrennen, welches er als M. rhomb. minor beschreibt. Das habe ich auch thun können, aber nirgends war eine wirkliche Trennung vorhanden, es blieben Kunstproducte.

Innervation. Ein starker Zweig aus dem N. cerv. V (Fig. I. R.), welcher den M. scalenus posticus durchbohrt und einen Zweig zur proximalen Portion des Serratus ant. maj. sendet. Bevor er in dem M. rhomboides endet, vereinigt er sich mit dem Zweig des N. cervicalis IV, welcher den Levator anguli scapulae innervirt (bei H. syndactylus fehlt diese Verbindung).

M. supraspinatus und infraspinatus. Von der Fossa supra- und infraspinata zum Tuberculum majus und der Kapsel des Schultergelenks. An dem M. infraspinatus kann man eine mediale und laterale Portion unterscheiden.

Scalenus intermedius in dem Dreieck, welches zwischen Scal. anticus und posticus offen bleibt. Dieser kleine Muskel entspringt an dem Proc. transv. des Halswirbel VI und inserirt an der ersten Rippe. Er teilt obengenanntes Dreieck in zwei Teile, in dem vorderen liegt die Arterie, in dem hinteren der Nervenplexus. Er fand diesen Muskel beim Chimp. Gorilla, Orang, Gibbon etc. Auch Testut sah ihn beim Chimpanse und zwar vom Proc. transv. des Halswirbel VII bis zur ersten Rippe, weiter ganz wie Gratiolet. Da er ihn auch bei einem Buschmann fand, so nannte er seine Mitteilung (in den „Bulletins de la société d'anthropologie de Paris. Tom. VI. 1883. pag. 65): „Sur la reproduction chez l'homme d'un muscle simien". Ich fand ihn bei Hylobates nicht.

An der lateralen Portion gehen die fleischigen Fasern in sehnige über, und an dieser Sehne inseriren die meisten medialen, von dem lateralen Rande der Spina entspringenden Muskelbündel. Die anderen bedecken die Sehne und inseriren mit ihr am Knochen. Bei H. syndactylus bildet der Muskel eino einheitliche Masse.

Innervation N. suprascapularis aus dem N. cervicalis V. Dieser Nerv versorgt erst den M. supraspinatus und zieht dann um das Collum scapulae zur Untergrätengrube, wo er im M. infraspinatus endet.

M. pectoralis major. Der Ursprung dieses aussergewöhnlich starken Muskels ist sehr ausgebreitet, doch ist er mit keinem anderen Muskel verbunden. Er wird aus mehreren Muskellagen gebildet, die über einander liegen. Die oberflächlichste Lage kommt von der Clavicula (bei H. leuciscus von den beiden medialen Dritteln [1]) dieses Knochens, bei den anderen von der inneren Hälfte), ferner in mehrere Portionen geteilt vom ganzen Costalrande des Sternums, von den Rippen V und VI und geht dann in einer Linie, welche erst dem Rippenknorpel V, dann der Rippe VI entspricht, auf die Scheide des M. rectus abdominis über. Die oberen Insertionen letztgenannten Muskels, sowie auch die oberste Zacke des M. obliquus abdom. ext. werden dadurch vom Pect. maj. bedeckt.

Die tieferen Lagen, von denen man noch drei oder vier unterscheiden kann, entspringen mit mehr oder weniger getrennten Bündeln von den Knorpeln der ersten fünf bis sechs Rippen und von den Rippen selbst, die jedesmaligen tieferen Lagen stets weiter lateral als die vorhergehenden. Nach unten hin werden die Fasern begrenzt von den Zacken des M. serratus ant. maj., die mit denen des M. obliquus abdom. ext. alterniren.

Der Clavicularteil ist sehr stark und von dem sterno-costalen zu trennen. Letzterer ist breiter, aber seine Muskelbündel schieben sich nach der Mitte zu übereinander, sodass an der Insertion die Clavicularportion breiter ist als die sterno-costale.

Die Clavicularportion inserirt am Humerus unter dem Tuberculum majus, längs der lateralen Lefze des Sulcus intertubercularis (am oberen Viertel des Humerus). Die sterno-costale Portion schiebt sich unter die claviculare und inserirt etwas mehr medial, aber mit der anderen verschmelzend, an demselben Rande des Sulcus intertuber-

---

1) Hier liegen die Ursprünge des Pect. maj. und Deltoides näher an einander, doch liegt die Vena cephalica zwischen ihnen. Bei den beiden anderen trennt sie ein breiter Zwischenraum.

cularis (Spina tuberculi majoris), reicht dabei aber nicht so weit am Humerus hinab. Ein mehr oder weniger grosser Teil der Lagen inserirt nicht am Humerus direct, sondern an der Sehne des kurzen Bicepskopfes, welche vom Tuberculum minus entspringt. Dadurch wird der Sulcus intertubercularis von der Insertion des Pectoralis major überbrückt. Die Sehne des langen Bicepskopfes zieht unter dieser Brücke hin in den Sulcus und durch diesen zum Schultergelenk. [1]) Die obige Beschreibung gilt für die drei Arten, nur ist hinzuzufügen, dass bei II. syndactylus keine Muskelbündel von der Rippe VI kommen.

DENIKER fand den Ursprung an der Clavicula über die medialen drei Viertel des Knochens ausgebreitet, weiter fand er auch Muskelbündel an der sechsten Rippe.

M. pectoralis minor. Dieser wird ganz vom M. pect. maj. bedeckt. Bei H. leuciscus entspringt er mit zwei Zacken von der Rippe IV und V und den Intercostalräumen III und IV, teils sehnig, teils fleischig [1]). Bei H. agilis kommt er nur von der vierten Rippe und den beiden angrenzenden Intercostalräumen, bei H. syndactylus von den Rippen III, IV und V und den beiden dazwischen liegenden Intercostalräumen. Die Muskelbündel ziehen nach vorn und aussen und inseriren fleischig an der oberen Fläche des Proc. coracoides nahe an der Spitze. Diese selbst bleibt frei für den M. coraco-brachialis.

Der Ursprung des M. pectoralis minor (auch die am meisten medianwärts reichenden sehnigen Fasern) bleibt bei H. leuciscus und agilis fünf Centimeter vom Sternum entfernt; bei H. syndactylus liegt er dem Brustbein etwas näher, da der Abstand von demsselben, bei diesem sehr grossen Exemplar nur vier Centimeter beträgt.

HARTMANN fand den Muskel in zwei Portionen geteilt, eine kam von der Rippe II, die andere von der Rippe III bis V. DENIKER fand den Ursprung mit zwei Zacken an den Rippen IV und V.

Innervation. Der N. thoracicus anterior entsteht aus den vorderen Zweigen des N. cervicalis V und VI, bei H. agilis auch aus dem N. cervicalis VII, dann zieht er hinter die Clavicula und endet in dem Pectoralis minor und major.

M. subclavius. Bei H. leuciscus entspringt dieser Muskel sehnig von der Rippe II und III. Die Insertion ist fleischig und liegt an der hinteren Fläche der beiden lateralen Drittel der Clavicula [1]). Bei H. agilis ist

---

1) Taf. XIX. Fig. 10.

der Muskel dicker und fleischiger und erhält auch sehnige Fasern von der Rippe I. Bei II. syndactylus kommt der Muskel ganz sehnig nur von der Rippe II und den Intercostalräumen I und II. Er inserirt bei den beiden letztgenannten Affen an dem lateralen Drittel der Clavicula.

Hartmann fand den Muskel sehr schwach. Deniker sah ihn an der einen Seite an der Rippe II, an der anderen an der Rippe I und II entspringen, die Insertion lag am lateralen Drittel der Clavicula.

Innervation. N. subclavius aus dem N. cerv. VI [1]).

Ligamentum coraco-costale. Da dieses mit dem M. subclavius in Verbindung tritt, so folge ich dem Vorbilde anderer Forscher und beschreibe es bei den Muskeln [2]), obgleich es eigentlich einen Knochen repraesentirt, nämlich den bis zum Sternum reichenden Teil des Coracoid der Reptilien und Monotremen. Es beginnt bei H. leuciscus am medialen Rande des Proc. coracoides, ist erst rund und stark, inserirt dann teilweise am mittleren Drittel der Clavicula, teilweise stralen die Fasern fächerförmig aus und inseriren weiter medianwärts am Sternalende der Clavicula und an der Rippe I und II, dabei den M. subclavius teils bedeckend, teils sich mit seinen Fasern mischend [3]). Bei H. agilis und syndactylus zog das fibröse Band direct hinüber zum Sternalende der Rippe I und II. Hier erst wurde es membranös und inserirte an diesen Rippen (bei H. syndactylus nur an der Rippe I), an dem sternalen Ende der Clavicula und an dem Lig. costo-claviculare. Mit dem M. subclavius war es nicht verbunden.

Nach Deniker sendet das Ligament eine aponeurotische Schicht zum M. subclavius, den es überkreuzt und zum Lig. clavio-acromiale. An der rechten Seite fehlte es ganz.

M. deltoides. Entspringt am lateralen Drittel der Clavicula, am Acromion und an der Spina scapulae. Weiter von der Aponeurose, welche den M. infraspinatus bedeckt, bis an den lateralen Rand der Scapula. Die Clavicularportion ist bei H. leuciscus und syndactylus ganz getrennt vom übrigen Teil des Muskels, bei H. agilis ist die

---

1) Ich stellte die Innervation nur bei H. syndactylus fest. Bei der Praeparation der beiden anderen beachtete ich die Innervation dieses Muskels nicht.

2) Deniker nennt dieses Band „Ligamentum clavio-coracoideum". Vergleiche: Champneys: Journal of anatomy and physiology. Vol. VI. 1872. Pagenstecher: Zoologischer Garten. VIII Jahrgang. 1867. Rolleston: Muscles connected with the shoulder joint. Transactions of the Linnean Society of London. Vol. XXVI. London 1870. Westling: Beiträge zur Konntnis des periph. Nervensystems. Bihang Svenska. Acad. Handl. Band 9. 1884.

3) Taf. XIX. Fig. 10.

Trennung nur durch eine Furche an der äusseren Oberfläche angedeutet. Bei allen ist der Muskel am Ursprung durch einen Zwischenraum getrennt vom Pectoralis major. Die oberflächlichen Fasern sind
an der Insertion ein wenig verbunden mit denen des M. trapezius
(siehe dort). Der Deltoides inserirt an der lateralen Kante des Sulcus
intertubercularis neben dem Pectoralis major, mehr oder weniger (bei
H. syndactylus gar nicht) mit diesem verschmelzend. Der übrige Teil
des Muskels, welcher auch noch Fasern vom acromialen Ende der
Clavicula erhält, ist weit grösser als der claviculare, an ihm ist eine
Zweiteilung nur durch eine Furche an der äusseren Fläche angedeutet.
Die Insertion liegt bei H. leuciscus und syndactylus erst dicht neben
der clavicularen Portion (mit dieser an der Insertion verschmelzend), steigt
dann weiter distalwärts hinab und bedeckt die ganze laterale Fläche der
proximalen Hälfte des Humerus. Sie wird am distalen Ende umfasst durch
die Ursprünge des M. brachialis internus und des M. anconaeus externus,
von denen sie nicht zu trennen ist [1]). Bei H. agilis ist die Insertion in
zwei Teile gespalten, da ein Teil des Ursprungs des M. brach. int. und ein
Teil des M. anconaeus externus sich wie ein Keil in sie hineinschieben [2]).

DENIKER lässt den Muskel noch weiter distal inseriren.

M. teres minor. Seine Fasern kommen von den oberen beiden
Dritteln des lateralen Randes und von der ventralen Fläche der Scapula;
sie liegen neben dem M. infraspinatus. Er inserirt, dem M. infraspinatus
dicht anliegend, am Tuberculum majus, doch ist er viel weniger als
dieser mit der Kapsel des Gelenks verbunden.

Innervation. N. axillaris s. circumflexus humeri aus
dem Nervus cervicalis V und VI. Er zieht um den Humerus zur
lateralen Seite des Arms, giebt einen Zweig zum Teres minor, verzweigt
sich dann im Deltoides, sendet durch diesen hindurch Zweige zur Haut
und endet an der Kapsel des Schultergelenks und am Sulcus bicipitalis.

M. subscapularis. Dieser Muskel ist ein mehrfach gefiederter wie
beim Menschen und bei den anderen Anthropomorphen. Seine Fasern
kommen von der ganzen ventralen Fläche der Scapula. Sie inseriren an
dem Tuberculum minus und dessen Spina bis hinab zur Insertion des
Latis. dorsi. Weiter sind sie noch verbunden mit der Kapsel des Schultergelenks. Der an der Spina inserirende Teil lässt sich leicht von
der übrigen Fleischmasse trennen und ist demnach ein M. subsca-

---

1) Taf. XVIII. Fig. 2.   2) Taf. XVIII. Fig. 1.

pularis minor, wie Gruber ihn beim Menschen gefunden hat.

M. teres major. Entspringt von der distalen Hälfte des lateralen Randes der Scapula, hier nicht trennbar von dem Subscapularis; er inserirt mit dem Latissimus dorsi an der Spina tuberculi minoris, zum Teil mehr proximal als dieser [1]).

M. latissimus dorsi. Der Ursprung beginnt bei H. leuciscus median am achten Brustwirbel, bei den anderen erst am neunten. Bei H. leuciscus sind die Ursprünge am Brustwirbel VIII und IX sehnig, vom M. trapezius bedeckt und rudimentair, während bei den anderen die Fasern am Brustwirbel IX und X vom M. trapezius bedeckt werden, zwar auch rudimentair sind, aber fleischig bleiben. Weiter breitet sich der Ursprung aus über die anderen Brustwirbel, über alle Lendenwirbel und den medialen Teil des oberen, horizontal gerichteten Randes des Ileum. Doch entspringt der Muskel nicht mehr direct an den letztgenannten Knochen, sondern mit Hülfe einer Aponeurose, die an den obengenannten Knochenteilen befestigt ist, und auf welche dann die Ursprünge der Muskelbündel hinübergeschoben sind, und zwar beginnt diese Verschiebung bei H. leuciscus und syndactylus am Brustwirbel X, bei H. agilis am Brustwirbel XII. Die Verschiebung wird nach unten hin stets stärker, sodass die Ursprünge der Muskelfasern immer weiter von der Wirbelsäule sich entfernen, bis sie endlich mit dem ventralen Ende der Rippe XIII zusammenfallen. Hier endet dann die Aponeurose in einer verticalen Linie, die von der Spitze dieser Rippe ausgeht und zum vorderen Rande der Crista ossis ilei hinzieht. Die Aponeurose geht in dieser Linie in die schrägen Bauchmuskeln über (von einem Trigonum Petiti ist denn auch nichts zu sehen). Distalwärts inserirt die Fascie an dem Sacrum und stralt nach links und rechts in die Fascie aus, welche die Ursprünge der Mm. glutaei am Ileum bedeckt. Weiter erhält der M. latis. dorsi lateralwärts noch fleischige Zacken von der Rippe XIII bis VIII (bei H. syndactylus auch noch von der Rippe VII), welche mit den Zacken des Obliquus abdominis ext. alterniren. Die Muskelbündel schichten sich über einander, ziehen unter dem Arme hin zu dessen medialer Seite und inseriren, die Sehne des Teres major kahnförmig umfassend und mit dieser vereinigt, an der Spina tuberculi minoris [1]).

Bei keinem der drei untersuchten Affen zogen Fasern des Muskels

---

1) Taf. XVIII. Fig.

zur Achselhöle, oder zu einem der angrenzenden Muskeln. Wohl aber war bei allen der M. latissimo-condyloideus vorhanden; darüber weiter unten.

Innervation. Die drei letztgenannten Muskeln werden durch die Nervi subscapulares innervirt. Von diesen entsteht der vordere aus einem, durch die Cervicalnerven V und VI gebildeten Stamme und innervirt nur den M. subscapularis. Der andere entspringt aus den Cervicalnerven VII und VIII und innervirt alle drei Muskeln.

M. serratus anticus major. Dieser wird bei H. leuciscus und agilis durch zwei Portionen gebildet, die durch einen weiten Zwischenraum von einander getrennt sind, in welchem eine sehr dünne Membran liegt. Der Zwischenraum ist dreieckig, die Basis liegt am medialen Rande der Scapula, die Spitze an der dritten Rippe (Basis = 4—5 cm.). Die distale Portion kommt bei H. leuciscus vom Sternalteil der Rippe XI bis III (bei H. agilis von Rippe XI bis II) und inserirt an der unteren Ecke der Scapula. Diese von den hinteren Rippen kommenden, schräg hinaufziehenden Bündel sind sehr stark. Die proximale Portion kommt bei H. leuciscus und agilis vom Sternalteil der Rippen III bis I, verläuft beinah horizontal zur ventralen Fläche der proximalen Ecke der Scapula und inserirt gleich neben dem M. levator scapulae, ist aber nur bei H. leuciscus ein wenig mit diesem Muskel verbunden. Obgleich beide Portionen von der dritten Rippe entspringen, bedecken sie bei H. leuciscus einander nicht, liegen aber dicht neben einander. Nur bei H. leuciscus sah ich ein kleines, accessorisches Muskelbündel von dem spinalen Teil der zweiten Rippe entspringen und mit der proximalen Portion (an ihrer den Rippen zugekehrten Fläche) sich vereinigen. Bei H. agilis waren beide Portionen einige Centimeter weit verschmolzen, bei diesem Affen reichte der Ursprung der distalen Portion ja auch weiter proximalwärts hinauf. Bei H. syndactylus entspringt die distale Portion von Rippe X bis II, die proximale von Rippe I bis IV. Die Fasern der oberen Portion von der Rippe III und IV werden von der unteren Portion bedeckt; die beiden, von der zweiten Rippe entspringenden Teile der Portionen waren durch sehnige Fasern mit einander verbunden. Nach dem Ursprung divergiren die Portionen stark; die proximale inserirt an der proximalen Ecke der Scapula und weiter distalwärts am medialen Rande, dort reicht sie grade so weit hinab als die Insertion des M. levator scapulae, der hier tiefer als bei den anderen inserirt. Beide Muskeln sind aber nicht verschmolzen. Die distale Portion verhält sich ganz wie bei den anderen Affen.

Deniker fand den Ursprung der proximalen Portion an der Rippe I und II, den der distalen an allen Rippen ausser der Rippe I. Die Portionen an der Rippe II bedeckten einander, der dreieckige Zwischenraum war weit kleiner, da die Insertionen am medialen Rande der Scapula nicht so weit von einander lagen.

Innervation. Für die proximale Portion: ein Zweig des N. thoracicus posterior, der selbst den M. rhomboides innervirt (Fig. I. S.m.). Für die distale Portion: der N. thoracicus longus aus dem N. cervicalis VI und VII. Bei II. syndactylus erhält der Zweig des N. thoracicus posterior, welcher die proximale Portion innervirt, eine Verstärkung vom N. thoracicus longus, sodass bei diesem Affen also beide Portionen Zweige vom N. thoracicus longus erhalten.

IV. Muskeln, welche durch Zweige der grossen Nervenstämme innervirt werden, die aus dem Plexus brachialis hervorgehen.

A. *Muskeln, welche durch Zweige der vorderen Wurzel des Nervus medianus innervirt werden.*

M. coraco-brachialis. Der Ursprung liegt an der Spitze des Processus coracoides [1]). Der Muskel ist schwach bei H. leuciscus, stärker bei H. agilis, am stärksten bei H. syndactylus. Bei ersterem zieht der Muskel distalwärts bis einige Cm. oberhalb der Mitte des Humerus und inserirt hier, nicht trennbar von der Insertion des M. anconaeus int., welche weiter proximalwärts hinaufreicht als die Insertion des Latissimo-condyloideus. Sonst ist er mit keinem Muskel an der Insertion verbunden, auch nicht mit dem Latis. dorsi, da seine Fasern weit unterhalb des letzteren an den Humerus sich ansetzen. Bei H. agilis und syndactylus beginnt die Insertion gleich distal von dem Tuberculum minus und endet bereits einige Cm. proximal von der Mitte des Humerus, seine am meisten medial inserirenden Fasern setzen sich an die Sehne des Latis. dorsi und Teres major, bleiben aber getrennt vom Anconaeus internus.

Bischoff, Hartmann und Deniker fanden den Muskel einfach, wie ich ihn beschrieben habe. Vrolik sagt, er verhalte sich wie bei seinem Chimpanse, d. h. er sende ein Muskelbündel zum M. anconaeus internus; dann wäre also, in Bezug auf diesen Muskel, mein II. leuciscus dem Hylobates Vrolik's am ähnlichsten.

---

1) Taf. XIX. Fig. 10.

M. biceps. Bei H. leuciscus ist der Muskel dreiköpfig, ein Teil
entspringt am Proc. coracoides (sehnig, wird aber bald fleischig) und
ist hier verschmolzen mit dem M. coraco-brachialis. Dieser Teil zieht
am Humerus hinab, vereinigt sich aber schon am distalen Drittel mit
dem zweiten Teil. Dieser kommt vom Tuberculum minus, grade von
dem Rande des Sulcus intertubercularis, an seiner Sehne inserirt ein
Teil der tieferen Muskelbündel des M. pect. major. Dann tritt er unter
diesem Muskel hervor, wird fleischig und vereinigt sich mit dem ersten
Teil, beide zusammen bilden das Caput breve des Biceps. Ueber
der Mitte des Humerus vereinigt sich dieses mit dem dritten Teil, dem
Caput longum des Biceps [1]). Dieses entspringt an der Scapula über
der Cavitas glenoidalis, zieht durch die Kapsel des Schultergelenks zum
Sulcus intertubercularis, wo es, wie beim Pect. major beschrieben
wurde, zwischen die Insertionen dieses Muskels tritt. Bald darauf wird
diese Muskelportion fleischig und zieht, gleich stark wie die beiden
anderen zusammen, am Humerus hinab. An der lateralen Seite liegt der
Biceps frei, mit keinem anderen Muskel verbunden, an der medialen
Seite aber entspringen noch viele Fleischbündel dicht neben der Sehne
des M. latissimo-condyloideus, und zwar mit sehnigen Fasern von den
beiden distalen Dritteln des Humerus. Dadurch werden die Nerven
und Gefässe, welche unter dem Biceps und neben dem Latissimo-condyloideus dem Brachialis internus aufliegen, überbrückt, sodass man
diese medialen Ursprünge des Biceps durchschneiden muss, um zu
diesen Nerven und Gefässen zu gelangen [2]). An der Plica cubiti teilt
sich die Muskelmasse in zwei Teile. Der laterale inserirt mit starker
Sehne an der medialen Kante des Radius, an der distalen Grenze des
proximalen Achtels, der mediale Teil dagegen ist an der Insertion sehr
breit und fleischig und verbindet sich mit den, am Condylus internus
entspringenden Muskeln des Unterarms und zwar so, dass nur wenige
oberflächliche Fasern in die Fascie übergehen, alle anderen aber an dem
Lig. intermusculare inseriren, welches zwischen dem M. pronator teres
und M. flexor carpi radialis liegt. Bei H. agilis fehlt der Muskelbauch,
welcher bei H. leuciscus am Proc. coracoides entspringt; die beiden
anderen sind vorhanden und gleich denen des H. leuciscus. An Stärke

---

1) Auch beim Menschen hat der Biceps öfter drei Köpfe. Verg. z. B. Wood: Variations
in human myology. Proc. of the royal soc. Vol. XVI. n° 104. Aus nachfolgender Beschreibung geht hervor, dass dieser Muskel des Hylobates ein Biceps, Triceps oder Quadriceps
sein kann, doch behielt ich den alten Namen bei um etwaigen Verwechslungen vorzubeugen.

2) Taf. XIX. Fig. 10.

sind sie einander gleich und voreinigen sich erst am Anfang des
distalen Drittels des Humerus. Für H. syndactylus gilt dasselbe wie
für H. agilis, nur fand ich, dass ein kleines Muskelbündel vom M.
coraco-brachialis sich loslöste, nahe an dessen Insertion und mit dünner
Sohne zum Biceps hinüberzog, um sich in der Fleischmasse dieses
Muskels aufzulösen. Bei allen drei Arten ist der Muskel ganz aussorge-
wöhnlich stark und so kurz, dass der Unterarm stets ein wenig flectirt
ist, wozu auch die Kürze des M. brachialis internus beiträgt.

Wie der M. biceps des Menschen der populärste Muskel des Körpers
ist, so haben auch diejenigen Untersucher, welche den Hylobates nur
ganz oberflächlich behandelen, doch seinen M. biceps teils mehr, teils
weniger genau beschrieben. Den Ursprung des Caput breve nur mit
einer Sehne vom Tuberculum minus fanden HARTMANN und BISCHOFF
(am linken Arm seines H. leuciscus, doch nicht verbunden mit dem
Pect. major). HUXLEY, VROLIK und CHUDZINSKY [1] lassen das Caput breve
von der Sehne des Pectoralis major kommen und erwähnen das Tuberculum minus nicht. Den Ursprung nur vom Proc. coracoides fand
DENIKER. Beide Sehnen des Caput breve sahen OWEN [2] und BISCHOFF
(am rechten Arm seines H. leuciscus), von denen die eine vom Tuberc.
minus, die andere vom Proc. coracoides ihren Ursprung nahm.

BISCHOFF und DENIKER teilen mit, dass die beiden Teile des Biceps
(Caput longum und breve) die Insertion des Pect. major durchbohren
und dabei von einer Schleimscheide umkleidet werden. VROLIK, DENIKER
und BROCA [1] erwähnen die Ursprünge längs der medialen Seite des
Humerus; an dem Hylobates BROCA's wurde das sonst ganz fehlende
Caput breve nur durch diese repraesentirt. VROLIK und OWEN berichten, dass die beiden Teile des Biceps sich erst sehr weit unten vereinigen, und dass der mediale Teil der gemeinschaftlichen Muskelmasse
in die Armfascie sich auflöst. Lezteres sah auch DENIKER, keiner scheint
gesehen zu haben, was ich bei allen drei Arten fand, dass der mediale
Teil in die am Condylus int. entspringenden Muskeln überging [3].
DENIKER und OWEN erwähnen auch noch, dass der Muskel weiter unten
am Radius inserire; ersterer sagt „am proximalen Drittel", letzterer

---

1) HERVÉ: Anomalie du muscle biceps brachial. Bulletins de la société d'anthropologie.
Tom. VI. 1883.

2) OWEN: Comparative anatomy and physiology of vertebrates. III. pag. 53.

3) Immer in dem Sinne, dass seine Fasern an den, zwischen diesen Muskeln liegenden
Ligamenta intermuscularia inserirten.

„unter der Tuberositas radii"; ich fand bei keinem meiner Exemplare solch eine tiefe Insertion.

M. brachialis internus. Bei allen drei Arten entspringt der Muskel vom mittleren Drittel des Humerus an, von der vorderen, äusseren und inneren Fläche dieses Knochens bis hinab zum Gelenk. Am lateralen Rande ist er nicht trennbar vom M. anconaeus externus und Deltoides, da ein Lig. interm. laterale fehlt. Den medialen Teil der Insertion des Deltoides umfasst er bei H. agilis mit zwei Zacken, während er bei den beiden anderen ganz medial neben der Insertion dieses Muskels liegt. Mit kurzer Sehne inserirt er an der vorderen Fläche der Ulna gleich unter dem Processus coronoideus. Da an der lateralen Seite die oberflächlichen Fasern des M. supinator longus von der Fascie, über dem Brachialis internus, ihren Ursprung nehmen, so scheinen beide Muskeln mit einander verbunden zu sein. Bei H. syndactylus existirt auch diese scheinbare Verbindung nicht [1]). Der Muskel ist sehr stark, nicht schwächer als der Biceps.

Innervation. Der N. medianus hat zwei Wurzeln, von welchen die eine aus den zwei vorderen Nerven des Plexus brachialis (bei H. agilis aus den drei vorderen), die hintere aus den drei hinteren Nerven des Plexus (bei H. agilis aus den zwei hinteren) entspringt. Von dem lateralen Rande der vorderen Wurzel spalten sich, noch ehe diese mit der hinteren verschmilzt, bald nach einander drei Nervenzweige ab, von denen der erste den M. coraco-brachialis, der zweite den M. biceps, der dritte den M. brachialis internus innervirt. Der Ast zum Biceps innervirt beide Teile des Muskels und sendet noch Zweige zur Haut, welche den Muskel durchbohren und unterhalb der Cubitalbeuge enden. Der Nerv zum M. brach. int. liegt erst neben dem N. medianus, sodass er weiter unten von diesem auszugehen scheint, dann zieht er zum Muskel, den er mit einem Zweige durchbohrt, um in der Haut an der Beugefläche des Unterarms zu enden. Bei H. leuciscus geht von ihm ein Zweig aus, welcher unter dem N. medianus und ulnaris zur Cubitalbeuge hinabzieht, über derselben einen schwachen Zweig zum Anconeus int. sendet und selbst im unteren Teil des Brachialis int. endet. Der Nerv zum M. coraco-brachialis endet in diesem Muskel, giebt also keine Hautzweige ab.

---

1) Woon l. c. nennt eine Verbindung zwischen diesen beiden Muskeln, wie sie sich auch zuweilen beim Menschen findet „an ape-like arrangement". Hylobates, dem diese Verbindung fehlt, wäre darin also dem Menschen ähnlich.

B. Muskeln, welche durch den Nervus radialis innervirt werden.

M. triceps. Der Anconaeus longus entspringt am proximalen Drittel des lateralen Scapularandes gleich unter der Cavitas glenoidalis. Er zieht zwischen Teres major und minor hinab zur hinteren Fläche des Arms und erhält, von dem mittleren Drittel des Humerus an weitere Fleischbündel bis zum Ellenbogen. In der Mitte des Arms vereinigt er sich mit dem Anconaeus externus und, an der Grenze des mittleren und unteren Drittels (bei H. agilis in der Mitte des Arms) mit dem Anconaeus internus.

Der Anconaeus externus beginnt gleich unter dem Trochanter major, und seine Fasern entspringen an dem lateralen Teil der Streck-seite des Humerus. An der einen Seite ist er mit dem Anconaeus longus verbunden und an der anderen von dem Brachialis internus und Del-toides nicht mehr zu trennen. Letzterer inserirt bei H. leuciscus und syndactylus ganz medial vom Anconaeus ext. Bei H. agilis wird der Ur-sprung des Anconaeus ext. in zwei Portionen geteilt durch die gespaltene Sehne des Deltoides, sodass ein Teil des Muskels lateral von der äusseren Zacke des Deltoides liegt, ein anderer zwischen den Zacken dieses Muskels. Der laterale Teil verschmilzt aber mit dem Anconaeus longus, sodass der Anconaeus ext. doch nur aus einem Ursprungskopf zu entste-hen scheint, welcher zwischen den beiden Insertionen des Deltoides liegt.

Die Fasern des Anconaeus internus kommen von dem medialen Teil der Streckseite des Humerus, sie bedekken die beiden distalen Drittel dieser Knochenfläche. Die medialen Fasern sind erst sehnig und liegen neben der Insertion der Sehne des M. lat. condyl., doch überragen sie diese nach oben hin, wodurch die genannte Sehneninsertion proximalwärts verlängert scheint. Die lateralen Fasern durchkreuzen die des Anco-naeus longus. Bei H. syndactylus war der Anconaeus internus schwächer als bei den anderen, auch war er bald nach seinem Ursprung verschmolzen mit den Anconaeus longus. Weder einen Anconaeus quartus, noch einen M. epitrochleo-anconaeus habe ich finden können. In der Literatur fand ich den Triceps des Hylobates nirgends näher beschrieben.

M. latissimo-condyloideus [1]). Dieser Muskel entspringt mit fleischigen Fasern von der Sehne des Latissimus dorsi [2]). Er zieht an

---

1) Taf. XVIII. Fig. 3 u. Taf. XIX. Fig. 10.
2) M. latissimo-condyloideus, so nennen ihn BISCHOFF und andere Forscher; Dorso-epi-trochlearis nach DOUVERNOY und Anderen.

der inneren Seite des Armes, zwischen Biceps und Anconaeus internus hinab. Dabei liegt er dem letzteren auf. Seine fleischigen Fasern enden über dem mittleren Drittel des Humerus und gehen in eine lange Sehne über, welche vom mittleren Drittel des Humerus an, längs dem ganzen distalen Teile dieses Knochens, bis zum Condylus internus inserirt. Da die Fasern der Sehne in gleicher Richtung mit den Muskelfasern verlaufen, so kann man hieraus auf ihre Zusammengehörigkeit schliessen. Dies spricht gegen die Auffassung, welche den Muskel an einem Ligamentum intermusculare inseriren lässt, das dem Lig. intermus. int. des Menschen entsprechen soll. Ich glaube dieses Ligament so deuten zu müssen, dass es die Sehne des M. latissimo-condyloideus repraesentirt, welcher Muskel beim Menschen verschwunden ist, sodass nur die Sehne zurückblieb. Ein besonderes Lig. intermusculare externum fehlt beim Hylobates. Das verschiedene Verhalten der Sehne bei den drei von mir untersuchten Arten giebt eine weitere Begründung für jene Ansicht. Bei H. leuciscus glich die Sehne noch am meisten anderen Sehnen, sie war platt und doch stark, bei H. agilis war sie bereits platter, dünner, membranöser. Bei H. syndactylus war sie ganz membranös und vereinigte sich, ohne eine Grenzlinie zu zeigen, mit der Fascia brachii, während sie bei den beiden anderen scharf von dieser getrennt war. An beiden Seiten der Sehne des M. lat. condyl. gehen eine Anzahl sehniger Fasern vom Humerus aus. Diese liegen der Sehne an, ziehen aber

Fig. II.

nicht in derselben Richtung wie die fleischigen Fasern des Muskels. Bei genauerer Untersuchung nimmt man wahr, dass alle diese sehnigen Fasern nicht mit der Sehne des Lat. condyl. verschmelzen, auch nicht zur Fascie ziehen, sonderen in die Muskelfasern des Biceps und Anconaeus internus übergehen, zwischen denen die Sehne der Lat. cond. liegt (Fig. II). Die beiden obengenannten Muskeln sind also auch nicht verbunden mit der Sehne des Lat. condyl. wie einige Untersucher angeben, sondern sie entspringen an den obengenannten

Ursprünge der Oberarmmuskeln am Humerus. L. c. M. latissimo-condyloideus; Bc. M. biceps; B. i. M. brachialis internus; A. e. M. anconaeus externus; A. l. M. anconaeus longus; A. i. . Anconaeus internus.

sehnigen Fasern, welche vom Humerus, zu beiden Seiten der Insertion des Lat. condyl. ausgehen. H. agilis macht in sofern eine

Ausnahme, als der Lat. condyl. an der inneren Seite schon hoch oben sehnig wird, und hier von ihm wirklich ein kleiner Teil der Muskelfasern des Biceps entspringt. Bischoff und Hartmann haben wohl Ähnliches gefunden, da sie mitteilen, der Muskel gehe in der Mitte des Arms, teils in die Fascie über, welche den Biceps bedeckt, teils in das Lig. interm. int. Deniker sah, dass an dem einen Arm des Foetus sich die Sehne des Muskels in die Fascie des Arms auflöste, während die dünne Sehne des anderen Arms am Condylus int. inserirte und dabei gleichsam in das dicke aponeurotische Band eingegraben war (wohl das Lig. interm. int.), welches den Triceps mit dem Biceps verbindet.

Der Biceps wird noch von der Sehne dieses Muskels getrennt durch den N. cutaneus brachii internus. Dieser entspringt aus den letzten Nerven der Plexus brachialis und ist nicht verbunden mit dem N. intercosto-humeralis. Er liegt neben den anderen Nerven, unter dem Biceps, aber an der medialen Seite der Arteria brachialis. Bei H. syndactylus liegt er, ganz wie die anderen Nerven an der lateralen Seite der Arterie. Er teilt sich in zwei Nerven, die entweder gemeinschaftlich (H. syndactylus), oder jeder für sich zwischen den medialen Insertionen des Biceps und der Sehne des Lat. condyl. hindurchtreten, und sich verzweigen an der vorderen und medialen Fläche des Ober- und Unterarms. Dabei reicht der eine (R. minor) nicht weit über die Plica cubiti hinab, der andere (R. major) bis zur Handwurzel. Der N. intercosto-humeralis kommt aus dem zweiten Intercostalraum, und verzweigt sich an der ganzen hinteren Fläche des Oberarms bis zum Elbogengelenk, dabei auf die mediale und laterale Seite hinübergreifend.

Innervation. Der N. radialis, welcher aus allen Nerven des Plexus brachialis entsteht, sendet beinah gleichzeitig je einen Nerven zum Anconaeus longus und zum Lat. condyl., und dann einen dritten zum Anconaeus internus. Diese Innervationsverhältnisse beweisen, dass diese Muskeln zusammengehören, was noch deutlicher dadurch wird, dass der N. radialis, bevor er sich zur medialen Seite des Lat. condyl. begiebt, einen Nervenzweig zur lateralen Fläche der Sehne dieses Muskels sendet, welcher an dieser hinab zieht, dann die Sehne durchbohrt, so an ihre mediale Seite gelangt, und im Anconaeus internus endet [1]. Nur beim H. syndac-

---

1) Taf. XVIII. Fig. 3.

tylus durchbohrt dieser Nerv die Sehne nicht, sondern geht gleich an ihre mediale Seite und so direct zum Anconaeus internus. Der N. radialis liegt nun an der medialen Seite des Lat. condyl., zieht dann um den Humerus, durchbohrt dabei die Fasern der Anconaei, besonders des Anconaeus externus, diese innervirend. Dann tritt er über dem Condylus externus, zwischen Anconaeus externus und Brachialis internus wieder hervor, sendet hier starke Zweige zur Haut der lateralen Fläche des Unterarms und wird dann wieder durch den, oberhalb des Condylus gelegenen Ursprung des M. supinator longus bedeckt. Nun steigt er zur Plica cubiti hinab und teilt sich in einen Ramus profundus und einen Ramus superficialis. Ersterer durchbohrt den M. supinator brevis und geht zur Streckseite des Unterarmes, lezterer durchbohrt die Fascie, verzweigt sich in der Haut am Radialrande des Unterarms, zieht dann zur Streckseite der Hand und zu den Fingern [1]).

M. supinator longus. Sein Ursprung liegt gleich über dem Condylus externus; bei II. syndactylus reicht er bis an das mittlere Drittel des Humerus hinauf. Der Muskel ist bei H. leuciscus in eine starke obere und untere schwache Portion getrennt, deren Sehnen an der distalen Grenze des proximalen Drittels des Vorderarms verschmelzen und am dritten Viertel des Radius inseriren.

Bei H. agilis gehen die am meisten lateral gelegenen Fasern des Muskelbauches nicht zur Sehne, sondern biegen sich um die Mm. extensores carpi radiales nach hinten zur Streckseite des Vorderarms. Hier enden sie teils in der Fascie, teils sehnig im Muskelbauch des M. extensor digitorum sublimis, sodass der Supinator longus eine geringe Streckwirkung auf die Finger ausüben kann. Die Insertion ist wie bei H. leuciscus. Bei H. syndactylus ist der Muskel nicht geteilt und inserirt etwas mehr distal als bei den anderen. Seine Verbindung mit dem Brach. int. habe ich bereits bei diesem Muskel beschrieben.

BISCHOFF, HARTMANN, HUXLEY, DENIKER sahen die Sehne in der Mitte des Radius enden.

M. supinator brevis. Er entspringt am Condylus externus humeri und am Ligamentum annulare radii, auch (an der Streckseite) an der radialen Kante der Ulna. Er inserirt, den Radius umziehend, hauptsächlich an dem proximalen Viertel der Beugeseite dieses Knochens,

---

1) Vergleiche Seite 244. Fig. IV. c. m.

teils schon am oberen Drittel der lateralen Kante desselben. Die Insertion wird nach unten hin begrenzt vom M. pronator teres.

Mm. extensores carpi radiales. Beide entspringen vom Condylus externus, distal vom Ursprung des Supinator longus (bei H. syndactylus, wo der Supinator mehr proximal vom Humerus entspringt, liegen auch die Ursprünge dieser Muskeln weiter proximal über dem Cond. ext.). Erst sind sie mehr oder weniger mit einander, und der mehr lateral gelegene Extensor carpi radialis brevis ausserdem mit dem Ext. digitorum sublimis verbunden. Sie trennen sich aber bald und gehen dann in lange schlanke Sehnen über, und zwar der Extensor carpi radialis longus schon am oberen Viertel, der Rad. brevis am oberen Drittel des Vorderarms. Sie ziehen an der Beugefläche, längs des Radius hinab, dann unter die Sehnen der langen Daumen-Streckmuskeln hinweg zur Streckfläche, wo sie, jeder durch sein eigenes Sehnenfach hindurch ziehend, an der Basis der Metacarpalia enden. Bei H. leuciscus inserirte der Rad. long. mit zwei, kurz vor der Insertion sich trennenden Sehnen, an der Radialseite des Metacarpale II und mit wenigen Fasern am Metacarp. I; der Rad. brevis mit einer Sehne an der Radialseite des Metacarp. III, und mit einer zweiten, kurz vor der Insertion sich abtrennenden Sehne, an der Ulnarseite des Metacarp. II. Bei H. syndactylus enden die Sehnen wie beim H. leuciscus, nur ist die des Rad. long. nicht geteilt und sendet keine Fasern zum Metacarpale I. An der linken Hand [1]) des H. agilis endet die Sehne des Rad. long. nur am Metacarpale II, die des Rad. brevis nur am Metacarpale III, und zwar beide am Radialrande. Es ist dies vielleicht ein kleiner Beitrag zu den von GRUBER und WOOD [2]) beim Menschen beschriebenen Verdoppelungen der Mm. extensores carpi radiales.

DENIKER fand die beiden Muskeln vereinigt; ihre gemeinschaftliche Sehne teilte sich erst kurz über dem Handgelenk und inserirte dann an den Metacarpalia II und III.

M. extensor digitorum sublimis. Seine Fasern entspringen am Condylus externus, an der Fascie des Unterarms und den Zwischenmuskelbändern, welche von dieser ausgehen, auch von der Fascie, welche den Extensor dgt. subl. von den tiefer gelegenen Muskeln der

---

1) Sieh über die Insertion dieser Muskeln an der rechten Hand des H.agilis. Seite 240. Fig.III.
2) GRUBER: Beobachtungen zur menschlichen und vergleichenden Anatomie. Heft II. Derselbe: Archiv für Anatom. und Physiologie. Jahrg. 1877. WOOD: Variations in human myology. Proc. of the royal soc. Vol. XVI. N° 104.

Streckseite trennt, endlich von den proximalen drei Vierteln der Ulna. Bei H. syndactylus fehlen die Ursprungs-Fasern von der Ulna, doch ist der mediale Rand des Muskels durch ein aponeurotisches Blatt an die Ulna befestigt, welches weiter distal sich mit dem Extensor digiti quinti verbindet. An dem Anfang des distalen Drittels des Unterarms ist der Muskel ganz sehnig geworden, teilt sich in vier Teile (bei H. syndact. in fünf), die jedoch bis zum Handgelenk neben einander liegen bleiben. Sie treten durch das fünfte Sehnenfach zum Handrücken [1]) und weichen dann erst aus einander, um an den vier letzten Fingern zu enden. Über der Mitte des Metacarpus sind sie wieder durch schmale Sehnenstreifen, welche von jeder Sehne zur nächst liegenden ziehen, unter einander verbunden. Nur bei H. leuciscus fehlte solch ein Sehnenstreifen zwischen den Sehnen des dritten und vierten Fingers. Bei H. syndactylus erhält der mittelste Finger zwei Sehnen, die sich über dem Metacarpo-phalangealgelenk vereinigen. Über der ersten Phalange der Finger verbinden sich die Sehnen des Extensor digitorum sublimis mit den aus der Palma kommenden Sehnen der Interossei und Lumbricales und bilden so die Dorsalaponeurose der Finger. Diese inserirt teilweise an der Basis der Phalanx II und endet an der Phalanx III. Nach DENIKER bleiben die vier Sehnen durch eine Membran beinah bis zur Articulatio metacarpo-phalangea vereinigt.

M. extensor carpi ulnaris. Der Ursprung liegt am Condylus internus und am proximalen Viertel der Ulna. Er ist verbunden mit dem Extensor digt. sublim., auch kommen Fasern von der Fascie der Streckseite.

Bei H. syndactylus ist er fast gar nicht verbunden mit dem Ext. digt. sublim., bedeckt aber die Aponeurose, welche diesen Muskel an die Ulna befestigt, ohne mit ihr verbunden zu sein. Der Muskel geht am mittleren Drittel der Ulna in seine Sehne über und tritt durch das siebente Sehnenfach zur Basis des Metacarpale V. Ein M. ulnaris digiti quinti [2]) war nicht vorhanden.

M. abductor pollicis longus. Er entspringt in schräger Richtung von der Ulna und dem Radius, wobei seine proximalen Ursprungsfasern vom zweiten und dritten Achtel des Radius kommen. Der fleischige

---

1) Durch das erste Sehnenfach zieht der kurze Daumenstrecker und der Daumenabzieher, durch das zweite und dritte die Extensores carpi radiales, durch das vierte der lange Daumenstreckmuskel, durch das fünfte die Extensores digitorum sublimis et profundus, durch das sechste der Ext. digiti quinti, durch das siebente der Extensor carpi ulnaris.

2) GRUBER: Beobachtungen aus der menschlichen und vergleichenden Anatomie. Heft V.

Teil des Muskels ist sehr kurz, die Sehne hingegen sehr lang. Diese spaltet sich in zwei Teile, die beide mit dem Extensor pollicis brevis (die Mm. extensores carpi radiales überkreuzend) durch das erste Sehnenfach zum Daumen ziehen. Die eine Sehne des Abductor inserirt am sogenannten carpalen Sesambein (Praepollex), gelegen zwischen dem Radiale und Carpale I, die andere endet an dem letztgonannten Knochen. Bei II. syndactylus ist die Sehne nicht geteilt, ein Teil ihrer Fasern inserirt aber trotzdem am Sesambein, die meisten aber gelangen zum Carpale I. Bei H. agilis (linke Hand) fand ich nur den Ansatz am carpalen Sesambein, und nur wenige Fasern der Sehne zogen über dasselbe hinweg zum Carpale I, doch ging vom Abductor noch ein Fascikel aus, welches sich in das Lig. carpi transversum [1]), über dem Sehnenfach des Extensor carpi radialis brevis auflöste. Dies Fascikel entspricht dann wohl der Sehne, welche bei den anderen beiden Affen am Carpale I inserirt [2]).

M. extensor pollicis brevis. Auch der Ursprung dieses Muskels liegt in schräger Richtung, gleich distal von dem vorigen. Die Fasern kommen von der Ulna, von dem Ligamentum interosseum und vom Radius, am mittleren Drittel des Unterarms. Bei H. leuciscus kommen keine Fasern von der Ulna. Die Fasern des Muskels werden sehr bald sehnig, jedoch inseriren noch einige Muskelfasern an der Sehne, welche dann neben dem Abductor pollicis longus, aber ganz von diesem getrennt, am Radius hinabsteigt und an der Basis des Metacarpale des Daumens endet. BISCHOFF und HUXLEY lassen den Extensor brevis ganz fehlen. HARTMANN und VROLIK fanden ihn, wie ich ihn beschrieben habe. Wie lässt sich das Fehlen des Muskels bei den Exemplaren von BISCHOFF und HUXLEY erklären? Diese Autoren geben an, dass der Abductor pollicis longus in zwei Sehnen geteilt sei, von denen eine am Metacarpale des Daumens, die andere am Carpale I inserire. Das Verhalten bei den von mir untersuchten Arten macht es nun wohl wahrscheinlich, dass die von BISCHOFF und HUXLEY beschriebene Sehne zum Metacarpale meinen Extensor brevis repräsentirte, welcher demnach nicht fehlte [3]).

---

1) GRUBER: Beobachtungen aus der menschlichen und vergleichenden Anatomie. Heft V.
2) Ueber die rechte Hand des H. agilis siehe S. 240.
3) Allerdings ist dieser Muskel bei Hylobates kein eigentlicher Extensor brevis, doch behalte ich diesen Namen bei, da er mir dem Extensor pollicis brevis des Menschen zu entsprechen scheint. Bei der Beschreibung der Carpalknochen werde ich darauf zurückkommen. Dort werde ich auch die Mannigfaltigkeit der Insertionsstellen des Extensor pollicis brevis und des Abductor pollicis longus zu erklären suchen.

Ganz eigentümlich ist das Verhalten dieser beiden Muskeln beim Foetus (nach Deniker). Hier sind sie zu einem Muskel verschmolzen, welcher von den beiden oberen Dritteln des Radius entspringt. Die Sehne dieses Muskels ist gleich in zwei Teile geteilt, von denen der eine nach Deniker den Abductor repräsentirt und an der radialen Seite der Basis des Metacarpale I inserirt, der andere (als Extensor brevis) an der Basis der ersten Phalange endet. Die Insertionen wären also ganz menschenähnlich.

An der rechten Hand des Hylobates agilis waren die Sehnen der langen Daumenmuskeln und die Extensores carpi radiales in ganz eigenartiger Weise umgestaltet. Die Ursprünge der Extensores carpi radiales entsprechen der obigen Beschreibung, doch ist der Muskelbauch des Radialis longus sehr kurz, die Sehne um so länger. Beide Muskeln ziehen unter die Sehnen der langen Daumenmuskeln. Es inserirt die Sehne des Rad. long. bereits am Radius über dem Proc. styloides. Die Sehne des Rad. brevis teilt sich, sobald sie die Streckseite des Armes erreicht hat, in zwei Schenkel, von denen (jeder durch ein besonderes Sehnenfach ziehend) der eine am Metacarpale III, der andere am Metacarpale II sich ansetzt (Fig. III). Der Schenkel, der zum Metacarpale III geht, entsendet wieder einen Sehnenstreif, welcher sich um den Radius zur Beugefläche begiebt, und hierbei in seiner Lage gehalten wird durch eine sehnige Brücke am Radius, unter welcher er hinzieht. An der Beugeseite zieht der grössere Teil dieses Fascikels zum carpalen Sesambein, der kleinere Teil verschmilzt mit einer kurzen Sehne, welche vom Proc. styloides ausgeht und an die Basis des Metacarp. I sich ansetzt (Fig. III. E. b.). Die Insertionen dieses Sehnenstreifen ent-

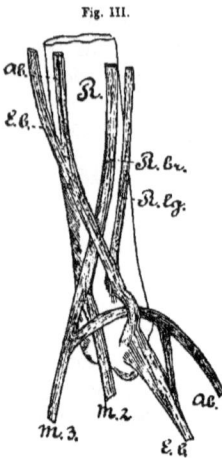

Fig. III.

Die Extensores carpi radiales der rechten Hand eines H. agilis. *R. br.* Extensor carpi rad. brevis; *R. lg.* Ext. carpi rad. longus; *M.3.* und *M.2.* Sehnen zu den Metacarpalia II und III; *Ab.* und *E. b.* (oben an der Figur) sind die Sehnen des Abductor poll. und Extensor brevis poll., welche am Radius (*R.*) enden; *Ab.* u. *E. b.* (unten an der Figur) sind die vom Radius bezw. Extensor carpi rad. brevis ausgehenden Sehnen, die am carpalen Sesambein und am Metacarpale des Daumons inseriren.

sprochen also donen dos Abductor pollicis longus und Ext. pollicis brevis bei don anderen Hylobates-Arten. Dem ontsprechond sind auch die Sehnen der langon Daumonmuskoln modificirt. Dieso ontspringon wie obon augogoben wurde. Man kann jedoch kaum mehr von Muskeln sprechon, da sie fast ganz zu Sehnen umgebildot sind, an denon nur wonige Muskelfasern inseriron. Die Sehne des Abductor ist erst getronnt von der des Extensor brevis, toilt sich auch noch in zwei Teile, und dann heften sich allo diese Sehnen (mit einander verschmel-zend) an den Radius, über und an dem Processus styloides. Diese Sehnen bilden auch die Brücke über dem Knochen, unter welcher der Sehnenstreif des Ext. carp. rad. brev. zur Beugefläche zieht. Die langen Daumenmuskeln sind also ausser Function gesetzt, und auch der Seh-nenstreif vom Radialis brevis, welcher ihre Stelle einnimmt, konnte bei Contraction dieses Muskels nicht aut den Daumen wirken. Der Apparat war dem Affen also zur Bewegung unnütz. Man vergleiche hiermit die auf Seite 237 in der Anmerkung citirten Schriften GRUBER's und WOOD's.

M. extensor digiti minimi. Dieser bildet eine ulnare Gruppe von Extensoren mit dem Extensor pollicis longus und dem Extensor digitorum profundus, der hier die Stelle des Extensor indicis proprius des Menschen einnimmt. Die Ursprünge dieser drei Muskeln werden wohl am besten zusammen beschrieben, da so das Verhalten des Ext. digiti minimi zu den anderen genannten Muskeln und zum Ext. digt. sublim. am besten zu Tage treten wird. Doch muss ich es Anderen überlassen, nach Anleitung weiterer Untersuchungen auch an niederen Affen dar-über zu entscheiden, ob dieser Muskel zu den oberflächlichen oder tiefen Streckern gerechnet werden muss. Von den Muskeln der ulnaren Exten-sorengruppe liegt der Extensor digiti minimi am oberflächlichsten. Seine Fasern entspringen an der dem Radius zugekehrten Kante der Ulna und zwar von deren drittem Viertel (bei H. syndactylus am zweiten und drit-ten Viertel). Tiefer liegt der Extensor pollicis longus, der vom dritten Achtel der Ulna und vom Lig. interosseum entsteht, darunter der Extensor digitorum profundus, dessen Fasern vom vierten bis sie-benten Achtel der Ulna ausgehn.

Bei H. leuciscus wird der Ext. digt. min. von den beiden anderen Extensoren getrennt durch den ulnaren Ansatz des Extensor digt. subl., der hier also unter dem Ext. digt. min. liegt und teilweise mit ihm am Ursprung verbunden ist. Bei H. agilis liegt der Ext. digt. min. den beiden

anderen ulnaren Extensoren direct auf, dabei wird er selbst bedeckt von
dem ulnaren Ansatz des Ext. digt. subl.; doch bleibt die Sehne des
Kleinfingerstreckers nicht unter letztgenantem Muskel liegen, sondern
sie durchbohrt ihn weiter distal und liegt nun also auch hier über den
Fasern, welche von der Ulna zum oberflächlichen Extensor ziehen.
Wieder anders sind die Befunde bei H. syndactylus; hier liegen die drei
ulnaren Extensoren direct über einander, werden nicht getrennt und
auch nicht bedeckt durch den Ext. digt. subl.; denn dieser inserirt gar·
nicht an der Ulna, und die Aponeurose, welche ihn an die Ulna be·
festigt, geht nicht viel weiter als bis zum distalen Ende des dritten
Achtels, daher kann sie nur einen kleinen Teil des Ext. poll. long.,
die anderen beiden Muskeln aber gar nicht bedecken. Doch entspringen die proximalen Fasern des Ext. digt. min. an dieser Aponeurose. So also verhalten sich die Ursprünge dieser Muskeln bei Hy·
lobates und scheinen sie der Auffassung MECKEL's [1]), BARNARD's [2]) und
anderer Forscher am meisten zu entsprechen, welche den Ext. digt.
min. zum Ext. digt. subl. rechneten. Auch die Innervationsverhältnisse
deuten auf eine Zusammengehörigkeit des Ext. digt. subl. und Ext.
digt. min. hin. Der N. radialis teilt sich, nachdem er den M. supinator
brevis durchbohrt hat, in zwei Äste, von denen der schwächere den
oberflächlichen Fingerstrecker und den Strecker des kleinen Fingers
innervirt. Der Hauptast entsendet nur Zweige zu dem Ext. digt. prof.
und Ext. poll. long. und wird dann ganz zum Hautnerven (Fig. IV. S.
244). DENIKER ist anderer Meinung [3]), er beschreibt eine Schicht von tiefen
Streckern und rechnet zu diesen den Ext. digt. prof., Ext. poll. long.
und Ext. digt. min. Der erste entsteht nach DENIKER von der oberen Hälfte
der Ulna und vom Lig. interosseum. Die Ursprünge der anderen (auch
an der Ulna) werden nicht näher beschrieben, doch teilt DENIKER mit, dass
die Sehne des Ext. digt. min. mit der des Ext. digt. prof. verbunden sei.

Ich kann hier nicht näher auf die Frage eingehen, ob der lange
Strecker des kleinen Fingers vielleicht zum M. extensor carpi ulnaris
gehört, mit dem seine Fleischfasern bei meinen Exemplaren in keiner
Weise verbunden waren.

---

1) MECKEL: System der vergleichenden Anatomie. Teil III. Halle. 1828.
2) BARNARD: Observations on the membral musculation of Simia satyrus and the
comparative myology of man and the apes. Proceedings of the American Association for
the advancement of science. 24 Meeting. August 1875. Auch AEBY (Siehe: Anmerk., Seite 246).
3) Auch HUXLEY rechnet ihn zum Ext. digt. prof. s. indicis.

Die Sehne des Ext. digt. quinti zog bei den von mir untersuchten Arten (ganz von der des Ext. digt. prof. getrennt) durch das sechste Sehnenfach zum Ulnarrande der Basis der ersten Phalanx des fünften Fingers und ging hier in die Dorsalaponeurose über. Darin unterscheidet der Muskel sich also vom Ext. digt. prof., dessen Sehnen stets an der ersten Phalanx inseriren und nicht in die Dorsalaponeurose übergehen. Die Sehne ist nirgends geteilt [1]), dünn und schmal.

Extensor pollicis longus. Der Ursprung ist bereits beschrieben worden. Die lange Sehne geht durch das vierte Sehnenfach [2]), welches (in einem höheren Niveau als die anderen) über den Fächern der Extensores carpi radiales liegt, zum Daumen. Dabei überkreuzt sie die beiden Extensores carpi radiales und endet an der Basis der ersten und zweiten Phalanx. Sie ist in keiner Weise verbunden mit den Sehnen, welche zum Index ziehen.

Extensor digitorum profundus. Der Ursprung ist oben angegeben. Kurz vor dem Handgelenk wird der Muskel erst ganz sehnig. Diese Sehne zieht unter dem Ext. digt. subl. durch das fünfte Sehnenfach zum Handrücken. Hier teilt sie sich in drei Sehnen, die am zweiten, dritten und vierten Finger in der Mitte der Basis der ersten Phalanx [3]), von den oberflächlichen Streckern bedeckt, angreifen. Die Sehne zum dritten Finger teilt sich dabei vor der Insertion in zwei Teile, die zu beiden Seiten der Phalanx inseriren. Bei H. syndactylus teilt sich die Sehne des Ext. digt. prof. erst in zwei Schenkel, der eine für den zweiten, der andere für den vierten Finger, beide senden dann noch einen Sehnenstreif zum dritten Finger, sodass an diesem also wieder zwei Sehnen inseriren.

BISCHOFF und HUXLEY fanden auch drei Sehnen zum zweiten bis vierten Finger. Nach DENIKER endete der Ext. digt. min. an der Sehne des Ext. digt. prof. und nun teilte sich diese in zwei Schenkel, die mit vier Sehnen am zweiten bis fünften Finger endeten. Die Sehnen zum zweiten und dritten Finger waren durch ein sehniges Ligament mit einander verbunden. HARTMANN fand den Ext. digt. prof. sowohl wie den Ext. digt. min. nur mit je einer Sehne für den zweiten und fünften

---

1) GRUBER: Beobachtungen aus der menschlichen und vergleichenden Anatomie. Heft III.
2) Vergleiche: Anmerkung 1. Seite 238.
3) GRATIOLET nennt die tiefere Lage der Fingerstrecker „Extenseurs lateraux" und behauptet, sie hätten abducirende Wirkung und inserirten darum auch am Ulnarrande der Finger. Bei Hylobates befestigt sich nur der Ext. digt. min. am Ulnarrande, die anderen nicht!! Nouvelle Archive du Muséum d'histoire naturelle. T. II. 1866.

Finger [1]). Ausser den genannten Sehnen liegen an der Streckfläche der

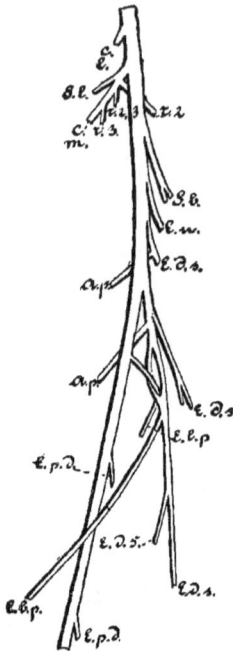

Fig. IV.

Die Verzweigungen des N. radialis am Unterarm eines H. agilis. *C. l.* Hautzweig für die laterale Seite des Unterarms; *S. l.* Zweig zum M. supinator longus; *r.* 2, *r.* 3, *r.* 2. 3, sind die Zweige der radialen Extensoren, die an den Metacarpalia II u. III inseriren; *C. m.* Hautzweig für den Radialteil des Handrückens; *S. b.* Zweig zum M. supinator brevis; *E. d. s.* Zweige für den Extensor digt. subl.; *E. d.* 5. Nerv des Extensor digiti quinti; *A. p.* Zweige zum Abductor pollicis; *E. b. p.* Zweig zum Extensor pollicis brevis; *E. l. p.* und *E. p. d.* sind Zweige des Hauptstammes des N. radialis, die im Extensor poll. long. und Extensor digt. prof. enden.

1) Ich vermute, dass dies ein Irrtum ist.

Hand weiter keine Muskeln oder Sehnen; die dorsalen Mm. interossei sind zwar wohl vorhanden, entspringen aber so weit palmarwärts, dass ich sie lieber bei der Hohlhand beschreiben will.

Innervation. Der N. radialis versorgt alle Muskeln der Streckseite. Dieser Nerv endet mit zwei Zweigen, dem R. sublimis und profundus. Ersterer (Fig. IV. C. m.) entsteht aus dem N. radialis, bevor dieser den M. supinator brevis durchbohrt hat. Er giebt Zweige ab an den Sup. long. und die Extensores carpi radiales, zieht darauf zwischen den Sehnen der Beugefläche hinab, durchbohrt die Fascie und biegt dann mit der Vena cephalica zum Handrücken hinauf; hier endet er in der Haut des Handrückens und des Daumenballens. Weiter sendet er je einen Zweig zur radialen und ulnaren Seite des Daumens. Bei H. agilis und syndactylus innervirt er auch noch die Radialseite des zweiten Fingers (Fig. V. B). Der R. profundus ist der eigentliche Endast, welcher aus dem N. radialis entsteht (Fig. IV). Er innervirt den M. supinator brevis, durchbohrt dann diesen Muskel und sendet einen Zweig zum Extensor carpi ulnaris und einen anderen Zweig zum Ext. digt. subl., welcher auch den oberen Teil des Abductor pollicis long. versorgt. Dann spaltet er sich in zwei Teile. Der schwächere ulnare Ast giebt erst einen Zweig zum Ext. digt. subl., dann noch einen zum Abductor pollicis long. Endlich

geht noch von ihm ein Zweig aus, welcher zur radialen Seite hinüberzieht und den Extensor pollicis brevis innervirt. Der ulnare Ast
liegt dann zwischen dem Ext. digt. subl. und Ext. digt. min., die er
mit seinen Endzweigen versorgt. Der stärkere radiale Ast liegt
zwischen dem Abductor pollicis einerseits und dem Ext. digt. prof.
und Ext. poll. long. andererseits. Von diesen Muskeln innervirt er
aber nur die beiden letztgenannten. Der Zweig des Ext. poll. long.
durchbohrt dabei den ulnaren Endast des N. radialis [1]). Nachdem
der radiale Endast obengenannte Zweige abgegeben hat, zieht er
längs der Membr. interossea hinab, um endlich durch das Sehnenfach
des Ext. digt. subl. zum Handrücken zu treten. Bei H. leuciscus verzweigt er sich nun an beiden Seiten des zweiten und an der Radialseite
des dritten Fingers (Fig. V. A.). Bei H. agilis geht er nur zur Ulnarseite des zweiten Fingers und zur Radialseite des dritten Fingers. Bei
H. syndactylus innervirt er ausser der Ulnarseite des zweiten beide
Seiten des dritten Fingers und die Radialseite des vierten Fingers
(Fig. V. B.). Das Gebiet des N. ulnaris wird hier also sehr einge-
schränckt durch den N. radialis.

Interdigitalmembranen. Diese werden bei allen drei Arten
durch Hautduplicaturen gebildet. Präparirt man die Haut weg, so
findet man nur noch ein loses, faseriges Gewebe zwischen den ersten
Phalangen. Diese Hautduplicaturen reichen bei H. leuciscus und H.
agilis nicht ganz bis zur Mitte der ersten Phalanx; bei H. syndactylus
reichen sie gerade bis zur Mitte.

C. *Muskeln, welche durch den Nervus ulnaris innervir*
werden, bevor er sich in den Rücken und
Hohlhandast spaltet.

M. flexor carpi ulnaris. Entspringt von der Ulna, dem Ole-
cranon und der Fascie des Unterarms, ferner vom Lig. intermusc., welches
vom Condylus internus ausgeht und sich zwischen den Flexor carpi
ulnaris und den Flexor digt. subl. schiebt. Da beide Muskeln Fasern
von diesem Ligament erhalten, so scheinen sie am Ursprung verschmolzen zu sein. Der Muskel ist bald ganz sehnig, doch heften sich an
die Sehne noch Muskelfasern, die von dem ganzen medialen Rande

---

1) Die Innervation der Streckmuskeln am Unterarm habe ich bei allen drei Arten
untersucht. Die genaue Reihenfolge der Zweige, die ich in Fig. IV veranschaulichte,
constatirte ich nur am linken Arm eines H. agilis.

Fig. V

A.

B.

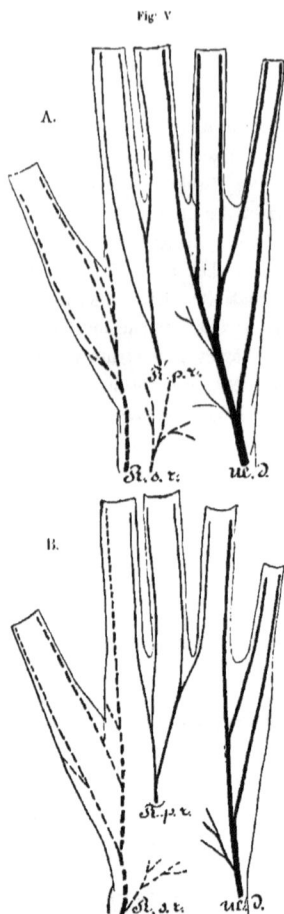

Nerven auf der Dorsalfläche der Hand eines
H. leuciscus (A) und eines H. syndactylus
(B). *R. s. r.* Ramus superficialis nervi radialis;
R. p. r. Ramus profundus nervi radialis; *Ul. d.*
Ramus dorsalis nervi ulnaris.

der Ulna (bei H. syndactylus aber
nur von den beiden oberen Dritteln) zu ihr ziehen. Die Sehne
setzt sich an das Os pisiforme fest.

M. palmaris longus[1]).
Dieses ist der oberflächlichste von
den Muskeln, welche sich aus
einer grösseren Fleischmasse ent-
wicklen, die am Condylus internus ihren Ursprung nimmt. Diese
Muskelmasse ist aber nicht ein
unteilbares, gleichförmiges Ganze,
sondern die Fascie schiebt aponeurotische Blätter in sie hinein,
und von beiden Seiten dieser Mus-
kelscheiden und von der Fascie
selbst gehen die fleischigen Fasern
aus, soweit sie nicht direct vom
Condylus ihren Ursprung nehmen.
Dadurch scheint es, als ob alle am
Cond. int. entspringenden Muskeln
oben zu einer Masse verschmolzen
wären, doch bleiben sie wirklich
alle von einander getrennt (siehe
auch beim Biceps und Flexor carpi
ulnaris, S. 230 u. 245). In der
Mitte des Vorderarms wird der
Palmaris longus sehnig und endet
in der Palmaraponeurose dicht am
Daumenballen. Anders verhielt er
sich bei H. agilis (rechte Hand);
hier war der fleischige Teil sehr
schwach. Er reichte nicht bis zum
Condylus, sondern die Fasern entsprangen nur an der umhüllenden Fascie. Die Sehne begann be-

---

1) Aeby: Die Muskeln des Vorderarms und der Hand bei Säugethieren und beim
Menschen. Zeitschrift für wissenschaftliche Zoologie. Band X. Er rechnet den Palmaris

reits in dieser Fascie, und an ihr insorirten nur wenige schwache Muskelfasern. Die Sehne endete in der Fascie des Vorderarms am distalen
Ende des dritten Viertels. Vom dritten Viertel des Radius entsprang,
bedeckt vom M. flexor carpi radialis ein anderer schwacher Muskel,
welcher bald in seine Sehne überging. Diese endete in der Palmaraponeurose, ganz wie der Palmaris longus der beiden anderen Affen,
mit denen auch die linke Hand des II. agilis übereinstimmte. Nach
DENIKER fehlte der Muskel; VROLIK und HARTMANN fanden ihn.

Innervation. Der N. ulnaris liegt neben dem N. medianus
und der Arteria brachialis unter dem medialen Rande des Biceps,
trennt sich dann kurz vor der Ellenbogenbeuge vom N. medianus und
tritt hinter den Condylus internus. Dann biegt er um diesen herum
zum Vorderarm und dringt zwischen dem Flexor carpi ulnaris und
Flex. digt. subl. unter die oberflächliche Muskelschicht. Hier liegt er
auf dem Flexor digt. prof. und zieht zum Handgelenk. Der N. ulnaris
innervirt den M. palmaris longus, den M. flexor carpi ulnaris und
sendet einige kleine Ästchen zum Ulnarteil des Flexor digt. prof., ferner
einen Zweig zur Haut an den distalen Teil der Beugeseite des Unterarms. Zuletzt teilt sich der N. ulnaris in zwei Äste, von denen einer
zur Hohlhand, der andere zum Handrücken geht. Letzterer innervirt
dort diejenigen Seiten der Finger, welche nicht vom N. radialis
innervirt werden (Fig. V).

Den M. flexor digitorum profundus werde ich bei den vom
N. medianus innervirten Muskeln näher beschreiben.

D. Muskeln, welche durch den Nervus medianus innervirt werden.

M. flexor carpi radialis. Dies ist der am meisten radialwärts
gelegene Teil der vom Condylus internus ausgehenden Fleischmasse;
er erhält auch einige Fasern vom Radius. Der Muskel wird sehnig
am unteren Drittel, zieht unter die Ursprünge der kurzen Daumenmuskeln und insorirt an der Basis des Metacarpale II.

M. pronator teres. Dieser entspringt aus der Beugemuskelmasse
und besonders vom Condylus int., auch von der Kapsel des Gelenks.
Ferner erhält er Fasern von der Ulna, die gleich unter und an dem
Proc. coronoides entspringen, doch sind diese in keiner Weise von

---

longus zum Flexor carpi ulnaris. Auch WESTLING fand, dass der Pal. long. beim Orang
vom N. ulnaris innervirt werde. (Bihang Svenska Vet. Akad. Handl. Band 9. 1884).

dem übrigen Teil des Muskels getrennt, weder durch die Sehne des Brachialis internus noch durch den N. medianus. So fand es auch DENIKER. Die Fasern von der Kapsel entspringen von einem Ligament, welches oberhalb des Condyl. ext. von dem Humerus ausgeht, am Proc. coronoides endet und mit der Kapsel verwachsen ist; das Ligament ist bei H. syndactylus besonders stark. Fasern des M. brachialis int. verbinden sich mit dem Pronator teres. Dieser überbrückt den N. medianus und die sich hier teilende Arteria brachialis und inserirt am zweiten Viertel des Radius an der vorderen und lateralen Fläche dieses Knochens, gleich unter dem Supinator brevis.

M. flexor digitorum sublimis. Entspringt aus der gemeinschaftlichen Beugemuskelmasse und weiter vom mittleren Drittel des Radius und von der Ulna; an der einen Seite ist er durch die Lig. intermuscularia mit dem Flexor carpi ulnaris verbunden, an der anderen mit dem Flexor carpi radialis. Er liegt tiefer als die beiden genannten Muskeln und wird auch noch vom Palmaris longus bedeckt. Die Muskelmasse sondert sich in zwei Teile, einen radialen und einen ulnaren. Die Trennung beginnt am oberen Drittel des Unterarms und ist vollzogen am zweiten Drittel. Jeder Teil sondert sich in zwei Portionen, in eine oberflächliche und eine tiefe. Aus den tiefen Fasern des radialen Teiles, zu denen auch die vom Radius kommenden Fasern gehören, entsteht die Sehne des dritten Fingers, und aus den oberflächlichen, nur aus der gemeinsamen Beugemuskelmasse kommenden Fasern bildet sich die Sehne des vierten Fingers. Die tiefe Portion des ulnaren Teils erhält ihre Fasern aus der gemeinsamen Beugemuskelmasse und von der Ulna und wird zur Sehne des zweiten Fingers; die oberflächliche Portion mit gleichem Ursprung wird zur Sehne des fünften Fingers. Die Muskelbäuche der Sehnen des vierten und fünften Fingers bedecken also die der Sehnen des zweiten und dritten Fingers. Oberhalb des Handgelenks liegen die vier Sehnen neben einander, die Sehne des zweiten Fingers am meisten radial, dann folgen die Sehnen zum dritten, vierten und fünften Finger. Um diese Lage zu erreichen muss die Sehne des zweiten Fingers unter die des dritten und vierten Fingers und weiter radialwärts ziehn. Bei H. syndactylus gehört zu dieser Sehne des zweiten Fingers, ausser den Ursprüngen am Condylus und an der Ulna, noch ein starker Muskelkopf vom mittleren Drittel des Radius (gelegen unter dem radialen Kopf der Sehne des dritten Fingers). Es scheint also, dass hier eine Hinüberleitung dieser Sehne

zum Radius eingeleitet wird, die wir beim Menschen vollendet finden.
Ebenso kann die gemeinschaftliche Sehne des vierten und fünften Fingers
beim Menschen einen accessorischen Ursprungskopf am Radius haben [1],
wie denn beim Hylobates die Sehne des vierten Fingers ganz aus dem
radialen Teil der Muskelmasse hervorgeht. Die Sehnen des Flex. digt.
subl. ziehen zur Hohlhand und dann zu ihren Fingern. Jede Sehne
spaltet sich über der ersten Phalanx und lässt die Sehne des tiefen
Beugers durchtreten. Die beiden Schenkel verschmelzen dann wieder,
ziehen zur zweiten Phalanx, teilen sich wieder und enden an den
beiden Seiten dieser Phalange. Die Sehnen des Muskels sind so kurz,
dass die Finger nie ganz gestreckt werden können, dasselbe gilt von
den Sehnen des Flexor digt. prof.

Nach DENIKER soll der Muskel vom oberen Viertel der Ulna entspringen; in seiner Abbildung sieht man aber deutlich, dass die Lage
der Sehnen mit der von mir beschriebenen übereinkommt.

M. flexor digitorum profundus. Die Fasern entspringen von
der ganzen Vorderfläche des Unterarms, unter den anderen Muskeln;
zuerst kommen Fasern aus der gemeinsamen Beugemuskelmasse, dann
die tiefer gelegenen Bündel von der Ulna, der Membr. interossea und
dem Radius (von der Insertion des Biceps an bis zur Hand). Die aus
der Tiefe kommenden Muskelfasern werden sehnig, und zwar bildet
sich eine grössere Anzahl Sehnenstreifen, die sich wieder zu Bündeln
vereinigen und mit den Sehnen, welche aus der gemeinschaftlichen
Beugemuskelmasse entstehen, die Sehnen für die Finger bilden. Die
Muskelfasern reichen bis zum Handgelenk hinab, und es inseriren erst
dort die letzten an den unteren Flächen der Sehnen. Die Sehnen für
den zweiten und dritten Finger werden aus den zwei starken Sehnen
gebildet, die aus der gemeinschaftlichen Beugemuskelmasse sich entwickeln und sich dann mit den sehnigen Fascikeln der mehr distalen Ursprünge vom Radius und Lig. interosseum vereinigen. Die Sehnen des
vierten und fünften Fingers entstehen aus einer starken Muskelmasse
am oberen Teil der Ulna, und weiter aus den mehr distal gelegenen
Ursprüngen an der ganzen Beugefläche der Ulna und dem Lig. interosseum. Die aus der Tiefe des Vorderarms vom Lig. interosseum kommende Muskelmasse lässt sich am Ursprung nicht in Portionen für die
einzelnen Finger sondern. Über dem Handgelenk werden die Sehnen

---

1) GRUBER: Beobachtungen zur menschlichen und vergleichenden Anatomie. Heft II.

an ihrer, den Armknochen zugekehrten Fläche durch eine aponeurotische Membran mit einander und mit der Sehne des Flexor pollicis longus vereinigt, der sonst ganz getrennt ist vom Flexor digitorum prof. Die einzelnen Sehnen bleiben aber, von oben gesehen, deutlich sichtbar, da die Membran an der unteren Fläche liegt. In der Hohlhand verschwindet auch diese Membran, dort sind die Sehnen wieder ganz von einander getrennt. Viel stärker ist diese Verbindung der Sehnen bei H. syndactylus; sie sind hier mit der Sehne des Flexor pollicis longus fast zu einer Masse verschmolzen, doch bleiben die Spuren der einzelnen Sehnen noch sichtbar. An der Basis der Metacarpalia trennt sich bei allen drei Arten erst die Sehne zum Daumen scharf von den anderen, die noch eine Strecke weit vereinigt bleiben und dann auseinanderweichen. Sie durchbohren über der ersten Phalanx die Sehnen des Flexor digt. subl. und inseriren an der Phalanx III.

Von den Sehnen des Flex. digt. prof. entspringen die M m. lumbricales. Bei H. leuciscus habe ich versäumt, sie genauer zu untersuchen; bei H. agilis kam der Lumbricalis des Digitus II nur von der Sehne dieses Fingers; der des Digitus III von den Sehnen des zweiten und dritten Fingers; der des Digitus IV von den Sehnen des dritten und vierten Fingers; der des Digitus V von den Sehnen des vierten und fünften Fingers. Bei H. syndactylus gingen die Lumbricales der Digiti II und III von den Sehnen des zweiten und dritten Fingers aus; der des Digitus IV von den Sehnen des vierten und fünften Fingers; der des Digitus V von der Sehne des fünften Fingers. Alle gehen an der Radialseite ihrer Finger in die Dorsalaponeurose über. DENIKER traf alle zweiköpfig an.

BISCHOFF fand den M. flexor digt. prof. ganz in zwei ungleiche Portionen getrennt. Aus der grösseren entstanden die Sehnen des fünften, vierten und dritten Fingers, aus der kleineren (nur am Radius entspringenden) die des zweiten Fingers. Letztere schickte eine schwache Sehne zum Daumen. Nach DENIKER kann man den Ursprung in drei Bündel teilen, die mehr oder weniger untereinander verbunden sind. Eine innere Portion von der oberen Hälfte der Ulna und dem Lig. interosseum sendet die Sehnen zum vierten und fünften Finger; eine mittlere vom Lig. inteross. und dem oberen Teil der Ulna sendet die Sehne zum dritten Finger; eine äussere Portion von den oberen vier Fünfteln des Radius, diese schickt eine Sehne zum Daumen und eine zum zweiten Finger. Weiter beschreibt er das Verhalten der Sehnen, so wie ich es bei H. syndactylus gefunden habe.

M. flexor pollicis longus. Er nimmt seinen Ursprung von dem ganzen Radius unterhalb der Insertion des Biceps und weiter von der Membrana interossea. Sein Ursprung ist dem des Flexor digt. prof. dicht angeschlossen, doch divergiren die Fasern der beiden Muskeln sofort und setzen sich an ihre Sehnen fest, ohne sich zu vermischen; nur bei H. syndactylus sind die Muskeln nicht scharf von einander geschieden. Die Sehnen bleiben ganz von einander getrennt bis kurz oberhalb des Handgelenks, wo sie durch eine Membran mit einander verbunden werden. Zwar liegt der Flex. poll. long. dem Teil des Flex. digt. prof. an, der die Sehne zum Index schickt, doch ist die Index-portion durchaus nicht getrennt von der Portion des dritten Fingers. Die Sehne des Flexor poll. long. endet an der Phalanx II des Daumens.

Wie DENIKER und BISCHOFF den Muskel beschrieben haben, wurde beim Flex. digt. prof. erwähnt. BROCA gibt an, dass der (wie er behauptet, fehlende) Flexor poll. long. durch eine vom Adductor pollicis ausgehende Sehne ersetzt werde [1]. HARTMANN sah den Muskel als einen selbstständigen Fleischstrang. Nach HUXLEY ist der Muskel ganz besonders menschenähnlich entwickelt, mehr als bei den anderen An-thropomorphen. Die Sehne des Muskels fand er in ihrer ganzen Länge von denen des Flexor digt. prof. gesondert, aber der Muskel selbst war mit der zum Index gehörenden Portion des oben genannten Finger-beugers durch fleischige Fasern verbunden.

M. pronator quadratus. Ist ungefähr vier Cm. breit; seine Fasern ziehen vom distalen Ende der Ulna (und zwar von ihrem medialen Rande und ihrer Beugefläche) zum Radius, wobei die distalen Fasern an der vorderen Fläche dieses Knochens, die proximalen an der der Ulna zugekehrten Kante des Radius inseriren. Der ganze Muskel ist fleischig; nach DENIKER soll der ulnare Teil doppelt so breit sein als der radiale. Dies kann ich nicht bestätigen, da ich Ursprung und In-sertion gleich breit fand.

M. abductor pollicis brevis. Der Muskel entsteht von der Tuberositas des Radiale, vom Ligament, welches jene mit dem car-palen Sesambein (Praepollex) verbindet (bei H. agilis auch vom Sesambein selbst), weiter vom Ligamentum carpi transversum. Die Sehne des

1) Wie BROCA dies behaupten kann, ist mir unverständlich, da er nach seiner eignen Angabe keinen Hylobates untersucht hat, und in der Literatur über diesen Affen solch eine Mitteilung nicht vorkommt. BROCA: Bulletin de la société d'anthropologie de Paris. T. IV. 1869, p. 320.

Muskels inserirt an der Phalanx I und ist hier verbunden mit der Insertion des Flexor brevis. Nur wenige Fasern enden bei H. leuciscus am radialen Sesambein (über dem Metacarpo-phalangealgelenk), weit mehr befestigen sich an dieses Knöchelchen bei H. syndactylus. Bei H. agilis treten die am meisten lateral entspringenden Fasern zum Opponens und inseriren mit diesem an der Mitte des Metacarpale I.

Die früheren Untersucher fanden den Muskel dem gleichnamigen des Menschen sehr ähnlich, also im allgemeinen, wie ich ihn beschrieben habe. BROOK sah gleichfalls Fasern vom carpalen Sesambein (Praepollex) entspringen und die Verbindung der Insertion mit der des Flexor brevis.

M. flexor pollicis brevis. Caput radiale. Sein Ursprung liegt weiter medialwärts als der des Abductor und ist von diesem getrennt. Alle Fasern des Muskels kommen vom Lig. carpi transv. und sind anfangs mit denen des Opponens verbunden. Er inserirt mit fleischigen Fasern an dem radialen Sesambein und an der Phalanx I bis zu deren Mitte, hier sich mischend mit den Fasern des Abductor pollicis brevis. Bei H. agilis hat der Muskel dieselbe Insertion, doch setzt sich ein Teil seiner lateralen Fasern direct an die Sehne des Abductor und auch an das Capitulum des Metacarpale. Noch stärker ist der Muskel mit dem Abductor verbunden bei H. syndactylus; bei diesem endet der ganze Muskel an der Sehne des Abductor, nur wenige laterale Fasern am Capitulum des Metacarpale. Der Muskel ist schwächer als bei H. leuciscus und agilis. Bei den beiden letztgenannten Species gehen noch einige Fasern mit dünner Sehne zum radialen Rande der Phalanx II.

Caput ulnare. Zwischen dem Caput radiale und ulnare liegt der starke Opponens; die beiden Portionen des Flexor sind also auch am proximalen Ende, dort wo die Sehne des Flexor poll. long. noch nicht zwischen ihnen liegt, von einander getrennt. Schneidet man das Caput radiale durch, dann findet man unter diesem den Opponens, schneidet man auch diesen durch, dann sieht man erst das Caput ulnare. Die Fasern dieses ulnaren Teils des Flexor brevis entspringen am Carpale I in der Tiefe der Palma, dort wo dieser Carpalknochen an die Ossa metacarpi grenzt. Die Richtung seiner Faserbündel ist gleich der des Adductor pollicis, der neben ihm von der Basis der Metacarpalia II und III entspringt und diesem Caput ulnare des Flexor brevis dicht anliegt. Er inserirt neben dem Adductor am ulnaren Sesambein; bei H. agilis befestigt er sich auch an die oberen drei Viertel des Meta-

carpale (am Ulnarrando). Er ist viel schwächer als das Caput radiale,
nur bei H. syndactylus ist er ebenso stark wie dieser. Mit den Fasern
des Adductor pollicis ist er nirgends verbunden.

Auch nach Bischoff ist der ulnare Kopf schwächer als der radiale
und dabei vom Adductor in die Tiefe gedrängt. An der linken Seite
fehlte der ulnare Kopf. Deniker fand ihn so wie Bischoff ihn an der
rechten Seite sah; der äussere Kopf war mit dem Opponens vereinigt.
Ganz anders beschreibt Brook den Ursprung des Flex. brv. poll.. Er
fand zwei Köpfe, beide vom Lig. transversum und der Basis des
ersten Mittelhand-Knochens; die Sehnen inserirten divergirend an den
Ossa sesamoidea zu beiden Seiten der Sehne des Flexor pollicis longus.
Der innere Kopf ist schwächer als der äussere; letzterer sendet einige
Fasern längs des Radialrandes der Phalanx I zur Phalanx II. Auf
die weiteren Betrachtungen Brook's will ich hier nicht eingehen.
Um diese beurteilen zu können, muss man mehr als ein Genus untersucht haben; auch kann ich mich nicht dazu entschliessen, seine
Betrachtungen ohne Weiteres zu accptiren, da mir scheint, dass
Manches noch näher bewiesen werden muss. Auf jeden Fall hat Brook
das Verdienst, zuerst die Innervation des Flexor brevis untersucht zu
haben. Nach ihm werden beide Teile des Muskels vom N. medianus
innervirt. Obgleich ich die Muskeln von seiner Beschreibung sehr verschieden fand, so kann ich doch diese Angabe bestätigen. Wäre dem
nicht so, und würde der ulnare Kopf vom N. ulnaris innervirt werden,
so entspräche dies der Auffassung Henle's, welcher diesen Muskel Interosseus volaris primus nannte und also zu den Mm. interossei
rechnete. In Anbetracht der mitgeteilten Innervationsverhältnisse muss
ich aber Bischoff beipflichten, der ihn zuerst als den ulnaren Kopf
des Flexor brevis erkannte [1].

M. opponens pollicis. Dieser Muskel wird von dem Abductor
poll. brv. und Flex. poll. brev. (cap. rad.) bedeckt; seine Fasern entspringen bei H. leuciscus vom Lig. carpi transversum (dort verbunden
mit denen des Flexor brevis) und vom Carpale I. Er inserirt an der
ganzen Radialseite des Metacarpale und an dem radialen Sesambein;
ist sehr stark, aber nicht in Portionen zerteilt. Anders verhält sich
der Opponens bei H. agilis und syndactylus; seine Fasern entspringen

---

1) In einer kurzen Abhandlung hat unlängst auch Gegenbaur das Todesurteil über
den Interosseus volaris primus ausgesprochen. Die Streitfrage wäre jetzt also wohl entschieden. (Morphologisches Jahrbuch 1889).

bei diesen Species nicht nur vom Lig. transv. und vom Carp. I, sondern auch weiter lateral vom Radiale und vom carpalen Sesambein (Praepollex). Er liegt dabei unter den Faserbündeln des Abductor, mit denen er sich am Ursprung mischt. An dem Opponens kann man deutlich drei Portionen unterscheiden, die so übereinander liegen, dass der laterale Rand der oberen Portion immer den medialen der unteren bedeckt; die Muskelfasern dieser Portionen inseriren zunächst an der Basis des Metacarpale, dann immer mehr distal bis zum Capitulum. Die tiefste Portion reicht bis zum radialen Sesambein hinauf, an das sie sich anheftet; bei H. syndactylus inseriren die Fasern auch noch an der Phalanx prima pollicis, treten also an die Stelle des Flexor brevis, der hier ganz an der Sehne des Abductor endet.

Die Verbindung des Abductor brevis mit dem Flexor brevis und Opponens und das Hinübertreten von Muskelbündeln des Abductor und Flexor brevis zum Metacarpale, die Trennung des Opponens bei zwei Species in mehrere Lagen, sowie auch das Zusammenwachsen des Opponens mit dem Flexor brevis (was auch BROOK und DENIKER beobachteten), das sind alles Facta, welche auf ein Zusammengehören, auf ein „Von-einander-abgeleitet-sein" dieser Muskeln hinweisen. Der gemeinsame Ursprung der beiden Köpfe des Flexor brevis, wie er beim Hylobates BROOK's vorhanden war, zeigt, dass auch diese mehr differencirte Teile eines Muskels sind.

Innervation. Wie bereits erwähnt worden ist, werden alle genannten Muskeln durch den N. medianus innervirt. Dieser liegt am Oberarm unter dem Biceps, neben der Sehne des Latissimo-condyloideus; an seiner inneren Seite liegt die Arteria brachialis. Dann geht der Nerv zur Cubitalbeuge, die Arterie kommt an seine äussere Seite zu liegen, und beide ziehen zwischen den beiden Insertionen des Biceps hindurch und werden dann durch den Pronator teres überbrückt. Die Arterie teilt sich in den radialen und ulnaren Zweig. Der Nerv zieht weiter hinab zwischen den oberflächlichen und tiefen Beugern, diese innervirend. Nur der Ulnarteil des Flexor digt. prof. erhält einige Zweige vom N. ulnaris. Bei H. syndactylus ging am oberen Drittel des Vorderarms ein starker Zweig von dem N. medianus zum N. ulnaris; bei den anderen habe ich ihn nicht gefunden. Der letzte Muskelzweig geht zum M. pronator quadratus; ein Hautast zur Beugefläche des Unterarms endet am Handgelenk. Schliesslich tritt der N. medianus unter das Lig. carpi transversum und teilt sich dann in zwei Zweige,

von denen einer alle kurzen Muskeln des Daumens mit Ausnahme des
Adductor pollicis versorgt; der andere endet als Hautnerv an den Fingern,
nachdem er die beiden radialen Mm. lumbricales [1]) innervirt hat. Die
Hautzweige enden an beiden Rändern des Digitus II und am Radialrande des Digitus III; bei II. agilis ziehen sie auch noch zum Ulnarrande des Digitus III (Fig. VI).

**E. Muskeln, welche durch den palmaren Endzweig
des Nervus ulnaris innervirt werden.**

M. palmaris brevis fehlt!

M. abductor digiti quinti. Er nimmt seinen Ursprung am Os
pisiforme und inserirt an der Ulnarseite der Phalanx I des fünften
Fingers und zwar direct am Knochen. Bei allen drei Species ist die
Sehne mehr oder weniger mit dem Flexor brevis verbunden. So vereinigt sie sich bei H. leuciscus kurz vor ihrer Insertion mit einer Sehne,
die (erst musculös) mit dem Flexor brevis vom Haken des Ulnare
kommt. Bei H. agilis teilt sich der Abductor in zwei Sehnen, an der
medialen befestigt sich ein Teil des Flexor brevis, der sich von diesem
Muskel abtrennt; die Sehnen des Abductor inseriren dann neben einander. Auch bei H. leuciscus ist die Sehne kurz vor ihrem Ansatz in
zwei Streifen geteilt. Bei H. syndactylus geht der kurze Bauch des
Abductor gleich in eine dünne Sehne über, welche ganz mit dem Flexor
brevis verschmilzt.

DENIKER sah den Muskel an dem Gelenk zwischen Carpus und Ulna
entspringen und an die Ulnarseite des Capitulum metacarpi sich ansetzen.

M. flexor brevis digiti quinti. Der Muskel geht vom Ha-
mulus des Ulnare aus (bei H. syndactylus auch von der Basis des
Metacarpale I), sendet das Muskelbündel zum Abductor (bei H.
synd. nimmt er dagegen die Sehne des Abductor in sich auf) und
teilt sich dann kurz vor der Insertion in zwei Portionen, die beide
an den Ulnarrand der Phalanx I des fünften Fingers angreifen, und
zwar etwas mehr distal als der Abductor. Die am meisten distal inserirende Portion ist zugleich auch die ulnare, und diese geht teilweise
über in die Streckaponeurose des fünften Fingers. Bei H. syndactylus

---

1) Für die Innervation der Mm. lumbricales der Hand gilt dasselbe, was ich bei der
Innervation derselben Muskeln des Fusses mitteilen werde.

17

verbanden sich auch einige Fasern der radialen Portion mit der Streckaponeurose. Dieses Verhalten erinnert an die Zweiteilung der Mm. interossei und ihre doppelten Anheftungen. (Siehe dort).

M. opponens digiti quinti. Dieser Muskel hat zwei Portionen,
von denen die eine über dem N. ulnaris profundus, die andere unter
demselben entspringt; die untere ist viel schwächer als die obere,
auch sind ihre Fasern sehr kurz. Eigentlich macht der Muskel nicht
den Eindruck, aus zwei Portionen gebildet zu sein [1]); denn die untere
Portion ist so schwach, beide liegen so dicht an einander und vereinigen
sich so rasch, dass man besser von einem einheitlichen Muskel sprechen
könnte, dessen Faserbündel der N. ulnaris durchbohrt, ohne dass dieser
dabei die Fasern weiter, als für sein Hindurchtreten nöthig, ausein-
anderdrängt. Am besten entwickelt ist die untere Portion noch bei
dem H. leuciscus; bei dem H. syndactylus fehlte sie ganz. Die obere
Portion entspringt vom Haken des Ulnare unter dem Flexor brevis
und inserirt am ganzen Schaft des Metacarpale; an der Insertion vermischen sich die tiefer gelegenen Fasern mit denen der unteren Portion,
die am Ulnarrande des Ulnare und an der Basis des Metacarpale entspringt und weiter proximal am Metacarpale inserirt. Die obere Portion
ist bei H. agilis wieder geteilt; ein Teil endet am Ulnarrande des
Metacarpale, der andere mehr radialwärts an demselben Knochen und
an der Membrana intermuscularis in der Mittellinie des Metacarpale.
Bei H. syndactylus ist der ganze Muskel rudimentär; auch entspringen
die meisten Fasern nicht am Ulnare, sondern an dem Lig. intermusculare in der Medianlinie des Metacarpale V und enden dann weiter
distal an demselben Metacarpale.

Mm. contrahentes [2]). Glänzende, sehnige Fasern ziehen vom Carpale I und von den Bändern der angrenzenden Carpo-metacarpalgelenke
und anderseits vom Ulnare zur Hohlhand. Dies ist die Aponeurose der
Mm. contrahentes. Es überkreuzen sich die von beiden Seiten kommenden Fasern über dem Metacarpale III. Radialwärts verbinden sich
diese sehnigen Fasern mit dem Lig. intermusculare in der Medianlinie
des zweiten Metacarpale, den Abductor tertii internodii indicis (Siehe
Anm. S. 259) vom Interosseus internus I trennend. Weiter inseriren

---

1) Ich wählte den Ausdruck „zwei Portionen" unter dem Einfluss der Untersuchungen
Brook's, welcher die obere als Adductor aberrans V bezeichnet und die untere als Flexor
brevis (Caput ulnare) beschreibt. Vergleiche Seite 261.

2) Taf. XVIII, Fig. 4.

sie an dem Ulnarrande der Phalanx prima digiti secundi. Die sich dort anheftenden Fasern sind mit fleischigen Fasern gemischt, die gleichfalls von
der Aponeurose kommen und so einen kleinen, schwachen Muskel darstellen: den M. contrahens II. Vom Radialrande der Aponeurose,
besonders von ihrem das Metacarpale III bedeckenden Teil, entspringt
noch ein zweiter, aber weit stärkerer Muskel: der Adductor pollicis
(Contrahens I). Weiter ulnarwärts inseriren die sehnigen Fasern
als dünne Membranen an dem Ulnarrande des Metacarpale II und
trennen dabei den Interosseus int. I vom Interosseus ext. II; auch
befestigen sie sich an das Lig. intermusculare in der Medianlinie des
Metacarpale III (zwischen Interosseus ext. II und III) und an die
Radialseite des Metacarpale IV (zwischen Interosseus ext. III und Interosseus int. II). Ein starkes, breites Faserbündel inserirt dann am
Radialrande der Phalanx prima digiti quarti, doch sind keine Muskelfasern in demselben zu finden [1]). Bei H. leuciscus gehen auch einige
Fasern zum Ulnarrand derselben Phalanx. Membranös endigen die
Fasern der Aponeurose auch am Lig. intermusculare in der Mitte des
Metacarpale IV, die Mm. interossei int. II und ext. IV von einander
trennend. Endlich inserirt ein starkes Faserbündel an dem Radialrand
der Phalanx prima digiti quinti, mit kleinen Muskelfasern gemischt
und bedeckt, die den M. contrahens V repraesentiren. (Bei H. leuciscus inserirt ein derartiges Faserbündel an dem ulnaren und nicht
am radialen Rande der Phalanx; an diesem sind keine fleischigen Fasern
zu sehen). Die letzten ulnaren Fasern der Aponeurose enden am Radialrande des Metacarpale V und in der Medianlinie dieses Knochens am
Lig. intermusculare. Dadurch werden auch die Mm. interossei externus
IV und internus III von einander und von dem Opponens digiti quinti
getrennt. Bischoff fand zwei Contrahentes, einen an dem radialen
Rande des fünften, den anderen am ulnaren Rande des zweiten Fingers.
Hartmann fand drei, zwei wie Bischoff, den dritten am Radialrande
des vierten Fingers. Deniker fand sie am Radialrande des vierten und
fünften Fingers; ob am zweiten Finger auch solch ein Muskel vorhanden war, konnte er an seinem Präparat nicht genau bestimmen.

M. adductor pollicis. Der grösste Teil der Fasern entspringt an
der Aponeurose der Contrahentes in der Tiefe der Hohlhand, über der
proximalen Hälfte des Metacarpale III; weiter proximalwärts kommen

---

1) Der M. contrahens IV fehlt demnach.

die Fasern (aber nicht von den anderen getrennt, sondern ihnen dicht anliegend) von der Basis der Metacarpalia II und III und von den dort adhärirenden Bändern. Der Muskel inserirt an den zwei distalen Dritteln (bei H. leuciscus an dem letzten Drittel) des Metacarpale pollicis und zwar an dessen Ulnarrande, sowohl palmar- als auch dorsalwärts. Weiter setzt er sich fest an das ulnare Sesambein und an die Basis der Phalanx I. Ein dünnes Faserbündel zieht von dort aus auch noch zur Phalanx II. Der dem Daumen am nächsten (von den Metacarpalia) entspringende Teil des Adductor ist kein Flexor brevis ulnaris, denn seine Fasern inseriren alle am Metacarpale des Daumens. Auch wird er durch denselben Zweig des N. ulnaris profundus innervirt, der auch im distalen Teil des Adductor endet. Die Muskelbündel waren am Ursprung und an der Insertion so wenig von einander getrennt, dass ich diesen sehr starken Muskel nicht in einen Adductor obliquus und transversus trennen kann.

Auch BISCHOFF fand den Adductor ungeteilt und nennt ihn schwach, beschreibt ihn aber nicht näher. HARTMANN konnte ihn in vier bis fünf an das ganze Metacarpale inserirende Portionen trennen. BROOK fand den Muskel ganz wie ich ihn für H. agilis und syndactylus beschrieben habe.

Musculi interossei. Zwischen den Metacarpalia liegen und entspringen kleinere Muskeln, die an den Phalangen inseriren; es sind dies die Mm. interossei externi und interni. Da ihre Ursprünge bei Hylobates nahe an einander liegen und zwar alle palmarwärts, so glaube ich, dass die aus der menschlichen Anatomie herstammende Einteilung hier besser nicht benützt wird; ich werde daher die Muskeln nach den Seiten der Finger, an welchen sie liegen, einteilen und beschreiben.

Radialseite des Zeigefingers.

a. Ein Muskel mit zwei Portionen (gleichwertig dem Interosseus ext. I des Menschen).

1. Die eine, mehr dorsale Portion, entspringt von dem Carpale I, der Basis des Metacarpale I und von dem ganzen Ulnarrande des Metacarpale II; inserirt an der Basis der Phalanx prima digiti secundi.

2. Die andere, von der palmaren Fläche des Metacarpale II, geht mit schlanker Sehne in die Dorsalaponeurose des zweiten Fingers über; ihre Insertion liegt also mehr dorsal als die der dorsalen Portion.

b. Ein zweiter Muskel, welcher neben der palmaren Portion des vorigen, aber von dieser getrennt, an der distalen Hälfte des Metacarpale und an dem Lig. interm. II entspringt [1]. Sein starker, fleischiger Bauch geht neben der Phalanx I in seine Sehne über und inserirt an der Phalanx III; nur bei II. syndactylus ist er bis zur Artic. metac. phal. mit dem ersten Muskel (*a*) verschmolzen, auch inserirt er bei diesem Affen bereits am Capitulum der Phalanx II [2]).

Ulnarseite des Zeigefingers. Ein Muskel mit zwei Portionen, beide vom Metacarpale II und Lig. interm. II [3]) (gleich dem Interossous int. I des Menschen).

1. Die am meisten dorsal gelegenen Fasern enden an der Phalanx prima. Bei H. syndactylus fehlt die Insertion an der Phalanx prima, der ganze Muskel gehört zur zweiten Portion.
2. Die am meisten palmar gelegenen Fasern gehen mit schlanker Sehne zur Dorsalaponeurose des Fingers.

Radialseite des Mittelfingers. Ein Muskel mit zwei Portionen. Entspringt vom Metacarpale II und III und Lig. interm. III. (Repraesentirt den Interosseus ext. II des Menschen).

1. Dorsale Portion. Insertion an der Phalanx prima.
2. Palmare Portion (hauptsächlich nur vom Metacarpale II). Ansatz an der Dorsalaponeurose.

Ulnarseite des Mittelfingers. Ein Muskel mit zwei Portionen vom Metacarpale III und IV und Lig. intermusculare III (Interosseus ext. III des Menschen).

1. Dorsale Portion. Insertion an der Phalanx prima.
2. Palmare Portion (hauptsächlich nur vom Metacarpale III). Ein Teil der Fasern entspringt oberhalb des N. ulnaris profundus, aber auch noch vom Metacarpale, bedeckt also diesen Nerv. Zieht zur Dorsalaponeurose.

---

1) Taf. XVIII, Fig. 4.
2) Dieser Muskel wurde durch Huxley entdeckt und Abductor tertii internodii indicis genannt. Später hat man wenig mehr auf ihn geachtet, ich habe ihn constant gefunden. Hartmann, der die Mitteilung Huxley's nicht erwähnt, teilt mit, dass der Interosseus ext. I mit einer Portion an das zweite Mittelhandbein sich ansetze, und mit einer anderen an die Basis des zweiten Zeigefingergliedes. Der Muskel ist noch bei keinem anderen Affen gefunden worden (Huxley). Ich halte ihn für einen selbstständig gewordenen Teil des Interosseus ext. I. Brook fand ihn nicht.
3) Lig. interm. II nenne ich das Intermuscularseptum, welches in der Medianlinie des Metacarpale II, zwischen den Mm. interossei liegt. Ein Gleiches gilt vom Lig. interm. III, IV und V.

Fig. VI.

A.

B.

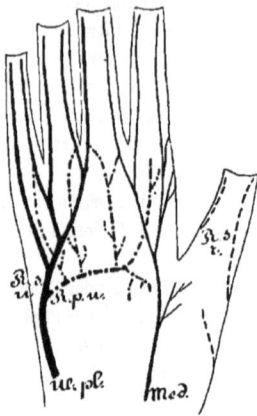

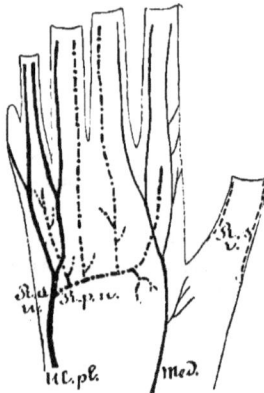

Hautnerven der Palmarfläche der rechten
Hand eines H. leuciscus (A.) und eines
H. syndactylus (B.) *Med.* Nervus medianus;
R. s. r. Rami volares des Ramus superficialis Nervi radialis; *Ul. pl.* Ramus palmaris
nervi ulnaris. *R. s. u.* und *R. p. u.* der oberflächliche und tiefe Endst des Ramus palmaris nervi ulnaris. Au dem tiefen Ast sind
auch die Zweige zu den Mm. interossei uud
zum Adductor pollicis angegeben. Der erste
Zweig des N. medianus (*Med.*) innervirt
die kleinen Daumenmuskeln. Hand B hat
sechs Finger.

Radialseite des Ringfin-
gers. Ein Muskel mit zwei Portionen vom Metacarpale IV und
Ligamentum interm. IV (homolog
dem Interosseus int. II des Menschen).

1. Dorsale Portion. Heftet sich
   an die Phalanx prima (fehlt
   bei H. agilis).
2. Palmare Portion. Ein Teil
   der Fasern entspringt oberhalb des N. ulnaris prof.. Die
   Sehne geht in die Dorsalaponeurose des Fingers über.

Ulnarseite des Ringfin-
gers. Ein Muskel mit zwei Portionen, die leichter von einander
zu trennen sind, als bei den anderen Mm. interossei. Er entsteht
vom Metacarpale IV und V und
Lig. interm. IV (Gleichwertig dem
Interosseus ext. IV des Menschen).

1. Dorsale Portion. Geht zur
   Phalanx prima.
2. Palmare Portion. (hauptsächlich nur vom Metacarpale IV).
   Ein Teil der Fasern entspringt oberhalb des N. ulnaris prof. [1]). Insertion an
   der Dorsalaponeurose.

Radialseite des kleinen
Fingers. Ein Muskel mit zwei
Portionen vom Metacarpale V und
Lig. interm. IV (gleich dem Inter-
osseus int. III des Menschen).

1. Dorsale Portion. Insertion an

—————— ——

1) Taf. XVIII, Fig. V.

der Phalanx prima (fehlt bei H. agilis, ist bei H. leuciscus sehr schwach).

2. Palmare Portion. Ein Teil der Fasern entspringt oberhalb des N. ulnaris prof., und zwar kommen diese bei H. agilis nicht vom Metacarpale sondern vom Haken des Ulnare. Die Sehne verliert sich in die Dorsalaponeurose.

Innervation. Alle diese Muskeln werden vom palmaren Endzweig des N. ulnaris innervirt. Dieser liegt medial vom Kleinfingerballen und giebt Zweige ab zum Flexor brevis und Abductor digiti quinti; dann teilt er sich in einen oberflächlichen und einen tiefen Endast, von denen der eine (der R. superficialis) die lateralen Mm. lumbricales innervirt und zur Haut der Finger zieht. Er versorgt bei H. agilis die beiden Ränder des fünften und vierten Fingers. Die Verzweigungen dieses Nerven bei H. syndactylus und leuciscus sind in der Figur VI veranschaulicht. Der andere Endast (der R. profundus) biegt sich um den Ursprung des Flexor brevis, liegt zwischen diesem und dem Abductor, sendet einen Zweig zum M. opponens, durchbohrt dann die Fasern dieses Muskels und dringt so in die Tiefe der Hohlhand. Hier liegt er über den proximalen Enden der Metacarpalia und wird bedeckt durch eine in der Tiefe der Hand liegende Aponeurose, die ich bei den Mm. contrahentes beschrieben habe.

Bei der Beschreibung der Mm. interossei ist dann weiter darauf hingewiesen worden, dass die Zwischenknochenmuskeln an der Ulnarseite der Metacarpalia III und IV und an der Radialseite der Metacarpalia IV und V mit einem Teil ihrer Ursprungsfasern den Nerv bedecken, dass also diese Muskeln nicht ganz unter dem R. profundus liegen, wie die Broox'sche Hypothese [1]) voraussetzt. Der Teil der Interossei, welcher über dem R. prof. liegt, ist viel stärker als der Teil des Opponens digiti quinti, welcher unter demselben Nerven liegt. Will man nun aber das Eine als secundäre Verschiebung des Ursprungs, das Andere als eine besonders starke Reducirung auffassen, dann passt allerdings auch Hylobates in das Schema Broox's [2]).

---

1) Broox: On the morphology of the intrinsic muscles of the little finger with some observations on the ulnar head of the short flexor of the thumb. Journal of anatomy and physiology. Vol. XX.

2) Wenn man annehmen will, dass die Ursprünge der Mm. interossei bei Hylobates palmarwärts verschoben sind, und dass dies ein ganz secundäres, mehr zufälliges Verhalten sei, dann darf man voraussetzen, dass die Mm. interossei am Fuss derselben Affen sich normal, d. h. der Ruge-Broox'schen Auffassung entsprechend, verhalten. Aber der

Die Zweige des R. profundus ziehen distalwärts in der Richtung der Medianlinien der Metacarpalia. Sie innerviren die Interossei und ziehen zum Teil weiter zu den Fingern, wo sie sich entweder mit den Hautnerven des N. medianus und ulnaris verbinden oder selbständig in der Haut der Finger enden (Fig. VI). Zuletzt teilt sich der Nerv in zwei Zweige, von denen einer zum Adductor pollicis zieht, der andere die Muskeln an der Radialseite des Zeigefingers, auch Huxley's Abductor tertii internodii indicis, innervirt.

V. Muskeln, welche durch hintere Zweige der Spinalnerven innervirt werden.

M. splenius capitis et cervicis [1]). Er entspringt an dem Ligamentum nuchae, an den letzten Halswirbeln und den ersten Brustwirbeln. Der Splenius capitis inserirt an der Linea semicircularis, lateralwärts von der Tuberositas externa und reicht bis an das Ohr. Dabei werden die am meisten lateral sich anheftenden Fasern noch bedeckt vom M. sterno-cleido-mastoideus. Der Splenius cervicis trennt sich bald nach dem gemeinsamen Ursprung von dem anderen Teil des Muskels und inserirt mit zwei getrennten Portionen am Halswirbel I und II.

Lange Muskeln der Wirbelsäule. Betrachtet man den Rücken nach Wegnahme der breiten Rückenmuskeln und der Mm. serrati postici, dann scheint es, als ob auf demselben nebeneinander zwei sehr lange Muskeln liegen, die vom Sacrum und Ileum zum Halse ziehen. Bei näherer Untersuchung ergiebt sich aber, dass diese zwei langen Muskeln nicht (wie die Muskeln der Extremitäten) aus Muskelbündeln zusammengesetzt sind, die dieselbe Länge haben wie der Muskel selbst, sondern dass diese Fleischschicht nur durch kurze Muskelbündel gebildet wird, die alle bald nach ihrem Ursprung auch wieder zur Insertion gelangen. Die beiden scheinbar einheitlichen Muskeln sind näm-

---

Fuss zeigt ähnliche Verhältnisse wie die Hand; auch in der Fussohle entspringen viele Fasern der Mm. interossei oberhalb des N. plantaris externus (R. prof.) Da also diese Muskeln an beiden Extremitäten sich in gleicher Richtung umgebildet haben, so zeigen die Veränderungen wohl zu viel Regelmässigkeit, als dass man sie ganz dem Zufall zuschreiben dürfte. Ich vermute, dass das Verhalten der Interossei bei Hylobates eine tiefere Bedeutung hat, die ich bei der Beschreibung der Fusssohlenmuskeln näher andeuten werde.

1) Diese und die anderen Hals- und Rückenmuskeln wurden zuerst nur bei H. agilis untersucht. Später verglich ich sie noch mit denen des H. syndactylus. Die wichtigeren Differenzen habe ich dann noch als Anmerkungen hinzugefügt. Kleinere Unterschiede erwähnte ich nicht, auch die nicht, welche sich bei Vergleichung der rechten und linken Seite des H. agilis (beide wurden präparirt) ergaben.

lich zusammengesetzt aus einer grossen Anzahl kleinerer Muskelchen, die so dicht nebeneinander liegen und sich so durchkreuzen, dass sie nur zwei grosse, lange Muskeln zu bilden scheinen, analog dem M. sacro-spinalis des Menschen. Diesen Muskel teilt man beim Menschen ein in den M. ileo-costalis und M. longissimus. Ersterem entspräche dann der laterale der beiden Muskeln des Hylobates, letzterem der mediale.

Betrachten wir zunächst den „LATERALEN", so sehen wir, dass dessen Fasern, mit denen des medialen Muskels vereinigt, nur vom oberen Rande des Ileum entspringen [1]). Er inserirt, am Rücken hinaufziehend, an allen Rippen, und zwar liegen die Insertionssehnen an dem lateralen Rande des Muskels. Da aber die vom Ileum entstehenden Fasern bereits an den untersten Rippen enden (Ileo-costalis lumborum), so nimmt der Muskel andere Fleischfasern in sich auf, die unter dem medialen Rand des Muskels von allen Rippen zu ihm ziehen. Diese vereinigen sich noch mit einigen vom Ileum entspringenden Muskelfasern und inseriren an höher gelegenen Rippen (Ileo-costalis dorsi). Die letzten Fasern, die von den obersten Rippen entspringen, enden nicht mehr an den Rippen, sondern ziehen zum Halse hinauf, wo sie an den Querfortsätzen der Halswirbel V—III [2]) inseriren. An der linken Seite war dieser Halsteil (Ileo-costalis cervicis) ganz verschmolzen mit dem Longissimus cervicis.

Der „MEDIALE" Muskel liegt der Wirbelsäule dicht an und scheint dem Longissimus des Menschen zu entsprechen. Ich sage „scheint"; denn bei näherer Untersuchung wird es deutlich, dass er nicht nur den Longissimus, sondern noch mehrere andere (beim Menschen mehr von einander separirte) Muskeln repräsentirt. Die hintersten Fasern entspringen von der ganzen dorsalen Fläche des Sacrum und von der Membrana intermuscularis, welche den Longis. vom Glutaeus medius trennt. Endlich gehen noch viele Fasern von der ihn bedeckenden Aponeurose aus, welche zwischen Sacrum und Ileum ausgespannt ist, und von dem oberen Rande des, der Wirbelsäule am nächsten gelegenen Teiles des Ileum. Alle an oben genannten Stellen entspringende Fasern enden an den Lendenwirbeln oder an der dreizehnten Rippe. Auf diese Insertionen komme ich weiter unten zurück. Verteilen wir zunächst

---

1) Bei II. syndactylus kommen auch viele Fasern von der Aponeurose des Longissimus.
2) Bei II. syndactylus an den Halswirbeln VI bis IV.

den Muskel in einen Lenden-, Brust- und Halsteil und betrachten wir zunächst den:

Brustteil (M. longissimus dorsi). Alle Fasern, gelegen in der Höhe der oberen Lenden- und aller Brustwirbel, entspringen von einer den Muskel bedeckenden Aponeurose, die von den Processus spinosi der Wirbelsäule ausgeht, den Fasern zum Ursprung dient und zuletzt sich ganz in diese verliert. Diese Aponeurose ist die directe Fortsetzung derjenigen, welche (wie oben gesagt) zwischen Sacrum und Ileum ausgespannt ist; sie liegt unter der Fascia lumbo-dorsalis, welche mit den langen Rückenmuskeln nicht verbunden ist. Von der den Rippen zugekehrten Fläche der obengenannten Aponeurose entspringen also die fleischigen Fasern des Muskels. Diese teilen sich in Bündel, sodass man eine grosse Anzahl lateraler und medialer Bündel unterscheiden kann. Dabei liegen alle lateralen und alle medialen dachziegelförmig übereinander. Die medialen inseriren, in ihre Sehnen übergehend, an der unteren Ecke je eines Processus spinosus; ich will sie darum vorläufig Musculi spinosi nennen. Die lateralen inseriren, in ihre Sehnen übergehend, an den unteren Ecken der Processus transversi; darum nenne ich sie vorläufig Musculi transversi.

Die Mm. spinosi inseriren nie an dem Proc. spin., welcher der Ursprungsstelle ihrer Fasern am nächsten ist, sondern stets an einem weiter nach vorn liegenden. Bei diesem Hinaufziehen erhalten die Sehnen von den mehr kopfwärts gelegenen Wirbeln noch eine grosse Anzahl accessorischer Muskelfasern, die von allen Seiten her zu ihnen ziehen. Diese Muskelfasern kommen von den Proc. transv. der Wirbel, von den medialen Teilen der Rippenbogen und auch noch von der seitlichen Fläche des gleich hinter dem Processus der Insertion gelegenen Proc. spinosus. Besonders stark sind die accessorischen Muskelbündel, die von den Proc. transversi kommen. Diese entspringen an der vorderen Ecke je eines dieser Processus und zwar mit kurzen Sehnen, welche bald in Muskelfasern übergehen, die an den Sehnen der Mm. spinosi inseriren. Von solch einer vorderen Ecke eines Proc. transv. treten aber nicht nur Fasern zu einem der Mm. spinosi, sondern zu mehreren, und jeder M. spinosus erhält Fasern von mehreren Proc. transv., sodass die Ursprünge der einzelnen Muskelchen einander durchflechten und schwer zu trennen sind.

Die Mm. transversi inseriren, in ihre Sehnen übergehend, an den hinteren Ecken der Proc. transv., aber nie an dem Processus,

welcher dem Ursprung ihrer Fasern am nächsten ist, sondern immer
an einem weiter kopfwärts liegenden. Dabei erhalten auch diese Sehnen
noch eine grosse Anzahl accessorischer Muskelfasern, die von allen
Seiten zu ihnen ziehen. Diese Muskelfasern kommen von den mehr
steisswärts gelegenen Wirbeln, von den dorsalen Flächen der Wirbel-
bögen und den anderen Proc. transv. [1]).

Da die Mm. spinosi Faserbündel von den vorderen Ecken der Proc.
transv. erhalten, und die Mm. transversi an den hinteren Ecken derselben Fortsätze inseriren, so haben wir also an jedem Proc. transv.
eine Ursprungs- und eine Insertionssehne.

Nach Bildung dieser Mm. spinosi und transversi bleibt aber noch
eine Anzahl Muskelfasern über, die nicht in Bündel zusammentreten,
auch keine Sehnen bilden, sondern direct fleischig an die spinalen
Enden der Rippen sich ansetzen. Diese Muskelfasern sind natürlich die
am meisten lateral gelegenen [2]). Wir haben also drei Insertionsstellen für
jedes Körpersegment, nämlich je eine an dem Proc. spinosus, an dem
Proc. transversus und an der Rippe, während jeder Wirbel wieder
einer grösseren Anzahl über ihn hinwegziehender Muskelchen zum
Ursprung dient. Diese so verschiedenen Insertionsstellen an jedem
Körpersegment weisen darauf hin, dass dieser lange MEDIALE MUSKEL
nicht mit dem M. longissimus dorsi des Menschen identisch sein
kann. Vergleichen wir die Rückenmuskeln des Menschen nun genauer
mit den oben beschriebenen, so entsprechen nur die Mm. transversi
und die an den Rippen inserirenden Fasern dem M. longissimus
dorsi. Die Mm. spinosi repräsentiren mehrere Muskelsysteme. Wie erwähnt entspringen die meisten Fasern der Mm. spinosi von einer sie
bedeckenden Aponeurose; da diese nun selbst auch von den Proc. spinosi
ausgeht, so ziehen diese Muskelfasern von einem Proc. spin. zu einem
anderen; man kann sie darum dem M. spinalis dorsi des Menschen gleichsetzen. Ferner erhalten die Mm. spinosi starke Muskelbündel von den vorderen Ecken der Proc. transversi, und zwar jeder
M. spinosus von mehreren dieser Processus. Diese Teile der Mm. spinosi
repräsentiren den M. semi-spinalis dorsi des Menschen. Doch in-

1) Da bei H. syndactylus die Mm. transversi nur von der Aponeurose entspringen
und keine Fasern von den Knochen erhalten, so sind sie viel leichter von den Mm.
spinosi zu trennen.

2) Bei H. syndactylus findet man sie nur an den unteren Rippen, an den oberen
sieht man gar keine, oder doch nur wenige, schwache Fasern.

seriren nicht alle von den Proc. transv. entspringenden Fasern an den Sehnen der Mm. spinosi, sondern die am tiefsten gelegenen inseriren direct (neben den Sehnen der Mm. spinosi) an den Wirbeldornen. Dadurch wäre die Bildung des M. multifidus eingeleitet [1]). Da nun auch die Sehnen der Mm. spinosi kurz vor ihrer Insertion Fasern erhalten von der Seitenfläche des nächstliegenden hinteren Proc. spin., so sind auch die Mm. interspinales des Menschen vorhanden.

Die obige Beschreibung betraf nur den Brustteil des MEDIALEN MUSKELS; an dem Lendenteil ändern sich die Insertionen dem Bau der Wirbel entsprechend.

Am Lendenteil (M. longissimus lumborum) sind die Mm. spinosi denen der Brustwirbel ganz ähnlich, nur kommen die Ursprungsfasern, welche dort von den vorderen Ecken der Proc. transv. ausgingen, hier von den Proc. mammilares. Weiter erhält jeder M. spinosus Fasern von dem mehr steisswärts gelegenen Wirbeldorn, von den Proc. articulares und von dem Teil der Wirbel, welcher zwischen den Proc. articulares und laterales [2]) liegt. Bereits am Proc. spin. des fünften Lendenwirbels inserirt ein M. spinosus. Auch von den Proc. mammilares und articulares gehen Muskelfasern direct zu den Proc. spinosi und repräsentiren den M. multifidus. Alle am Brustteil vorhandenen Fasersysteme finden wir demnach am Lendenteil wieder. Der letzte der Mm. transversi des Brustteils inserirt an dem Proc. transv. des dreizehnten Brustwirbels. An den mehr steisswärts gelegenen Wirbeln befestigen sich nun die Mm. transversi an die Proc. accessorii mit kurzen Sehnen. Die an den Rippen (zuletzt an der dreizehnten Rippe) inserirenden Faserbündel werden hier durch die vom Ileum entspringenden repräsentirt. Diese setzen sich fest an die Proc. laterales der Lendenwirbel und in der Tiefe an das Fascienblatt, welches

---

1) Diese von den Proc. transv. entspringenden Fleischfasern, welche direct an den Proc. spinosi inseriren, werden nach oben hin immer zahlreicher und stärker; sie sind nicht an die hintere Spitze, sondern an den hinteren Rand der Dornfortsätze befestigt, doch bleiben sie bis zum ersten Brustwirbel hinauf immer noch mehr oder weniger mit dem M. semispinalis verbunden. Als separirte Muskeln treten sie erst am Halse auf. Der M. semispinalis dorsi und multifidus bilden zusammen das System des M. transverso-spinalis. Die Muskelfasern des erstgenannten Teils (dieses Muskelsystems) sind immer länger als die des zweiten, tiefer gelegenen. Bei H. syndactylus ist der M. multifidus spinae auch an der Brust bereits stärker entwickelt und mehr separirt von den anderen Muskelportionen als bei H. agilis.

2) Processus laterales nenne ich (nach GEGENBAUR) die Processus transversi der Lendenwirbel.

zwischen Crista iloi, Costa XIII und Proc. lateralos (der Vertebrae lumbales) ausgespannt ist und die Rückenmuskeln von dem M. quadratus lumborum trennt.

Halsteil (M. longissimus cervicis). Über den letzten Rippen teilt sich der Muskel in zwei scharf getrennte Portionen. Zu der medialen gehören die Mm. spinosi und ihre Derivate, zu der lateralen die Mm. transversi [1]).

Betrachten wir zunächst den lateralen Teil, die Mm. transversi, so sehen wir, dass die hintersten Ursprungsfasern von der Aponeurose in der Höhe des fünften Brustwirbels kommen, einige ziehen bis zum Halse hinauf und werden dabei verstärkt durch Fasern von den Proc. transversi der Brustwirbel IV bis I. Die so gebildete Muskelmasse inserirt nun, mit der Halsportion des M. ileocostalis verschmelzend (S. 263), an den Proc. transversi der Halswirbel. Die beiden Muskeln verwachsen an der linken Seite so miteinander, dass man sie nicht mehr trennen kann; dabei erhalten sie noch einige accessorische Bündel von den, zwischen Proc. transversi und articulares gelegenen Teilen der Halswirbel III und IV. An der rechten Seite fehlen die accessorischen Bündel; der Muskel bleibt auch ganz getrennt vom M. ileo-costalis und inserirt an den Proc. transv. der Halswirbel I bis VI [2]), während der M. ileo-costalis an den Proc. transv. der Halswirbel V bis III endet.

Wie schon gesagt, entsprechen nur die Mm. transversi dem M. lon. gissimus des Menschen; der oben beschriebene Halsteil wäre demnach der M. longissimus cervicis. Letztgenannter Muskel hat beim Menschen auch einen Kopfteil, der dem Hylobates agilis fehlt; darauf komme ich weiter unten zurück.

Der mediale Teil, die Mm. spinosi und ihre Derivate, verhalten sich noch zum Brustwirbel II (oder Brustwirbel I) ganz so, wie für den ganzen Brustteil angegeben wurde. Die am meisten kopfwärts hinaufreichenden Fasern gehen dann alle direct in drei andere Muskelschichten über, die dadurch, so wie auch weiter am hinteren Teil ihrer anderen Ursprungsbündel mehr oder weniger mit einander verbunden sind. Bald werden sie aber zu ganz selbstständigen Muskeln, die, bedekt von dem M. splenius capitis am Halse emporziehen. Von diesen dreien inseriren zwei an den Proc. spinosi der Halswirbel, der dritte, welcher sich

---

1) Die an den Rippen inserirenden Fasern fehlen am Halsteil.
2) Wo die Processus zwei Zacken haben, inseriren sie immer an den hinteren Zacken.

wiederum in Portionen teilt, am Kopfe. Der Wirbelsäule am nächsten liegt ein Muskel, dessen Fasern von den Proc. transversi der Brustwirbel III, II, I (und zwar nicht von deren Spitze sondern von der Basis dieser Processus) ihren Ursprung nehmen. Weiter nimmt er Fasern in sich auf, die von den Proc. articulares der Halswirbel VII, VI, V entspringen. Er heftet sich gleich unter den Insertionen der folgenden Muskeln an die Wirbeldornen der Halswirbel VII bis II, aber nicht an die Spitzen der Proc. spinosi, sondern an den ganzen unteren Rand derselben. Die Insertionsfasern sind zum grössten Teil noch musculös. Dieser Muskel ist der M. multifidus des Halses. Der andere, am Halse inserirende Muskel bedekt den erstgenannten und entspringt an den Spitzen der Proc. transversi der Brustwirbel VI bis II, ferner auch von der Aponeurose, welche die Mm. spinosi in der Höhe der oberen Brustwirbel bedeckt. Er inserirt an den unteren Ecken der Proc. spinosi der Halswirbel II und VI. Ursprung und Insertion sind sehnig. Dieser Muskel ist der M. semispinalis des Halses. Die wenigen, von der Aponeurose der Mm. spinosi entstehenden Bündel entsprechen einem M. spinalis cervicis, der hier aber ganz mit dem M. semispinalis verschmolzen ist. Die dritte am Kopf inserirende Muskelschicht lässt sich in mehrere Portionen trennen, die aber alle am Ursprung mit einander verbunden sind. Da die Portionen der beiden Seiten ungleich waren, auch bei H. syndactylus wieder andere Einteilung zeigten, so beschreibe ich sie nicht näher, sondern fasse sie zu einem Muskel zusammen. Derselbe entspringt an den Proc. transversi der Brustwirbel IV bis I und weiter kopfwärts an der lateralen, durch die Gelenkfortsätze gebildeten Kante der Halswirbel VI bis II und an den angrenzenden Teilen derselben Halswirbel, welche zwischen den Proc. articulares und transversi liegen. Einige wenige Fasern kommen auch noch von dem Proc. spinosus des Brustwirbel II. Der ganze Muskel inserirt am Os occipitale unterhalb der Linea semicircularis von der Medianlinie an bis zum Os temporale. Dies ist der M. semispinalis capitis [1]); die Fasern, welche von dem Dornfortsatz des Brustwirbel II kommen, repräsentiren einen M. spinalis capitis, der hier ganz mit dem Semispinalis verschmolzen ist. Schwieriger ist es zu entscheiden ob ein zweiter, am Kopf inserirender Muskel, der mit dem Semispinalis

---

1) Auch beim Menschen lässt sich dieser Muskel meist in mehrere Portionen trennen, die man Biventer cervicis und Complexus major genannt hat.

am Ursprung verschmolzen ist, auch zu ihm gehört, oder die sonst fehlende Kopfportion des Longissimus cervicis bildet (S. 267). Diese Muskelportion ist mehr lateralwärts gelegen als die anderen und entspringt von den Proc. transversi der Brustwirbel I und II und von den Gelenkfortsätzen der Halswirbel VII bis III. Sie inserirt gleich unter den am meisten lateral sich anheftenden Fasern des M. splenius capitis bis zum Ohre hin, also auch noch am Os temporale. Die Insertion ist also ganz gleich der des Longissimus capitis des Menschen (Complexus minor), der Ursprung ist aber nicht wie bei diesem mit dem Longissimus cervicis verbunden sondern mit dem Semispinalis, er geht auch nicht von den Proc. transversi und articulares aus, sondern nur von den Proc. articulares. Man könnte also sagen der Ursprung des Longissimus capitis sei medianwärts verschoben und habe sich mit dem Semispinalis verbunden. Nun sahen wir ja auch an der linken Seite accessorische Muskelbündel, welche von den, zwischen Proc. transv. und articul. gelegenen Teilen der Halswirbel III und IV entsprangen und sich mit dem Longissimus cervicis verbanden. Diese Fasern könnte man nun als zurückgebliebene Spuren der Wanderung dieses Kopfteils des Longissimus cervicis von den Proc. transversi zu den Proc. articulares und so zum M. semispinalis auffassen. Will man hingegen diesen Muskel zum Semispinalis capitis rechnen, dann würde erstens der Longissimus capitis (Complexus minor) ganz fehlen, und zweitens der Semispinalis von der Medianlinie an bis zum Ohr inseriren [1]).

Kurze Muskeln der Wirbelsäule. M. rectus capitis minor. Dieser liegt am tiefsten, er entspringt am Proc. spinosus des Atlas und endet am Os occipitale neben der Medianlinie.

M. rectus capitis major. Bedeckt den vorigen und inserirt lateral von ihm. Er geht vom Proc. spinosus des Epistropheus aus.

M. obliquus capitis inferior. Entspringt am Proc. spinosus des Epistropheus und inserirt am Proc. transversus des Atlas.

---

1) Das Verhalten des Muskels bei H. syndactylus scheint mir genügend zu beweisen, dass er zum Longissimus cervicis gehört. Ich konnte nämlich seine Ursprungssehnen von den Gelenkfortsätzen aus, an denen sie adhaerirten, verfolgen durch die Riune, welche Proc. transv. und articul. von einander trennt, bis zu den Proc. transv. Der Muskel entsprang also wirklich von den Proc. transversi (wo der Longissimus cervicis inserirt), obschon er mit dem Semispinalis verwachsen war. Ferner erhielt der Longissimus cervicis nicht allein accessorische Muskelbündel von den, zwischen Proc. transv. und articulares gelegenen Teilen der Halswirbel III und IV, sondern auch von denen der Halswirbel VI, V und II. Die Hinüberleitung zum Semispinalis war also hier noch deutlicher ausgesprochen.

M. obliquus capitis superior. Kommt vom Proc. transversus des Atlas, zieht über die Insertion des Rectus capitis major hinweg und inserirt oberhalb desselben am Os occipitale. Von diesem wird bedeckt der: M. rectus capitis lateralis, der am Proc. transversus des Atlas entsteht und sich an das Os occipitale heftet.

Innervation. Nur an den Nackenmuskeln untersuchte ich die Innervation und fand, dass alle kurzen Muskeln der Wirbelsäule von dem Ramus posterior des N. cervicalis I innervirt werden. Der Ramus posterior des N. cervicalis II wurde mit dem des N. cervicalis I durch einen Nervenast verbunden, der über dem M. obliquus capitis inferior lag. Dann innervirte er den Longissimus capitis, den Splenius capitis und den Semispinalis cervicis. Letzterer erhielt aber auch Zweige von den Nn. cervicales I, III und IV. Ebenso erhalten auch die anderen Rückenmuskeln Zweige aus mehreren Nerven gleichzeitig.

VI. Muskeln, welche durch die vorderen Zweige der Thoracalnerven innervirt werden.

Mm. serrati postici. Diese Muskeln scheinen bei Hylobates nur einen Teil der Fascia lumbo-dorsalis darzustellen. Diese Fascie ist in der Medianlinie an die Brust und Lendenwirbel befestigt und weiter steisswärts an die Crista ossis ilei. Lateralwärts inserirt die Fascie an alle Rippen grade zwischen dem Longissimus dorsi und Ileo-costalis, hierbei teilt sie sich am vorderen und hinteren Ende in zwei Blätter, von denen das eine auf genannte Weise inserirt, das andere, mehr oberflächlich gelegene, über den Ileo-costalis hinwegzieht und in die Mm. serrati postici übergeht [1]). So gehen die Fasern der Fascie, die bei H. leuciscus an den Halswirbeln VI und VII und den Brustwirbeln I und II (bei H. agilis auch die vom Brustwirbel III, bei H. syndactylus, ausser den bereits bei H. leuciscus genannten, auch die vom Halswirbel V) entspringen, in fleischige Fasern über, die in schräger Richtung nach hinten ziehen. Sie inseriren bei H. agilis und leuciscus

---

1) Von der Fascia lumbo-dorsalis entspringt auch der untere Teil des Latissimus dorsi, wie bei diesem Muskel angegeben wurde. Der laterale Rand dieser Fascie (unterhalb der Rippen) liegt zwischen dem Ende der dreizehnten Rippe und dem oberen Rande des Ileum und geht dort in einer verticalen Linie in die breiten Bauchmuskeln über. Ihr tiefes Blatt trennt die Rückenmuskeln vom M. quadratus lumborum. Das Nähere findet man bei den genannten Muskeln.

an den Rippen II bis V, bei H. syndactylus an den Rippen II bis VI. Dadurch wird der M. serratus posticus superior gebildet. In gleicher Weise geht der M. serratus posticus inferior hervor aus den Fasern der Aponeurose, die bei H. leuciscus und syndactylus von den Lendenwirbeln I und II und den Brustwirbeln XIII, XII, XI entspringen. Bei H. agilis reicht der Ursprung nur bis zum Brustwirbel XII. Die Richtung der fleischigen Fasern ist nach vorn und lateralwärts; sie inseriren bei II. leuciscus und syndactylus an den Rippen XIII bis IX, bei H. agilis nur an den Rippen XIII bis X. Bei H. syndactylus werden die beiden Serrati postici also nur durch zwei Rippen getrennt, bei H. leuciscus durch drei und bei H. agilis durch vier Rippen.

M. obliquus abdominis externus. Die fleischigen Ursprungszacken dieses Muskels sind bei H. syndactylus an alle hinteren Rippen, von der vierten bis zur dreizehnten Rippe befestigt. Nicht so weit proximalwärts reicht der Ursprung bei H. agilis und H. leuciscus, da er bei ersterem nur bis zur sechsten, bei letzterem bis zur fünften Rippe sich erstreckt. Die vorderen Zacken bleiben nur eine kurze Strecke fleischig und gehen schon über dem siebten Rippenknorpel in ihre Aponeurose über. Alle folgenden reichen weiter nach hinten, und zwar ziehen sie von vorn und lateral nach hinten und medianwärts. Von der neunten Rippe an (oder von der siebenten bei H. syndactylus) ist die Richtung der Fasern eine mehr verticale geworden; sie enden in einer Linie, die dem vorderen Rande des Ileum entspricht, oder einige Centimeter hinter derselben (H. agilis und leuciscus). Die von der zwölften und dreizehnten Rippe (bei H. agilis nur die von der dreizehnten) entspringenden Zacken enden an dem vorderen Rande des Ileum selbst und zwar dort, wo sich dieses im Bogen nach hinten krümmt. Der horizontale, der Wirbelsäule am nächsten gelegene Teil der Crista ilei wird von der Fascia lumbo-dorsalis eingenommen, die den Raum zwischen dem Ileum und dem spinalen Teil der dreizehnten Rippe überbrückt. Dort, wo die Fascie beginnt, endet der Obliquus abdom. ext.; hierbei gehen die oberflächlichen Fasern der Fascie in den Muskel über; auch entspringen noch Muskelfasern von der Fascie selbst, und so bleibt kein Raum offen, der dem Trigonum Petiti entspräche. Auch berührt der Latissimus dorsi den Bauchmuskel hier nicht; denn erstgenannter reicht nicht so weit nach hinten, seine Fasern beginnen erst an der dreizehnten Rippe. Die Fleischfasern des M. obliquus abdom.

18

ext. bedecken medianwärts bei H. syndactylus die laterale Hälfte des vorderen Endes des Rectus abdominis; die folgenden bleiben weiter von der Medianlinie entfernt und bedecken also nur den lateralen Rand des graden Bauchmuskels. Bei H. agilis bedecken die Fasern des schrägen Bauchmuskels auch kopfwärts nur den lateralen Rand des Rectus abdominis, während bei H. leuciscus die Fasern noch mehr von der Medianlinie entfernt bleiben und den graden Bauchmuskel nur ganz oben noch ein wenig überkreuzen. Alle fleischigen Fasern enden in einer vom Sternoclaviculargelenk zur medialen Seite des Canalis cruralis laufenden Linie, wo sie median- und distalwärts in eine breite Aponeurose übergehen (ausser den direct am Ileum inserirenden Fasern). Das vordere Ende dieser Aponeurose ist neben der Medianlinie an das Sternum und an die sternalen Enden der Rippenknorpel befestigt; weiter verbindet sie sich in ihrer ganzen Länge mit der Aponeurose der anderen Körperseite, wobei die Fasern sich überkreuzen. So wird die Linea alba des Bauches gebildet. Das hintere Ende der Aponeurose ist befestigt an der Symphyse und am Tuberculum pubicum, hierbei ist sie in zwei Schenkel getrennt, zwischen denen ein Raum offenbleibt für den Leistenkanal. Lateralwärts überspannt die Aponeurose die Schenkelgefässe und den M. ileopsoas; dabei ist ihr Rand verdickt (als schwaches Lig. Poupartii). Ihr lateraler Rand ist befestigt an der Crista ossis ilei. Dort, wo die Aponeurose über die Gefässe und Muskeln hinwegzieht, verbinden ihre Fasern sich mit der Fascia lata.

Betrachten wir den lateralen Rand des schrägen Bauchmuskels näher, so sehen wir, dass die Zacken an der vierten bis sechsten Rippe bei H. syndactylus, oder von der sechsten bis achten bei H. agilis, oder von der sechsten bis siebenten bei H. leuciscus [1]), von den Zacken des M. serratus anticus major umfasst werden; alle folgenden werden aber in gleicher Weise durch den M. latissimus dorsi begrenzt, welcher den distalen Teil des M. serrat. ant. maj. bedeckt. Nirgends überlagert der Lat. dorsi die Ursprünge der Bauchmuskeln. Die Ursprungszacken des Obliq. abdom. ext., und zwar die von der vierten Rippe bei H. syndactylus, von der fünften bei H. agilis, von der fünften und sechsten bei H. leuciscus, werden von dem M. pectoralis major bedeckt, dessen Fasern von der Aponeurose des Obliq. abdom. ext. entspringen.

Deniker fand die Ursprungszacken an der sechsten bis dreizehnten

---

1) Die Zacke von der 5ten Rippe ist sehr schwach und berührt den Ursprung des Serrat. ant. maj. nicht.

Rippe, und Bischoff sah sie an der fünften bis dreizehnten. Letzterer
gibt an, dass die sechs letzten Zacken mit denen des Lat. dorsi alterniren.

M. obliquus abdominis internus. Die fleischigen Fasern entspringen an dem Ligamentum Poupartii, an der Spina ossis ilei ¹) und
an dem lateralen Rande des Ileum, bis an die Insertionen des Obliq.
abdom. ext. Weiter kopfwärts kommen die Fasern von dem Teil der
Fascia lumbo-dorsalis, welcher zwischen dem vorderen Rande des Ileum
und dem medialen Ende der dreizehnten Rippe liegt. Ferner gehen
noch Fasern von den letzten vier Rippen aus; diese sind den hinteren
Mm. intercostales interni direct angeschlossen. Bei H. agilis und leuciscus ist der fleischige Ursprung am Os ilei weniger ausgebreitet; er
endet bereits an der Spina und geht von dieser sofort auf die Fascia
lumbo-dorsalis über; auch erhält der Muskel bei H. leuciscus keine Fasern
von der zehnten Rippe. Alle Fasern ziehen in schräger Richtung von
aussen und hinten nach innen und vorn zur Medianlinie, erreichen diese
aber nicht. Die vorderen kann man durch eine Linie begrenzen, die das
sternale Ende des neunten Rippenknochens mit der Mitte des Abstandes
zwischen Symphysis und Spina ilei (H. syndactylus) oder mit der
Symphysis (H. agilis und leuciscus) verbindet. Die hinteren vom Ligamentum Poupartii entspringenden Fasern reichen weiter medianwärts;
sie enden erst kurz vor der Medianlinie. Alle Fasern gehen dann in
eine Aponeurose über, welche den Rectus abdominis bedeckt und sich
mit der Aponeurose des Obliq. abdom. ext. verbindet. Die Aponeurose
bildet eine einheitliche Schicht und ist mit den Inscriptiones tendineae
des M. rectus abdominis verwachsen. Nur bei H. leuciscus teilte sie sich
am vorderen Ende ein wenig, indem von ihr aus ein membranöser Streifen

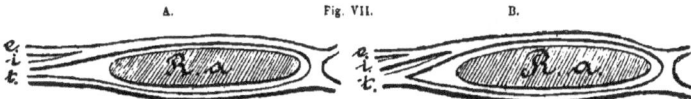

Fig. VII. Scheide des M. rectus abdominis. *A.* am vorderen Teil dieses Muskels,
B. am hinteren Teil desselben. *R. a.* Rectus abdominis; *e.* Aponeurose des M.
obliquus abdominis externus; *i.* Aponeurose des M. obliquus abdominis internus;
t. Aponeurose des M. transversus abdominis.

in das, den M. transversus abdominis bedeckende Bindegewebe überging.

---

1) Hylobates hat nur eine Spina ilei, die der Spina ilei superior des Menschen entspricht.

M. transversus abdominis. Seine Fasern entspringen am Lig. Poupartii, an der Spina ilei, an der Fascie zwischen dem vorderen Rande des Ileum und der dreizehnten Rippe, dann von den inneren Flächen der Rippen XIII bis IX (Sternalteil) und von den Knorpeln der Rippen VIII und VII bis zum Sternum. Die Richtung der Fasern ist fast horizontal, doch ein wenig schräg nach hinten gerichtet. Alle gehen in einer unregelmässigen, lateralwärts convexen Bogenlinie (Linea Spigelii) in ihre Aponeurose über; nur die hintersten Fasern setzen sich nicht an diese an, sondern enden im Gewebe des Funiculus spermaticus (M. cremaster; der M. obliq. abdom. int. hat an seiner Bildung keinen Anteil). Die Aponeurose zieht unter den M. rectus abdominis und bildet also den unteren Teil seiner Scheide (Fig. VII. A). Erst am hinteren Viertel der Länge des graden Bauchmuskels teilt sich die Aponeurose plötzlich scharf in zwei Blätter, von denen das eine wieder unter dem Rectus liegt, das andere aber über demselben; letzteres verschmilzt mit der Aponeurose des M. obliq. abdom. int. (Fig. VII. B). Die beiderseitigen, bis zur Symphysis reichenden, hinter dem M. rectus gelegenen Blätter überkreuzen und verbinden sich in der Medianlinie.

M. rectus abdominis. Dieser Muskel liegt neben der Mittellinie des Bauches und geht vom hinteren Ende des Sternum aus. Er bedeckt den Proc. xiphoides, ohne an diesem zu adhäriren. Weiter entspringen die fleischigen Fasern bei H. syndactylus von dem Sternalteil des sechsten und fünften Rippenknorpels, dann stets mehr lateral- und kopfwärts von dem Sternalteil der fünften bis dritten Rippe. Bei H. agilis und leuciscus gehen die costalen Ursprungszacken nicht weiter hinauf als bis zur fünften Rippe. Von diesen costalen Zacken ist bei H. syndactylus die am meisten lateral gelegene die breiteste und stärkste, bei den anderen die medial gelegenen. Bei diesem Affen werden die Ursprünge von der dritten bis fünften Rippe vom M. pectoralis major bedeckt; ein Gleiches gilt bei H. agilis und leuciscus von den Fasern, welche von der fünften Rippe ausgehn. Die Ursprungsfasern legen sich aneinander und bilden so einen breiten Muskel, welcher, dem der anderen Seite dicht anliegend, über den Rippenbogen hinabzieht zum Bauch. Er wird am hinteren Drittel immer schmäler und endet mit kurzer Sehne zur Seite der Symphysis am Os pubis. Sein Fleisch wird an mehreren Stellen von sehnigen Streifen durchsetzt, welche teils horizontal liegen und den Muskel in seiner ganzen Breite durchziehen, teils in unregelmässigen, nach vorn concaven

Bogenlinien hervortreten, oft auch nur durch unzusammenhängende
sehnige Faserbündel, die zwischen den Muskelfasern liegen, repräsentirt
werden. Von diesen Zwischensehnen hat H. syndactylus vier, von
denen die oberen drei mit den Niveaulinien der siebenten, zehnten
und zwölften Rippe correspondiren, während die vierte in der Höhe
des Nabels sich befindet, der selbst wiederum mit dem vorderen Rando
der Crista ilei in derselben horizontalen Ebene liegt. H. agilis hat ebenfalls vier Inscriptiones tendineae, von denen die ersten drei mit der
achten, zehnten und zwölften Rippe correspondiren, die vierte aber
etwas hinter dem Nabel liegt. H. leuciscus hat nur drei, von denen die
oberen zwei in der Verlängerung der achten und elften Rippe liegen,
die dritte wieder in der Höhe des Nabels zu Tage tritt. Dabei stimmen die beiden letztgenannten Species in der Lage des Nabels mit
H. syndactylus überein. Die beiderseitigen Muskeln weichen von der
Mitte ihrer Länge an ein wenig auseinander; sie inseriren, getrennt
durch die Anheftung der Linea alba, neben der Symphysis pubis [1]).
Bei keiner der drei Species setzen sich die Fasern des M. rectus abdominis weiter auf das Sternum fort; doch sieht man bei allen dreien
sehnige Fasern, die von der Insertion des M. sterno-cleidomastoideus
ausgehen, längs dem Sternum hinabziehen und dabei sich an die
Leisten des Brustbeins anheften, oder über diese hinwegziehen. Schliesslich gehen sie am hinteren Ende des Sternums in die Linea alba über.

Nach BISCHOFF reicht der Muskel nicht über die fünfte Rippe hinaus, und liegen in seinem Fleisch vier Inscriptiones tendineae, zwei vor
und zwei hinter dem Nabel. DENIKER sah ihn an der vierten bis siebenten
Rippe entspringen, und hierbei war die am meisten lateral gelegene
Zacke die grösste. Auch er fand nur vier Zwischensehnen; da aber der
hintere Teil des von ihm untersuchten Muskels sehr schlecht conservirt
war, so könnte DENIKER, wie er selbst angiebt, wohl eine übersehen haben.

Innervation. Ich habe diese bei H. agilis und leuciscus untersucht und gefunden, dass bei beiden der sechste Intercostalnerv [2]) der erste ist, welcher einen kleinen Zweig zum proximalen
Ende des Muskels schickt.

---

1) Bei H. syndactylus gingen steisswärts vom Nabel, am medialen Rande des Muskels,
die fleischigen Fasern in sehnige über, die, zur anderen Körperseite hin ausstrahlend, in
die Muskelscheide sich auflösten. An der Insertion bedeckte der Muskel der linken Seite
einen Teil des Muskels der rechten Körperhälfte.

2) Also der Nerv, welcher unter der sechsten Rippe liegt.

Weiter innerviren ihn alle folgenden Intercostalnerven, doch ist bei
H. leuciscus der dreizehnte der letzte, während bei H. agilis auch
der erste Lendennerv sich in dem Rectus abdominis verzweigt. Auch
bei H. syndactylus habe ich auf die Innervation dieses Muskels geachtet
und fand, dass der fünfte Intercostalnerv der erste und der dreizehnte der letzte ist, welcher seine Muskelbündel innervirt. Der äussere
schräge Bauchmuskel wird versorgt durch laterale (die Mm. intercostales
oder die breiten Bauchmuskeln durchbohrende) Zweige der hinteren Intercostalnerven und des ersten Lendennervs. Diese liegen nach Abgabe
der genannten Zweige zwischen den anderen breiten Bauch- oder
Intercostalmuskeln, verzweigen sich an diese und ziehen dann zum
M. rectus abdominis.

M. pyramidalis. Entspringt bei H. agilis vor der Insertion des
M. rectus abdominis, neben der Symphysis. Er bedeckt den medianen
Rand des M. rectus und heftet sich an dessen Scheide, in der Mitte
zwischen Nabel und Symphysis. Bei H. leuciscus war an der rechten
Seite kein M. pyramidalis vorhanden, an der linken Seite dagegen fand
ich zwei, von denen der eine in der Medianlinie, der andere lateral von
derselben entsprang; beide endeten in der Scheide des linken M. rectus
abdominis. Bei H. syndactylus fehlte der Muskel an beiden Seiten.

VII. Muskeln, welche durch Zweige des Plexus lumbalis innervirt werden.

M. quadratus lumborum. Die den Eingeweiden am nächsten
liegende Muskelschicht geht bei H. agilis von der dreizehnten Rippe
und von den Proc. laterales aller Lendenwirbel aus. Bei H. syndactylus
fehlen ihr die Fasern von der dreizehnten Rippe. Sie inserirt hinabstei-
gend an der Crista ilei. Eine zweite, dorsale Portion, welche von der
anderen bedeckt wird, entspringt mit starken Sehnen (bei H. agilis)
an den Proc. laterales der hinteren Lendenwirbel. Die Faserbündel ziehen
kopfwärts und setzen sich an die dreizehnte Rippe, an den dreizehnten Brustwirbel und an den Proc. lat. des ersten Lendenwirbels. Bei
H. syndactylus ist letztgenannte Portion, welche bei H. agilis die
stärkere von beiden war, sehr reducirt; ihre Fasern entspringen nur
an den Proc. laterales der Lendenwirbel I und II und inseriren an
der dreizehnten Rippe und an dem dreizehnten Brustwirbel.

M. psoas minor. Dies ist ein spindelförmiger Muskel, dessen
Sehne frühzeitig an der lateralen Seite des Muskelbauchs beginnt. Er

geht bei H. agilis von den ersten drei Lendenwirbeln, bei H. syndactylus von den ersten vier aus [1]. Die Sehne inserirt an der Linea innominata, ungefähr dort, wo Ileum und Ischium mit einander verschmolzen. M. ileopsoas. Der M. psoas nimmt seinen Ursprung von allen Lendenwirbeln und von der Fascie, die den Quadratus lumborum an seiner ventralen Fläche bedeckt. Er verbindet sich bald nach seinem Ursprung mit dem M. iliacus. Bei H. agilis durchbohrt ihn der zweite Lendennerv, bei H. leuciscus der N. cutaneus femoris externus, der bei H. agilis und syndactylus dem N. femoralis dicht anliegt. Der zweite Lendennerv liegt bei H. leuciscus und syndactylus oberhalb des M. psoas major. Unter dem M. psoas, zwischen ihm und dem M. iliacus liegt der N. femoralis, während der N. obturatorius an seiner medialen Seite liegt. Der M. iliacus entspringt von der ganzen visceralen Fläche des Ileum; seine Fasern setzen sich fest an die Sehne des M. psoas major. Er breitet seinen Ursprung weiter auf den vorderen Rand des Acetabulum aus, auch kommen noch Fasern von der dort entspringenden Sehne des M. rectus femoris. Dabei entspringen die Fasern nicht nur an der vorderen Fläche dieser Sehne, sondern auch an deren unterer und hinterer Seite, ja es kommen noch Fasern von der dorsalen Fläche des Ileum, gleich distal vom M. glutaeus minimus. Diese Fasern ziehen dann unter der Sehne des Rectus femoris hin zur vorderen Seite des Schenkels und vereinigen sich mit den Fasern, welche an der vorderen Fläche der Sehne entspringen. Nur ein kleiner Teil dieser Muskelbündel heftet sich an die Sehne des M. ileopsoas, die meisten inseriren gleich distal vom Trochanter minor, neben dem Ileopsoas. Der M. iliacus hat demnach einen accessorischen Ursprungskopf, welcher ausserhalb des Beckens liegt (Tafel XIX, Fig. XII). Diesen kleinen Muskel entdeckte BISCHOFF und rechnete ihn zum Glutaeus minimus [2], doch ist diese Auffassung entschieden unrichtig. Seine Fasern entspringen ventral direct neben denen des Iliacus; er ist in keiner Weise von diesem getrennt,

---

1) Bei H. leuciscus habe ich den Ursprung dieses Muskels, sowie des Ileopsoas und Quadratus lumborum nicht präparirt, da ich die Insertionen des Diaphragma nicht verletzen wollte, bevor ich letzteres genauer untersuchen konnte.

2) BISCHOFF sah diesen Muskel auch bei einigen niederen Affen. Auch DENIKER fand ihn beim Hylobates und nennt in Scansorius, er rechnet diesen Muskel also nicht zum Ileopsoas. Die Innervation hat weder DENIKER noch BISCHOFF untersucht. Als BISCHOFF nachher den Muskel auch beim Orang fand und zwar an dem Orang HENKE's (Bairische Academie der Wissensch., Band XIII, „Gorilla"), beschrieb er ihn als einen Teil des Psoas. BISCHOFF irrt aber, wenn er meint den Muskel auch beim Orang zuerst gefunden zu haben; denn OWEN sah ihn schon im Jahr 1830 (Proc. of the Zool. Soc. 1830).

wie er denn auch an der Insertion mit ihm verschmolzen ist. Zwischen ihm und dem Glutaeus minimus liegt ein starkes Fascienblatt; auch wird er nicht vom N. glutaeus superior innervirt. Der Zweig des N. femoralis, welcher den distalen Teil des M. ileopsoas innervirt, sendet auch Zweige zu dieser Portion Bischoff's. Demnach gehört sie auch zum M. ileopsoas.

Sonst bietet die Literatur nicht viel über den Ileopsoas und Psoas minor des Hylobates. Nur Deniker fand noch einen accessorischen Muskel, welcher an der Spina ilei superior anterior und der Crista ilei entspringt, medianwärts vom Sartorius und Rectus femoris. Er endet am Trochanter minor und wird durch den N. cutaneus femoris externus vom M. iliacus getrennt.

Innervation. Alle diese Muskeln werden durch Zweige des zweiten, dritten und vierten Lumbalnerven innervirt. Der M. ileopsoas erhält ausserhalb des Beckens noch einen Zweig des N. femoralis, den ich weiter unten näher beschreiben werde (Fig. IX. *Ps.*).

VIII. Muskeln, welche durch Zweige der grossen Nervenstämme innervirt werden, die aus dem Plexus lumbalis hervorgehn.

A. *Muskeln, welche durch den Nervus femoralis innervirt werden.*

M. sartorius. Die schmale Sehne des Muskels entspringt an dem hinteren Teil des lateralen Randes des Os ilei, gleich kopfwärts von der des M. rectus femoris. Nur bei H. syndactylus breitet sich der Ursprung noch weiter nach vorn bis zur Spina ilei ant. aus. Von der dorsalen Fläche der Sartoriussehne kommen Fasern der Mm. glutaei; an der ventralen ist die Sehne verbunden mit der am Ileum befestigten Aponeurose der breiten Bauchmuskeln, die den M. sartorius von dem M. ileopsoas trennt. Bei H. agilis und leuciscus ist er dank seines distalen Ursprungs kaum mit anderen Muskeln verbunden. Der erst schmale Muskel wird bald fleischig, breit und platt und zieht zur medialen Seite des Kniegelenks. Seine kurze, breite und platte Sehne bedeckt die Insertionen des M. gracilis und semitendinosus und heftet sich an die vordere Fläche und an die Crista der Tibia. Sie ist mit der Fascia cruris nicht verbunden. Die Insertion beginnt bei H. syndactylus und agilis gleich distal von der Tuberositas anterior tibiae; bei H. leuciscus liegt sie ein wenig mehr distalwärts.

M. extensor cruris quadriceps. *a.* M. rectus femoris.

Dieser Muskel entspringt mit kurzer, starker, ungeteilter Sehne an dem Rande des Os iloi, dort wo dieser mit einer Tuberositas über dem Acetabulum endet. Die sehnigen Fasern des Ursprungs setzen sich noch eine Strecke weit auf die vordere Fläche des Muskels fort. Die Insertionssehne dagegen beginnt auf der hinteren Seite, während die vordere bis zur Insertion fleischig bleibt. Der distale Teil des Muskels ist ziemlich in der Mitte des Femur gelegen und nirgends mit anderen Muskeln verbunden. Seine starke Sehne endet am proximalen Rande und an der vorderen Fläche der Patella, um sich durch das Ligamentum patellae proprium zur Tuberositas anterior der Tibia fortzusetzen. b. M. vastus externus (lateralis). Ist ein ganz aussergewöhnlich starker Muskel, der dickste am ganzen Körper des Hylobates, der die ganze laterale Fläche des Femur, nach hinten und vorn übergreifend umhüllt. Mit sehnigen Fasern nimmt er seinen Ursprung von dem distalen Teil der medialen und lateralen Fläche des Trochanter major, ferner längs des lateralen Randes des Femur. Von diesem Knochen entsteht ein aponeurotisches Blatt, in directer Fortsetzung der am Trochanter major entspringenden Sehne des M. vastus lateralis, das die vordere Fläche der Muskels der Art bedeckt, dass dieser durch dasselbe wie mit einem Mantel umhüllt ist. Distal- und medianwärts gehen die Fasern dieser Aponeurose nicht in die Beinfascie über, sondern verschwinden in dem Muskel selbst, indem sie an fleischige Fasern sich ansetzen. Fast alle Fasern des Vastus lateralis entspringen nun fleischig an der hinteren (dem Femur zugekehrten) Fläche dieses aponeurotischen Mantels, sodass der Ursprung sehr breit ist. Keine der Fasern des M. vastus lateralis entspringen am Femur direct (eine Ausnahme bilden nur die vom Trochanter stammenden), sondern alle kommen von der hinteren Fläche dieser Aponeurose (vergleiche bezüglich dieser Aponeurose das beim M. glutaeus maximus Gesagte). Von der distalen Hälfte des Femur an erhält der Vastus lateralis keine Ursprungsfasern mehr von seinem aponeurotischen Mantel, welcher von da ab ganz dem Vastus medius zum Ursprung dient, in derselben Weise wie proximal dem Vastus lateralis. Dabei aber wird er zunehmend schmaler, bis die letzten Faserstreifen über dem Condylus externus am Femur enden. Die starke Sehne des M. vastus lateralis verbindet sich vor ihrer Insertion mit einer Portion des M. vastus medius und endet dann an der lateralen Ecke und dem lateralen Rande der Patella und an der Kapsel des Kniegelenks. Der Muskelbauch liegt immer dicht neben dem des M. rectus femoris [1]). *c.* M. vastus medius (M. cruralis) und *d.* M. vastus internus (medialis). Diese sind innig mit einander verbunden, und bilden eine breite Muskelmasse, in der nur am proximalen Ende, durch den Eintritt der Nerven, eine Zweiteilung sichtbar ist. Die Fasern entspringen an der ganzen vorderen Fläche des Oberschenkelknochens und zwar bereits am Collum femoris und an den vorderen Flächen der Trochanteren. Weiter nehmen sie ihren Ursprung an der medialen Seite des Femur (hier mit den Insertionen der Adductoren sich verbindend) und an der lateralen Seite dieses Knochens. Ein Teil der lateralen Fasern nimmt seine Entstehung von der Aponeurose des

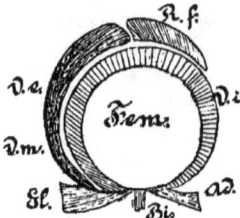

Fig. VIII.

Vast. lateralis (von letzterem Muskel bedeckt), dort wo die Aponeurose an dem Femur haftet. Wie bereits beim M. vastus lateralis mitgeteilt wurde, dient diese Aponeurose an der distalen Hälfte des Femur nur noch dem M. vastus medius zum Ursprung. Ein Teil dieser an der hinteren Fläche der Aponeurose entspringenden Fasern des M. vastus medius bilden eine gesonderte Muskelportion, die sich mit der Sehne des M. vastus lateralis verbindet und mit dieser an der lateralen Ecke der Patella und besonders an der Kapsel des Kniegelenks endet [2]).

Ursprünge und Insertionen der Muskeln am Femur. *Fem.* Femur; *V. e.* Vastus externus; *Gl.* Glutaeus maximus, welcher an der Aponeurose des Vastus externus inserirt; *V. m.*, V. i Vastus medius und Vastus internus, welche das Femur umhüllen und die tiefere Schicht bilden; *R. f.* Rectus femoris; *Bi.* Caput breve des Biceps femoris; *Ad.* Adductor magnus.

Die gesammte Muskelmasse des M. vastus medius und internus geht an der Oberfläche in eine Sehne über, die an dem proximalen Rande der Patella inserirt und weiter noch an der medialen Ecke und dem medialen Rande der Kniescheibe und an der medialen Fläche der Kniegelenkkapsel.

M. pectineus. Dieser Muskel wird zwar sonst bei den Adductoren beschrieben, da er aber seiner Innervation nach nicht zu diesen gehört, so erwähne ich ihn schon hier. Er entspringt vom Pecten ossis

---

1) Diese beiden eben beschriebenen Muskeln (M. vastus lateralis und M. rectus) repraesentiren eine oberflächliche Lage von Streckern; die nun folgenden zwei Muskeln bilden eine tiefe, von der vorhergehenden ganz bedeckte Muskelschicht.

2) Man könnte auch behaupten: der Vastus lateralis habe zwei Köpfe, einen mehr oberflächlichen und einen tiefer gelegenen. Die Innervation dieser Portion ist bei den drei Species ungleich und darum auch wohl ohne Bedeutung.

pubis mit fleischigen Fasern. Der Pectineus ist der am meisten lateral entspringende der Adductoren und berührt den M. ileopsoas. Er endet gleich unter dem Trochantor minor mit platter Sehne. Der Muskel bedeckt den proximalen Teil der Insertion des Adductor magnus, ist aber in keiner Weise mit ihr verbunden. Innervation. Im Becken liegt der N. femoralis unter dem M. psoas und über dem M. iliacus; dann zieht er zwischen dem M. rectus femoris und dem M. ilopsoas durch die Lacuna musculorum zum Schenkel. Hier liegt er unter dem M. sartorius bis oberhalb des Kniegelenks, wo er zwischen dem M. sartorius, und gracilis hindurch als N. saphenus magnus zur Haut tritt. Neben ihn legt sich ein Ast der Arteria cruralis, welche, bevor sie durch den Adductorenschlitz tritt, diese starke Arterie abgiebt [1]). Auch die Vena saphena tritt hier erst unter die Haut.

Die Zweige, welche von dem N. femoralis ausgehen, sind bei allen drei Arten nicht gleich.

Bei H. leuciscus und syndactylus innervirt der erste, hoch oben im Becken entspringende Ast den distalen Teil des M. ileopsoas (bei H. leuciscus auch noch einen Teil des M. iliacus). Der zweite Ast geht bei H. syndactylus zum M. extensor cruris quadriceps und innervirt alle Teile desselben und auch noch den M. pectineus. Bei H. leuciscus ist der Nerv zum M. extensor cruris quadriceps erst der dritte

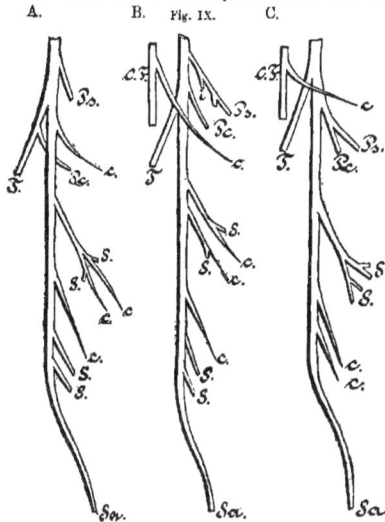

A.   B.   Fig. IX.   C.

Die Verzweigungen des Nervus femoralis eines H. syndactylus (A), eines H. leuciscus (B), eines H. agilis (C). Ps. Zweig des Psoas, i. des Iliacus, T. des Extensor cruris quadriceps, Pc. des Pectineus, S. des Sartorius, c. Zweige zur Haut; der erste dieser Rami cutanei, welcher zur Leistenfalte und zum Scrotum zieht, geht bei H. leuciscus (B) und agilis (C.) vom Nervus cutaneus femoris externus (C. F.) aus; Sa. Nervus saphenus.

---

1) CHAPMAN, der diese Arterie bei anderen Anthropoideu fand, nennt sie „Arteria saphena magna".

Ast, da der Zweig des Pectineus direct vom N. femoralis ausgeht. Bei beiden schickt dann der N. femoralis einen sich spaltenden Zweig oder zwei Zweige zum M. sartorius. Diese durchbohren den Muskel und enden in der Haut des Schenkels. Alsdann folgt ein Ast, welcher direct zur Haut des Oberschenkels geht, darauf zwei, die wieder den distalen Teil des Sartorius innerviren. Bei H. syndactylus schickt der N. femoralis, bevor der Zweig zum M. sartorius von ihm ausgeht, einen Ast zur Haut der Leistenfalte und zum Scrotum, während der Hautnerv für diese Körperregionen bei H. leuciscus und agilis von dem N. cutaneus femoris externus sich abzweigt.

Wieder ganz anders is das Verhalten bei H. agilis. Hier entsendet der N. femoralis erst den Nerv zum M. extensor cruris quadriceps, dann einen gemeinschaftlichen Ast für den distalen Teil des M. ileopsoas und für den M. pectineus, alsdann folgt der Nerv für den Sartorius, welcher diesen Muskel nicht durchbohrt, und endlich zwei starke Hautzweige für die vordere Fläche des Oberschenkels. Weiter gehen von ihm keine Zweige mehr aus. Die Verzweigungen des Nervenastes für den M. extensor cruris quadriceps beschreibe ich nicht näher; sie sind bei allen dreien verschieden. Der Endast des N. femoralis, der N. saphenus, verzweigt sich längs der ganzen medialen Seite des Unterschenkels bis zum medialen Fussrande und der medialen Seite der grossen Zehe. Dort ist er bei H. syndactylus durch eine Anastomose mit dem N. cutaneus dorsi pedis internus (R. superficialis des N. peroneus) verbunden (Fig. X).

DENIKER beschreibt drei Äste, von denen einer zum M. extensor cruris quadriceps zieht; die beiden anderen sind Hautnerven, von denen der laterale, „der Hauptstamm", wieder drei Äste zum Sartorius sendet, die diesen Muskel innerviren, aber nicht durchbohren. Der Nerv endet als Nervus saphenus. Die anderen von mir genannten Muskelzweige nennt er nicht. Da die Verzweigungen der genannten Nerven so sehr verschieden sind, so glaube ich ihnen weiter keinen Wert beilegen zu dürfen, namentlich, da auch die Verzweigungen des Nervus obturatorius und ischiadicus bei den drei Arten grössere Differenzen zeigten. Darum werde ich die Befunde bei letztgenannten Nerven nicht wieder so ausführlich mitteilen wie die beim N. femoralis.

Aus dem Plexus lumbalis kommt auch noch der Hautzweig für die laterale Seite des Schenkels, der N. cutaneus femoris externus. Er durchbohrt die Fascie gleich neben der Spina ilei. Ausser diesem Nerven kann noch ein zweiter, mehr medianwärts gelegener zur vorderen Fläche des Schenkels treten (Vergl. die Beschreibung des Plexus lumbalis).

B. *Muskeln, welche durch den Nervus obturatorius innervirt werden.*

M. adductor longus. Der Ursprung liegt gleich medial von dem M. pectineus bis dicht an die Symphyse. Die medialen Fasern werden vom M. gracilis bedeckt, von dessen Sehne auch ein Teil der Fasern bei H. leuciscus seinen Ursprung nimmt. Auf der Grenze zwischen dem mittleren und distalen Drittel des Femur sieht man zwischen den Portionen des Adductor magnus den Schlitz, durch welchen die Arteria femoralis zur hinteren Seite des Beins tritt. Gleich proximal von diesem Schlitz, den proximalen Rand desselben bildend, liegt die Insertion des M. adductor longus. Seine breite Sehne verschmilzt vor der Insertion mit dem M. adductor magnus.

M. gracilis. Dieser entsteht noch mehr medial, den Adductor longus mehr oder weniger bedeckend. Bei H. syndactylus liegt nur ein kleiner Teil des Ursprungs an dem vorderen Rande des Ramus horizontalis ossis pubis, da fast die ganze Sehne an die Schambein-fuge befestigt ist. Bei H. agilis und leuciscus ist umgekehrt der Ursprung am vorderen Rande des Schambeins am ausgebreitetsten. Diese platte, dünne Sehne geht dann bald in einen platten Muskelbauch über, der dem Adductor magnus (d. h. der vom N. ischiadicus inner-virten Portion) aufliegt. Bei H. agilis lösen sich einige Muskelbündel von ihm ab und treten zu letztgenanntem Muskel, mit dessen Fasern sie sich mischen. Distal vom Condylus internus geht der Muskel in die Sehne über; diese verschmilzt dann sofort nach ihrem Ent-stehen mit der Sehne des M. semitendinosus, die hinter ihr liegt. Die gemeinschaftliche Endsehne teilt sich darauf in zwei Teile, von denen der eine hinter dem M. sartorius, distal von der Tuberositas ante-rior tibiae an die Crista dieses Knochens sich festsetzt. Der andere Teil verbreitert sich zu einer dünnen, sehnigen Schichte, die mit der Sehne des M. semitendinosus sich verbindet und dann in die Fascie des Unter-schenkels übergeht. Da nun diese starke Fascia cruris an die Tuberositas calcanei befestigt ist, so muss eine Contraction des M. semitendinosus und gracilis nicht allein den Unterschenkel beugen, sondern auch gleichzeitig den Fuss plantarwärts flectiren.

Nach Deniker sendet der M. gracilis kurz vor seiner Insertion einige Faserbündel zum Sartorius (zum Add. mag. bei meinem H. agilis, wie oben mitgeteilt wurde).

M. adductor brevis. Ein Muskel, der unter dem M. pectineus und adductor longus liegen und den proximalen Teil des Adductor magnus bedecken soll, war bei keinem der drei Arten zu finden. Wohl entspringt unter dem Adductor magnus vom horizontalen Stück des Os pubis eine mehr selbstständige Muskelschicht. Diese verschmilzt an der Insertion (distal vom Trochanter minor) mit dem sie bedeckenden Adductor magnus. Die Verzweigung der Nerven zeigt aber, dass diese Muskelportion nur ein Teil des grossen Adductor ist [1]. Wahrscheinlich ist der M. adductor brevis (des Menschen) ganz mit dem Adductor magnus verschmolzen, dessen Ursprung bei Hylobates sich auf den horizontalen Teil des Os pubis ausgebreitet hat. Dort entsteht bei dem Menschen der M. adductor brevis, der demnach ursprünglich ein Teil des grossen Anziehers gewesen sein wird.

Deniker spricht ganz allgemein von vier Adductoren (ausser dem M. pectineus), die er aber nicht näher beschreibt.

M. adductor magnus. Dies ist ein sehr starker Muskel mit stark hervortretenden Muskelbündeln. Er lässt sich in viele Portionen sondern; aber keine ist selbständig genug, um sie als einen gesonderten Muskel zu betrachten, wie denn auch die Nerven keine weitere Verteilung der Fleischmasse zulassen. Der Ursprung des Muskels bildet einen Halbkreis um das Foramen obturatum; der Bogen ist nach aussen hin offen und umschliesst die Ursprünge des M. obtur. ext. Die proximalen fleischigen Fasern kommen von dem Ramus horizontalis ossis pubis, die folgenden gehen von der ganzen Länge der Symphyse aus, dann folgen die Fasern vom Ramus descendens ossis pubis, weiter die vom Ramus ascendens ossis ischii, während die am meisten lateral entspringenden Fasern von der Tuberositas ossis ischii entstehen. Die Muskelbündel falten sich beim Hinabsteigen zusammen und ziehen zur hinteren Fläche des Femur, wo die proximalen nur wenig distal vom Trochanter major inseriren. Von diesem Trochanter werden sie durch die Insertion des M. quadratus femoris getrennt, von der Ursprungslinie des M. vastus lateralis durch den zwischen beiden liegenden M. glu-

---

1) Bei H. agilis und leuciscus wird diese mehr selbstständige Portion von einem der beiden zum M. adductor magnus tretenden Nerven durchbohrt und innervirt. Bei H. syndactylus durchbohrte ihn dieser Nerv nicht, wohl aber versorgte er ihn mit kleinen Zweigen.

taous maximus. Die folgenden Fasern inseriren weiter distalwärts an der hinteren Fläche des Femur bis zur proximalen Grenze des distalen Drittels. Die am meisten distal inserirenden Fasern verbinden sich hier mit der Insertion des M. adductor longus. Die Fasern des Muskels sind an der Insertion teils fleischig, teils sehnig. An der proximalen Grenze des mittleren Drittels ist in der Insertion ein Spalt für eine perforirende Arterie. Die Arteria femoralis tritt distal von der Insertion des Muskels zur hinteren Seite des Femur. Hierbei wird diese Durchtrittsstelle distalwärts von dem Ansatz des Adductor magnus (portio nervi ischiadici) begrenzt. Dies ist ein Muskel, der beim Menschen zum M. adductor magnus gerechnet wird; da er aber nicht vom N. obturatorius innervirt wird, beschreibe ich ihn hier nicht näher, sondern füge ihn zu den vom N. ischiadicus innervirten Muskeln [1]).

M. obturatorius externus. Entspringt, auch einen Halbkreis um den Canalis obturatorius bildend, von dem Ramus horizontalis et descendens ossis pubis und von einem Teil des Ramus ascendens ossis ischii. Die Muskelbündel kommen immer nur von den Rändern obengenannter Knochen, die das Foramen obturatum begrenzen. Viele Fasern gehen auch noch von der Membrana obturatoria aus. Alle Muskelbündel convergiren, ziehen um das Femur herum und inseriren an der dem Caput femoris zugekehrten Seite des Trochanter major, distal vom M. obturatorius internus. Er ist ein starker Muskel, aus vielen hervortretenden Muskelbündeln zusammengesetzt; eine deutliche Trennung in Portionen oder Lagen habe ich aber nirgends wahrnehmen können. Die Innervation war allerdings bei H. syndactylus und agilis nicht ganz einheitlich, da mehrere Zweige des N. obturatorius in ihn eindringen, doch entstand dadurch keine Trennung des Muskels in Portionen.

DENIKER konnte den Muskel in drei Portionen teilen, von denen zwei zu einer oberflächlichen Lage gehörten. Die eine Portion kam von der Symphyse, die andere von dem Os ischii. Zwischen beiden blieb ein dreieckiger Raum frei, durch welchen man die tiefe Lage sehen konnte, die vom Rande des Foramen obturatum ihre Fasern erhielt.

Innervation. Der N. obturatorius entsteht aus dem dritten und vierten Lumbalnerven und zieht durch das kleine Becken zum

---

1) BARNARD (Proceedings of the American Association for the advancement of Science. 34. meeting. Aug. 1875) beschrieb beim Orang utan einen „Circumductor subpectineus" ; einen derartigen Muskel habe ich bei „Hylobates" nicht finden können.

Canalis obturatorius. Bevor er in diesen eintritt, sendet er einen schwachen Zweig zum M. obturatorius internus [1]. Dann zieht er durch den Canalis obturatorius und versorgt nun zuerst den M. obturatorius externus, darauf die anderen Adductoren (Gracilis, Adductor longus, Adductor magnus). Hierbei ist die Verteilung seiner Muskelzweige bei allen drei Arten wieder verschieden; ich will sie darum nicht näher beschreiben. Der Nerv zum M. gracilis kann diesen Muskel durchbohren und zum Hautast werden (H. syndactylus), oder direct einen schwachen Zweig zur Haut senden (H. leuciscus), oder ganz im Muskel enden (H. agilis).

IX. Muskeln, welche durch Zweige des Plexus sacralis innervirt werden.

M. glutaeus maximus. Eine starke Aponeurose zieht von der ganzen Crista und der Spina ilei ant. nach hinten, über den M. glutaeus medius hinweg und dient dem M. glutaeus maximus zum Ursprung. Die anderen Fasern des Muskels nehmen ihre Entstehung vom lateralen Rande des Os ilei und den dort inserirenden Sehnen (M. sartorius und M. obliquus abdominis externus). Medianwärts breitet der Ursprung sich auf den distalen Teil des Os sacrum, auf das Os coccygis und auf das Ligamentum tuberoso-sacrum und den angrenzenden Rand der Tuberositas ischii aus [2]. Der von der Tuberositas ischii kommende Teil ist bei weitem der stärkste und verbreitet sich auch noch auf die Ursprungssehne des langen Kopfes des M. biceps. Doch ist dies darum noch kein Teil des Biceps cruris; denn die Faserrichtung der beiden Muskeln und ihre Innervation sind ganz verschieden. Auch mischen sich die von der Sehne des Biceps entspringenden Fasern sofort mit der Fleischmasse des M. glutaeus maximus. Der dem lateralen Rande des Ileum am nächsten entspringende Teil dieses Muskels setzt sich an die Schenkelfascie fest und bildet so einen M. tensor fasciae latae. Es inserirt der Glutaeus maximus mit einer kurzen starken Sehne, ein wenig distal vom Trochanter major am Femur,

---

1) So fand ich es bei H. agilis und leuciscus; bei H. syndactylus habe ich versäumt darauf zu achten. Auch Deniker teilt mit, dass der N. obturatorius beide Mm. obturatorii innervire.

2) Von der Fläche des Os ilei selbst erhält der Muskel also keine Fasern. Nur bei H. syndactylus wird der erhabene Rand des Os ilei, welcher die Fossa ilei medianwärts begrenzt, von den Ursprüngen des M. glutaeus maximus bedeckt, während bei den beiden anderen dort der M. glutaeus medius entspringt.

dann mit fleischigen Faserbündeln längs der latoralen Fläche des Femur fast bis zum distalen Drittel.

Da nun die Ansatzlinie an beiden Seiten sehr eingeschränkt wird, einerseits durch die Ursprünge des M. vastus lateralis, anderseits durch den M. adductor magnus und den kurzen Kopf des Biceps, so können nicht alle Fasern der dicken Muskelbündel an dem Knochen enden. Daher inserirt denn auch der grösste Teil des Muskels an dem, den Vastus lateralis umhüllenden aponeurotischen Mantel. Der Muskel bildet ein einheitliches Ganze.

BISCHOFF fand den Muskel nicht anders als ich ihn beschrieben habe, während DENIKER merkwürdiger Weise angiebt, dass der Glutaeus maximus nur vom Os ilei entspringt. Die bei meinen Exemplaren so starke Muskelportion von der Tuberositas ischii fehlte also dem von ihm untersuchten Foetus.

M. glutaeus medius. Er nimmt seinen Ursprung von der ganzen dorsalen Fläche des Os ilei [1]) längs der Crista bis zur Spina anterior, die ganze Fossa iliaca externa bis zur Spina ilei post.˙ ausfüllend [2]). Weiter gehen viele der oberflächlichen Fasern von der ihn bedeckenden Aponeurose aus. Der Glutaeus medius inserirt an der proximalen Kante und der lateralen Fläche des Trochanter major; dabei bedeckt er den Glutaeus minimus und Pyriformis. Mit letzterem verschmilzt er mehr oder weniger, doch darauf komme ich später zurück. Der Glutaeus medius bildet eine einheitliche Muskelmasse.

M. glutaeus minimus. Dieser Muskel entsteht vom Os ilei in der Umgebung des Acetabulum. Medial kommt er von dem Rande der Incisura ischiadica major, an der Spina ischii beginnend. Von der Mitte dieser Incisur zieht die Begrenzungslinie graden Weges lateralwärts zur Spina ilei anterior. Weiter erhält er noch Ursprungsfasern von dem ganzen lateralen Rande des Ileum. Bei H. agilis und leuciscus reichen die Fasern längs der Incisura ischiadica weiter proximalwärts, dadurch lässt der Ursprung zwei Zacken erkennen, eine mediale an der Incisur, eine laterale am lateralen Rande des Ileum Dabei kann man den Muskel (auch bei H. syndactylus) in eine mediale und laterale Portion trennen. Der Ursprung der medialen Portion reicht nicht so weit kopfwärts als der der lateralen. Zur medialen gehören alle Fasern von der Fläche

---

1) Mit Ausnahme des medialen Randes, bei H. syndactylus. Sieh Anm. Seite 286.

2) Bei Hylobates ist nur die distale der hinteren (medialen) Spinae ein deutlich entwickelter Vorsprung; auch die Spina anterior inferior fehlt.

des Os ilei und vom Rande der Incisura ischiadica major. Die Fasern convergiren, ziehen über das Hüftgelenk und adhaeriren an der Kapsel; die Sehne inserirt am dem vorderen Rande des Trochanter major. Die laterale Portion erhält ihre Fasern nur vom lateralen Rande des Ileum und von den dort befestigten Sehnen, nur bei H. syndactylus greifen ihre Ursprungsfasern ein wenig auf die viscerale Fläche des Ileum über. Sie heftet sich wie die mediale, mit kurzen, sehnigen Faserenden an den vorderen Rand des Trochanter major, aber ein wenig mehr distal als die mediale Portion [1]). Bei H. syndactylus sind die beiden Portionen nur an der Insertion ein wenig mit einander verbunden; etwas stärker ist die Verbindung bei H. leuciscus. Hingegen sind die beiden Portionen bei H. agilis vollständig verwachsen, so-dass man überhaupt nicht mehr von zwei Portionen sprechen kann; der Glutaeus minimus ist hier ein einheitlicher Muskel geworden. Bei allen wird die laterale Portion nicht vom Glutaeus medius bedeckt. Aus der Literatur ersehe ich, dass man die laterale Portion des Glutaeus minimus als einen selbstständigen Muskel beschrieben hat, den man Scansorius nannte. Diesen Muskelnamen hat TRAILL in die Myologie eingeführt, und seit dem Erscheinen seiner Arbeit bemühten sich na-türlich auch spätere Forscher den Scansorius bei anderen Affen zu finden; das gelang ihnen denn auch. Doch fand man ihn nicht immer selbstständig, sodass Einige meinten, er sei mit dem Glutaeus medius, Andere er sei mit dem Glutaeus minimus verschmolzen. SUTTON iden-tificirte ihn sogar mit dem M. tensor fasciae latae [2]).

Ich halte ihn, wie ich ihn auch beschrieben habe, für einen Teil des Glutaeus minimus [3]), der sich mehr oder weniger von ihm trennen kann. Was ich von diesem Muskel des H. agilis mitteilte, stützt meine Behauptung. Weiter sind auch bei H. syndactylus und leuciscus die beiden Portionen weder durch eine Fascie noch durch einen Nerven von einander getrennt, sondern sie liegen dicht neben einander; auch ist die Richtung der Fasern bei beiden gleich. Hingegen wird die laterale Portion durch ein Fascienblatt vom Glutaeus medius geschieden. Weiter erreicht auch beim Menschen der Ursprung des Glutaeus

---

1) Taf. XIX. Fig. XII.
2) Journal of Anat. and Phys. vol. XVIII. DENIKER nannte einen Teil des Ileopsoas „Scansorius" Siehe Anm. S. 277.
3) Ein gleiches Urteil fällten: CHAPMAN: Proc. of the Acad. of Nat. Sciences of Philadelphia. 1880 und BARNARD: Proc. of the American Associat. for the advancement of Science. 1875.

minimus den lateralen Rand des Ileum und die Spina ilei ant. Endlich geht von dem N. glutaeus superior ein Zweig aus, der gleichzeitig Zweige an beide Portionen sendet.

Wenig findet sich in der Literatur über den M. glutaeus minimus und den Scansorius des Hylobates. Huxley sagt „the Scansorius is not very distinctly represented". Nach Bischoff liegt er so dicht neben dem M. glutaeus medius, dass er ihn nicht mehr für einen gesonderten Muskel hält. Statt dessen erwähnt er aber einen anderen Muskel, der wirklich von Bischoff neu entdeckt wurde, der aber nicht zu den Glutaei gehört. Ich habe denselben bereits beim M. ileopsoas beschrieben.

M. pyriformis. Entsteht von dem ganzen lateralen Rande der ventralen Fläche des Os sacrum. Seine Fasern ziehen dann durch das Foramen ischiadicum majus; dabei nimmt er noch einige Fasern von dem Rande dieser Incisur in sich auf. Darauf beugt sich der Muskel lateral-wärts zum Hüftgelenk um, bedeckt einen Teil des Foramen ischiadicum und die durchtretenden Nerven, und inserirt mit kurzer, starker Sehne an der proximalen Kante des Trochanter major. Der Ansatz liegt etwas mehr dorsalwärts, teilweise auch distal von dem des Glutaeus medius und wird von letzterem teilweise bedeckt. Bei H. syndactylus sind die Insertionen dieser beiden Muskeln ein wenig verbunden, bei H. leuciscus verschmilzt schon ein Teil ihrer Fasern, gleich nachdem der M. pyriformis aus dem Becken getreten ist; an der Insertion sind sie vollständig verwachsen. Bei H. agilis sind die beiden Muskeln über-haupt nicht mehr zu trennen; sie bilden bei diesem Affen einen zwei-köpfigen Muskel, dessen einer Kopf im Becken, der andere ausser-halb desselben gelegen ist. Der distale Rand des M. pyriformis berührt nicht den proximalen des M. obturatorius internus; zwischen beiden bleibt ein breiter Raum für Nerven offen.

Deniker hat den Muskel nicht finden können, Bischoff sah ihn mit dem distalen Rande des Glutaeus medius vereinigt.

M. obturatorius internus [1]. Sein Ursprung bedeckt einen grossen Teil der visceralen Fläche des kleinen Beckens. Die Fasern entspringen (von der Linea innominata an) von den Teilen des Ileum und Ischium, die das kleine Becken bilden, lateralwärts vom Canalis obturatorius. Medianwärts von diesem Canal entstehen die Fasern

---

1) Ich habe den Obturatorius internus zu den Muskeln gerechnet, welche durch Nerven des Plexus sacralis versorgt werden, obgleich er auch vom N. obturatorius einen Zweig erhält.

vom Ramus horizontalis des Os pubis, vom Corpus ossis pubis und der Symphyse, von der Membrana obturatoria und von dem hinteren, knöchernen Rande des Foramen obturatum. Alle diese Fasern ziehen convergirend durch die Incisura ischiadica minor zur dorsalen Seite des Beckens, wo sie sich mit anderen Muskelbündeln vereinigen, die an der Tuberositas ischii entspringen. Der Muskel befestigt sich mit kurzer Sehne an der, dem Caput femoris zugekehrten Fläche des Trochanter major und an der Fossa trochanterica. Die Insertion liegt proximalwärts von der des M. obturatorius externus, beide sind hier zusammengewachsen.

Die Mm. gemelli sind in soweit vorhanden, als viele Fasern des vorigen Muskels am Sitzknorren entspringen. Diese mischen sich aber sofort so mit den anderen aus dem Becken kommenden Fasern, dass man sie nicht als einen gesonderten Muskel auffassen kann. Auch Deniker fand nur den M. gemellus inferior.

M. quadratus femoris. Dieser Muskel kommt vom Os ischii, gleich proximal vom lateralen Rande der Tuberositas. Er inserirt distal vom Trochanter major, an der hinteren Fläche des Femur, bis zur hinteren Seite des Trochanter minor. Er ist ein starker Muskel, seine Gestalt jedoch entspricht seinem Namen nicht, denn er ist viel länger als breit und breiter am Ursprung als an der Insertion.

Innervation. Die hinteren Zweige des Sacralplexus versorgen den M. pyriformis. Aus dem N. lumbalis IV (bei H. leuciscus und syndactylus aus den Nn. lumbales IV und V, nachdem beide sich vereinigt haben) entspringt der N. glutaeus superior, der den M. glutaeus medius, beide Portionen des Glutaeus minimus und den M. tensor fasciae latae innervirt [1]). Aus den Nn. lumbales IV und V und dem N. sacralis I geht ein starker Nervenstamm hervor, welcher zuerst den N. glutaeus inferior zum M. glutaeus maximus schickt. Dann löst sich von ihm bei H. agilis ein anderer Zweig ab, der sich in zwei Aeste teilt; einer vereinigt sich mit dem N. pudendus communis, der andere tritt durch das Foramen ischiadicum majus und innervirt den Quadratus femoris und Obturatorius internus. Bei H. leuciscus und syndactylus vereinigt sich der obengenannte Nervenstamm erst noch mit einem Teil des N. sacralis II, bevor er die Zweige zum N. pudendus communis und Quadr. fem. und Obtur. int.

---

1) Die Innervation des M. tensor fasciae latae habe ich nur bei H. leuciscus untersucht.

sendet. Auch bei H. agilis tritt ein Teil des N. sacralis II zu dem mehr genannten Nerveustamm; auf diese Weise wird bei allen dreien der N. ischiadicus gebildet. Betrachten wir nun die Hautzweige, welche vom N. ischiadicus ausgehen, so sehen wir, dass bei H. leuciscus und syndactylus einer gleichzeitig mit dem Nerven des M. quadratus femoris sich abzweigt. Dieser biegt sich um den M. glutaeus maximus und sendet einen Zweig zur Haut des Oberschenkels, dann bleibt er noch eine Strecke weit unter der Fascie liegen und tritt erst am distalen Teil des Oberschenkels unter die Haut. Ein anderer Nervus cutaneus kommt bei H. syndactylus und leuciscus aus dem zweiten Sacralnerven, nimmt bei H. syndactylus noch einen Zweig des N. ischiadicus auf und geht hinter dem Glutaeus maximus zur Haut des Gesässes. Bei H. agilis entstehen weder vom N. ischiadicus noch vom zweiten Sacralnerven directe Hautzweige; der Muskelzweig des N. ischiadicus aber, welcher die Beugemuskeln innervirt, teilt sich in zwei Aeste, von denen einer nur zu den Muskeln zieht, der andere einen Zweig zur Haut des Gesässes sendet, selbst aber unter der Fascie liegen bleibt, das Caput longum des Biceps innervirt, und endlich als starker Nerv am distalen Teil des Oberschenkels zur Haut tritt.

X. Muskeln, welche durch Zweige des Nervus ischiadicus innervirt werden.

A. *Muskeln, welche durch den Nervus ischiadicus innervirt werden, bevor er sich in seinen vorderen und hinteren Endast teilt.*

M. semitendinosus. Dieser entspringt zusammen mit dem M. semimembranosus, dem Caput longum des Biceps und Adductor magnus (portio nervi ischiadici) an der Tuberositas ossis ischii. Am proximalen Ende sind diese vier Muskeln mit einander verbunden, indem die mit fleischigen Fasern entspringenden: der Semitendinosus und Adductor magnus (port. nervi isch.), auch von den Sehnen der beiden anderen Beuger Fasern erhalten. Die Muskeln trennen sich dann aber sehr bald, nur bei H. agilis bleiben sie im ganzen proximalen Drittel ihrer Länge verbunden. Der Semitendinosus liegt am meisten nach hinten, die beiden anderen Beuger direct vor ihm, während der M. adductor magnus (portio nervi ischiadici) medianwärts neben den drei genannten Muskeln entspringt. Der M. semitendinosus verdient hier seinen Namen nicht, er ist in seiner ganzen Länge ein runder, fleischiger Muskel, dem auch die Inscriptio tendinea fehlt. Er geht zur medialen Seite der Tibia und wird gleich unterhalb des Kniegelenks sehnig; seine Sehne schiebt sich dann unter die des M. gracilis, mit der sie verschmilzt. Beide setzen sich alsdann, zwei Cm. distalwärts von der Tuberositas tibiae anterior, an die Crista dieses Knochens an, bis zur distalen Grenze des proximalen Drittels. Bei H. agilis liegt die Insertion etwas mehr proximal, direct an der Tuberositas. Weiter verliert sich noch ein Teil der Sehne in die Fascia cruris, wie beim M. gracilis beschrieben wurde.

M. semimembranosus. Sein Ursprung wurde bereits angegeben. Auch von diesem Muskel muss gesagt werden, dass er seinen Namen hier nicht verdient. Sowohl die Ursprungs- als auch die Insertionssehne sind ziemlich lang, daher sind kaum die mittleren vier Sechstel des Muskels fleischig. Die starke Endsehne geht zur medialen Seite des Knies, biegt um die Tuberositas interna tibiae [1]), zieht unter die an der Tuberositas anterior endende Sehne des M. extensor cruris quadriceps und setzt sich fest an die mediale Seite dieser Tuberositas, gleich am Rande der Gelenkfläche. Mit der Fascie tritt die Sehne gar nicht in Verbindung. Anders verhält sich der Ansatz bei H. agilis. Hier inserirt der grösste Teil der Sehne an den medialen Ursprungskopf des M. gastrocnemius, sodass hier also auch der M. semimembranosus eine doppelte Wirkung ausüben kann, indem er das Knie und gleichzeitig den Fuss (plantarwärts) zu beugen vermag. Der kleinere Teil der Sehne heftet sich an die Tuberositas ant. der Tibia, aber nicht so dicht an die Gelenkfläche, wie bei den beiden anderen Arten, sondern gleich proximal von der Sehne des M. sartorius.

M. biceps femoris. Das Caput longum entsteht wie beim M. semitendinosus angegeben wurde. Die Sehne beginnt am distalen Drittel, und an dieser Sehne enden alle Fasern des Caput breve. Dieses geht (in verschiedener Ausbreitung) von der distalen Hälfte des Femur aus, und sein Ursprung wird an der einen Seite durch den M. extensor cruris quadriceps, an der anderen durch den M. glutaeus maximus und den Adductor magnus begrenzt. Viele seiner Muskelfasern kommen auch von der, den Vastus lateralis umhüllenden Aponeurose.

Die gemeinschaftliche Endsehne beider Muskeln endet an der Tuberositas interna tibiae, nur ein kleiner Teil verschmilzt mit der Fascia

---

1) In Uebereinstimmung mit den englischen Anatomen unterscheide ich am proximalen Ende der Tibia eine Tuberositas anterior, interna und externa.

cruris. Bei H. syndactylus inserirte ein Sehnenbündel an dem Capitulum fibulae, bei den anderen nicht; die Sehne war mit der Kapsel des Kniegelenks nicht verbunden.

M. adductor magnus (portio nervi ischiadici). So nenne ich, um allen Verwechselungen vorzubeugen, die vom N. ischiadicus innervirte Portion des M. adductor magnus. In der Literatur wird er zuweilen M. ischio-femoralis genannt, doch da man dem an der Tuberositas ischii entspringenden Teil des M. glutaeus maximus denselben Namen beilegte, so ist es besser ihn nicht mehr zu gebrauchen. Der Muskel liegt hinter dem Adductor magnus, ist aber mit demselben bei H. agilis und syndactylus nicht verwachsen. Bei H. leuciscus waren beide Muskeln untrennbar vereinigt. Er geht in eine schmale, runde Sehne über, die an dem distalen Sechstel des Femur bis an den Condylus internus inserirt. Zwischen ihm und dem Adductor magnus bleibt ein weiter Raum am Femur offen, der dem Adductorenschlitz des Menschen entspricht, durch diesen ziehen die Blutgefässe zur hinteren Seite des Schenkels.

Innervation. Vom N. ischiadicus geht hoch oben ein Zweig ab, der den Semitendinosus, Semimembranosus, Biceps (Caput longum) und Adductor magnus (port. ner. isch.) innervirt. Da das Verhalten der einzelnen Zweige bei allen drei Arten verschieden ist, so beschreibe ich sie nicht näher, nur ist erwähnenswert, dass bei H. agilis der Nerv des langen Bicepskopfes sich dem N. cutaneus femoris posterior angeschlossen hat und nun von diesem auszugehen scheint, bevor dieser Hautnerv unter die Fascie tritt. Weiter unten geht bei allen dreien ein Zweig des N. ischiadicus direct zum Caput breve.

B. *Muskeln, welche durch den Nervus peroneus innervirt werden.*

M. peroneus longus. Dieser Muskel geht vom Capitulum fibulae und vom Ligamentum laterale externum des Kniegelenks aus, also nicht von der Tibia. Weiter ist sein Ursprung ausgebreitet auf den lateralen Rand der Fibula und auf das Ligamentum intermusculare, welches zwischen ihm und dem M. flexor hallucis longus liegt. Proximal kommen auch Fasern von der oberflächlichen Fascia cruris. Die Fasern vom Capitulum fibulae und die vom Schaft desselben Knochens werden von einander getrennt durch den N. peroneus, welcher sich

unter die langen Streckmuskeln begiebt. Der Ursprung reicht bei
II. syndactylus fast bis zum Malleolus externus, bei H. agilis nur bis
zur proximalen Grenze des distalen Drittels der Fibula, bei H. leuciscus
überschreitet er kaum die Mitte dieses Knochens. Die Sehne, welche
bereits am mittleren Drittel sichtbar ist, erhält noch Muskelfasern, wenn
sie schon hinter dem Malleolus liegt; nur bei H. agilis reicht der
fleischige Teil des Muskels weniger weit hinab. Die Sehne zieht dann
(mit der des M. peroneus brevis) durch ein Sehnenfach, gelegen zwischen
Malleolus und Calcaneus, doch sind die beiden Sehnen durch eine,
zwischen sie geschobene Membran getrennt. Die Sehne des M. peroneus brevis liegt erst plantar, dann, nachdem sie das Sehnenfach verlassen hat, dorsal von der des M. peroneus longus. Letztere zieht zur
Fusssohle. Am lateralen Fussrande ist ein Sesambein in der Sehne
sichtbar. Diese liegt dann in der Furche des Cuboides und inserirt,
von starken Bandmassen bedeckt, an der Basis des Metatarsale I.

M. peroneus brevis. Die proximalen Fasern entspringen bei H.
leuciscus und syndactylus an der proximalen Grenze des mittleren Drittels, bei II. agilis nur wenig proximal vom distalen Drittel der Fibula.
Weiter kommen die Fasern des Muskels von dem distalen Teil der
Fibula und dem Lig. intermusc., welches zwischen ihm und dem M. extensor digt. long. liegt. Am lateralen Rande berühren sie den Ursprung
des M. peroneus long., oder bei H. agilis den des M. flexor hallucis long.,
da bei diesem Affen der Ursprung des langen Wadenbeinmuskels dort
endet, wo der kurze anfängt. Die letzten Fasern entstehen gleich proximal
vom Malleolus und enden an der Sehne, wo diese bereits hinter dem
Malleolus liegt. Diese zieht dann, wie oben angegeben wurde, durch ein
Sehnenfach und inserirt an der Tuberositas des Metatarsale V.

Der Digitus V erhielt bei H. syndactylus keine Sehne[1]). Bei H. agilis
geht vom Ansatz des M. peroneus brevis ein dünner Sehnenstreifen aus,
der in der Mitte des Metatarsale V endet. Bei H. leuciscus lassen sich
die am meisten lateral von dem distalen Drittel der Fibula entspringenden Fasern, die Anfangs mit den anderen verbunden sind, bald
als eine dünne Fleischschicht abtrennen, die in ihre eigne Sehne übergeht. Diese sehr dünne Sehne bleibt der des Peroneus brevis anliegen,
bis zu deren Insertion und geht dann, längs dem Metatarsus ziehend,
in die Dorsalaponeurose des Digitus V über.

---

1) Man vergleiche die Verteilung der Sehnen des M. extensor brevis digitorum pedis.
(S. 298).

Bischoff und Vrolik fanden die Sehne zum Digitus V nicht. Da
Denker angiebt, der Muskel verhalte sich wie der des Gorilla, und
da er diesem die Sehne zum Digitus V zuschreibt, so scheint er sie
auch bei seinem Gibbon-Foetus gefunden zu haben. Den Ursprung fand
Denker so, wie ich ihn für H. agilis angab.

Innervation. Der Nervus ischiadicus liegt an der hinteren
Fläche des Femur, zwischen den Adductoren und dem Caput breve des
Biceps. Er giebt an der proximalen Grenze des distalen Drittels des
Oberschenkels den N. peroneus ab; dieser tritt über den Ursprung
des M. gastrocnemius hinweg zur lateralen Seite des Unterschenkels
und tritt hier zwischen die Portionen des M. peroneus longus. Noch
bevor er aber zwischen diesen zu liegen kommt, sendet er bei H. agilis
und leuciscus einen starken Nerven zur Haut des lateralen Teiles der
Beugefläche des Unterschenkels und teilt sich dann in einen R. profundus und superficialis. Bei H. agilis konnte ich den N. cutaneus
surae (da das Exemplar schlecht conservirt war) nicht weiter praepariren, bei H. leuciscus sah ich ihn aber bis zur Ferse hinabziehn,
und obgleich er dabei den Hautzweig (R. suralis) des N. tibialis überkreuzen musste, war doch keine Verbindung zwischen beiden vorhanden.
Bei H. syndactylus fehlte dieser Ramus cutaneus ganz. Der Ramus
superficialis (des N. peroneus) entsendet zunächst mehrere laterale
Zweige zum M. peroneus longus, und dann fast gleichzeitig mit diesen
einen stärkeren Zweig (N. peroneus accessorius, Ruge), der bis zum
mittleren Drittel hinabzieht und an der proximalen Grenze desselben
in den Ursprung des M. peroneus brevis eintritt. Der Hauptstamm
liegt, gleich nachdem diese Zweige von ihm ausgingen, an der medialen
Seite der Mm. peronei, zwischen diesen und dem M. extensor digitorum
longus, durchbohrt dann am distalen Drittel die Fascie und endet als
Hautnerv auf dem Fussrücken. So fand ich den Nerven bei H. syndactylus. Bei H. agilis und leuciscus lag der Nerv proximalwärts nicht
an der medialen Seite der Peronei, sondern er blieb bis zur Mitte des
Unterschenkels unter dem lateralen Rande des M. peroneus longus liegen,
indem er zwischen den Ursprungsfasern dieses Muskels hinabzog, nach
rechts und links sich verzweigend. Der letzte Zweig war dann der zum
M. peroneus brevis. Darauf durchbohrte der Ramus superficialis den Ursprung des Peroneus longus und lag nun bei H. agilis (ganz wie bei
H. syndactylus) zwischen dem Peroneus long. und Extensor digt. long.;
bei H. leuciscus trat er zwischen die beiden Peronei. Dann dringt der

Nerv gleich durch die Fascie und endet als Hautnerv auf dem Fussrücken. Über den R. profundus, siehe weiter unten (S. 299)

Der Nerv zum M. peroneus brevis, der bei allen drei Species gleich
in das proximale Ende des Muskels eintritt, sendet bei H. leuciscus
mehrere Zweige zum Muskel, zieht dann weiter distal- und lateralwärts
und endet in der abgetrennten, zum Digitus V gehörigen Muskelportion ¹).
Die Verzweigungen des Ramus superficialis nervi peronei auf dem Fussrücken des H. syndactylus und leuciscus zeigt Figur X.

M. tibialis anticus. Er entspringt von der vorderen Fläche der
Tuberositas externa tibiae und von der lateralen Fläche der Tuberositas
anterior. Weiter gehen seine fleischigen Fasern von der ganzen vorderen
nnd lateralen Fläche der Tibia aus, sowie auch von dem angrenzenden
Teil des Ligamentum interosseum und der Fascia cruris. Distalwärts
reicht der Ursprung bis dicht an den Malleolus. Der Muskelbauch ist ganz
aussergewöhnlich dick und bedeckt (an den beiden proximialen Dritteln
des Unterschenkels) den M. extensor hall. long. und den M. extensor
digt. long. Die Sehne zieht dann durch ein Sehnenfach, welches an der
lateralen Seite des Malleolus internus liegt. Dieses setzt sich bei H.
syndactylus weit auf den Fussrücken fort. Erst nachdem die Sehne in
dasselbe eingetreten ist, enden an ihr die letzten Muskelfasern. Bei
H. agilis ist der Muskelbauch des Tibialis anticus bereits am mittleren
Drittel in zwei ungleiche Schenkel geteilt (der laterale ist der weit
schwächere), beide werden durch dasselbe Sehnenfach überbrückt. Bei
den beiden anderen Arten ist der Muskelbauch gar nicht gespalten, doch
wohl ein Teil der Sehne. Die Trennung beginnt bei H. leuciscus etwas
früher als bei H. syndactylus, bei letzterem wird sie erst auf dem
Fussrücken sichtbar. Von diesen, solchergestalt gebildeten zwei Sehnen,
inserirt die weit schwächere (laterale) stets an einem kleinen Knöchelchen, welches zwischen dem Metatarsale I und Cuneiforme I an dem
medialen Fussrande liegt ²). Die stärkere Sehne ist an dem Cuneiforme I
befestigt.

BISCHOFF fand Sehne und Muskel ungeteilt, letztere inserirte nur am
Cuneiforme I. Dagegen sahen DENIKER, HUXLEY und VROLIK, dass zwar

---

1) RUGE nennt diesen Zweig zum Peroneus brevis und seiner zum Digt. V gehörigen
Portion „Nervus peroneus accessorius". Morph. Jahrbuch. Baud IV. Heft IV. 1878. Ich
vermeide es geflissentlich der Portion des Digt. V einen Namen beizulegen.

2) Ueber die Bedeutung und Lage dieses Tarsusknochens werde ich später Näheres
berichten.

nicht der Muskel, wohl aber die Sehne geteilt war, von welcher ein Teil an dem Cuneiforme I, der andere an der Basis des Metatarsale I endete. Das von mir gefundene Knöchelchen (Prachallux) erwähnt keiner von diesen Forschern, allerdings liegt dasselbe dem Metatarsale so dicht an, dass man es leicht, wenn man die Bänder nicht weg praeparirt, für einen Teil desselben halten kann.

M. extensor digitorum longus. Sein Ursprung wird durch den M. tibialis anticus sehr in die Tiefe gedrängt. Seine Fasern kommen besonders von der Sehne dieses Muskels und von der des Peroneus longus, weniger von der Fascia cruris und der Tuberositas externa tibiae. Dann ziehen die Muskelbündel hinab und vereinigen sich mit den, längs der medialen Fläche der Fibula entspringenden Muskel-bündeln. Zwischen diesen beiden Ursprungsstellen liegt der N. peroneus profundus, der demnach also auch den Ext. digt. com. durchbohrt. Weiter kommen die Fasern des Muskels von dem ganzen medialen Rande der Fibula bis zur proximalen Grenze des Malleolus und von dem Ligamentum intermusculare, welches zwischeu ihm und dem M. peroneus brevis liegt. Von dem Ligamentum interosseum erhält er bei H. syndactylus keine Fasern mehr, wohl aber entspringen bei H. agilis die letzten Fasern von diesem Ligament; bei H. leuciscus kommen auch noch einige von dem distalen Ende der Tibia. Die Sehne erhält noch fleischige Fasern, wenn sie bereits in ihrem Sehnenfach liegt. Bei H. leuciscus und syndactylus teilt sie sich darauf sofort in vier Arme, die aber gleich nach ihrem Entstehen, auf dem ganzen Fussrücken (durch sehnige Membranen), wieder so stark mit einander vereinigt sind, dass sie eine breite, dünne, sehnige Lage bilden. Ein paar Centimeter vor dem Metacarpo-phalan-gealgelenk gehen von dieser Sehnenplatte die vier Insertionsstränge aus, welche die Dorsalaponeurosen der vier lateralen Zehen bilden [1]). Die Sehne des M. ext. digt. long. geht nicht durch ein zweites Sehnenfach.

---

1) Am rechten Fuss des H. agilis fehlten au dem Digitus II die beiden distalen Pha-laugen, dem entsprechend war die Sehne des laugen Zehenstreckors umgeändert. Sie teilte sich iu drei Arme, die ebenso mit einander verbunden waren, wie die vier des H. syn-dactylus (aber durch weniger dicke Membranou). Die drei Arme zogen zu den drei late-raleu Fingern. Die Sehne des Digitus III schien aus drei Teilon gebildet; deun sie zeigte eine Zweiteilung und erhielt noch einen Sehnenstreifen von der Sehne des Digitus IV. Die genannte Zweiteilung zeigte, was aus der sonst fehlenden Sehne des Digt. II geworden ist. Die Muskelfasern der Extensorportion des Digitus II scheinen auch eine andere Bestimmung

M. extensor hallucis longus. Nimmt seinen Ursprung (zwischen den beiden zuletzt beschriebenen Muskeln) vom mittleren Drittel
des Unterschenkels. Die Fasern kommen fast nur vom Ligamentum
interosseum und von den Rändern der angrenzenden Knochen. Die
Sehne hat bei H. syndactylus ein eigenes Sehnenfach, ganz getrennt
von dem des M. tibialis anticus. An der Sehne enden die letzten
Fleischfasern erst auf dem Fussrücken; sie ist sehr schlank und zieht
über der Längsachse des Metatarsale I zu den Phalangen der grossen
Zehe, deren Dorsalaponeurose sie bildet. Bei H. agilis und leuciscus
ist der Muskel dem des H. syndactylus ähnlich, aber die Sehne verhält sich anders. Diese liegt zusammen mit der des M. tibialis anticus
in einem Sehnenfach, zieht auch nicht zur Medianlinie des Metatarsale I, sondern zum medialen Fussrande. Hier wird sie durch
eine sehnige Schleife festgehalten, welche aus den Ligamenten zwischen Naviculare und Cuneiforme I gebildet wird. Dann zieht die
Sehne an dem medialen Fussrande entlang, liegt über der Phalanx I
wieder in der Medianlinie der grossen Zehe und inserirt an der Phalanx II.

M. extensor brevis digitorum et hallucis. Er entsteht an
der lateralen Seite der dorsalen Fläche des Calcaneus und dem angrenzenden Teil des Cuboides. Der Ursprung breitet sich nicht auf die Sehnenscheide des M. extensor digitorum longus aus. Bei H. agilis erhält
der Muskel noch eine Anzahl Fleischfasern von den proximalen Teilen der
Metatarsalia III, IV und V. Doch sind die Ursprungsfasern nicht verbunden mit denen der Mm. interossei, die auf dem Fussrücken auch
nur sehr wenig sichtbar sind. Auch enden die Nerven des kurzen
Fingerstreckers in dem Muskel selbst, treten also nicht zu den Mm.
interossei [1]). Von der Fleischmasse spaltet sich sehr bald eine Portion
ab, die von den anderen stark divergirt und mit ihrer Sehne an der
Phalanx I der grossen Zehe endet. Aus dem übrigen Teil des Muskels
gehen eine Anzahl anderer Portionen hervor, die mehr oder weniger
lang vereinigt bleiben und meist erst über der zweiten Hälfte der
Metatarsalia in ihre Sehnen übergehen. Diese enden an den anderen

---

erhalten zu haben, denn von der hinteren Fläche des Muskelbauches des Ext. digt. long.
trennte sich ein Muskelbündel los, welches sich mit einem am distalen Teil des Ligamentum
interosseum entspringenden, stärkeren Fascikel vereinigte, und beide inserirten darauf an
der Sehne des M. extensor hallucis longus.

1) Man vergleiche: RUGE: Morph. Jahrbuch. Supplement zu Band IV.

Zehen, doch erhält die fünfte Zehe
nur bei H. syndactylus eine Sehne,
die an dem Fibularrande des Digitus V in die Dorsalaponeurose übergeht [1]). Die Sehnen enden also sonst
alle am Digitus II bis IV, und zwar
erhält stets der Fibularrand dieser A.
Zehen eine Sehne, zuweilen, und
darin sind alle drei Species von
einander verschieden, schicken sie
auch Sehnenstreifen zum Tibialrand.
Alle Sehnen gehen in die Dorsalaponeurosen über, nur die der grossen
Zehe endet am Knochen. Die Dorsalaponeurosen setzen sich aus den Sehnen der beiden Extensoren und der
Mm. lumbricales zusammen. Die Mm.
interossei tragen bei Hylobates nur
wenig zu ihrer Bildung bei, da die
meisten Mm. interossei des Fusses
nicht zur Dorsalfläche der Zehen gelangen. Die Sehnen der langen Zehen- B.
strecker enden an der Basis der Phalanx II, die Sehnen der kurzen Zehenstrecker und der Mm. lumbricales heften sich an die Basis der Phalanx III.

Innervation. Der Ramus profundus des Nervus peroneus
liegt, wie bereits erwähnt wurde
(S. 295), erst unter dem Peroneus
long. und dann unter dem Extensor
digt. long. Bevor er unter letztgenannten Muskel tritt, sendet er
mehrere Zweige zu den proximalen
Teilen dieses Fingerstreckers und
des Tibialis anticus. Dann zieht er

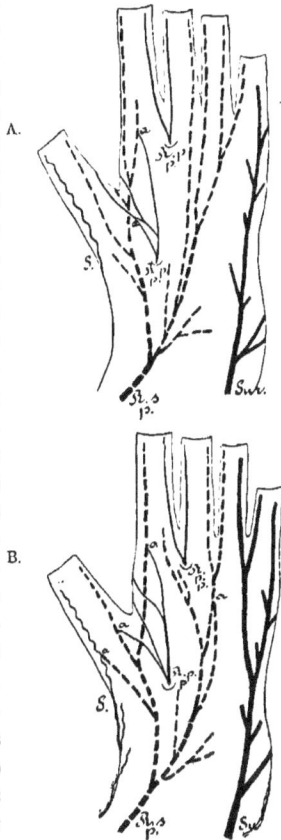

Fig. X.

Nerven auf der Dorsalfläche des Fusses eines H. leuciscus (A) und eines H.
syndactylus (B). *Su*, *Sur* Nervus suralis; *R. s. p.* Ramus superficialis nervi peronei; *R. p. p.* Ramus profundus
nervi peronei; *S.* Nervus saphenus;
a. Anastomosen.

---

1) Es ist bemerkenswert, dass dem H. syndactylus die zur fünften Zehe gehörige
Portion des Peroneus brevis fehlte. Da die Untersuchungen, welche RUGE über die Exten-

zwischen diesen Muskeln hinab und versorgt sie noch mit mehreren Zweigen. Weiter distal, wo der M. extensor hall. long. ihn von dem langen Zehenstrecker trennt, erhält auch jener seine Zweige. Dann bohrt sich der Nerv zwischen die Sehnenfächer der Zehenstrecker hindurch und gelangt zum Fussrücken. Hier innervirt er den M. extensor brevis digitorum et hallucis und endet als Hautnerv an den Zehen (Fig. X. R. p. p.).

C. *Muskeln, welche durch den Nervus tibialis innervirt werden, bevor er sich in die beiden Plantarnerven teilt.*

M. gastrocnemius. Dies ist ein zweiköpfiger Muskel. Beide Köpfe sind gleich stark. In ihren Ursprungssehnen fand ich keine Sesambeine. Beide entspringen in gleicher Höhe. Das Caput laterale kommt vom proximalen Teile des hinteren Randes des Condylus femoris externus; die hinteren Fasern dieser Portion sind sehnig, die vorderen (dem Knochen zugekehrten) fleischig. Die Fasern berühren die Insertion der Adductoren nicht. In gleicher Weise entspringt das Caput mediale von dem Condylus internus. Beide Köpfe werden zu breiten, dicken Muskelbäuchen, die sich vereinigen, indem sich ein Teil des Caput laterale unter das Caput mediale schiebt, und nun viele seiner Muskelfasern an der ihm zugekehrten sehnigen Fläche des Caput mediale inseriren lässt. Vom zweiten Viertel an sind beide Köpfe vereinigt. Die Muskelfasern der beiden vereinigten Portionen inseriren an den beiden Rändern der zwischen ihnen gelegenen Sehne, die sich aus den proximalen Teilen des Muskels (an der vorderen Fläche) entwickelt hat. Die Muskelfasern begleiten die breite Sehne und bilden an ihr einen sehr schmalen, fleischigen Rand bis zur Tuberositas calcanei; dort inserirt die Sehne. Nur bei H. agilis ist der Muskel am distalen Drittel ganz sehnig.

M. soleus. Mit schlanker, aber starker Sehne geht dieser Muskel von der hinteren, lateralen Fläche des Capitulum fibulae aus. Die sehnigen Fasern gehen an der, dem M. gastrocnemius zugekehrten Fläche bald in fleischige über. Diese inseriren schon proximalwärts von der Mitte

soren des Fusses veröffentlichte, lehren, dass der Ursprung des Extensor brevis früher am Unterschenkel lag, und erst nach und nach auf den Fussrücken wanderte, sodass (bei Affen, Carnivoren und Homo) nur der Ext. brev. digt. V seine ursprüngliche Lage beibehielt, so ist der Schluss erlaubt, dass bei H. syndactylus auch die letzgenannte Portion Beziehung zum Fussrücken gewann. Ein Gleiches fand RUGE nur beim Loris gracilis.

des Unterschenkels an der Sohne des Gastrocnemius bis an deren distales
Ende. Bei H. syndactylus befestigt sich noch ein Teil der fleischigen
Fasern des Soleus an der Tuberositas. Bei H. agilis enden fast alle Fasern
an der Sohno des Gastrocnemius, boi H. leuciscus sogar alle, sodass
man hier also von einer Tendo Achillis sprechen kann.

Auch Deniker und Bischoff erwähnen die verhältnismässig gute
Entwicklung der Achillessehne, die man bei anderen Affen nicht findet.
Vrolik sagt, dass die Sehnen des Soleus und Gastrocnemius sich kurz
vor der Insertion vereinigen.

M. plantaris. Fehlt bei allen drei Arten, was auch den Unter-
suchungen von Bischoff, Deniker, Vrolik, Hartmann zu entnehmen ist.
Huxley dagegen nennt ihn nicht unter den dem Hylobates fehlenden
Muskeln.

M. popliteus. Entspringt fleischig an dem proximalen Viertel der
Tibia, medial von der Tuberositas anterior, unter und an der Tuberositas
interna, auch noch von der hinteren Fläche der Tibia. Medianwärts wird
der Ursprung durch ein starkes und breites, von dem Femur zur Tibia
ziehendes Ligament bedeckt. Der Muskel zieht in schräger Richtung zur
lateralen Seite des Unterschenkels und inserirt an dem distalen Ende
des Condylus externus. Dabei ist er mit der Kapsel des Kniegelenks eng
verbunden. In der sehr kurzen Ansatzsehne war kein Sesambein.

M. flexor hallucis longus und M. flexor digitorum longus [1]). Da ihre Sehnen sich in der Fussohle mit einander verbinden,
so fasse ich sie bei der Beschreibung zusammen.

Der M. flexor hallucis longus ist bei weitem der stärkere Muskel.
Er entspringt an der lateralen und hinteren Fläche des Capitulum
fibulae und bei H. syndactylus auch noch an dessen vorderer Fläche.
Die an letztgenannter Stelle entspringenden Fasern liegen dann über
dem N. peroneus, ganz wie der eine Teil des M. peroneus longus.
Weiter gehen die Fasern des Muskels von der ganzen hinteren Fläche der
Fibula aus (bis dicht oberhalb des Malleolus) und vom Ligamentum

---

1) Gruber behauptet, man dürfe diese Muskeln nicht „Flexor tibialis und Flexor fibu-
aris" nennen, denn der Flexor hallucis sei nicht immer ein Flexor fibularis. So entspringe er (nach Owen) bei Chiromys an der Tibia. Die Untersuchungen von J. T. Oudemans
(Konkl. Akad. van Wetenschappen te Amsterdam. 1888) zeigen, dass Owen sich geirrt hat,
dass also der Flexor hallucis auch bei Chiromys an der Fibula seinen Ursprung nimmt.
Doch kann ich Gruber nur beipflichten, wenn er den Wunsch ausspricht, dass man
doch so lange wie möglich die alten Namen beibehalten möge. Auch erhält der Flexor
digit. long. bei H. leuciscus einige Fasern von der Fibula, und genügt also für ihn der
Name Flexor tibialis nicht.

intermusculare, welches zwischen ihnen und den Mm. peronei liegt. Mit der Fascia cruris ist der Flex. hall. nicht verbunden. Vom Ligamentum interosseum kommen nur wenige der am meisten distal entspringenden Fasern, dann zieht der Muskel zur medialen Seite hinüber. Hinter dem Malleolus ist er ganz sehnig.

Der M. flexor digitorum longus entspringt bei H. leuciscus und syndactylus von der hinteren und von der, der Fibula zugekehrten Fläche der Tibia. Die ersten proximalen Fasern kommen von der Tuberositas externa tibiae, und bei II. leuciscus gehen noch einige Fasern vom Capitulum fibulae aus. Diese liegen dann unter dem M. popliteus und bedecken einen Teil des M. peroneo-tibialis. Nachdem die Fasern unter dem M. popliteus hervor getreten sind, vereinigen sie sich mit der, von der lateralen Fläche der Tibia entspringenden Fleischmasse, und vom zweiten Viertel des Unterschenkels an treten die übrigen Muskelbündel von der hinteren Fläche der Tibia hinzu (das erste Viertel der hinteren Fläche der Tibia dient dem M. popliteus zum Ursprung). Der Ursprung des Muskels reicht nicht weiter hinab als bis zur Mitte (bei H. syndactylus zum vierten Fünftel) der Tibia, da sich hier der M. tibialis posticus unter den langen Zehenstrecker schiebt und ihn so von der Tibia trennt. Der Muskel geht dann in seine Sehne über. Bei H. agilis reicht der Muskel nicht so weit proximalwärts; denn die Fasern kommen erst vom dritten Sechstel der Tibia. Zwischen ihnen und dem M. popliteus tritt denn auch ein Teil des Knochens zu Tage, der nicht durch Muskelfasern bedeckt wird. Etwas distal von der Mitte des Unterschenkels kommen bei diesem Affen keine Fasern mehr von der Tibia, sondern von einem sehnigen Bande, welches quer über die hintere Fläche des Beins zieht und an dem distalen Teil der Fibula endet. Auf dieses Ligament, welches den M. tibialis posticus überbrückt, ist also der Ursprung des Flexor digt. long. ausgebreitet, sodass die Ursprungsfasern am fibularen Ende des Bandes den Flexor hallucis longus berühren.

Die Sehnen der beiden Zehenbeuger ziehen hinter den Malleolus internus und treten in ihre Sehnenfächer ein, wobei der M. flexor hall. long. in der Rinne des Calcaneus, die Sehne des anderen Muskels aber der Haut näher liegt. Ihre Sehnenfächer sind getrennt. Die letzten Muskelfasern enden an den Sehnen distal vom Malleolus. In der Planta werden die Sehnen bedeckt von dem sehr starken M. abductor hallucis und dem M. flexor brevis digitorum. Die Sehne des Flexor

digt. long. liegt der Haut am nächsten. Die Sehne des Floxor hall.
long. teilt sich bei H. syndactylus und agilis in vier Sehnen, deren erste
zum Digitus I geht; die folgenden drei bleiben noch eine Strecke weit
vereinigt, da die Ursprünge der Musculi lumbricales sie zusammen
halten. Endlich enden diese Sehnen an der distalen Phalanx der drei
mittleren Finger. Die zum Digitus II ziehende Portion, erhält einen
Sehnenstrang vom Flexor digt. long. [1]). H. leuciscus hatte eine andere
Verteilung seiner Endsehne; an dem rechten Fuss erhält der Digitus I
gar keine Sehne (siehe beim M. tibialis posticus), der M. flex. hall.
long. teilt sich also nur in drei Schenkel zum Digt. II, III und IV [2]).
An dem linken Fuss zieht eine Sehne zum Digitus I, ganz wie bei
den anderen Arten, aber hier erhält die Sehne des Digitus II keine
Verstärkung vom M. flex. digt. long., doch schickt dieser Fasern zur
Sehne des Hallux [3]). Alle Sehnen des M. flex. hall. long. enden an
der distalen Phalanx als perforirende Sehnen.

Von der Sehne des M. flex. digt. long. gehen sowohl perforirende
als auch perforirte Sehnen aus. Am medialen Rande zweigt sich das
Faserbündel ab, welches sich mit der Sehne des Digitus II des M. flexor
hall. long. (oder mit der des Digitus I, an dem linken Fuss des H.
leuciscus) vereinigt. Vom lateralen Rande geht die einzige perforirende
Sehne aus, welche an der distalen Phalanx des Digitus V inserirt [4]).
Allerdings ist dies nur bei H. syndactylus im eigentlichen Sinne eine
perforirende Sehne; denn bei den anderen fehlt am Digitus V die perforirte Sehne. Von der Mitte der Sehne des M. flex. digt. long. gehen
nun die perforirten Sehnen aus, welche zu beiden Seiten der mittleren
Phalanx des Digitus III und IV (bei H. syndactylus auch am Digitus V)
sich ansetzen. Sie entstehen bei H. syndactylus und an dem linken
Fuss des H. leuciscus direct aus der Sehne des M. flexor digt. long. [5]).
Bei H. agilis und an dem rechten Fusse des H. leuciscus [6]) liegt auf
der Sehne des M. flex. digt. long. eine stärkere Muskelschicht, welche
an der Sehne ihren Ursprung nimmt und sich nun in Portionen teilt,
welche in die perforirten Sehnen übergehn. Zwar waren auf der Sehne
des H. syndactylus auch einige Muskelfasern zu sehen, doch waren
ihrer so wenige, dass ihnen wohl eine nennenswerte Function nicht
zukommt. Der Flexor digitorum brevis hat nur eine Sehne, die perforirte

---

1) Taf. XIX, Fig. IV, VI, VIII.   2) Taf. XIX, Fig. VI.
3) Taf. XIX, Fig. II.   4) Taf. XIX, Fig. I, III, V, VII,
5) Taf. XIX, Fig. I und III.   6) Taf. XIX, Fig. V und VII.

des Digitus II. Auch diese scheint zur Sehne des M. flexor digt. long.
hinüber geleitet zu werden; am rechten Fuss des H. leuciscus wird
sie durch ein Sehnenbündel von letztgenannter Sehne aus verstärkt, und
an dem linken Fuss des H. leuciscus ist dieser Fascikel sehr stark,
sodass es den grössten Teil der perforirten Sehne des Digitus II bildet.
Bei H. leuciscus (linker Fuss) könnte man also beinah behaupten,
dass der kurze Beuger fehlt, und alle perforirten Sehnen aus dem
M. flex. digt. long. entstehen.

Die Verbindung der Sehnen der Zehen-Beugemuskeln wurde bereits
von früheren Forschern beschrieben. Alle fanden, dass vom M. flexor
hallucis longus die Sehnen der ersten vier Zehen ausgehen, und dass
der M. flexor digitorum longus nur die fünfte Zehe versorgt. Die Sehnen
der beiden Muskeln sind mit einander verbunden, und zwar schickt
die Sehne des Flexor digt. long. einen Sehnenstrang zur Sehne der
zweiten Zehe (DENIKER), oder zu den Sehnen der ersten und zweiten
Zehe nach SCHULZE [1]. HARTMANN, BISCHOFF und HUXLEY erwähnen
nicht, auf welche Weise die Verbindung stattfindet. Alle fanden auch
die perforirten Sehnen, welche vom mittleren Teil der Sehne des Flexor
digt. long. ausgehn. Dabei beobachteten BISCHOFF, HARTMANN und SCHULZE,
dass sie aus einer Fleischmasse entspringen, die auf dieser Sehne liegt.
DENIKER und HUXLEY erwähnen sie nicht. BISCHOFF und HARTMANN fanden
nur zwei perforirte Sehnen [2], je eine für die dritte und vierte Zehe;
die Anderen beschreiben drei für die dritte, vierte und fünfte Zehe.
Die perforirte Sehne für die zweite Zehe fanden alle genannten Forscher
gesondert; stets bildete sie sich aus einem am Calcaneus entspringenden Muskel: dem Flexor digitorum brevis.

M. flexor digitorum brevis. Wegen seiner Verbindung mit dem
langen Zehenbeuger beschreibe ich diesen Muskel schon hier. Er entspringt mit fleischigen Fasern am Calcaneus, zwischen den zum Digitus I und V ziehenden Muskeln. Bei H. leuciscus kommen die Fasern nicht mehr vom Calcaneus, sondern nur noch von der Plantar-
fascie, und an dem linken Fuss desselben Affen ist der Muskel noch
mehr reducirt, indem hier gar keine fleischigen Fasern mehr vorhanden
sind, und nur eine sehr dünne Sehne sich direct aus der Fascie entwickelt.

---

1) F. E. SCHULZE: Die Sehnenverbindung in der Planta des Menschen und der Säugethiere. Zeitschrift für wissenschaftl. Zoologie von SIEBOLD und KÖLLICKER. 17. Band. 1867.

2) BISCHOFF fand zwar auch eine Sehne für den fünften Finger, aber diese war nicht
perforirt, sondern endete ungeteilt an der zweiten Phalanx.

Der schwache Muskelbauch bedeckt die Sehnen der langen Beuger und geht in der Mitte der Fusssohle in eine schlanke Sehne über, die als Flexor perforatus am Digitus II inserirt. Bei H. leuciscus vereinigt sie sich vorher mit einem Sehnenstrang aus den mittleren Teilen der Sehne des M. flex. digt. long. [1]).

Die Sehne teilt sich über der ersten Phalanx und lässt die lange Beugersehne hindurchtreten. Dann sind beide Schenkel wieder durch eine Membran vereinigt und inseriren (schliesslich wieder geteilt) an den beiden Seiten der mittleren Phalanx. Dasselbe gilt auch von den anderen perforirten Sehnen des Fusses.

M. tibialis posticus. Dieser Muskel liegt zwischen den beiden langen Zehenbeugern. Er entspringt vom ganzen Ligamentum interosseum und den angrenzenden Flächen der Unterschenkelknochen. Der Muskel ist am proximalen Ende in einen fibularen und tibialen Kopf gespalten [2]), zwischen beiden hindurch treten die Gefässe zur Lücke des Zwischenknochenbandes, um zur vorderen Fläche des Beines zu gelangen. Die Fasern des tibialen Kopfes ziehen auch durch diese Öffnung bis zur Streckfläche der Tuberositas externa tibiae, an deren distalem Rand sie befestigt sind. Die Fasern des fibularen Kopfes bleiben an der Beugefläche und sind an die tibiale Seite des Fibula-Kopfes befestigt. Die proximalen Enden beider Köpfe werden vem M. peroneotibialis bedeckt.

Alle Fasern des Muskels inseriren an beide Seiten einer in der Mitte liegenden Sehne, bis zu der Stelle, wo diese unter den M. flex. digt. long. tritt. Die Sehne zieht durch ein Sehnenfach, das an der Beugefläche des Malleolus internus, medianwärts von den Sehnen der langen Zehenbeuger liegt. Sie setzt sich fest an die plantare Fläche der Tuberositas des Naviculare und mit einem anderen Sehnenstrang an die Basis des Metatarsale III. Dort, wo die Sehne sich teilt, hat sich in ihr bei H. syndactylus ein Sesambein entwickelt. Bei H. agilis inserirte der zweite Schenkel der Sehne nicht am Metatarsale III sondern am Cuneiforme II und III. Eine Curiosität fand sich am rechten Fusse bei einem Hylobates leuciscus an dem zum Metatarsale III ziehenden Schenkel der Sehne. Von diesem löste sich nämlich ein starker Strang ab, welcher zur grossen Zehe zog und sich an dieser ganz so verhielt, wie sonst die Sehne des M. flexor hall. long., die, wie oben angegeben wurde, an diesem Fusse fehlte. Die Ver-

---

1) Taf. XIX, Fig. I und V.   2) Taf. XIX, Fig. XI.

bindung dieses Sehnenstrangs mit der Sehne des M. tibialis posticus war jedoch der Art, dass eine Contraction des Muskels keine Wirkung auf die Zehe ausüben konnte. Die Sehne war also nur noch ein Haftapparat.

M. poroneo-tibialis [1]). Wie oben beschrieben wurde, reichen die Ursprünge des M. tibialis posticus bis an das proximale Ende der Knochen und auch noch bis zur Streckfläche des Unterschenkels. Hier treten sie natürlich nicht direct zu Tage, da sie von vorn her wiederum durch die Zehenstreckmuskeln bedeckt werden. Nimmt man diese weg und drängt die nun vorliegenden beiden Ursprungsköpfe des M. tibialis posticus aus einander, so trifft man auf eine Lage Fettgewebe, nach dessen Entfernung man in der Tiefe den M. peroneo-tibialis (Gruberii) erkennt. Viel leichter zugänglich ist er an der Beugeseite des Beins. Hat man hier den M. popliteus abgelöst, so wird er nur noch durch lockeres Gewebe bedeckt. Sein proximaler Rand berührt die kopfwärts ge-richteten Enden der Knochen, sein distaler bildet den proximalen Rand des Canals, durch welchen die Gefässe zur Streckfläche des Beins gelangen. Bei H. syndactylus war er in zwei Lagen getrennt. Die eine entspringt gleich distal von der Tuberositas externa tibiae und an der hier enden-den Gelenkkapsel und zieht, breiter werdend zum distalen Rande der Beugefläche des Fibula-Kopfes. Die Fasern sind von unten und innen nach aussen und oben gerichtet. Die zweite Portion liegt der Streckfläche des Beins näher und entspringt wohl dreimal so breit als die erstge-nannte; dabei reicht sie auch weiter proximalwärts und liegt der anderen direct an, von der sie also (von der Beugefläche aus betrachtet) bedeckt wird. Sonst ist ihr Ursprung dem der anderen Portion gleich. Die Fa-sern ziehen in einem nach unten etwas convexen Bogen zur vorderen, der Tibia zugekehrten Fläche der Fibula, drehen sich also ein wenig um diesen Knochen herum und enden am proximalen Teil des Capitulum fibulae und an der Gelenkkapsel. Bei der zweiten Portion ist der Ansatz viel schmaler als der Ursprung. Die Richtung der Fasern geht von oben und innen nach unten und aussen. Da nun der Ursprung weiter nach hin-ten liegt als die Insertion, so ist die Richtung auch noch von hinten nach vorn, also: hinten, oben und innen nach vorn, unten und aussen. Die beiden Teile werden an der Insertion getrennt durch ein, von der Tibia zur Fibula ziehendes Ligament [2]). Viel einfacher ist dieser Muskel bei

---

1) GRUBER: Beobachtungen aus der menschlichen und vergleichenden Anatomie. Heft II.
2) Taf. XIX, Fig. 11.

H. agilis und leuciscus, bei denen er nicht geteilt, aber ebenso stark ist wie bei H. syndactylus. Der Ursprung (der mit dem der zweiten Portion bei H. synd. übereinstimmt) ist viel breiter als die Insertion. Letztere liegt an der vorderen, der Tibia zugekehrten Fläche des Fibula-Kopfes, neben dem Ursprung des M. peroneus longus. Der Muskel entspricht also der zweiten Muskelportion des H. syndactylus, mit der auch die Richtung der Fasern übereinstimmt. Die Fasern sind zwar bei allen mit den Gelenkkapseln verbunden, aber zu weit distalwärts (grade dort, wo diese an dem Knochen inseriren) als dass der Muskel auf diese eine Wirkung ausüben könnte. Zur Bewegung der Knochen ist er ebenfalls zu schwach.

Innervation. Der N. tibialis ist die directe Fortsetzung des N. ischiadicus. Nachdem letzterer den N. peroneus abgegeben hat, entspringen aus ihm eine Anzahl Zweige, von denen der erste ein Hautnerv, der N. suralis ist. Dieser zieht, genau in der Vereinigungslinie der beiden Teile des Gastrocnemius, zwischen dessen Fasern hinab; dann erst tritt er unter die Fascie. Nur bei H. leuciscus liegt er gleich nach seiner Entstehung unter der Fascie. Am distalen Drittel durchbohrt er diese und versorgt nun die Haut des Unterschenkels, die Ferse, den ganzen lateralen Fussrand und den lateralen Teil des Fussrückens (Fig. X u. XI). Weiter sendet der N. tibialis in einer, bei allen drei Arten verschiedenen Reihenfolge Zweige zum lateralen und zum medialen Teil des M. gastrocnemius und zum M. soleus. Der Zweig zu letztgenanntem Muskel durchbohrt erst den medialen Teil des M. gastrocnemius, doch erhält der M. soleus bei H. leuciscus noch einen zweiten Ast, der direct in den Muskel eintritt. Nach Abgabe dieser Zweige wird der N. tibialis von den Wadenmuskeln bedeckt, und unter diesen geht nun ein starker Zweig von ihm aus, der die tiefere Muskellage innervirt. Er verteilt sich zum M. popliteus und den proximalen Portionen des M. tibialis posticus, Flexor hall. long. und Flexor digt. long. Bei H. leuciscus untersuchte ich den Nerven des M. popliteus näher und fand, dass sich von ihm ein Ast abspaltet, der mit zwei Zweigen im M. peroneo-tibialis endete. Nachdem der N. tibialis obengenannte Zweige abgegeben hat, zieht er zwischen dem M. tibialis posticus und Flexor digt. long. hinab, an diese Muskeln weitere Zweige sendend. Proximalwärts vom Knöchel teilte sich der Nerv in den N. plantaris internus und externus. Von diesen Zweigen liegt ersterer gleich über den Beugesehnen am medialen Fussrande, während der andere ganz in der Rinne des Calcaneus sich befindet und von den kurzen Zehenmuskeln bedeckt wird. Er tritt erst in der Mitte des lateralen Fussrandes unten ihnen hervor. Zuweilen teilt sich der N. tibialis erst später, sodass die Trennung erst in der Planta stattfindet.

D. Muskeln, welche durch den Nervus plantaris internus innervirt werden.

M. flexor digitorum brevis. Dieser wurde bereits näher beschrieben (Seite 304).

M. abductor hallucis. Entspringt ausschliesslich von dem medialen Rande der Sohlenfläche des Calcaneus. Er ist der stärkste der kurzen Zehenbeuger und bedeckt einen Teil des Flexor digt. brev.. Über dem Metatarso-phalangealgelenk geht der Muskel in eine Sehne über, an der die Fasern des M. flexor hallucis brevis sich festsetzen. Die Sehne endet am medialen Sesambein, nur wenige Bündel ziehen bei H. leuciscus zur Basis der Phalanx I.

Von diesen Befunden wich nur der linke Fuss des H. leuciscus ab, da an diesem sich der Muskel in zwei Portionen teilte, von denen die eine an einem Knochen des medialen Fussrandes inserirte, welcher Knochen zwischen Cuneiforme I und Metatarsale I liegt [1]. Der andere Teil des linksseitigen Muskels zeigt die gleiche Insertion wie der ganze Muskel an dem rechten Fuss.

Deniker fand den Muskel zweiköpfig. Der eine Kopf stimmt mit dem von mir beschriebenen überein, der andere kam weiter distal von der Aponeurosis plantaris profunda. Brook bemerkte, nachdem er den M. abductor aufgehoben hatte, dass eine grosse Anzahl der tieferen Fasern sich bald nach ihrer Entstehung abtrennten und einen gesonderten Muskel bildeten, der in eine starke Sehne überging. Diese inserirte an der Basis des Metatarsale I und enthielt ein Sesambein. Eine der beiden Sehnen des M. tibialis anticus war an der Insertion mit ihr verbunden. Brook nennt diesen Muskel einen Abductor ossis metatarsi hallucis und behauptet, er sei noch bei keinem anderen Thiere gefunden worden. Es ist deutlich, dass dieser Muskel Brook's mit der Muskelportion übereinstimmt, welche ich an dem linken Fuss meines H. leuciscus fand, wenn allerdings auch diese Portion nicht von dem eigentlichen Abductor bedeckt wurde, und ihr auch die starke Sehne fehlte. Der Ansatz dagegen

---

1) Genannter Knochen (Praehallux) wurde bereits beim M. tibialis anticus erwähnt.

war der gleiche; die fleischigen Fasern inserirten direct an dem kleinen, obongenannten Knochen, welchen Brook ein Sesambein seines M. abductor ossis metatarsi nennt. Da diese Muskelportion meines H. leuciscus gar keine Sehne hatte, der Knochen trotzdem doch vorhanden war, so zeigt letzterer nicht das gewöhnliche Verhalten anderer Sesambeine. Wenn er überhaupt ein Sesambein ist, was noch bezweifelt werden kann, so gehört er sicher eher zur Sehne des M. tibialis anticus.

M m. lumbricales. Diese kleinen Muskeln nehmen ihren Ursprung von den Sehnen der langen Zehenbeuger. Der M. lumbricalis des Digitus V entspringt von der Sehne der vierten Zehe, nur bei H. agilis erhielt er auch Muskelbündel von der Sehne der fünften Zehe. Der M. lumbricalis des Digitus IV kommt von den Sehnen der vierten und dritten Zehe. Der M. lumbricalis des Digitus III geht von den Sehnen der dritten und zweiten Zehe aus. Der gleichnamige Muskel des Digitus II endlich entspringt nur an der Sehne der zweiten Zehe.

Die fraglichen Muskeln gehören nicht alle zum Gebiete des N. plantaris internus; denn die beiden lateralen werden von den oberflächlichen Zweigen des N. plantaris externus innervirt [1]).

Nach BISCHOFF fehlt der fünften Zehe der Lumbricalis.

Caro quadrata Sylvii. Fehlte bei allen drei Arten.

M. flexor brevis hallucis. Das Caput mediale entspringt bei H. syndactylus nur vom Cuneiforme I. Bei den beiden anderen Arten sind die von diesem Knochen kommenden Bündel schwächer, die meisten Fasern nehmen ihren Ursprung vom Metatarsale der grossen Zehe. Es ist ein starker Muskel, welcher an der medialen Seite der grossen Zehe liegt und dessen Fasern sich teils an die Sehne des M. abductor hallucis, teils (und zwar die meisten) an das mediale Sesambein heften. Nur wenige Fasern ziehen zur Basis der Phalanx I.

Das Caput laterale geht von der Basis und der proximalen Hälfte des Metatarsale I aus. Der Muskel liegt am lateralen Rande der grossen Zehe und wird vom M. adductor hallucis überdeckt. Er

---

1) Dies habe ich bei H. leuciscus genau gesehen; bei den anderen entging mir, wegen zu eiligen Praeparirens, die Innervation eines der mittleren Muskeln. Darum sind meine Angaben nicht genau. Auf jeden Fall wurden die Muskeln auch bei H. agilis und syndactylus von beiden Nerven innervirt, nur kann ich nicht mit Sicherheit sagen, ob auch immer zwei und zwei zusammen gehörten. Hätte ich während des Praeparirens gewusst, dass nach Brook die Innervation beim Menschen nicht immer constant ist, sondern der eine Nerv zuweilen auf das Gebiet des anderen übergreift, so würde ich vorsichtiger untersucht haben.

greift wie dieser an das laterale Sesambein an, doch ist er nicht mit ihm verbunden. Der Muskel ist stark, doch etwas schwächer als der mediale Kopf; das Verhältnis beider zu einander ist ungefähr wie 2 : 3. Die beiden Teile des M. flexor hallucis brevis sind nicht mit einander verbunden, es trennt sie die Sehne des langen Zehenbeugers.

Auch Bischoff und Hartmann fanden den Muskel zweiköpfig. Nach Brook entspringen beide Teile zusammen am proximalen Viertel des Metatarsale I und an den Bändern über der Basis dieses Knochens. Ihr Grössenverhältnis war gleich dem, welches ich gefunden habe. An ihrer distalen Hälfte waren beide Muskeln mit einander verbunden und inserirten an den bezg. Sesambeinen. Der tibiale Kopf schickte auch Fasern zur Phalanx I und zur Sehne des M. abductor hallucis. Das ursprüngliche Verhalten des Muskels, bei dem die beiden Portionen noch nicht getrennt sind, war also noch teilweise erhalten. An dem Foetus, welchen Deniker praeparirte, war nur ein Muskel vorhanden, die Differenzirung also noch gar nicht eingetreten. Dieser einheitliche Muskel ging vom Cuneiforme I und von dem medialen Rande des Metatarsale II aus und inserirte an der lateralen Fläche der Phalanx I.

M. opponens hallucis. Fehlte bei allen drei Arten. Hartmann will ihn gefunden haben, wenn auch nur sehr schwach.

Innervation. Der N. plantaris internus sendet Zweige zum Abductor hallucis und zum Flexor digt. brev. und teilt sich dann in zwei Zweige, von denen der eine zur grossen Zehe zieht. Dort innervirt er das Caput mediale des Flexor hallucis brevis sowie dessen Caput laterale und endet darauf als Hautnerv an der medialen Seite der grossen Zehe. Der andere Zweig innervirt die medialen Mm. lumbricales und (bei H. agilis und leuciscus) die Muskeln, welche von der Sehne des Flexor digt. long. entspringen. Er endet mit mehreren Zweigen in der Haut der Zehen. In Figur XI sind die Verzweigungen angedeutet worden. Bei H. agilis fand ich dieselben Verhältnisse, wie sie die genannte Figur für H. leuciscus veranschaulicht.

E. *Muskeln, welche durch den N. plantaris externus innervirt werden.*

M. abductor digiti quinti. Er nimmt seine Entstehung vom lateralen Teil des plantaren Randes der Tuberositas calcanei. Über dem Tarso-metatarsalgelenk (bei H. leuciscus erst über der Mitte des Me-

tatarsalo) ist er bereits ganz sehnig. Die Sehne wird vollständig umhüllt von den, an ihr inserirenden Fasern des M. flexor brevis digiti
quinti und endet am lateralen Rande der Basis der Phalanx I.

M. flexor brevis digiti quinti. Nur wenige Fasern kommen
bei H. agilis und syndactylus von der Sehnenscheide des Peroneus
longus. Der starke, dicke Muskel entspringt übrigens von der proximalen Hälfte des Metatarsale V und heftet sich an die Basis der Phalanx I. Ein Teil seiner Fasern verlängert sich bei H. syndactylus in eine
schlanke Sehne, die an der Phalanx II endet. Diese Sehne fehlt dem
H. agilis, bei dem die Fasern alle an der Phalanx I, einige auch schon
am lateralen Rande des Metatarsale V enden. Bei H. leuciscus gehen
die Fasern von einer Sehne aus, die sich aus den Ligamenten der
Planta entwickelt. Fast alle Fasern inseriren dann am lateralen Rande
des Metatarsale V, nur wenige ziehen noch zur Basis der Phalanx I.
Wie schon erwähnt, setzt sich stets ein grösserer Teil des Muskels
an die Sehne des Abductor digiti quinti fest.

M. opponens digiti quinti. Durch die am Metatarsale inserirenden Fasern des M. flexor brevis digiti quinti wird bei H. leuciscus
und agilis ein Opponens gebildet.

DENIKER fand einen gut entwickelten Opponens. Er fehlt nach HARTMANN.

Mm. contrahentes[1]. Eine starke Aponeurose liegt in der Tiefe
der Fusssohle ebenso wie in der Hohlhand. Ihre Fasern kommen von
den Tarso-metatarsalgelenken und von den Ligamenten des Tarsus. Die
Faserschicht, die sie bilden bedeckt die Mm. interossei und endet mit
fleischigen Fasern an der medialen Seite der Phalanx 1 des Digitus V
(M. contrahens V) und mit sehnigen Fasern an der medialen Seite
der Phalanx I des Digitus IV. Weiter geht die Aponeurose lateralwärts
über in die Ligam. intermusc., die zwischen den Interossei liegen. Am
stärksten ist dieses Intermuscularseptum in der Medianlinie des Digitus III, zwischen den beiden Interossei dieser Zehe. Von diesem Intermuscularseptum entspringen die meisten Fasern des Adductor hallucis (Contrahens I). Auch medianwärts geht die Aponeurose in die
Ligam. interm. über. Andere Fasern inseriren am proximalen Ende
der ersten Phalanx des Digitus II. Fleischige Fasern sieht man nicht
an diesem Teil der Aponeurose. Ist man bemüht die Aponeurose
wegzupraepariren, um die Mm. interossei zu finden, so sieht man,

[1] Man vergleiche die Beschreibung der Mm. contrahentes in der Hand des Hylobates.

dass diese Muskeln an der ihnen zugekehrten Fläche dieser Aponeurose adhaeriren und zwar so, dass viele ihrer Fasern von der Aponeurose ihren Ursprung nehmen. Der H. leuciscus weicht von den anderen nur in so weit ab, als auch einige fleischige Fasern in dem Teil der Aponeurose liegen, der an den Digitus II sich festsetzt (Contrahens II). Am Digitus IV und Digitus V fehlen die fleischigen Fasern ganz. Bischoff fand nur den Contrahens an der fünften Zehe, Hartmann fand einen an der fünften und einen an der vierten Zehe.

M. adductor hallucis (M. contrahens I). Viele seiner fleischigen Fasern entspringen an dem Lig. intermusculare in der Medianlinie des Metatarsale III, von dem Tarsus an bis zur Basis der Phalanx I des Digitus III. Weiter geht der Adductor von dem ganzen, medianwärts vom Metatarsale III gelegenen Teil der Aponeurose aus und von der Basis der Metatarsalia II und III. So fand ich den Ursprung des Muskel bei H. syndactylus. Bei H. agilis hat er sich lateralwärts verbreitert; denn bei diesem Affen entspringen die Fasern des Adductor auch von der Basis und von dem Capitulum des Metatarsale IV. Bei H. leuciscus kommen auch Fasern vom Capitulum des Metatarsale IV, aber nicht von der Basis dieses Knochens; doch ist der Ursprung noch breiter als bei den beiden anderen, da er sich auch noch auf die Ligamenta intermuscularia über den Metatarsalia IV und V ausdehnt. Der eine mediale Contrahens (oder Adductor hallucis) hat demnach alle anderen Contrahentes (oder Adductoren) der anderen Finger verdrängt und erhält nun Fasern von der ganzen Fusssohlenfläche.

Der Adductor hallucis inserirt an dem dorsalen Rande der lateralen Fläche des Os metatarsi hallucis, aber nur am distalen Ende. Er bedeckt dabei den lateralen Teil des Flexor brevis und endet mit diesem an dem lateralen Sesambein und weiter distal an der Basis der Phalanx I. Einige Fasern gehen dann noch in eine dünne Sehne über, die an der zweiten Phalanx inserirt. Man kann den Adductor in viele Portionen zerlegen, doch sind diese alle nicht deutlich getrennt; von einer Trennung in einen Adductor transversus und obliquus sieht man nichts.

Deniker fand den Ursprung an den Metatarsalia II, III und IV. Nach Brook verhalten sich Ursprung und Ansatz ganz wie ich sie für H. agilis beschrieben habe. Doch erwähnt er ausserdem noch ein dünnes Muskelbündel, welches sich vor der Insertion von dem Muskel ablöste und medianwärts über die Sehne des Flexor hallucis longus hinweg zog, um sich an das mediale Sesambein festzusetzen.

Mm. interossei [1]). Am Fusse sind, wie an der Hand, alle Mm. interossei an der Plantarfläche gelegen, an der Dorsalfläche treten sie fast gar nicht hervor. Nur bei 11. agilis sieht man einige dieser Muskeln auch deutlich am Fussrücken. Ich teile die Interossei des Fusses ebenfalls nach den Seiten der Zehen ein, an welchen sie inseriren.

Tibialseite des Digitus II (Interosseus externus I des Menschen).

a. Ein Muskel mit zwei Portionen, entspringt nur am Metatarsale II.

1. Dorsale Portion [2]), befestigt sich an die Basis der Phalanx I.

2. Plantare Portion, inserirt bei H. syndactylus zum Teil wie die dorsale. Nur der Teil der Fasern, welcher von (der den Interossei zugekehrten Fläche) der Aponeurose der Contrahentes kommt, heftet sich an die Phalanx II. Bei H. leuciscus endet diese Portion ganz wie die dorsale an der Phalanx I, auch war sie nicht mit der Aponeurose der Contrahentes verbunden. Bei II. agilis zog sie zur Dorsalaponeurose der Zehe, erhielt auch keine Fasern von der Aponeurose der Contrahentes.

b. Ein zweiter Muskel, der neben dem ersten besonders vom Lig. interm. II, über der distalen Hälfte des Metatarsale entsteht und mit schlanker Sehne an der Basis der Phalanx II inserirt.

Der zweite Muskel ist der Abductor tertii internodii indicis (HUXLEY). Er fehlt nur dem H. agilis, sein Digitus II hatte aber auch die beiden distalen Phalangen verloren. Der erste Muskel a war um so viel stärker [3]).

Fibularseite des Digitus II. (Interosseus externus II des Menschen). Ein Muskel, welcher sich nicht in Portionen teilt und bei II. syndactylus von den Metatarsalia II und III und vom Septum intermusculare II ausgeht. Bei H. leuciscus und agilis kommen die Fasern aber nur vom Metatarsale II und Sept. interm. II. Bei H. agilis liegt er mehr dorsalwärts als bei den anderen Arten. Bei allen heftet sich der Muskel nur an die Basis der Phalanx I.

Tibialseite des Digitus III (Interosseus internus I des Men-

---

1) Man vergleiche die Beschreibung der Mm. interossei an der Hand des Hylobates.

2) Dorsale Portion nenne ich die in der Fusssohle am meisten dorsalwärts liegenden Fasern. Plantare Portion, die am meisten plantarwärts gelegenen Muskelbündel. Lig. intermusc. I nenne ich das in der Medianlinie des Metatarsale I gelegene Intermuscularseptum; Lig. intermusc. II liegt in der Mitte des Metat. II, und so weiter.

3) Nach BROOK ist der Interosseus an der Tibialseite des Digitus II ganz gleich dem meines H. agilis. Auch fehlte an seinem Exemplar der Abductor tertii internodii indicis. Der zweite Finger seines H. agilis hatte dabei drei Phalangen. Das Fehlen der beiden distalen Phalangen an meinem Exemplar braucht also nicht die Ursache zu sein, dass der Muskel fehlt.

schon). Ein Muskel mit zwei Portionen, der bei H. syndactylus nur am Metatarsale III und Lig. intermusculare III, bei H. agilis und leuciscus an den Metatarsalia III und II und Lig. intermusc. III entspringt.

1. Dorsale Portion, befestigt sich an die Basis der Phalanx I.
2. Plantare Portion, geht zur Dorsalaponeurose.

Die zweite Portion entspringt bei II. syndactylus fast ganz von der Aponeurose der Contrahentes [1]), bei H. agilis und leuciscus von der Basis des Metatarsale III.

Fibularseite des Digitus III (Interosseus externus III des Menschen). Ein Muskel, welcher sich nicht in Portionen teilt und von den Metatarsalia III und IV und dem Lig. intermusculare III seine Entstehung nimmt. Er geht zur Basis der Phalanx I. Ein Teil der Fasern entspringt an der Aponeurose der Contrahentes.

Fibularseite des Digitus IV (Interosseus externus IV des Menschen). Ein Muskel mit zwei Portionen (bei H. syndactylus und leuciscus), welcher von den Metatarsalia IV und V und dem Lig. intermusc. IV entsteht.

1. Dorsale Portion. Heftet sich an die Basis der Phalanx I.
2. Plantare Portion. Inserirt bei H. syndactylus an die Kapsel des ersten Interphalangealgelenks, bei H. leuciscus an die Dorsalaponeurose. Ein Teil der Fasern nimmt seinen Ursprung von der Aponeurose des Contrahentes.

Bei H. agilis ist der Muskel nicht in Portionen geteilt, sondern endet ganz an der Phalanx I. Auch erhält er keine Fasern von der Aponeurose der Contrahentes, sonst ist der Ursprung wie bei den anderen.

Tibialseite des Digitus V (Interosseus internus III des Menschen). Ein Muskel, welcher sich bei H. leuciscus in zwei Portionen teilt, bei den beiden anderen nicht. Bei allen dreien entspringt er proximalwärts vom Metatarsale V, neben den Fasern des Flexor brevis digiti quinti und proximal von der Stelle, wo der Nerv sich unter die Aponeurose der Contrahentes begiebt. Weiter vom Lig. interm. V und dem übrigen Teil des fünften Mittelhandknochens.

1. Dorsale Portion. Inserirt an der Basis der Phalanx I. H. syndactylus und agilis haben nur diese dorsale Portion.
2. Plantare Portion. Verliert sich in die Dorsalaponeurose. Sie erhält noch Fasern von der Aponeurose der Contrahentes.

---

1) Taf. XIX, Fig. 9.

Was ich unter Aponeuroso der Contrahontos vorsteho, goht wohl genügend aus der Boschroibuug der Mm. contrahentos hervor. Ich erwähnte
dort, dass man diese Aponeurose wegnchmon muss, wonn man dio Interossoi praeparireu will. Beim Wegnchmon dioser Aponeurose sieht man
dann, dass viele Interossoi Fasern von der ihnen zugekehrten Fläche der
Apoucuroso erhalten. Da diose Aponeurose vom Tarsus ausgeht und über
dem R. plantaris profundus liegt, so kann man auch von diesen, an der
Aponeurose entspringenden Fasern der Interossei behaupten, dass sie über
dem N. plantaris profundus liegen. Man kann sie dann den Portionen
der Interossei an der Hand gleichstellen, die über dem Ramus profundus
nervi ulnaris von der Basis der Metacarpalia entspringen. Es scheint
demnach, dass sich auf Hylobates die von RUGE für alle Mammalia aufge-
stellte Regel nicht anwenden lässt, nach welcher die Mm. interossei unter
dem R. plantaris profundus liegen müssen. Da jedoch für alle bis dahin
untersuchten Säugethiere [1]) die Regel RUGE'S gilt, so ist es wohl am wahrscheinlichsten, dass die Interossei des Hylobates secundär umgebildet sind.
Wenn wir voraussetzen, dass sie plantarwärts auf die Aponeurose der
Contrahentes gerückt sind, so bilden vielleicht die Fussohlen-Muskeln des
Hylobates den Ubergang zu denen des Menschen. Bei Hylobates wäre dann
eine Verschmelzung der Interossei und Contrahentes eingeleitet, beim
Menschen vollzogen. Oder wir müssen annehmen, dass Interossei und Contrahentes früher verschmolzen waren und sich erst später von einander
trennten, was dann der N. plantaris profundus, indem er ihre Faserbündel
durchbohrte, verursacht haben könnte. Aber eine derartige Auffassung
lässt sich nicht mit den von RUGE erlangten Resultaten vereinigen.

Die obige Beschreibung der Mm. interossei zeigt, dass diese Muskeln
bei H. syndactylus sich von denen der beiden anderen Arten unterscheiden. Während sie bei H. syndactylus mit denen des Menschen-
fusses übereinstimmen, sind sie bei H. agilis und leuciscus gleich den
Interossei an den Händen dieser Affen oder an den Händen des Menschen. Die Abductionslinie zieht also bei H. syndactylus durch die
zweite Zehe, bei den beiden anderen durch die dritte Zehe.

BISCHOFF fand die Interossei wie die an der Hand des Menschen.

Innervation. Der N. plantaris externus liegt erst unter den
am Calcaneus entspringenden Muskeln, innervirt den M. abductor digiti

---

1) Vergleiche: CUNNINGHAM: Reports on some points in the anatomy of the tylacine
cuscus etc. with an account of the comparative anatomy of the intrinsic muscles and the
nerves of the mammalian pes. Challenger Report. Vol. V.

Fig. XI.

Plantarnerven eines H. syndactylus (A), eines
H. leuciscus (B) Su. Nervus suralis; P. i. Nervus
plantaris internus; a. p. Zweig zum Abductor
hallucis; P. p. Zweig zum Flexor hallucis brevis;
F. b. Zweig zum Flexor digitorum brevis; F. Nerv
für die von der Sehne des Flexor digt. long. entspringenden Flexores perforati; P. e. Nervus plantaris externus; o. 5 Zweig zum Abductor digiti quinti;
R. s. Ramus superficialis des N. plant. ext.; F. 5. Zweig
zum Flexor brevis digiti quinti; R. p. Ramus profundus des N. plant. ext.; ad. p. Zweig zum Adductor hallucis; I. i. Zweige zu den Mm. interossei;
L. L. Zweige zu den Mm. lumbricales.

quinti und tritt dann unter diesem
Muskel hervor. Er teilt sich nun in
mehrere oberflächliche und in einen
tiefen Zweig. Erstere innerviren den
A. Flexor brevis digiti quinti (H. leuciscus. Fig. XI. B.), die lateralen
Mm. interossei und die Haut der
Zehen. Letzterer tritt medial vom
Flexor brevis unter die Aponeurose
der Contrahentes. Dann zieht er
über die distalen Ursprünge der Mm.
interossei hinweg, sendet Zweige
zwischen die Interossei, die diese innerviren und in ihnen enden oder auch
über den Metatarso-phalangeal-Gelen-
ken zur Haut der Zehen treten. Bei
H. syndactylus (Fig. XI. A.) und H.
agilis werden auch die lateralen Mm.
interossei vom tiefen Endast des N.
ulnaris innervirt [1]). Die Endzweige
B. des R. plantaris profundus innerviren
die Muskeln an der tibialen Seite des
Metatarsale II und den Adductor hallucis. Die Verzweigungen des N. plantaris externus in der Planta eines H.
syndactylus und leuciscus wurden in
der Fig. XI veranschaulicht. Bei H.
agilis innervirte der oberflächliche
Zweig nur die beiden Seiten der fünften und die ulnare Seite der vierten
Zehe. Die radiale Seite der vierten
und beide Seiten der dritten Zehe
versah der tiefe Zweig.

1) Da nach Ruge die lateralen Interossei
vom R. superficialis des N. plantaris externus
innervirt werden, so unterscheiden H. agilis
und syndactylus sich in Bezug auf die Innervation dieser Muskeln von den anderen Säugethieren. — Ruge: Morph. Jahrb. Bd. IV. 1878.

MUSKELN DES AFTERS UND DES UROGENITALCANALS.

Diese Muskeln bilden gemeinschaftlich ein mehr oder weniger zusammenhängendes Muskelsystem, welches den Ausgang des kleinen Beckens verschliesst und die durchtretenden Organe fixirt. Ich untersuchte die betreffenden Muskeln nur bei männlichen Exemplaren der Gibbonaffen, da Herr Prof. Ruge die Bearbeitung der weiblichen Geschechtsorgane übernommen hat.

Bekanntlich ist das Praepariren der Perinealmuskulatur keine leichte Sache, da die einzelnen Muskeln so eng mit einander verwachsen sind, dass man bei makroskopischer Untersuchung kaum bestimmen kann, wo der eine Muskel anfängt, der andere aufhört. Ausser diesen nicht unerwarteten Beschwerden stellte sich bei näherer Betrachtung dieser Muskeln des Hylobates noch eine weitere Schwierigkeit ein, indem es mir nicht gelingen wollte die Befunde durch die bekannten Verhältnisse beim Menschen zu deuten und die Homologien zu bestimmen. Doch war dies das einzige Vergleichsmaterial, worüber ich anfänglich verfügen konnte, da die Literatur keine Mitteilungen über die zum After und zum Urogenitalcanal gehörenden Muskeln der Affen bietet. Daher entschloss ich mich einige andere Affen zu zergliedern, in der Hoffnung dadurch eine bessere Einsicht in dieses Muskelsystem zu erlangen. Da dieses Unternehmen sich als ein lohnendes herausstellte, so werde ich meine Mitteilungen nicht auf Hylobates beschränken sondern gleichzeitig die an anderen Primaten erlangten Resultate beifügen.

Von den untersuchten Affen zeigte *Cercopithecus cynomolgus* die primitivesten Zustände, weshalb ich die Beschreibung derselben der der anderen vorausschicke. Der Ausgang des kleinen Beckens wird zu beiden Seiten begrenzt durch einen schwachen Muskel, den ich M. tuberoso-caudalis nennen will (Fig. XII. *m. t. s.*). Derselbe entspringt am Sitzknorren und heftet sich an die Querfortsätze des zweiten und dritten Schwanzwirbels. Kopfwärts und ein wenig medial von diesem bandförmigen Muskel liegt ein zweiter, welcher eine breite, starke Muskelschicht bildet. Dieser, der M. spinoso-caudalis (Fig. XII. *s. s.*), geht von der Spina ischii und weiter kopfwärts vom Rande der Incisura ischiadica major aus und setzt sich fest an die Proc. transv. der ersten drei Schwanzwirbel. Durch diese beiden Muskeln wird der Beckenausgang verengert, ganz so wie dies beim Menschen durch die Ligamenta tuberoso- und spinoso-sacra geschieht. Der offen gebliebene Raum wird nun weiter eingeengt durch eine sehr breite Muskelplatte, den M. diaphragmaticus (D). Seine Faserbündel entstehen (in der Medianlinie) von der ganzen ventralen Fläche der sehr langen Symphyse, ferner dorsalwärts von allen die Linea innominata bildenden Knochenteilen, bis dorthin wo diese am Sacrum endet. Alle Fasern legen sich an

Fig. XII.

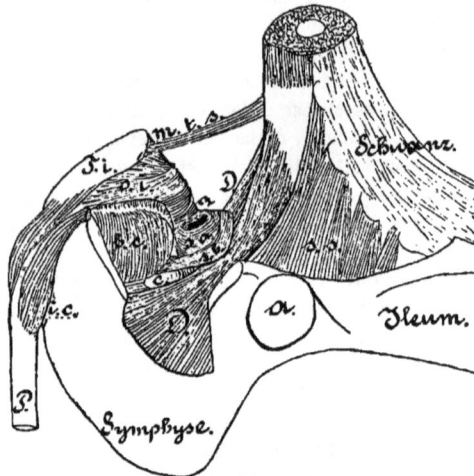

Ein Teil des Beckengürtels eines Cercopithecus cynomolgus. An der dem Beschauer zugekehrten Seite wurde die Tuberositas ischii, und ein grosser Teil des Ramus ascendens ossis ischii weggesägt, weiter auch der grösste Teil des Schwanzes. *T. i.* Tuberositas ischii; *A.* Acetabulum; *m. t. s.* Musculus tuberoso-caudalis; *s. s.* Musculus spinoso-caudalis; *D.* Musculus diaphragmaticus, von dem Muskel der linken Seite ist nur ein kleiner Teil sichtbar; *A.* Anus; *s. a.* Sphincter ani, Portion *a*; *s. b.* Sphincter ani, Portion *b*; *b. c.* Musculus bulbo-cavernosus; *i. c.* M. ischio-cavernosus; *o. i.* M. obturatorius internus; *c.* Glandula Cowperii; *P.* Penis.

einander und ziehen dabei nach hinten zur hinteren Öffnung des Beckens; alle sind schräg caudalwärts gerichtet und inseriren (nahe an der Medianlinie) an den Körpern des zweiten und dritten Schwanzwirbels. Da nun sowohl die Ursprünge der beiderseitigen Muskeln an der Symphyse als auch ihre Insertionen an den Schwanzwirbeln nahe an einander liegen, so bleibt zwischen ihnen nur ein spaltförmiger Raum offen, der grade der Medianlinie entspricht. Daher glaube ich den Muskel mit einem Diaphragma mit langer, schmaler Öffnung vergleichen zu dürfen, dessen Form einem Trichter sonst nicht unähnlich ist. Durch die spaltförmige Öffnung verlassen Rectum und Urethra (Pars membranacea) das Becken.

Aus obiger Beschreibung geht hervor, dass alle bisher genannten Muskeln zur Bewegung des Schwanzes dienen, jedoch ausserdem einen Verschluss der Beckenapertur herstellen. Betrachten wir nun diejenigen Muskeln, welche in keinerlei Verbindung mit dem Schwanze stehn, sondern ganz zum After und zum Urogenitalcanal gehören.

Der After (a) wird von einer voluminösen Muskelmasse an seinem hinteren Ende umwulstet, durch welche eine so starke Anschwellung gebildet wird, dass sie das Zurückgleiten des Darms in die Bauchhöhle (durch den engen Spalt des Diaphragma) verhindert. An dieser Muskelmasse (Sphincter ani) kann man zwei Portionen unterscheiden. Die eine (s. a.) umkreist den Darm mit cirkulären Faserzügen, welche gleichzeitig mit der Haut in Verbindung stehn und einige wenige Fasern zum M. bulbo-cavernosus senden. Die andere, weiter proximalwärts gelegene Portion (s. b.) ist nur der vorderen Fläche und den beiden Seiten des Anus angelagert, während ihre Faserbündel graden Weges nach hinten ziehen und sich an die Pars membranacea urethrae und an die Umhüllung der Prostata heften. Sie befestigen demnach das Rectum an die Urethra, umkreisen letztere aber nicht und senden keine Fasern zu den Glandulae Cowperii (c). Die Pars bulbosa urethrae umschliesst der M. bulbo-cavernosus (b. c.), der ein ausserordentlich starker Muskel ist, an der Raphe perinei entspringt und an der ventralen Fläche des Penis in der ihn umhüllenden Fascie endet. Er bildet eine abgerundete Fleischmasse, die ganz vor der Symphyse liegt und keine Fasern weiter nach hinten in der Richtung zur Glans penis sendet. An den einander zugekehrten Seiten der Sitzknorren entspringen die Mm. ischio-cavernosi (i. c.), die an den Corpora cavernosa penis, nachdem diese sich der Urethra angeschlossen haben, zur Insertion gelangen.

Mit der ausführlichen Beschreibung dieser Muskeln bei *Cercopithecus cynomolgus* werde ich nun einige, an anderen Affen erlangte Resultate vergleichen.

Bei dem kurzschwänzigen *Papio mormon* fehlt der M. tuberoso-caudalis vollständig, Sitzknorren und Schwanz sind in keiner Weise mit einander verbunden. Der M. spinoso-caudalis und der Diaphragmamuskel sind beide vorhanden, nur ist ersterer schwächer als bei *Cercopithecus*. Nach Ursprung und Insertion sind diese Muskeln bei beiden Affen einander sehr ähnlich. Während jedoch der Diaphragmamuskel bei *Cercopithecus* nur durch wenige Fasern lockern Bindegewebes mit dem Rectum verbunden ist, ist er bei *Papio* durch starkes Gewebe an den Darm gelöthet. Gewiss ist die Schlussfolgerung erlaubt, die Verkürzung des Schwanzes als die Ursache der geringeren Entwickelung des einen Muskels und der engeren Verbindung des anderen mit dem Darm aufzufassen. Der Sphincter ani zeigt dieselben beiden Portionen. Portion *s. b.* inserirt bei Papio an den Sitzknorren, nahe der Symphyse, doch da das untersuchte Exemplar weiblichen Geschlechts war, so hat dies für unseren Zweck keinen Wert; ich werde also nicht näher darauf eingehn.

Bei *Semnopithecus melalophus* zieht weder ein Muskel noch ein Ligament von den Sitzknorren zum Schwanz. Der M. spinoso-caudalis und der M. diaphragmaticus gleichen denen des *Cercopithecus*; beide sind ganz aussergewöhnlich stark, wohl in Übereinstimmung mit der grossen Länge des Schwanzes. Von dem Rectum bleiben sie auch hier ganz getrennt. Der Sphincter ani zeigt dieselben beiden Portionen, doch hat Portion *s. b.* neue Beziehungen zu den angrenzenden Körperteilen gewonnen. Sie lässt zu beiden Seiten Faserbündel in den M. bulbo-cavernosus treten, von denen einige sich vorher in der Mittellinie überkreuzen. Andere Muskelteile setzen sich fest an die Urethra, besonders an die lange Pars membranacea, vor dem Bulbus. Letztere werden durch accessorische Bündel verstärkt, welche von der dorsalen Fläche der Pars membranacea ausgehn. Gemeinschaftlich umkreisen nun diese Fasern den genannten Teil der Urethra, indem sie sich mit dem Muskel der anderen Körperseite verbinden; dabei umhüllen sie noch die Cowperschen Drüsen, einige Fasern treten auch zur Prostata, doch sind sie nirgends mit der knöchernen Umwandung des Beckens verbunden. Diese Muskelzüge repraesentiren demnach einen Constrictor urethrae, der dem *Cercopithecus* noch vollständig fehlt. Der M. bulbo-cavernosus ist zwar ein starker Muskel, aber er ist verhältnismässig schwächer als bei *Cercopithecus*, er hat nicht die bei diesem Affen erwähnte abgerundete Form, sondern er reicht weiter distalwärts, nähert sich also der Glans Penis. Übrigens ziehen auch bei *Semnopithecus* die Fasern von der dorsalen zur ventralen Fläche des Penis.

Betrachten wir nun einen *Orang utan*, so sehen wir, dass auch bei diesem Affen die Tuberositas ischii und der Schwanz (Os coccygis) in keiner Weise mit einander verbunden sind. Der M. spinoso-caudalis ist sehr reducirt, seine Stelle wird durch ein starkes Band eingenommen. Von dem hinteren Rande dieses Bandes gehen die wenigen fleischigen Fasern des schwachen Muskels aus, die mit dem Ligament an den Steissbeinwirbeln enden. Der M. diaphragmaticus ist auch beim *Orang* sehr wohl entwickelt; vom M. spinoso-caudalis trennt ihn ein verhältnismässig breiter Zwischenraum. Der Ursprung ist dem der beschriebenen Formen ähnlich, doch kommen die Fasern, welche bei den niederen Affen von der Linea innominata ausgehen, beim *Orang* von der Fascie, welche die Wände des kleinen Beckens bekleidet. Die hinteren, von der Symphyse entspringenden Fasern ziehen graden Weges (zu beiden Seiten der Urethra) zum Rectum und enden in seiner Muskelwand, zwischen den Fasern des Sphincter; die folgenden schliessen sich der seitlichen Fläche des Darms an. Je mehr der Ursprung nach vorn liegt, desto mehr nähert sich ihre Ansatzstelle dem vorderen Rande des Anus. Endlich erreichen sie denselben und umschliessen ihn, indem sie sich mit den Fasern des Muskels der anderen Körperhälfte vereinigen. Andere Teile des Muskels reichen noch weiter nach vorn und vereinigen sich aponeurotisch, vor der Steissbeinspitze, mit dem der anderen Körperseite. Die letzten enden am Steissbein selbst, nur diese haben also ihre ursprüngliche Insertionsstelle bewahrt. Der spaltförmige Raum zwischen den Diaphragmamuskeln ist hier also ganz verschwunden; der eigentliche Unterschied liegt aber nur darin, dass diese Muskeln beim *Orang* mit dem Darm verwachsen sind. Da der Schwanz bis auf einen kleinen Rest (das Steissbein) verkümmerte, so mussten auch die ihn bewegenden Muskeln ihre Function einbüssen; ihre Fasern verkürzten sich, die schräg zum Schwanz aufsteigenden Enden bogen sich zur horizontalen Ebene um, heften sich an das Steissbein oder wurden ganz zu Muskeln des Afters. Der Sphincter ani zeigt die beiden Portionen der niederen Affen, nur erlitt Portion *s. b.* eine Umänderung ihres Ansatzes. Einige ihrer medialen Fasern überkreuzen sich in der Medianlinie und heften sich dann an die Pars bulbosa urethrae; andere schliessen sich dem M. bulbo-cavernosus an und ziehen mit diesem um den Bulbus. Die lateralen Fasern inseriren am Angulus ossium pubis zu beiden Seiten der Urethra. Durch diese Portion des Sphincters wird demnach das Rectum an die Urethra und an die hintere Beckenwand befestigt. Es fehlen somit dem *Orang* die Fasern des Sphincter, welche bei *Semnopithecus* die Pars membranacea urethrae umkreisen; der *Orang* würde also seine Urethra nicht comprimiren können, wenn nicht ein neuer Muskel sich entwickelt hätte, der seiner Lage nach diese Function übernommen zu haben scheint. Dieser entspringt an den einander zugekehrten Flächen des Os pubis, seine Faserbündel ziehen in rein querer Richtung zur Pars membranacea, heften sich an diesen Teil der Urethra und umschliessen ihn vollständig, indem sie mit den Fasern des Muskels der anderen Seite verschmelzen [1]). Ein grosser Teil der Fasern gelangt zur ventralen Fläche der Urethra, und es heften sich die meisten an die Symphyse in der Medianlinie des Körpers. Auf diesen Muskel komme ich weiter unten zurück. Der M. bulbo-cavernosus gleicht sehr dem gleichnamigen Muskel des *Cercopithecus*. Er bildet einen scharf umschriebenen, breiten und dicken, fleischigen Ring; seine Fasern ziehen nicht weiter distalwärts sondern enden alle an dem Bulbus. Der M. ischio-cavernosus zeigt keine besonderen Abweichungen von den bereits beschriebenen Formen.

Vergleichen wir nun die gleichnamige Muskulatur des *Hylobates* [2]) mit den gewonnenen Resultaten, so wäre zunächst zu erwähnen, dass *Hylobates* in dieser Beziehung dem *Orang* am nächsten steht, doch hat er manche primitive Zustände sich bewahrt, die wieder an niedere Affen erinneren. Wir bemerkten, dass *Cercopithecus cynomolgus* einen M. tuberoso-caudalis besitzt, welcher den anderen Affen fehlte; zwar zeigt auch *Hylobates* keinen derartigen Muskel, aber an Stelle dessen zieht ein sehr starkes Ligament (Fig. XIII *L. t. s.*) vom Sitzknorren zum Steissbein [3]). Da wir nun beim *Orang* gesehen haben, dass der M. spinoso-caudalis fast ganz zu einem Ligament geworden ist [4]), so scheint die Auffassung nicht ganz unbegründet, obengenanntes Ligament des *Hylobates* als umgeänderten M. tuberoso-caudalis anzusprechen. Der M. spinoso-caudalis ist bei *Hylobates* weit weniger reducirt als beim *Orang*. Auch hier liegt dieser Muskel (*s. s.*) (da der Schwanz bei beiden Affen sich in gleicher Weise verkürzte) in fast horizontaler Ebene. Er geht von der Spina ischii und von dem Rande

---

1) Der Muskel entspricht demnach dem M. transverso-perinei profundus des Menschen.
2) Ich praeparirte die Muskeln an je einem *H. syndactylus*, *H. agilis* und *H. lar*.
3) Gleich dem Lig. tuberoso-sacrum des Menschen.
4) Ist mit dem Lig. spinoso-sacrum des Menschen zu vergleichen.

der Incisura ischiadica major aus [1]) und befestigt sich teilweise an den
lateralen Rand des Steissbeins, dabei ist der am meisten nach vorn
gelegene Teil ligamentös umgestaltet; die meisten Fasern vereinigen
sich jedoch aponeurotisch vor der Steissbeinspitze mit dem Muskel der

Fig. XIII.

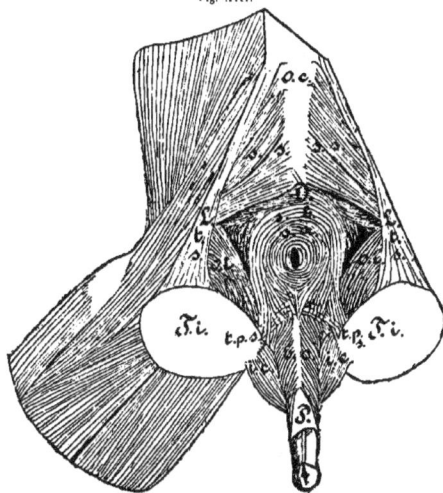

Die Muskeln des Afters und des Urogenitalcanals eines H. lar.
T. i. Tuberositas ischii; *O. c.* Os coccygis; *L. t. s.* Ligamentum
tuberoso-caudale; *s. s.* Musculus spinoso-caudalis; *D.* Musculus
diaphragmaticus, dessen Fasern zu beiden Seiten aus der Tiefe
zum Darm treten. *S. a.* Sphincter ani, Portion *a*; *s. b.* Sphincter
ani, Portion *b*; *o. i.* M. obturatorius internus; *t. p. s.* Musculus
transverso-perinei superficialis; *b. c.* Musculus bulbo-cavernosus;
i. c. M. ischio-cavernosus; *P.* Penis.

anderen Seite. Da der M. spinoso-caudalis so weit nach hinten reicht,
bedeckt er noch den vorderen Teil des Diaphragmamuskels, der unter
ihm weg, nach hinten zum Beckenausgang tritt (Fig. XIII. *D.*). Beide
Muskeln waren bei *H. agilis* zu einer Muskelplatte verschmolzen [2]). Der
M. diaphragmaticus (*D*) ist dem des *Orang* sehr ähnlich, sodass

1) Ein Teil der Fasern hat seinen Ursprung auf das Lig. tuberoso-caudale,
oder auch diese Fasern sind ein zurückgebliebener Teil des M. tuberoso-caudalis, der sich
dem M. spinoso-caudalis angeschlossen hat.
2) Auch beim Menschen ist der Abductor coccygis (M. spinoso-caudalis) oft nicht
mehr vom Levator ani zu trennen.

die für diesen Affen gegebenen Mitteilungen auch für *Hylobates* gelten
können. Am Sphincter ani kann man leicht die beiden Portionen
unterscheiden: die innere circuläre (*s. a.*) und die äussere hufeisenförmige
(*s. b.*). Einige Fasern der inneren Portion (*s. a.*) gehen von der Raphe
perinei aus. Die äussere Portion (*s. b.*) zeigt auch bei *Hylobates* sehr
complicirte Verhältnisse. Viele Fasern treten direct in den M. bulbo-
cavernosus ein, dabei überkreuzen sich einige in der Medianlinie, andere
ziehen direct zur entgegengesetzten Seite des Afters und bilden demnach um diesen einen geschlossenen Kreis. Auch durchziehen Muskelfasern dieses Sphincter's den Ursprung des Bulbo-cavernosus, gehen
dann von der longitudinalen in eine mehr quere Richtung über und
enden an den einander zugekehrten medialen Rändern der Sitzknorren.
Diese werden durch Fasern verstärkt, welche von der Raphe perinei
ausgehn und gleichfalls an den Sitzknorren inseriren. Dadurch wird ein
M. transverso-perinei superf. gebildet, der den anderen untersuchten Affen fehlte. Dieser Muskel war bei *H. syndactylus* und *agilis*
sehr stark entwickelt, bei *H. lar.* nur schwach angedeutet. Alle diese
Insertionen erschöpfen jedoch nur einen kleinen Teil dieser starken
Sphincterschicht; die Hauptmasse des Muskels heftet sich an den
Angulus ossium pubis, zu beiden Seiten der Urethra. Ferner befestigen
sich andere Muskelfasern direct an den Urogenitalkanal, umhüllen desseu
Pars membranacea und inseriren in der Tiefe an der ventralen Fläche
der Symphyse. Die also in der Tiefe des Beckens endenden Fasern
liegen den Ursprüngen des Diaphragmamuskels dicht an (der ja an
der Symphyse seinen Ursprung nimmt), doch gehören beide Muskeln
zu ganz verschiedenen Muskelsystemen. Ausserdem ist der Teil dieser
Sphincterportion, welcher den After umschliesst, ganz verfilzt mit den
am Darm sich festsetzenden Fasern des Diaphragmamuskels. Endlich
wäre noch zu erwähnen, dass bei *H. agilis* von der Sphincterportion *s. b.*
Fasern ausstrahlen in die Hautfalten, welche die Testikel bedecken [1]).

---

1) Die Portion *s. b.* des Sphincter scheint sich beim Menschen noch weiter umgeändert
zu haben. Roux (Archiv für mikr. Anat. 1881) beschreibt zwei Lagen des Levator ani,
eine oberflächliche und eine tiefe. Erstere ist ohne Zweifel der Teil meiner Sphincterportion *s. b.*, welcher neben der Symphyse inserirt und sich nur dadurch von der des
Hylobates unterscheidet, dass sie Beziehungen zum Steissbein gewonnen hat. Auch Roux
erkannte, dass dieser Teil seines Levator ani erstens (seiner Function nach) kein Levator ani sein könne, zweitens auch ganz andere Faserrichtung zeige als der eigentliche
Levator ani; endlich war es ihm unmöglich die Grenze zwischen dieser oberflächlichen
Lage und dem Sphincter ani zu bestimmen. Die tiefe Muskellage von Roux entspricht
ganz meinem M. diaphragmaticus.

Wir haben oben mittgetoilt, dass die Urethra des *Hylobates* umhüllt wird durch die an der Symphyse inserirenden Fasern des Sphincter. In dieser Beziehung ist *Hylobates* also dem *Semnopithecus* am ähnlichsten. Es fragt sich nun, wie sich das Auftreten eines quer verlaufenden Constrictor urethrae (Trans. per. prof.) beim *Orang* erklären lässt. Mir scheint, dass dieser sich aus longitudinalen, an der Symphyse inserirenden Fasern des Sphincter (wie sich diese bei *Hylobates* und *Semnopithecus* vorfinden) entwickelt hat. Dafür spricht auch, dass beim *Orang* ein grosser Teil des M. transverso-perinei profundus mit der Symphyse verbunden ist. Die Ursache der Querstellung dieser Muskelfasern beim *Orang* glaube ich durch die Umbildung des Beckens erklären zu müssen; denn während bei *Hylobates* die Sitzknorren einander fast berühren, sind sie beim *Orang* weit aus einander gerückt, wodurch der quere Durchmesser des Beckens bedeutend an Länge gewonnen hat. Diese Zunahme des Diameter transversus am Beckenausgang könnte auch die Querstellung der die Urethra umschliessenden Fasern veranlasst haben. Die vollständige Erledigung dieser Frage werden weitere Forschungen ergeben müssen. Der M. bulbo-cavernosus erhält einen grossen Teil seiner Fasern aus der Fleischmasse der Spincterportion *s. b.*, er ist also weit inniger mit diesem Muskel verbunden als bei den anderen untersuchten Affen. Da beide Muskeln nach allgemeiner Auffassung zusammen gehören, so würde demnach *Hylobates* ein primitives Verhältnis bewahrt haben [1]). Übrigens entsteht dieser Muskel an der Raphe perinei, und es reichen seine Fasern wie bei *Semnopithecus* weit distalwärts; alle enden in der Fascie an der ventralen Fläche des Penis. Der M. ischio-cavernosus zeigte dasselbe Verhalten, das ich auch bei den anderen Affen beobachtete. Er ist demnach der unveränderlichste aller beschriebenen Muskeln, auch sah ich ihn nirgends mit den anderen in Verbindung treten.

Nachdem im Vorhergehenden alle Muskeln genau beschrieben worden sind, müssen wir noch die Innervationsverhältnisse berücksichtigen. Ich habe die Nerven bei *H. syndactylus* und *H. lar* praeparirt. Aus dem zweiten Sacralnerven geht ein starker Nervenstamm hervor, der N. dorsalis penis (Fig. XV. A. *D. p.*). Dieser Nerv giebt einen Ast ab, der sich mit dem Zweige des N. ischiadicus vereinigt, welcher vorher

---

1) Auch beim Menschen sind der Sphincter ani und der Bulbo-cavernosus meist stärker mit einander verbunden.

den M. obturatorius internus (Fig. XV. A. *o. e.*) innervirt und mehrere Zweige zur Haut des Perineums und zu den Gesässschwielen sendet. So wird ein zweiter Nervenstamm, der N. p u d e n d u s gebildet. Dieser und der N. dorsalis penis ziehen dann zur hinteren Beckenapertur, wo sie zwischen dem Obturatorius internus und dem M. diaphragmaticus liegen. Der N. pudendus behält seine mehr oberflächliche Lage bei, giebt einen Hautzweig ab und sendet Zweige zu den beiden Portionen des Sphincter, die meist die äussere Schicht (*s. b.*) durchbohren und in der inneren, ringförmigen (*s. a.*) enden. Der Endast dieses Nerven innervirt dann noch den Transversus perinei superf. und den Bulbo-cavernosus (Fig. XV. A. *mp.* [1]). Der N. dorsalis penis dringt in die Tiefe, durchbohrt die Muskelinsertionen an der Symphyse und gelangt unter den Ischio-cavernosus. Er liegt nun ausserhalb des Beckens, innervirt den letztgenannten Muskel, sendet bei *H. syndactylus* noch einen Zweig zu den tiefen Fasern des Bulbo-cavernosus und endet distalwärts an der ventralen Fläche des Penis [2]. Ganz anders verhalten sich die Zweige der letzten Sacralnerven; zwar senden auch diese noch einige Zweige zur Haut des Perineums, doch bleiben die Nerven selbst ganz an der ventralen Seite der Muskeln liegen. So treten sie direct in den M. spinoso-caudalis und den M. diaphragmaticus ein und verzweigen sich der Art, dass Äste eines Nerven zu beiden Muskeln treten.

Fassen wir alle erlangten Resultate kurz zusammen, so können wir die Muskeln des Afters und Urogenitalcanals in zwei scharf gesonderte Systeme trennen. Zu dem einen Muskelsystem gehören der M. tuberoso-caudalis, der M. spinoso-caudalis und der M. diaphragmaticus, die alle drei den Schwanzmuskeln angehören und von innen her innervirt werden. Erst bei eintretender Verkürzung des Schwanzes ändern sich diese Muskeln; teils werden sie zu Ligamenten oder verschwinden spurlos, teils gewinnen sie Beziehungen zu den Eingeweiden. Zu dem anderen Muskelsystem, welches der N. pudendus innervirt, gehören die beiden Portionen des Sphincter ani und alle von diesem hergeleiteten Muskeln (der M. transv. perin. superfic. und profundus und der M. bulbo-cavernosus). Schliesslich wäre noch der M. ischio-cavernosus zu nennen, der eine mehr selbstständige Stellung einnimmt. Seine ursprüngliche Bedeutung und Herkunft blieb mir unbekannt. Das dieser Arbeit zu Grunde

---

1) Irrtümlich wurde auch dieser Nervenstamm in Fig. XV. A. mit den Buchstaben *L. a.* bezeichnet. Umgekehrt veränderte man *m. p.* der Figur in *L. a.*

2) Obgleich der Nerv (auch beim Menschen) stets an der ventralen Fläche des Penis endet, hat man ihn N. dorsalis penis genannt. Nur um jeder Verwechselung vorzubeugen habe ich den alten, unlogischen Namen beibehalten.

gelegte Material genügte bei weitem nicht, um alle auf die beschriebenen Muskelsysteme sich beziehenden Fragen zu lösen, umfangreichere
Forschungen werden unser Wissen auf diesem Gebiet abrunden müssen.

PLEXUSBILDUNGEN DER SPINALEN NERVEN
Plexus Brachialis.

Einzelne Teile dieses Nervengeflechts, welches durch die vier letzten
Cervicalnerven und den ersten Dorsalnerven gebildet wird, wurden
bereits bei den peripheren Nerven erwähnt; daher werde ich in der
nachfolgenden Beschreibung auf die betreffenden Seiten hinweisen.

Aus dem N. cervialis V entsteht der N. thoracicus posterior, welcher

Fig. XIV.

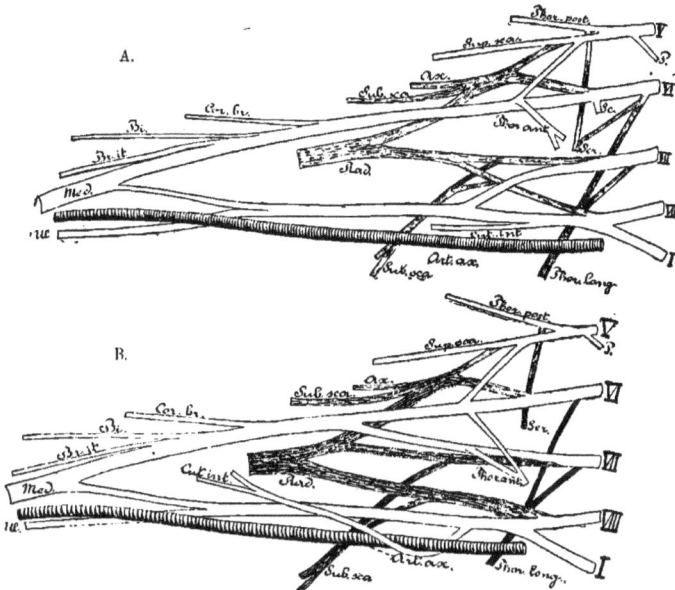

Plexus brachialis eines H. syndactylus (A) und eines H. agilis (B) *Thor. post.* Nervus thoracicus posterior; *P.* Zweig zum Phrenicus; *Sup. sca.* Nervus suprascapularis; *Sr.* (Fig. A).
Zweig zum M. subclavius; *Thor. ant.* Nervus thoracicus anterior; *Cor. br.* Nerv des M.
corneo-brachialis; *Bi.* Zweig zum M. biceps; *Br. it.* Versorgt den M. brachialis internus;
Med. Nervus medianus; *Cut. int.* Nervus cutaneus internus; *Ul.* Nervus ulnaris; *Ax.* Nervus
axillaris; *Sub. sca.* Nervi subscapulares; *Ser.* Versorgt die proximale Portion des M. serratus
ant. maj.; *Thor. long.* Nervus thoracicus longus; *Rad.* Nervus radialis; *Art. ax.* Arteria
axillaris. — Die Zahlen V, VI, VII, VIII, I deuten den fünften bis achten Halsnerven
und den ersten Brustnerven an.

einen Zweig zur proximalen Portion des M. serrat. ant. maj. sendet
(S. 222), und der N. suprascapularis (S. 223). Auch giebt er einen
Zweig ab, der sich mit dem N. phrenicus vereinigt (Vergl. Fig. I);
schliesslich verbindet er sich durch einen Nervenast mit dem N. cervicalis VI.

Aus dem N. cervicalis VI bildet sich ein Teil des N. thoracicus longus
(S. 229) und bei H. syndactylus der N. subclavius (S. 225); nachdem
er dann mit dem Ast des N. cervicalis V sich vereinigt hat, entsendet
er den N. thoracicus anterior, der bei H. agilis (Fig. XIV. B.) einen
Zweig aus dem N. cervicalis VII in sich aufnimmt (Seite 224); endlich
giebt er mehrere Zweige ab an die Muskeln des Oberarms (S. 232) und
bildet schliesslich die vordere Wurzel des N. medianus (S. 232).

Der N. cervicalis VII lässt die hintere Wurzel des N. thoracicus longus
aus sich hervorgehn und vereinigt sich darauf mit dem N. cervicalis VIII
und dem N. dorsalis I. Der aus dieser Verbindung hervorgehende
Nervenstamm spaltet sich in zwei Aeste, von denen einer zur hinteren
Wurzel des N. medianus wird, der andere den N. ulnaris bildet. Von
diesem Verhalten weicht H. agilis ab, bei dem der N. cervicalis VII
sich der vorderen Wurzel des N. medianus anlagert (S. 232) und an
der Bildung des N. ulnaris keinen Anteil nimmt.

Es vereinigen sich der N. cervicalis VIII und der N. dorsalis I frühzeitig
zu einem Nervenstamm, der den N. cutaneus brachii internus (S. 235)
entsendet; dann verbindet er sich entweder mit dem N. cervicalis VII,
wie oben mitgeteilt wurde, oder er bleibt von diesem getrennt und bildet
(H. agilis Fig. XIV. B) die hintere Wurzel des N. medianus und den
N. ulnaris. Ausser den genannten Zweigen geht endlich noch aus allen in
das Geflecht eintretenden Spinalnerven der N. radialis hervor. Dieser
entsteht aus einer vorderen und einer (oder zwei, H. agilis) hinteren
Wurzel. Die vordere geht aus den Nn. cervicales V und VI hervor,
und entsendet den N. axillaris (S. 226) und einen der Nn. subscapulares
(S. 228). Die hintere Wurzel (die beiden hinteren Wurzeln, H. agilis,
Fig. XIV. B) bilden sich aus dem siebenten und achten Cervicalnerven
und aus dem ersten Dorsalnerven; sie giebt den zweiten N. subscapularis ab (S. 228). Die Arteria axillaris liegt ganz an der medialen
Seite des Plexus, nur der N. cutaneus internus schlägt sich bei H.
agilis und leuciscus so um die Arterie, dass sie lateralwärts von diesem
Nerven liegt. Auch hat sie ihre Lage nicht zwischen den Scaleni sondern
vor diesen Muskeln (S. 221).

Ploxus lumbalis.

Dio nebenstohenden Abbildungen zeigen dio Verzweigungen der lumbalen und sacralen Nerven eines H. syndactylus (Fig. A.) und eines H. agilis (Fig. B).

Die Verzweigungen zu den Bauchmuskeln wurden bereits erwähnt (S. 276). Während der erste Lendennerv (*I. L.*, *Rec. ab*) bei H. agilis den Rectus abdominis noch erreicht, endet er beim H. syndactylus und leuciscus bereits in dem Obliq. abdom. int. und Transv. abdom. (*Tr. Ob. ab.*). Der erste Lumbalnerv entsendet ferner den Zweig zum Canalis inguinalis (*c. ing.*); bevor der Nerv in diesen Canal eintritt, schickt er erst einige Ästchen zum Transversus abdominis. Weiter geht vom ersten Lumbalnerven ein Zweig aus, welcher über dem vorderen Rande des Ileum die Bauchdecken durchbohrt und Hautnerv wird (*R. c. ab.*). Aus dem zweiten Lendennerv entwickelt sich der N. cutaneus femoris ex-

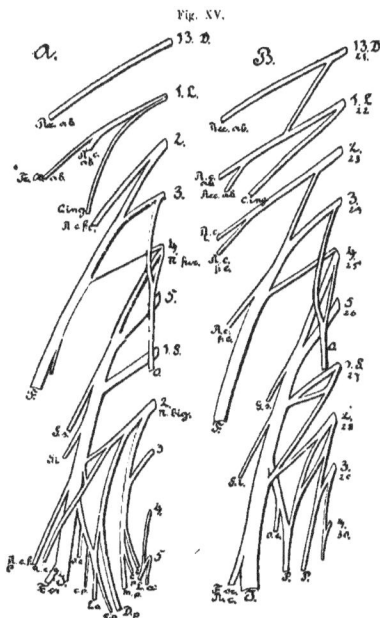

Plexus lumbo-sacralis eines H. syndactylus (A.), eines H. agilis (B.). 13. *D*. dreizehnter Dorsalnerv; 1. *L*. erster Lumbalnerv; 1. *S*. erster Sacralnerv. Die Zahlen bezeichnen die Reihenfolge der Nerven in den einzelnen Abschnitten der Wirbelsäule, die kleineren Zahlen in Figur B (unter erstgenannten) deuten die Stellung des Wirbels als Teil der ganzen Wirbelsäule an. *N. fur.* Nervus furcalis (v. Ihering); *N. big.* Nervus bigeminus (v. Ihering); *Rec. ab.* Zweige zum Rectus abdominis; *R. c. ab.* Rami cutanei zur lateralen Seite des Leibes; *Tr. Ob. ab.* Zweige zum Transversus- und Obliquus abdominis; *C. ing.* Nerv, welcher im Canalis inguinalis endet; *R. c. f. e.* Ramus cutaneus zur lateralen Fläche des Oberschenkels, sein Zweig (*R. c. i.*, Fig. B) ist ein R. inguinalis zur Leistenbeuge und Scrotum; *F.* Nervus femoralis; *O.* Nervus obturatorius; *G. s.* Nervus glutaeus superior; *G. i.* Nervus glutaeus inferior, *R. c. f. p.* (Fig. A.) Ramus cutaneus femoris posterior; *R. c. g.* (Fig. B.) Ramus cutaneus der Glutealgegend; *F. cr.* Nervenstamm, welcher die Mm. flexores cruris versorgt; *I.* Nervus ischiadicus; *O. e.* Nerv zum Obturatorius internus und Quadratus femoris; *c. p.* Zweige zur Haut des Perineums; *L. a.* Zweige zum M. diaphragmaticus und Spinoso-caudalis; *D. p.* Nervus dorsalis penis; *M. p.* Nervenstamm, welcher den Sphincter ani, Transversus perinei und Bulbo-cavernosus versorgt. (Vergl. Anm. 1. S. 326.)

ternus (S. 282), dieser (*R. c. f. e*) entsendet bei H. agilis und leuciscus einen Zweig zur Leistenfalte (Fig. B. *R. c. i.*) und zum Scrotum; bei H. syndactylus kommt der Nerv für diese Hautregionen weit distalwärts aus dem N. femoralis (Fig. IX. A.). Bei H. agilis tritt dann noch ein zweiter Nerv zur lateralen Seite des Schenkels, der (*R. c. f. c.*) sich aus einem durch Verschmelzung des zweiten und dritten Lumbalnerven gebildeten Nervenstamm entwickelt. Letztgenannter Hautnerv reicht weiter distalwärts hinab und liegt lateral von dem anderen, mit dem er durch eine Anastomose am Schenkel verbunden ist. Der einzige, zur lateralen Seite des Oberschenkels tretende Nerv des H. syndactylus erhielt an der linken Seite eine Verstärkung aus dem Nervenstamm, welcher aus dem zweiten und dritten Lumbalnerven hervorgeht; die beiden Hautnerven des H. agilis waren hier also wohl vorhanden aber mit einander verschmolzen.

Der N. femoralis (*F*) entsteht aus dem zweiten, dritten und vierten Lendennerv, seine Verzweigungen sind in Fig. IX (S. 281) dargestellt worden. Der N. obturatorius (*O*) entspringt aus dem dritten und vierten Lendennerv (Verg. S. 285). Die Wurzeln und Zweige des Sacralplexus wurden bereits ausführlich beschrieben (S. 290), auch wurde die Innervation der Muskeln des Afters und des Urogenitalcanals bei H. syndactylus in Übereinstimmung mit Figur XV. A. oben bereits dargestellt (S. 325). Letztere untersuchte ich bei H. agilis nicht näher, da das Thier schlecht conservirt war, daher fehlen auch die Zweige der hintersten Nerven (*P.P.*) in der Abbildung (Fig. XV. B.).

Der vierte Lumbalnerv ist der N. furcalis von IHERING's, und der zweite Sacralnerv wäre dann der N. bigeminus dieses Autors [1]. Ich erwähne dies (obgleich mir scheint, dass es von IHERING nicht gelang seine Hypothesen zu begründen), da ich glaube, dass auch nog andere Factoren auf die Umänderung der Wirbelsäule einwirken können, als die, welche ROSENBERG angewiesen hat; denn wenn auch die Untersuchungen ROSENBERG's den Beweis erbracht haben, dass die Veränderungen an der Wirbelsäule durch Verschiebung des Sacrum eintreten können [2] und auch oft durch dieses Moment hervorgerufen werden, so beweisen sie doch nicht, dass alle Veränderungen an der Wirbelsäule nur durch diese Verschiebung verursacht werden müssen. Da aber Herr Prof. RUGE sich mit dieser Frage beschäftigt und dazu auch die verschiedenen Species des Genus Hylobates untersucht, so werde ich nicht näher darauf eingehen.

1) VON IHERING: Das peripherische Nervensystem der Wirbelthiere als Grundlage für die Keuntniss der Regionenbildung der Wirbelsäule. Leipzig. 1878.
2) In einem folgenden Abschnitt „Zur Wirbelsäule des Hylobates" werde ich näher auf die Untersuchungen ROSENBERG's eingehen.

ZWEITE ABTEILUNG.

UEBER DIE OSSA CARPI, TARSI UND SESAMOIDEA BEI HYLOBATES.

Schon seit langer Zeit kennt man von vielen Thieren, ausser den auch beim Menschen regelmässig vorkommenden Carpal- und Tarsal-knochen, eine Anzahl andere, über deren Bedeutung noch heute die Forscher uneinig sind. Von diesen sogenannten überzähligen Knochen liegen einige zwischen den gewöhnlichen Carpal- und Tarsalstücken eingeschaltet, andere an dem radialen oder ulnaren resp. tibialen oder fibularen Rande des Carpus oder Tarsus. Weiter beobachtete man auch an gewöhnlichen Carpal- und Tarsalknochen Vorsprünge oder auch Einkerbungen, die man als Spuren einer frühzeitig stattgefundenen Verschmelzung zweier Knochen zu einem Ganzen erklärte.

In Bezug auf diese Fragen untersuchte ich drei in Alcohol conser-virte Exemplare des Genus Hylobates und zwar einen H. leuciscus, agilis und syndactylus; weiter noch fünf trockene Skelette von H. syndactylus [1]), vier von H. leuciscus und weiter je eins von H. agilis und H. Mülleri. Ich beabsichtige in Kürze mitzuteilen, was ich ge-funden habe, ohne Partei zu nehmen für die eine oder andere Auf-fassung, da das bisher beigebrachte Material bei weitem nicht genügt ein Endurteil zu fällen.

Betrachten wir zunächst einige Knochen am CARPUS.

Os centrale [2]). Dieses Knöchelchen liegt zwischen dem Carpale III, dem Carpale II und dem Radiale, und zwar liegt es dem letzteren direct auf [3]). Das Os centrale war bei den zehn daraufhin untersuchten Ske-letten mit keinem anderen Knochen verschmolzen, doch ist es dem

---

1) Einem dieser Skelette fehlten die oberen Extremitäten.
2) Näheres über diesen Knochen findet man besonders bei: E. ROSENBERG: Ueber die Entwicklung der Wirbelsäule und das Centrale carpi des Menschen. Morph. Jahrb. 1875. Heft I; LEBOUCQ: De l'os centrale du carpe chez les mammifères. Bulletin de l'Acad. roy. de Belgique 3ᵐᵉ série. Tom. IV. n° 8. 1882; LEBOUCQ: Sur la morphologie du carpe chez les mammifères. Bulletin de l'Acad. roy. de Belgique 3ᵐᵉ série T. XVIII. n° 1; WIEDERSHEIM: Ueber die Vermehrung des Os centrale im Carpus u. Tarsus des Axolotls. Morph. Jahrb. B. VI. S. 581. 1880; WIEDERSHEIM: Die ältesten Formen des Carpus u. Tarsus der heutigen Amphibien. Morph. Jahrb. Bd II. 1876. Heft II; GEGENBAUR: Unters. zur vergl. Anat. der Wirbelthiere. Carpus u. Tarsus. Heft I. 1864; GEGENBAUR: Zur Mor-phologie der Gliedmassen der Wirbelthiere. Morph. Jahrb. B. II. II. 3. S. 403 und 408; KEHRER cit. bei Praepollex (Anm. 2. S. 332).
3) Sieh. Taf. XVII, Fig. 3, 9, 10.

Radiale so fest angeschlossen, dass man an einigen Skeletten schon genauer zusehen musste, um den Spalt zwischen beiden zu finden. Oberflächlich betrachtet scheint das Os centrale nur ein Fortsatz des Radiale zu sein und zwar ein Gelenkfortsatz, welcher an der einen Seite mit dem Carpale II an der anderen mit dem Carpale III articulirt.

Schon Eustachius kannte diesen Knochen vom Carpus einiger Affen; bei Hylobates wurde er bereits durch DAUBENTON, HUXLEY, OWEN, VROLIK, DENIKER, ROSENBERG [1]) beobachtet. LEBOUCQ (*l. c.*) fand den Knochen einmal bei H. leuciscus mit dem Radiale verschmolzen.

Praepollex [2]). So kann man mit BARDELEBEN einen kleinen Knochen, der früher meist als ein carpales Sesambein beschrieben wurde, nennen. Diese beiden Benennungen deuten sofort auf den Hauptinhalt des Streites hin, der über diesen Knochen in der Literatur geführt wird. Schon zur Zeit des Galenus hielten ihn die einen für einen Carpalknochen, die anderen für ein Sesambein. Ich fand ihn bei dreizehn Exemplaren des Genus Hylobates und zwar stets an beiden Händen [3]). Er liegt am Radialrande des Carpus zwischen Radiale u. Carpale I [4]). Mit ersterem ist er gelenkig, mit letzterem durch starkes Bindgewebe verbunden.

Die Beziehungen dieses Knochens zu den Sehnen und Muskeln waren bei den drei untersuchten Arten verschieden. An der rechten Hand eines H. agilis endete die in zwei Teile gespaltene Sehne des M. abductor pollicis bereits am Radius, doch ging vom M. extensor carpi radialis

---

1) Die Figuren von LUCAE (Abhandl. d. Senckenberg. Naturf. Gesellsch. Band V u. VI) siud sehr undeutlich, ob er das Os centrale gefunden hat, lässt sich aus ihnen nicht ersehen.

2) Nähere Mitteilungen über den sog. Praepollex faud ich bei: ROSENBERG *l. c.* S. 188; BARDELEBEN: Zur Morphologie des Hand- und Fussskelet's. Sitzungsber. der Jenaischen Gesellsch. f. Medicin u. Naturw. Jahrg. 1885. Sitzung 15 Mai; BARDELEBEN: On the Praepollex and Praehallux. Proc. Zool. Soc. of London. 1889. pag. 259; Derselbe: Praepollex u. Praehallux. Ergänzungsheft des Anat. Auz. 1889; GEGENBAUR: Untersuchungen zur vergl. Anat. der Wirbelthiere. Heft I. S. 12; WIEDERSHEIM: Lehrbuch der vergl. Auatomie. 1886. S. 212; BORN: Nachträge zn Carpus u. Tarsus. Morph. Jahrb. Bd. VI. S. 61; KEHRER: Beiträge zur Kenntniss des Carpus üud Tarsus der Amphibien, Reptilien u. Säuger. Berichte d. Naturfor. Gesellsch. zu Freiburg i. B. Band I. Heft 4. 1886. BAUR: Neue Beiträge zur Morphologie des Carpus der Säugethiere. Anat. Auz. Jahrg. IV. 1889. n° 2. Ueber den Praepollex der Cetaceen u. Pinnipedier handeln: M. WEBER: Anatomisches über Cetaceen. Morph. Jahrb. Bd. VIII. S. 630; ALBRECHT: Anat. Anz. Jahrg. I. 1886. S. 345. KÜCKENTHAL: Vergleich. anatom. u. entwickelungsgesch. Untersuch. an Waltieren. Denkschriften. Jena. 1889. LEBOUCQ: Recherches sur la morphol. de la main chez les mammiferes Marins. Archives d. Biolg. Tom. IX. 1889. pag. 593. Vergleiche auch die in den folgeuden Anmerkuugen citirten Schriften.

3) An einer Hand eines Skelettes von H. syndactylus fehlte das Knöchelchen, es war wohl beim Maceriren abgefallen.

4) Siehe Taf. XVII, Fig. 3.

brevis eine Sehne aus, welche nur am sog. Praepollex sich anheftete, ohne auf das Carpale I überzugehn [1]). An der linken Hand desselben Affen teilte sich die Sehne desselben Muskels in zwei Stränge, von denen der eine in die Sehnenscheide der radialen Extensoren ausstrahlte, die andere teils am sog. Praepollex inserirte, teils über ihn hinweg zum Carpale I zog und hier endete. An der rechten Hand eines H. syndactylus war die Sehne des Abductor pollicis nicht gespalten, doch befestigten sich ihre Fasern, ohne aus einander zu weichen, teils am sog. Praepollex, teils am Carpale I. Die am Carpale I inserirenden Fasern zogen dabei nicht über den sog. Praepollex hinweg, wie an der linken Hand des II. agilis, sondern sie lagen am radialen Rande dieses Knochens. Der sog. Praepollex ist bei H. syndactylus besonders stark entwickelt. Die Sehne des Abductor pollicis greift nicht in der Mitte desselben an, sondern an dessen medialem Rande. Bei H. leuciscus (rechte Hand) war die Sehne des Abductor in zwei Stränge geteilt, einer von diesen inserirte in Hauptsache am Praepollex, während einige Fasern über ihn hinweg zum Carpale I zogen. Der andere Strang endete am Carpale I, entsandte aber auch noch einige Fasern zum Praepollex. Bei allen heftete sich der M. extensor pollicis brevis an die Basis des Metacarpale. Ein Teil der Fasern des Abductor brevis und Opponens pollicis entspringt bei H. agilis am sog. Praepollex, bei H. syndactylus dient er nur einigen Fasern des Opponens als Ursprungsstelle, und bei II. leuciscus sind keine Muskelfasern an ihn befestigt [2]).

Da Viele den sog. Praepollex als Sesambein auffassen, sind hier nähere Mitteilungen über die Sesambeine des Hylobates gewiss angebracht. Betrachten wir diese Gebilde an den Händen des Gibbon, so finden wir constant mehr oder weniger kleine Sesambeine an der Dorsalfläche der Interphalangealgelenke. Am stärksten sind sie an der dorsalen Seite der proximalen Interphalangealgelenke. Die Sehnen der Fingerstrecker

---

1) Näheres wurde oben bei den Muskeln (S. 240) mitgeteilt.

2) Mitteilungen über das Verhalten der Muskeln und Sehnen zu diesem Knochen bei anderen Affen findet man bei: HARTMANN: Beiträge zur zoologischen u. zootomischen Kenntnis der sogenannten anthropomorphen Affen. REICHERT's Archiv f. Anat. u. Physiol. 1876 u. bei ROSENBERG l. c. Letzterer (l. c.) und DAUBENTON (Buffon XIV) beschrieben diesen Knochen bereits vom Hylobates, auch BROOK erwähnt ihn. LUCAE nennt und zeichnet ihn nicht, obgleich er ihn von der Oranghand kennt. DENIKER behauptet, er sei mit dem Radiale verschmolzen, und so werde die Tuberositas dieses Knochens gebildet. Meine Exemplare haben beides: die Tuberositas und den Praepollex.

liegen über ihnen und sind mit ihnen verwachsen. Die Fasern dieser Sehnen enden aber nie an diesen Knochen sondern an der nächstfolgenden Phalange. Dabei sind diese Sesambeine nicht nur mit der zugehörigen Sehne sondern auch mit der Kapsel des Interphalangealgelenks verwachsen und zwar der Art, dass sie mit überknorpelter Fläche in die Gelenkhöhle hineinschauen. Sie bilden dadurch einen wirklichen Teil dieser Gelenke, deren Fläche sie vergrössern, sind demnach wohl in der Kapsel dieser Gelenke entstanden und gehören, nach der Einteilung Fürbringers [1], zu den tenontogenen Sesamkörpern. An der Palmarfläche der Hand finden sich nur an den Metacarpo-phalangealgelenken stärkere Sesambeine, und zwar immer zu beiden Seiten der über diese hinwegziehenden Beugersehnen. Diese Sesambeine sind mit den Sehnen gar nicht verbunden wohl aber mit der Gelenkkapsel; sie gehören also zu den arthrogenen Sesamkörpern. Am Fuss finden sich ganz ähnliche Verhältnisse. Weiter liegen noch derartige Knöchelchen in Sehnen, welche in einem stark gekrümmten Bogen um einen Knochen ziehen, z. B. in der Sehne des M. peroneus longus und des M. tibialis posticus [2]. In diesem Falle sind sie dann garnicht mit einem Gelenk verbunden sondern nur mit der Sehne, in welcher sie entstanden sind. Auch diese rechnet Fürbringer zu den tenontogenen Sesamkörpern. Eine dritte Form dieser Gebilde wird durch die skeletogenen Sesamkörper repraesentirt. Dies sind wirkliche aber rudimentär gewordene Skeletknochen. Meist sind es Carpal- oder Tarsalknochen wie das Pisiforme der Säuger, und zu ihnen müsste man auch den sog. Praepollex rechnen, wenn er wirklich das Rudiment eines Vordaumens wäre. Vergleichen wir ihn nun mit den anderen Sesamkörpern, so sehen wir, dass er zwar mit einer Sehne verbunden ist, doch zieht die Sehne nur an der linken Hand des H. agilis und an der rechten des H. leuciscus über den Praepollex hinweg zum Carpale I. An den beiden anderen praeparirten Händen endet sie am Praepollex. Weiter ist dieser Knochen nicht mit dem Gelenk zwischen Radiale und Carpale I verbunden, sondern er articulirt durch ein besonders Gelenk mit der Tuberositas des Radiale, und Bandmassen befestigen ihn an das Carpale I. Dadurch ist seine Beweglichkeit sehr beschränkt. So ergeben sich also mannigfache Unterschiede, wenn man den Praepollex mit einem

---

1) Fürbringer: Untersuchungen über die Morphologie und Systematik der Vögel. II. Allg. Teil. Amsterdam 1888.
2) In der Sehne des Gastrocnemius und des Poplitous fand ich keine Sesamkörper.

der Sesambeine vergleicht. Auch wäre es irrig zu behaupten, dass ein Knochen, an welchem eine Sehne teils adhaerirt teils über ihn hinwegzieht, um weiter distal zu inseriren, ein Sesambein sein muss; denn dann wären viele Skelet-Knochen Sesambeine. Man denke nur an die Sehne des M. tibialis posticus, die ja an mehrere Tarsusknochen inserirt und dabei über andere hinwegzieht [1]).

Um eine Antwort auf die Frage geben zu können, ob dieser Knochen [2]) zu den Sesambeinen gerechnet werden muss, müsste man Embryonen untersuchen, denen ja die eigentlichen Sesambeine mit Ausnahme der Patella noch fehlen. An einem Embryo fand DENIKER am Radiale einen langen radialwärts gerichteten Fortsatz, welcher dort die Stelle des Praepollex einnehmen soll. Dieser wäre demnach mit dem Radiale verschmolzen gewesen. Da aber alle von mir untersuchten Skelette den langen Fortsatz des Radiale zeigten und ausserdem noch den Praepollex, so bedarf die Deutung DENIKER's weiterer Bestätigung, wenn man nicht annehmen will, dass der Praepollex seinem Hylobates fehlte! RETTERER [3]), welcher einen Längsschnitt durch die Hand desselben Foetus anfertigte, zeichnete weder den Fortsatz am Radiale noch den Praepollex. An dem Skelet eines jungen H. syndactylus, an welchem die Dia- und Epiphysen der Metacarpalia noch getrennt waren, und die Sesambeine sich noch nicht entwickelt hatten, fand ich eine faserige Gewebsmasse zwischen Radiale und Carpale I, welche einen knorpeligen Kern umschloss. So sah auch HARTMANN den Praepollex am noch nicht verknöcherten Carpus eines H. agilis als ein ovales Stück Knorpel [4]). Doch lässt sich natürlich nicht beweisen, dass diese Knorpel bereits im embryonalen Stadium der genannten beiden Thiere vorhanden waren. Auch darf nicht vergessen werden, dass ja überhaupt die Sesambeine knorpelig angelegt werden. Und wenn alle anderen Sesamkörper jenem Hylobates syndactylus fehlten, so ist dies nur ein negativer Beweis, der nicht allzu viel Wert hat, da er einem macerirten, eingetrockneten Skelet entnommen ist. Immerhin ist letztgenannter Punkt bemerkenswert und würde vielleicht den Schluss erlauben, dass der

---

1) Vergleiche die Beschreibung dieses Muskels (S. 305). Genauere Angaben über die Insertionen dieser Sehne beim Menschen erschienen im Anat. Anz. 1889. n° 21: STIEDA: Der M. peroneus longus und die Fusswurzelknochen.
2) Ich werde diesen Knochen weiterhin auch als Praepollex bezeichnen, weil dieser Name geläufig geworden ist, ohne ihm irgend welche Bedeutung zuzumessen.
3) Citirt in der Arbeit DENIKER's: Seite 97.
4) l. c. S. 642 und Fig. 12. Taf. XIV.

Praepollex, wenn er nicht ein Carpalknochen [1]) ist, dann doch früher als die anderen Sesambeine angelegt wird, etwa wie die Patella, die auch im Embryo schon vorhanden ist. Sollte er aber ein Carpalknochen sein, so verknöchert er später als die übrigen.

Manche Forscher haben sich mit der Frage beschäftigt, ob die Sesambeine sich aus physiologischen Gründen oder rein mechanischen Momenten erklären lassen. Man erkannte, dass Muskeln und Sesamkörper zusammengehören müssen und vermutete, dass letztere den Muskeln ihre Entstehung verdanken. Auch die Genese derjenigen Sesambeine, welche nicht mehr mit Sehnen in Verbindung sind, suchte man auf gleiche Ursachen zurückzuführen. So wurde denn auch durch RUGE bewiesen, dass die Sesamkörper an der Plantarseite der Metacarpo-phalangealgelenke bei vielen Säugethieren mit den Mm. interossei zusammenhängen. Wiederholt wies man auch darauf hin, dass die Reibung der Sehnen und Muskeln an ihrer Unterlage vielleicht Anlass zur Entstehung dieser Gebilde geben könnte.

Auch der Praepollex ist mit einer Sehne verbunden, und es fragt sich, ob zwischen beiden ähnliche Beziehungen existiren wie zwischen den Sesamkörpern und ihren Sehnen vorausgesetzt werden. Der Abductor pollicis entspringt an der Streckseite des Arms und biegt sich um die Extremität zur Beugeseite. Nehmen wir nun an, dass die Sehne dieses Muskels zuerst nur am Carpale I inserirte, dann reibt sie bei Contraction des Muskels an der Tuberositas des Radiale. Vielleicht

---

1) Viele Forscher sind der Meinung, dass wenn der Beweis für die vorausgesetzte carpale Natur dieses Knochens erbracht sei, derselbe dann auch einen vollständigen radialen Strahl „einen wirklichen Praepollex" repraesentire. Ganz neu ist die Auffassung BAUR's (l. c.), der diesen Knochen zwar als einen Carpalknochen auffasst, aber nicht als Praepollex sondern als Radiale. Was man sonst Radiale nennt ist seiner Meinung nach ein zweites Centrale. KOLLMANN (Anat. Anz. n° 17 u. 18. 1888) brachte auch einen neuen Erklärungsversuch. Er will die radialen und ulnaren überzähligen Knöchelchen nicht als Elemente früherer Finger anerkennen, sondern als ererbte Rudimente, als vererbte rudimentäre Strahlen. Diese rudimentären Strahlen erhielten die Batrachier von den Fischen und vererbten sie bis auf die Säugethiere. Er sagt: „Es giebt keine Stapidifera mit mehr als fünf Fingern, aber solche mit fünf Fingern und mit Spuren eines radialen und ulnaren Strahles". EMERY (Anat. Anz. n° 10. 1890) deutet den Knochen in ähnlicher Weise wie KOLLMANN. Auch GEGENBAUR ist gegen die atavistische Polydactylie-Theorie bei höheren Wirbelthieren; vergleiche seine: Kritischen Bemerkungen über Polydactylie als Atavismus. Morph. Jahrb. Bd VI. 1880. S. 584 und: Morph. Jahrb. Bd. XIV, 1888 p. 394. Doch will GEGENBAUR auch nicht abstreiten, dass die Gliedmasen aus mehr als vier Strahlen (plus Hauptaxe) zusammengesetzt sein können. Morph. Jahrb. Bd II. S. 407. TONNIER hält den Praepollex und Praehallux der Säugethiere für eine auf physiologischem Wege (Anpassung) entstandene Neubildung. Anat. Anz. 1889. Ergänzungsheft. S. 113.

liesse sich durch dieses mechanische Moment die Entstehung eines Sesambeins in dem fibrösen Gewebe, welches die Tuberositas bedeckt, erklären. Durch die fortgesetzte Reibung solch eines Sesambeins an der Tuberositas des Radiale könnten sich dann an beiden Knochen Gelenkflächen bilden.

Hiergegen liesse sich einwenden, dass die Sehne des Abductor, wie ich oben mitteilte, öfter am Praepollex selbst endet und nicht zum Carpale I hinüberzieht. Doch dies ist nur ein scheinbarer Widerspruch. Der Praepollex ist nämlich durch starkes, straffes Bindegewebe an das Carpale I befestigt; dieses Band ist die Fortsetzung der Sehne des am Praepollex endenden Abductor, ganz wie das Lig. piso-hamatum (beim Menschen) nach GEGENBAUR die Fortsetzung der Sehne des Flexor carpi ulnaris ist. Hierbei könnte es wohl ein secundäres Verhalten, eine Erwerbung späterer Zeit sein, dass ein Teil der Sehne des Abductor in gar keiner Verbindung mit seinem Sesambein steht, sondern direct am Carpale I inserirt; denn die Sehne des Abductor zeigt Tendenz ihre Insertion in distaler Richtung auszubreiten, so wie sie denn auch beim Menschen das Metacarpale, ja selbst die erste Phalanx erreicht hat; der Extensor brevis ist ja doch nur ein Teil des Abductor pollicis longus [1]). Damit will ich natürlich nicht behaupten, dass man sich die Entstehung des sog. Praepollex bei Hylobates oder den anderen Säugethieren in obengenannter Weise denken muss; im Gegentheil, ebenso gut wie die Patella bereits embryonal angelegt wird, so könnte dies auch mit dem Praepollex, als einem sehr alten Sesambein der Fall sein. Solange nicht bewiesen werden kann, dass Patella und Praepollex genetisch ganz verschiedene Gebilde sind, ist es an und für sich (trotz BARDELEBEN) kein Beweis für die carpale Natur des Praepollex, dass dieser Knochen der Abductorsehne bei so vielen Thieren gefunden wird.

Aus Obigem ergiebt sich, dass man von gewissen Gesichtspunkten aus den sog. Praepollex als ein Sesambein auffassen kann. Damit ist allerdings noch nicht bewiesen, dass er auch wirklich ein Sesambein ist. Die von mir gefundenen Thatsachen genügen demnach durchaus nicht den Streit zu entscheiden [2]).

---

1) So sind die beiden Muskeln am Foetus des Hylobates zu einem Muskel verschmolzen, dessen eine Sehne an der Phalanx I inserirt (Verg. S. 240). Zuweilen inserirt der Extensor brevis beim Menschen auch an der zweiten Phalanx (ganz oder teilweise), or rückt dann also noch weiter hinab. WOOD: Variations in human myology. Proc. of the roy. Society. Vol. XVI. n° 104. 1868.

2) Sehr wertvoll sind die Resultate Emery's (Anat. Anz. Jahrg. V. n° 10), welcher

Radialo (Naviculare carpi). Dieser Knochen zeigt einen stark entwickelten radialen Fortsatz, mit welchem der Praepollex articulirt [1]). Dies ist die Tuberositas des Naviculare carpi oder die Cartilago marginalis Bardeleben's. Diese Tuberositas soll früher (phylo- und ontogenetisch) ein selbstständiger Knochen gewesen sein, der mit dem Radiale verschmolzen ist. Bardeleben deutet ihn denn auch als das proximale Carpale seines Praepollex [2]). Ich sah die Tuberositas an dreizehn Exemplaren des Genus Hylobates.

Carpale I. Das Carpo-metacarpalgelenk des Daumens ist kein Sattelgelenk sondern eine freie Arthrodie, indem die pfannenartige Gelenkhöhle am Metacarpale des Daumens mit einem runden Gelenkkopf des Carpale I articulirt. Vergleiche Lucae (l. c.).

Cartilago triangularis (interarticularis). Dieser Knorpel liegt zwischen der Ulna und dem Ulnare bei allen Skeletten, die ich daraufhin untersuchte. Eine Ausnahme machten drei Exemplare und zwar je ein H. leuciscus, H. agilis und H. Mülleri. Bei diesen liegt ein Knöchelchen zwischen dem Processus styloides ulnae, dem Pisiforme und Ulnare. Es sitzt dem Proc. styl. auf und articulirt mit diesem und dem Ulnare. Das Pisiforme ist dem Carpus grade dort angefügt, wo obengenanntes Knöchelchen und das Ulnare einander berühren. Die beigefügte Zeichnung veranschaulicht die beschriebenen Verhältnisse (Taf. XVII, Fig. 9). Daubenton scheint Ähnliches gefunden zu haben. Er beschreibt drei überzählige Knochen am Carpus des Gibbon. Von diesen ist der eine das Centrale, der andere der Praepollex. Die Lage des dritten beschreibt er mit den folgenden Worten: „Il se trouve placé sur le joint, qui est entre le troisième et le quatrième os du premier rang" [3]).

---

bei Embryonen vorschiedener Nagethiere den Praepollex constatirte, und zwar ganz unabhängig von Sehnen u. Ligamenten, welche erst später angelegt werden.

Die Verbindung des Abductor pollicis mit dem Praepollex lässt sich auch in anderer Weise erklären. Nimmt man an, dass der Praepollex ein rudimentärer Strahl ist, so könnte der Abductor pollicis einer der, diesen Vordaumen bewegenden Muskeln gewesen sein. Hält man an dieser Hypothese fest, so drängt sich der Gedanke auf, dass vielleicht alle Extensores und Flexores carpi früher Beuger und Strecker verschwundener Strahlen gewesen sein können, die später auf die Handwurzel hinüberwanderten. Zur Beantwortung dieser Frage, die nunlängst auch durch Emery ausgesprochen wurde, habe ich (bevor Emery's Arbeit erschien) schon seit einiger Zeit Material gesammelt und hoffe demnächst meine Resultate zu veröffentlichen. Es scheint mir wünschenswert, dass die Streitfrage auch von dieser Seite beleuchtet werde.

1) Sieh Taf. XVII, Fig. 3.

2) Sitzungsbericht d. Jenaischen Gesellschaft f. Medicin u. Naturwissenschaft. 30 Okt. 1885.

3) Dieses Knöchelchen fand er auch beim Magot (Inuus ecaudatus); doch fehlte es

Bezugnehmend auf diese Entdeckung DAUBENTON's nenne ich das oben beschriebene Knöchelchen „Ossiculum Daubentonii". Wieder andere Verhältnisse zeigten sich an dem Carpus eines H. syndactylus. Dort lag zwischen Radius und Ulnare ein kleiner Knochen [1]. Ein fibröses Band zog von diesem zum Radius und zum Ossiculum Daubentonii (welches gleichfalls vorhanden war); zwischen beiden lag knorpeliges Gewebe [2]. Das Knöchelchen (Ossiculum Camperii) fand sich an beiden Händen, an der linken Hand aber war das Ossiculum Daubentonii reducirt bis auf einen kleinen, knöchernen Kern in der knorpeligen Masse. Die beschriebenen Verhältnisse dieser Knöchelchen deuten darauf· hin, dass sie wohl als Verknöcherungen der Cartilago interarticularis aufgefasst werden müssen. Es bleibt dann allerdings noch eine offene Frage, ob diese Knochenbildungen zwischen Ulna und Ulnare als pri-märe oder secundäre Verhältnisse zu beurteilen sind [3].

Pisiforme [4]. Wie aus der beigefügten Zeichnung (Taf. XVII, Fig. 1, 9, 10) ersichtlich ist, hat dieser Knochen bei Hylobates ganz

---

den anderen von DAUBENTON beschriebenen Affen. Histoire naturelle, générale et particulière avec la description du cabinet du roi T. XIV. BUFFON et DAUBENTON. Paris. 1766. Auch CAMPER sah diesen Knochen bei Inuus ecaudatus, den er den aegyptischen Affen nennt. Dabei citirt er DAUBENTON richtig; die schematische Zeichung, die er nach dessen Be-schreibung anfertigte, ist aber unrichtig. CAMPER: Verhandeling over den Orang-Outang etc. Amsterdam 1782. Ich konnte den Knochen an einem daraufhin untersuchten Skelet des Inuus ecaudatus nicht finden.

1) Auch CAMPER kannte noch ein Knöchelchen in dieser Carpusregion und zwar beim Mandril. l. c. pag. 87. „In de hand van den Mandril heb ik een vierde overtollig beentje gevonden den 9 Febr. 1779 in een band, welke van buiten van het Triquetrum afkwam en zich in het Naviculare hechtede, 't welke mede vast was door een kleinen band aan den Radius."

2) Taf. XVII, Fig. 10.

3) Nach LEBOUCQ (Sur la morphologie du carpe chez les mammifères. Siehe Aum. S. 331) soll die Cartilago triangularis beim Embryo des Menschen ein Ganzes bilden mit dem Pisiforme und dem Processus styloides ulnae. Später folgt die Trennung, und die beiden letztgenannten Teile dieser Gewebsmasse persistiren als Knochen. Er rechnet daher auch dieses Ansatzstück (Cartil. triang.) der Ulna zu den Carpalknochen und fand bei Embryonen des 3ten und 4ten Monats in demselben einen Knorpelkern, der später wieder verschwindet. Er vergleicht ihn mit dem Os trigonum pedis von BARDELEBEN. Näheres über dieses Os trigonum pedis findet man bei ALBRECHT: Bulletin de la société d'anthropologie de Bruxelles. T. III. 1885 und bei BAUR: Bemerkungen über den Astra-galus und das Intermedium tarsi der Säugethiere. Morph. Jahrb. B. XI. Bei letzterem findet man eine vollständige Literaturangabe.

4) KEHRER (Vergl. Anm. S. 334). BARDELEBEN: Proc. Zool. Soc. 1889. pag. 200. GEGENBAUR: Untersuchungen zur vergl. Anat. der Wirbelthiere. Heft I. S. 12 u. S. 51. Derselbe: Ueber das Gliedmassenskelett der Enaliosaurier. Jenaische Zeitschr. Bd V. II. 3. 1870. S. 349 etc. BAUR: Zur Morphologie des Carpus u. Tarsus der Reptilien. Zoolog. Anz. n° 208. 1885.

die Gestalt eines Metacarpale, man sieht deutlich Basis, Mittelstück und Capitulum. Er articulirt mit dem Ulnare, liegt aber nicht am Ulnarrande des Carpus, sondern sein Capitulum ist radialwärts verschoben auf die Beugefläche des Carpus. In dieser Lage wird der Knochen fixirt durch die Sehne des Flexor carpi ulnaris, die am proximalen Rande des Capitulum inserirt, sowie durch ein starkes, vom Carpale IV (Hamatum) ausgehendes Ligament, welches an den distalen Rand des Capitulum befestigt ist. Zwischen beiden Rändern liegt auf dem Capitulum die Ursprungsstelle des Abductor digiti quinti, und dadurch wird das obengenannte Ligament (Lig. piso-hamatum) von der Sehne des Flexor carpi ulnaris getrennt [1]. Das Lig. piso-hamatum soll beim Menschen (GEGENBAUR) die Fortsetzung der Sehne des Flexor carpi ulnaris sein (Vergl. S. 337). Betrachtet man das Pisiforme als Rudiment eines sechsten Strahles (oder Fingers), so könnte man den genannten Muskel als einen Beuger dieses Fingers auffassen (Vergl. Anm. 2. S. 337). Fehlte dieses Lig. piso-hamatum, so würde ein Contraction des Flexor carpi ulnaris nur das Pisiforme wie einen Finger beugen; nun aber beugt er die ganze Hand. Das Lig. carpi transversum, welches die Beugersehnen überbrückt, ist ulnarwärts nicht (wie beim Menschen) an das Carpale IV (Hamatum) und Pisiforme befestigt, sondern an das Hamatum und an die Ulna. Das Pisiforme liegt über dem Lig. transv., bedeckt den Ulnarrand desselben und ist nicht mit ihm verbunden.

Digitus VI. Bei einem H. syndactylus waren an beiden Händen sechs Finger vorhanden. Der sechste war sehr klein, lag am Ulnarrande der Hand und wurde durch eine, vom N. ulnaris innervirte Hautduplicatur mit der ersten Phalanx des fünften Fingers verbunden. Dieser Finger wurde durch zwei vollständige, kleine Phalangen gebildet, von denen die distale einen gut entwickelten Nagel trug, dessen Form mit denen der anderen Finger übereinstimmte. Keine Sehnen zogen zu diesen Phalangen. Das Pisiforme war ganz wie bei den anderen Exemplaren.

Auch die Tarsusknochen des Hylobates zeigen manche Eigentümlichkeiten.

Praehallux [2]). Dieser Knochen liegt am Tibialrande des Tarsus,

---

1) Sieh. Taf. XVII, Figur 1. Diese zeigt auch, dass das Pisiforme, seiner Gestaltung wegen, kein Sesambein sein kann.
2) Was ich über die Deutung des Praepollex mittheilte, gilt auch für den Praehallux. Auch die Literatur ist zum Teil dieselbe: BORN, WIEDERSHEIM, BARDELEBEN, KEHRER,

zwischen dem Motatarsale 1 und dem Cuneiforme 1. Er articulirt mit
beiden Knochen, liegt aber dem Motatarsale besonders dicht an, sodass
er bei oberflächlicher Betrachtung mit diesem verschmolzen zu sein
scheint. Ich suchte und fand ihn bei neun Exemplaren der verschiedenen
Species von Hylobates. An einem Exemplar des H. syndactylus konnte
ich den Knochen aber nicht finden; doch war grade dort, wo dieses
Knöchelchen dem Metatarsale bei den anderen Exemplaren anliegt,
eine nach hinten gerichtete Tuberosität vorhanden. Warscheinlich war
der Praehallux hier also nicht beim Maceriren verloren gegangen sondern
mit dem Metatarsale verschmolzen [1]).

Dieses Knöchelchen ist bei den drei, auf die Muskeln hin praeparirten Exemplaren, verbunden mit der Sehne des M. tibialis anticus.
Diese teilt sich nämlich in zwei Stränge, von denen der stärkere am
Cuneiforme I, der schwächere am Praehallux endet. Mit dem Metatarsale ist die Sehne nicht verbunden. Da der eine Teil der Sehne des
Tib. ant. an dem Praehallux endet und nicht zum Metatarsale zieht, so
unterscheidet der Praehallux sich dadurch sehr von den übrigen Sesambeinen [2]). Wenn wir ferner annehmen dürfen, dass bei dem obengenannten Skelet dieses Knöchelchen mit dem Metatarsale verschmolzen war (und anders lässt sich die Tuberositas wohl nicht erklären),
dann wäre damit wahrscheinlich gemacht, dass der Praehallux kein
Sesambein sendern ein wirklicher Carpalknochen ist. Es sei denn,
dass ein Sesambein während des Wachstums des Individuum in Bezug
auf sein Verhältnis zur Sehne selbstständiger werden und mit einem
Carpalknochen verschmelzen könnte [3]).

Baur, wurden Seite 332 citirt. Albrecht: Les homodynamies, qui existent entre la main
et le pied des mammifères. Presse médicale belge n° 42, 19 Okt. 1889. Baur: Zur Morphologie des Tarsus der Säugethiere. Morph. Jahrb. Bd. X. 1885. Derselbe: Zur Morphologie des Carpus u. Tarsus der Reptilien. Zoolog. Anz. n° 208. 1885. Leboucq: Siehe die
beim Praepollex cit. Schrift. S. 609. Born: Die sechste Zehe der Anuren. Morph. Jahrb. Bd I.
Heft 3. Leydig: Bau der Zehen der Batrachier u. Bedeutung des Fersenhöckers. Morph.
Jahrb. Bd. 2. Heft 3. Gegenbaur: Unters. zur vergl. Anat. der Wirbelthiere. Heft II. S. 63.

1) Weiter fehlte er noch an den Skeletten von je einem Exemplar eines H. syndactylus und H. leuciscus; beide waren noch sehr junge Thiere.

2) Die Beziehungen dieses Knochens zum Abductor hallucis wurden bei der Muskulatur beschrieben (S. 308).

3) Das Lig. calcaneo-naviculare plantare (welches ich weiter unten näher beschreiben
werde) verknorpelt zum Teil, auch bei Hylobates. Aber es kann beim Menschen auch
verknöchern. Diese Veränderungen des obeng. Ligaments entstehen „wohl in Folge des
Contacts mit der kräftigen Sehne des M. tib. post. und der gegenüberliegenden Fläche
des Taluskörpers, können aber eine hohe Ausbildung gewinnen und schliesslich zur Verschmelzung des Calcaneus und Naviculare führen" (Fürbringer l. c.). Demnach sind die

Doch wenn sich auch herausstellen sollte, dass dieser Knochen ohne Zweifel den Carpalknochen zugezählt werden muss, dann wäre immer noch zu beweisen, dass er einen wirklichen Praehallux repraesentirt. In der Literatur finden sich keine Angaben über diesen Knochen des Hylobates-Fusses, doch hat Lucae[1]) ihn abgebildet ohne ihn zu beschreiben, ja ohne ihn zu nennen. Trotzdem zeichnet er die Lage und Gestalt des Knochens genau so, wie ich sie gefunden habe.

Tuberositas scaphoidei s. ossis navicularis (Cartilago marginalis. Bardeleben)[2]). Diese war an allen untersuchten Exemplaren sehr stark entwickelt; sie krümmt sich nach hinten um und ist nicht viel kleiner als der Knochen selbst. An dem Skelet eines jungen H. syndactylus war sie noch ganz knorpelig, sie verknöchert also später als das Naviculare, mit dem sie verbunden ist. Dagegen praesentirte sie sich an dem linken Fuss eines erwachsenen Exemplars derselben Species als ein von dem Naviculare getrennter, selbstständiger Knochen. An dem linken Fuss eines H. agilis war eine Trennung des Naviculare durch eine Furche in zwei Teile angedeutet. An allen anderen untersuchten Füssen fand sich nichts derartiges. Sehr merkwürdig ist die Mitteilung Denikers, dass diese Tuberositas seinem Foetus ganz fehle.

Bei den drei von mir praeparirten Exemplaren inserirte an der dorsalen Fläche dieser Tuberositas (aber nicht an ihrer nach hinten und plantarwärts gerichteten Spitze) ein starkes Band, welches vom Malleolus internus ausgeht. Dieses Ligament ist dem Ligamentum deltoides des Menschen homolog, welches hier aber weniger am Talus sondern fast nur an der Tuberositas ossis navicularis inserirt. An der plantaren Fläche dieser Tuberositas inserirt ein Teil der Sehne des M. tibialis posticus. Die Spitze des Fortsatzes wird, wie beim Menschen, durch ein fast 4 mm. dickes Band (Lig. calcaneo-naviculare plantare) mit dem Sustentaculum tali verbunden. Dieses Band ist an der dorsalen Fläche

---

Umwandlungen in diesem Ligament der Entstehung vieler Sesamkörper gleichzusetzen, und steht dann der Annahme nichts mehr entgegen, dass auch echte Sesambeine mit Skeletknochen verschmelzen können.

1) l. c. Taf. III, Fig. 11.

2) Es soll diese Tuberositas früher ein selbstständiger Knochen gewesen sein, der später mit dem Naviculare verwuchs. Sie würde dann als das proximale Tarsale eines Praehallux aufzufassen sein. Der meist direct als Praehallux bezeichnete Knochen wäre dann das distale Tarsale dieser hypotetischen Zehe. Vergl. Albrecht (ist i. d. Anm. S. 332 citirt). Bardeleben: Sitzungsbericht der Jenaischen Gesellschaft für Medicin u. Naturw. 6 Febr. 1885. 15 Mai 1885. 30 Okt. 1885.

überknorpelt, wodurch die Gelenkpfanne des Naviculare für das Caput tali sehr vergrössert wird. Auch an der plantaren Fläche ist das Band in knorpeliges Gewebe umgebildet, das eine Rinne bildet, in welcher die Sehne des Tibialis posticus gleitet [1).

Calcaneus secundarius (GRUBERII) [2). An dem rechten Fuss eines Skelets von H. syndactylus war die mediale Ecke abgespalten, lag als selbstständiger Knochen zwischen dem Calcaneus, Naviculare und Cuboides und articulirte mit den beiden letztgenannten Tarsusknochen [1). Ob zwischen diesem abnormalen Knochen und dem Calcaneus ein Gelenk bestanden hatte, konnte ich an den Knochen nicht mehr ausmachen, ich glaube es aber verneinen zu dürfen. Übrigens kann das Vorhandensein oder Fehlen einer derartigen Verbindung die Deutung solcher überzähligen Tarsal- oder Carpalknochen wenig beeinflussen; denn wenn sie durch mechanische Gewalt von den bekannten Knochen abgetrennt wurden, kann leicht zwischen beiden ein Gelenk entstehen, wenn sie bei den Bewegungen der Extremität gegen einander gerieben werden. Ich suchte an mehreren Füssen von Hylobates-Skeletten, nach obengenanntem Knochen, fand ihn aber nicht.

ZUR WIRBELSAULE DES HYLOBATES.

In den folgenden Mitteilungen möchte ich eine Ergänzung liefern zu den Untersuchungen ROSENBERG's: Über die Entwicklung der Wirbel-

---

1) Vergleiche die Anm. S. 341.

2) LEBOUCQ wies nach, dass bei Embryonen des Menschen die mediale Ecke des Calcaneus und die laterale Ecke des Scaphoid einander fast berühren und nur durch eine schmale Schicht skeletogenen Gewebes von einander getrennt sind. Während der weiteren Entwicklung entfernen sich die Knochen von einander und in dem sie trennenden Gewebe entwickelt sich das Lig. calcaneo-scaphoideum (Lig. interosseum). Bleibt diese Verschiebung der Knochen aus, so kann sich zwischen beiden Knochen ein Gelenk bilden. Oder auch die skeletogene Schicht zwischen Calcaneus und Scaphoid kann verknöchern und so beide Knochen synostotisch verbinden. Doch kann auch ein separirter, kleiner Knochen in diesem Gewebe entstehen, den er mit GRUBER (Memoires de l'academie impériale des Sciences de Petersbourg. Ser. VII. T. XVII. n° 6) einen Calcaneus secundarius nennt. Der von LEBOUCQ beschriebene Fall eines Calcaneus secundarius (Bulletin de l'académie royale de medecine. 1890) ist dem von mir bei Hylobates gefundenen sehr ähnlich.

3) DAUBENTON (l. c.) sagt vom Tarsus des Gibbon: »Le tarse est composé de sept os comme dans l'homme. Le premier cuneiforme est beaucoup moins gros que celui de l'homme. Il y a de plus dans le gibbon un huitième os placé au côté externe du tarse à l'endroit où le Calcaneum touche au Couboide". Es ist schwer zu beurteilen, ob man diesen Knochen DAUBENTON's mit dem von mir gefundenen identificiren darf. Bei den meisten Affen, die DAUBENTON beschrieben hat, fand er nur sieben Tarsusknochen, bei einzelnen anderen aber acht, doch beschrieb er diesen achten Knochen dann nicht näher. Nur bei der Darstellung der Verhältnisse des Macacus vergleicht er erst den Tarsus mit dem des Gibbon und sagt dann: »Le tarse était composé de huit os comme dans ce singe (Gibbon)"

säule" [1]). In dieser bekannten Arbeit finden sich einige Angaben über die Wirbelsäule des Hylobates, welche ROSENBERG in Hauptsache der Literatur entnehmen musste, da er selbst nur ein einziges Skelet zu seiner Verfügung hatte. Mir hingegen lagen elf Wirbelsäulen [2]) und neuere Literaturberichte vor, wodurch ich im Stande bin einzelne seiner Angaben zu vervollständigen.

Zufälliger Weise repraesentiren alle Wirbelsäulen, welche ROSENBERG citirt oder beschreibt, niedere Entwicklungsstufen, von den höheren, welche gar nicht so selten sind, war ihm keine bekannt geworden. Dadurch musste er zu dem irrigen Schlusse kommen, dass das Fortschreiten der Sacrumbildung bei Hylobates geringer und auch gleichmässiger sei, als bei den anderen Anthropoiden. So meint er denn auch es sei: „die Auffassung nicht ganz unbegründet, welche das Genus Hylobates als ein solches anspricht, bei dessen jetzt lebenden Vertretern noch am meisten von den Eigentümlichkeiten einer diesem Genus und zugleich den übrigen Formen zu Grunde liegenden Stammform sich erhalten hat" [3]). Meine nachfolgenden Angaben werden deutlich erweisen, dass die Wirbelsäule des Hylobates grossen Veränderungen unterworfen ist und von den niederen Zuständen der Cynocephaliden und Cercopitheci hinaufsteigt bis zu Verhältnissen, die denen der menschlichen Wirbelsäule entsprechen.

Hingegen wird durch meine, weiter unten mitzuteilenden Resultate die Prophezeiung ROSENBERG's erfüllt, in der es heisst: „dass die Umformung bei Hylobates später auch am 25ten Wirbel eintreten werde, ist um so wahrscheinlicher, als die relativ primitivste Stufe von Hylobates das Fortschreiten der Sacrumbildung lehrt, da hier der 26te Wirbel lumbosacrale Form hat" [4]). Allerdings waren die höchsten Entwicklungsstufen der Wirbelsäule des Hylobates bereits vor ROSENBERG bekannt; denn der von CUVIER beschriebene Hylobates hatte nur vier und zwanzig dorsolumbale Wirbel. Doch scheint ROSENBERG dies übersehen zu haben, falls er nicht den Zahlen CUVIER's misstraute und sie daher

---

1) Morph. Jahrb. Bd I. Heft I.

2) Zwei der untersuchten Skelette danke ich Herrn Prof. WEBER, drei erhielt ich durch die hiesige Zoologische Gesellschaft „Natura artis magistra". Die andern sechs sind Eigentum des Leidener Museums, dessen Direktor, Herrn Dr. JENTINK, ich meinen aufrichtigen Dank ausspreche für die Bereitwilligkeit, mit welcher er mir das Material zur Verfügung stellte.

3) l. c. S. 158.   4) l. c. S. 161.

unbeachtet liess; jedoch schliessen sich diese direct an einige der von mir erlangten Resultate an.

Bevor ich zu der Beschreibung der einzelnen Wirbelsäulen übergehe, ist es wünschenswert erst genauer festzustellen, welche Wirbel ich zu den einzelnen Regionen rechne, sowie die Grenzen zwischen letzteren zu bestimmen.

Die Grenze zwischen Lumbal- und Dorsalwirbeln bestimmte ich (der allgemeinen Auffassung gemäss) nach dem Fehlen oder Vorhandensein von Rippen und nach der Ausbildung der Proc. laterales.

Ist ein Wirbel, welcher den bekannten Charakter der Lendenregion zeigt, nur durch Bindegewebe an das Sacrum befestigt und ist die Umbildung der Processus laterales wenig ausgesprochen, so nenne ich ihn, auch wenn er ganz vom Sacrum überragt wird, einen lumbalen Wirbel. Sind jedoch die Proc. later. umgebildet in der Weise der Seitenfortsätze der sacralen Wirbel, ist der Abstand der Proc. later. von den Ossa ilei sehr gering, spaltförmig geworden, bleibt die Verbindung aber doch noch eine ligamentöse, so nenne ich den Wirbel „lumbosacral". Ist die Umbildung der Proc. laterales weiter fortgeschritten, und sind diese durch eine Pseudarthrose mit dem Ileum verbunden, eine Pseudarthrose, die aber vor der Facies auricularis liegt, so nenne ich den Wirbel „hemisacral".

Ganz zum Sacrum rechne ich nur diejenigen Wirbel, welche mit der Facies auricularis durch eine Pseudarthrose verbunden sind und ferner diejenigen, steisswärts gelegenen Wirbel, deren Proc. laterales noch mit den gleichnamigen Fortsätzen des vorhergehenden Wirbels verbunden sind. Wo diese Verbindung aufhört, fängt die Caudalregion an. Es braucht wohl kaum erwähnt zu werden, dass meine Angabe über die Anzahl der Caudalwirbel nicht genau sein kann.

Die Zahlenverhältnisse derjenigen Wirbelsäulen, welche ich selbst untersucht habe, sowie auch solcher, welche ich in den Mitteilungen früherer Forscher fand, habe ich in eine Tabelle gebracht. Diese wurde ganz nach dem bekannten Schema ROSENBERG's angefertigt. In der ersten Reihe finden sich die Reihenzahlen derjenigen Wirbel, welche zur dorsalen Region gehören (d), in der zweiten werden die lumbalen Wirbel (l) in gleicher Weise genannt, dann folgen die sacralen (s) und endlich die caudalen Wirbel (cd); zwischen den beiden Längsreihen der lumbalen und sacralen Wirbel blieb ein Raum offen, in dem die Nummern derjenigen Wirbel eingefügt wurden, welche Übergangsformen zwischen den beiden genannten Regionen bilden und demnach als lumbo-sacrale (*ls*) und hemisacrale (*hs*) bezeichnet werden müssen. Ein Blick auf die Tabelle macht deutlich, dass nur einzelne Wirbelsäulen deutlich hervortretende Übergangsformen zeigten.

In dem nachfolgenden Verzeichnis werden zunächst diejenigen Wirbelsäulen genannt, welche auf der höchsten Entwicklungsstufe stehn, um schliesslich mit den niedrigsten Formen abzuschliessen.

1. H. leuciscus (8 — 19) d. (20 — 24) l.	(25—28) s. (29 — 31) cd.
2. H. „ (8 — 19) d. (20—24) l.	(25 — 28) s. (29 — 31) cd.
3. H. syndact. (8 — 19) d. (20 — 25) l.	(26 — 28) s. (29 — 31) cd.
4. H. Mülleri (8 — 19) d. (20 — 24) l.	(25 — 29) s. (30 — 31) cd.
5. H. syndact. (8 — 20) d. (21 — 24) l.	(25 — 29) s. (30 — 33) cd.
6. H. „ (8 — 20) d. (21 — 24) l.	(25 — 30) s. (fehlen) cd.
7. H. leuciscus (8 — 20) d. (21 — 24) l.	25 hs. (26 — 29) s. (30 — 32) cd.
8. H. syndact. (8 — 20) d. (21 — 24) l.	25 hs. (26 — 30) s. (fehlen) cd.
9. H. agilis (8 — 20) d. (21 — 24) l. 25 ls. s.hs.	(26 — 30) s. (31 — 34) cd.
10. H. leuciscus (8 — 20) d. (21 — 24) l. 25 ls.	(26 — 29) s. (30 — 32) cd.
11. H. „ (8 — 20) d. (21 — 24) l. 25 ls.	(26 — 29) s. (30 — 33) cd.
12. H. syndact. (9 — 20) d. (21 — 24) l. 25 ls.	(26 — 30) s. (31 — fehl.) cd.
13. H. „ (8 — 20) d. (21 — 24) l. 25 ls.	(26 — 29) s. (fehlen) cd.
14. H. „ (8 — 20) d. (21 — 25) l.	(26 — 29) s. (30 — 32) cd.
15. H. leuciscus (8 — 20) d. (21 — 25) l.	(26 — 30) s. (31 — 32) cd.
16. H. lar (8 — 20) d. (21 — 25) l.	(26 — 30) s. (31 — 32) cd.
17. H. agilis (8 — 20) d. (21 — 25) l.	(26 — 29) s. (30 — 34) cd.
18. H. spec. (8 — 21) d. (22 — 25) l.	(26 — 30) s. (31 — 34) cd.
19. H. spec. (8 — 21) d. (22 — 25) l. 26 ls.	(27 — 30) s. (31 — 34) cd.

Auf diese Tabelle lasse ich nun eine nähere Beschreibung der einzelnen Wirbelsäulen folgen. Die dabei beobachtete Reihenfolge stimmt mit der des Verzeichnisses überein. Ich erwähne jedoch nur die Befunde an den lumbalen und sacralen Wirbeln und zwar namentlich diejenigen, welche sich auf etwaige Umgestaltungen und Übergänge zwischen den einzelnen Regionen beziehen.

Bei der nachfolgenden Beschreibung der Proc. laterales der Lendenwirbel benutzte ich den Ausdruck „schräg nach vorn", um dadurch anzudeuten, dass das laterale Ende des Proc. weiter nach vorn reicht als die medianwärts gelegene Verbindungsstelle des Fortsatzes mit dem Wirbel. Die Ausdehnung des Processus lateralis in der Richtung vom

Kopf zum Steiss nenne ich seine Breite; die Bezeichnung dick bezieht sich auf Messungen in dorso-ventraler Richtung; den Abstand des lateralen Endes des Processus von seinem Wirbel bezeichne ich als die Länge des Fortsatzes.

1. CUVIER: Table des nombres des vertèbres dans les mammifères. Leçons d'anatomie comparée. Tom. 1. pag. 177. 2me édition.

2. Museum Leiden. Ein sehr junges Exemplar. Die Proc. laterales sind sehr kurz, wahrscheinlich waren sie beim Skelettiren noch knorpelig und sind vielleicht abgeschnitten. Übergänge zwischen den lumbalen und sacralen Wirbeln waren nicht sichtbar. Zwischen V. 24 und V. 25 lag die letzte Cartil. interv., beide Wirbel bildeton das Promontorium.

3. Nach DAUBENTON (Buffon. Tom. XIV). „Le gibbon n'a que douze vertèbres dorsales comme l'homme et douze côtes de chaque côté, sept vraies et cinq fausses. Les vertèbres lombaires sont au nombre de six, ainsi, il y en a une de plus que dans l'homme. L'os sacrum n'est composé que de trois fausses vertèbres, il n'y avait que trois pièces dans le coccix du squelette sur lequel cette description a été faite, mais il m'a paru qu'il manquait au moins une pièce du coccix." Vielleicht rechnet DAUBENTON, wie DENIKER (n° 9), nur diejenigen Wirbel zum Sacrum, welche auch mit dem Ileum verbunden sind.

4. Museum Leiden. Bereits an der V. 20 waren die Proc. lateral. entwickelt. Ihre Länge nimmt zu bis zur V. 23. An der V. 24 sind sie wieder etwas kürzer, kaum breiter aber dicker als die vorhergehenden und schräg kopfwärts gerichtet; sie werden durch einen 0,5 cm. breiten Zwischenraum vom Ileum getrennt, sind aber durch Bänder an dasselbe befestigt. Zwischen V. 24 und V. 25 liegt die letzte Cart. interv., und beide Wirbel bilden ein deutlich markirtes Promontorium. Sie sind auch sonst nicht mit einander verbunden.

5. Zoolog. Gesellschaft, Amsterdam. Ein sehr junges Exemplar. Die Proc. later. wachsen bis V. 23. Die der V. 24 sind etwas kürzer, aber breiter. Zwischen V. 24 und V. 25 liegt die letzte Cart. interv. und ist das Promontorium markirt. V. 25 ist ganz Sacralwirbel geworden und mit der Facies auricularis des Ileum verbunden. Zwischen V. 25 und V. 26 liegt eine sehr stark reducirte Cart. interv.; doch sind auch die Sacralwirbel bei diesem noch nicht erwachsenen Exemplar durch Näthe getrennt.

6. Prof. M. Weber. Die Proc. later. nehmen an Länge zu bis V. 23.
An der V. 24 sind sie nur wenig kürzer aber breiter. Zwischen
V. 24 und V. 25 liegt eine Cart. interv.; beide Wirbel bilden ein
deutliches Promontorium. V. 25 ist ganz in das Sacrum aufgenommen, doch ist noch eine Trennungslinie zwischen den Vv. 25 und
26 sichtbar, und zwar zwischen ihren Körpern, den Proc. spinosi
und articulares. Die Proc. laterales beider Wirbel sind zu einer
einheitlichen Masse verschmolzen. Diese sind denn auch mit der
Facies auricularis des Ileum verbunden. Durch die Vv. 25 und 26
wird ein zweites, flacheres Promontorium markirt.

7. Museum Leiden. Die Proc. later. wachsen in die Länge bis V. 23.
Die der V. 24 sind den vorhergehenden ziemlich gleich aber schon
ein wenig schräg nach vorn gerichtet. Sie sind durch Bänder an
das Ileum befestigt, zwischen beiden Knochen beträgt der Abstand
0,5 cm. V. 25 ist durch eine Pseudarthrose, welche vor der Facies
auricularis liegt, mit dem Ileum verbunden. Es liegt zwischen V. 25
und V. 26 noch eine Cart. interv., auch sind ihre Proc. spinosi
und articulares noch nicht verschmolzen. Die beiden letztgenannten
Wirbel bilden das Promontorium.

8. Museum Leiden. Die Länge der Proc. lumbales vergrössert sich
bis V. 23. An der V. 24 sind sie links noch etwas länger, rechts
aber kürzer, dabei sind beide breiter und dicker. Sie sind durch
Bänder an das Ileum befestigt. Die Distanz zwischen ihnen und
dem letztgenannten Knochen ist nur 2 mm., zwischen den Vv. 25
und 26 liegt eine Cart. interv., und wird durch dieselben das Promontorium gebildet. V. 25 ist durch eine Pseudarthrose, welche vor
der Facies auricularis liegt, an das Ileum befestigt. Die Proc. later.
sind dabei schräg nach vorn gerichtet und verdickt. Sie sind aber
noch nicht verschmolzen mit denen der V. 26, ebensowenig wie
die Proc. articul. dieser beiden Wirbel. Ihre Proc. spinosi sind aber
bereits zu einer einheitlichen Masse geworden.

9. Ein von Deniker (Archive de Zoologie. 2e serie. Tom. III) untersuchter Foetus. Die in meiner Tabelle angeführten Zahlenverhältnisse bestimmte ich nach seinen Abbildungen. Danach war der
knorpelige Proc. later. der V. 25 mit dem knorpeligen vorderen
Rande des Ileum eng verbunden und zwar vor der Facies auricularis. Dabei hatte der Wirbel die lumbale Form bewahrt. Er ist
also entweder lumbo-sacral oder hemisacral, je nachdem man mehr

auf den ersten oder zweiten Punkt achtet. Die Zahlen, mit denen DENIKER die Teile dieser Wirbelsäule bezeichnet, weichen von den obengenannten ab, da er die Wirbel anders einteilt als ich.

10. Museum Leiden. Die Proc. later. werden immer länger bis V. 23; die der V. 24 sind kürzer, dicker und breiter als die des vorhergehenden Wirbels. An der V. 25 sind die Proc. later. noch mehr verdickt und schräg nach vorn gerichtet. Sie sind nur ligamentös an das Ileum befestigt, doch ist der Abstand zwischen beiden Knochen sehr gering. Der Wirbel ist vollständig vom Sacrum getrennt, mit welchem er ein Promontorium bildet.

11. Zoolog. Gesellschaft, Amsterdam. Die Länge der Proc. later. nimmt zu bis V. 23. Die der V. 24 sind nur wenig kürzer, erst schmäler, lateralwärts aber breiter; sie berühren fast das Ileum und sind beiderseitig durch Bänder an dasselbe befestigt. V. 25 liegt ganz zwischen den Ossa ilei, ihre Proc. later. sind schräg nach vorn gerichtet, dabei breiter und dicker als die der V. 24. Doch sind erstere auch nur durch Ligamente mit den Ossa ilei verbunden, denen sie dabei direct anliegen. Zwischen V. 25 und V. 26 liegt eine Cart. interv.; die Wirbel bleiben in jeder Hinsicht getrennt und bilden das Promontorium.

12. Prof. M. WEBER. Die Proc. laterales der V. 24 sind nur ein wenig kürzer aber breiter als die der V. 23. Dieselben Forsätze der V. 25 sind stark verdickt und schräg nach vorn gerichtet, sie werden durch das Ileum überragt und sind ligamentös an dasselbe befestigt. Zwischen dem Ileum und den Processus ist nur ein kleiner Zwischenraum. V. 25 und V. 26 werden durch eine Cart. interv. getrennt; sie bilden einen vorspringenden Winkel (Promontorium).

13. Zoolog. Gesellschaft, Amsterdam. Die dreizehnte Rippe ist sehr kurz. Die Proc. later. haben alle eine geringe Länge, die der V. 24 sind noch am längsten und breitesten, sie bleiben 0,5 cm. vom Ileum entfernt. Die Proc. later. der V. 25 sind sehr breit, doppelt so breit als die der V. 24 und auch verdickt. Sie liegen dem Ileum an, doch sind sie nur durch Bandmassen an dasselbe befestigt. Zwischen V. 25 und 26 liegt eine Cart. interv., auch ihre Proc. spinosi bleiben getrennt; diese Wirbel markiren das Promontorium.

14. Wurde von DOUVERNOY beschrieben und bereits durch ROSENBERG in seine Tabelle aufgenommen.

15 und 16. Nach OWEN. Auch ROSENBERG citirte diese Wirbelsäulen.

17. Museum Leiden. Die Länge der Proc. later. wächst bis V. 23, die gleichnamigen Fortsätze der Vv. 24 und 25 sind nicht kürzer als die längsten, aber ihr laterales Ende ist breiter, ihre Richtung bleibt horizontal. Die Proc. later. der V. 25 bleiben 0,5 cm. von den Ossa ilei entfernt. Zwischen den Vv. 25 und 26 liegt eine Cart. interv., beide bilden ein deutliches Promontorium. V. 26 ist ganz in das Sacrum aufgenommen und mit der Facies auricularis verbunden, aber doch ist zwischen den Körpern der Vv. 26 u. 27 noch deutlich eine Nath sichtbar. Ihre Proc. later. zeigen die Trennungslinie nicht, wohl aber die Proc. articulares und spinosi. Beide bilden ein schwaches, zweites Promontorium.

18. Exemplar von OWEN, welches auch ROSENBERG kannte.

19. Eigene Beobachtung ROSENBERG's (Heidelberg). Die Vv. 26 und 27 sind durch eine Cart. interv. verbunden, beide Wirbel bilden ein deutliches Promontorium. Der rechte Proc. lat. der V. 26 ist in seinem basalen Teil nicht unbeträchtlich verdickt und nimmt gegen die Spitze hin an Volumen ab; diese ist durch Bandmassen an das Ileum geheftet. Der Proc. later. ist links stärker verdickt, liegt dem Ileum dicht an, ist aber nur syndesmotisch mit ihm verbunden. Die Endfläche des Fortsatzes und seine distale Fläche laufen in eine vorspringende Kante aus, welche von der proximalen Endfläche der Pars lateralis durch einen etwa 2 mm. betragenden Zwischenraum getrennt ist. Vielleicht gehört auch die V. 31 zum Sacrum, und fehlt der letzte Caudalwirbel.

Die obigen Ausführungen beweisen evident, dass die Wirbelsäule des Genus Hylobates grossen Veränderungen unterworfen ist; in welcher Weise diese vor sich gehen, ist aus der genaueren Beschreibung der einzelnen Wirbel leicht zu ersehen.

Neunzehn Wirbelsäulen wurden im Verzeichnis erwähnt. Leicht hätte ich diese Anzahl vermehren können, wenn ich alle darauf bezüglichen Literaturberichte eingefügt hätte. Doch schien es mir zweckmässiger nicht alle, weniger genauen Angaben [1]) näher zu erwähnen, nur füge ich hinzu, dass die meisten der hier nicht genannten Forscher dem Hylobates dreizehn dorsale und fünf lumbale Wirbel zuschreiben. Auch wenn ich alle Angaben früherer Forscher weglassen und nur die

---

1) BISCHOFF, BROCA, BLAINVILLE, HARTMANN etc.

von ROSENBERG und mir genauer beschriebonen Wirbelsäulen berücksichtigt hätte, erhielte man dasselbe Resultat, das sich aus unserer vollständigen Tabelle ergiebt [1]).

N° 17, ein von mir untersuchter II. agilis, ist der einzige von mir beobachtete Fall, welcher sich dem von ROSENBERG beschriebenen Hylobates spec. (n° 19) nähert; denn die Wirbel 26 und 27 waren ja noch nicht mit einander verschmolzen, obgleich beide echte sacrale Wirbel sind.

Auch kann man aus obiger Tabelle leicht ersehen, dass die fortschreitende Umbildung durchaus nicht immer in allen Regionen der Wirbelsäule gleichmässig geschieht, sondern zuweilen in einer Region beschleunigt, in einer anderen verzögert ist u. s. w. Im Hinblick auf ROSENBERG's Arbeit dürfte es überflüssig sein noch Weiteres beizufügen.

Dass die verschiedenen Fortsätze, welche man an den Lumbalwirbeln des Menschen beschreibt, auch bei Hylobates vorhanden sind, kann man aus meiner Beschreibung der Rückenmuskulatur (S. 266) ersehen.

Bezüglich der Processus transversi der Halswirbel sei auf die Beschreibung der Mm. scaleni (S. 220) verwiesen. Was dort angegeben wurde, sah ich auch an den trocknen Skeletten, dass nämlich nur die Cervicalwirbel V und VI zwei Processus besitzen, von denen der eine am fünften Wirbel auch fehlen kann.

Die Krümmungen der Wirbelsäule wurden durch CUNNINGHAM [2]) gemessen, daher werde ich nicht näher hierauf eingehen.

---

1) Ich möchte hierauf Nachdruck legen, da man vielleicht einwenden könnte, dass die älteren Angaben, als weniger kritisch, kein verlässliches Vergleichsmaterial abgeben.
2) CUNNINGHAM: The lumbar curve in man and the apes. Royal irish academy. Cunningham memoirs. N° II.

ERKLÄRUNG DER ABBILDUNGEN.

Tafel XVII.

Für die Figuren 1, 3, 9, 10 gemeinsame Bezeichnungen:

R. Radius.
U. Ulna.
N. Naviculare (Radiale).
L. Lunatum (Intermedium).
T. Triquetrum (Ulnare).
P. Pisiforme.
M. I. Multangulum majus (Trapezium) (Carpale I).
M. II. Multangulum minus (Trapezoides) (Carpale II).
Ca. Capitatum (Carpale III).
H. Hamatum (Carpale IV u. V).
C. Centrale.

Fig. 1. Proximaler Teil der Hohlhand eines H. agilis. Das Ligamentum carpi volare transversum ist durchgeschnitten. *F. c. ul.* Sehne des Flexor carpi ulnaris; *E. c. ul.* Sehne des Extensor carpi ulnaris; *Lig. trs.* Ligamentum transversum. *L. p. h.* Ligamentum piso-hamatum; *a.* Ursprungsstelle des M. abductor digiti quinti.

Fig. 2. Rechter Tarsus eines H. syndactylus; *L. c. n.* Ligamentum calcaneo-naviculare plantare; *C.* Calcaneus; *T.* Talus; *S.* Os scaphoideum (naviculare); *T. s.* Tuberositas scaphoidei; *Cu.* Cuboides; *C.* 1, 2, 3. Cuneiforme I, II, III.

Fig. 3. Radialseite des rechten Carpus eines H. syndactylus; *P. p.* Praepollex.

Fig. 4. Rechter Calcaneus eines H. syndactylus (plantare Fläche); *T.* Tuberositas calcanei; *S. t.* Sustentaculum tali; *X.* Calcaneus secundarius.

Fig. 5. Rechter Calcaneus eines *H.* syndactylus (plantare Fläche), Bezeichnungen wie in Fig. 4; *x.* deutet hier den Teil des Calcaneus an, welcher dem Calcaneus secundarius der Fig. 4 entspricht.

Fig. 6. Die Gelenkfläche der Articulatio calcaneo-cuboidea des Calcaneus der Fig. 4.

Fig. 7 u. 8. Ossa metatarsi hallucis von den rechten Füssen zweier Exemplare von H. syndactylus. *X.* Praehallux. Dieser, in Fig. VII ein separirtes Knochenstück, ist in Fig. 8 mit dem Metatarsale verschmolzen.

Fig. 9. Linker Carpus eines H. leuciscus. *O. D.* Ossiculum Daubentonii.

Fig. 10. Linker Carpus eines H. syndactylus. *O. D.* Ossiculum Daubentonii; *O. n.* Ossiculum Camperii.

Fig. 11 u. 12. Os scaphoideum (rechter Fuss) zweier Exemplare von H. syndactylus, Bezeichnungen wie in Fig. 2.

Tafel XVIII.

Fig. 1. Insertion des M. deltoides eines H. agilis; *D.* M. deltoides, dessen Insertion durch Teile des Brachialis internus (*B. i.*) und Anconeus externus (*A. e.*) in zwei Zacken gespalten wird; *Bc.* Biceps brachii; *P.* Pectoralis major; *L. d.* Latissimus dorsi.

Fig. 2. Insertion des M. deltoides eines H. leuciscus. Bezeichnungen wie in Fig. 1; *c.* ist die selbstständig gewordene claviculare Portion des Deltoides, dessen Insertion hier vom M. brach. int. und M. anc. ext. umfasst wird.

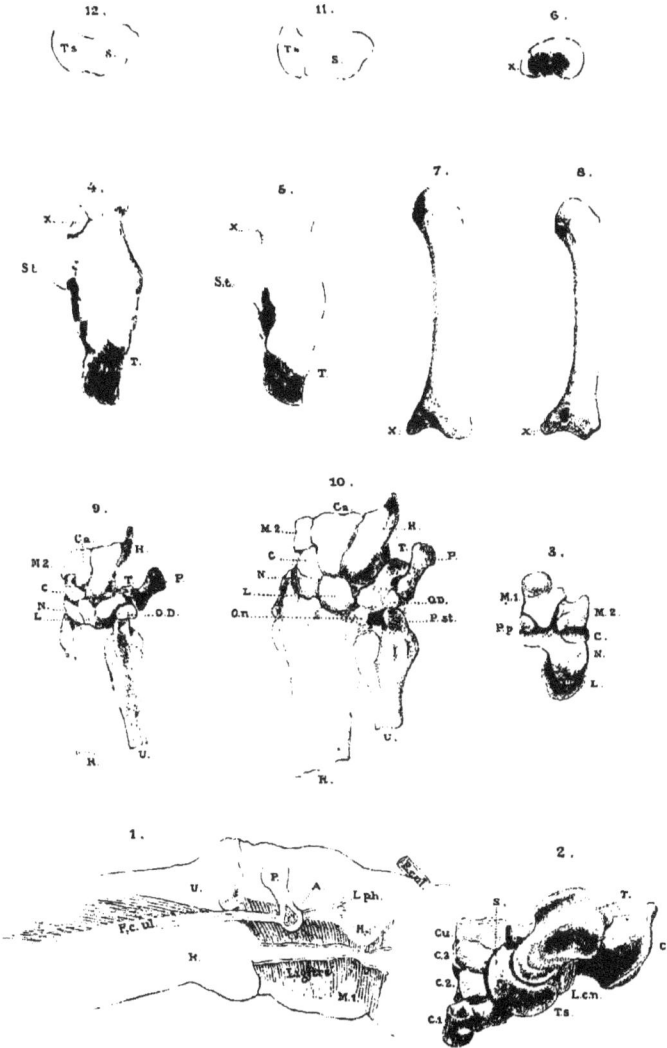

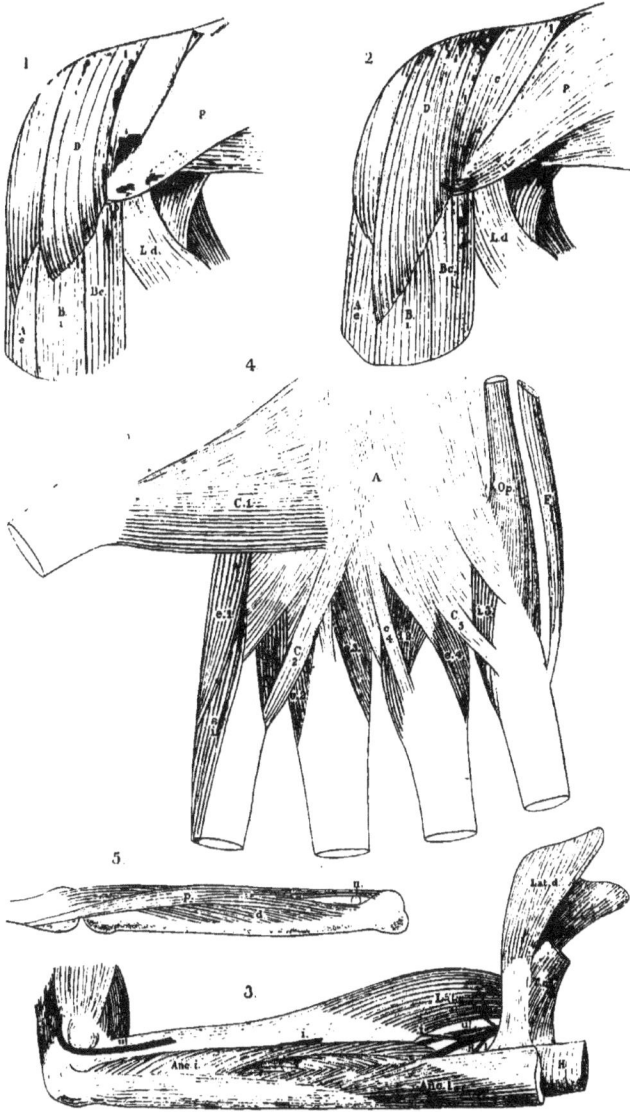

Fig. 3. Der M. latissimo-condyloideus (*Lat. c*) vom rechten Arm eines H. leuciscus; *Lat. d.* Latissimus dorsi; *T. m.* Teres major; *Anc. l.* Anconeus longus; *Anc. i.* Anconeus internus; *H.* Humerus; *R.* Nervus radialis; *l.* Nervenzweig zu Anc. l.; *C.* Nerv zum Lat. c; *i.* Nerv für Anc. i., welcher erst den Lat. condyl. durchbohrt, bevor er in seinen Muskel eintritt; *Ul. N.* ulnaris, welcher die Sehne des Lat. condyl. durchbohrt und zur Streck-fläche des Unterarms tritt.

Fig. 4. Mm. contrahentes u. interossei von der rechten Hand eines H. leuciscus (Schema). c 1, c 2, c 4, c 5 sind die Mm. contrahentes, welche von der Hohlhand-Aponeurose (A.) ihren Ursprung nehmen; e 1, e 2, e 3, e 4 sind diejenigen Zwischen-Knochenmuskeln, welche den Mm. interossei externi des Menschen entsprechen; i 1, i 2, i 3 sind den Mm. interossei interni des Menschen homolog; *A. i.* Abductor tertii internodii indicis (Huxley); *Op.* Opponens digt. quinti; *F.* Flexor brevis digt. quinti.

Fig. 5. M. interosseus an der ulnaren Seite des Ringfingers der rechten Hand eines H. leuciscus (die Fasern vom Metacarp. V wurden nicht gezeichnet). *p.* palmare Portion; *d.* dorsale Portion; *n.* Nervus ulnaris, welcher durch einen Teil der palmaren Portion bedekt wird.

Tafel XIX.

Fig. 1, 3, 5, 7. Die Sehne des M. flexor digitorum longus pedis (*F. d.*); Fig. 1 vom linken Fuss eines H. leuciscus; Fig. 3 vom rechten Fuss eines H. syndactylus; Fig. 5 vom rechten Fuss eines H. leuciscus; Fig. 7 vom rechten Fuss eines H. agilis. In den Figuren bezeichnen die Zahlen I oder II den Sehnenstreif, welcher sich mit dem Flexor hall. long. verbindet, und zwar entweder mit der Sehne der ersten (I) oder zweiten

Zehe (II); V. ist die perforirende Sehne der fünften Zehe; 2, 3, 4, 5 sind die perforirten Sehnen der zweiten, dritten, vierten und fünften Zehe.

Fig. 2, 4, 6, 8. Die Sehne des M. flexor hallucis longus (*F. h.*); Fig. 2 eines H. leuciscus (links); Fig. 4 eines H. syndactylus (rechts); Fig. 6 eines H. leuciscus (rechts); Fig. 8 eines H. agilis (rechts). I, II, III, IV sind die perforirenden Sehnen zum ersten, zweiten, dritten und vierten Finger; *d.* ist der Sehnenstreif des Flexor digt. long. pedis, welcher sich mit der Sehne des Flexor hall. long. vereinigt. In Fig. 6 deutet *T.* an, dass die Sehne für die erste Zehe (I) vom M. tibialis anticus ausgeht.

Fig. 9. M. interosseus an der Tibialseite des Digitus III eines H. syndactylus. *p.* plantare Portion, welche von der (durch eine Linie angedeuteten) Aponeurose der Contrahentes entspringt; *d.* dorsale Portion; *n.* Nervus ulnaris.

Fig. 10. Ein Teil des Oberarms und des Schultergürtels eines H. leuciscus. *Cl.* Clavicula; *Cr.* Processus coracoides; *Lig.* Ligamentum conico-claviculare; *Sc.* M. subclavius; *P. mi.* M. pectoralis minor; *P. m.* M. pectoralis major, der teils am Humerus direct, teils an der einen Sehne des Biceps inserirt; *T.* M. teres major; *L.* M. latissimus dorsi, dessen Sehne unter dem M. coraco-brachialis (*C.*) hinwegzieht, bis zur Insertion des Pectoralis major; *Lat. c.* M. latissimo-condyloideus, welcher von der Sehne des Lat. dorsi entspringt; *B.* M. biceps brachii; *C. l.* Caput longum des Biceps; *C. br.* Caput breve; *a.* laterale Portion des Caput breve, welche am Troch. minor entspringt; *b.* mediale Portion des Caput breve, die am Proc. coracoides entsteht.

Fig. 11. Oberer Teil des rechten Unterschenkels eines H. syndactylus. *P. M.* popliteus; *S.* Ursprungssehne des M. soleus; *F. d.* M. flexor digt. long.; *F. h.* M. flexor hallucis long.; *T. M.*

tibialis posticus; *P. t.* M. peroneo-
tibialis (in zwei Portionen zerteilt),
unterhalb dieses Muskels ist der Spalt
sichtbar, durch welchen die Gefässe
zur Streckseite des Unterschenkels
ziehn.

Fig. 12. Ein Teil der lateralen Seite
des Beckengürtels und Oberschenkels
eines H. leuciscus. *P.* M. psoas; *i.*
M. iliacus; *ip.* Insertion des Ileopsoas; *B.* Portion des Ileopsoas,

welche ausserhalb des Beckens von
der Sehne des Rectus femoris entspringt. *S.* M. sartorius; *R. f.* M. rectus femoris; *V. m.* M. vastus medius;
V. e. M. vastus externus; *G. m. a.*
Ursprung- und Insertionssehne des
M. glutaeus maximus; *G. m.* M. glutaeus medius; *G. mi.* Laterale Portion des M. glutaeus minimus; *G. mi.*
s. Mediale Portion des M. glutaeus
minimus (Scansorius).

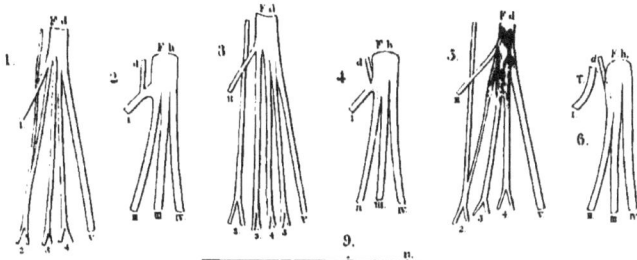

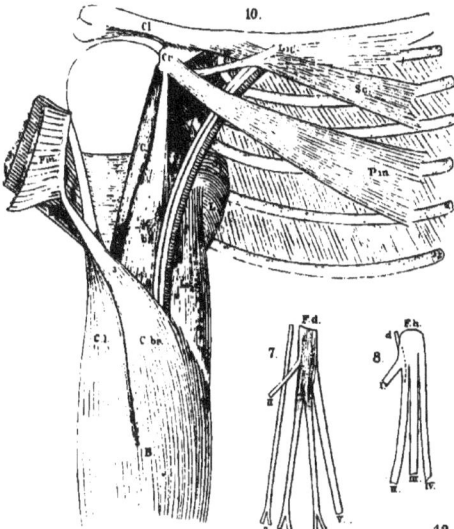

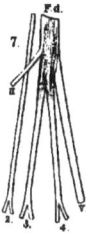

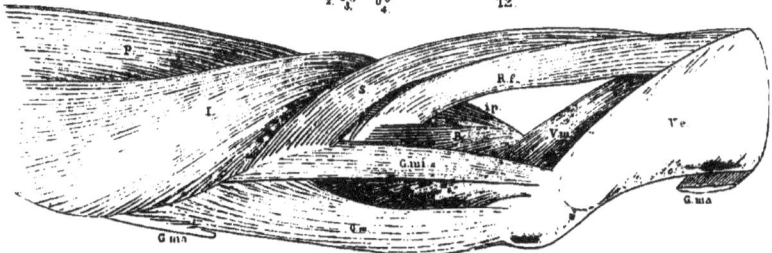

J.H.F Kohlbrugge del.

A.J.J Wendel lith.

P.W.M.Trap impr.

EIGENTHÜMLICHE LAGERUNG DER LEBER UND NIERE bei SILUROIDEN.

VON

MAX WEBER.

Mit Tafel XX.

～～～～～

Das zu den Siluroiden gehörige Genus Clarias ist seit fast einem Jahrhundert wiederholt Gegenstand der Untersuchung gewesen, da es, zusammen mit Heterobranchus, bekanntlich vor allen anderen Fischen sich auszeichnet durch den Besitz von dendritischen Organen, die dem zweiten und vierten Kiemenbogen aufsitzen, in eigenen Nebenhöhlen der Kiemenhöhlen liegen und als accessorische Athmungsorgane betrachtet werden.

Der Wunsch diese Organe aus eigener Anschauung kennen zu lernen, führte mich dazu in Buitenzorg, wo verschiedene Arten von Clarias leicht frisch zu haben sind, einen solchen Fisch zu untersuchen. Fast unvermeidlich war es hierbei die Schultergegend bloss zu legen, wobei ein sehr eigenthümliches Verhalten der Leber und Niere zu Tage trat. So auffallend diese Einrichtung, nicht minder auffallend ist es, dass dieselbe keinem der zahlreichen früheren Untersucher sollte aufgefallen sein. Dennoch kann ich, trotz angestrengten Suchens, keine Bemerkung hierüber in der Literatur finden, weder bei GEOFFROY ST. HILAIRE, dem Entdecker der accessorischen Kiemenorgane, noch bei CUVIER, HEUSINGER, MECKEL, VALENCIENNES, F. DAY, LEREBOULLET, K. PARKER, um nur einige bekanntere Untersucher zu nennen.

Einem Theil dieser Forscher lag wohl nur die aegyptische Art: Clarias anguillaris vor, doch ist kaum anzunehmen, dass hier die Verhältnisse anders liegen sollten als bei den indischen Arten, um so

weniger als die Schwimmblase, die bei unserer Frage eine ganz wesentliche Rolle spielt, die gleiche Einrichtung bei den indischen Arten
und der aus dem Nil darbietet [1]). Auch bei Forschern, denen es nicht
um Clarias, wohl aber um die Beschreibung der Eingeweide auch
aussereuropäischer Fische zu thun war, wie Joh. Müller, Stannius,
Hyrtl, Toussaint-Steenstra, finde ich die Thatsache, die uns weiterhin
beschäftigen soll, nicht vermeldet.

Bei erster Betrachtung kann dieselbe den Eindruck erwecken, als ob
man es mit einem blossen anatomischen Curiosum zu thun habe;
weiterer Umblick bei anderen Siluroiden und eindringendere Beachtung
auch des mehr Nebensächlichen bei Clarias selbst, lehrt aber, dass dem
nicht so sei. Weitere Klarstellung dürfte aber nur von einer Untersuchung sehr zahlreicher Siluroiden zu erhoffen sein. Diese auszuführen
gestattet mir aber das mir zugängliche Material nicht.

Zur Verdeutlichung des Nachfolgenden sei zunächst daran erinnert,
dass die Schwimmblase bei *Clarias* in eine mittlere und zwei seitliche
Abtheilungen zerfällt. Die beiden letzteren liegen in einigermassen
trompetenförmig ausgehöhlten, seitlichen Fortsätzen des ersten Wirbelcomplexes. Diese können aber nur theilweise die lateralen Theile der
Schwimmblase in ihrer Aushöhlung aufnehmen. Es gesellen sich daher
einzelne Knochenbälkchen hinzu, wodurch der trompetenförmige Apparat
jederseits vervollständigt wird. Dieser hat eine solche Ausdehnung,
dass er keinen Platz mehr findet in der eigentlichen Bauchhöhle, vielmehr durch die natürliche Spalte zwischen ventraler und dorsaler
Portion des Seitenrumpfmuskels sich nach Aussen begiebt und mit
seiner lateralen Endfläche gleich unter die Haut zu liegen kommt.
Entfernt man daher die Haut in dieser Gegend unmittelbar hinter der
Brustflosse, so stösst man auf die genannte Endfläche der Schwimmblase (Taf. XX, Fig. 1. *s.*), ausserdem aber auf einen kleinen Lappen
der Leber. Letzterer liegt gleich unter der Haut (Fig. 1 *r. l.*), fängt

---

1) Trotzdem in der „Description de l'Egypte. I, planche 16 und 17" ausführliche anatomische Abbildungen, selbst eine isolirte Leber dargestellt ist, mit eingehender Beschreibung im Text (pag. 326 sqq.) kann ich, solange nicht das Gegentheil bewiesen ist,
nur an ein Uebersehen seitens früherer Forscher denken. Beständen wirklich solch auffallender Unterschied zwischen den verschiedenen indischen Clariasarten einerseits und dem
Clarias aus dem Nil andererseits, so wäre eben nur bewiesen, dass sie generisch nicht
länger zu vereinigen wären. Leider konnte ich den Clarias anguillaris nicht selbst untersuchen.

mit einem schmalen Zipfel oberhalb der Achsel der Brustflosse an und erstreckt sich weiterhin unter dem lateralen Theil der Schwimmblase bis hinter demselben. Unmittelbar hinter dem Leberlappen und an die Schwimmblasenkapsel grenzend trifft man ausserdem auf ein Stück Niero.

Beide Theile: Leber- und Nierenlappen, die eigentlich in der Leibeshöhle zu Hause gehören, liegen in einem dreieckigen Raume, der vorn durch die Hinterwand der accessorischen Kiemenhöhle sowie durch die Wurzel der Brustflosse, oben durch die Schwimmblasenkapsel und die dorsale Portion des Seitenrumpfmuskels, unten durch die ventrale Portion eben dieses Muskels begrenzt wird.

Das genauere Verhalten ist dieses. Die dorsale Portion des Rumpfmuskels entspringt wie gewöhnlich dorsalwärts von den Processus transversi, respective von den Rippen. Sie biegt alsdann über die oben beschriebene trompetenförmige Verlängerung der Processus transversi des ersten und zweiten Wirbels dorsalwärts hinauf, um sich am Hinterschädel festzuheften. Die ventrale Portion entspringt nun in der Weise von der unteren Hälfte des Schultergürtels, dass zwischen beiden Portionen ein tiefer, dreieckiger Raum entsteht, dessen Basis dem Kopfe, dessen Spitze dem Schwanze zugekehrt ist. In diesem Raum (vergl. Fig. 1) tritt der laterale Theil der Schwimmblase, ein Lappen der Leber und der Niere zu Tage. Wie gelangt die Leber und Niere in diesen extra-abdominalen Raum?

Was die Leber anlangt, ist es zweckmässig zunächst die Gestalt der Leber in toto anzusehen. Figur 2 stellt dieselbe von der Dorsalfläche gesehen dar, Figur 3 ihre Lage in der Bauchhöhle, von der Ventralfläche aus, nach Wegnahme der ventralen Bauchwand.

Die in der Bauchhöhle gelegene Hauptmasse ist meist sehr unvollständig in eine rechte und eine linke Hälfte geteilt. Die linke erstreckt sich mit einem dorsalen Stück weit nach hinten, während die rechte meist viel kürzer ist. An letzterer hängt die lange Gallenblase. Eine Vergleichung der Figuren 2 und 3 zeigt, dass das dorsale Stück der rechten Hälfte bald kürzer bald länger sein kann. Beide Leberhälften bilden zusammen eine Nische in welcher der Magen und das Pylorusrohr Platz finden. An der Dorsalfläche der linken Leberhälfte liegt (ob stets?) ein nur theilweise abgeschnürtes Leberstück. Mit diesem ist durch einen dünnen Stiel, ein rundlicher Leberlappen (Fig. 2. *l. l.*) verbunden, während ein gleichartiger Lappen durch einen gleichfalls dünnen Stiel mit der rechten Leberhälfte in Verbindung steht (Fig. 2 *r. l.*).

Das Verhalten der Blutgefässe erhellt hinlänglich aus unserer Figur 2.

Zwei Arterien ziehen zur Dorsalfläche der Leber. Jede sendet ein auffallend starkes Gefäss in die gestielten Leberläppchen, das wesentlich beiträgt zur Bildung der Stiele, die im Übrigen aus einer nur geringfügigen Menge Lebersubstanz bestehen.

Gerade diese beiden Leberläppchen beanspruchen nun unser Interesse, da sie es sind, die ausserhalb der Bauchhöhle unter der Haut liegen. Um dorthin zu gelangen durchbohrt der jederseitige Stiel den tiefen Theil der ventralen Portion des Seitenrumpfmuskels an dessen Ursprung von den seitlichen Fortsätzen des ersten Wirbelcomplexes. Solchergestalt kommt denn auch, wie bereits angegeben, der subcutane Leberlappen unterhalb eben dieses genannten Fortsatzes zu liegen.

Der Stiel des Leberlappens ist etwas länger als die Dicke der Muskelwand beträgt, die er durchbohrt. Diese ist recht erheblich, wie man der Figur 2 entnehmen kann, die in natürlicher Grösse nach einem mittelgrossen Exemplar angefertigt wurde, während Figur 4 einem grossen Clarias Nieuhoffi entnommen ist.

Es liegt auf der Hand, dass das Peritoneum sich gegenüber dem Leberlappen, der jederseits die Bauchhöhle verlässt, nicht passiv verhalten kann. Wie kaum anders zu erwarten, wird das Peritoneum denn auch nicht durchbohrt sondern bruchsackartig ausgestülpt, un zwar das Peritoneum parietale. Dasselbe bildet in der That einen engen Kanal, der sich aus der parietalen Bauchfell-Bekleidung entwickelt, den Muskelursprung durchbohrt, um alsdann unter der Haut einen Sack zu bilden, von der Form des extra-abdominalen Leberlappens selbst, den er umschliesst (Fig. 4).

Dorsalwärts ist die ganze Länge dieses Bauchfell-Kanals und der subcutane Sack, mit seinem dorsalen Zipfel, festgeheftet an der Ventralfläche des lateralen Theiles der Schwimmblase, respective an ihrer knöchernen Umwandung. Mehr nach vorne zu setzt sich der peritoneale Sack fest an die Hinterwand der accessorischen Kiemenhöhle, er biegt sich somit zipfelförmig über den Musculus levator der Brustflosse; im Übrigen umhüllt er frei den Leberlappen. Der letztere und sein Stiel ist natürlich ausserdem vom Peritoneum viscerale überzogen.

Es wurde bereits hervorgehoben, dass auch ein Stück der Niere ausserhalb der Bauchhöhle liege und zwar hinter dem subcutanen Leberlappen, sowie hinter und unter dem lateralen Abschnitt der Schwimmblase. (Fig. 1 und 2 n). Auch dieses Stück ist durch einen

dünnen aber sehr kurzen Stiel verbunden mit der Niere (Fig. 5). Es
verlässt die Bauchhöhle ein wenig dorsalwärts und hinter dem peritonealen Kanale, durch den der Leberlappen aus der Bauchhöhle heraustritt, und liegt hierbei fortwährend der Hinterfläche der trompeten-
formigen Kapsel der Schwimmblase an.

Das Verhalten des Peritoneum diesem extra-abdominalen Stücke der
Niere gegenüber muss ein ganz anderes sein als bei der Leber, da ja
die Niere überhaupt eigentlich ausserhalb des Peritonealsackes liegt.
Dies ist auch thatsächlich der Fall.

Liegt der Fisch auf dem Rücken und öffnet man die Bauchhöhle,
so biegt das Peritoneum, über die Niere wegziehend, auf die Seitenwand der Bauchhöhle hinüber und bildet gerade an dieser Umbiegungs-
stelle, in der uns interessirenden Gegend, den gestielten Bruchsack zur
Aufnahme der Leber. Gleich unter (in der derzeitigen Lage des Fisches)
dieser Aussackung biegt sich nun die Niere nach Aussen herum, um
sofort, nachdem sie ausserhalb der Muskelwand gekommen ist, anzu-
schwellen zu dem extra-abdominalen oder subcutanen Stücke. Vom
Peritonealsack wird demgemäss durch die Niere nichts ausgestülpt.

Dennoch ist dies subcutane Nierenstück umgeben von einer bindegewebigen Kapsel, die an die lateral Schwimmblasenkapsel angeheftet
ist, vom umliegenden Gewebe, auch von der peritonealen Umhüllung
des Leberlappens aber, sich leicht frei praepariren lässt.

Auffallender ist, dass aus der Spitze des subcutanen Nierenlappens
ein verhältnissmässig starkes Blutgefäss heraustritt und sich zur Haut
begiebt. Auch die Haut hat in dieser Gegend ihre Eigenthümlichkeiten.
Ihre Innenfläche kann nicht glatt sein, wegen der ungleichen Oberfläche der Organe, die sie hier überdeckt. Sie zeigt vielmehr eine in
summa konische Verdickung, die polsterartig die Grübchen zwischen
Leber, Nierenlappen und Schwimmblase einerseits, andererseits zwischen
Nierenlappen und Muskulatur ausfüllt. Obengenanntes Gefäss tritt in
die Spitze dieser konischen Verdickung ein, die schon für das blosse
Auge den Character von Fettgewebe hat. Auf Schnitten erscheint
dies Gewebe aber nicht ganz einfacher Natur: an das Corium schliessen
sich zwei Kegel an, aus einem regelmässigen Gerüste von starken Binde-
gewebsbalken aufgebaut. In diesem grobmaschigen Gerüste liegt ein
zweites, viel feineres System von Maschen, die Fettzellen enthalten. Das
Gefäss bahnt sich hierdurch einen Weg in eigenthümlicher Weise, die jedoch für unsere gegenwärtige Besprechung ohne besonders Interesse ist.

Die beschriebene subcutane Lagerung eines Theiles der Niere bei Clarias ist nicht allein stehend. Ich finde bei HYRTL[1]) folgende Beschreibung der Niere von *Arius cous* (*Euclyptosternum coum* (L) GÜNTHER), die in ein Kopf- und ein Bauchstück getrennt ist. Vom breiten Kopfstück heisst es, dass „es sich längs des seitlichen Hinterhauptsbeins nach Aussen zur Anheftungsstelle des Schultersuspensorium erstreckt, daselbst eine kolbige, nur von der Haut des Nackens bedeckte Anschwellung bildet, von welcher ein kurzer, stumpfer Fortsatz ausgeht, der das obere Ende des Suspensorium nach vorn und oben umgreift, und sich in eine Nische an der äusseren Seite desselben einseckt, woselbst er nur von der Schleimhaut der Kiemenöffnung überdeckt wird". Vom Bauchstück der Niere beschreibt HYRTL ferner, dass es nach vorne in zwei dicke Lappen auseinanderweiche, „deren jeder am hinteren Umfange der Schwimmblase sich nach auswärts wendet, um den Querfortsatz des zweiten Wirbels nach rück- und aufwärts hackenförmig umgreifend, auf dem Rücken des Fisches unter die Haut desselben zu treten, wo er er sich ansehnlich verdickt, und sich in den Winkel zwischen Dorn- und Querfortsätzen (von letzteren getragen) einlagert".

Von der Leber ist mir in der Literatur ein gleichartiges oder ähnliches Vorkommen nur vom Genus *Plotosus* bekannt geworden. Dies finden wir bei VALENCIENNES: doch muss ich gestehen, dass mir erst nach eigener Untersuchung von *Plotosus macrocephalus* Val. deutlich wurde, dass die Beschreibung, die VALENCIENNES von Leber und Niere giebt, eine ähnliches Verhalten schildert wie bei Clarias.

Der französische Ichthyologe sagt nämlich [2]), dass nach Öffnung der Bauchhöhle von *Plotosus lineatus* zwei tiefgetheilte Massen in die Augen fallen, die der Leber angehören, jedoch noch nicht ein Drittel dieses Eingeweides darstellen. Bei näherer Untersuchung stellt sich nämlich heraus, dass die Bauchhöhle, die sehr klein erscheint, jederseits in der Höhe des Abdomens einen verlängerten Sinus bildet, „dans lequel entrent deux lobes trièdres et alongés du foie, de sorte que ce viscère a un volume assez gros, que l'on ne peut voir que quand on l'a dégagé". Von der Niere heisst es dann weiter: „Les reins sont très-gros, et forment deux organes trièdres; cachés au-dessus des séries qui contiennent les lobes prolongés du foie et derrière la vessie natatoire".

---

1) HYRTL: Denkschriften d. Akad. d. Wissenschaften. Wien. II. 1851. pag. 75.
2) CUVIER et VALENCIENNES: Histoire nat. des Poissons. Article: Plotosus.

Diese Angaben kann ich unterschreiben, nur möchte ich auch hier wieder die Aufmerksamkeit auf die Thatsache lenken, dass die seitlichen Sinus der Bauchhöhle — um mich an die Benennung von VALENCIENNES zu halten — welche die Leberlappen enthalten, ganz oberflächlich unter der Haut liegen. In der That weicht denn auch das Verhalten von Leber und Niere dieses Fisches von dem bei Clarias beschriebenen nur in Nebensächlichem ab. Da wäre in erster Linie zu nennen, dass das subcutane Stück der Leber, obwohl nicht grösser als bei Clarias, weniger selbstständig ist, demnach auch nicht durch solch einen dünnen Stiel, vielmehr breit mit der intra-abdominalen Leber verbunden ist. Dementsprechend ist auch die subcutan gelegene Aussackung der Peritonealsackes in weiterer Verbindung mit letzterem.

Weiterhin hatte ich Gelegenheit ein Exemplar von *Heterobranchus isopterus* BLEEKER (*H. macronema* BLEEKER) aus dem Museum in Leiden untersuchen zu können. Im Hinblick auf die Verwandtschaft mit Clarias war dies von erhöhtem Interesse. Aeltere Autoren: GEOFFROY und VALENCIENNES, die zuerst hierhergehörige Fische aus dem Nil bekannt gemacht haben, berichten nicht über den Bau der Eingeweide. Leider war das mir vorliegende Exemplar zu schlecht conservirt, um tiefer eindringende Untersuchung anstellen zu können. Dennoch kann ich mit Sicherheit feststellen, dass hier Leber und Niere dieselbe Eigenthümlichkeit bezüglich ihrer Lagerung aufweisen, die von Plotosus und Clarias beschrieben wurde. Ein Lappen beider Eingeweide liegt direct unter der Haut; ihnen gegenüber weisen die beiden Portionen des Seitenrumpfmuskels das uns bekannte Verhalten auf. Der extra-abdominale Leberlappen ist jederseits durch einen sehr feinen Stiel verbunden mit der intra-abdominal gelegenen Hauptmasse der Leber, sodass auch hier die eigentliche Bauchhöhle mit dem Sinus, der das subcutane Leberstück enthält, nur vermittelst eines sehr feinen Kanales communicirt. Kurz die Verhältnisse erinneren durchaus an Clarias.

Dem im Vorhergehenden mitgetheilten Thatbestande kann ich leider kaum etwas Erklärendes, weder in morphologischer noch physiologischer Richtung, hinzufügen.

Die Einrichtung, dass der laterale Theil der Schwimmblase die Bauchhöhle verlässt und zwischen die ventrale und dorsale Portion des Seitenrumpfmuskels bis dicht unter die Haut reicht, ist von verschiedenen Siluroiden bekannt. SAGEMEHL, der in seinem inhaltreichen „dritten Beitrage zur vergleichenden Anatomie der Fische" im Vorbeigehen auf diese Thatsache weist, nennt als hierhergehörige Fische: „viele Ariinen aber auch andere Welse. z. B.: *Callichrous*, *Cryptopterus*, *Schilbe* u. a. m." [1]) Doch glaube ich, dass mit an erster Stelle *Clarias* zu nennen wäre, da hier die zusammendrückbare laterale Endfläche der Schwimmblase unmittelbar unter der Haut liegt.

Dass dies gerade bei Clarias sich findet, scheint mir eine nicht unwesentliche Stütze einer Ansicht zu sein, die SAGEMEHL [2]) kurz andeutet, mit dem Versprechen sie später näher zu begründen. LEIDER hat ein allzufrüher Tod dies dem begabten Verfasser versagt. Der Punkt, der uns hier interessirt ist folgender. Bekanntlich hat HASSE es deutlich gemacht, dass der Webersche Apparat der Knochenfische (Ostariophysen SAGEMEHL) ein barometrischer sei, durch welchen dem Fische der jeweilige Druck, der auf der Schwimmblase laste, zum Bewustsein komme. Um diesen Apparat recht empfindlich zu machen, ist nach SAGEMEHL's Ansicht – im Gegensatz zu J. MÜLLER, der hierin statische Momente erkennen wollte – bei der Mehrzahl der Cyprinoiden, Gymnotiden und den Characiniden eine Verdoppelung der Schwimmblase eingetreten. Die vordere, kleinere, sehr elastische steht mit dem Weber-schen Apparate in Verbindung und ist für Druckschwankungen äusserst empfindlich im Gegensatz zu der hinteren, grossen, wenig elastischen.

Bei der Mehrzahl der Siluroiden fehlt eine solche Zweitheilung; hier können jedoch der Schwimmblase Druckschwankungen, die sich im umgebenden Medium abspielen, zugänglich gemacht werden durch die oberflächliche Lage ihrer lateralen Theile, dicht unter der Haut, wie oben angedeutet wurde. SAGEMEHL bemerkt nun, dass er durch eine ganze Reihe von Thatsachen zu dem Ergebnis geführt worden sei, dass die Druckschwankungen des umgebenden Medium, welche durch den Weberschen Apparat bei den Fischen zur Perception gelangen, weniger die Druckunterschiede der jeweilig auf ihnen ruhenden Wassersäule sind, als vielmehr die athmosphärischen Druckschwankungen. Mit einem Worte, dass der Webersche Apparat nicht dazu da ist, um dem Fisch die Tiefe, in der er sich befindet anzuzeigen, sondern dass er in erster Linie eine Vorrichtung ist, welche den Thieren athmosphaerische Druckschwankungen und die im Gefolge derselben auftretenden Wetterveränderungen angiebt. Da SAGEMEHL nicht mehr zu einer genaueren Begründung

1) SAGEMEHL: Morpholog. Jahrbuch. X. pag. 13.
2) l. c. pag. 14.

dieser seiner Ansicht gekommen ist, dürfte es gerathen sein die Aufmerksamkeit auf diese Frage zu lenken und ein Beispiel anzuführen, das — wie mir scheint — diese Hypothese in treffender Weise illustrirt. Wie so viele Siluroiden, ist Clarias ein Grundfisch des u n t i e f e n Wassers. Er kann nahezu in jedem Wasser leben : in Flüssen, Bächen, Seeen; dann aber auch, mit Vorliebe, in Sümpfen und kleinen Wasserläufen, selbst in Pfützen, deren Wasservorrath sehr unbeständig und damit in seiner Qualität allem möglichen Wechsel unterworfen ist. Durch sein accessorisches Kiemenorgan, das ihm, wie ich wahrnahm, theilweise Luftathmung gestattet, ist der Fisch solchen Eventualitäten gegenüber gut ausgerüstet.

Für solchen Fisch, der in untiefen, dem Austrocknen ausgesetzten Gewässern lebt, kann der Webersche Apparat nicht die Bedeutung haben die Perception der jeweilig auf dem Fische ruhenden Wassersäule zu vermitteln. Die Thatsache aber, dass gerade bei diesem Fische, der so sehr abhängig ist von athmosphaerischen Niederschlägen, die Schwimmblase, ein essentieller Teil des genannten barometrischen Apparates, direct unter der Haut liegt, bestärkt uns in der Vermuthung, dass hier der Webersche Apparat eine Perception der athmosphaerischen Druckschwankungen, mit darauf folgender Wetterveränderung, vermitteln wird. Und dies dürfte seine Geltung haben für viele Siluroiden, die ähnlichen Lebensbedingungen unterworfen sind.

Lehrte uns somit das Vorhergehende, dass die oberflächliche Lage der lateralen Theile der Schwimmblase nicht vereinzelt dasteht und dass dieselbe begreiflich wird aus einer Zunahme der oberflächlichen Lage, zum Zwecke der Schaffung eines barometrischen Apparates, der keinen Raum mehr fand in der eigentlichen Bauchhöhle; anders steht es mit der Einrichtung der Leber.

Was solch k l e i n e s Leberläppchen in seiner peritonealen Umhüllung ausserhalb der Bauchhöhle soll, ist nicht abzusehen. Dass es, so zu sagen, mitgenommen sei von der seitlich auswachsenden Schwimmblase, würde nichts aussagen. Es macht vielmehr den Eindruck eines Rudimentes, eines Restes, der einstmals grösser, zu diesem kleinen Läppchen reducirt ist. Hierfür spräche auch die bereits hervorgehobene, auffallende Grösse der Gefässe, die durch den Stiel zum Leberläppchen ziehen und in keinem Verhältnis zur Grösse dieses stehen. Könnte es damit in Zusammenhang stehen, dass die ventrale Portion des Seitenrumpfmuskels einen Theil ihres Ursprunges verlor an den seitlichen

Auswüchsen des ersten und zweiten Wirbels, welche die Schwimmblase umschliessen, und dass der Muskel tieferen Ursprung suchen
musste, wobei ein lateraler Leberlappen mehr und mehr abgeschnürt
wurde bis zu dem „rudimentären Organ", das jetzt vor uns liegt. Es
läge somit hier eine allmählich erfolgte Einschränkung der Bauchhöhle
von den Seiten her vor, die gleichfalls die subcutane Lagerung eines
Stückes der Niere erklären würde; alles in Folge der seitlichen Entwickelung der Schwimmblase, die wieder abzielt auf Verfeinerung der
Wirkung des Weberschen Apparates.

Das ist zum wenigsten sicher, dass der Anstoss zur Verlagerung
nicht von der Leber ausgegangen sein kann. Sie kann auch nur in-
direct das causale Moment abgegeben haben zur Bildung der „Ausstülpung" des Peritonealsackes, ein Ausdruck, der natürlich nicht me-
chanisch aufzufassen ist.

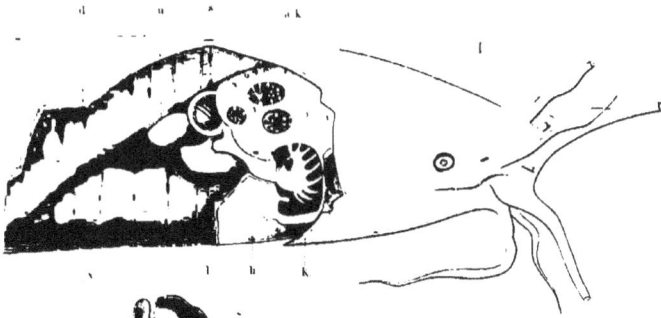

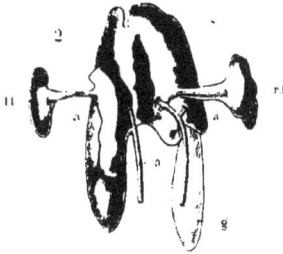

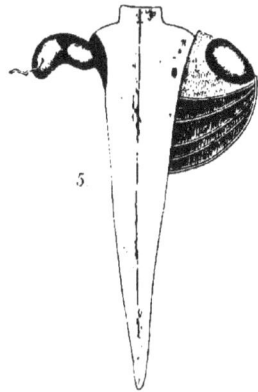

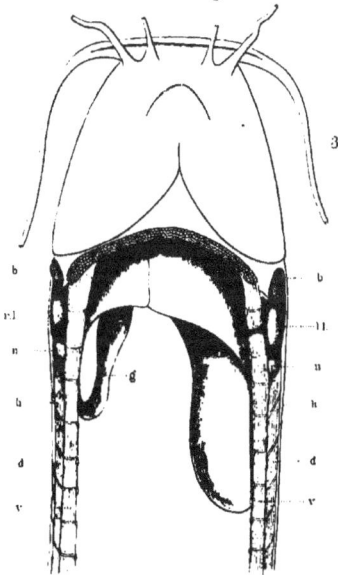

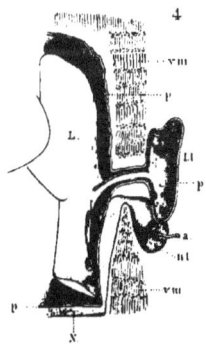

ERKLÄRUNG DER TAFEL XX.

Alle Figuren sind in natürlicher Grösse nach Praeparaten von Clarias Nieuhoffl angefertigt.

Fig. 1. Seitenansicht des Fisches nach Wegnahme der Haut.

k. Kiemenspalte.

h. Haut.

a. k. accessorische Kiemenhöhle, deren Wand hier und da durchlöchert ist, sodass die accessorischen, dendritischen Kiemenorgane zu Tage treten.

s. laterale Endfläche der Schwimmblase in ihrer Kapsel.

n. subcutanes Nierenstück.

l. subcutaner Leberlappen.

d. dorsale Portion des Seitenrumpfmuskels.

v. ventrale Portion des Seitenrumpfmuskels.

Fig. 2. Isolirte Leber von der Dorsalfläche.

r. l. rechter subcutaner Leberlappen.

l. l. linker subcutaner Leberlappen.

g. Gallenblase.

a. a. Blutgefässe.

Fig. 3. Ventralansicht des Fisches nach Entfernung der Bauchwand; die Leber sowie die subcutanen Lappen derselben und der Niere in situ. *b.* Wurzel der

Brustflosse. Buchstabenbezeichnung im Uebrigen wie in Figur 1 und 2.

Fig. 4. Halbschematische Darstellung des linksseitigen subcutanen Leberlappens in seiner Verbindung mit der Leber, sowie Darstellung der peritonealen Umhüllung, worin der Leberlappen liegt. Andeutung in welcher Weise die linke Niere ihr subcutanes Stück abgiebt.

L. Linke Leberhälfte, die sich durch einen Stiel verbindet mit dem

l. l. linken subcutanen Leberlappen.

p. p. Peritoneum, das den Leber-Stiel und Lappen umhüllt und somit die

v. m. ventrale Portion des Seitenrumpfmuskels durchzieht.

N. Niere, theilweise überdeckt vom Peritoneum; biegt sich nach Aussen um und bildet den

n l. linken subcutanen Nierenlappen.

a Blutgefäss, das aus der Nierenspitze zur Haut tritt.

Fig. 5. Ventralansicht der Niere mit ihren subcutanen Lappen. Linkerseits ist die ventrale Portion des Seitenrumpfmuskels angedeutet, zur Veranschaulichung, in welcher Weise der Ursprung desselben von der Niere durchbohrt wird.

Anatomisches über den Rumpf der HYLOBATIDEN.

EIN BEITRAG ZUR BESTIMMUNG DER STELLUNG DIESES GENUS IM SYSTEME

VON

GEORG RUGE.

In Amsterdam.

Mit Tafel XXI—XXV.

———

Aus anatomischen Untersuchungen an einigen Hylobatesarten sollen Beiträge für „Zoologische Ergebnisse" sich ordnen. Solcher Forderung können die folgenden Blätter gerecht werden, insofern der innere Bau für die Systematik der Thiere mit Erfolg herangezogen wird. Jede anatomische Thatsache ist für die Systematik nicht nothwendig von Bedeutung. Allein diejenige Erscheinung muss von Belang sein, deren normale Wiederkehr neben individuellen Schwankungen erkannt wurde. Die Thatsache muss eine typische sein und eine bestimmte Stelle im Organisationsplane der Thiere einnehmen, welche Stellung die vergleichende Forschung aufdeckt und scharf zu begrenzen hat. Durch letztere erhalten wir auf diese Weise einen Einblick in den Werth anatomischer Daten, der sich nach der niederen oder höheren Stellungsnahme in einer Entwicklungsreihe bemisst.

Diese Mittheilungen über anatomische Einrichtungen bei Hylobatesarten müssen daher, sofern sie ihren Zweck erfüllen wollen, Resultate vergleichenden Forschens wiedergeben. Dies trifft aber zu und zwar um so mehr als erstere aus dem Rahmen genommen wurden, welcher Beobachtungen über alle Primaten umschliesst. Dieser günstige Umstand ermöglicht es, dass kaum eines anatomischen Punktes in diesem

Aufsatze Erwähnung geschieht, der nicht auf seine indifferente oder differente Natur geprüft und erkannt wurde. Den Weg zu dieser Erkenntniss bezeichnen die umfangreicheren, demnächst erscheinenden Publicationen. Hier wenden wir nur deren Resultate an, welche die Hebel für die Förderung dieser Arbeit sein sollen.

Ich habe es unternommen, Umwandlungen am Rumpfe der Primaten zu studiren und dabei das Augenmerk auf verschiedene Organsysteme zu richten. Das Skelet, die Muskulatur, Abschnitte des Gefäss- und Nervensystemes sowie das Verhalten seröser Höhlen boten Interesse und Bedeutung dar. Die genannten Organsysteme wurden nicht will. kürlich in den Bereich der Untersuchung hineinbezogen. Aus einer inneren Nothwendigkeit reihte sich vielmehr eine Frage an die andere an; es erweiterte sich das Thema während der Untersuchung derart, dass es schliesslich künstlich begrenzt werden musste, um ueberhaupt das Unternommene abschliessen zu können. Die vielen Beobachtungen ermangeln daher eines inneren Zusammenhanges nicht. Scheinbar heterogene Thatsachen können nach einander aufgeführt werden, weil die eine Erscheinungsreihe die andere voraussetzt. Es handelt sich hier also um die Vorführung solcher Organisationszustände, deren gegenseitiges Bedingtsein durch vergleichend anatomisches Studium erkannt ward.

Da von mancherlei und sehr verschiedenen Organen ein einheitliches Bild entworfen wird, so erhält dasselbe einen höheren Werth; denn aus ihm müssen gewichtigere Urkunden ueber die verwandtschaftliche Stellung der behandelten Organismen sprechen, als dies die Aufzeichnungen locker neben einander stehender Thatsachen vermögen. Dieser Umstand aber leistet Gewähr dafür, dass die folgenden Blätter in „Zoologischen Ergebnissen" des hochverehrten Herausgebers dieses Werkes eine passende Stelle einnehmen. Durch Letzteren, Herrn Professor Max Weber, wurde mir das Untersuchungsmaterial zur Verfügung gestellt. Es bestand zum Theile aus denselben Exemplaren, an denen vorher Herr Doctor Kohlbrügge seinen eifrigen Studien oblag. Ich beschränkte mich fast ausschliesslich auf die Präparation der linken Körperhälfte, indessen vom genannten Autor die rechte Hälfte verwerthet wurde.

Soweit es sich um die Darstellung der Muskulatur und der Nerven der Hylobatesarten handelte, und dieselben in das Interessengebiet des Herrn Kohlbrügge und in das meinige fielen, bearbeitete also ein

Jeder von uns je die eine Seite eines Exemplares. Auf diese Weise ist, so sehr auch die von uns gesteckten Ziele aus einander gehen mögen, eine gegenseitige Ergänzung in der Feststellung anatomischer Daten bei Hylobatiden entsprungen, wodurch die genauere Kenntnis von jenen Affen eine Bereicherung erfährt.

Nichts, was nicht direct unserem Zwecke dient, wird man hier erwähnt finden. So wurden z. B. wohl vielerlei Muskeln von höherem Belang; aber nicht alle Zustände an ihnen verdienten desshalb erwähnt zu werden. Durch einen Einblick in die im gleichen Hefte dieser „Zoologischen Ergebnisse" erschienene Abhandlung des Herrn Doctor KOHL-BRÜGGE mag man sich jeweilig gewünschte und ergänzende Auskunft holen.

Die Literatur ist arm an genauen, brauchbaren Mittheilungen über unser Thema. Die wenigen bestehenden Angaben aber müssen stets mit Vorsicht verwerthet werden. Wo sie sich z. B. auf Trockenskelette beziehen, oder wo Thatsachen aus jedem Zusammenhange mit andern Dingen herausgerissen sind, verlieren sie für uns oft jeglichen Werth. Wie z. B. ein ausgetrocknetes, also beschädigtes Brustbein mit den knorpeligen sternalen Rippen sich verhält, hat an dieser Stätte ebenso wenig Interesse, als nur zu wissen, wie viele Inscriptiones tendineae der Musculus rectus abdominis besitzt; denn diese Kenntnisnahme kann unser jetztiges anatomisches Wissen erst dann fördern, wenn auch die Innervation des Muskels genau bekannt wurde, und Beides in Bezug auf die Umwandlung des ganzen Rumpfes des Primaten geprüft wurde. Die Literatur können wir als Schmuck für den Text wohl hier und da verwenden; aber einer Förderung dient sie im Ganzen nicht.

Untersucht wurden:

1. *Hylobates lar* (ad. ♂).
2. *Hylobates agilis* (dunkles erwachsenes ♂).
3. *Hylobates agilis* (ad. ♂, helle Varietät).
4. *Hylobates syndactylus* (juv. ♀).
5. *Hylobates syndactylus* (ad. ♂).
6. *Hylobates leuciscus* (ad. ♀).

In dem ersten Hefte dieses Werkes (Seite 99—101) findet man die Grössenangaben der unter N° 2—6 aufgeführten Thiere. Professor M. WEBER, welcher die letzteren auch bestimmte, fügte jenen Angaben manche interessanten Bemerkungen hinzu, die indessen für uns keine directe Verwerthung finden.

I. MUSCULUS RECTUS ABDOMINIS.

1. Ursprung des Muskels.

Der in den Bauchdecken gerade verlaufende Muskel ist bei allen Primaten durch seinen Ursprung von der ventralen Fläche des Thorax ausgezeichnet. Im speciellen Verhalten finden sich jedoch grosse Verschiedenheiten des Muskelursprunges vor.

Bei im Systeme niedrig stehenden Primaten entspringt der Musc. rectus in der Regel von der ersten Rippe, um von dieser aus in wechselndem Masse längs des Sternum auch nach unten hin sich auszudehnen. Der Muskelbauch erstreckt sich bei niederen Affen in der Regel vom Ursprunge an frei über die ganze Vorderfläche des Thorax zum Beckengürtel. Der Muskel gehört demgemäss bei niederen Primaten in ausgesprochener Weise einem sehr grossen Abschnitte des Rumpfes zu. Ein Zusammenhang mit dem Halstheile des ventralen geraden Muskelsystemes ist aber bei allen Primaten spurlos verloren gegangen.

Das genannte Verhalten des Muskels ändert sich bei höher stehenden Primaten derart, dass der proximale Abschnitt den oberen Rippen und den in den intercostalen Räumen gelegenen Gebilden inniger sich anheftet und schliesslich die abgeplattete verlängerte Ursprungssehne des M. rectus mit der festeren Unterlage sich verschmelzen lässt.

Auf diese Weise wird der Muskel nach und nach um proximale, frei den Thorax bestreichende Abschnitte beeinträchtigt; sein Ursprung wird an tieferen Rippen gefunden. In gleicher Art verschieben sich Ursprungsbündel des Rectus abwärts längs des Brustbeines, dessen Processus ensiformis sie selbst erreichen können.

Der höchste Grad der genannten Verlagerung des Rectusursprunges wird beim Menschen und bei den Anthropoiden angetroffen, bei denen der Rectus an dem abdominalen Grenztheile der vorderen Thoraxfläche, an der 5. bis 7. Rippe und am Processus ensiformis entsteht.

Niedere und höhere Primaten bieten daher im Ursprunge des Rectus ein nicht unerheblich verschiedenes Bild; bei den ersteren waltet in der That ein primitiverer, bei letzteren ein erworbener, von dem ersteren ableitbarer Zustand des Muskels ob.

Während es mir früher nicht gelang, Formen aufzufinden, welche im Muskelverhalten die Kluft zwischen den niederen Affen und den Anthropomorphen ganz ausfüllen, so traten Uebergangsformen bei den Hylobatesarten auf. Neben Primitivem ist hier auch hoch Organisirtes,

Anthropomorphes anzutreffen, insofern der M. rectus einerseits als ein gerader thoraco-ventraler Muskel, andererseits aber nur als Bauch-muskel wie bei Anthropoiden characterisirt ist, der seine thoracale Natur wie bei diesen und beim Menschen nur durch den Ursprung von unteren Rippen bewahrt, im Uebrigen der Bauchgegend zugehört.

Bei den hier zu besprechenden Formen erhielten sich verschiedene Stadien des Entwicklungsprocesses, in welchem die Verlagerung des Muskelursprunges bei den Primaten ueberhaupt sich vollzieht. Die dies-bezüglich bei Hylobatiden bekannt gewordenen Thatsachen reihen sich in der folgenden natürlichen Weise an einander.

1. Beim erwachsenen männlichen *H. syndactylus* verhält sich der Rectus im Ursprunge auf der linken Körperhälfte nahezu gleich dem rechtsseitigen, durch KOHLBRÜGGE beschriebenen Zustande. Die durch Letzteren auf den M. rectus der Hylobatiden sich beziehenden Angaben findet man auf Seite 274 u. 275 dieses Werkes.

Der Muskel entspringt in primitiver Weise von der 3. Rippe, erwarb sich aber auch von der 4., 5., 6. und 7. Rippe Ursprungsflächen, ebenso vom Proc. ensiformis. Auf Figur 1 erkennt man die obere Grenzlinie des Muskels; sie beginnt lateral an der 3. Rippe und senkt sich un-regelmässig ausgezackt median- und abwärts gegen den Proc. ensi-formis. Die Zacken von der 3. und 4. Rippe entstehen an deren knö-chernem, diejenigen von der 5. bis 7. Rippe vom knorpeligen Abschnitte. Die Zacke von der 3. Rippe ist bei Weitem die kräftigste, c. 1,4 Ctm. breit; sie bildet den lateralen Muskelrand. Vom Sternalrande bleibt sie c. 2 Ctm. entfernt. Die medialen Bündel der folgenden Zacke grenzen an den Uebergang der Pars cartilaginea et P. ossea der 4. Rippe an.

Die Ursprungslinie des M. rectus beginnt an der 5. Rippe im medialen Anschlusse an die vorige Zacke; sie ist c. 2,2 Ctm. vom Sternum entfernt. Sie bestreicht leicht abwärts geneigt in querer Richtung den Knorpel der 5. Rippe, erreicht denjenigen der 6. Rippe, an deren unterem Rande die Ursprungsbündel sich zum Sternum erstrecken. In der Nähe des lezteren greift der Ursprung auf die 7. Rippe über, längs dessen unterem Rande er sich mit tiefen Bündeln etwa 2,1 Ctm. lateralwärts ausdehnt. Vom Sternalende der 7. Rippe dehnen sich Bündel auf die Basis des Proc. ensiformis aus, in deren Medianlinie die beider-seitigen Muskeln sich berühren.

Aus diesem Befunde geht deutlich hervor, dass ein primitives Ursprungsverhalten lateral vom Sternum sich erhielt, während in dessen Nähe der M. rectus von der ersten bis zur sechsten Rippe sich in secundärer Weise völlig rückbildete.

2. Die kräftige Ursprungszacke des M. rectus an der 3. Rippe wird beim jugendlichen weiblichen *H. syndactylus* vermisst. Sie ist hier rückgebildet; ihr Fehlen darf nicht etwa einem jugendlichen Zustande entsprechend angesehen werden. Der obersten Ursprungszacke des Rectus gemäss würde der von DENIKER (Recherches anatomiques et embryologiques sur les singes anthropoides. Archive de Zool. exp. et gén. T. III. Suppl. 1885) untersuchte Gibbonfoetus am meisten mit Syndactylus übereinstimmen, da der Rectus von der 4.—7. Rippe entstand. DENIKER giebt den Hylobates für einen Lar oder Agilis aus.

Der Rectus entsteht beim jungen *Syndactylus* von der 4., 5., 6. und 7. Rippe sowie von der Basis des Schwertfortsatzes (vgl. Figur 3, 14, 17). Diese Ursprungszacken verhalten sich fast gleich den entsprechenden Theilen beim erwachsenen Exemplare. Die Ursprungslinie verläuft nahezu quer; sie ist aufwärts concav. Die Bündel der 4. Rippe formen den lateralen Muskeltheil; sie bleiben c. 1,3 Ctm. vom Sternum entfernt und grenzen medial an den Rippenknorpel an, entspringen also selbst noch vom Knochen. Die 5., 6. und 7. Rippe bieten jedoch ihren Knorpeltheil zum Ursprunge dar. Im Unterschiede zum erwachsenen Syndactylus vermisse ich hier die lateralwärts ausgedehnten tiefen Bündel von der 7. Rippe.

Das junge Thier stellt sich durch das Fehlen der Zacke von der 3 Rippe höher als das erwachsene Männchen. Beide stimmen sie im übrigen Verhalten des Muskels sowie im Vorhandensein von nur 7 sternalen Rippen überein.

3. Beim *H. agilis* (Figur 16) bezieht der M. rectus wie beim *Syndact. juv.* die oberste Zacke von der 4. Rippe. Diese Zacke zeichnet sich aber durch grössere Breite aus und entspringt mittelst einer kräftigen Sehne, welche auf eine beginnende Rückbildung der Zacke hindeutet und dadurch den Uebergang zum Verhalten, in welchem der Rectus von der 5. Rippe entspringt, vorführt. Die Anheftung liegt am knöchernen Theile der 4. Rippe. Weiterhin zeigt sich der Muskel auf die 5., 6., 7. und auf die im primitiven sternalen Verbande erhaltene 8. Rippe, sowie auf die Basis des Proc. ensiformis herabgerückt.

4. Bei *H. leuciscus*, *H. lar* und *H. agilis* (helle Var.) ist die Ursprungszacke von der 4. Rippe völlig verschwunden. Der Muskel bezieht hier seine oberen Ursprungsbündel von der 5. Rippe; er hat sich also hier im Vergleiche zum erwachsenen Syndactylus um zwei Segmente verkürzt.

Hyl. leuciscus und *H. lar* besitzen 8 sternale Rippen und stehen in dieser Beziehung niedriger als *Hyl. agilis* (helle Var.) mit nur 7 Sternalrippen, aber in Uebereinstimmung mit *H. agilis* der Figur 10. Trotz dieses verschiedenen Verhaltens der 8. Rippe ist dasjenige des Rectusursprunges ein gleiches. Der Muskel entsteht von der 5., 6., 7. und 8. Rippe und vom Proc. ensiformis. Die Ursprungszacke der 5. Rippe baut den lateralen Muskeltheil auf; sie liegt zu höchst und befestigt sich bei allen drei Formen dem knöchernen Rippentheile. Sie entsteht bei *H. leuciscus* (Figur 15, 19) mit platter, 1,8 breiter Sehne in einer Entfernung von c. 1,1 Ctm. vom Sternum und greift etwa 0,5 Ctm. auf den Rippenknorpel über. Auch Bischoff (Abh. d. II Cl. d. K. Ak. d. Wiss. X. Bd III Abth.) und Kohlbrügge fanden bei *Leuciscus* die obere Rectuszacke an der 5. Rippe. Aehnlich ist es beim *H. agilis*, insofern die 1,2 Ctm. breite Zacke der 5. Rippe den knöchernen und knorpeligen Theil in Anspruch nimmt (Figur 5 u. 16). Bei *H. lar* schneidet die 0,9 Ctm. breite Zacke medial mit dem Rippenknorpel ab (Figur 8 u. 13).

Die von den folgenden (6—8) Rippen entstehenden Muskelbündel besitzen eine quere gegen den Proc. ensiform. medianwärts sich hinneigende Ursprungslinie, die äusserst unregelmässig ausgezackt ist. Das Ursprünglichste erkennt man wieder bei *H. agilis*. Hier schneidet die Anheftung der Muskelbündel die Mitte des 6. Rippenknorpels und erreicht etwa 1,2 Ctm. vom Sternum entfernt den Knorpel der 7. Rippe. Von der Anheftung an der 6. und 7. Rippe verlaufen derbe Sehnenfasern zum unteren Rande der 5. Rippe. Diese legen Zeugnis für die Rückbildung einer Strecke des muskulösen Rectus ab. *H. leuciscus* lässt nur noch die scharf begrenzten Ursprungsbündel am unteren Rande der 6. und an der 7. Rippe erkennen.

Bei *H. lar* haben tiefe Bündel sich aus dem Verbande der von der 5. Rippe entstehenden Portion abgelöst und am Knorpel sowie am Knochen der 6. Rippe sich eine Befestigung erworben (Figur 8).

Die Ursprungslinie des M. rectus schneidet die 7. Rippe quer bei *H. leuciscus* und *H. lar*, um das Sternalende der 8. Rippe und die

Basis des Proc. ensiformis zu erreichen. Bei Beiden erzeugten die Muskeln an letzterem eine mediane Leiste, an der die Bündel etwa 1,2 Ctm. herabragen.

Bei *Hylob. agilis* reihen sich Bündel vom freien Ende der 8. Rippe an die von der 7. Rippe an und sind durch einen Sehnenstreif mit den vom Proc. ensiformis entspringenden verknüpft. Es ist nicht unwahrscheinlich, dass die 8. Rippe ihren Sternalverband löste, nachdem sie bereits mit dem Rectus Beziehungen eingegangen war, welche sich aber nach dem Aufgeben der sternalen Verbindung erhielten. Der Vergleich mit den Befunden bei *H. leuciscus* und *H. lar* berechtigen zu dieser Annahme.

Betreffs der sternalen Natur der 8. Rippe steht *H. agilis* zwischen *H. leuciscus* et *lar* einerseits und *H. syndactylus* andererseits. Bei diesem sowie bei *H. agilis* hat die Rippe das Sternum verlassen; bei *H. agilis* deutet die Nähe Beider auf eine noch nicht lange erfolgte Lösung hin· Betreffs des Ursprunges des M. rectus hält *H. agilis* die Mitte zwischen *H. leuciscus* und *H. syndactylus* nicht inne; denn es kann mit Recht ablehnend entschieden werden, ob *H. syndactylus* jemals Rectusursprünge von der 8. Rippe besessen habe. Einen Sprung in der Schlussfolgerung würde man mithin machen, wenn man diese folgendermaassen angäbe: bei *H. leuciscus* und *Hyl. lar* mit je 8 Sternalrippen entsteht der Rectus kräftig auch an der 8 Rippe; bei *H. agilis*, bei dem die 8. Rippe den Sternalverband aufgab, sind Andeutungen von Ursprüngen erhalten; bei *H. syndactylus*, bei dem die 8. Rippe vom Sternum sich entfernte und keine Ursprungsbündel mehr entsendet, müssen diese daher einst vorhanden gewesen sein. Dies ist desswegen nicht ohne Weiteres zuzugeben, weil bei *H. syndactylus* der Rectus vielleicht überhaupt nicht soweit distalwärts rückte als bei den anderen Formen, und weil durch das Erhalten seines hohen primitiven Ursprunges vielleicht die ursächlichen Momente für die Nichtausbildung distaler Rippenzacken gegeben sind.

Da *H. syndactylus* (junges und altes Exemplar) sieben Sternalrippenpaare besitzt, sich in dieser Beziehung den Anthropoiden und dem Menschen mehr nähert als die anderen Hylobatesarten den letzteren, mithin differenter ist als z. B. *Hyl. lar* mit 8 Sternalrippen jederseits, da ferner bei *H. syndactylus* der primitivste Zustand im Rectusursprunge sich erhielt, so kann bei den Hylobatiden der differente Zustand an Rippen und am Sternum nicht unmittelbar vom differenten

Verhalten im Rectusursprunge abgeleitet werden. Nichts destoweniger besteht bei den Primaten ein gewisses gegenseitiges Abhängigkeits-verhältnis zwischen tiefem Ursprunge des Musculus rectus und einer geringeren Anzahl sternaler Rippen, welches jedoch bei den Hylobatiden nicht zum Ausdrucke kommt.

Die Ursprungszacken des M. rectus sind bei einem jedem Exemplar scharf markirt. Bisher sind bei keiner Gattung der Primaten so grosse Schwankungen des Muskelursprunges bekannt geworden als bei den Hylobatiden. Entweder findet man bei niederen Affen Andeutungen an die primitiven Beziehungen des Rectus zur ersten Rippe, oder der Muskel verhält sich bei den Anthropoiden ähnlich wie beim Menschen. In Folge dessen nehmen, so müssen wir schliessen, die Hylobatiden hinsichtlich des Rectusursprunges eine Art Mittelstellung ein, in welcher sie wohl Niederes bewahrten, selbstständig aber auch Neues erwarben, durch das sie bei grosser andersweitiger Verschiedenheit wohl auch nur scheinbar auf gleicher Stufe mit den Anthropoiden rangiren, während sie durch das Primitive auch nur scheinbar mit niederen Affen ganz übereinstimmen, desswegen nur scheinbar, weil der hohe Rectusur-sprung wegen der verschiedenartigen Form des ganzen Muskels bei Beiden auf nächste verwandtschaftliche Beziehungen nicht hindeutet.

Bezüglich des von den Hylobatiden selbstständig erworbenen ver-schiedenen Ausbildungsgrades des Ursprunges des M. rectus folgen die Arten so auf einander, dass *H. syndactylus* die niedere Stufe, *H. leuciscus*, *H. lar* und der helle *H. agilis* der Reihe nach die höhere Stufe einnehmen. Der dunkle *H. agilis* stimmt im Wesentlichen mit dem jungen *Syndactylus* überein, leitet aber mehr zu den letzteren 3 Formen als zum Syndact. ad hinüber.

Als rein anatomisches Ergebnis aus den dargestellten Befunden ist noch die Art zu verzeichnen, nach welcher die Verkürzung des Musc. rectus um proximale Abschnitte erfolgt. Der Muskel wandert nicht von oberen auf untere Rippen über, sondern er büsst obere Abschnitte unter Anheftung an untere Rippen ein. Dafür sprechen zwei Momente. Erstens werden verschiedentlich von der eigentlichen Ursprungslinie aus proximalwärts ziehende Sehnenfasern zu höheren Rippen wahrge-nommen. Am auffallendsten ist solches bei *H. agilis* ausgesprochen (Figur 5 u. 16), bei welchem von 7. und 6. zur 5. Rippe eine breite derbe Sehne über den 5. und 4. Intercostalraum verläuft und durch den Faserverlauf sowie das ganze Verhalten als ein rückgebildeter

Muskelabschnitt sich erkennen lässt. Während dieser bereits der Thoraxwand eng anhaftet, geht der sehnige laterale Theil von der 5. Rippe
aus frei und unmittelbar in den Muskel über. Dass aber hier auch
der Weg der Muskelverkürzung bereits angetreten wurde, müssen
wir annehmen. *H. agilis*, *H. leuciscus*, *H. lar* besitzen eine mit platter
Sehne von der 5. Rippe entstehende Zacke, die von den medianwärts
liegenden Ursprüngen sich unterscheidet.

Für die angenommene Rückbildung proximaler Rectusabschnitte durch
Verlötung mit der Thoraxwand kann der Vergleich der Ursprungsportionen mit Sicherheit nicht angeführt werden. So schliesst sich beim
jungen und erwachsenen *H. syndactylus* die Zacke von der 4. Rippe
medial mit deren Knorpel ab (Figur 1 u. 3); die beim Erwachsenen
lateral sich anschliessende Zacke der 3. Rippe ist beim jungen Exemplar
ohne erkennbaren Nachweis in die laterale Muskelportion einverleibt.
Es könnte nun das Verhalten des Ursprunges von der 4. Rippe beim
jugendlichen auch durch ein Ueberwandern des Muskels von einer
Rippe zur anderen erfolgt sein. Ebenso ist für unsere Annahme der
Rückbildung proximaler Abschnitte das Verhalten nicht zwingend,
welches der Rectusursprung von der 5. Rippe bei *H. lar* (Figur 8 u.
13), *leuciscus* (Fig. 15 u. 19) und *agilis* (Fig. 5, 16) darbietet. Diese
Zacke nimmt den medialen Abschnitt der knöchernen 5. Rippe ähnlich
wie die oberste Zacke den der 4. Rippe beim jungen *Syndactylus* ein.
Denken wir uns die Zacke der 4. Rippe bei *Syndactylus* dem Thorax
bis zur 5. Rippe sich anheften, so resultirt daraus wohl das Verhalten,
welches wir bei *H. agilis* etc. thatsächlich antreffen. Dieses wäre aber
andererseits auch aus einer Muskelwanderung erklärbar.

Den bestimmtesten Aufschluss giebt das Verhalten der Innervation.
Der Rectus ist ein metamerer Rumpfmuskel, der anfangs von einem
jeden thoracalen Spinalnerv Aeste bezog. Nimmt man nun ein Wandern
des Rectusursprunges beckenwärts an, so müssten sich die primitiven
Innervationszustände erhalten. Die Nerven, welche z. B. der Muskel
bei *H. syndactylus adult.* bezieht, müssten auch bei *H. leuciscus*, *H.*
agilis et *lar* nachweisbar sein. Das ist nicht der Fall. Der Rectus
büsste um so mehr Nerven ein als er distal mit seinem Ursprunge
sich befindet. Das bedeutet aber, dass er bei distalem Ursprunge obere
Muskeltheile verlor. Diese können aber allein auf dem Wege der Verlötung des Rectus mit der Thoraxwand eliminirt worden sein, wofür
auch das erst erwähnte Moment des Sehnenverlaufes spricht.

Die Insertion des Musc. rectus der Primaten ist eintönig. Das Schambein bietet die Befestigungspunkte dar.

2. Die Metamerie des Muskels.

Der Umstand, dass stets eine Summe auf einander folgender Spinalnerven den M. rectus mit Zweigen versieht, dass letztere bei niedrig stehenden Affen zu den durch Inscriptiones tendineae wohl abgegrenzten Muskeltheilen oder Myomeren gelangen, lässt keinen Zweifel an der noch bei Primaten bestehenden metameren Natur des ventralen Rumpfmuskels obwalten.

Die Rectusnerven entsprechen der Lage und der jeweiligen Ausdehnung des oberen und unteren Endes des Muskels. Thoracale Spinalnerven versorgen denjenigen Theil, welcher dem Thorax auflagert sowie denjenigen abdominalen Abschnitt, welcher früher ebenfalls einen nunmehr rückgebildeten Theil des Thorax als feste Unterlage besass. Darauf folgende Rectusabschnitte erhalten Aeste der letzten thoracalen und Aeste oberer lumbaler Spinalnerven. Thoraco-lumbale Nerven sind es also, welche in geschlossener Reihe der Metamerie des Muskels Ausdruck geben. Die Metamerie ist ein Erbstück niederer Wirbelthiere. Diese sind im Besitze vieler Myomeren am ventralen geraden Muskelsysteme. Aus diesem Grunde sehen wir auch die Mehrzahl von Myomeren am M. rectus der Primaten als eine dem ursprünglichen Verhalten nahestehende, die Minderzahl als eine höher stehende Einrichtung an.

Myomere des Rectus gehen noch bei den Primaten nachweisbar verloren. Der Verlust stellt sich am oberen (thoracalen) und auch am unteren (Becken-) Abschnitte ein. Am oberen und unteren Pole verkürzt sich der Muskel um ganze Segmente. Am thoracalen Abschnitte ward diese Reduction durch die Verschiebungen des Ursprunges nach unten hin deutlich nachweisbar. Die Innervationsverhältnisse entsprechen dem genau. Sie liefern indessen für den Nachweis der Rückbildung von unteren Myomeren das wichtigste, vielleicht sogar das einzigste Kriterium.

Durch die Bestimmung der zum M. rectus ziehenden Spinalnerven wird die Anzahl der myomeren Bausteine des Rectus festgestellt, und so wird eine neue Möglichkeit gewonnen, die Organisationsstufe eines jeden Befundes zu bemessen; denn um so primitiver muss derselbe sein, je mehr Spinalnerven den Rectus versorgen. Nach diesem

Gosichtspunkto führen wir die aufgofundonon Thatsachon in oinor natürlicheu Reihenfolge vor, um neuo Betrachtungon daran an zu knüpfon.

1. Anzahl der für den M. rectus bestimmten Nerven.

Der M. rectus des jungen *H. syndactylus* (Fig. 14) und von *H. agilis* (Fig. 16) erhiolt Aeste vom 4. bis zum 14. thoraco-lumbalen, also von 11 Spinalnerven; KOHLBRÜGGE beschreibt bei *Agilis* auch den Ast vom 14. Nerven: des *H. lar* (Figur 13) Aeste vom 5.—14. th.-l. Nerven, also von 10 Spinalnerven; des *Hylobates leuciscus* (Figur 15) Aeste vom 5. bis 13. thor.-lumbalen, also von 9 Spinalnerven (KOHLBRÜGGE fand ebenfalls den 13 Nerven den letzten Rectusast abgeben). Bei *H. syndactylus* entsendet der 14. th.-lumb. Spinalnerv nur einon feinen Zweig, bei *H. lar* und *H. agilis* hingegen kräftige Aeste zum M. rectus; desshalb hat der Muskel bei *H. lar* und *agilis* am Becken minder verkürzt als bei *H. syndactylus* zu gelten.

In Bezug auf die proximale Verkürzung folgen auf einander:

Hyl. syndact. adult. — *H. syndact. juv.* — *H. agilis* (dunkel). — *H. agilis* (hell.). — *Hyl. leucisc.* — *Hyl. lar.* In Bezug auf die distale Verkürzung zeigen Anklänge an Ursprünglicheres der Reihe nach: *H. lar.* — *H. agilis* (dunkel) — *H. syndactylus* (juv.). — *H. leuciscus.*

In dem Rectusaste des 4. thoracalen Spinalnerven beim jungen *H. syndactylus* (Figur 14) ist ein Zustand erhalten, der bei niederon Affen gefunden wird. Durch die Innervation des Muskels vom 5. Nerven ab (*Lar*, *Leuciscus*, *agilis*) haben sich aber die Hylobatiden auf gloiche Stufe mit den Anthropoiden und dem Menschen gestellt. (Man vergleiche KOHLBRÜGGE Seite 275). Hinwiederum stehen die Hylobatiden, sofern der M. rectus noch vom 14. thoraco-lumbalen Spinalnerv gespeist wird (*H. lar*, *H. agilis*, *H. syndactyl.*), auf der Stufe niederer Primaten. *H. leuciscus* ist nach diesen Beobachtungen der einzige Repräsentant, welcher diesbezüglich den Anthropoiden mit Ausnahme vom Gorilla ebenbürtig ist und Einrichtungen zeigt, welche sich selbst beim Menschen noch erhalten können, wennschon bei ihm weit hochgradigere Reductionen am Rectus als normale Erscheinung sich einstellten. Bei den Anthropoiden ist der 13. thoraco-lumbale Nerv der letzte für den M. rectus bestimmte.

Die Hylobatiden haben also Einrichtungen mit niederen Primaton gemeinsam, erheben sich andererseits von diesem niederen Range und erringen den Anschluss an menschenähnliche Zustände.

Der *Verlauf* der Nerven bis zum Musc. rectus bietet mancherlei Bemerkenswerthes dar. Dasselbe erklärt sich aus Befunden am Muskelbauche, welche daher zuerst namhaft zu machen sind.

2. *Zwischensehnen* (Inscriptiones tendineae).

Es entspricht einem einfachen, auch noch bei niederen Affen anzutreffenden Verhalten, dass zwischen den, je von einem Spinalnerven versorgten Rectustheilen eine Zwischensehne sich befindet. Diesem primitiven Character gemäss müssten bei *H. syndactylus* und *Agilis* eigentlich 10, bei *H. lar* 9 und bei *H. leuciscus* 8 Inscriptionen anzutreffen sein. Die Zahl derselben ist aber thatsächlich eine bei Weitem geringere. Mithin müssen Zwischensehnen verschwunden sein. Die Stellen der Rückbildung von Inscriptionen lassen sich nun mit Sicherheit durch die Nerven-Eintrittsstellen bestimmen. Die noch übrig gebliebenen Zwischensehnen tragen andererseits oft die Merkmale von Umbildungen, die anderorts zur Reduction geführt haben mögen. Wo Inscript. tend. zu Grunde gingen, entstand eine Muskelstrecke, äusserlich einheitlich, welche aber, wie früher von mehreren Spinalnerven versorgt, hierdurch die zusammengesetze Natur erkennen lässt. Aus der Anzahl der Myocommata lässt sich den obigen Angaben gemäss bis zum gewissen Grade die morphologische Stellung des Rectus ermessen, da sich in der Mehrzahl der Myocommata Primitives verräth. Die untersuchten Exemplare rangiren folgendermassen:

a. H. syndactylus (Figur 14). Bei ihm bestehen fünf den Muskel vollständig durchsetzende Zwischensehnen, deren zehn bestehen sollten. Kohlbrügge fand beim Erwachsenen nur 4 Zwischensehnen. Nach dem Verhalten der Nerven zu schliessen sind drei obere und zwei untere Zwischensehnen zu Grunde gegangen; denn der proximal von der oberen Zwischensehne befindliche Rectusabschnitt bezieht Zweige von vier, dem 4.–7. thoracalen Spinalnerven, während der distal von der letzten Inscription befindliche Rectustheil Zweige von 3, dem 12.–14. Spinalnerven erhält.

b. Bei *H. agilis* (Figur 16) finde ich die gleichen 5 Inscriptionen (Kohlbrügge fand nur 4) wie beim Syndactylus wieder; denn der 8. Intercostalnerv versorgt den Rectusabschnitt zwischen den beiden oberen Sehnen. Es durchsetzen aber nur noch 2 Sehnen den Rectus in ganzer Breite; die obere ist auf den lateralen Muskelabschnitt beschränkt; die zwei unteren Sehnen sind schmal und je in mehrere Abschnitte zerklüftet, die lateralwärts sogar gegen einander convergiren.

c. H. lar (Figur 13). Bei ihm durchsetzen drei Inscriptionen den Rectus der ganzen Quere nach, eine obere vierte indessen nur die laterale Hälfte. Es bestehen also 4 Zwischensehnen, deren eigentlich 9 existiren sollten. Von diesen gingen wie bei Syndactylus drei proximale und zwei distale, den Muskel eigentlich zukommende zu Grunde. Der obere Muskelabschnitt erhält Aeste vom 5.—8. thoracalen Spinalnerven, der untere vom 12.—14. Nerven. Im Vergleiche mit *H. syndactylus* u. *agilis* ist die proximale der 5 Zwischensehnen als ganz verschwunden zu betrachten, da der S. Intercostalnerv sich oberhalb der ersten Sehno im Muskel vertheilt. Es fehlt hier also die bei *Syndactylus* noch vorhandene Zwischensehne zwischen 7. und 8. thoracalen Spinalnerv gänzlich, während die zwischen dem S. und 9. Nerven bei *H. syndactylus* befindliche vollständige Inscription ihre mediale Hälfte eingebüsst hat, welche sich bei *Agilis* noch gänzlich erhielt, indessen die höhergelegene dieselbe Einbusse erlitt, wie die folgende bei *Lar*. Mit dem distalwärts gerückten Ursprunge sind also zugleich die Grenzen der Myomeren mehr und mehr. verwischt.

Der bei *Syndactylus* und *Lar* vom 12.—14. thor.-lumb. Spinalnerv versorgte distale Muskelabschnitt wird von einer vollständigen Inscription begrenzt. Diese endigt am medialen Rectusrand verschieden, bei *H. syndactylus* in der Mitte zwischen Nabel und Symphyse, bei *H. lar* in der Nabelhöhe. Hieraus geht hervor, dass die Stellung der Zwischensehnen zum Nabel nicht ueber deren Homologie Auskunft geben kann, zumal bei *H. syndactylus* die vorletzte Inscr. tend. in der Höhe des Nabels liegt. Kohlbrügge's Angabe, dass bei *Syndactylus* z. B. die 4. Zwischensehne in der Höhe des Nabels liegt, ist für uns werthlos, da die Nervenverhältnisse unbekannt blieben.

Aus der verschiedenen Lage der Sehnen ergiebt sich zugleich die verschiedene Grösse der unteren einheitlichen Muskelstrecke. Bei *H. syndactylus* beträgt sie etwa $^1/_4$, bei *Agilis* etwa $^1/_3$ bei *H. lar* aber $^3/_7$ der Gesammtlänge des Rectus.

d. Hylobates leuciscus. Bei ihm durchsetzen zwei obere Sehnen den ganzen Rectus, eine darauf folgende dritte die laterale Hälfte, eine vierte die Mitte der Muskelbreite. Es bestehen also 4 Zwischensehnen; während Kohlbrügge an der anderen Seite nur 3 Sehnen fand. Bischoff (Abh. d. II Cl. d. K. Ak. d. Wiss. X. Bd III Abth.) beobachtete indessen bei *Leuciscus* auch 4 Sehnen, von denen 2 über, 2 unter dem Nabel sich befanden. Der Anzahl der Nerven entsprechend hätten wir

bei unsrem Exemplare acht antreffen sollen. Von ihnen sind drei
obere völlig verschwunden, gleich wie bei *H. lar.* Ausserdem wird
eine distale vermisst. Der obere einheitliche Rectusabschnitt wird vom
5. bis 8. thoracalen Spinalnerven versorgt; die erste Sehne entspricht
daher der ersten bei *H. lar* und *H. agilis*; sie erhielt sich hier aber
wie bei *Agilis* in einem primitiveren Zustande als bei *H. lar.* Da die
distale einheitliche Rectusstrecke vom 12. und 13. Spinalnerv versorgt
wird, so entspricht die letzte Zwischensehne bei *H. leuciscus* der letzten
von *H. lar* und *H. syndactylus.* Sie entspricht auch durch die Lage
in der Nabelhöhe der Zwischensehne bei *H. lar*, unterscheidet sich
aber wesentlich von dieser durch die deutlichsten Zeichen der Rückbildung. In noch höherem Grade ist die vorletzte Zwischensehne bei
Leuciscus reducirt. Auf der rechten, von Dr. KOHLBRÜGGE präparirten
Körperhälfte findet man an Stelle der zwei unvollständig erhaltenen
Sehnen nur eine, allerdings die ganze Breite des Rectus durchziehende
Sehne. Rechts ist daher die Anzahl auf drei beschränkt. Die distale
einheitliche Rectusstrecke beträgt etwa wie bei *H. lar* $^3/_7$ der Gesammtlänge.

Auf beiden Körperhälften erweisen sich die distalen Zwischensehnen
von *H. leuciscus* gegenüber denen von *H. lar* stark verändert. Diese
Reduction bezieht sich auf ein unteres Metamer, und desshalb darf
in ihr eine höhere Ausbildung des M. rectus gesehen werden, wie wir
sie z. B. beim Menschen kennen.

Erwägt man die jedesmalige Coincidenz von primären und secundären Eigenschaften an Nerven und Zwischensehnen, so gewinnt man
aus diesen Thatsachen Material für die Bestimmung der Stellung der
behandelten Hylobatiden zu einander. *Syndactylus* steht ohne Zweifel
in der genannten Hinsicht am tiefsten, *Leuciscus* am höchsten; zwischen Beiden nehmen *Agilis*, dann *Lar* Stellung.

Die durch mehrere Spinalnerven versorgten Muskelstrecken finden
sich, so fassen wir das Hauptsächlichste zusammen, am oberen und
unteren Ende; sie entbehren der Inscriptiones tendineae, durch deren
Schwund die Myomeren sich vereinigen konnten. An beiden Polen des
M. rectus findet nun auch die Rückbildung von ganzen Myomeren statt,
was aus dem Verhalten der Nerven erhellt. Die Verkürzung des Rectus
um obere und untere Theile steht also in örtlichem Verbande mit der
Umwandlung im Inneren des Muskels. Diese scheint sogar regelmässig
der ersteren vorauszugehen.

In der Mitte der Länge des platten Bauches erhalten sich die Zwischensehnen, erhält sich das ursprünglichste Verhalten der Metamerie des Rectus. Zwischen je zwei Inscriptionen verzweigt sich der Ast je eines Spinalnerven. Nach der Zahl der Nerven lässt sich die Homologie der Zwischensehnen bestimmen. Bei *Syndactylus*, *Agilis*, *Lar* und *Leuciscus* befinden sich vier Sehnen zwischen dem Gebiete des 8. und 12. Spinalnerven, begrenzen also die Myomere des 9., 10. und 11. thoracalen Spinalnerven. Bei *Syndactylus* und *Agilis* erhiolt sich eine proximale Sehne, welche das Myomer des 8. Spinalnerven begrenzt.

Der *Verlauf* der Zwischensehnen durch den Rectus ändert sich nach deren Lage im Muskel und ist verschieden an homologen Gebilden verschiedener Individuen. Die quere, die ganze Breite des Muskels einnehmende Inscription hat als die einfachste Form zu gelten. Eine unregelmässige, mit Auszackungen nach oben und unten versehene quere Zwischensehne leitet sich von jener ab; sie ist ein häufiger Befund bei den Hylobatiden. Zunahme oder Abnahme der Höhe der Sehnen vergrössert die Unregelmässigkeit. An die streckenweis erfolgende starke Verschmälerung schliesst sich eine völlige Unterbrechung, eine Rückbildung an. Diese vermag am medialen oder lateralen Rande oder in der Mitte des Verlaufes der Sehne aufzutreten. Vornehmlich sind obere und untere Zwischensehnen von dieser Reduction betroffen. Da die zackige Gestalt der Sehnen auch der Ausdruck für das Auswachsen von Muskelbündeln hier oder dorthin ist, so kann das Zugrundegehen von Strecken der doch immerhin passiv sich verhaltenden Sehnen ganz auf das Durcheinanderwachsen der Muskelfaserbündel benachbarter Myomeren zurückgeführt werden; denn es werden die Bündel an Strecken fehlender einheitlicher Zwischensehnen oft weit nach oben oder unten verschoben wahrgenommen. Daraus geht ein Zustand hervor, in dem man die Bündel nach den natürlichen Grenzen nicht mehr darzustellen vermag. Sie verwachsen vollständigst durch einander. So hat man sich die von mehreren Nerven versorgten Muskelstrecken aus Bündeln aufgebaut vorzustellen, welche von verschiedenen Myomeren herstammen, aber sich aufs Innigste durch Verschiebung mit einander vermischten.

Diese bis zu einem gewissen Grade an jedem M. rectus nachweisbare Erscheinung zieht nothwendig wichtige Folgezustände im Verhalten der Nerven nach sich.

3. Verhalten der Nerven.

Ein primitives Rectusmyomer, das von zwei Myocommata begrenzt ist, bezieht seinen Nerv auf die denkbar einfachste Weise. Der Nerv gelangt im Verlaufe zwischen den Mm. transversus et obliquus internus abdominis oder zwischen den Mm. intercostales direct und ungetheilt zum Endgebiete. Sind im Myomere des Rectus grosse Verschiebungen der Bündel vor sich gegangen, was sich an den Inscriptiones tendineae zu erkennen giebt, so haben die betreffenden Nerven ihre Aeste weithin, nach oben oder unten hin zu entsenden. Die Nerven für die weitest entlegenen Gebiete werden einen möglichst directen Weg zurückzulegen bestrebt sein, was die Spaltung eines Nerven vor dem Endgebiete in mehrere Aeste zur Folge haben muss. Die Spaltung in Endaeste kann sich centripetal verschieden weit forterstrecken. So kann ein Stadium eintreten, in welchem ein Spinalnerv scheinbar zwei selbstständige Aeste zum M. rectus entsendet, die aber nur als Zweige eines früh getheilten Astes gelten können. Je nach der oftmals wechselnden Verschiebung der Bündel in den Myomeren kann mit der peripher beginnenden Nervenspaltung auch die Bildung von Nervenschlingen Hand in Hand gehen. In wie weit hierbei die vom gemeinsamen Muskelaste abgehenden Zweige für den M. transversus et M. obliquus internus eine Rolle spielen, habe ich nicht ermittelt. Die gegebenen Anschauungen sind aus den Beobachtungen gewonnen. Daher sind dieselben hier direct anwendbar. Die Rectusaeste der Spinalnerven spalten sich vor ihrem Endgebiete nur da, wo sie zu stark im Innern veränderten Myomeren gelangen, während sie zu den in der Mitte des Rectus befindlichen Theilen geraden Verlaufes und ungetheilt hinziehen.

Die oberen stark veränderten Myomeren behalten ihre einfachen Nerven, da diese durch die ihnen angewiesene Intercostalräume einen freien Spielraum zu Consecutiverscheinungen im Verlaufe nicht finden. An den Nerven für die Myomeren des Beckenabschnittes des Rectus hingegen sind allerlei Veränderungen erkennbar.

Da wir in dem Verhalten der betreffenden Nerven Folgeerscheinungen der Veränderungen im Muskel erkennen, so wird man voraussichtlich aus ersterem auch die verschiedene Stellungnahme der Hylobatiden zu einander zu bemessen vermögen. Jedoch wird es gerade hier nothwendig, den Grad individueller Schwankungen zuvor festzustellen. Man beachte desshalb auch die Angaben Kohlbrügge's.

Unter den untersuchten Formen nimmt, wie mir scheint, *H. lar* die niedrigste Stufe, *H. leuciscus* die höchste Stufe ein. *H. agilis* und *syndactylus* stehen mitten inne.

a. H. lar (Fig. 13). Die Rectusaeste des 5., 6. und 7. thoracalen Spinalnerven gelangen ungetheilt durch die ihnen zugehörigen Intercostalräume zur hinteren Muskelfläche. Der Ast des 8. Sp. nerven dringt medial vom freien Ende der 9. Rippe zum Muskel. Der Ast des 9. thoracalen Nerven kreuzt lateral vom Rectus den 10. Rippenknorpel und erreicht den Muskel ungetheilt. Die starken Rectusaeste des 10., 11., 12. und 13. thoracalen Spinalnerven gelangen ungetheilt median und abwärts zum Rectus. Die Aeste vom 9., 10. und 11. Nerven versorgen die abgegrenzten Myomere und verlaufen mit denen vom 5.–8. Nerven in denkbar einfachster Weise. Der Rectusaeste des 14. thoracalen Nerven bestehen zwei; sie trennen sich von einander bereits in der Bauchhöhle und durchsetzen selbstständig den M. transversus. Der Ast *b* der Figur 13 ist der stärkere; er bildet lateral vom Rectus eine Schlinge, in deren unteren Schenkel der Ast *a* sich einsenkt. Die Schenkel der Ansa vereinigen sich wieder kurz vor dem Eintritte in den Muskel.

b. H. agilis (Figur 16). Alle zum Muskel verfolgten Nerven bieten einfache Verhältnisse. Eine alleinige Ausnahme bildet der 12. thoracale Spinalnerv, dessen Rectusast sich am freien Rippenende theilt, so dass die beiden Zweige den Muskel ganz selbständig erreichen, und zwar an derjenigen Stelle, an welcher die Myocommata in Auflösung begriffen sind, wo also Muskelbündel sich verschoben haben.

c. H. syndactylus (Fig. 14). Die Rectusaeste des 4. bis 8. thoracalen Spinalnerven verlaufen ungetheilt zum Endgebiete. Der Verlauf des 9., 10. und 11. Nerven ist durch eine einfache Schlingenbildung modificirt, welche je im Bereiche des freien Rippenendes beginnt. Der Ast des 12. Nerven gelangt direct zum Muskel. Der 13. thoracale Spinalnerv entsendet bereits in der Bauchhöhle zwei selbstständig verlaufende Rectusaeste (*a* und *b*). Dieselben erreichen auch getrennt von einander den Muskel. In den distalen Ast (*b*) senken sich 2 Aeste des 14. Spinalnerven ein.

Der bei *Lar* noch ungetheilte Rectusast des 13. Spinalnerven erscheint bei *Syndactylus* gespalten. Die Theilung des Rectusastes, welche bei *Lar* den 14. Spinalnerven betrifft, hat sich bei *Syndactylus* auf den 13. thoracalen Nerven fortgesetzt unter gleichzeitigem Verschwinden

einer Teilung des 14. und unter Verschmelzung der Aeste vom 13. und
14. Spinalnerven. Bei *Syndactylus* versorgt der 14. Nerv eine kleine
Muskelstrecke; das Myomer des 18. Nerven hat sich demgemäss stärker
ausgedehnt. Daraus erklärt sich die Theilung des Rectusastes des 13.
Nerven. Bei *Agilis* hat sich die Nerventrennung um ein Segment
höher verschoben. Sie betrifft den 12. thoracalen Spinalnerven, dessen
Endgebiet einem grossen Wechsel unterlag.

d. *H. leuciscus* (Figur 15). Die Aeste des 5.—8. Spinalnerven gelangen
ungetheilt zum Rectus. Die Aeste des 9., 10., 11., 12. und 13. thoracalen
Spinalnerven spalten sich lateral vom Rectus, der des 9. Nerven etwa
1 Ctm., der des 10. circa 2 Ctm., der des 11. Nerven circa 7 Ctm. vom
Muskel entfernt. Der Ast des 12. Nerven theilt sich nahe dem Rectus-
rande, der Ast des 13. etwa 6 Ctm. von diesem entfernt.

Das Myomer des 13. Spinalnerven ist wie bei *Syndactylus* im Gegensatze zu *Lar* und *Agilis* mächtig entwickelt; bei *Leuciscus* hat das
Myomer des 13. dasjenige des 14. Spinalnerven verdrängt und erreichte
dadurch den unmittelbaren Anschluss an das Becken.

In Bezug auf die frühzeitige Theilung des Astes vom 9. bis 12. Thoracalnerven steht *H. leuciscus* höher als *H. syndactylus* und *Agilis*.
Diese Stellungsnahme spricht sich auch durch den Ursprung und das
Fehlen des Myomers des 14. Spinalnerven aus. Aber durch die frühzeitige Theilung des Astes des 13. Thoracalnerven stellt sich *Syndactylus*
hinwiederum höher als *H. leuciscus*.

Mit dem Schwinden der achten sternalen Rippe treten im Verlaufe
des Rectusastes des 7. Spinalnerven und auch der folgenden Aeste
Veränderungen ein. In dieser Beziehung finde ich bei *H. lar* die pri-
mitivsten, bei *H. syndactylus* die differentesten Zustände. Der 7. Nerv
verläuft bei *H. lar* nach vorn oberhalb der 8. Rippe; der Ast des 8.
Nerven zieht medial vom Ende der 9. Rippe zum Rectus; der Rectusast des 9. Nerven kreuzt die hintere Fläche der 10. Rippe und erreicht
den Muskel distal von derselben. — Bei *H. leuciscus* mit 8 Sternalrippen
kreuzt der Ast des 8. Spinalnerv die hintere Fläche der 9. Rippe und
gelangt distal von ihr zum Muskel. Der Ast des folgenden (9.) Nerven
bleibt hingegen der natürlichen Lage zu den Rippen getreu, was auf
die verschiedene Entfernung des freien Endes der 10. Rippen zurückführbar ist. Sie hat sich bei *H. leuciscus* weiter vom Sternum entfernt
als bei *H. lar*. Bei *Syndactylus* mit 7 Sternalrippen schneidet bereits

der Ast des 7. thoracalen Spinalnerven die hintere Fläche der 8. Rippe;
der Ast des 8. Nerven verhält sich zur 9. Rippe in gleicher Weise.
Auch am 9. Nerven zeigen sich durch die Schlinge ähnliche Verlage-
rungen zur 10. Rippe vollzogen.

In dem Verlassen der natürlichen Lagerung der Nerven zu den
Rippen spricht sich aufs Deutlichste die Thatsache aus, dass, während
die untere sternale und die darauf folgenden Rippen sich nach oben und
lateralwärts zurückziehen, die diesen Skelettheilen ursprünglich zuge-
hörenden Abschnitte des Rectus abdominis distalwärts sich verschieben.
Diese Verschiebung ist gegen das Becken zu noch auffallender: die
median- und steil abwärts ziehenden Rectusnerven erweisen dies. Die
Nerven müssen ja nothwendig diesen steilen Verlauf annehmen, da
ihre Myomere den Beckengürtel erreichen, indessen an der hinteren
Rumpfwand zwischen Beckengürtel und dem letzten den M. rectus
versorgenden Spinalnerven fast regelmässig 4, ja 5 Spinalnerven von
der Innervation der Bauchmuskeln ausgeschlossen sind.

Es hat sich also die Metamerie der vorderen Bauchwand, an der
Muskulatur erkennbar, in ganz anderer Weise und in anderem Zahl-
verhältnisse als an der hinteren Bauchwand, an *Nerven* und *Wirbeln*
erkennbar, erhalten. Die Abnahme metamerer Bildungen vollzog sich
vorn schneller als hinten.

II. VORDERE THORAXWAND.

1. Gliedmassenmuskeln der Brust.

(M. pectoralis maior et minor).

Der Character der Vorderwand des Brustkorbes bei den Primaten
wird nicht zum geringen Theile durch den Ursprung des Musc. rectus
bestimmt. Hierfür legen auch die im vorigen Abschnitte gegebenen
Mittheilungen Zeugnis ab.

Bei den Hylobatiden entsprang der Musc. rectus von unteren sternalen Rippen und hatte die Beziehungen zu oberen Abschnitten des
Thorax vollständig eingebüsst. Wo diese, wie bei niederen Affen, in
primitiver Weise bestehen, und der M. rectus vorn der Länge des
ganzen Thorax bis zum lateralen Rande des Sternum auflagert, da sind
die vom Skelete entspringenden Zacken der Mm. pectorales auf das
Sternum angewiesen. Die Pectoralmuskeln entspringen daher bei niederen
Affen nahe der Medianlinie vom Skelet und beziehen nebenbei auch

Ursprungszacken von der derben, den M. rectus vorn bedeckenden Aponeurose des M. obliquus externus.

Erst mit dem Zugrundegehen oberer Rectusportionen vermögen sich die Ursprungsbündel der Mm. pectorales (maior et minor) der festen vorderen, durch Rippen gebildeten Thoraxfläche zu bemächtigen. Ueberall da, wo die Mm. pectorales lateral vom Sternum am Thorax entspringen, haben wir es also mit Consecutiverscheinungen zu thun. Dieselben setzen Veränderungen am M. rectus voraus. Um so differenter verhalten sich die Mm. pectorales, je mehr Rippen durch ihre Ursprungsbündel mit Beschlag belegt wurden, um so differenter, je weiter die Ursprungsbündel sich längs der Rippen lateralwärts ausdehnten.

Da die tiefen Schichten der Pectoralmuskeln zuerst die lateral an den Rippen sich vollziehenden Verschiebungen eingehen, so hängt mit jener Verschiebung auch nothwendig die schärfere Sonderung tiefer und oberflächlicher Muskellagen zusammen. Die scharfe Prägung eines beim Menschen bekannten M. pectoralis minor und eines M. pector. maior ist das Resultat jenes Processes, welcher auf Grund der Rückbildung von Theilen des primitiven M. rectus der Primaten die Ausbildung der Gliedmassen-Muskeln der Brust gestattet.

Je nach dem Stadium der Sonderung der Brustmuskeln in oberflächliche und tiefe Lagen lässt sich ein jeder anatomische Befund in eine natürliche Reihe einordnen.

Wir besitzen demgemäss sichere Merkmale, nach denen wir auch die Zustände bei den Hylobatiden zu beurtheilen, in geordneter Weise vorzuführen vermögen. Diese Formen nehmen, wie wir sehen werden, in mancher Beziehung eine sehr hohe Stufe ein, übertreffen trotz des Erhaltenseins von manchem Primitiven die Anthropoiden, sodass ihnen Eigenartigkeiten zukommen, die auf die äusserst kräftige Entfaltung der gesammten Brustmuskulatur zurückführbar sind.

Dass die Sonderung der Pectoralmuskeln in den M. p. maior und den M. pect. minor nicht allein eine anatomische Vervollkommnung bedeutet, sondern auch mit einer functionellen Steigerung verknüpft ist, leuchtet sofort ein, wenn man bedenkt, dass der oberflächliche grosse Muskel höherer Primaten die Eigenschaften des gesammten Complexes, wie er bei niederen Primaten besteht, bewahrt, während der tiefe M. pect. minor durch den Gewinn eines lateralen Ursprunges und die Anheftung an die Spitze des Coracoids eine präcisirtere Bewegung auf den Schultergürtel ausüben kann.

In Bezug auf den Ursprung des M. pectoralis maior nimmt im grossen Ganzen *Hylobates syndactylus* die niederste Stufe ein; ihm folgt *Agilis*, diesem *Hylobates leucisc.*, diesem *Hylobates lar*. In Bezug auf den Ursprung des *M. pectoralis minor* nehmen die untersuchten Formen etwa eine gleiche Rangsstufe unter einander ein.

Sind auch die anatomischen Unterschiede am Musculus pectoralis maior der untersuchten Exemplare nicht sehr erheblich, so sind sie dennoch bedeutungsvoll.

1. *M. pectoralis maior.*

Derselbe ist bei allen Hylobatiden durch eine äusserst kräftige claviculare Portion, deren auch Deniker und Kohlbrügge Erwähnung thun, ausgezeichnet. Dieselbe nimmt mit geschlossenen Bündeln etwa die medialen zwei Drittel des Skelettheiles ein. Diese Ursprungsportion ist vom M. deltoides nur durch die Vena cephalica getrennt, welche über die Clavicula zum Halse emporsteigt und sich in die Vena jugularis einsenkt. Es liegen hier ähnliche Verhältnisse, wie sie vom Menschen her bekannt sind, vor. Die Hylobatiden entfernten sich von niederen Affen, denen eine claviculare Portion meist fehlt. In letzterer spricht sich die hohe Entfaltung des Muskels aus.

An die claviculare Lage schliesst sich bei allen Formen eine Zacke an, die an der Kapsel der Articul. sterno-clavicul. entsteht, an diese angereiht entspringt die oberflächliche Lage mit kräftigen Bündeln am Sternum, an welchem jedoch die beiderseitigen Muskeln durch einen nicht ganz unansehnlichen Raum getrennt bleiben, der in querer Richtung bei *H. syndact.* (Figur 17) und *H. leuciscus* (Figur 18, 19) in der Höhe der 4. Rippe etwa 0,4 Ctm. gross ist, bei *Hyl. lar* (Figur 13) hingegen fast auf das Doppelte sich erweitert. Diese Thatsache dürfte damit in Uebereinstimmung zu bringen sein, dass tiefe Portionen des M. pectoralis maior bei *Hylob. lar* am weitesten lateralwärts sich ausbreiteten, gleichzeitig aber eine mediane Verkürzung im Gefolge hatten.

Die sternale muskelfreie Fläche erweitert sich bei allen Hylobatiden von der Höhe der 3. Rippe an nach oben sehr bedeutend, indem die Ursprungsbündel am lateralen Randtheile des breiten Manubrium sterni befestigt sind. Dies ist durch den Ursprung des M. sterno-mastoideus bedingt, der bis zur 3. Rippe am Manubrium sterni herabragt (vergl. die Figuren 13, 17, 18 u. 20).

a. *Oberflächliche Ursprungszacken.*

In der Ausdehnung sternaler Ursprünge nach unten treten bei den untersuchten Formen Differenzen auf. Auch auf die diesbezüglichen Angaben bei KOHLBRÜGGE sei verwiesen. Bei *Syndactylus* (Figur 17) reicht der Muskel bis zum Ansatze der 6. Rippe an's Sternum herab, bezieht dann in einer Ausdehnung von 1,8 Ctm. Ursprungsbündel vom oberen Rande dieser Rippe, welche lateral aufwärts zur 5. Rippe reichen. Daran reihen sich Bündel, welche von der vorderen Scheide des M. rectus entspringend eine etwa 1,2 Ctm. breite Muskelplatte formen. Die lateralen Ursprüngsbündel überragen den M. rectus etwa 0,5 Ctm. und entstehen an der durch die von der 4. Rippe kommenden Zacke erzeugten Aponeurose. Dieser hohe Ursprung des M. obliquus externus von der 4. Rippe verhindert eine weitere laterale Anheftung des M. pector. minor am Brustkorbe. Bei *Hylobates lar* (Figur 13) ist der Pectoralis maior sternalwärts um den Ursprung von der 6 Rippe verkürzt. Vom Sternum greifen die Zacken auf die 5. Rippe über, längs welcher sie etwa 1,2 Ctm. sich ausdehnen, um dann auf die den 5. Intercostalraum bedeckenden Fascie überzugreifen. Die lateralen Bündel dieser Gruppe liegen unmittelbar oberhalb der Ursprungslinie des M. rectus und, indem sie noch Sehnenbündel von der 6. Rippe beziehen, ist in ihnen der primitivere Zustand, wie wir ihn bei *H. syndactylus* antrafen, erhalten geblieben. Lateral und abwärts reihen sich 8 breite oberflächliche Ursprungsbündel an, deren mediales und laterales Glied von der vorderen Rectusscheide, der Aponeurose des Obliquus externus entspringen, deren mittleres Glied lateral vom Rectus abdominis an der 6. Rippe Befestigung fand. Die Ursprungslinie oberflächlicher Bündel des Pector. maior ist vom Sternum aus schräg nach aussen und unten gerichtet, geht von der 5. Rippe aus, kreuzt den 5. Intercostalraum und die knöcherne 6. Rippe.

Hylob. lar unterscheidet sich von *H. syndactylus* dadurch, dass die oberflächlichen Ursprünge seines M. pect. maior sternalwärts um eine Rippe aufwärts rückten, lateral hingegen Befestigung an der 6. Rippe fanden, was durch die Rückbildung der bei *Syndact.* noch von der 4. Rippe entspringenden Zacke des M. obliq. ext. ermöglicht wurde.

Die Tendenz der genannten Ausbildung tritt noch deutlicher bei *Hylobates leuciscus* (Figur 18) zu Tage; denn die sternalen Ursprungszacken ragen hier nur bis zur 4. Rippe nach unten, um dann längs des unteren Randes der letzteren sich lateralwärts auszudehnen, eine c. 2,9 Ctm. breite Muskelplatte zu bilden. Von dieser costalen Platte erstrecken sich derbe Sehnenfasern, medial zur 5., lateral zur 6. und 7. Rippe. Diese Ursprungsschne bedeutet die Strecke, auf welcher Muskelbündel sich rückbildeten, beweist die Richtigkeit der Annahme, dass auch bei den Hylobatiden der Pectoralis maior ursprünglich weiter am Sternum herabreichte, wie es bei allen niederen Affen sich thatsächlich erhielt. — Lateral schliesst sich eine von der 5. Rippe entspringende Zacke an; sie ist 1,2 Ctm. breit. An sie fügen sich Bündel an, die in schräg abwärts gehender Richtung (2,3 Ctm. breit) an der Aponeurose des Musc. obliquus ext. befestigt sind.

Dem Verhalten oberflächlicher Ursprungsbündel gemäss nimmt *Syndactylus*, wie mir scheint, die niederste, *Leuciscus* die höchste Stufe ein.

b. *Tiefe Ursprungszacken.*

Bezüglich der tiefen Ursprungszacken des M. pectoralis maior steht *Hyl. syndactylus* (Figur 17) wieder am niedrigsten; denn durch das Entstehen des M. rectus von der 4. Rippe bleibt die 5. Rippe dem Ursprungsgebiete des Pectoralis maior verschlossen. Dieser bezieht von der 2.—4. Rippe tiefe Ursprungsportionen, von denen die der 2. Rippe vom Knorpel, die der 3. und 4. Rippe vom knorpeligen und knöchernen Theile entstehen. Die an einander schliessenden Ursprungsbündel der 4. Rippe dehnen sich lateralwärts bis zum M. pectoralis minor aus, die der 3. Rippe bleiben etwa 1 Ctm. von Letzterem entfernt. Alle tiefen Ursprungsbündel von *H. syndactylus* bleiben auf die Rippen beschränkt.

Bei *H. leuciscus* (Figur 19) und *H. lar* (Figur 18) haben sich die tiefen Ursprünge des Pectoralis maior bedeutsam vermehrt; sie verbreiteten sich über die grosse, zwischen Sternum und Pectoralis minor befindliche Fläche des Thorax. Auch *H. agilis* zeigt Aehnliches (Figur 21). Sie sind hier nicht mehr an den Rippen allein, sondern auch an den die Spatia intercostalia überbrückenden aponeurotischen Membranen angeheftet und erstrecken sich auf diese Weise oft von einer Rippe zur nächst benachbarten. In der grossen Anzahl mächtiger Zacken stimmen die drei Formen überein; auch darin, dass die tiefen Ursprungsportionen der oberen Rippen nicht so weit wie an den unteren Rippen lateralwärts ausgedehnt, d. h. nicht so mächtig sind. Dieses Misverhältnis ist durch die kräftige claviculare Portion compensirt. Auch auf *II. syndactylus* ist das desswegen zu beziehen. Die lateralen an der 5. Rippe entstehenden Bündel reichen bei *Leuciscus, Agilis* und *Lar* fast bis zum M. pectoralis minor heran, ähnlich wie die lateralen Bündel von der 4. Rippe bei *Syndactylus*. Während bei *Leuciscus* die laterale Portion von der 5. Rippe nur wenige Millimeter abwärts gegen die 6. Rippe sich ausdehnt, fügen sich bei *H. lar* an jene Zacke noch zwei kräftige untere Bündel an, von denen eine am 5. Intercostalraume, die andere an der 6. Rippe entsteht.

H. lar besitzt die entwickeltesten Verhältnisse der tiefen, lateral gerückten Ursprungsportionen des Pectoralis maior, welcher im Vergleiche zu *H. syndactylus* deutlich zu erkennen giebt, dass die tiefen Ursprünge erst allmählich die 5. und 6. Rippe erwarben. Während sich solches an tiefen Theilen vollzieht, verkürzen sich die sternalen, oberflächlichen Ursprungsbündel in secundärer Weise um einige Segmente.

Tiefe Bündel des Pectoralis maior der Hylobatiden breiten sich allmählich ueber den Thorax aus, oberflächliche beschränken sich mehr und mehr auf obere Theile des Sternum, und im Besitze einer gewaltigen clavicularen Portion erhält der gesammte Muskel der Hylobatiden eine aussergewöhnliche Ausbildung, die im Einklange mit der Verwendbarkeit der oberen Gliedmasse dieser Thiere beim Springen steht.

Durch die geringe Ausdehnung am Sternum erhält der Musc. pectoral. maior seine eigenartige Gestalt. Durch erstere sowie durch die Entwicklung tiefer Portionen unterscheidet er sich von dem anderer Affen und des Menschen, übertrifft durch letztere bei Weitem die Ausbildung des Muskels der Anthropoiden und des Menschen.

Die Hylobatiden scheinen nach dem Verhalten des genannten Muskels eine schärfer abgegrenzte Gruppe zu bilden, in welcher Einrichtungen höchster Vollendung sich unabhängig entwickelten. Insoweit dieselben im M. pectoralis maior sich äussern, sind Zeichen vorhanden, nach denen die Hylobatiden die Organisationsstufe der höhst stehenden Primaten überwunden haben.

Dass diese den Hylobatiden specifisch zukommenden Eigenschaften aber vom Boden der Organisationsstufe der Anthropoiden sich sollten entwickelt haben, erscheint mir mehr als zweifelhaft, da bei ersteren viele indifferente Zustände am Thorax sich erhielten, die bei den Anthropoiden nicht mehr bestehen. Mancherlei Einrichtungen der Hylobatiden, der Anthropoiden (Chimpanze, Gorilla, Orang) und des Menschen lassen sich von einander nicht direct, wohl aber von Befunden bei

niederen Affen ableiten. Die Hylobatiden aber müssen sich frühzeitig
von anderen höheren Formen abgezweigt haben.

Die von den Hylobatiden dargestellten, nicht unwichtigen Zustände
an der Muskulatur der Brust können jedenfalls nicht Veranlassung sein,
die Hylobatiden den anthropomorphen Affen unmittelbar anzureihen,
da durch sie das Menschliche anatomischen Baues auf eigenen Wegen
weit überholt ist. Die unverkennbaren Aehnlichkeiten in manchen
Punkten dürfen in gleicher Weise nicht als Zeugnis einer allzu nahen
Verwandtschaft der Hylobatiden und der Anthropoiden hingenommen
werden.

c. *Endsehne des Muskels.*

Aus der Eigenthümlichkeit im Ursprunge des mächtigen M. pectoralis
maior erklären sich auch mancherlei andere Structurverhältnisse des
letzteren, von denen ich eines hervorheben möchte.

Der Pectoralis maior nimmt am Oberarm seine Insertion. KOHLBRÜGGE
beschrieb die Art und Weise eingehends, sodass darauf verwiesen werden kann. (Siehe Seite 223 dieses Werkes).

Die reichlichen Muskelbündel finden an der bereits stark vergrösser-
ten Insertionsfläche des Humerus nicht Raum genug zur Anheftung.
Die Insertionssehne dehnte sich demgemäss vom Skelete aus in den
Muskelbauch hinein aus; sie tritt uns bei allen untersuchten Exemplaren in einer Zwischensehne des Pectorales maior entgegen, welche
vom Humerus aus fast die laterale Hälfte des ganzen Muskels durchsetzt. Zu ihr gelangen von oben her claviculare, von unten her thoracale Bündel. Man vergleiche die Figuren 13, 17 und 18. Die Bedeutung
auch dieses Zustandes ist darin zu suchen, dass derselbe den Hylobatiden eigenartig ist.

2. *M. pectoralis minor.*

Dieser Muskel ist bei engem Zusammenhange mit dem M. subclavius
dennoch stets durch Nerven und Blutgefässe, für den M. pector. maior
bestimmt, scharf geschieden. Die Trennung des Pectoralis minor vom
Pect. maior im Ursprunge und in der Insertion ist bei den Hylobatiden vollkommen durchgeführt. Diese Eigenschaft zeigen auch die Anthropoiden; sie ist ebenfalls vom menschlichen Körper bekannt. Der
Pectoralis minor formt durchweg eine tiefe Lage. Sein Ursprung ist
bei den Hylobatiden am Thorax soweit lateralwärts verlegt, wie es

bei keinem anderen Primaten bekannt ist. Das hängt mit dem Ursprungs-verhalten des M. pectoralis maior zusammen. Bei lateraler Verschie-bung des Pect. minor konnte sich gleichzeitig der Pect. maior in gleichem Sinne ausdehnen.

Der M. pect. minor entspringt in einer schräg abwärts und nach aussen ziehenden Linie von der 2. oder 3. bis zur 5. Rippe. Bei *Syn-dactylus*, *Lar* und *Leuciscus* lassen sich noch sehnige Bündel nach-weisen, welche vom muskulösen Theile aus median- und abwärts ziehen, der Thoraxwand innigst adhaeriren und als die sicheren Zeichen einstmaligen, weiter medial gelagerten Ursprunges zu gelten haben. Am deutlichsten erhielten sich solche rückgebildeten medialen Muskel-theile in breiten Sehnen bei *H. lar* (Figur 13); am schwächsten sind sie bei *H. leuciscus* (Figur 19) entwickelt und fehlen gänzlich bei *Agilis* (Fig. 21).

Der Muskel ist stets von kleineren Nerven, die für den Pectoralis maior bestimmt sind, durchsetzt. Die durch diese Nerven abgetrennten obere und untere Portion des Pect. minor verhalten sich etwa wie die durch die grossen Nervi pectoralis maioris getrennten Mm. subclavius et pector. minor.

Für die genetische Zusammengehörigkeit des Subclavius und Pector. minor sprechen alle Befunde bei Hylobatiden. Bei *Agilis* (Figur 21) ist der Zusammenhang am deutlichsten bewahrt geblieben.

Die Grösse der Entfernung der Ursprungsfläche des M. pectoralis minor von der sternalen Medianlinie lässt sich aus den Abbildungen jederzeit ermitteln. KOHLBRÜGGE bestimmte die Entfernung bei *Syndacty-lus* (adultus) auf 4, bei *Leuciscus* und *Agilis* auf 5 Ctm. (l. c. Seite 224).

Die genauen Ursprungsverhältnisse des Pectoralis minor nach der Zahl der Rippenköpfe sind folgende:

1. *Agilis*: unterer Rand der II. Rippe, III., IV. u. V. Rippe (Figur 21).
   KOHLBRÜGGE (l. c. S. 224) fand den Ursprung allein an der IV.
   Rippe sowie an den angrenzenden Zwischenrippenräumen.
2. *Leuciscus* und *Lar*: III., IV. u. V. Rippe (Figur 13 und 19).
   KOHLBRÜGGE fand den Ursprung bei Leuciscus an der IV. u.
   V. Rippe, sowie am 4. und 5. Intercostalraume.
3. *Syndactylus* (juv.): III. Rippe bis zum oberen Rande der V. R. (Fig. 17).
   KOHLBRÜGGE fand den Ursprung beim erwachsenen Exemplare
   an der III. bis V. Rippe.

Ich wage es nicht zu entscheiden, ob die angegebene Reihenfolge auch eine naturgemässe sei.

2. M. obliquus abdominis oxternus.

Die breiten Bauchmuskeln sind wie der M. rectus metamere Bildun
gen. Die Innervation legt Zeugnis dafür ab. Am M. obliquus externus
sind die je einen Spinalnervenast bezichenden Ursprünge von den Rippen
in ihrer Metamerie noch erkennbar.

Obere und untere metamere Abschnitte der breiten Bauchmuskeln
gehen unter Veränderungen am Rumpfe bei den Primaten selbst Umwandlungen ein. In der Nähe des Beckengürtels lassen sich ähnlich
wie am M. rectus abdominis Rückbildungen nachweisen, welche der
Regel nach beim Menschen den höchsten Grad erreichen; bei ihm entsendet der erste lumbale, das ist der 13. thoraco-lumbale Spinalnerv
Aeste zu den Muskeln. Bei den Hylobatiden bestehen am Beckentheile
der breiten Muskeln verschiedenartige Zustände; dieselben sind jedoch
geringfügiger Art, laufen ungefähr denen am M. rectus parallel und
sollen hier nicht eingehend angeführt werden, da meist der letzte den
Rectus versorgende Spinalnerv auch Zweige zu den breiten Bauchmuskeln entsendet. Der letzte betreffende Spinalnerv aber ist der 13. oder
14. thoracale.

Am oberen Abschnitte stehen die 3 breiten Bauchmuskeln unter
verschiedener Herrschaft. Unwandlungen am M. obliquus internus werden verzugsweise durch das jeweilige Verhalten der unteren Thorax-
apertur bedingt sein müssen, da der Muskel an ihr befestigt ist. Von
dem Verhalten des Thorax und vom Diaphragma werden sich die Zustände am M. transversus abdominis z. Th. ableiten lassen. Der *Musc.
obliquus externus* hingegen kann in Veränderungen seiner oberen Abschnitte durch den knöchernen Thorax direct nicht betroffen sein, da
seinen Ursprungsportionen die Rippen unwandelbar zu Dienste stehen.
Die Nachbarschaft des M. rectus und die sich einstellenden localen Beziehungen der Musculi pectorales vielmehr geben dem oberen Abschnitte
des Obliquus externus Eigenartiges. In der Primatenreihe lässt sich
noch mit Sicherheit nachweisen, dass der Muskel von um so tiefer
gelegenen Rippen entspringt, je tiefer der M. rectus abdom. seinen
Ursprung nimmt, dass also Obliquus externus und Rectus abdom.
etwa im gleichen Sinne den oberen Abschnitt des Thorax verlassen.
Hierdurch wird dann den Brustmuskeln das Feld zur weiteren lateralen Ausbreitung geräumt.

Insofern die Entfaltung des einen Organes die Ausbildung des
anderen involvirt, dürfen die Pectoralmuskeln als Ursache für die

Umbildung des Rectus und Obliquus externus abdominis angesehen werden. Insofern im erworbenen Ursprunge des M. Rectus von unteren Rippen eine energischere Wirkung auf den Thorax sich ausspricht, kann man diese Vervollkommnung des Muskels bei den Primaten als die Ursache für die sich allmählich einleitende Rückbildung oberer Abschnitte betrachten.

Bei den Hylobatiden haben sich indifferentere Zustände am Obliquus abdominis externus neben gleichfalls bestehenden differenteren erhalten. Auch bei ihnen ist ein Abhängigkeitsverhältniss vom M. rectus und von den Pectoralmuskeln unverkennbar. Denn beim jungen *H. syndactylus* und bei *H. agilis* (Figur 17), bei welchen der Rectus von der 4. Rippe entspringt, erhält auch der Obliquus externus seine oberste Zacke von der 4. Rippe; während bei *H. leuciscus* (Figur 15) und *H. lar*, bei denen der Rectus abdominis von der 5. Rippe herkommt, auch der Obliq. ext. um die Zacke von der 4. Rippe verkürzt ist. Dem entsprechend sind auch hier, wie oben angegeben wurde, die tiefen Portionen des Pectoralis maior lateralwärts mächtiger entfaltet.

KOHLBRÜGGE (l. c. 271) fand beim erwachsenen *Syndactylus* den Beginn des Ursprunges in gleicher Weise an der 4. Rippe, ebenso wie BISCHOFF bei *Leuciscus* an der 5. Rippe. Bei *Agilis* hingegen lag die erste Zacke nach KOHLBRÜGGE an der 6. Rippe. Diese Angabe bedeutet einen grossen Unterschied mit der unserigen und lässt vermuthen, dass die betreffenden Einrichtungen Variationen unterworfen sind. Auch DENIKER fand die erste Zacke des Obliq. ext. an der 6. Rippe.

Dass die verschiedene Anzahl von Zacken des Obliquus externus nicht durch die Vermehrung einer ursprünglichen geringeren Zahl, sondern durch die Rückbildung vorhanden gewesener verursacht wird, beweisen aufs Unzweideutigste neben vielen wichtigen anderen Ergebnissen der vergleichenden Methode die Innervationen. Eine jede Rippenportion erhält einen Ast vom zugehörigen Intercostalnerven, dessen Verlauf aus der menschlichen Anatomie bekannt ist. Würde der Muskel im bestimmten Falle aufwärts an Ausdehnung gewonnen haben, so müssten auch die Nerven niederer Segmente in höhere segmentale Regionen sich verschoben haben. Dies ist jedoch nirgends der Fall.

Gemäss des Zusammenfallens von Umwandlungen am Musc. rectus, an den Mm. pectorales und am M. obliquus externus rangiren die Hylobatiden in Bezug auf das Primitive des letzteren Muskels in gleicher Weise, welche die Beobachtungen an den ersteren Muskeln ergaben.

3. Die Vorderwand des Thoraxskelotes.

Bei den Primaten lässt sich eine ganz bedeutsame Umgestaltung der vorderen Thoraxwand nachweisen. Die Resultate derselben treten deutlich beim Vergleiche der Thoraxwand irgend eines niederen Affen und eines Anthropoiden oder des Menschen hervor. Sie zeigen sich in sehr verschiedenartigen Errungenschaften. Vor Allem sehen wir an Stelle des primitiven Primatensternum mit vielen ihm anliegenden Rippen das höher stehende treten, welches um eine Anzahl sternaler Rippen verkürzt ist. Zehn sternale Rippen werden bis auf 7, zuweilen sogar bis auf 6 vermindert. Die Anzahl von 8 sternalen Rippen findet sich sowohl bei niederen Affen als auch bei höheren Formen und selbst beim Menschen oft erhalten. Fernerhin ist im Einklange mit der Reduction von sternalen Rippen eine Verkürzung des ganzen Sternum im Verhältniss zur Länge der hinteren Thoraxwand vor sich gegangen. Dies äussert sich z. Th. auch in der Zunahme des Rippenwinkels. Die relative Verkürzung des Sternum, welche gleichen Schritt mit der Verkürzung des ganzen Rumpfes bei den Primaten hält, ist keineswegs als ein Zeichen der Rückbildung des Sternum ueberhaupt zu nehmen; denn letzteres unterliegt einer allmählichen und gewaltigen Breitenzunahme und einer Zunahme an Festigkeit und Einheitlichkeit. Am ausgewachsenen Brustbeine niederer Affen erhalten sich zwischen den einzelnen Knochenkernen ansehnliche Knorpelleisten; bei höheren Formen gehen letztere theilweise ganz verloren, indem die sich verbreitenden und sich verdickenden Knochenkerne verschmelzen.

Die durch vergleichend anatomische, z.-Th. auch durch ontogenetische Resultate gestützte Thatsache der Rückbildung sternaler Rippen hinterlässt fast am Thorax eines jeden Individuum's Zustände, welche auf das frühere Verhalten hindeuten. So sind z.-B. einige der auf die letzte sternale Rippe folgenden Rippen mit ihren freien Enden an einander gelagert, wodurch der Intercostalraum medial durch die Rippen abgeschlossen erscheint, wie weiter nach oben zu das Sternum diesen Abschluss bildet. Für die Aneinanderlagerung der Rippenenden besteht als ungekünstelte Erklärung nur diejenige, nach welcher die Berührung unmittelbar an das Aufgeben der sternalen Verbindung der Rippen folgt. Dementsprechend bezeichnet die Anzahl der mit den Enden aneinander gefügten Rippen zugleich die Zahl sternal gewesener Rippen. In der Regel findet man zehn Rippen, welche die Verbindung mit dem Sternum besitzen oder besassen. So viele Rippen werden auch bei niederen Affen thatsächlich noch als sternale angetroffen. Es besteht nun allerdings auch die Möglichkeit, dass die sternal gewesenen Rippen die Verbindung ihrer Enden unter einander in secundärer Weise wieder aufzugeben vermögen, wodurch dann die entsprechenden Intercostalräume in die Bauchwand sich unmittelbar fortsetzen müssen. Ob solche Umwandlung die 11. Rippe betraf, kann hier nicht entschieden werden. Rückbildungen sternaler Rippen sind mit Ausbildungen am Brustbeine gepaart. Das verkürzte Sternum erringt eine compensatorische Entwicklung seiner Breite und Dicke. Das Sternum höher stehender Primaten ist gedrungen und einheitlich. Diese Beschaffenheit ruft hinwiederum bei den Anthropoiden und beim Menschen eine bemerkenswerthe Neuerung hervor. Das feste Gefüge des Thorax erhält hier nämlich Zuwachs durch die seitlich vom Sternum eintretende Verbindung der knorpeligen Theile sternaler Rippen unter einander. Diese intercostale Verbindung setzt sich von den letzten Sternalrippen aufwärts allmählich fort. Auch an sternal gewesenen Rippen, dem 8. und 9. Paare pflegen solche intercostalen Verbindungen aufzutreten; sie finden sich dann lateralwärts von den freien, sich berührenden Rippenenden. Die secundäre intercostale Verbindung ist durch Knorpelvorsprünge eingeleitet. Diese sind zuerst durch Bindegewebe vereinigt. Die allmählich in unmittelbarste Berührung tretenden Knorpelfortsätze benachbarter Rippen vermögen jedoch auch eine Gelenkbildung zu erzeugen.

Die erwähnten Zustände am Thorax hängen, wie ich glaube, auf das Innigste unter einander zusammen und können als ein Ausdruck des sich allmählich consolidirenden Rumpfes der Primaten gelten, welche Erscheinung ihrerseits unter der Herrschaft verschiedener Momente sich einstellt, unter denen wohl die Haltung des Körpers der Primaten eine Hauptrolle spielen mag.

Wohl ein jeder Befund an der vorderen Thoraxwand der Primaten ist nach den angegebenen Gesichtspunkten in Bezug auf seine primäre oder secundäre anatomische Stellung beurtheilbar. So gewinnen wir einen Maasstab für die Beurtheilung der Befunde bei den *Hylobatiden*, welche auch hier in mancher Beziehung eine absonderliche Stellung einnehmen.

1. *Anzahl sternaler Rippen.*

Nach der Zahl sternaler Rippen, nach der Grösse der Entfernung sternal gewesener Rippen vom Brustbeine vermögen wir die an gut conservirten Objecten gefundenen Thatsachen bezüglich ihrer Stellung zu einander auf das Bestimmteste zu ordnen. Ich reihe an die primitiven die differenteren Zustände an.

a. Hylobates agilis (erwachsenes Männchen). Figur 10. Es bestehen jederseits 8 sternale Rippen. Das achte Paar ist vor dem Proc. ensiformis lose dem Sternum verbunden. Die 9. Rippe hat sich vom unteren Sternalrande bereits 2,8 Ctm. zurückgezogen.

b. H. leuciscus. Figur 7. Jederseits bestehen 8 sternale Rippen, welche an dem seitlichen unteren Rande des Sternum eingelenkt sind. Das 9. Rippenpaar hat sich noch weiter vom Sternum entfernt als bei *II. agilis;* rechts beträgt die Entfernung 4,7, links hingegen 5,6 Ctm.

c. H. lar (erwachsenes Männchen). Figur 8. Auf der linken Seite hat die 8. Rippe die Verbindung mit dem Sternum erhalten, während rechterseits nur noch 7 sternale Rippen bestehen. Die rechte 8. Rippe ist c. 0,2 vom Sternum entfernt; während die 9. Rippe jederseits etwa 2 Ctm. vom Brustbein abgerückt ist.

d. H. agilis (helle Varietät). Figur 5. Es bestehen nur noch 7 sternale Rippenpaare. Die beiderseitigen achten Rippen haben sich auf 1,1 Ctm. vom Brustbein zurückgezogen. Mit *H. agilis* stimmen die untersuchten zwei Exemplare von *H. syndactylus* durch den Besitz von nur 7 sternalen Rippenpaaren überein.

e. H. syndactylus (kleines Weibchen). Figur 3. Die achte Rippe ist rechts 1,1, links 1,3 Ctm. vom Sternum entfernt.

f. H. syndactylus (erwachsenes Männchen). Figur 1. Die rechte achte Rippe ist 2,5 Ctm., die Rippe der linken Seite 3,5 Ctm. vom Sternum entfernt.

g. An einem Trockenskelete von *H. syndactylus* (Figur 12), das dem zoologischen Museum zu Amsterdam gehört, finde ich auf der rechten Seite wie an den anderen 2 Exemplaren 7 sternale Rippen. Links hingegen hat sich auch die 7. Rippe vom Sternum bis auf 0,8 Ctm. zurückgezogen. Mithin bestehen links nur 6 sternale Rippen. Die linke 6. Rippe zeigt eine breite Verbindung mit dem Sternum und compensirt dadurch vielleicht das rechts bestehende Verhalten. Entsprechen auch die angegebenen Entfernungen einem natürlichen Verhalten nicht, so lässt das Trockenskelet doch keinen Zweifel über die angegebene Anzahl sternaler Rippen bestehen. — DENIKER fand beim Gibbonfoetus ebenfalls nur 6 sternale Rippen, jedoch reichte die 7. Rippe bis zum Sternum heran (vgl. die Figur der erwähnten Arbeit.)!

Es ist von Bedeutung, dass an drei Exemplaren von *H. syndactylus* nur 7, sogar nur 6 sternale Rippen gefunden werden, wodurch sich *Syndactylus* höher stellt als *H. agilis*, *H. leuciscus* und *H. lar*. Das steht nicht im Einklange mit den indifferenteren Befunden am M. rectus abdominis und an der Thorax-muskulatur bei *H. syndactylus*. Mithin besteht hier sicherlich kein ganz directes Abhängigkeitsverhältnis zwischen Muskulatur und Skelet. Die differenten Zustände am Skelete von *Syndactylus* müssen also noch durch andere Factoren verursacht sein als durch die Muskulatur, da diese bei anderen Formen differenter ist, aber dennoch an deren Skelete Ursprünglicheres besteht.

Nach der Zahl sternaler Rippen und der Art des Verhaltens der letzthin sternal gewesenen Rippen ergiebt sich die folgende Tabelle über die Stellung der untersuchten *Hylobatiden* zu einander:

	Zahl sternaler Rippen.		Entfernung der Rippen vom Sternum.	
	rechts.	links.	rechts.	links.
1. *H. agilis* (ad ♂).	8	8	9. Rippe: 2,8 Ctm.	2,8 Ctm.
2. *H. leuciscus.*	8	8	9. Rippe: 4,7 „	5,6 „
3. *H. lar.*	7	8	8. Rippe: 0,2 „	
			9. Rippe:	2,0 „
4. *H. agilis* (helle Var.).	7	7	9. Rippe: 2,0 „	1,1 „
5. *H. syndact.* (juv. ♀).	7	7	8. Rippe: 1,1 „	1,3 „
6. *H. syndact.* (ad. ♂).	7	7	8. Rippe: 2,5 „	3,5 „
7. *H. syndact.* (Skel.).	7	6	7. Rippe:	0,8 „
			8. Rippe:	3,5 „

Die Anzahl sternaler Rippen scheint normalerweise bei den Hylobatiden zwischen 7 und 8 zu schwanken. Insofern sieben sternale Rippen die Achtzahl an Häufigkeit übertreffen, nähern sich die Hylobatiden den Anthropomorphen, bei denen die Siebenzahl die normale zu sein scheint, entfernen sich aber in gleicher Weise von Letzteren, insofern die primitive achte sternale Rippe bei den Hylobatiden durchaus nicht verschwunden ist. Hierin besteht ein engerer Anschluss der Hylobatiden an menschliche Zustände.

2. Anzahl sternal gewesener Rippen.

Für dié Erklärung der gegenseitigen Anlagerung der freien Enden der auf die sternalen Rippen folgende Gebilde ist, soweit unsere Kenntnis reicht, allein die Thatsache der Rückbildung des Zusammenhanges von Rippen mit dem Sternum anführbar. Dieser Reductionsprocess aber erklärt die Erscheinung vollkommen. Wir erfahren zugleich aus der Anzahl der mit ihren Enden sich berührenden Rippen etwas über die Anzahl sternal gewesener Gebilde. Sobald die Aneinanderlagerung der Rippenenden verloren geht, erlöscht auch die wichtigste Urkunde über das frühere Wesen derselben.

Da bei den niederen Primaten mehr Rippen dem Sternum verbunden sind als bei den höheren Formen, da auch ontogenetisch eine grössere Anzahl sternaler Rippen vorkommt als beim ausgewachsenen Individuum, da also Rippen nach und nach dem Sternalgebiete entzogen werden, so vermögen wir auch nach der Anzahl der Rippen, welche den sternalen Character noch irgendwie äussern, die bei Hylobatiden gefundenen Thatsachen in eine natürliche Formenreihe zu bringen.

a. Die niederste Stelle nimmt *H. lar* ein. Auf beiden Seiten liegt das freie Ende der 10. Rippe der 9. R. an (vgl. Figur 8 und 9). Die Enden des 11. Rippenpaares neigen noch ein wenig vor und aufwärts gegen die 10. Rippen; hierin kann ein letztes Zeichen früherer Anlagerung auch des 11. Paares gegen die 10. Rippen vermuthet werden. Die Entfernungen der freien Rippenenden vom Ansatze der letzten Rippe am Sternum sind die folgenden:

	rechts Ctm.	links Ctm.
9. Rippe:	„ 2.	„ 2,1.
10. Rippe:	„ 3,5.	„ 3,7.
11. Rippe:	„ 7,5.	„ 7,5.

b. Beim erwachsenen männl. *H. agilis* (Figur 10 und 11) hat das 10. Rippenpaar die Vereinigung mit dem 9. Paare aufgegeben. Wir haben guten Grund zu dieser Annahme, da die linke 9. Rippe am unteren Rande ein kleines Knorpelstückchen trägt, das in der Verlängerung der 10. Rippe sich befindet, da ferner vom freien Ende letzterer ein Bindegewebsstrang ausgeht und gegen das Knorpelstückchen gerichtet ist. Dieses befindet sich etwa 2 Ctm. medianwärts vom knöchernen Theile der 9. Rippe. Es hat sich hier ohne Frage die 10. Rippe rückgebildet, wobei ein medial abgesprengtes Stück sich erhielt.

Die Entfernungen der Rippenenden vom Stornum sind die folgenden:

rechts	Ctm.	links	Ctm.
9. Rippe:	„ 2,6.	„	2,5.
10. Rippe:	„ 9.	„	9.

c. Bei *H. agilis* (helle Varietät. Figur 5 u. 6) hat das 10. Rippen-paar jedes directe Zeichen vorhandener Anlagerung an das 9. Paar ver-verloren; jedoch läuft die 10. Rippe der gekrümmten 9. Rippe parallel und ragt mit ihrem freien Ende median- und aufwärts.

Die Entfernungen der freien Rippenenden vom Sternum betragen, wie folgt:

rechts	Ctm.	links	Ctm.
8. Rippe:	„ 1,2.	„	1,3.
9. Rippe:	„ 4,6.	„	4,4.
10. Rippe:	„ 8,5.	„	8,7.

d. Bei *H. leuciscus* (Figur 7) hat die 10. Rippe beiderseits ebenfalls jede Berührung mit der 9. Rippe aufgegeben. Die Entfernungen der Rippenenden vom Sternum betragen:

rechts	Ctm.	links	Ctm.
9. Rippe:	„ 4,4.	„	5,5.
10. Rippe:	„ 7,5.	„	9,5.

e u. f. Die beiden untersuchten *H. syndactylus* stimmen mit den vorigen darin überein, dass das 10. Rippenpaar frei und ohne jede Vereinigung mit dem vorhergehenden Paare endigt. Beim jungen Weib-chen (Figur 3 u. 4) ist in auffallender Weise die 10. Rippe noch gegen die 9. Rippe geneigt, während sie beim erwachsenen Exemplar (Figur 2) mehr frei, ohne solche Beziehungen ausläuft.

Die Entfernungen der Rippenenden vom Sternum betragen beim jugendlichen *Syndactylus*:

rechts	Ctm.	links	Ctm.
8. Rippe:	„ 1,3.	„	1,4.
9. Rippe:	„ 2,5.	„	2,6.
10. Rippe:	„ 4,8.	„	5.

beim erwachsenen Männchen:

	rechts	Ctm.	links	Ctm.
8. Rippe:	„	2,5.	„	3,5.
9. Rippe:	„	6,5.	„	7.

Die untersuchten Formen rangiren in Bezug auf die Indifferenz der aus dem sternalen Verbande ausgeschiedenen Rippen folgendermaassen:

Letzte Rippe, die der benachbarten oberen Rippe anlagert.

Hylobates lar . . . . 10.
Hylobates agilis . . . . 9.
Hylob. agilis (helle Variet.) . 9.
Hylobates leuciscus . . . . . . 9.
Hylob. syndactylus (juv. ♀). 9.
Hylob. syndactylus (ad. ♂). 9.

Da nach Alter und Grösse des Individuum die absoluten Maasse der Entfernungen vom freien Rippenende und Sternum Verschiedenheiten aufweisen müssen, können diese Entfernungen keinen sicheren Maasstab über den grösseren oder kleineren Grad der Rückbildung abgehen. Desshalb halten wir uns an die sicheren anatomischen Merkmale, nach welchen die Tabelle aufgestellt wurde.

Ein Vergleich dieser Tabelle mit der vorigen zeigt auf das Unzweideutigste, dass das Erhaltensein von Ursprünglichem an sternalen Rippen nicht übereinstimmen muss mit Ursprünglichem an sternal gewesenen Rippen. Die nächst der Medianlinie und die lateral Platz greifenden Veränderungen der Rippen laufen nicht parallel.

Da eine Anlagerung von Rippen an einander nachweisbar sich nicht mehr vollzieht, vielmehr vorhanden gewesene Verbindungen allmählich sich auflösen, da wir fernerhin eine nächste Verwandtschaft zwischen den Hylobatiden annehmen, so folgern wir, dass sie alle mindestens so viele sternale Rippen einstmals besassen als Rippen mit ihren Enden noch in Verbindung angetroffen werden. Demgemäss besassen die Hylobatiden früher mindestens zehn sternale Rippen, wie sie bei niederen Affen zuweilen noch gefunden werden.

Stützt man sich auf die Angaben von DENIKER, welcher bei *H. agilis* und *H. lar* 13 Rippen fand, von denen nur 2 fluctuirten, so vermag man auch zu entscheiden, dass bei den Hylobatiden eilf Rippen sternaler Natur waren.

3. *Form des Sternum.*

Die Form des Brustbeines ist das Product verschiedener Momente, von denen ein sehr wichtiges durch die Rückbildung sternaler Rippen gegeben ist; denn letztere findet derartig statt, dass mit der Ausschaltung von Rippen auch stets Theile des Sternum verschwinden und nicht etwa einfach dem Schwertfortsatze zugetheilt werden. Indem untere Theile des Sternum sich nicht mehr wie die oberen kräftig entfalten, nähern sich die dem lateralen Rande angefügten Rippen einander und verengern den Zwischenraum zwischen sich; darauf berühren sich die Rippen unter Verminderung der betreffenden Sternaltheile und finden schliesslich keinen Anheftungsplatz am Sternum mehr, bewahren aber die mittlerweile erlangte Berührung unter sich. Darüber handelte der vorige Abschnitt.

Der Process der Annäherung der Rippen und der damit zusammenhängenden Rückbildung von Sternaltheilen spielt sich noch bei den Hylobatiden ab. Das beweist die Anwesenheit von 8 und 7, sogar von nur 6 sternalen Rippen; ferner geht es aus dem Verhalten unterer sternaler Rippen deutlich hervor. Bei allen Hylobatiden sind nämlich die Räume zwischen den knorpeligen Rippentheilen von oben nach unten in gewaltiger Abnahme begriffen. Oft kommt es zur festen Aneinanderlagerung der letzten Sternalrippen, indem an Stelle der Muskulatur festes Bindegewebe tritt. Sehr auffallend ist diese Erscheinung zwischen den 3 letzten Segmenten. Auf den Figuren der Tafeln XXI und XXII ist die Annäherung sternaler Rippen erkennbar.

Die Verkürzung unterer Sternaltheile hat oft eine ansehnliche compensatorische Verbreiterung derselben im Gefolge; am verbreiterten Ende des Sternalkörpers fügen sich dann lateral und unten dicht neben einander untere sternale Rippenpaare an, die in der Medianlinie sich sogar vor dem Proc. ensiform. berühren können. Die Gestalt des Sternalkörpers wird dadurch äusserst unregelmässig, wie die Figuren es zeigen.

a. *Rippenwinkel der vorderen Thoraxwand.*

Die starke Verkürzung des Sternum bedingte andererseits ein Aufwärtssteigen der knorpeligen Rippentheile gegen das Brustbein. Der spitze Rippenwinkel ist für die Hylobatiden abgesehen von immerhin grösseren Schwankungen ein characteristisches Vorkommniss. Der Winkel ist bei einigen Formen ein ausnahmend spitzer wie z. B. bei *II. lar.* (Figur 8).

Die genannten Ursachen für das Zustandekommen eines kleinen Winkels zwischen den zum Sternum ziehenden Rippen zeigen, dass je spitzer der Winkel ist, um so differentere Zustände vorliegen. Nun ist aber nicht ausser Acht zu lassen, dass der in der erwähnten Weise verkleinerte Rippenwinkel durch andere Vorgänge vergrössert, dass das Symptom des einen Processes wieder aufgehoben sein kann, indem z. B. der durch Reductionszustände am Sternum bedingte kleine Winkel durch starke Zunahme des transversalen Durchmessers des Thorax gegenüber dem dorso-ventralen wieder seinem früheren Maasse genähert wurde. In wie weit dies bei den Hylobatiden etwa Platz gegriffen hat, vermag ich nicht zu entscheiden. Daher soll auch durch die folgende Tabelle nicht eine natürliche Reihenfolge der Befunde ausgesprochen sein, zumal auch Alters- und Geschlechtsverschiedenheiten sowie die Art der Conservirung des Materiales Schwankungen zu verursachen im Stande sein mochten. Ich war natürlich bestrebt, den Thorax in seiner natürlichen Ruhestellung abzubilden. Es soll sich hier vor Allem um das Bergen einer Summe von Thatsachen und um die Möglichkeit späterer Benützung derselben handeln.

Grösse des Rippenwinkels:

1. Hylobates agilis. . . . . 82°. (Figur 10).
2. Hylobates syndactylus (♂ ad.) . . . 75°. (Figur 1).
3. Hylobates syndactylus (♀ juv.) . . . 60°. (Figur 3).
4. Hylobates agilis (helle Var.). . . . . 60°. (Figur 10).
5. Hylobates leuciscus. . . . . 60°. (Figur 7).
6. Hylobates lar . . . . 35°. (Figur 8).

b. *Manubrium und Corpus sterni*

An der Gestaltung des Sternum der Hylobatiden muss die eigenartige Gliederung in 3 Abschnitte auffallen. Das oberste Glied ist das mächtige *Manubrium*, welches vom Corpus sterni durch die Anheftungsstelle des 3. Rippenpaares und durch eine quer verlaufende Knorpelzone sich abgetrennt erweist. Das Corpus sterni reicht von der 3. Rippe bis zum Ansatze der letzten Sternalrippe, wo der Proc. ensiformis sich meist vermittelst einer Synchondrose anfügt. Am Körper bestehen noch oftmals quer verlaufende Knorpelstreifen als Reste zwischen den Knochenkernen. Bei *H. leuciscus* (Figur 7) finde ich 3 derartige Knorpelzonen, welche die Anfügestellen des 4. und 5. Rippenpaares verbinden. Bei *H. lar* (Figur 8) und *H. agilis* (helle Variet.) (Figur 5) finde ich nur noch · die obere Knorpelzone zwischen dem 4. Rippenpaare am Corpus sterni erhalten. An einem Skelete von *H. syndactylus* (Figur 12) ist das Sternum zu einer festen, einheitlichen, breiten, aber kurzen Knochenplatte geworden.

Es kann wohl kaum zweifelhaft sein, dass diese verschiedenen Befunde am Corpus sterni Alterszuständen entsprechen, und dass ähnlich wie beim menschlichen Sternum erst ganz allmählich die Verschmelzung der Knochenkerne erfolgt (vgl. DENIKER). Unter allen Umständen aber äussert sich in der frühzeitig fertigen Ausbildung des Manubrium und in dessen Ausdehnung über 3 Rippenpaare eine bevorzugte Stellung, ein Ueberwiegen über das im Vergleiche zu ihm nur schmale und kurze Corpus sterni. Die starke Entfaltung des Manubrium darf als eine Compensation für das sich rückbildende Corpus sterni betrachtet werden, welche in erster Linie durch die gewaltige Gliedmassenmuskulatur der Brust bedingt ist. Diese wirkte auf die Entfaltung der Claviculae zurück, für deren Aufnahme breite Gelenkflächen am Manubrium zur Verfügung stehen.

Dass für jene Muskeln aus dem Uebergehen des Knochenkernes zwischen dem 2. und 3. Rippenpaare in das Manubrium nur Nutzen erwachsen kann, dass die Muskeln in Folge dessen für die Erhaltung und weitere Ausbildung des Zustandes zurückwirken, ist verständlich. Dennoch mag für das Zustandekommen des Manubrium sterni der Hylobatiden auch der M. sterno-mastoideus Bedeutung gehabt haben. Dieser mächtige Muskel entspringt stets an der Vorderfläche des Manubrium in der Höhe des 2. bis zum 3. Rippenpaare. Die beiderseitigen Muskeln berühren einander in der Medianlinie; sie werden für die Bildung einer soliden Unterlage beigesteurt haben.

Durch die mächtige Ausbildung des oberen Abschnittes, durch die Reduction des unteren Teiles erhält das Brustbein eine eigenartige Gestalt, der sich die Form des M. pectoralis maior angepasst erweist. Das Brustbein ist gedrungen und kräftig. Die Leistungsfähigkeit wird durch starke ligamentöse, longitudinale Stränge an der Vorwand verstärkt, ebenso durch straffe Hilfsapparate für die Articulationes costosternales. — DENIKER wies in seinen Untersuchungen nach, dass die Knochenkerne des Sternum bei Hylobatiden von unten nach oben verschmelzen, dass also der untere, an Mächtigkeit Einbusse erleidende Abschnitt zuerst an Festigkeit gewinnt. Auch giebt DENIKER an, dass die Breite des Sternum der Hylobatiden mit dem Alter zunehme.

c. *Processus ensiformis.*

Der *Processus ensiformis* ist in der Regel ein sehr stattliches Gobilde, das eine durchaus selbstständige Entwicklung besitzt. Er besteht in der Regel aus einem oberen knöchernen Stücke und einer unteren knorpeligen Platte. An der Vorderwand des knöchernen Teiles ist durch den Ursprung des M. rectus abdominis eine scharfe mediane Leiste gebildet. Ausserdem dient der Proc. ensiformis den Bauchmuskeln und dem Diaphragma zur Befestigung. In den meisten Fällen ist der Proc. ensiform. gegen das Ende schaufelförmig verbreitert. So findet er sich bei *H. leuciscus*, *H. lar* und den Exemplaren von *H. syndactylus*. Diese Form ist bei *H. agilis* etwas modificirt. Bei dem einen Exemplare verjüngt sich der breit beginnende Fortsatz nach unten; bei der hellen Varietät krümmt sich der Proc. ensif. zuerst nach rechts, dann nach links und endigt mehr zugespitzt.

Die Verschiedenheit der vorderen Thoraxwand der Hylobatiden von derjenigen niederer Affen ist gross; sie tritt vor Allem im Sternum hervor. Dadurch, dass dasselbe bei den Hylobatiden in der Länge verkürzt ist, in der Breite aber zugenommen hat, ist den niederen Affen gegenüber ein scharfer Unterschied gegeben, der zugleich die thoracale Vorderwand der Hylobatiden auf eine gleich hohe Stufe der Ausbildung mit den Anthropoiden stellt. Die Ursache für letztere ist z. Th. auf das gemeinsame Verhalten der Muskulatur zurückzuführen. Da die Gliedmassenmuskulatur der Brust und die Sternalportion des M. sternocleido-mast. bei den Hylobatiden so überaus gewaltig sich entwickelten, können wir auch die Eigenartigkeit des Manubrium bei ihnen verstehen. Diese Eigenartigkeit findet aber andererseits einen Unterschied zwischen der Vorwand des Thorax der Hylobatiden sowie der Anthropoiden, welche letzteren sich mehr den menschlichen Verhältnissen anschliessen. Wir folgern auf Grund dieses Unterschiedes, dass die Hylobatiden in der Ausbildung des Sternum eine Strecke des Weges selbstständig zurücklegten und dabei die Anthropoiden wohl sogar überholten. Andererseits blieben die Hylobatiden in der Vervollkommnung der vorderen Thoraxwand hinter den Anthropoiden zurück; denn bei diesen zeigt sich die Festigkeit des unteren Abschnittes des Thorax gesteigert durch die erworbene, lateral vom Sternum befindliche, innige Verbindung der knorpeligen Rippen unter einander. Diese durch knorpelige Vorsprünge erzielte Verbindung fehlt bei allen Hylobatiden, welche darin von niederen Affen sich nicht entfernten, von den Anthropoiden und vom Menschen aber sich wesentlich unterscheiden. Da die Anthropoiden die intercostale Vereinigung sich selbstständig erwarben und sich zugleich an die menschlichen Einrichtungen anschliessen, so wird uns hier ein neues Merkmal bekannt, aus welchem wir schliessen, dass die Hylobatiden den innigen Anschluss an die Anthropoiden nicht besitzen.

Dieses Merkmal muss vorderhand als ein bedeutsames erachtet werden, da die durch die Anthropoiden erworbene secundäre Rippenverbindung auch aus den mechanischen Momenten hervorzugehen scheint, welche die aufrechte Körperhaltung auszuüben vermag. Dieser beim Menschen hochgradigst hervortretende Einfluss hat am Thorax die grössten Erfolge erzielt, und desshalb erscheint das Fehlen der bei den Anthropoiden und beim Menschen in Zunahme begriffenen intercostalen Verbindungen bei den Hylobatiden so bedeutungsvoll.

4. Grössenverhältnisse der vorderen zur hinteren Wand des Thorax.

Das Längenverhältnis des oberen zum unteren Abschnitte des Brustbeines, des Manubrium zum Körper, muss theilweise die Eigenartigkeit des Hylobatiden-Sternum zum Ausdrucke bringen. Da das Manubrium durch die erworbene Mächtigkeit sich auszeichnet, muss der jeweilige Befund des Längenverhältnisses von Man. und Corpus sterni um so primitiver sein, je mehr das Grössenverhältnis zu Gunsten des Corpus sterni ausschlägt. Aus den unten angegebenen Maassen der Sternaltheile ist die folgende, bereits nach dem Grade der Ursprünglichkeit geordnete Tabelle entnommen:

1. *Verhalten des Manubrium zum Corpus sterni bei:*

1. Hylob. leuciscus . . . . 1 : 2 . . (8 stern. Rippen).
2. „ lar . . . . 1 : 1,9 . (8 „ „ `).
3. „ agilis . . . . 1 : 1,75 . (8 „ „).
4. „ „ (h. Var.) . . . . 1 : 1,63 . (7 „ „).
5. „ syndact. (Skelet) . . . 1 : 1,19 . (7 und 6 stern. Rippen).
6. „ „ (ad. ♀) . . 1 : 1,04 . (7 stern. Rippen).
7. „ „ (juv. ♀) . . 1 : 1,015 (7 „ „).

Man ersieht aus diesor Tabelle, dass *H. syndactylus* am Endo dor Reiho steht, dass hier dor Körpor im Vorhältnisse zum Manubr. storni am moisten rückgebildet ist. Dieso Erscheinung läuft keineswegs mit der Thatsache parallel, dass *H. syndactylus* in Bezug auf den Rectus abdominis, auf die Brustmuskulatur und andere Einrichtungen den indifferentesten Zustand unter den untersuchten Hylobatiden repräsentirt.

Obgleich ein Abhängigkeitsverhältnis zwischen jenen Muskeln und der vorderen Thoraxwand besteht, so laufen dennoch Differenz- und Indifferenzzustände an ihnen nicht parallel. Es müssen also die genannten Skelettheile noch von anderen Momenten beherrscht sein.

Der Unterschied in dem Grössenverhältnisse zwischen Manubrium und Corpus sterni ist bei den Hylobatiden ein sehr grosser; bei *H. leuciscus* ist das Manubrium noch halb so lang wie das Corpus sterni; bei *H. syndactylus* hat das Manubrium die Länge des Corpus sterni errungen. Bei den Formen mit primitivem langen Corpus sterni (*H. leuciscus, H. lar, H. agilis*) hat sich eine 8. sternale Rippe erhalten; bei den Formen mit verkürztem Sternalkörper (*H. syndactylus*) besteht keine 8. Sternalrippe mehr. An dem Trockenskelete waren links sogar nur 6 Sternalrippen vorhanden. Die helle Varietät von *H. agilis* stellt eine Mittelform dar, bei der das Verhältnis von Man. und Corp. sterni 1 : 1,63 ist, bei der das 8. Rippenpaar nur 1,1 Ctm. vom Sternum sich zurückgezogen hatte.

Es besteht augenscheinlich eine innige Beziehung zwischen Grösse des Sternalkörpers und der Anzahl sternaler Rippen.

Die eigentlichen Ursachen für die entstehende Verkürzung des Sternal-körper's innerhalb der eng begrenzten Gruppe bleiben indessen unbekannt.

2. *Verhältnis der Länge zwischen vorderer und hinterer Thoraxwand.*

Die hier mitgetheilten Resultate zeigen, dass an oberen und unteren Abschnitten der vorderen Thoraxwand ein ungleichmässiges Wachsthum stattfindet. Neue Fragen drängen sich auf, welche die an Problemen reiche Geschichte des Thorax betreffen. Die folgenden Mittheilungen beziehen sich auf die Frage, in welchem Verhältnisse die Länge der vorderen zu derjenigen der hinteren Thoraxwand bei den Primaten stehe, ob die vordere im Vergleiche zur hinteren Wand eine Rückbil-dung erlitten habe. Es handelt sich hier vor Allem um eine zweck-mässige Wahl von Maassnahmen zum Vergleiche. Ich wählte die Länge des Sternum bis zum Ansatze des Proc. ensiformis am Körper, dann die Länge des 1. bis 12. und die des 1. bis 13. Wirbelkörpers. Wirklich brauchbare Resultate können natürlich allein die von Alkoholpräparaten entnommenen Maasse sein. Zu der Wahl der angegebenen Maasstrecken bewog mich deren Anwendbarkeit auch auf die Anthropoideu und den Menschen, bewog mich die Ueberzeugung, dass der Brusttheil der Wirbelsäule eine verhältnismäsig constante Grösse ist, nach der sich Schwankungen an der vorderen Thoraxwand werden bemessen lassen.

Zunächst mögen einige Messungen, die die Grundlagen für die Schluss-folgerungen abgeben, folgen:

a. *Länge von:*

	Manubr. sterni 1.—3. R.	Corpus sterni 3.—7.(8)R.	Manubr. + Corpus	Process. ensiform	Ganzem Sternum.
H. leuciscus	2 Ctm.	4 Ctm.	6 Ctm.	3,5 Ctm.	9,5 Ctm.
H. agilis (helle V.) . . .	2,2 „	3,6 „	5,0 „	3,1 „	8,7 „
H. agilis	2,	3,5 „	5,5 „	3,7 „	9,2 „
H. syndactylus (♂ ad.).	2,6 „	2,7 „	5,3 „	4,	9,3 „
H. lar	1,7 „	3,3 „	5,0 „	3,5 „	8,5 „
H. syndactylus (Skelet).	2,2 „	2,6 „	4,8 „	4,7 „	9,5 „
H. syndactylus (♀ juv.).	1,2 „	1,4 „	2,6 „	1,6 „	4,2 „

b. *Länge des*

	1.—12. Brust-wirbels.	1.—13. Brust-wirbels.
H. lar	9,1 Ctm.	10,4 Ctm.
H. leuciscus	11,4 „	12,7 „
H. agilis	10,5 „	12,0 „
H. agilis (hell.)	11,8 „	12,8 „
H. syndact. juv. . . .	5,8 „	6,3 „
H. syndact. ad	12,3 „	14,3 „
H. syndact. (Skelet) .	15,0 „	16,8 „

Aus diesen Zahlangaben können wir das Grössenverhältnis vom Manubrium zum Corpus sterni bestimmen. Die Grösse der Differenz ermessen wir nach der allmählichen Annäherung der Länge des ersteren an die Länge dos Corpus. In diesem Sinne lassen sich die Hylobatidon nach der folgenden Rangliste ordnen:

c. *Verhältnis der Länge des Manubrium* (1.—3. Rippe) *zum Corpus sterni:*

Hyl. leuciscus . . . . 1 : 2.
„ lar . . . . 1 : 1,9
„ agilis . . . . 1 : 1,7
„ agilis (hell.) . . . . . . 1 : 1,63
„ syndactylus (Skelet) . 1 : 1,19
„ syndactylus ad. . . . . 1 : 1,04
„ syndactylus juv. . . . 1 : 1,015.

Aus dem Längenverhältnisse des Brustbeines (gemessen bis zum Ansatze der letzten Rippe) zum thoracalen Abschnitte der Wirbelsäule ergiebt sich der Grad der Reduction des Sternum in frontaler Ausdehnung. Je grösser zwischen Beiden der Unterschied ist, um so differenter ist der jeweilige Zustand. Es rangiren die Formen in der folgenden Weise:

d. *Verhältnis der Länge des Sternum* (Manubr. + Corpus) *zu derjenigen des 1.—12. Brustwirbels,* | *des 1.—13. Brustwirbels.*

	des 1.—12. Brustwirbels	des 1.—13. Brustwirbels
H. lar	1 : 1,82 Ctm.	1 : 2,08 Ctm.
„ leuciscus	1 : 1,9 „	1 : 2,11 „
„ agilis	1 : 1,9 „	1 : 2,19 „
„ agilis (hell.) . . .	1 : 2,1 „	1 : 2,3 „
„ syndactvlus juv.	1 : 2,23 „	1 : 2,42 „
„ syndactylus ad. .	1 : 2,32 „	1 : 2,7 „
„ syndact. (Skelet)	1 : 3,12 „	1 : 3,5 „

Die Tabellen *c* und *d* lehren auf das Unzweideutigste, dass *H. syndactylus* in der Umformung des Sternum allen anderen Formen bedeutend vorauseilte. Diese Umformung besteht in einer bedeutsamen Reduction der Länge des Corpus sterni zum Manubrium und in der Verkürzung des ganzen Sternum zur hinteren Wand des Thorax. *Lar*, *Leuciscus*, *Agilis*, welche in vielen anderen Einrichtungen dem *H. syndactylus* vorauseilten, bewahrten am Skelete das Ursprüngliche.

Da wir die morphologische Bedeutung des Wechsels im Längenverhältnisse zwischen vorderer und hinterer Thoraxwand nicht gering an-
schlagen können, so sollte man nach ihm auch die Stellung der Hylobatiden unter einander ermessen können. Das Resultat indessen würde
mit dem in früheren Abschnitten niedergelegten im Widerspruche sich
befinden.

III. GRENZEN DER PLEURASAECKE AN DER THORAXWAND.

Die Untersuchungen über die Pleuragrenzen haben einen engen
Verband mit denjenigen über die Beschaffenheit des ganzen Thorax;
sie wurden von mir frühzeitig aufgenommen, da sie bedeutsame Resultate versprachen. Die vergleichend-anatomischen Forschungen haben
dies vollauf gerechtfertigt. Es liessen sich allmählich bestimmte Anschauungen fest begründen, die wiederum erklärend auf gefundene
Thatsachen anwendbar waren. Einige Gesichtspunkte müssen hier im
Voraus gegeben werden, um eine Rechtfertigung für die folgende Gruppirung der Thatsachen nach ihrer primären und secundären Stellung
zu geben. Da auch niedere und höhere Affen in den Kreis der Untersuchungen, welche demnächst durch Herrn Tanja veröffentlicht werden,
gezogen wurden, erhielten wir aus den Bestimmungen der Pleuragrenzen eine neue Instanz zur Erkenntnis der Rangstellung der Hylobatiden zu anderen Primaten.

Das Volum der Lungen ist von bestimmten Momenten abhängig und
steht in einem bestimmten Verhältnisse zur Grösse des Körpers. Die
Pleurahöhlen sind in directer Abhängigkeit von der Grösse der Lungen.
Die Ausdehnung der Pleurahöhlen nach den verschiedenen Richtungen
passt sich innigst an die Form des Thorax an. Mithin sind die Verhältnisse der Pleuragrenzen von der Form des Thorax nicht zu trennen.

Wir können bei den Primaten zwei Typen von Thoraxformen unterscheiden. Eine *primitive* Form findet man bei niedrig stehenden Affen.
Hier ist der Thorax langgestreckt; an ihm ist der dorso-ventrale Durchmesser gross, indessen der transversale an Grösse zurückbleibt. Der
Brustkorb ist kielförmig wie bei den meisten anderen Säugethieren.
Der zweite Typus wird bei den Anthropoiden und beim Menschen gefunden. Der dorso-ventrale Durchmesser hat im Vergleiche zum transversalen bedeutend an Grösse abgenommen. Der breite Thorax erhält
dadurch eine Fassform, welche oft sogar einen von vorn nach hinten platt-

gedrückten Körper darstellt. Diesen Typus der Thoraxform dürfen wir den *secundären* nennen, da er thatsächlich den ersten Typus, den primären, ontogenotisch und phylogenotisch zum Vorgänger hat. Der Breitenzunahme des Thorax folgt auf das Unmittelbarste die Hauptvertheilung der Pleuralhöhlen auf die beiden Thoraxhälften, was einen noch kräftigeren Ausdruck durch das Vorspringen der Wirbelsäule, durch das Ausbiegen der Rippen nach hinten erfährt. Indem so für die Lungen ein weiter seitlicher Raum zur Einlagerung geschaffen wird, erfahren die Pleuragrenzen consecutive Veränderungen. Beim primären Typus des Thorax mit langer vorderer Brustwand und mit vielen sternalen Rippen reicht auch die Pleura weit herab, bei *Ateles paniscus* z. B. bis zur 10. Rippe. In gleicher Weise senkt sich die Pleura weit über die hintere Thoraxwand, oft bis zur Höhe des 15. Wirbels herab.

Beim secundären Typus zieht sich die Pleura unter gleichzeitiger Abnahme sternaler Rippen und durch die Verlagerung der Lungen zur Seite allmählich in der Mittellinie aufwärts zurück; ihre Grenze wird dann vorn an oberen sternalen Rippen gefunden, hinten in der Höhe oberer Wirbel. So finden wir die Pleuragrenze des Menschen vorn in der Höhe der 7. Rippe, hinten in der Höhe des 12. oder gar des 11. Wirbels.

Wenn auch Ausschaltungen sternaler Rippen und Rückbildung der letzten Rippen (13. u. 14. Paar) oft mit der Verlagerung der Pleuragrenzen nach oben übereinkommen, so können erstere Erscheinungen dennoch nicht für die Erklärung der letzteren genommen werden, da mir jeder directe Zusammenhang zu fehlen scheint. Diese Erscheinungen laufen neben einander her, stehen zusammen vielleicht unter einem und demselben ursächlichen Momente.

Bei der primären Thoraxform mit grossem dorso-ventralen Durchmesser bleibt das Herz fast regelmässig vom Sternum weit entfernt. Dementsprechend vermögen die Pleurablätter beider Seiten hinter dem Sternum sich aneinander zu legen, um bis zur seitlichen Umschlagsstelle vereinigt abwärts zu verlaufen. Mit der Abnahme des geraden Durchmessers erlangt das Herz nähere locale Beziehung zur Vorwand des Thorax und drängt dabei nothwendig die Pleurablätter aus einander. So erklären sich die Befunde beim Menschen, bei dem sich oft schon in der Höhe der 4. Rippe die Pleurablätter von einander trennen.

Durch die gewaltigen, im genannten Sinne erfolgten Änderungen am Thorax der *Anthropoiden* sind auch die Pleuragrenzen andere geworden. An der vorderen Thoraxwand haben diese bei Weitem nach den mir bis jetzt bekannt gewordenen Thatsachen die durch den Menschen errungenen Zustände übertroffen.

Dieser kurze Abriss über die Geschichte der Pleuragrenzen bei den Primaten befähigt uns, die Verhältnisse, die uns die *Hylobatiden* darbieten, richtig zu beurtheilen. Hier finden sich Zustände ausgeprägt, welche die Mitte halten einerseits zwischen denen bei niederen Affen und andererseits bei Anthropoiden und beim Menschen. Der Thorax der Hylobatiden repräsentirt neben manchem Eigenartigen eine Mittelform mit verhältnissmässig grossem dorso-ventralen Durchmesser. Die Pleuragrenzen gleichen in hohem Grade denjenigen bei niederen Primaten und unterscheiden sich in den wichtigsten Punkten von dem anthropoiden Character.

So erhalten wir von einer neuen Seite anatomische Documente zur Beurtheilung der Stellung der Hylobatiden zu anderen Primaten. Während der Character der Wandungen des Thorax Aufschluss hierüber versagt oder die Antwort verschleiert ertheilt, gewährt der Inhalt des Brustkorbes einen tieferen Einblick, weil er um so viel länger das einmal Errungene bewahrt als er vom Skelete abhängig ist.

Die seitlichen Pleuragrenzen bestreichen die Rippen etwa in der Nähe des Ueberganges des Knochens in den Knorpel. Man wird sich auch hier der Meinung nicht verschliessen können, dass der Zustand um so primitiver sei je tiefer die Pleuragrenze liegt. Da wir nun aber an den unteren, nicht sternalen Rippen so grosse Wandlungen in der Länge und der Lage der froien Enden der Rippen wahrnehmen, so wird die Bestimmung der relativen Höhenlage der Pleuragrenzen ungemein erschwert. Die Pleuragrenzen längs der Wirbelsäule wurden nicht in Betracht gezogen. Den Schwerpunkt der Beurtheilung werden wir vorderhand im Verhalten der vorderen Grenzen der Pleura zu suchen haben, da dieses ohne Frage dem grössten Wechsel unterliegt und am sichersten auch betreffs seiner Genese zu analysiren ist. Der inneren grösseren Bedeutung nach reihen wir darauf die Befunde an, die sich aus der Ausdehnung der Pleura längs der Wirbelsäule nach unten ergeben.

1. Vordere Pleuragrenzen.

1. *Hylobates lar* (Figuren 8 u. 9). Beide Pleurablätter treten zur hinteren Wand des Sternum und verlassen dasselbe erst am Processus ensiformis. Dabei findet an letzterem eine Berührung beider Blätter

statt, indessen aufwärts eine Entfernung auftritt, die in der Höhe
der 3. Rippe 0,3, am Manubrium 0,5 Ctm. beträgt. Es besteht ausserdem eine Verschiedenheit auf beiden Seiten. Rechts erreicht die Pleura
das Manubrium sterni 0,25 Ctm. von der Medianlinie und hält darauf
am Sternum genau die Mitte bis zum Proc. ensiformis inne, um dann
in leichtem Bogen nach rechts abzuweichen. Sie schneidet den rechten
Rand des Proc. ensif. 1,1 Ctm. unterhalb des Körpers, erreicht die
9. Rippe 0,6 Ctm. von deren freiem Ende, die 8. Rippe 3,1 Ctm. vom
Sternum entfernt und schneidet die 7. R. 4,7 Ctm. lateral vom Sternum.
Linksseitig erreicht die Pleura das Manubr. st. c. 0,35 Ctm. von der
Medianlinie, ist von der Anheftung der 4. Rippe an's Brustbein nur
0,1 Ctm. entfernt, berührt den linken Sternalrand im 5. Intercostalraume, und zieht von hier median- und abwärts, um am Proc. ensif.
den grössten Grad der Annäherung an das rechte Pleurablatt zu erreichen. Im leichten Bogen nach aussen ziehend schneidet sie 0,6 Ctm.
vom Corpus den Processus sterni, gelangt zwischen 8. Rippe und
freiem Ende der 9., läuft dann längs der Hinterfläche der 8. Rippe, die
sie erst an der Grenze von Knorpel und Knochen verlässt, um die
9. Rippe nach schrägem Verlaufe unweit des Knorpels zu erlangen.

Dieser Befund verhält sich durch die Lage beider Pleuragrenzen am
Sternum sowie durch das Uebergreifen auf den Schwertfortsatz hochgradig primitiv; er correspondirt mit den Zuständen bei niederen Affen,
die die ursprüngliche Form der Pleuragrenzen besitzen. Rechts schneidet
die Pleura die 7. Rippe, links allein die 8. Rippe. Ob dies in irgend
welchem Connexe mit der Reduction der rechten sternalen 8. Rippe
steht, ist nicht auszumachen.

In dem Uebergehen der Pleurablätter auf den Schwertfortsatz ist
der indifferente Zustand der weit nach unten ziehenden Grenzen trotz
der Rückbildung sternaler Rippen erhalten. Die Annahme, dass sich
die Pleura einst über das 9. Rippenpaar abwärts hinaus erstreckte,
ist rechts noch Thatsache geblieben.

2. *Hylobates agilis* (Figur 10 und 11). Es besteht hier in der Berührung beider Pleurablätter und in der Ausdehnung bis auf den Schwertfortsatz eine beachtenswerthe Uebereinstimmung mit der vorigen Form.
Eine Differenz erscheint allein in der starken Abweichung der Grenzen
nach der linken Seite.

Auch hier erreicht das rechte Blatt das Manubrium näher der Medianlinie als links (0,2 und 0,4 Ctm.). Beide Blätter weichen schräg nach

links ab, das rechte Blatt in stärkerem Grade als das linke. Dieses liegt bereits im 2. Intercostalraume links vom Sternum, das rechte Blatt liegt erst im 3. Raume rechts neben dem Sternum. Im 4. Intercostal-raume entfernen sich beide Blätter bis auf 0,3 und 0,5 Ctm. vom Sternalrande. In naher Berührung mit einander verbleibend erreichen sie das Sternum erst wieder am Schwertfortsatze, auf dessen linker Hälfte sie sich etwa 0,8 Ctm. abwärts erstrecken. Jedes Blatt tritt dann im rechten Winkel vom Schwertfortsatze ab und erreicht die 8. Rippe je 1,3 Ctm. von der sternalen Mittellinie (in der Verlängerung der Rippe). Fast symmetrisch ziehen die Grenzen durch den Interco-stalraum; rechts bleibt die Grenze im 8. Raume 0,9 Ctm. von der knöchernen 8. Rippe, links c. 0,3 Ctm. von dem Knorpeltheile entfernt. Rechts verläuft also die Pleuragrenze unterhalb der 8. Rippe tiefer als links (bei gleichen Abständen des knöchernen Rippenabschnittes von der Medianlinie).

Die Abweichung der Pleurablätter nach links ist beachtenswerth. Ob die Ursachen für sie individueller Natur sind, ist schwer zu sagen. Man wird geneigt sein, das Herz als ursächliches Moment hierfür verantwortlich zu machen.

3. *Hylobates agilis* (helle Varietät. Erwachs. Männch.) Figur 5 und 6. Auch hier tritt uns die primitive Art der Nachbarschaft beider Blätter entgegen. Die Grenzen streichen indess über die Hinterfläche von Manubrium und Corpus sterni derart, dass das rechte Blatt fast genau der Medianlinie folgt, das linke ein wenig zur Seite abweicht, am stärksten in der Höhe der 5. und 6. Rippe; hier sind beide Blätter c. 0,35 Ctm. von einander entfernt.

Dieser primitive Zustand macht einem differenteren am Proc. ensi-formis Platz. Links erstreckt sich die Pleura noch 1,2 Ctm. über den Fortsatz, um dann im stumpfen Winkel zur 8 Rippe, quer durch den 7. Intercostalraum und über die 7. Rippe zu ziehen, um die tiefste Stelle des 6. Raumes zu bestreichen. Wir finden sie dann wieder an den Grenzen von Knorpel und Knochen der 7. und 8. Rippe und etwas lateral vom Knorpel der 9. Rippe.

Rechts zieht die Pleuragrenze vom Ende des Corpus sterni über die 7. Rippe, erreicht den 6. Intercostalraum 1,3 Ctm. lateral vom Sternum, läuft dann in gleicher Weise wie links, die 7. und 8. Rippe an der Grenze von Knorpel und Knochen schneidend. Der mediale Abschnitt de r 8. Rippe wird hier also gar nicht mehr berührt. Die Pleura hat sich rechts um mehr als 1 Segment nach oben verschoben, im Vergleiche zu *H. lar* um 2 Segmente, da hier auch das mediale Ende der 9. Rippe noch berührt ist.

4. *H. syndactylus* (junges Weibchen) Figur 3 und 4. Die weit abwärts sich erstreckenden Pleuragrenzen sind auch hier in ursprünglicher Art erhalten. Die Aneinanderlagerung beider Blätter indessen ist aufgegeben. Auch bestreichen die Grenzen nicht mehr das mediale Ende der 8. Rippe, dehnen sich nicht mehr über den medialen Abschnitt des 7., geschweige denn des 8. Intercostalraumes aus. Es haben hier also im Vergleiche zu allen früheren Formen bedeutungsvolle Umgestaltungen Platz gegriffen, welche in Bezug auf den Uebergang auf die Rippen bei *H. agilis* allein auf *einer* Seite anzutreffen sind. Vollkommen neu ist die weite Entfernung beider Blätter von einander hinter dem Sternum. Die genaueren Verhältnisse sind folgende:

Die *rechte* Grenze beginnt 0,1 Ctm. medial von der Incisura clavicularis sterni; sie weicht in leichtem Bogen nach rechts ab und berührt in der Höhe des 2. Intercostalraumes beinahe den Sternalrand; dann zieht sie leicht gewunden abwärts und erreicht den Proc. ensif. in der Medianlinie. Im rechten Winkel biegt sie lateralwärts um, schneidet den Rand des Proc. ensif. etwa 0,5 Ctm. vom Körper, kreuzt die knorpelige 7. Rippe, berührt die tiefste Stelle des 6. Intercostalraumes und gelangt dann an der Grenze vom Knorpel und Knochen der 7. Rippe in den 7. Zwischenrippenraum.

Die *linke* Grenze betritt das Manubrium 0,2 Ctm. lateral von der Incisura jugularis; leicht gewunden erreicht sie den linken Sternalrand in der Höhe des 2. Intercostalraumes. Im 3., 4. und 5. Raume entfernt sie sich vom Sternum auf 0,2 Ctm., 0,3 und 0,1 Ctm. Von da an liegt die Grenze unmittelbar zur Seite des Corp. st. und des Proc. ensiformis, um nach dem Verlaufe von c. 1 Ctm. längs des letzteren rechtwinklig zur Seite umzubiegen. Mit geringen Abweichungen vom Verhalten der rechten Seite kreuzt die Grenze die 7. Rippe, den 6. Intercostalraum und dann die Knorpelgrenze der 7. Rippe.

Ohne Frage stellt sich *H. syndactylus juv.* in gewichtigen Punkten über die vorher aufgeführten Hylobatesarten. Dass es sich hier nicht allein um individuelle Schwankungen handelt, bekundet auch das Verhalten beim erwachsenen *H. syndactylus.*

5. *H. syndactylus* (erwachs. Männchen). Figur 1 und 2. Die Pleurablätter erreichen das Manubrium in gegenseitiger Entfernung von 1,8

Ctm. Das rechte Blatt schneidet die Incisura clavicularis in der Mitte, das linke bleibt von der Inc. clav. 0,4 Ctm. entfernt. Die Grenzlinien beider Pleurablätter am Sternum convergiren abwärts, so dass sie in der Höhe der 5. und 6. Rippe bis auf 0,25 Ctm. sich nähern, wobei die rechte Pleura den rechten Sternalrand berührt, die linke Pleuragrenze aber 0,4 Ctm. nach rechts von der Medianlinie sich findet. Die linke Grenzlinie erstreckt sich vom Proc. ensiformis aus in leichtem Bogen 2 Ctm. lang dem unteren Rande der 7. Rippe parallel, schneidet dieselbe sowie den 6. Intercostalraum, um dann gleich wie beim jungen *Syndactylus* weiter zu verlaufen. Die rechte Grenzlinie erreicht den Proc. ensiformis nicht mehr, sondern tritt sofort zur 7. Rippe heran, schneidet quer den 6. Intercostalraum in c. 2,5 Ctm. grosser Entfernung vom Sternum. Dann kreuzt die Grenzlinie die 6. Rippe, schneidet die tiefste Stelle des 5. Intercostalraumes, um darauf die Knorpelgrenze der 6. Rippe wieder zu treffen. Zur 7. Rippe verhält sich die Pleura rechts in gleicher Weise wie linkerseits.

Bedeutungsvolle Differenzen zwischen diesen Befunden und denen beim jungen Syndactylus bestehen vor Allem darin, dass hier die Pleuragrenzen aufwärts sich verschoben zeigen. Auffallend ist dies rechterseits der Fall, da die Mitte des Schwertfortsatzes beim jungen Exemplare durch die Pleura noch berührt ist, beim Erwachsenen indessen die 7. Rippe an keiner Stelle distalwärts überschritten wird, da zweitens die Pleura des Erwachsenen den 5. Zwischenraum streift und dadurch um ein ganzes Metamer sich höher befindet als beim jungen Exemplar. Im Vergleiche zu *H. lar* und *H. agilis* macht das aber einen Unterschied um 2 Metamere aus.

Dass es sich bei den Befunden von *H. syndactylus* nicht allein um Jugend- und Alterszustände, sondern auch um individuelle Verschiedenheiten handelt, ist nicht von der Hand zu weisen, wennschon Sicheres hierüber nicht anzugeben ist. An die Stelle diesbezüglicher Speculationen werden weitere directe Beobachtungen zu treten haben. Wie dem auch sei, man wird doch die Tendenz nicht verkennen können, dass bei den Hylobatiden die Pleuragrenzen in secundärer Weise sich nach oben zurückziehen.

Durch das Entferntbleiben beider Pleurablätter hinter dem Sternum stehen die beiden *H. syndactylus* einander am nächsten. Das jugendliche Exemplar verhält sich indessen differenter. Im Verhalten der ganzen linken Pleuragrenze schliessen beide *H. syndactylus* sich eng

aneinander an. Im Verhalten der rechten Grenzlinie steht *H. syndactyl.*
adult. um ein Bedeutendes dem *H. agilis* (helle Var.) näher; denn bei
diesen Beiden bleibt rechts der Proc. ensiformis von der Pleura unbe-
rührt, welche vom Corpus sterni direct zur 7. Rippe zieht. Dass diese
bei Beiden zugleich die letzte sternale Rippe ist, mag bei dem gleich-
zeitigen Differenzzustande der Pleura nicht für ganz bedeutungslos
betrachtet werden. Ganz directe Beziehungen bestehen indessen zwischen jenen Erscheinungen nicht, wie schon früher erwähnt wurde
und wie die folgenden Befunde lehren werden.

6. Bei *H. leuciscus* (Figur 7) haben sich rechts primitivere Zustände,
welche etwa auf der Stufe der bei *H. syndactylus juv.* stehen, erhalten. Links indessen bestehen Verhältnisse, welche bei den letzteren
Formen ja wohl deutlich ausgeprägt waren, in viel höherem Grade
jedoch hier zur Entwicklung kommen. Durch die gewaltig grosse Entfernung der Pleuragrenze nach links zeigt *H. leuciscus* Zustände, wie
sie mir nur bei den Anthropoiden bekannt wurden.

Die rechte Pleuragrenze erreicht das Manubr. sterni etwa 0,4 Ctm.
von der Medianlinie, erreicht dieselbe in der Höhe der 5. Rippe und
gelangt dann abwärts ein wenig nach der linken Seite hinüber. Sie
verläuft c. 0,3 Ctm. über den Proc. ensiformis, biegt dann im rechten
Winkel zur 8. sternalen Rippe um, kreuzt diese und die 7. Rippe.
Nach dem Bestreichen des 6. Intercostalraumes kreuzt die Pleura die
Knochengrenze der 7. Rippe.

Links beginnt die Pleuragrenze hinter der Articul. sterno-clavicularis,
verläuft dann über die Grenze vom Knochen der 2., 3. und 4. Rippe,
bestreicht demgemäss den 1., 2., 3. und 4. Intercostalraum. Die 5.
knorpelige Rippe wird in einer Entfernung von 0,3 Ctm. vom knöchernen Theile und von c. 2 Ctm. vom linken Sternalrande geschnitten.
Der Knorpel der 6. Rippe wird schräg geschnitten, sodass die Pleura
am oberen Rande 2 Ctm., am unteren Rippenrande aber etwa 3 Ctm.
vom Sternalrande entfernt bleibt. Nach schrägem Verlaufe durch den
6. Zwischenrippenraum erreicht sie die Knochengrenze der 7. Rippe.

Während die *linke* Pleuragrenze bei *H. lar*, *H. agilis* und *H. agilis*
(helle Varietät) den medialen Theil der 8. Rippe schneidet, bei *H.
syndactylus* auf die 7. Rippe sich zurückzog, so ist bei *H. leuciscus*
auch die 7. Rippe medial nicht mehr berührt. Es ist also die Pleuragrenze der linken Seite nachweislich um 2 Segmente aufwärts verschoben.

Die Pleurablätter beider Seiten berühren einander hinter dem Sternum bei *H. lar* und bei beiden Exemplaren von *H. agilis*, entfernen sich von einander bei *H. syndactylus* auf ein geringes Maass, und sind bei *H. leuciscus* in ihrer ganzen Ausdehnung über die Sternalfläche um mehr als 2 Ctm. geschieden. Dieser Zustand ist sicherlich ein erst erworbener, da er sich bei niederen Affen und bei anderen Säugethier-abtheilungen nicht vorfindet und sich auch nur von den bei den anderen Hylobatesarten sich vorfindenden primären Säugethiertypus der Pleura-grenzen ableiten lässt.

Nach dem Verhalten der *vorderen* Pleuragrenzen rangiren die untersuchten Hylobatiden in folgender Weise:

1. Hylobates lar.
2. „ agilis.
3. „ „ (helle Varietät).
4. „ syndactylus juv.
5. „ „ adult.
6. „ leuciscus.

2. Hintere Pleuragrenzen.

Auch für die hinteren Grenzen der Pleurablätter lassen sich durch die Bestimmung nach der Höhe an der Wirbelsäule unzweifelhafte Documente für die Differenz oder Indifferenz des anatomischen Befundes gewinnen; denn die tiefe Stellung der Pleuragrenzen entspricht hinten genau so wie vorn einem indifferenten Verhalten. Trotz grosser allgemeiner Uebereinstimmung der verschiedenen Formen unter einander bestehen dennoch wahrnehmbare Verschiedenheiten, nach denen die untersuchten Exemplare in der folgenden Weise rangiren.

Stand der Pleuragrenzen in der Höhe der Wirbel.

rechts:

1. H. agilis . . . . Ende d. 15. thorac.-lumb. W.
2. H. lar . . . . Mitte „ „   „   „   „
3. H. syndact. adult. . . Ende „ 14.   „   „   „
4. H. „ juv. . . . „ „ „   „   „   „
5. H. agilis (helle Var.). „ „ „   „   „   „
6. H. leuciscus . . . . . Mitte „ „   „   „   „

Stand der Pleuragrenzen in der Höhe der Wirbel.

li n k s:

1. H. agilis	Ende d. 14. thorac.-lumb. Wirbels.						
2. H. lar	„	„	„	„	„	„	„
3. H. syndact. adult .	„	„	„	„	„	„	
4. H. „ juv...	„	„	„	„	„	„	
5. H. agilis (helle Var.) Mitte	„	„	„	„	„		
6. H. leuciscus	„	„	„	„	„	„	

Aus dieser Tabelle ergiebt sich, dass, falls eine beiderseitige Verschiedenheit besteht, der niedere Stand rechts angetroffen wird. So differirt der Stand der hinteren beiderseitigen Pleuragrenzen bei *H. agilis* um einen ganzen, bei *H. lar* um einen halben Wirbel. Bei *H. agilis* (helle Var.) betrifft der Unterschied bei abwärts gerückter Grenze ebenfalls einen halben Wirbel, indessen bei *H. syndactylus* beiderseits Gleichheit eingetreten ist.

Die nach den Befunden an der vorderen und an der hinteren Thorax- wand aufgestellten Reihen für die Hylobatiden decken einander nicht vollkommen. Differente und indifferente Zustände laufen an einem In- dividuum neben einander her. Die Veränderlichkeit der Pleuragrenzen steht hinten wohl unter den gleichen, aber auch unter anderen Ein- flüssen als vorn. Vorne treten die wichtigsten, umgestaltenden Factoren zusammen, welche auch am Skelete und an den Contenta des Thorax sich äussern. Die vorn auftretenden Veränderungen der Pleuragrenzen erscheinen daher auch von grösserer Tragweite bei der Bestimmung der Stellung der Hylobatiden zu einander.

3. Die seitlichen Pleuragrenzen.

Die lateralen Grenzen der Pleura sind in ihrer Verschiedenheit eines hohen oder eines tiefen Standes ebenso wie die vorderen und hinteren Grenzen zu beurtheilen. Die Feststellung der lateralen Grenzen lässt sich in bequemer Weise nach den Stellen des Ueberganges von knöcherner und knorpeliger Rippe geben. Es bleibt dabei unausgemacht, ob die Knorpelgrenzen der Rippen nicht selbst wieder Veränderungen unter- liegen. Dieser Frage, welche eigentlich zuerst beantwortet werden müsste, bin ich nicht nachgegangen und möchte daher für die hier folgenden Ergebnisse vorläufig nur einen bedingten Werth beanspruchen.

Nach der jeweiligen Entfernung vom Knorpel-Knochen-Uebergang der Rippen bemessen erscheinen die Pleuragrenzen bei *H. agilis* (helle Var.) auf der tiefsten Entwicklungsstufe zu stehen.

1. *H. agilis* (hell.) (Figur 6). Die lateralen Pleuragrenzen verhalten sich rechts und links ungefähr gleich. Die Grenze der rechten Seite findet man bildlich dargestellt. Die Grenze schneidet die die 8., 9. und 10. Rippe am Uebergange vom Knorpel in den Knochen, die 11. u. 12. knorpelige Rippe in einer Entfernung von etwa 0,3 Ctm. vom Knochentheile. Die Pleuragrenze kreuzt dann, etwas mehr als 2 Ctm. vom freien Ende entfernt, die 13. Rippe.

2. Bei *H. lar* (Figur 9) ist die Pleuragrenze ein wenig aufwärts verschoben; sie ist beiderseits ungefähr gleich. Sie schneidet die 8. Rippe am unteren, die 9. Rippe am oberen Rande der Uebergangszone vom Knochen in den Knorpel. Dann kreuzt die Pleuragrenze den Knochentheil der letzten Rippen, die 10. Rippe in einer Entfernung von 0,4 Ctm., die 12. Rippe von etwa 0,6 Ctm. vom Knorpeltheile.

3. Beim erwachsenen Männchen von *Hylobates agilis* (Figur 11) zeigt sich die laterale Pleuragrenze im Vergleiche zur vorigen Form um eine bedeutsame Strecke aufwärts verschoben; sie schneidet die 8. Rippe am Knochenende, die 9. bis 13. Rippe am Knochen selbst. Die Entfernungen vom Knorpel betragen an der 9. Rippe, am oberen Rande 0,3 und am unteren Rande 1 Ctm., an der 10. Rippe oben 1 Ctm. und unten 1,4 Ctm., an der 11. Rippe oben und unten 1,5 Ctm., an der 12. Rippe oben 1,5 Ctm. und unten 1,8 Ctm., an der 13. Rippe oben 2,5 Ctm. und unten 3 Ctm. Auf beiden Seiten berührt dann die Pleuragrenze das freie Ende des rechts 1,0 Ctm., links 1,5 Ctm. langen Querfortsatzes des 14. thoraco-lumbalen Wirbels.

Bei beiden untersuchten Exemplaren von *H. syndactylus* wird bereits der knöcherne Theil des 7. Rippenpaares von der Pleuragrenze geschnitten. Die Entfernungen vom Knorpel sind beim ausgewachsenen Exemplare selbst relativ an allen Rippen grösser als bei der jugendlichen Form. Ob hier individuelle Schwankungen oder solche des Alters vorliegen, ist schwer zu entscheiden. Auch sexuelle Verschiedenheiten könnten sich hier aussprechen.

Wir müssen nach dem Thatbestande den jungen *H. syndactylus* an *H. agilis* anreihen.

4. *H. syndactylus* (juvenis) (Figur 4). An der linken Seite, die der rechten ungefähr gleichkommt, schneidet die Pleuragrenze lateral vom Knorpel den Knochentheil der 7. Rippe und zwar in einer Entfernung von 0,2 Ctm. am oberen, von 0,6 Ctm. am unteren Rande, den Knochen der 8. Rippe in der Entfernung von 0,4 Ctm. oben, von 0,6

Ctm. unten, don der 9. Rippe in der Entfernung von 0,2 Ctm. oben,
von 0,6 Ctm. unten, den der 10. Rippe in der Entfernung von 0,5 Ctm.
oben, von 0,8 Ctm. unten, den der 11. Rippe in der Entfernung von
0,7 Ctm. oben, von 0,9 Ctm. unten, den der 12. Rippe in der Entfernung von 0,8 Ctm. oben, von 1,0 Ctm. unten, den der 13. Rippe
in der Entfernung von 0,25 Ctm.

5. Beim erwachsenen *H. syndactylus* (Figur 2) sind die entsprechenden Entfernungen die folgenden:

7. Rippe: oben 0,8 Ctm., unten 1,2 Ctm.;
8. Rippe: oben 1,8 Ctm., unten 2,2 Ctm.;
9. Rippe: oben 1,9 Ctm., unten 2,5 Ctm.;
10. Rippe: oben 2,1 Ctm., unten 2,3 Ctm.;
11. Rippe: oben 2,3 Ctm., unten 2,6 Ctm.;
12. Rippe: oben 2,5 Ctm., unten 2,4 Ctm.;
13. Rippe: oben 2,7 Ctm.; unten 2,4 Ctm.

Die Hylobatiden rangiren wir nach dem Verhalten der lateralen
Pleuragrenzen, wie folgt:

Hyl. agilis (helle Var.).
Hyl. lar.
Hyl. agilis.
Hyl. syndactylus, juv.
Hyl. syndactylus, adult.

Die Reihenfolge, welche sich nach dem Stande der Pleuragrenzen
an der Wirbelsäule ergab, stimmt mit der hier gegebenen ganz und
gar nicht überein. Auch deckt sich diese nicht mit der nach Maasgabe
des Verhaltens der vorderen Pleuragrenzen aufgestellten Reihenfolge.

Da keine unmittelbaren Beziehungen zwischen dem Verhalten der
Pleuragrenzen an den besprochenen Stellen bestehen, so wird man, falls
man die vorgeführten anatomischen Daten für die systematische Stellung benützen will, den Werth der Befunde abzuschätzen haben. Den
vornehmsten Platz nimmt meiner Meinung nach das Verhalten der
Pleuragrenzen an der vorderen Wand ein, da hier die vornehmsten
Veränderungen am Skelete vorliegen, da die im Anschlusse an die
Umgestaltung des ganzen Thorax sich verändernde Lage des Herzens
ihre Geltung auf die Pleurablätter ausübt. Die lateralen Pleuragrenzen,
für welche nicht einmal untrügliche Marksteine gefunden werden können, da die frei endigenden Rippen sehr wahrscheinlich Grössenschwan-
kungen unterliegen, scheinen den geringsten Werth für die Bestimmung

der morphologischen Rangstellung zu haben. Für die Schwankungen an der hinteren Pleuragrenze, welche zugleich bei den Hylobatiden den geringsten Grad erreichen, sind fundamentale einwirkende Factoren vorderhand nicht anzugeben. Aus diesem Grunde wird man wohl auch die hinteren Pleuragrenzen als von geringerem Werthe erachten dürfen als die vorderon, welche mit wichtigen Differenzirungen am Organismus parallel laufen.

4. Die oberen Pleuragrenzen.

sind durch die über die 1. Rippe ragenden Pleurasaecke gekennzeichnet. Ich fand dieselben bei allen Formen in voller Uebereinstimmung. Stets hob sich die Pleura von der hinteren Wand des Sternum ab, um die Wirbelsäule etwa an der Grenze zwischem dem 7. Hals und dem ersten Brustwirbel zu erreichen. Die Constanz dieses Befundes erklärt sich zur Genüge aus den gegebenen, fest eingebürgerten Einrichtungen an der oberen Apertur des Brustkorbes. Die erste Rippe und die zu ihr gelangende Muskulatur sind die Wächter für das Beibehalten des einmal Bestehenden.

5. Die hinteren Pleuragrenzen und die Anzahl thoraco-lumbaler Wirbel.

Directe Ursachen für den jeweiligen Stand der hinteren unteren Grenzen der Pleurablätter konnten vorderhand nicht angegeben werden. Ich halte es für das Wahrscheinlichste, dass vielfache Factoren auf die Ausdehnung der Pleurahöhlen nach unten bestimmend einwirken. Man wird auch hier in erster Linie die Gestaltung des Thorax heranziehen müssen; denn mit der Zunahme seiner Cavität muss sich nothwendig die untere Pleuragrenze nach oben verlagern, da die oberen Grenzen minder wandelbare sind.

Andererseits lässt es sich nicht von der Hand weisen, dass auch der untere Rumpfabschnitt umgestaltende Momente für die Pleuragrenzen abgebe. Ich denke da vor Allem an den Verkürzungsprocess des thoraco-lumbalen Theiles der Wirbelsäule, welcher auch bei den Hylobatiden erkennbar ist. Man wird mit Fug und Recht annehmen dürfen, dass bei einer grösseren Anzahl thor.-lumb. Wirbel mehr Raum für die Bauchhöhle erübrigt sein muss, als im umgekehrten Falle. Dabei bleibt allerdings nicht ausgeschlossen, dass bei einer verringerten Anzahl der betreffenden Wirbel eine compensatorische Volumszunahme dieser Segmente erfolgen und dadurch das absolute Längenmaas der Wirbelsäulo wio im Fallo der Mehrzahl von Wirbeln wieder hergestellt sein kann. Dies ist nicht entschieden. Wenn ich trotzdem das Verhältnis von hinterer Pleuragrenze und der Zahl thoraco-lumbaler Wirbel hier in Frage ziehe, so geschieht es desshalb, weil eine gewisse gegenseitige Wechselbeziehung innerhalb der Primaten ohne Frage besteht; denn bei den niederen Affen mit vielen Wirbeln liegen die Pleurahöhlen in der Regel tiefer als bei den höheren Affen und beim Menschen mit geringerer Wirbelanzahl. Es fragt sich nur, ob zwischen Beiden eine directe gegenseitige Abhängigkeit besteht, oder ob Beide wieder unter gemeinsamer Herrschaft anderer Factoren sich befinden.

Die bei den Hylobatiden gewonnenen Resultate beantworten die Frage in dem letzteren Sinne. Den Beweis hierfür erhält man, sobald man die untersuchten Formen nach der Indifferenz ihrer Pleurahöhlen und daneben die Anzahl der Wirbel aufführt. Läge eine directe Abhängigkeit zwischen diesen vor, so müsste sich mit dem Differenzzustande der Pleura die Wirbelzahl vermindern. Dies ist aber nicht zutreffend, wie aus der folgenden Tabelle zu ersehen ist:

Reihenfolge nach der Indifferenz der hinteren Pleuragrenzen.	*Anzahl thoraco-lumbaler Wirbel.*
1. H. agilis	18
2. H. lar.	18
8. H. syndact. ad	18
4. H. syndact. juv.	17
5. H. agilis (helle Var.)	18
6. H. leuciscus	18.

Der junge Hylob. syndactylus mit nur 17. thor.-lumb. Wirbeln müsste am Ende der Reihe stehen, wenn die Pleuragrenze zugleich und unter allen Umständen mit dem Beckengürtel nach oben sich verschöbe. Das Ergebnis ist desshalb von Bedeutung, weil ich die Beobachtungen für genaue ausgeben darf, weil diese den in gewissem Breitegrade statt-findenden individuellen Schwankungen innerhalb einer Art das Wort reden. Derjenige, welcher aber aus dem Angegebenen den Schluss ziehen wollte, dass die beiden Erscheinungen in keinerlei Correlation ständen, würde, wie ich meine, einen gewissen Vorwurf auf sich laden, da er den Umwandlungsprocess des Rumpfes in der ganzen Reihe der Primaten nicht zu übersehen vermöchte. In der höheren organischen Welt vollzieht sich die Vervollkommnung meist auf Umwegen und langsam; viele nebeneinander befindliche und bis zu einem gewissen Grade selbstständige Organisationszustände streben jenem complicirten Processe zu.

IV. THEILUNG DER AORTA ABDOMINALIS IN DIE ARTERIAE ILIACAE COMMUNES. — HÖHENSTAND DES ENDABSCHNITTES DES RÜCKENMARKES.

1. Theilung der Aorta abdominalis in die Arteriae iliacae communes.

Gefässvertheilungen lernte man allenthalben als gesetzmässige kennen. In ihnen spricht sich das Princip aus, dass das Blut auf dem kürzesten Wege und unter den günstigsten mechanischen Verhältnissen zu den Organen befördert werde. Geregelte und streng fixirte Einrichtungen finden sich an kleinen wie an grossen Gefässen. Die Art, nach welcher ein Hauptstamm des Arteriensystemes sich in Aeste theilt, ist in gleicher Weise von der Wilkür ausgeschlossen. Wenn irgendwo so besteht bei den Gefässen die innigste Abhängigkeit von den ihnen benachbarten Organen. Diese Abhängigkeit aber aufzudecken, wird zur lohnenden Aufgabe.

Die Aorta abdominalis des *Menschen* theilt sich in die grossen Beckenarterien der Regel nach vor der Grenze zwischen 16. und 17. thoracolumbalen Wirbel. Bei den *Hylobatiden* findet diese Theilung meist vor dem 18. Wirbel, also um fast 2 Segmente weiter candalwärts statt. Diese Verschiedenheit hat zweifelsohne ihren Grund in der verschiedenen normalen Anzahl der vor dem Kreuzbeine gelagerten Wirbel, deren 17 beim Menschen, 18 bei den Hylobatiden den Brust-Lendenabschnitt der Wirbelsäule aufbauen. Die Länge des letzteren bedingt hier wie in anderen Abtheilungen die Länge der Aorta. Ein anderer Factor für die Veranlassung jenes Unterschiedes wird in der verschiedenen Gestaltung der lateralen Beckenwandungen zu erblicken sein, zu deren Innenfläche die Hauptäste der Aorta gelangen. Vielleicht bieten Beckenneigung sowie die Beckenweite Grund auch dafür, dass die Aortentheilung beim Menschen in der Regel vor dem vorletzten, bei den Hylobatiden aber vor dem letzten Lendenwirbel liegt. Sollten diese die Ursachen für die genannte Incongruenz der letzteren Erscheinung sein, so würde sich andererseits wohl auch eine congruente andere Grösse finden lassen, welche eben verhindert, dass die Aortentheilung nicht jedesmal durch das Längenverhältnis der Wirbelsäule allein betreffs ihres Platzes beeinflusst ist. So weit ich hierüber urtheilen kann, wäre die jedesmal erforderliche zweckmässige Vertheilungsart der Blutflüssigkeit verantwortlich zu machen. Es scheint nämlich der Winkel, unter dem die beiden Aa. iliacae entstehen, eine bestimmte Grösse besitzen zu müssen, um für den Blutstrom zweckmässig zu sein. Der Theilungswinkel müsste, wenn dem so ist, abgesehen von gewissen individuellen Schwankungen, welche sowohl von Wirbelsäule-Länge als auch von Beckenverhältnissen abhängen mögen, ein nahezu constanter sein.

Nicht alle Vorfragen sind bezüglich der Beantwortung dieser Punkte erledigt. Es wird hier die Feststellung der anatomischen Daten über die Grösse des Aortenwinkels an Bedeutung gewinnen können. Mit den von mir gesammelten Resultaten ist in diesem Aufsatze vorderhand nichts anzufangen, da wir nicht annehmen können, dass die Grösse oder die Kleinheit des Winkels aus einem ursprünglichen Verhalten entspringe, da wir die morphologische Tragweite nicht ermessen können. Festere Stellungsnahme gewinnen wir indessen gegenüber der Frage, ob die hohe oder die tiefe Aortentheilung die ursprüngliche sei. Diese stellen wir uns dem Vorerwähnten gemäss durch zwei Kräfte bestimmt vor, erstens durch die Anzahl thoraco-lumbaler Wirbel, zweitens durch die Beschaffenheit des Beckens. Erstere besitzt bei Weitem das Uebergewicht über letztere, und so dürfen wir hier die Stelle der Aortenspaltung als Consecutiverscheinung der Wirbelzahl betrachten. Diese aber giebt uns den Maasstab für die Beurtheilung der Befunde über die Primitivität an die Hand; denn das Bestehen vieler thoraco-lumbaler Wirbel geht einer Minderzahl solcher voraus. Die bedeutungsvollen Untersuchungen EMIL ROSENBERG's im ersten Bande des Morphologischen Jahrbuches über diesen Punkt sind für uns maasgebend. Wir werden also auch den Tiefstand der Aortatheilung bei den Hylobatiden als das ursprüngliche ansehen und die Formen nach diesem anatomischen Kennzeichen in der folgenden Weise aufführen müssen. Die Grösse des jedesmaligen Theilungswinkels findet man beigefügt.

Anzahl thoraco-lumbaler Wirbel.	Höhe der Theilung der Aorta in die Aa. iliacae communes.	Grösse des Theilungswinkels der Aorta.	
1. H. lar. . . . . . . 18.	Zwischen 18. u. 19. Wirbel.	c. 55°.	eher grösser
2. H. syndactylus ad. . . 18.	vor der Mitte d. 18. Wirbels.	c. 55°.	als kleiner.
3. H. agilis (hell) . . . 18.	vor dem oberen 1/3 d. 18. W.	c. 45°.	
4. H. agilis. . . . . . 18.	vor dem oberen 1/4 d. 18. W.	c. 50°.	
5. H. leuciscus . . . . 18.	vor d. oberen Rande d. 18.W.	c. 50°.	
6. H. syndactylus juv. (♀) . 17.	vor dem unt. Rande d. 17.W.		

Die Beobachtungen sind am Cadaver so sorgfältig wie möglich aufgenommen. In Bezug auf den Theilungswinkel können die Angaben
nicht in dem Maasse fehlerfrei sein, als in Bezug auf die Höhe der
Theilung, da die Elasticität der Wandungen des Gefässes und das
Freilegen nothwendig kleine Verschiebungen der natürlichen Lagerung
der Theilungsschenkel nach sich ziehen konnte.

Nach dieser Tabelle erweist sich die Verschiedenheit in der Thei-
lungshöhe als klein. Da ausserdem in der sehr verschiedenen Stellung
beider Syndactylusexemplare in der Tabelle die individuellen Schwankungen sich äussern, so wird man gewonnene Resultate für systematische Folgerungen vorsichtig aufnehmen. Es verhält sich hier ebenso
wie mit der in allen Abtheilungen individuell schwankenden Zahl thoraco-
lumbaler Wirbel.

2. Höhenstand des Endes des Rückenmarkes.

Das Rückenmark füllte einstmals den Wirbelkanal der ganzen Länge
nach aus. Die Ontogenie lehrt dies. Im erwachsenen Zustande endigt
das Rückenmark in der Höhe oberer Wirbel. Darin verhalten sich alle
Primaten dem bekannten menschlichen Verhalten gleich. In dem jeweiligen Höhenstand jedoch besteht ein nicht unerheblicher Wechsel.
Darüber sind mir einige Daten bekannt geworden, von denen als Beispiele
die folgenden hier genannt werden sollen. Beim *Cynocephalus Sphinx*
endigte das Rückenmark zwischen dem 17. und 18. thoraco-lumbalen
Wirbel, bei mehreren Exemplaren von *Cercopithecus sinicus* in der
Höhe des 17., beim jungen *Gorilla* in der Höhe der Mitte des 15.,
beim *Orang* und *Chimpanse* in der Mitte des 13. thoraco-lumbalen
Wirbels. Man ersieht hieraus, dass bei niederen Formen das Ende
des Centralnervensystemes um ein Bedeutendes weiter candalwärts
liegt als bei den höheren Affen. Die Höhendifferenz des Endes bei
Cyn. Sphinx und bei *Chimpanse* beträgt 4 $^{1}/_{2}$ Segmente. Beim Menschen
wird das Ende wie bei Letzterem, aber oft noch höher liegend angetroffen. Auch tiefere Lagen des Rückenmarkendes sind keine seltenen
Befunde. Den oberen Rand des 15. thoraco-lumbalen Wirbels finde ich
nicht selten erreicht. Sieht man von den zahlreichen und auffallenden
Schwankungen, welche die menschlichen Zustände betreffen, ab, so
darf der 13. oder 14. thor.-lumb. Wirbel, die normale Höhe des Rückenmarkendes bezeichnend, angesehen werden. Bei menschlichen Embryonen

ondigt das Rückenmark bedeutend tiefer als bei Erwachsenen. Zutreffendo
Angaben hierüber findet man in Pfitzner's Aufsatze „Ueber Wachs-
thumsbeziehungen zwischen Rückenmark und Wirbelkanal" (Morphol.
Jahrbuch Bd. 9). Es vollzieht sich also beim Menschen ontogonetisch,
was sich phylogenetisch bei den anderen, verschieden hoch organisirten
Primaten deutlich zu erkennen giebt.

Die Ursache für die genannten Höhendifferenzen des Rückenmarkes
zu den Wandungen des Wirbelkanales kann allein in der verschiedenen
Wachsthumsenergie des Centralnervensystemes und des Brust-Lenden-
abschnittes der Wirbelsäule gesucht werden. Das beim Menschen ontogenetisch rasch und mächtig an Volumen zunehmende Achsenskelet
bedingt das Höherrücken des Rückenmarksendes in ihm, bedingt das
Filum terminale etc. Für die phylogenetischen Vorgänge werden die
Ursachen keine anderen sein. Die Wachsthumsdifferenz zwischen beiden
Organen findet sich hauptsächlich im unteren thoracalen und in den
darauf folgenden Abschnitten des Rumpfes ausgesprochen. Das ersehen
wir aus dem horizontalen oder aus dem steileren Verlaufe der Spinal-
nervenwurzeln durch den Wirbelkanal. Je mehr in jenen Regionen
der Wirbelsäule eine Volumszunahme erfolgte, um so höher wird das
im Wachsthum seinen eigenen Weg ziehende Rückenmark endigen
müssen. Vergleicht man aber die Durchschnitte durch die Wirbelsäule
eines niederen Affen und eines Menschen, so fällt vor Allem die Volums-
differenz des Lendenabschnittes gegen höhere Theile beim Menschen
auf. Die Wachsthumsverhältnisse im Achsenskelete bedingen den Höhenstand des Rückenmarksendes.

Die Triebfeder für die allmähliche phylogenetische, in der Ontogenie
des Menschen sich wiederholende Volumszunahme der thoraco-lumbalen
Abschnitte des Achsenskeletes suchen wir in der Ausbildung der hinteren
Gliedmassen, welche bei den Primaten mehr und mehr den Körper allein
zu tragen befugt werden. Die Fähigkeit, letzteren vorübergehend auf-
recht zu erhalten, was die Anthropoiden in erhöhtem Maasse zu leisten
vermögen, drückt uns im geraden Verhältnisse die Ausbildung der
hinteren Gliedmassen, des ihnen folgenden Beckengürtels und der diesem
benachbarten und ihn tragenden Wirbel aus. Diesem zufolge muss beim
Menschen durch den Erwerb des aufrechten Ganges die relativ mächtigste Entfaltung der thoraco-lumbalen Wirbelsäule erreicht sein. Das
ist auch ohne Frage der Fall.

Da der aufrechte Gang die genannten Consecutiverscheinungen in der prägnantesten Weise zum Ausdrucke bringen soll, so sollte auch, dieser Schluss liegt nahe, am Ende des Rückenmarkes des Menschen die Antwort auf die Zunahme des Skeletes abzulesen zu sein. Dies trifft aber nicht zu, da das Rückenmark beim Orang und Chimpanse nicht tiefer endigt als normalerweise beim Menschen. Einem hieraus entstehenden Einwurfe wird jedoch streng zu begegnen sein, und zwar durch den Hinweis darauf, dass durch das gewonnene Uebergewicht des hinteren Extremitätenpaares das Gebiet für die beiderlei Arten peripherer Nerven sich vergrössert, und daraus für den Lendentheil des Centralnervensystemes eine neue Instanz für eine Fortentwicklung liegen wird. Vergrössert sich dieser aber, so muss das Ende der Rückenmarkes im Wirbelkanale eine tiefere Lage einzunehmen bestrebt sein. Die continuirliche phylogenetische Reihe des Höhenstandes des Rückenmarkes würde demgemäss beim Menschen eine Störung erleiden, da hier neue, mit einem Male mächtig wirksame, umgestaltende Factoren auch für das Rückenmark vorhanden sind. Nach unserer Vorstellung complicirt sich der ganze Process beim Menschen, und darin mag auch der Grund für die zahlreichen individuellen Schwankungen in der Endigungsweise der Medulla spinalis liegen. Jenen eventuellen Einwand weisen wir demnach, solange nichts Zutreffendes bekannt ist, zurück.

All dies musste im Kurzen berührt werden, um die hohe Bedeutung darzuthun, die wir der Höhenstellung des Rückenmarksendes für eine systemasische Verwerthung beimessen; denn sicher steht der jedesmalige Befund mit fundamentalen anderen Primateneigenschaften in dem innigsten Verbande.

Von dem werthvollen Hylobatidenmateriale konnte nur ein Exemplar zu unserem Zwecke verwerthet werden, sodass etwaige individuelle Verschiedenheiten sowie die Stellung der Arten in diesem Punkte zu einander unbekannt blieben.

Beim *H. agilis* (helle Var.) endigte das Rückenmark in der Höhe der Mitte des 16. thoraco-lumbalen Wirbels, also um ein ganzes Segment tiefer als beim *Gorilla*, aber um ein ganzes Segment höher als bei Cercopithecus. Zwischen *Hylobates* einerseits, dem *Chimpanse*, *Orang* und dem Menschen andererseits besteht eine grosse Kluft. Etwa um drei Segmente unterscheidet sich der Höhenstand des Rückenmarksendes. Diese Thatsache erscheint mir bedeutsam bei dem Erforschen der systematischen Stellung der Hylobatiden in der Primatenreihe.

V. DAS VERHALTEN DER RAMI ANTERIORES UNTERER THORA-
CALER UND DER LUMBALEN SPINALNERVEN.

Die ventralen Aeste lumbaler Nerven sind der hinteren Gliedmasse zugetheilt; sie vertheilen sich fast ausschliesslich an der Hüfte und am Oberschenkel und fallen demzufolge den proximalen Abschnitten der Extremität anheim. In dieser Eigenschaft peripherer Verbreitung reihen sie sich unmittelbar an die die Rumpfwand versorgenden Nerven an. Auch die centralen Stämme dieser Gliedmassennerven folgen direct auf für den Rumpf bestimmte Nerven. Die letzten Gebilde dieser Gattung stammen in der Regel von unteren thoracalen Spinalnerven her. Thoraco-lumbale Nerven sind es also, welche die benachbarten Gebiete von Rumpf und Gliedmassen versorgen.

Es besteht keineswegs eine scharfe Grenze zwischen diesen Gebieten; denn oftmals entsendet ein Nerv Aeste zu ihnen beiden. Darin spricht sich ein innerer Zusammenhang zwischen beiden Gebieten aus, und es eröffnet sich eine weite Perspective für Forschungen über die Art dieses Zusammenhanges. Viele Fragen erhoben sich; nur wenigen konnte ich nachgehen und nur einzelne beantworten.

Genaue und zielbewusste Beobachtungen bilden die Vorbedingungen für Schlussfolgerungen, und so gebe ich zuerst meine Beobachtungen wieder. Dieselben in geordneter Weise vorzuführen, ist jedoch nur möglich, wenn in der einfachen Beschreibung zugleich vom Urtheile über die Thatsachen Einiges mit unterfliessen darf. Zur diesbezüglichen Erläuterung diene das Folgende.

Die vorderen Aeste der Lumbalnerven treten, bevor sie die Peripherie erreichen, zu einem Geflechte zusammen. Dieses ist das Product der Umwandlungen im Endgebiete der Nerven, was wir als allgemein an-erkannt voraussetzen dürfen. Einen neuen Beweis hierfür erhielten wir auch aus dem Verhalten des M. rectus abdominis und dessen Nerven (siehe Seite 362). Mancherlei Erläuterungen hierfür geben in gleicher Weise die folgenden Thatsachen ab. Der Plexus lumbalis hat seine eigene Geschichte. Dieser, durch die Veränderungen im peripheren Verhalten der Nerven gegeben, kann als Consecutiverscheinung uns diese Veränderungen nicht ohne Weiteres verständlich machen. Da wir aber die peripheren Rumpf-Gliedmassennerven in ihrer Umbildung kennen lernen wollen, bleibt der durch sie gebildete Plexus lumbalis als Geflechte von ganz untergeordneter Bedeutung. Wir müssen ihn jedesmal in seine Componenten auflösen, um einen jeden Nerven vom Ursprunge zum Ende sicher verfolgen zu können. Wo dieses aus präparatorischen Ursachen nicht möglich war, da blieb das Resultat durchaus unbefriedigend. In den oberen proximalen Abschnitten ist eine solche Auflösung des Plexus lumbalis fast stets ohne Schwierigkeiten ermöglicht gewesen, da hier die Nerven sich entweder einfach aneinander legen oder, ohne einen Austausch ihrer Bündel einzugehen, sich kreuzen. In den unteren Abschnitten des Geflechtes hingegen werden die Schwierigkeiten der Auflösung grösser und grösser, indem verschiedene Spinalnerven sich oft innigst mit den Bündeln verpfilzen und dann die Verfolgung eines Nerven bis zur Peripherie zuweilen nicht gestatten. Ich habe mich sehr gescheut, an die Stelle des nicht sicher zu Beobachtenden irgendwo Vermuthungen treten zu lassen, und ich darf für meine Angaben voll und ganz eintreten. Zu dieser Erklärung fühle ich mich etwa erfolgenden Einwänden gegenüber veranlasst. In vielen Fällen konnte ich nicht entscheiden; diese Fälle schied ich aus, sodass allein mit dem Sichergestellten gehandhabt wird.

Die Thatsache, dass proximale Abschnitte des Geflechtes ohne Schwierigkeiten zu entwirren sind, die distalen hingegen eine Analyse oft unmöglich machen, ist von Bedeutung und führt uns auf einen anderen leitenden Gesichtspunkt. Da der Plexus durch die Veränderungen in der Peripherie erzeugt ist, mithin in allen seinen Theilen allmählich sich ausgebildet hat, so müssen diejenigen ihn constituirenden Nerven, welche die geringsten Complicationen im Plexus aufweisen, auch den geringsten Veränderungen in der peripheren Verbreitung unterbreitet gewesen sein. Dies trifft auf die unteren thoracalen sowie auf die oberen lumbalen Spinalnerven zu. Von diesen zeigen wiederum erstere die geringeren Complicationen, und sie sind es, welchen proximalwärts continuirlich Nerven mit typischem intercostalen Character sich anschliessen. Intercostalnerven sind gegenüber denjenigen Lumbalnerven, welche einmal Intercostalnerven waren, von indifferentem Verhalten. Differente Lumbalnerven haben sich aus den indifferenten Intercostalnerven entwickelt. Das beweisen diese Untersuchungen neben Anderem auf das Unzweideutigste. Dem gegenüber erhebt sich nun die Frage, ob nicht auch Lumbalnerven, anfangs dem Rumpfe ausschliesslich zugehörig, nach und nach diesem untreu wurden und zu Gliedmassennerven sich umgestalteten. Für die Hautnerven bringen diese Blätter den Nachweis. Für die motorischen Nerven ist der Beweis schwieriger zu liefern. Dass er einmal erreicht werden wird, kann plausibel gemacht werden. Unsere Anschauungen gehen dahin, dass man das indifferente Verhalten intercostaler Rumpfnerven heranziehen muss, um das differente Wesen der Lumbalnerven zu erklären. Wenn das aber möglich ist, so folgt daraus, dass Gliedmassennerven früher Rumpfnerven waren, dass diese also zu Gunsten der ersteren Einbusse erlitten haben. In dem Verluste an zugehörigen Nerven drückt sich der Verkürzungsprocess des Rumpfes der Primaten aus, welchen wir in früheren Abschnitten an anderen Organsystemen darthun konnten. Am deutlichsten war diese Reduction des Rumpfes an der muskulösen Bauchwand, am M. rectus abdominis sowie an den breiten Muskeln nachweisbar. Was wir an der Wandung der Bauchhöhle ablesen konnten, soll nun auch an spinalen Nerven nachgewiesen werden.

Wenn Nerven der Gliedmassen aus denen des Rumpfes sich hervor·bilden, indem letzterer sich verkürzt, so drängt sich der Gedanke auf, dass die Umbildung der Nerven im engeren Connexe mit der an der Wirbelsäule bekannten Erscheinungen des Eliminirens lumbaler Wirbel stehen möge. Die Verschiebung des Beckengürtels längs der Wirbel·säule nach aufwärts ist jedenfalls eine selbstständigere Erscheinung und als solche eine mächtige Triebfeder für andersweitige Folgeerschei·nungen; sie geht nachweisbar einen gleichen Schritt mit den anderen Verkürzungszuständen am Rumpfe der Primaten, so dass Beide nicht ausser innerem Zusammenhange sein können. Muss man nun letzteren auch annehmen, so ist derselbe doch kein so inniger, dass ein be·stimmter Zustand an der Lenden-Wirbelsäule auch einen solchen an den Nerven nach sich zieht. Die an dem Achsenskelete und an den Nerven sich documentirenden Erscheinungen des Verkürzungsprocesses des Rumpfes laufen neben einander her; die von beiden zurückgelegte Wegstrecke ist aber nicht nothwendig gleich gross.

An der Hand des Vorgeführten gewinnen wir ein Urtheil über die graduel verschieden indifferente Ausbildung, welche einem jeden ana·tomischen Befunde im Gebiete thoraco-lumbaler Nerven zuzusprechen ist. Es entspringt hieraus eine neue Quelle, welche dem Materiale zur Bestimmung der systematischen Stellung der Hylobatiden zufliesst.

Im Allgemeinen muss ein bestimmter Gliedmassennerv dann für primitiver als ein gleich benannter Nerv eines anderen Individuums betrachtet werden, wenn er aus einem unteren, mehr distal gelegenen Spinalnerven entspringt; denn dies deutet·immer auf die geringere

28

Zahl der zu Nerven für die Extremität umgewandelten Rumpfnerven hin. So ist z. B. ein *N. cutaneus femoris lateralis*, der aus dem 17. Spinalnerven stammt, primitiver als ein aus dem 16. oder 15. thoracolumbalen Nerven entspringendes Gebilde.

1. Beschreibung der thoraco-lumbalen Nerven bei den verschiedenen Hylobatesarten.

1. *Hylobates agilis* (man vergl. die Figuren 16 u. 22).

Es bestehen 18 thor.-lumb. Wirbel und 14 Rippen jederseits, von denen die rechte 1 Ctm., die linke 1,5 Ctm. lang ist.

a. Der *13. thoracale Spinalnerv* (wir bezeichnen hier und weiterhin mit dem ganzen Namen nur den uns interessirenden ventralen Ast) vertheilt sich genau nach dem Schema intercostaler Nerven.

b. Am *14. thoracalen* (subcostalen) Nerven treten die ersten Schwankungen auf; sie bestehen in früher Spaltung von Haut- und Muskelzweigen. Der Stamm spaltet sich sofort in drei Aeste (Figur 22); der proximale ist der stärkste und enthält motorische sowie sensible Elemente. Der distal folgende schwächste Ast verbindet sich mit einem Faden des 15 th.-lumb. Spinalnerven und enthält motorische Fasern; er durchsetzt die Bauchwandung 9 Ctm. vom Ursprunge entfernt, innervirt den M. obliq. int. und den M. transv.. Zweige zum M. rectus konnten nicht nachgewiesen werden. Er verläuft an der Grenze zwischen Rumpf und Gliedmasse, dicht über dem Ligam. inguinale. Der dritte, distale Ast ist der zweitmächtigste; er nimmt eine Schlinge vom 15. Spinalnerven auf und enthält wie diese nur sensitive Bündel. — Der proximale Ast des 14. Nerven entsendet 3,5 Ctm. vom Ursprunge entfernt einen Muskelzweig zum Obl. int., Transversus und zum Rectus; dieser Zweig verläuft eine Strecke weit neben dem *zweiten* Aste einher, betritt die Bauchwandung nach etwa 7. Ctm. freien Verlaufes durch die Bauchhöhle. Die Fortsetzung des proximalen Astes dringt 5,5 Ctm. vom For. intervertebr. in die Bauchdecken ein, in denen sich ein motorischer Zweig zum Obliq. int, Transversus und Rectus begiebt, indessen ein stärkerer Zweig sich als *N. cutan. lateralis* zu erkennen giebt. Dieser erreicht die Haut mit einem R. posterior dicht vor der Crista iliaca, mit einem Ram. ant. etwa 1,8 Ctm. weiter abwärts vor dem Ileum. Der *R. post.* vertheilt sich an der Haut der Hüfte, der *R. ant.* hingegen an derjenigen des Bauches oberhalb des Leisten-

bandes. — Der dritte Ast des 14. Nerven formt mit der ihm eng verbundenen Schlinge des 15. N. ebenfalls einen R. cutan. lateralis, welcher
2,5 Ctm. distalwärts vom erstgenannten lateralen Hautnerv und etwas
dorsal vom vorderen Rande des Ileum die Haut erreicht, um einen
hinteren Zweig abwärts zur Hüfte bis zum Trochanter major hin,
einen vorderen Ast zur Inguinalgegend an die Haut des Rumpfes
sowie der Gliedmasse abzugeben.

Der 14. thor. Spinalnerv folgt dem Schema intercostaler Gebilde,
insofern er die Muskeln und die Haut der Rumpfwand versorgt; er
unterscheidet sich jedoch von dem gewöhnlichen Schema erstens dadurch, dass die motorischen Bündel frühzeitig sich vom Stamme ab-
spalten und sogar einen distalen selbstständigen Nerven formen, welcher
mit einem solchen des 15. Spinalnerven in Berührung kommt. Die frühe
Ablösung motorischer Zweige und die Schlingenbildung mit benachbarten konnten wir im ersten Abschnitte dieser Arbeit aus den Veränderungen am M. rectus z. Th. erklären. Eine zweite Verschiedenheit
von Bedeutung besteht in der Spaltung des R. cut. lateralis in einen
proximalen und in einen distalen Ast, von denen der untere dem
Rumpfe getreu blieb, der andere jedoch auch auf die Gliedmasse sich
ausdehnte und dabei mit einem Aste des 15. Spinalnerven sich verband. Die Beziehung zur Gliedmasse ist erworben. Dies schliessen
wir vor Allem daraus, dass der ganze 14. thoracale Spinalnerv als
subcostaler, als Nerv für die muskulösen Bauchdecken ein Rumpfnerv
sein muss, ferner daraus, dass er im Wesentlichen mit intercostalen
Nerven übereinstimmt und schliesslich daraus, dass der Ram. lateralis
mit vorderen, mehr horizontalen Zweigen noch in der Leistengegend
sich verbreitet, dagegen mit senkrecht verlaufenden die Extremität
erreicht. Sind aber die Beziehungen zu letzterer erworben, so erklären
sie uns die Anastomose mit einem Zweige des weiter distal gelegenen
15. thor.-lumb. Nerven und die von der Peripherie bis zum Austritte
des Stammes aus dem For. intervertebr. erfolgte Abspaltung des distal
gerückten Hautnerven.

c. Der 15. thoraco-lumbale Nerv spaltet sich sofort nach seinem
Austritte aus dem For. intervert. in vier verschieden starke Aeste,
von denen zwei proximale die schwächsten sind und sich in der genannten Weise mit dem vorigen Nerven verbinden. Der proximalste
ist der zarteste und zieht zu den breiten Bauchmuskeln, der folgende
etwas kräftigere gelangt zur Haut der Gliedmasse und zur Leistengegend.

Diese beiden Aeste beweisen, dass der 15. Spinalnerv nach seinem peripheren Verhalten ein Rumpnerv ist; durch ihre Zartheit thun sie die Rückbildung des Spinalnerven in dieser Eigenschaft kund. Die beiden *distalen* Aeste sind die stärkeren und gelangen ausschliesslich zur Extremität; der erstere von ihnen ist der stärkste, er zieht parallel dem *R. cut. lat.* (14 + 15) und nach 9 Ctm. langem Verlaufe durch die Fossa iliaca gegen die Spina iliaca und dringt gemeinsam mit zwei etwa gleich starken Aesten vom 16. Spinalnerven unter dem Ligament. inguinale zur Haut. Er hilft den *N. cutan. femoris lateralis* mit aufbauen. Alle Zweige dieses Gebildes enthalten Bündel des 15. und 16. Spinalnerven; der proximale dieser Zweige verläuft distal vom Lig. inguin. und parallel demselben bis zur Medianlinie. — Der letzte Ast löst sich vom Stamme los und verläuft senkrecht abwärts, um sich in den Hauptast des folgenden Spinalnerven einzusenken. Seine Elemente konnten nicht in die Peripherie verfolgt werden. Ich glaube, Bündel zum M. psoas wahrgenommen zu haben.

Der 15. Spinalnerv verräth wie der 14. die Natur eines Rumpfnerven. Es besteht nur noch ein Ast für die Bauchmuskeln und dieser ist rudimentär. Der *R. cut. later.* setzt das Verhalten des 14. Spinalnerven fort, indem er in 2 selbstständige Aeste gespalten ist, welche beide nach der Verlaufsart durch die Bauchhöhle unmittelbar an die Rr. laterales intercostaler Nerven sich anschliessen. Auch nach dem Platze, an welchem die Aeste die Haut erreichen, zeigt sich nichts fundamental Verschiedenes gegen die Rr. laterales der intercostalen Nerven, da die Ausstrittsstellen nahezu in einer Senkrechten sich befinden. Wir können die Thatsache des Aufbaues des N. cut. femoris lateralis auch aus dem R. cut. lat. des 15. Spinalnerv nur durch die secundäre Ausdehnung des wirklich noch als Rumpfnerven sich zeigenden Gebildes auf die Extremität erklären. Dass dabei Anastomosen mit Aesten des 16. Spinalnerven sich einstellten, ist in keiner Weise befremdend. Dass der R. cut. lat. (15) aber die Haut distal vom Ligam. inguin. erreicht, ist eine neue Instanz, durch welche er in die Klasse der Gliedmassennerven sich einreiht.

d. Der ventrale Ast des *16. Spinalnerven* entsendet seine drei nahe der Wirbelsäule entstehenden Zweige (Figur 22) zur Gliedmasse. Von den zwei oberen aber löst sich je ein kleines Bündel ab, das den M. psoas innervirt. Ein drittes für den M. iliacus bestimmtes Zweiglein nimmt noch Elemente vom 17. Spinalnerven auf. Diese Muskelnerven

vertheilen sich also an Organen, die dem Rumpfe zugehören und zeigen
am 16. thoraco-lumbalen Spinalnerven Eigenschaften, die den intercostalen Nerven zukommen.

Der *distale* Zweig des 16. Nerven zieht senkrecht nach unten und
verbindet sich mit einem stärkeren Zweige des 17. Spinalnerven, um
mit ihm den *N. obturatorius* zu formen.

Der *proximale* Zweig enthält sensible Elemente, verläuft parallel den
Rr. cutanei laterales oberer Spinalnerven durch die Fossa iliaca und
gesellt sich dem *N. cut. femoris lateralis* hinzu. Dadurch giebt er sich
selbst als ein R. cut. lateralis zu erkennen.

Der *intermediäre* Zweig ist der mächtigste; nach 2 Ctm. langem
Verlaufe spaltet er sich in einen oberen Ast, der als Hautnerv zum
N. cut. femoris lat. gelangt und demzufolge als R. lateralis sich verzweigt. Er wird von dem vorher genannten Hautaste gekreuzt. Ein
unterer stärkerer Ast verbindet sich mit einem etwa gleich starken
Zweige des 17. Spinalnerven zum *Nervus femoralis*. Von diesem aus
konnten Elemente des 16. Nerven zum Musc. iliacus, die anderen
jedoch konnten nicht an der Extremität, die durch eine Schusswunde
verletzt war, zur Peripherie verfolgt werden.

Betrachten wir den 16. Nerven als einen umgewandelten Rumpfnerven, so sehen wir in den beiden zum Cut. femoris lateralis ziehenden Zweigen den auf die Gliedmasse ausgedehnten Ram. cut. later.,
der demjenigen intercostaler Nerven homolog ist. Wie am 14. und 15.
Nerven ist dieser Hautast auch hier frühzeitig in zwei gespalten, von
denen der eine dem Femoralisaste eine Strecke weit verbunden blieb,
während der andere im Verlaufe durch die Beckenhöhle ganz dem
Verhalten der nächst höheren R. laterales entspricht. Dass Ortsver-
änderungen an den 2. lateralen Hautaesten erfolgten, beweist die noch
im Becken stattfindende Kreuzung derselben. Stattgehabte Verlagerun-
gen werden aber auch hier in der Pheripherie zuerst erfolgt sein, was
hinwiederum für die Annahme der Entstehung aus einem ursprünglich
einheitlichen Hautnerven geltend gemacht werden kann.

Nervus cutaneus femoris lateralis. Dieser Nerv ist ein zusammen-
gesetztes Gebilde; er vereinigt in sich einen Theil des R. later. vom
15. und den ganzen R. later. des 16. thoraco-lumbalen Spinalnerven.
Die Elemente Beider sind aufs innigste unter einander verschmolzen
und theilen sich allen Aesten zu. Der Nerv gelangt distal vom Lig.
inguinale und vor dem Ileum zur Haut. Ein medianwärts ziehender

Ast versorgt die Haut der Leiste, zwei andere versorgen die laterale vordere Fläche des Oberschenkels, kräftige Zweige hingegen die laterale Schenkelfläche vom Trochanter major an bis zum Kniee.

e. Der *17. thor.-lumb. Spinalnerv* spaltet sich in zwei gleich starke Aeste. Der *proximale* Ast stellt die distale Wurzel des N. femoralis dar; der *distale* entsendet eine Wurzel zum N. obturatorius und eine zum N. ischiadicus.

Der 18. th.-lumb. und der erste sacrale Spinalnerv senken sich in den Stamm des Ischiadicus ein.

Der 17. Spinalnerv giebt Elemente für den M. iliacus ab; durch diese gehört er im Endgebiete Organen des Rumpfes an. Im Uebrigen weist der Nerv keinerlei von mir beobachtete Eigenschaften auf, welche an die Natur eines Rumpfnerven erinnern. Ein gleiches trifft für alle folgenden Spinalnerven zu.

f. Einige Punkte seien hier der Uebersichtlichkeit wegen zusammengestellt:

Ursprung aus thoraco-lumbalen Spinalnerven:

(Die unterstrichenen Nummern deuten an, dass diese Spinalnerven den Hauptantheil bilden).

1. N. cutaneus femoris lateralis . . . 15, 16.
2. N. femoralis . . . . 16, 17.
3. N. obturatorius . . . . 16, 17.
4. N. ischiadicus . . . . 17, 18, 19.
5. N. psoas . . . . 15 (?) 16.
6. N. iliaci interni . . . . 16, 17.

Der sowohl am Rumpfe als auch an der Gliedmasse sich verbreitende Nerv des Plexus lumbalis ist der 15. thoraco-lumbale Spinalnerv. Wir wollen ihn als den Grenznerv des Rumpfes bezeichnen.

2. *Hylobates lar* (man vgl. die Figuren 23, 26, 27 u. 13).

Es bestehen 18 thoraco-lumbale Wirbel und 14 Rippen jederseits.

a. Der *12. thoracale Nerv* folgt genau dem Schema der Intercostalnerven.

b. Am *13. thoracalen Nerv* sind Abweichungen vom einfachen Schema wahrzunehmen. Der *R. cut. lateralis* entsendet zwei etwa gleich starke Aeste zur Haut (Figur 26). Ein *proximaler* Ast erreicht die Haut dicht unterhalb des knorpeligen Endes der 13. Rippe, also an einem ihm zukommenden Platze; er verzweigt sich in typischer Weise mit einem R. post. und einem R. ant. gegen den Rücken und gegen die vordere Bauchwand. Ein *distaler* Ast erreicht die Haut etwa 1,4 Ctm. unterhalb des ersteren. An diesem Platze würden wir die verlängert gedachte 14. Rippe antreffen; der Platz kommt daher einem Aste der 13. Intercostalnerven ursprünglich nicht zu. Der distale R. cut. lat. ist, so müssen wir schliessen, nach unten gerückt. Dies drückt sich denn auch in der stark distalwärts ziehenden Verästelung aus. Ein R. ant. verläuft dicht über dem Lig. inguin. medianwärts bis zum Leistenringe (Figur 27), während ein R. post. sowohl gegen den Rücken zu als auch über das Darmbein abwärts sich ausbreitet.

Es hat sich an dem *N. cut. lat.* durch Uebernahme eines grösseren Territoriums peripher eine Spaltung vollzogen. Diese hat sich aber centripetal bis zum For. intervertebrale fortgesetzt. Der proximale Ast blieb mit den motorischen Elementen verbunden und verläuft noch in primitiver Weise intercostal (Figur 23), während der distale Hautast im selbstständigen und sicherlich neu erworbenen Verlaufe die 14. Rippe kreuzt, um sich subcostal einem Zweige des subcostalen Spinalnerven anzulehnen und mit diesem 5,5 Ctm. vom Ursprunge entfernt die Bauchdecken zu durchsetzen

Die *motorischen* Elemente lösen sich vom gemeinsamen intercostalen Stamme etwa 3,5 Ctm. lateralwärts von der Wirbelsäule ab und dringen selbstständig in die Bauchwand ein (Fig. 23). Die breiten Bauchmuskeln sowie der M. rectus (Figur 13) erhalten Zweige.

Der ganze Spinalnerv gehört ausschliesslich dem Rumpfe.

c. Der *subcostale oder 14. thoracale Spinalnerv* verhält sich nach dem Typus intercostaler Gebilde; es bestehen wie am vorigen Nerven Abweichungen im Verlaufe seiner Aeste, deren zwei selbstständig an der hinteren Wand der Bauchhöhle verlaufen (Figur 23).

Der *R. cut. lateralis* ist verhältnissmässig schwach entwickelt; sein Gebiet hat der vorige Spinalnerv wohl zum Theile übernommen. Er dringt in einer Flucht mit den proximalen lateralen Hautnerven dicht über der Crista iliaca hervor und entsendet seine Aeste abwärts zur Hüfte, ohne die Regio trochanteria zu erreichen (Figur 26). Man kann an ihm unschwer die einem regulären R. cut. lat. zukommenden dorsal- und ventralwärts ziehenden Zweige erkennen. Die vorderen verbleiben

jedoch auf der lateralen Fläche der Gliedmasse. Nach Art der Austritts-
stelle über dem Beckengürtel gehört der Nerv dem Rumpfe an und
kommt hierin mit den anderen Aesten des ganzen Stammes überein. Die
periphere Verbreitung zur Haut der Gliedmasse ist eine erworbene.
Der R. cut. lat. verläuft in der Bauchhöhle eine kleine Strecke gemeinsam mit einem motorischen Aste und durchsetzt etwa 4. Ctm. von
der Wirbelsäule die Muskelwand.

Die *motorischen* Aeste versorgen den Rectus, Obliq. int. und den
Transversus abdominis; sie spalten sich in einen proximalen selbststän-
digen und einen distalen, dem Hautnerven anfangs angeschlossenen
Ast. Der proximale gelangt mit dem R. cut. lat. des 13. Spinaln. durch
den Transversus abdominis (Figur 23) und innervirt alle genannten
Muskeln, den Rectus durch den Zweig *a* der Figur 13. Der distale
stärkere Ast entsendet den Zweig *b* der Figur 13 zum Rectus, einen
anderen zu den breiten Muskeln. Der Zweig *b* führt auch sensible
Elemente, die sich als *R. cut. ant.* nahe der Medianlinie durch den
Rectus zur Haut begeben. Die Entstehung zweier Aeste für den M.
rectus dürfen wir aus den Veränderungen im unteren Abschnitte dieses
Muskels herleiten; die Spaltung Beider bis zur Wirbelsäule bezeugen
die peripher stattgefundenen Lageveränderungen, die sich auch darin
aussprechen, dass der centripetalwärts mehr proximal gelegene Rectus-
nerv peripher weiter distal vom Zweige *b* sich befindet.

Der 14. Spinalnerv ist ein ausgesprochener Rumpfnerv, dessen laterale Hautaeste auf die Gliedmasse sich ausdehnen. Er lehnt sich nur
mit einem Zweige an einen Ast des 13. Sp. nerven an, hat sonst
aber keine Beziehungen zum Plexus lumbalis.

Da alle folgenden Spinalnerven zur Gliedmasse ziehen, so dürfen
wir den 14. Spinaln. als *Grenznerven* bezeichnen.

d. Der *15. thoraco-lumbale Spinalnerv.* Der R. ventralis theilt sich
2 Ctm. vom Ursprung entfernt in einen oberen, proximalen und einen
distalen Ast. Ersterer führt sensible Elemente und giebt sich peripher
als N. cutan. femoris lateralis zu erkennen. Der distale Ast führt gemischte Elemente dem Nerv. femoralis zu.

Der *N. cut. femoris lateralis* verläuft nach Art der R. cut. later.
höherer Spinalnerven, nur etwas steiler lateral- und abwärts; er durchläuft die Fossa iliaca und dringt durch die Bauchdecken unterhalb der
Spina iliaca und oberhalb des Ligam. inguinale (vgl. Figur 26). Seine

mächtigen Zweige gelangen zur lateralen und angrenzenden vorderen Fläche des Oberschenkels herab bis zum Kniee. Ein früh sich loslösender Zweig verläuft medianwärts und versorgt die Haut unterhalb des Loistenbandes (Fig. 26 u. 27); während er einen R. ant. vorstellt, repräsentiren die anderen den abwärts ausgedohnten und verlagerten Ram. post. eines früher typisch gewesenen R. cut. lateralis.

In der Verlaufsart des *Cut. femoris later.* durch die Beckenhöhle drückt sich die Uebereinstimmung mit den höher gelegenen Spinal-nervenaesten aus. In der Austrittsart des Nerven aus dem Becken oberhalb des Lig. inguinale darf man eine letzte Spur der Natur eines Rumpfnerven erblicken. Diese beiden Eigenschaften berechtigen zur Annahme, dass wir es im 15. Spinalnerven mit einem ungewandelten Gebilde zu thun haben, welches den Intercostalnerven sich anschloss.

Andere sensible Bündel sind durch den *distalen* Ast des Nerven dem N. femoralis übermittelt. Sie waren in dem letzteren bis zur Peripherie genau verfolgbar. Auf der Figur 27 findet man sie dargestellt. In der Regio inguinalis löst sich vom Femoralis ein starkes Bündel ab, welches nach der Absonderung von motorischen Elementen den Musc. sartorius zwischen dem ersten und zweiten Drittel dessen Länge durchsetzt und mit 2 Aesten zur Haut der distalen Hälfte der Vorderfläche des Oberschenkels bis über das Knie herab gelangt. Die lateralen Nervenbündel schliessen sich an den N. cut. femoris later. unmittelbar an. – Vom Stamme des Femoralis spaltet sich in der Regio inguinalis ein als *N. saphenus* zu bezeichnendes Bündel ab. Es führt auch Elemente des 15. Spinalnerven; diese verlassen den N. saphenus in der distalen Hälfte des Oberschenkels, wenden sich medianwärts um den medialen Sartoriusrand zur Innenfläche der Kniegegend. Die lateralen Zweige schliessen sich unmittelbar an die vorhergenannten Hautaeste des 15. Spinalnerven an.

Dem Verlaufe nach sind die dem N. femoralis einverleibten Haut-aeste als *Nn. cutanei femoris anteriores et interni* zu bezeichnen. Laterale, vordere und mediale Hautnerven entstammen also dem 15. thoraco-lumbalen Spinalnerven.

Die *motorischen* Elemente des letzteren verlaufen in der Bahn des N. femoralis und gelangen zum M. sartorius; sie lösen sich im Muskel von dem auch die Rr. cut. femoris anteriores enthaltenden Aste ab (Figur 27).

Betrachtet man den 15. th. lumb. Spinalnerven als ein ursprünglich dem Rumpfe zugehöriges Gebilde, so darf man vor dem Schlusse nicht zurückschrecken, dass erstens die Nn. cut. femoris ant. et int. wenigstens z. Th. aus einem R. cut. ant. abdominis sich hervorbildeten, dass zweitens zum Aufbaue des Musc. sartorius ein Myomer in Verwendung kam, das, wo die Bauchmuskeln noch vom 15. th.-lumb. Spinalnerven versorgt werden, in diesen Rumpfmuskeln zu suchen ist. Es kann indessen nicht angegeben werden, ob hier die Sartoriuselemente aus breiten Bauchmuskeln und dem Rectus oder aus vereinzelten derselben sich herleiten. Bestandtheile des besagten Myomers mag man im Sartorius suchen.

Da kein anderer Gliedmassenmuskel vom 15. Spinalnerven Zweige empfängt, so ist der *Sartorius* vermöge seiner Innervation als der dem Rumpfe verwandteste zu erachten.

Die Annahme der Genese des Sartorius aus einem dem Rumpfe anfänglich zugehörigen Myomer ist von grösster morphologischer Tragweite und fordert zu erneuten Untersuchungen auf.

e. Der *16. thoraco-lumbale Spinalnerv* spaltet sich in zwei Aeste, von denen der mächtigere proximale zum Aufbaue des N. femoralis, der distale zu dem des N. obturatorius beiträgt. Beide trennen sich nach kurzem gemeinsamen Verlaufe von einander (Figur 23).

Zwei starke Zweige dringen in den M. psoas ein.

Die zum N. femoralis ziehenden Elemente sind gemischter Natur. Die *sensiblen* Bündel erscheinen am Ober- und am Unterschenkel wieder. In der Leistengegend löst sich ein die Fascia lata durchbohrender Zweig ab, welcher medianwärts längs des Leistenbandes verläuft. Ein stärkerer Ast entsteht an gleicher Stelle; er enthält Bündel auch des vorigen (15) Spinalnerven. Die Elemente des 16. Sp. nerven lösen sich unter dem Sartorius ab und gelangen in der Höhe des Kniegelenkes am medialen Rande des Muskels als *N. saphenus* zur Haut. Ein R. subpatellaris und Rr. cutanei cruris gehen aus letzterem hervor (Figur 27).

Die *motorischen* Elemente gelangen zum Musc. pectineus, zum M. rectus femoris und zu den Mm. vasti. Der Rectus und die Vasti empfangen aber ausserdem Aeste des 17. Spinalnerven.

Betrachtet man den Spinalnerven, was immerhin statthaft ist, als einen umgewandelten einstmaligen Rumpfnerven, so muss man gestehen, dass erkennbare Spuren eines solchen Gebildes an dem Individuum nicht mehr bestehen. Die Hautnerven hätten mit Ausnahme des

R. cut. inguinalis den Rumpf weit verlassen, der M. pectineus hätte als ein Organ zu gelten, das aus dem 16. thor.-lumb. Myomer sich bildete; der Rectus femoris und die Vasti hingegen wären als diploneure Muskeln aufzufassen, die ihre Bausteine vom 16. und 17. thor.-lumb. Myomer bezogen.

Die Psoasaeste bilden die einzige Instanz, die für die Rumpfnatur des Spinalnerven noch angeführt werden kann.

f. Der *17. thor.-lumb. Spinalnerv* spaltet sich sofort in 2 Aeste. Der proximale senkt sich in den N. femoralis ein, der distale spaltet sich wieder in 2. Zweige, die dem N. obturatorius und dem N. ischiadicus einverleibt werden (Figur 23).

Bündel konnten mit Sicherheit durch den N. femoralis zum M. rectus femoris und zu den Mm. vasti verfolgt werden.

Der 18. thoraco-lumbale und die folgenden Spinalnerven entsenden ihre Rr. ventrales zum N. ischiadicus.

g. Wir rücken der Uebersichtlichkeit wegen die folgenden Punkte heraus:

Ursprung aus thoraco-lumbalen Spinalnerven:
(Die unterstrichenen Nummern deuten an, dass sie den Hauptantheil am Aufbaue der Nerven tragen).

1. N. cutaneus femoris lateralis. 15.
2. N. femoralis . . . . 15., 16., 17.
3. N. obturatorius . . . . 16., 17.
4. N. ischiadicus . . . . 17., 18.
5. Nerv. musculi psoas . . . . . 16.

Der am Rumpfe sowie an der Gliedmasse sich verbreitende *Grenz-nerv* ist der 14. thoraco-lumbale Spinalnerv. Das grösste von ihm versorgte Gebiet kommt jedoch noch dem Rumpfe zu.

Der letzte Nerv, an welchem noch Zeichen eines Rumpfnerven wahrzunehmen sind, ist der 15. thoraco-lumbale.

Der erste, mit Abweichungen vom typischen Verhalten eines Intercostalnerven versehene thoracale Nerv ist der 13..

3. *Hylobates syndactylus juv.* (♀).

Man vergleiche die Figuren 14, 24, 28 u. 29.

Es bestehen 17 thor.-lumb. Wirbel und jederseits 13 Rippen.

a. Am *13. thoracalen Spinalnerven* treten Abweichungen vom Verhalten einfacher Intercostalnerven auf; dieselben bekunden sich durch den frühen Zerfall in zwei Aeste, welche subcostal anfangs parallel verlaufen, dann aber divergiren. Ein *proximaler* Ast (Figur 13) zerfällt unter dem Ende der 13. Rippe in einen oberen *R. cut. lat.* und einen unteren Muskelzweig, welcher einen stattlichen Nerv zum M. rectus entsendet (Figur 14). Beide durchsetzen die Bauchdecken etwa 3. Ctm. vom Achsenskelete entfernt und nahe dem Darmbeinkamm. Der *distale* Ast ist rein motorisch; er steigt vom Rippenende an durch die Fossa iliaca herab, durchsetzt die Bauchdecken 1,5. Ctm. distal von den proximalen Aesten nahe der Crista iliaca und entsendet ausser zu den breiten Bauchmuskeln einen starken Ast (*b*) zum M. rectus abdominis.

Der *R. cut. later.* des 13. thor. Nerven schliesst sich unmittelbar an denjenigen des 12. N. an. Mit einem R. ant. und einem R. post. (Figur 28) verzweigt er sich an der Rumpfhaut über dem Darmbeine und dem Ligam. inguinale. Der R. ant. neigt sich median- und abwärts und weicht dadurch von dem indifferenteren transversalen Verlaufe ab.

Der R. cut. later. verhält sich wie derjenige eines oberen Intercostalnerven. Die motorischen Aeste hingegen sind gespalten. Die Ursache hierfür ist die bereits früher angegebene; wir suchten sie in dem Verhalten des M. rectus, dessen distaler Abschnitt durch Ausbildung des 13. Myomers eine Nervenspaltung einleitete und centripetal sich fortsetzen liess.

Es besteht hier eine andere Combination der Nervenverschiebung am 13. Spinalnerven als wie bei *Lar*, bei dem der Hautast eine Spaltung erfuhr, der Muskelast aber einheitlich blieb.

b. Der *14. thor.-lumb. Spinalnerv* erlitt eine fast gleiche Umwandlung wie der vorige, indessen eine neue Erscheinung sich hinzugesellte. Das ganze Gebilde entspricht genau einem Rumpfnerven.

Der Nerv ist nahe der Wirbelsäule in drei Aeste gespalten, deren proximaler Ast gemischte Elemente enthält und nach primitivem parallelen Verlaufe mit dem subcostalen Nerven sich 2,5 Ctm. später in einen oberen *R. cut. lat.* und einen unteren zarten Ast für den Musc. obliq. int. und transversus abdominis spaltet. Beide durchsetzen selbstständig die Bauchdecken. In diesem proximalen Aste haben wir den Rest des Stammes des Nerven zu erblicken; denn er enthält sensible und motorische Elemente. Von ihm lösten sich zwei Muskeläste ab, die einen selbstständigen Verlauf sich erwarben. Ein *proxi-maler* Ast verläuft parallel dem Stammaste, durchsetzt den Transversus abdominis oberhalb des Lig. inguin. und löst sich im Transv., Obliq. int. und im M. rectus auf (Figur 14). Ein distaler schwächerer Muskelast durchsetzt den M. psoas, bricht an dessen Vorderfläche hervor, an welcher er abwärts über dem Lig. inguin. zu den breiten Bauch-muskeln gelangt. Diesen Nerven würde man nach dem Verlaufe vor dem Psoas einen *M. genito-cruralis* zu nennen geneigt sein, wenn er alle Eigenschaften eines solchen Gebildes in sich trüge. Vor Allem fehlen ihm die Qualitäten eines R. cruralis.

Ist der selbstständige Verlauf des proximalen Muskelastes nicht befremdend, so weiss ich doch für die äusserst auffallende Lageverän-derung des distalen keine dementsprechende, hier noch erkennbare Ursachen anzugeben. Einen ähnlichen Nerven findet man jedoch bei *Leuciscus* wieder, wo derselbe minder befremdend erscheint.

Alle *motorischen* Elemente gehören dem Rumpfe zu; die *sensiblen* Elemente des R. cut. hingegen haben sich theilweise über die Hüfte ausgebreitet. Der *R. cut. lat.* erreicht die Haut dicht über der Crista iliaca (Figur 28). Ein R. ant. verläuft über letztere und oberhalb des Lig. inguin. medianwärts. Andere Aeste ziehen dorsal- und abwärts und erreichen die Hüftgelenkgegend.

Der 14. thor.-lumb. Spinalnerv ist der *Grenznerv* im oben angege-benen Sinne.

c. Der *R. ventr. des 15. Spinalnerven* gehört durch seine periphere Verbreitung, ausschliesslich der Psoasaeste, der Gliedmasse zu. Er theilt sich in zwei Aeste. Ein senkrecht den Psoas durchsetzender *distaler* Ast dient zum Aufbaue des Nerv. obturatorius. Ein bedeutend stärkerer *proximaler* Ast theilt sich nach 1. Ctm. langem Verlaufe in einen oberen R. cut. lateralis, welcher als *N. cut. femoris lateralis* (Figur 24 u. 28) ganz ähnlich wie bei *Lar* sich verhält, und in einen unteren Nervenzweig, welcher nach Abgabe zweier Bündel an den Musc. psoas in den Nerv. femoralis sich einsenkt. Die durch diesen zur Pheripherie geleiteten Elemente sind gemischter Natur. In gleicher Weise wie bei *Lar* erscheinen die *sensiblen* Bündel im medialen An-schlusse an die Aeste des N. cut. femoris lateralis an der vorderen medialen Fläche des Schenkels, indessen *motorische* Elemente im M. sartorius sich erschöpfen. Der Sartoriusnerv tritt hoch oben an den Muskel heran, durchsetzt diesen aber der ganzen Länge nach. Es treten drei sensible Nervenbündel selbstständig zur Haut (Figur 29). Ein proximales Bündel durchbohrt die Fascie in der Leistengegend und verzweigt sich median· und abwärts; ein distalwärts folgendes durchbohrt die Fascie 1,2. Ctm. abwärs vom ersteren am medialen Sartoriusrande. Seine Zweige gelangen bis zur Medianfläche des Kniees. Das dritte Bündel durchsetzt den Sartorius, die Fascie im distalen Theile der proximalen Hälfte des Schenkels und entsendet Zweige bis zur ventralen Fläche des Kniees. Dieses Bündel schliesst sich an die Aeste des Cut. femoris later. an. — Die Hautaeste des 15. Spinalnerven verbreiten sich im Vergleiche zu *Lar* mehr proximal und versorgen demgemäss dem Rumpfe näher befindliche Hautstrecken, sich darin ursprünglicher als bei *Lar* verhaltend. Während bei diesem zwei Bündel den Sartorius durchbohren, so ist bei *Syndactylus* nur ein solches vorhanden.

Der Stamm des 15. thor.-lumb. Spinalnerven von *Syndactylus* unterscheidet sich von demjenigen bei *Lar* durch den Besitz von Psoasaesten und durch die Abgabe einer Wurzel zum N. obturatorius. Dass in letzterer Beziehung ein secundärer Zustand vorliegt, erläutern die einleitenden Zeilen zu diesem Abschnitte.

Betrachtet man den 15. Spinalnerven als einen auf die Gliedmasse übergetretenen ursprünglichen Rumpfnerven, so gilt bezüglich des N. cut. fem. sowie der im N. femoralis verlaufenden Bündel das beim *H. lar* Angeführte. Durch die Uebernahme eines Astes für den N. obturatorius aber ist der Nerv noch in höherem Grade *der Gliedmasse* tributär geworden, als es bei *Lar* der Fall war. Durch den Besitz von Aesten für den M. psoas, welche bei *Agilis* und *Lar* fehlen, ist dargethan, dass dieser Muskel zu seinem Aufbaue ein höher gelegenes Myomer in Anspruch nahm. Mit der intensiveren Einbürgerung des Nerven in die Gliedmasse geht also die Betheiligung höherer Myomere am Aufbaue des Psoas gleichen Schritt.

d. Der Ram. ventralis des *16. thor.-lumb. Spinalnerven* theilt sich kurz nach seinem Ursprunge in einen senkrecht zum N. obturatorius herabsteigenden und in einen mächtigeren, den *N. femoralis* mit aufbauenden Ast. Die Art der Nerventheilung entspricht der bei *H. lar*.

Vom Femoralisaste entspringt (Figur 24) ein Nerv für den M. psoas. Vom Stamme des N. femoralis lösen sich Elemente des 16. Spinal·

nerven für den *M. iliacus* ab. Die Gliedmassennaeste sind gemischter Natur. Die *sensiblen* Nerven bilden wie bei *Lar* den Nerv. saphenus. *Motorische* Elemente waren zu den Streckern des Oberschenkels, zum Pectineus war jedoch kein Ast verfolgbar.

Während die Extensoren (Rectus und die Vasti femoris) bei *Lar* vom 16. und 17. thor.-lumb. Myomer aufgebaut sich erwiesen, so ist bei *Syndactylus* allein das 16. betheiligt.

Sichere, am Individuum wahrnehmbare Zeichen der Rumpfnatur des Nerven sind, abgesehen von Psoas- und Iliacusaesten, nicht erhalten; denn selbst der bei *Lar* noch vom. 16. Spinaln. abgegebene *Ramus inguinalis* ist bei *Syndactylus* durch den nächst höheren Nerven übernommen.

e. Der ganze *17. thor.-lumb. Spinalnerv* zieht dem N. ischiadicus zu. Er versorgt demgemäss keine an der Streckfläche gelegenen Muskeln mehr, wie es bei *Agilis* und *Lar* der Fall war.

f. Der Uebersichtlichkeit wegen seien die folgenden wichtigen Punkte zusammengestellt.

Ursprung aus den thoraco lumbalen Spinalnerven:

1. N. cutan. femoris later. . 15.
2. N. femoralis . . . . . 15., 16.
3. N. obturatorius . . . . 15., 16.
4. N. ischiadicus. . . . . 17., 18.
5. N. musculi psoas . . . 15., 16.
6. N. musculi iliaci. . . . . . 16.

Als *Grenznerv* ist der 14. thoraco-lumbale Spinalnerv zu betrachten.

Der letzte mit Zeichen eines peripheren Rumpfnerven ausgestattete Spinalnerv ist der 15. thoraco-lumbale.

Der erste, mit Abweichungen vom typischen Verhalten eines Intercostalnerven versehene thoracale Nerv ist der 13..

Der 14. th.-lumb. Spinalnerv entsendet einen vor dem Psoas abwärts ziehenden Bauchmuskelast gegen den Canalis inguinalis. Wir heissen ihn *Ram. inguinalis.*

4. *Hylobates leuciscus* ♂. (Man vergleiche die Figuren 15, 25, 30 u. 31).

Es bestehen 18 thoraco-lumbale Wirbel und jederseits 18 Rippen.

a. Der *13. thoracale Spinalnerv* zeigt die ersten Abweichungen vom gewöhnlichen Verhalten. Er spaltet sich in drei Aeste, zwei starke proximale und einen zarten distalen (Figur 25).

Der *proximale* Ast führt sensible Elemente; er ist ein *R. cut. lateralis*, welcher subcostal verläuft, nahe dem freien Rippenende die Bauchdecken durchsetzt und vor dem Darmbeinkamme die Haut erreicht (Figur 30). Ein R. post. zieht zur Haut der Hüfte; ein R. ant. theilt sich in 2 Zweige, von denen der eine, distal gelegene erst nach 1,5 Ctm. langem Verlaufe durch die Bauchdecken die Haut erreicht, um dann parallel dem anderen Zweige median- und abwärts zu ziehen.

Der *zweite* Ast führt motorische Elemente den Bauchmuskeln zu, beherbergt aber auch die sensiblen, den *R. cut. ant.* bildenden Elemente. Der ganze Nervenast (auf Figur 25 als *R. musc.-cut.* bezeichnet) läuft dem proximal gelegenen parallel, durchsetzt 7. Ctm. vom Ursprunge entfernt den M. transversus abdominis, spaltet sich zwischen diesem und dem Obliquus intern. in 2. Zweige. Der Zweig *a* der Figuren 15 u. 25 verläuft zum Musc. rectus; der andere Zweig innervirt den Transversus und Obliq. intern. und giebt einen gemischten Nerven *b* der Figuren zum M. rectus und zur Haut des Scrotum ab. Dieser scrotale Hautnerv verbindet sich mit den *N. inguinalis* des 14. Spinalnerven und durchsetzt mit ihm dem Canalis inguinalis (Figur 15).

Der dritte, *distale* Ast verläuft durch den Psoas und führt dem *R. cut. later.* des 14. Nerven sensible Elemente zu. Der so aus dem 13. und 14. Spinalnerv gebildete Hautast gelangt dicht unter der Crista iliaca zur Haut (Figur 30), entsendet einen Ast dorsal- und abwärts zur Hüfte, einen vorderen zur Haut oberhalb des Ligam. inguinale (Figur 30, 31), wo er sich dem Gebiet des R. inguin. (13 + 14) anschliesst.

Der 13. Spinalnerv gehört durch seine motorischen Elemente ausschliesslich dem Rumpfe an, indessen die sensiblen Elemente lateral auf den Beckengürtel übergreifen, ventral aber dem Scrotalsacke zugetheilt sind.

Gilt für die Erklärung der frühen Spaltung der Nerven in mehrere Aeste das oben Angeführte, so darf das selbstständige Hervorbrechen durch die Bauchdecken von einem ventralwärts ziehenden Zweige des *R. cut. later.* als der Beginn einer anderorts centripetal fortgesetzten Spaltung betrachtet werden.

b. Der *14. thor.-lumb. Spinalnerv* besitzt einen sofort in drei Aeste gespaltenen Ram. ventralis. Ein *proximaler* kräftiger Ast führt sensible Fasern, verbindet sich mit dem Zweige des vorigen Nerven, verläuft parallel dem subcostalen Gebilde, durchsetzt die Bauchdecken 5,5 Ctm. vom Ursprunge entfernt und nimmt die oben angegobene periphere Verbreitung (Figur 30, 31).

Ein *zweiter* Ast verläuft steiler nach unten, giebt ein Zweigchen an den R. cut. later. des folgenden Spinalnerven ab, durchsetzt die Fossa iliaca und durchbohrt die Bauchdecken vor dem Beckenrande und distal vom Lig. inguin., um als *R. cut. lat.* dorsale Zweige zur Hüfte (Figur 30) und starke ventrale zur Leiste, zur inneren und vorderen Fläche des Oberschenkels zu entsenden (Figur 31). An diesem ragen sie bis zum distalen Drittheile herab.

Der *dritte* Ast *c* zieht durch den Psoas zu dessen Vorderfläche, an dieser steil herab zur lateralen Fläche der Arteria femoralis (Figur 25), dringt dann dicht über dem Lig. inguin. durch die Bauchdecken. Motorische Elemente gelangen zum Transversus, Obliquus abdominis int. und zum Cremaster; sensible Elemente verbinden sich mit solchen des 13. Spinalnerven, durchsetzen den Leistencanal und endigen in der Scrotalhaut (vgl. Figur 15 u. 31).

Es liegt hier eine weit vor sich gegangene Spaltung vom *R. cut. lateralis* (des 14. th.-lumb. Spinalnerven) in zwei Aeste vor, von denen der proximale die Haut von Rumpf und Gliedmasse, der distale allein die Haut der letzteren versorgt und sogar durch den Austritt unter dem Lig. inguinale die ursprüngliche Zugehörigkeit zum Rumpfe verdeckt. Die Zugehörigkeit des 14. thor.-lumb. Spinalnerven zu Theilen des Rumpfes giebt sich deutlich durch die Innervation breiter Bauchmuskeln zu erkennen. Von letzteren erhalten jedoch nur noch die in der Umgebung des Leistenkanales befindlichen Theile Nervenäste. Die inguinalen Muskelnerven bewahrten einen gemeinsamen Verlauf mit den inguinalen Hautnerven, die als R. cut. ant. sich in der Regio pubica und am Scrotum verzweigen. Der gemischte Nervenast *c* der Figur 25 repräsentirt durch sein peripherisches Gebiet einen *Nervus inguinalis.* Derselbe erwarb sich einen freien Verlauf durch die Bauchhöhle.

Inguinale Nerven besitzen nur noch bei *H. syndactylus* einen selbstständigen Verlauf, indessen sie bei den anderen untersuchten Objecten gewöhnliche Aeste von den zwischen den breiten Bauchmuskeln verlaufenden Nerven sind. Auch bei *H. leuciscus* erhielt sich dieser in-

29

differentere Zustand, insofern ein Ast des 13. thor. Spinalnerven (Figur 25. *b.*) zwischen Obliquus intern. und Transv. abdom. zum Leisten- canal gelangt, wo er mit dem N. inguinalis des 14. thor.-lumb. Spin. nerven anastomosirt. Die Loslösung des *N. inguinalis* von den Rr. cutanei laterales des 14. thor.-lumb. Sp. nerven können wir nur durch die Annahme ver- stehen, dass das Endgebiet des Nerv. inguin. ontogenetisch sehr früh auf die Inguinalgegend fixirt gewesen ist, und dass dementsprechend der möglichst directe Verlauf sich bereits frühzeitig anbahnte.

Die frühzeitige Fixirung des Endgebietes eines *N. inguinalis* mag im Verbande stehen mit der frühzeitigen Anlage eines Musc., cremaster und anderer vom Descensus testiculorum abhängiger Zustände des Integumentes und der Bauchdecken. Ein anderes, für den Erwerb des selbstständigen Verlaufes des *N. inguinalis* bestimmendes Moment wird darin zu suchen sein, dass dem 14. thor.-lumb. Spinalnerven das motorische Endgebiet, in den breiten Bauchmuskeln bis auf die Um- gebung des Leistencanals, wie es bei *H. leuciscus* der Fall ist, ent- zogen wurde, dass demgemäss dem genannten Spinalnerven diejenigen Aeste nicht mehr zukommen, welche im ursprünglichen Verbande mit dem Inguinalnerven zwischen dem Musc. oblib. int. und dem M. trans- versus zu diesen Gebilden hinzogen und die Lage des Inguinalnerven zwischen diesen Bauchmuskeln zu bewahren suchten.

Der 14. thor.-lumb. Spinalnerv gehört, wie wir sahen, mit moto- rischen Elementen ausschliesslich dem Rumpfe zu; dieselben sind aber hochgradig reducirt, sie verlaufen im N. inguinalis. Die sensiblen Ele- mente reichen mit zarten Strängen, und im Verband mit solchen des 13. Spinalnerven noch in das Gebiet des Rumpfes, indessen die be- deutendsten Hautnervenaeste sich die Gliedmasse bis zum Kniegelenke herab eroberten.

c. Der *15. thor.-lumb. Spinalnerv* hat, abgesehen von den Aesten zum M. psoas, in Bezug auf die periphere Verbreitung jegliche Bezie- hung zum Rumpfe verloren; er ist ein Nerv der Gliedmasse geworden.

Der Stamm spaltet sich frühzeitig in drei Aeste. Der *proximale* Ast nimmt einen Zweig des vorigen Spinalnerven auf und gelangt nach schrägem Verlaufe durch die Fossa iliaca distal vom Lig. inguin. als *N. cut. later. femoris* zum Endgebiete. Als solcher verbindet er sich mit Aesten des 14. Spinaln. und verläuft lateral am Femur bis zum Kniegelenke herab (Figur 30 u. 31),

Der *zweite* Ast senkt sich nach Abgabe von 2. Zweigen für den
M. psoas in den *N. femoralis* ein.

Der *dritte* Ast baut den *N. obturatorius* mit auf.

Ausserdem löst sich hoch oben vom Stamme ein stärkerer Nerv für
den Psoas ab.

Die in den *Nerv. femoralis* übergehenden Bündel des 15. thor.-lumb.
Spinaln. konnten mit Sicherheit bis zum Endgebiete verfolgt werden;
sie führen motorische und sensible Elemente. *Motorische* Fasern lösen
sich bereits im Becken vom Femoralisstamme ab und innerviren den
Musc. iliacus (Fig. 25). Fernerhin wird der ganze Musc. sartorius vom
15. Spinaln. versorgt. Die Aeste lösen sich in der Inguinalgegend vom
N. femoralis los (Figur 31); ein Ast verzweigt sich in der proximalen,
ein anderer in der distalen Hälfte des Sartorius. Fernerhin wird der
M. pectineus vom 15. Spinalnerv gespeist. Ein Nervenast zieht zum
Musc. rectus, welcher auch vom 16. Spinalnerven versorgt wird. Auch
zum *Vastus medialis* und *Vast. medius* zieht ein Ast, dessen Elemente
vom 15. Spinalnerven herstammen. — Die *sensiblen* Elemente versorgen die Haut der distalen Hälfte der Medialfläche des Schenkels und
im Anschlusse hieran auch die subpatellare Region des Unterschenkels.
Im Ganzen gelangen vier Aeste zur Haut (man vgl. Figur 31). Zwei
von ihnen durchbohren die Fascie etwa in der Mitte des Schenkels.
Der eine durchsetzt den Sartorius und verbreitet sich dann bis zum
Knie herab; der andere Ast durchsetzt am inneren Rande des Sartorius
die Fascie und übernimmt das medial angrenzende Hautgebiet des
Oberschenkels. Zwei andere kleinere Hautnerven verlaufen dem Haupt-
stamme des *N. saphenus* angelagert, welcher aus dem 16. Spinalen
herstammt, bis zum Knie herab, durchsetzen dann den M. sartorius
und versorgen die Haut an der Medialfläche der Tibia. Ihrem Endgebiete nach sind sie Rr. cutan. subpatellares.

Die Hautnerven des 15. Spinalnerven zeichnen sich durch ihre
Mächtigkeit aus; sie schliessen sich distalwärts genau an das Gebiet
des 14. Spinalnerven an. Ihnen fallen die laterale und die distale Hälfte
der vorderen Fläche des Oberschenkels zu. Der R. cut. femoris lateralis
des 15. Spinaln. liegt in der Fortsetzung von seitlichen Hautnerven
des Rumpfes und darf als ein umgewandeltes derartiges Gebilde betrachtet werden, indessen die medial die Fascia lata durchbohrenden
Nerven vielleicht einem umgewandelten R. cutaneus anterior entsprechen.

d. Der *16. thor.-lumb. Spinalnerv* entsendet den kräftigsten, proximal gelegenen Ast zum N. femoralis, einen schwächeren zum N. obturatorius, von welchen ein dritter, zarter Strang zum 17. Spinalnerven und zum N. ischiadicus gelangt (Figur 25).

Der den N. femoralis mit aufbauende Ast enthält gemischte Elemente. Motorische gelangen, was allerdings nicht mit voller Bestimmtheit nachzuweisen war, zum M. iliacus. Die zur Gliedmasse ziehenden motorischen Elemente senken sich in den M. rectus und in den M. vastus lateralis ein. Die sensiblen Elemente bilden den *N. saphenus*, welcher in der Kniehöhe am medialen Sartoriusrande (Figur 31) die Fascie durchbohrt, nachdem vom Saphenusstamme die aus dem 15. Spinalnerven stammenden Rr. subpatellares sich losgelöst hatten. Dies Endgebiet des Nerv. saphenus ist die Haut der Medialfläche des Unterschenkels.

Die Innervationsverhältnisse lehren, dass ein Theil der Extensoren des Oberschenkels aus dem 15. thor.-lumbalen Myomer (Sartorius, Pectineus, Vastus medialis), ein anderer Theil aus dem 16. thor.-lumb. Myomer (Vastus lateralis), ein letzter Theil aber aus beiden Myomeren sich aufgebaut haben (M. rectus femoris). Der M. rectus ist ein diploneurer Muskel.

Das Hautnervengebiet des 16. Spinalnerven schliesst sich distalwärts an dasjenige des 15. eng an. Während die motorischen Elemente die proximalen Beziehungen zum Oberschenkel bewahrten, sehen wir die sensiblen distalwärts auf den Unterschenkel gerückt.

e. Die *R. anteriores des 17. und des folgenden Spinalnerven* vereinigen sich zum Aufbaue des N. ischiadicus (Figur 25).

f. Der Uebersichtlichkeit wegen stellen wir die folgenden Punkte zusammen:

Ursprung aus thoraco-lumbalen Spinalnerven.

1. N. cutan. femoris lateralis. . 14.. 15.
3. N. obturatorius . . . . 15., 16.
2. N. femoralis . . . . 15., 16.
4. N. ischiadicus . . . . 16., 17., 18. etc.
5. N. musc. psoas . . . . 15.
6. N. musc. iliaci . . . . 15., 16. (?)

7. N. musc. sartorii. . . . 15.
8. N. musc. pectinei . . . . 15.
9. N. musc. recti femoris. . . . 15., 16.
10. N. vasti medialis et medii . . . 15.
11. N. vasti lateralis. . . . . . . 16.
12. N. saphenus . . . . 15., 16.

Es besteht ein selbstständiger *N. inguinalis* als Ast des 14. thor.-lumb. Spinalnerven.

Als Grenznerv ist der 14. thor.-lumb. Spinalnerv zu betrachten. Der letzte Spinalnerv mit erhaltenen Beziehungen zum Rumpfe ist der 14. thor.-lumbale.

Der erste Spinalnerv, an welchem Abweichungen vom typischen Verhalten eines Intercostalnerven erkennbar sind, ist der 13. thoracale.

2. Die aus dem Vergleiche der Befunde sich ergebenden, vornehmsten Resultate.

Die einleitenden allgemeinen Bemerkungen zu diesem Abschnitte über die Umbildungen lumbaler Spinalnerven dürften an dieser Stelle wieder Platz finden, da sie Schlussfolgerungen aus unseren Beobachtungen waren. Wir beschränken uns jedoch, an einzelnen speciellen Beispielen unter Anwendung jener gewonnenen allgemeinen Gesichtspunkte die Differenzstellung der Thatsachen zu einander festzustellen, woraus sich jedesmal die Stellung der Hylobatiden zu einander beziehentlich der behandelten Einrichtungen ergiebt.

Der Beurtheilung legen wir vor Allem die Erkenntniss zu Grunde, dass ein Gliedmassennerv um so primitiver sich verhält, ja höher er seinen Ursprung aus Spinalnerven nimmt.

1. *Nerv. cutan. femoris lateralis.*

Die vier untersuchten Formen nehmen in Bezug auf diesen Nerven in folgender Weise Stellung zu einander:

Ursprung des N. cut. f. lat. aus dem thor.-lumb. Spinalnerven

a. Agilis. . . . . . 16., 15.
b. Lar . . . . 15.
c. Syndactylus . . . . . 15.
d. Leuciscus . . . . . 15., 14.

Die unterstrichenen Zahlen deuten auch hier wieder an, dass die durch sie bezeichneten Spinalnerven den grössten Antheil für den Cut. fem. lat. liefern.

Man ersieht hieraus, dass drei Spinalnerven an dem Aufbaue des Hautnerven sich betheiligen, dass bei allen Formen der 15. thor.-lumb. Spinalnerv eine Rolle spielt, dass bei *Agilis* der 16. Spin. Nerv zum proximalen Hautnerven Beziehungen noch bewahrte. Dieser 16. Spinalnerv ist bei den anderen Formen in distale Gebiete (Saphenus) übergegangen. Fernerhin erkennt man, dass bei *Leuciscus* Aeste des 14. thor.-lumb. Spinalnerven das Hautgebiet des Cut. femor. lat. sich eroberten.

Bei *Lar*, *Syndactylus* und *Leuciscus* sind alle sensiblen Elemente des 16. Spinalnerven bereits durch die Bahn ein N. saphenus dem Unterschenkel zugetheilt, indessen bei *Agilis* sich noch einige Elemente am Oberschenkel erhielten.

Bei den indifferenteren, drei erstgenannten Hylobatiden gehören die Hautaeste des 14. Spinalnerven noch dem Rumpfe zu, indessen sich nur einige derselben auf den Oberschenkel ausbreiten.

2. *Nervus femoralis*.

Nach Art der Zusammensetzung dieses Nerven rangiren die untersuchten Formen, wie folgt:

Ursprung aus thor.-lumb. Spinalnerven.

a. Agilis. . . . . 17., 16.
b. Lar . . . . 17., 16., 15.
c. Syndactylus . . . . 16., 15.
d. Leuciscus . . . . 16., 15.

Auch hier trifft man wieder 3 Spinalnerven an, welche bei den Hylobatiden einen Gliedmassennerven zusammensetzen können. Bei dem primitiv sich verhaltenden *Agilis* hat der 17. thor.-lumb. Spinalnerv den Hauptantheil, welcher bei *Lar*, *Syndactylus* und *Leuciscus* zu Gunsten des 16. Spin. nerven ausfällt. Während bei *Lar* auch der 17. Sp. nerv noch in Rechnung kommt, ist er bei *Syndactylus* und *Leuciscus* dem weiter distalgelegenen Gebiete des Nerv. ischiadicus anheimgefallen. In anderer Hinsicht hat der 15. thor.-lumb. Spinalnerv beim indifferenten *Agilis* die Beziehung zum N. femoralis noch nicht erlangt, welche er bei *Lar*, *Syndactylus* und *Leuciscus* sich erwarb.

3. *N. obturatorius.*

Die untersuchten Formen rangiren, wie folgt:

Urspr. aus thor.-lumb. Spinalnerven

a. Agilis . . . . 17., 16.

b. Lar . . . . 17., 16.

c. Syndactylus . . . . . . 16., 15.

d. Leuciscus . . . . 16., 15.

Die Uebereinstimmung der Zusammensetzung des N. obturatorius und des N. femoralis bei den verschiedenen Formen ist eine vollständige. Auch hier sehen wir den 17., 16. und 15. Spinalnerven betheiligt. Der 16. Nerv entsendet zum N. obtur. jedesmal Bündel, jedoch solche von verschiedener Mächtigkeit. Diese hängt von der Stärke des betheiligten primitiven 17., (*Agilis*, *Lar*) oder derjenigen des secundär hinzugetretenen 15. Spinalnerven ab (*Syndactylus*, *Leuciscus*). Da wo der 17. Spinalnerv dem N. ischiadicus ganz einverleibt ist, hilft der 15. Spinalneru den N. obturatorius aufbauen.

4. *N. ischiadicus.*

Da dieser Nerv aus ganz anderen Spinalnerven als der N. obturatorius zusammengesetzt sein kann (*Syndactylus*, Figur 24), so steht er mit letzteren sicherlich in keinem innigen Abhängigkeitsverhältnisse. Da der Ischiadicus die distalen Gebiete der Extremität versorgt, so wird er um so höher entwickelt sein, je höher gelegene Spinalnerven sich an seiner Zusammensetzung betheiligen.

Die Stellung der Befunde zu einander werden daher wie die vorher behandelten zu beurtheilen sein. Danach rangiren die Hylobatiden in der folgenden Weise:

Ursprung des Ischiadicus aus thor.-lumb. Spinalnerven

1. Agilis . . . . 17., 18. etc.

2. Lar . . . . 17., 18. etc.

3. Syndactylus . . . . . . 17., 18. etc.

4. Leuciscus . . . . . . 16., 17., 18. etc.

Hier sollen die unterstrichenen Zahlen andeuten, dass die durch sie benannten Spinalnerven ganz in den Ischiadicus übergehen.

Bei *Agilis* und *Lar* spalten sich vom 17. Spinalnerven Stränge zu proximalen Nervengebieten noch in ursprünglicher Weise ab. Diese Stränge werden bei *Syndactylus* vermisst; in gleicher Weise bei *Leuciscus*, bei welchem indessen Stränge des nächst höher befindlichen, 16. Spinalnerven dem Ischiadicus sich assimilirten.

Jeder der vier behandelten Nervenstämme, welche durch ihr Endgebiet so gut characterisirt sind, kann, wie wir sahen, bei so nahe verwandten Formen, dennoch von verschiedenen Spinalnerven aufgebaut sein. Diese Thatsache lässt auf sehr bedeutsame und verhältnissmässig rasch sich vollziehende Umwandlungen der Nerven und deren Endgebiete schliessen. Nach allen vier, durch diese Umwandlungen betroffenen Gliedmassennerven nehmen die Hylobatiden eine gleiche Rangstellung ein. Dies ist der sichere Ausdruck dafür, dass die Nerven dem Umwandlungsprocesse in ein und derselben Weise unterliegen. Der Process selbst spricht die Tendenz aus, Nerven der Gliedmasse mehr und mehr aus weiter proximal gelegenen Spinalnerven entstehen zu lassen, also auch eine Verminderung letzterer zu erzielen. Dass dies mit der Verkürzung des Rumpfes der höheren Primaten zusammenhängen muss, kann keinem Zweifel unterliegen. Dass nicht alle Erscheinungen der Rumpfverkürzung einander vollkommen parallel verlaufen, beweist z. B. die Thatsache der Existenz von nur 17. thor.-lumb. Wirbeln beim jungen *Syndactylus*. Läge eine Convergenz der Erscheinungen vor, so müsste *Syndactylus* nach dem Verhalten der Nerven der Gliedmasse stets am Ende der Reihe stehen.

5. *Nervi musculi psoas.*

Der Psoas wird bei den Hylobatiden vom 15. oder 16. thor.-lumb. Spinalnerv oder von beiden Gebilden innervirt. Diese verschiedenen Verhältnisse lassen sich wieder in eine natürliche Reihe bringen, an deren einem Ende der Befund von *Leuciscus*, an deren anderem Ende derjenige von *Agilis* steht. Da *Leuciscus* in den vorher genannten Punkten des Nervenverhaltens den differentesten Zustand repräsentirt, so wird dies auch wohl hier zutreffen, sodass wir dieser Vermuthung gemäss die Hylobatiden folgendermassen rangiren:

Ursprung des M. psoas aus thor.-lumb. Spinalnerven.

1. Agilis. . . . . 16.
2. Lar . . . . 16.
3. Syndactylus . . . . . 15., 16.
4. Leuciscus . . . . . . 15.

Bei *Agilis* und *Lar* ist der Psoas aus dem 16., bei *Syndactylus* aus
dem 15. und 16., bei *Leuciscus* allein aus dem 15. th.-lumb. Myomer
hervorgegangen. Bei *Leuciscus* ist der M. psoas also ein ganz anderes
Gebilde als bei *Agilis* und *Lar*. Bei allen drei Formen ist der Psoas
ein haploneurer, bei *Syndactylus* hingegen ein diploneuver Muskel.
Dieser hat also ohne Frage Umwandlungen unterlegen, welche bedingten, dass allmählich statt des 16. Spinalnerven der nächst proximal gelegene 15. th.-lumb. Nerv mit seinem motorischen Endgebiete
das Baumaterial abgab. Es findet hier ebenfalls eine Verschiebung
nach oben statt. Dass sie mit der Tendenz der Verkürzung des Rumpfes
zusammenhängt, lässt sich nach den obigen Resultaten wohl nicht
gut von der Hand weisen.

Die Thatsache kann man auch so verstehen, dass der Psoas ein
aus mehreren Myomeren zusammengesetzter Muskel war, dass sich
von letzteren eines oder wenige mächtig und allein entwickelten, und
dass die Ausbildung der betreffenden Myomere bereits in sehr früher
embryonaler Zeit erfolgte.

6. Nervi musculi iliaci.

Der M. iliacus wird vom 15., 16., oder 17. thor.-lumb. Spinalnerven
versorgt. Die Betheiligung derselben an der Innervation ist eine verschiedenartige. Die Beurtheilung der Verhältnisse entspricht derjenigen
der Zustände am Psoas. Die drei Hylobatiden, bei denen die Nerven
des M. iliacus verfolgt werden konnten, rangiren in folgender Weise:

Ursprung der Nervi musc. iliaci aus thor.-lumb. Spinalnerven.

1. Agilis. . . . . 16., 17.
2. Syndactylus. . . . , . . . 16.
3. Leuciscus . . . . . . 15., 16. (?).

Die Stellung der Formen zu einander stimmt mit derjenigen überein, welche sich aus dem Verhalten der Nerven für den M. psoas ergab.
Die M. iliacus unterscheidet sich vom Psoas dadurch, das er bei
Agilis Zweige vom 17., bei *Syndactylus* allein solche vom 16. thor.-
lumb. Spinaln. erhält, und dass bei *Leuciscus* vielleicht Aeste vom
16. Nerven sich erhielten. Der Unterschied zwischen beiden Muskeln
drückt sich darin aus, dass der M. iliacus jeweilen in höherem Maasse
Zweige von unteren Spinalnerven empfängt als der M. psoas, dass am
Aufbaue des M. iliacus untere Myomere mehr beitragen als an demjenigen des Psoas.

Der M. iliacus ist nach seinem Ursprunge am Gliedmassengürtel weiter distalwärts gelegen als der Psoas. Diese Lagerungsdifferenz mag die Ursache dafür sein, dass bei den Umwandlungen, welchen beide Muskeln unterliegen und welche sich in den verschiedenen Innervationen ausdrücken, der M. iliacus von dem 17. thor.-lumbalen Spinalnerven versorgt sein kann, indessen dieser Nerv die Beziehungen zum M. psoas verlor.

Aber auch am M. iliacus ist wahrzunehmen, wie allmählich distale, d. h. untere Spinalnerven sich dieses Gebildes mehr und mehr bemächtigen.

7. Nervi musc. sartorii.

Bei *Lar*, *Syndactylus* und *Leuciscus* wird der Muskel vom 15. thor.-lumbalen Spinalnerven versorgt. Der Sartorius ist bei allen drei Formen gleichwerthig, ein Product desselben Myomers.

8. Nervi musculi pectinei.

Bei *H. lar* wird der Pectineus vom 16., bei *H. leuciscus* vom 15. thor.-lumb. Spinalnerven versorgt. Der Muskel ist bei beiden Formen das Product eines anderen Myomers. Bei dem niedrig stehenden *Lar* baute das weiter distal gelegene 16. th.-lumb. Myomer den Muskel auf.

9. Nervi musculi recti femoris.

Bei *H. lar* versorgt der 16. und 17., bei *H. leuciscus* der 15. und 16. thor.-lumb. Spinalnerv den Muskel. Während am Aufbaue des Rectus femoris beider Formen das 16. thor.-lumb. Myomer betheiligt ist, so hat das 15. Myomer bei *Leuciscus* das 17. th.-lumb. Myomer ersetzt, welches bei dem niedriger stehenden *Lar* noch seine volle Bedeutung für den Muskel besitzt. Im Gegensatze zu *Lar* hat ein höher gelegener Spinalnerv bei *Leuciscus* Beziehungen zu einem Gliedmassenmuskel erlangt.

Ein gleiches Verhältnis konnte für die Musculi vasti festgestellt werden.

10. Nervi Mm. vasti medialis, medii et lateralis.

Bei *H. lar* werden die Mm. vasti vom 17. und 16. th.-l. Spinalnerven versorgt; bei *Leuciscus* erhält der M. vast. medialis sowie der Vastus medius Aeste vom 15., der Vastus lateralis indessen Aeste vom 16. thor.-lumb. Spinalnerven.

Der M. rectus femoris sowie die Mm. vasti sind bei *Lar* Producto
des 16. und 17., bei *Leuciscus* des 15. und 16. thor.-lumb. Myomers.
Bei *Leuciscus* gehört die eine Hälfte des Rectus femoris und der Vastus
lateralis dem 16. Myomer, die andere Hälfte des Rect. fem. sowie der
Vastus medialis et medius dem 15. Myomer zu. Gleiche, specielle
Beziehungen der Extensoren zu den Nerven konnten bei *H. lar* leider
nicht festgestellt werden. Sollte jedoch, was sehr wahrscheinlich ist,
der Vastus lateralis vom 17. th.-lumb. Spinalnerven versorgt worden
sein, so gewinnt die Annahme der grösseren Selbstständigkeit des V.
later. an Boden.

Eingehender werden die erwähnten, wichtigen Innervationsverhältnisse der Muskulatur behandelt werden können, sobald man über ein
grösseres Material verfügt.

Die Folgerungen, welche wir für die Stellung der Hylobatiden
zu einander aus dem Differenzzustande der unter 1—10 erwähnten
Nervenverhältnisse zogen, führen zu dem Resultate, dass in allen
Punkten die Formen in der Weise Stellung nehmen, dass *Agilis* am
tiefsten steht, dass *Lar*, *Syndactylus* sich anschliessen, und dass *Leuciscus* die höchste Rangstellung behauptet.

VI. BESTIMMUNG DER STELLUNG DER HYLOBATIDEN ZU EINANDER NACH DEN GEWONNENEN ANATOMISCHEN THATSACHEN.

Eine Reihe von morphologischen Ergebnissen, nach denen die Stellung der Hylobatiden zu einander bestimmt wurde, mag dem nicht
vollauf Rechnung tragen, weil die Ergebnisse vielleicht auf zufällig
an den Individuen auftretenden anatomischen Einrichtungen beruhen.
Der Breitegrad individueller Schwankungen sollte zuvor festgestellt
sein, bevor eine anatomische Thatsache zum Ausgangspunkt für schwer
wiegende Folgerungen bezüglich der Systematik der Organismen genommen wird. Ich unterlasse es daher, derartige morphologische Ergebnisse hier heranzuziehen, und zwar um so mehr, als in diesen
Untersuchungen von Neuem die Thatsache sich uns entgegenstellte,
dass individuelle Schwankungen bei den Hylobatiden an vielen Organen
eine allgemeine Erscheinung bilden. Die vielfachen Verschiedenheiten
beim jungen und beim alten *H. syndactylus* lehrten es. Dass die einzelnen Organe (z. B. Muskeln) oder Organtheile eines Individuums
nicht unerheblichen Variationen unterliegen, beweist die häufige Ver-

schiedenheit des Befundes auf der einen und auf der anderen Körperhälfte.
Eine andere Reihe von morphologischen Ergebnissen besitzt höhere
Bedeutung für die Bestimmung der systematischen Stellung der untersuchten Formen. Diese höhere Rangstellung kommt ihnen zu, da die
Resultate aus tief in den ganzen Organisationsplan eingreifenden Zuständen entnommen wurden, und da derartige verschiedenartige, aber
in engem Abhängigkeitsverhältnisse zu einander stehenden Zustände
zu einem und demselben Ergebnisse führten. Es wird erstens zu untersuchen sein, welche belangreichen morphologischen Ergebnisse Convergenzerscheinungen in Bezug auf die Stellung der Hylobatiden zu
einander zeigen, zweitens, ob die etwa sich ergebenden verschiedenen
Gruppen convergenter Ergebnisse allgemeine Schlüsse für die systematische Stellung gestatten, und wie das Endresultat nach unseren Beochtungen zu formuliren sei. Neue gewissenhafte und umfassende Untersuchungen an anderen Organsystemen werden die hier gewonnenen
Anschauungen zu modificiren vermögen.

1. In allen bekannt gewordenen Verhältnissen der Nerven für die
untere Gliedmasse, mag es sich um sensible oder um motorische
Nerven handeln, verhalten sich die einzelnen Hylobatiden in einer und
derselben Weise primitiv oder different. Stets liegt entweder ein einfacher oder fortgeschrittener Zustand vor. Niemals konnte an einem
Muskel oder einem Hautnerven irgend eines Individuums ein Verhalten
wahrgenommen werden, welches als Variation zu deuten wäre und
welches die Consolaridität aller Befunde beeinträchtigt hätte. Da aber
die Umwandlungen, die die Gliedmasse erlitt, sich an Nerven und
Muskeln scharf kennzeichnen, sind unsere Resultate so bedeutungsvoll.

Agilis und *Lar* bewahrten das primitivste Verhalten an der hinteren
Gliedmasse, *Syndactylus* und *Leuciscus* zeigten sich hoch entwickelt.

Die hohe Entwicklungsart der Extremität zeigte sich in der Assimilirung proximaler oder oberer Spinalnerven. Diese konnte nur auf Kosten
von Rumpfnerven erfolgen. Wo daher nur eine geringere Anzahl von
letzteren bestand, ward zugleich das differente Verhalten erkannt. In
dem letzten, zum M. rectus abdominis ziehenden Nerven gab sich aber
zugleich der letzte die Muskeln der Rumpfwand versorgende Rumpfnerv zu erkennen. Es ist unter Werthschätzung dieser Verhältnisse
von Belang, dass die Hylobatiden nach den anatomischen Befunden
am Beckenabschnitte des M. rectus abdominis (man vergl. Seite 377)
in der gleichen Weise rangiren wie nach dem Verhalten ihrer Glied·

massen. Auch nehmen die Formen eine gleiche Rangstufe zu einander ein, wenn man die Umwandlungen in den zum Rectus abdom. ziehenden Nervon als Maasstab anlegt (vgl. Seite 383).

Kurz: nach dem Verhalten der unteren Rumpf- und der zur hinteren Gliedmasse ziehenden Spinalnerven folgen die Hylobatiden in der Weise auf einander, dass *Lar* und *Agilis* die Reihe beginnen, *Syndactylus* und *Leuciscus* dieselbe beschliessen.

Es ist sicher kein Spiel des Zufalles, dass nach dem morphologischen, gewichtigen Endergebnisse bezüglich der vorderen und der hinteren Pleuragrenzen die Hylobatiden zu einander wiederum in der Weise Stellung nehmen, dass *Agilis* und *Lar* die Reihe beginnen, *Syndactylus* und *Leuciscus* diese beschliessen (vgl. Seite 418 u. 419). Man könnte sogar geneigt sein, nach der Convergenz der Folgerungen aus den Erscheinungen an der hinteren Gliedmasse und an den Pleuragrenzen ein Abhängigkeitsverhältnis beider anzunehmen, welches sich allerdings vorderhand genauer nicht angeben lässt. Eine solche Annahme möchte um so mehr Berechtigung finden, als ein enges, directes Abhängigkeitsverhältnis zwischen vorderen und hinteren Pleuragrenzen einerseits sowie der vorderen Thoraxwand andererseits sicher nicht besteht. Dies geht aus den folgenden Zeilen hervor.

2. Eine zweite Reihe anatomischer Verhältnisse, welche im innigsten Verbande mit einander stehen und welche zugleich einen tiefen Einblick in den Organisationsplan gestatten, führt zu einem anderen Resultate, sobald man nach ihr die Hylobatiden rangirt.

Es handelt sich hier um die Grössenverhältnisse der Sternaltheile zu einander und um diejenigen des Sternum zur hinteren Thoraxwand, zum Brusttheile der Wirbelsäule.

In dem Verhältnisse der Grösse von Manubrium zum Corpus sterni verhalten sich *Leuciscus*, *Lar* und *Agilis* am ursprünglichsten, während *Syndactylus* durch differente Zustände bedeutsam sich von ihnen entfernte. Ein ganz gleicher Befund ergab sich, wenn man das Längenverhältnis von Sternum und Wirbelsäule in Betracht zog. Auch hierin nahmen *Lar*, *Leuciscus* und *Agilis* den ersten, *Syndactylus* aber den letzten Platz in der Rangstellung ein.

Wenn wir diese Ergebnisse mit den obigen vergleichen und aus ihnen allen eine allgemeingiltige Vorstellung uns verschaffen wollen, so lässt sich diese dahin formuliren, dass *a. Lar* und *Agilis* sowohl im Verhalten ihrer hinteren Gliedmasse als auch in demjenigen ihrer Thoraxwandungen auf einer niedrigen Entwicklungsstufe stehen geblieben sind; dass

b. Leuciscus ein indifferentes Verhalten der Wandungen des Thorax sich bewahrte, hingegen durch hochgradige Umwandlungen seiner hinteren Gliedmassen die entwickelteste Form der untersuchten Hylobatiden repräsentirt; dass

c. Syndactylus in beiden Beziehungen sich hoch organisirt erweist, namentlich durch die Veränderung der Thoraxwand sich weit über die anderen Formen erhebt, hingegen von *Leuciscus* im Verhalten der hinteren Extremität überflügelt wird.

H. agilis uud *Lar* stehen also nach den Folgerungen aus unseren Beobachtungen noch auf den Entwicklungsboden, von welchem aus andere Hylobatiden wie *Leuciscus* und *Syndactylus* sich erhoben. Während *Syndactylus* diesen Boden ganz zu verlassen schien, erlitt *Leuciscus* nur an gewissen Organen Differenzirungen, durch welche diese Species von der gemeinsamen Grundform sich schärfer abhebt, indessen an anderen Organen sich erhielt, was dem primitiven Character des Organisationsplanes der Hylobatiden zukommt.

Nach meinen Untersuchungen über die Umwandlungen am Rumpfe anderer Primaten gewinnt die Auffassung an Bedeutung, nach welcher das Genus „*Hylobates*" keinen directen Zusammenhang mit den anthropomorphen Affen besitzt, nach welcher wohl das Primitive der bei den Hylobatiden gefundenen Einrichtungen unmittelbar von denjenigen niederer Affen sich ableiten lässt, das Differente der Hylobates-Organisation aber in erheblicher Weise von den Befunden bei Anthropoiden abweicht.

Die Hylobatiden werden als eine Abtheilung zu betrachten sein, die frühzeitig von anderen Catarrhinen sich abspaltete und selbstständig verschiedene Formen hat hervorgehen lassen, von denen uns mehr erhalten blieben als von den höher organisirten Formen.

Im Speciellen wird die Frage der Stellung der Hylobatiden zu den anderen Primaten nach der Darstellung der neu gewonnenen Beobachtungen ventilirt werden können.

Eine Tafelerklärung wird durch die genaue Bezeichnung der Figuren, welche stets über alles Wesentliche Aufschluss giebt, unnöthig.

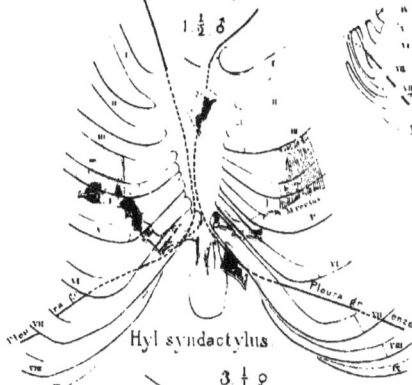

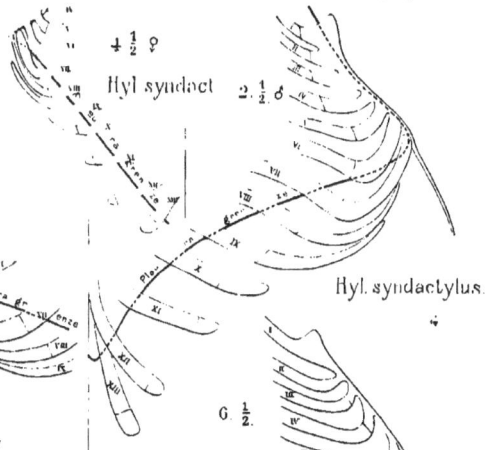

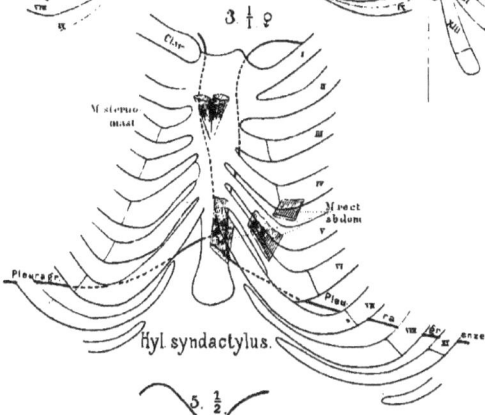

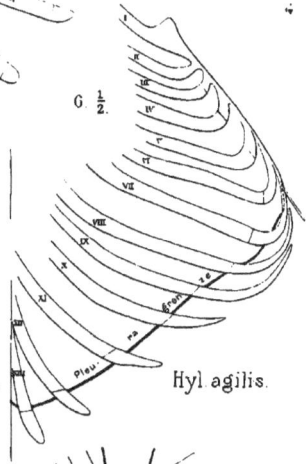

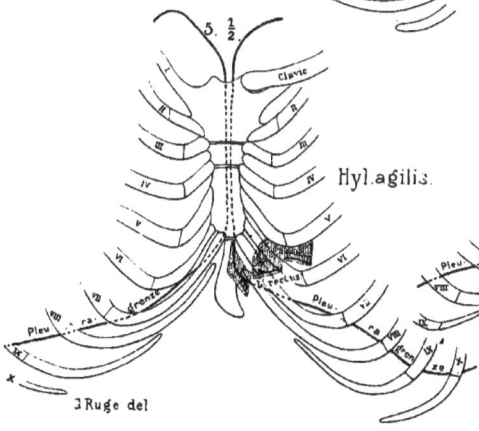

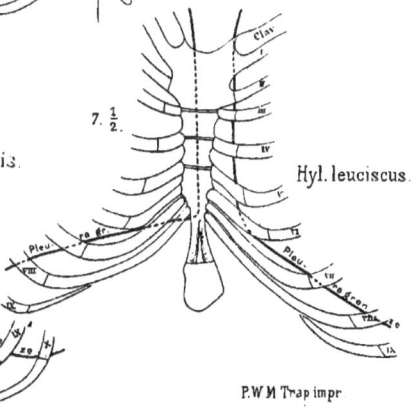

1. $\frac{1}{2}$ ♂

4. $\frac{1}{2}$ ♀

Hyl syndact

2. $\frac{1}{2}$ ♂

Hyl syndactylus

Hyl. syndactylus.

G. $\frac{1}{2}$.

3. $\frac{1}{2}$ ♀

Hyl syndactylus.

Hyl. agilis.

5. $\frac{1}{2}$

Hyl. agilis.

7. $\frac{1}{2}$.

Hyl. leuciscus.

J. Ruge del

P. W M Trap impr

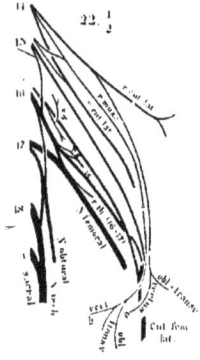

22. ½

24. ½

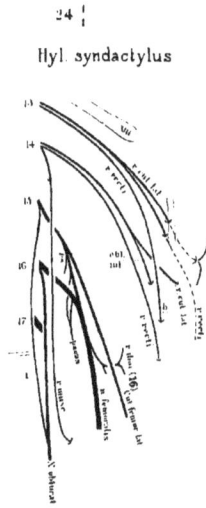

Hyl. syndactylus

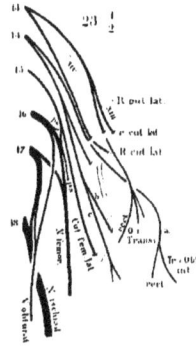

23. ½

Hyl agilis

Hylobates lar

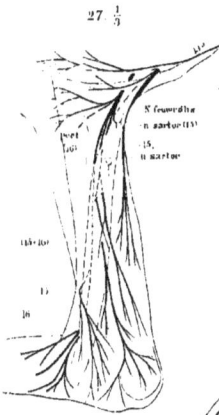

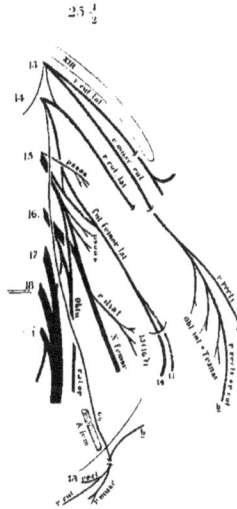

25. ½

27. ½

26. ⅓

Hylobates lar

Hylobates lar

Hyl. leuciscus.

G. Ruge del   A. J. J. Wendel lith.   P. W. M. Trap impr.

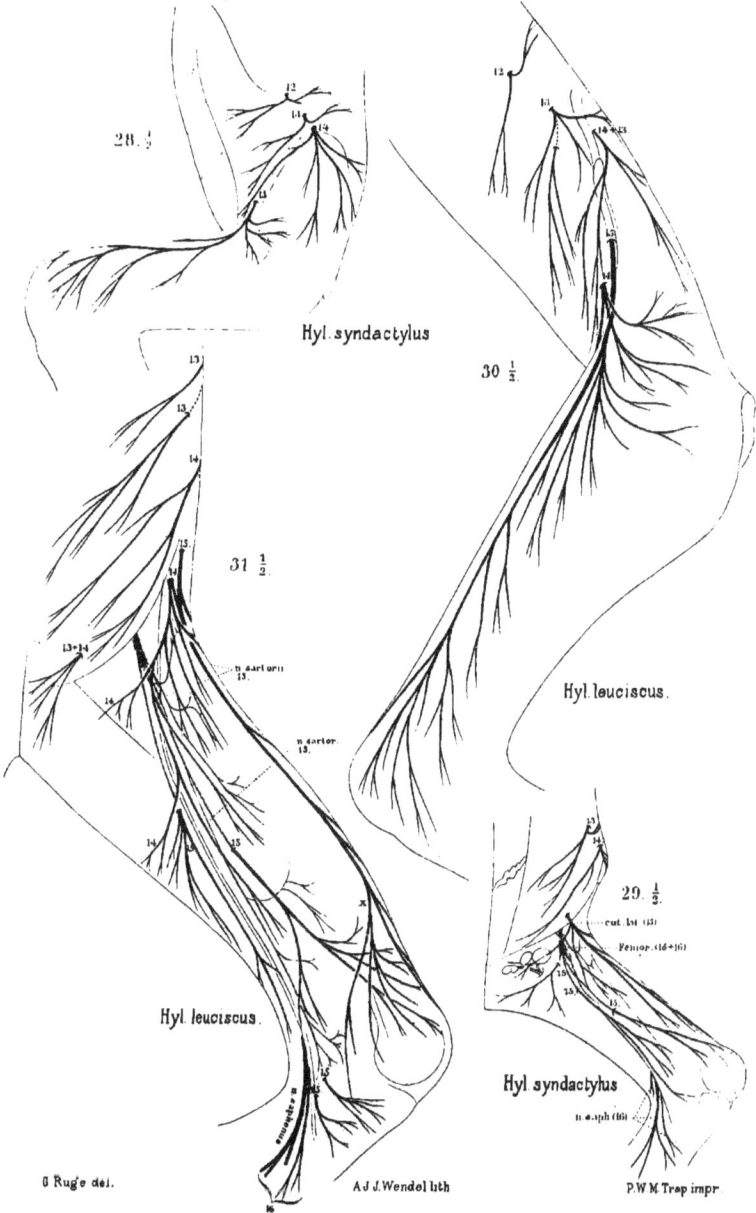

28. ⅘

Hyl. syndactylus

30 ½.

31 ½.

Hyl. leuciscus.

n. sartorii
13.

n. sartor.
13.

29. ⁴⁄₅.

cut. lat (15)

Femor. (16+16)

Hyl. leuciscus.

Hyl. syndactylus

n. saph (16)

O Ruge del.   A J J. Wendel lith   P.W.M. Trap impr

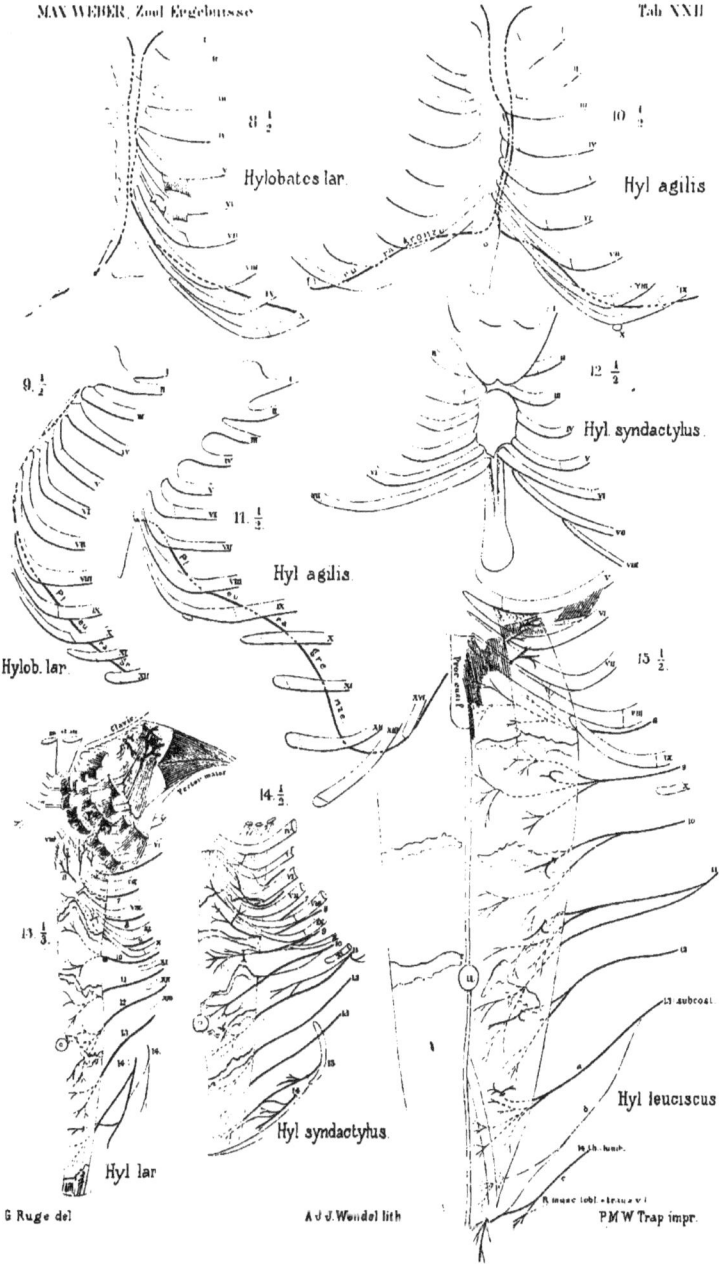

8 $\frac{1}{2}$

Hylobates lar

10 $\frac{1}{2}$

Hyl agilis

9 $\frac{1}{2}$

12 $\frac{1}{2}$

Hyl syndactylus

11 $\frac{1}{2}$

Hyl agilis

Hylob. lar

15 $\frac{1}{2}$

14 $\frac{1}{2}$

13 $\frac{1}{3}$

Hyl leuciscus

Hyl syndactylus

Hyl lar

G Ruge del   A J J. Wendel lith   P M W Trap impr.

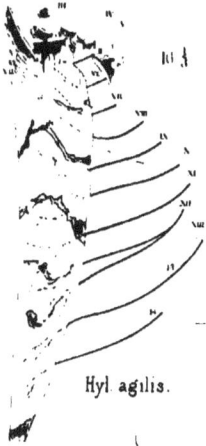

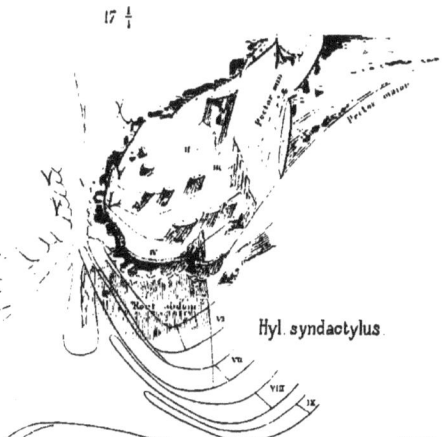

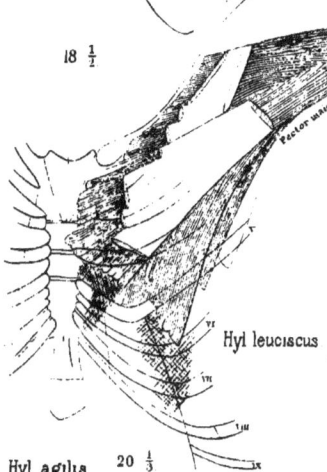

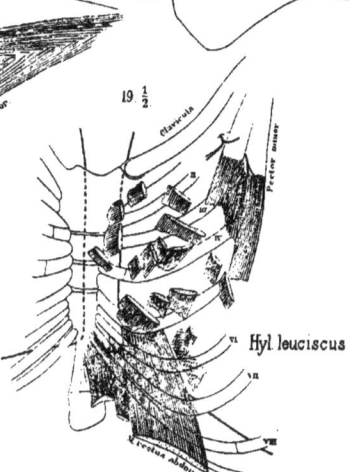

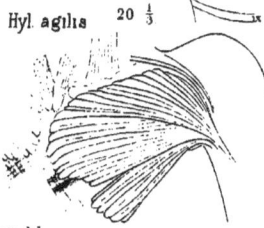

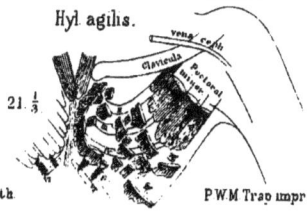

$17\frac{1}{1}$

$16\frac{1}{1}$

Hyl syndactylus

Hyl agilis.

$18\frac{1}{2}$

Pector major

$19\frac{1}{2}$

Clavicula

Pector minor

Hyl leuciscus

Hyl leuciscus

Hyl agilis $20\frac{1}{3}$

Hyl agilis.

vena cava

Clavicula   Pectoral major

$21\frac{1}{3}$

www.ingramcontent.com/pod-product-compliance
Lightning Source LLC
Chambersburg PA
CBHW020855210326
41598CB00018B/1676